Andreas Wolf
Henrik Schunk

Greifer beim Robotereinsatz

Faszination der Automatisierung von Handhabungsaufgaben

3., überarbeitete Auflage

MIX
Papier | Fördert gute Waldnutzung
FSC® C203083

Print-ISBN: 978-3-446-47961-6

E-Book-ISBN: 978-3-446-48069-8

www.hanser-fachbuch.de

Herstellung: Melanie Zinsler

Umschlag- und Buchgestaltung: REFORM DESIGN Grafik GmbH, Stuttgart

Titelmotiv: © SCHUNK SE & Co. KG unter Verwendung eines Produkts der GARDENA Deutschland GmbH

Druck und Bindung: Druckerei Hubert & Co. GmbH und Co. KG BuchPartner, Göttingen

Printed in Germany

Dr. Andreas Wolf
robomotion GmbH, Premium Robotics GmbH
Maybachstraße 11
70771 Leinfelden-Echterdingen

Henrik Schunk
SCHUNK SE & Co. KG
Bahnhofsstraße 106 – 134
74348 Lauffen/Neckar

Bibliografische Information der Deutschen Nationalbibliothek:

Die Deutsche Nationalbibliothek verzeichnet diese Publikation in der Deutschen Nationalbibliografie; detaillierte bibliografische Daten sind im Internet unter http://dnb.d-nb.de abrufbar.

Geleitwort Henrik Schunk

Die zentrale Aufgabe unserer Zeit ist, den Wandel zu einer nachhaltigen, wettbewerbsfähigen und widerstandsfähigen Industrie im digitalen Zeitalter zu gestalten. Dafür sollten uns Ressourceneffizienz und CO_2-Minimierung nicht nur als wirtschaftliche, sondern auch als ökologische Imperative leiten. Gleichzeitig sind für die Zukunftsfähigkeit der Industrie intelligente Lösungen zur Bewältigung von Fachkräftemangel und Digitalisierung essenziell.

Nachhaltigkeit und technologischer Fortschritt müssen daher Hand in Hand gehen und zu einer gesunden Fabrik führen. Gesund bedeutet dabei sowohl stabile, effiziente und rentable Prozesse, die steigenden Kosten- und Qualitätsansprüchen gerecht werden, als auch ein gesundes Arbeitsumfeld mit klimafreundlichen Technologien.

Automatisierung ist ein wesentlicher, enorm wirkungsvoller Hebel, um dieses Ziel zu erreichen. Sie wird immer einfacher und bedienfreundlicher und dadurch auch für das Rückgrat der Industrie – den Mittelstand – zugänglicher und leichter umsetzbar. Hier liegt ein riesiges, bislang vernachlässigtes Potenzial. So verbrauchen beispielsweise die neuesten Robotergenerationen deutlich weniger Energie und steigern die Effizienz durch Geschwindigkeit und Flexibilität. Außerdem nimmt die Komplexität im Umgang mit ihnen weiter ab. Arbeitskräfte können auch ohne Vorerfahrung in die Programmierung einsteigen. Künstliche Intelligenz wird diese Entwicklung noch potenzieren: Zum einen wird sie Automatisierungssoftware einfacher, schneller, effektiver und anwendungsspezifischer machen. Zum anderen beschleunigt sie die autonome Handhabung und Bearbeitung mit Robotik.

Auf diese Entwicklungen müssen wir unsere Investitionskraft richten, um die Möglichkeiten einer flexiblen, aber auch energie- und ressourcenschonenden Fertigung voll auszuschöpfen. Hier sind Mut und Risikobereitschaft der Unternehmen gefragt, sowohl im Umgang mit KI und Automatisierung als auch beim Teilen der dabei entstehenden Daten über die Unternehmens- und Landesgrenzen hinweg entlang der gesamten Wertschöpfungskette. Ein Beispiel hierfür ist die branchenübergreifende Datenraum-Initiative Manufacturing-X. Generell werden – internationale – Kooperationen und Partnerschaften entscheidend dazu beitragen, Innovationen schnell und erfolgreich umzusetzen. Solche Initiativen gestalten die Industrie von morgen mit, erschließen neue Geschäftsmöglichkeiten und stärken gemeinsame Werte für eine gesunde Zukunft. Die Internationalisierung dieser Bemühungen zu einer globalen Bewegung und die Förderung offener Standards und Lösungen sind dabei entscheidend.

Europa als eine der größten Wirtschaftsregionen der Welt ist dafür ein idealer Raum. Dazu braucht es aber auch die entsprechend fortschrittlichen wie innovationsfreundlichen gesetzlichen Rahmenbedingungen.

Wenn wir all diese Aufgaben jetzt gemeinsam angehen, werden wir nicht nur die eingangs beschriebene Herausforderung lösen, sondern auch den Weg für Europa als Wirtschaftsmacht in diesen neuen Technologien ebnen.

Unabhängig von diesem „Überbau", will dieses Buch beim praxisnahen Einstieg in diese Technologien unterstützen: Es zeigt sowohl Effizienzpotenziale als auch Anforderungen automatisierter Greif- und Handhabungsprozesse auf und dient Anwendern so als Wegweiser zur beschriebenen hoch performanten und gesunden Fabrik.

Lauffen am Neckar im Juni 2024
Henrik Schunk

Vorwort zum Buch „Greifer beim Robotereinsatz“

Die Produktionstechnik in Europa steht vor großen Herausforderungen. Entkopplung und Resilienz sind die Schlagworte für die Fertigung von Gütern des täglichen Bedarfs, Produkten, Maschinen und Anlagen. Hinzu kommt nicht nur der Fachkräfte, sondern ein genereller Arbeitskräftemangel in den alternden Industrienationen. War früher eine Verlagerung in günstigere Standorte die schnelle Lösung, so ist diese heute deutlich kritischer zu sehen.

Automatisierung und Digitalisierung als mögliche Lösungen für die Fertigung von morgen, sind seit einigen Jahren keine „Angstmacher“ im Sinne eines Arbeitsplatzverlustes mehr. Im Gegenteil, sind beide Technologien für sich oder im Verbund „Hoffnungsbringer“ hinsichtlich der Gestaltung möglicher Lösungen zur Erhaltung des Produktionsstandortes Deutschland bzw. Europas.

So kann die Forschung hinsichtlich der Digitalisierung von Produktionsabläufen mit der dazugehörigen Datenverwaltung einige Fortschritte aufweisen. So sind wir inzwischen bei komplett digitalen Produktionen von Losgröße 1 z. B. in der Blechteilefertigung angelangt, in der vom Bestelleingang bis zur Auslieferung kein Mitarbeiter mehr einen Auftragszettel oder eine Arbeitsanweisung auf Papier bekommt. Die Industrie 4.0 Szenarien von vor 10 Jahren sind zwischenzeitlich umgesetzt bzw. in Manufacturing-X-Szenarien erweitert worden.

Auf der Steuerungsebene und deren Schnittstellen kommen heute bereits cloudbasierte Lösungen zum Einsatz, welche enorme Vorteile für die Betreiber aber auch für die Geschäftsmodelle der Maschinenbauer und Softwareanbieter haben. Das ISW als Forschungsinstitut hat über viele Jahre hier Pionierarbeit geleistet und bietet heute gemeinsam mit dem Fraunhofer IAO eine breite Palette an Forschungsdienstleistungen an. Auch in der Lehre sind hier in den letzten Jahren neu Lehrveranstaltungen zum Thema entstanden, um den studentischen Nachwuchs die Möglichkeiten dieser Technologien nahe zu bringen.

Stehen Realisierungsprojekte an, so kann das ISW auf eine gute Infrastruktur von Roboterzellen und Softwarepaketen zurückgreifen. Hier kommen dann die Lehrveranstaltungen der Robotik mit viel Praxisbezug zum tragen und bringen die Studenten vom Laptop in die Labore. Die Handhabungs- und Greifertechnik ist dabei ein wichtiger Baustein, um eine Applikation erfolgreich umzusetzen. Die Vorlesung von Herrn Dr. Wolf bringt dabei die Inhalte dieses

Buches den Studenten näher. Mit diesem überarbeiteten Werk zeigt Herr Wolf, wie vielfältig die Aufgabenstellungen der Handhabungstechnik sein können und welche Lösungen heute in Automatisierung zur Verfügung stehen.

Gerne bieten wir diese Vorlesung weiter an und unterstützen Herrn Wolf bei seiner wissenschaftlichen Arbeit, indem wir gemeinsame Forschungsprojekte mit der robomotion GmbH durchführen. Wir freuen uns auf die weitere Zusammenarbeit und wünschen den Lesern viele Ideen und Anregungen für Ihre eigenen Projekte.

Stuttgart im Juni 2024

Univ.-Prof. Dr.-Ing. Oliver Riedel   Univ.-Prof. Dr.-Ing. Alexander Verl

Vorwort von Dr.-Ing. Andreas Wolf

Über 20 Jahre ist es her, dass ich bei der Gründung von robomotion das erste „Greiferbuch" gemeinsam mit der Firma SCHUNK umsetzen durfte. Anfangs war dies nur als Zusammenfassung und Überblick zu meiner Vorlesung an der Universität Stuttgart gedacht. Durch die Möglichkeiten einer professionellen Marketingabteilung bei der Firma SCHUNK, einer hervorragenden Grafikagentur und der Mithilfe von Mitarbeitern der Firmen SCHUNK, robomotion und Premium Robotics konnte ich ein Werk zusammentragen, das neben dem spezifischen Fachwissen auch die Anwendungen der Greiftechnik in der Handhabungstechnik zeigt. Interessant ist für mich hierbei die Entwicklung der Robotertechnologie in den vergangenen Jahren, die mit der Greiferentwicklung einherging. Ca. 50 Jahre ist es her, dass die Robotik in der Automobilindustrie ihre erste Abnehmerbranche gefunden hat und viele Firmen hier ihren Anfang in der Automation nahmen.

Technisch stehen wir aktuell vor spannenden Entwicklungen in der Handhabungstechnik. Mit künstlicher Intelligenz und Manufacturing-X als Schlüsseltechnologien für die Industrie der Zukunft bestehen heute neue Möglichkeiten, welche die Branche weiter verändern werden. Durch die Weiterentwicklung von Sensorik, schnellere Prozessoren und schier unbegrenzte Speichermöglichkeiten lassen sich heute Datenmengen kostengünstig erzeugen und verarbeiten, wie dies zu keinem Zeitpunkt vorher der Fall gewesen ist. Schnellere Übertragungsraten gepaart mit dem Ausbau von intelligenten Komponenten zu einem Industrie 4.0 Netzwerk lässt den Einsatz von Künstlicher Intelligenz dadurch erst möglich werden.

Dieses Buch beginnt mit dem Rückblick auf die Anfänge der Handhabungstechnik. Entsprechend der Systematik bei Automatisierungsprojekten beschreiben die folgenden Kapitel den Workflow des Werkstücks und die zu lösende Handhabungsaufgabe. Ausgehend von der Analyse des Werkstücks und dessen Ordnungszustand führen die weiteren Kapitel des Buches wie ein roter Faden über die Greiferauswahl und der Fingergestaltung zum kompletten Handhabungssystem.

Hierdurch wird deutlich, dass Roboteranwendungen weit mehr sind als eine „App", die man sich in einem „Ökosystem" oder einem Appstore herunterladen kann. Es erfordert nach wie vor viel Erfahrung und Anwenderwissen, um für die Produktion die optimale Lösung zu finden. Die Arbeit der Ingenieure und Techniker hat sich dabei durch den Einsatz von Simulation und digitalem Zwilling mehr in die digitale Welt verlagert. Das softwaretechnische Verschmelzen von Produktionsplanungssystemen und der Steuerungsebene auf dem Shopfloor wird die Arbeit des Systemintegrators effizienter gestalten. Der Bedarf an Applikationswissen wird bleiben.

Die Applikationsbeispiele in diesem Buch, die bei SCHUNK, robomotion, Premium Robotics aber auch vielen anderen Systemintegratoren erarbeitet wurden, zeigen dies. Daher möchte ich mich bei der Familie Schunk und den Mitarbeitern für die Möglichkeit und Unterstützung für diese neue Auflage des „Greiferbuchs" bedanken. Ich habe über Frau Neuburger viel

Bild- und Grafikmaterial zur Verfügung gestellt bekommen. Mit Prof. Schraft und der Mithilfe der Fraunhofer IPA Bibliothek konnte ich den geschichtlichen Teil weiter detaillieren. Auch Ralf Becker von BOSCH Rexroth und die Arbeit mit dem Institut der Steuerung der Werkzeugmaschinen war für mich Inspirationsquelle.

Durch meine Verbandsarbeit als Vorstandsmitglied im VDMA Baden-Württemberg konnte ich Einblicke in andere Branchen und Unternehmen erhalten, welche mit Automatisierung und Maschinenbau in Verbindung stehen. Diese Arbeit hat mir geholfen, das Buch weiter zu entwickeln und umzugestalten.

Der Firma REFORM DESIGN Grafik GmbH aus Stuttgart möchte ich für die ansprechende grafische Umsetzung danken. Hier gilt mein Dank besonders Frau Muriel Engelbrecht und Herrn Christian Kellner, die sich um die Aufbereitung und grafische Gestaltung verdient gemacht haben. So lässt sich der zum Teil trockene Stoff in ansprechende Inhalte verwandeln.

Die Mitarbeiter und Geschäftsführungskollegen von robomotion und Premium Robotics haben großen Anteil an diesem Buch, denn ohne ihre tägliche Arbeit gäbe es dieses Buch einfach nicht. Viele Beispiele sind aus unserem Arbeitsalltag entnommen.

Besonders möchte ich auch meiner Frau für ihre Geduld danken, die so viele Stunden auf mich verzichten musste. Auch mein Vater hat Zeit in das Lesen einzelner Passagen investiert und damit zu wichtigen Fragen geführt, die eine unklare Darstellung nochmals auf den Prüfstand brachte.

Ein intensives Lektorat durch den HANSER Verlag hat dem Buch nochmals gutgetan. Bedanken möchte ich mich hier insbesondere bei Frau Lennartz und Herrn Borck, die akribisch das Manuskript durchgegangen sind. Frau Dr. Philippa Söldenwagner-Koch hat das Projekt professionell mit ihrem Team durch den Verlag gesteuert, vielen Dank auch dafür.

Auch diese Ausgabe möchte ich wieder Herrn Carsten Schmeer widmen, dem ersten Mitarbeiter von robomotion, der uns in der Gründungsphase der Firma engagiert geholfen hat und leider durch einen tragischen Unfall verstorben ist. Viele Anwendungsbeispiele in diesem Buch wurden von ihm mit umgesetzt.

Leinfelden-Echterdingen im Juni 2024

Dr.-Ing. Andreas Wolf

Inhaltsverzeichnis

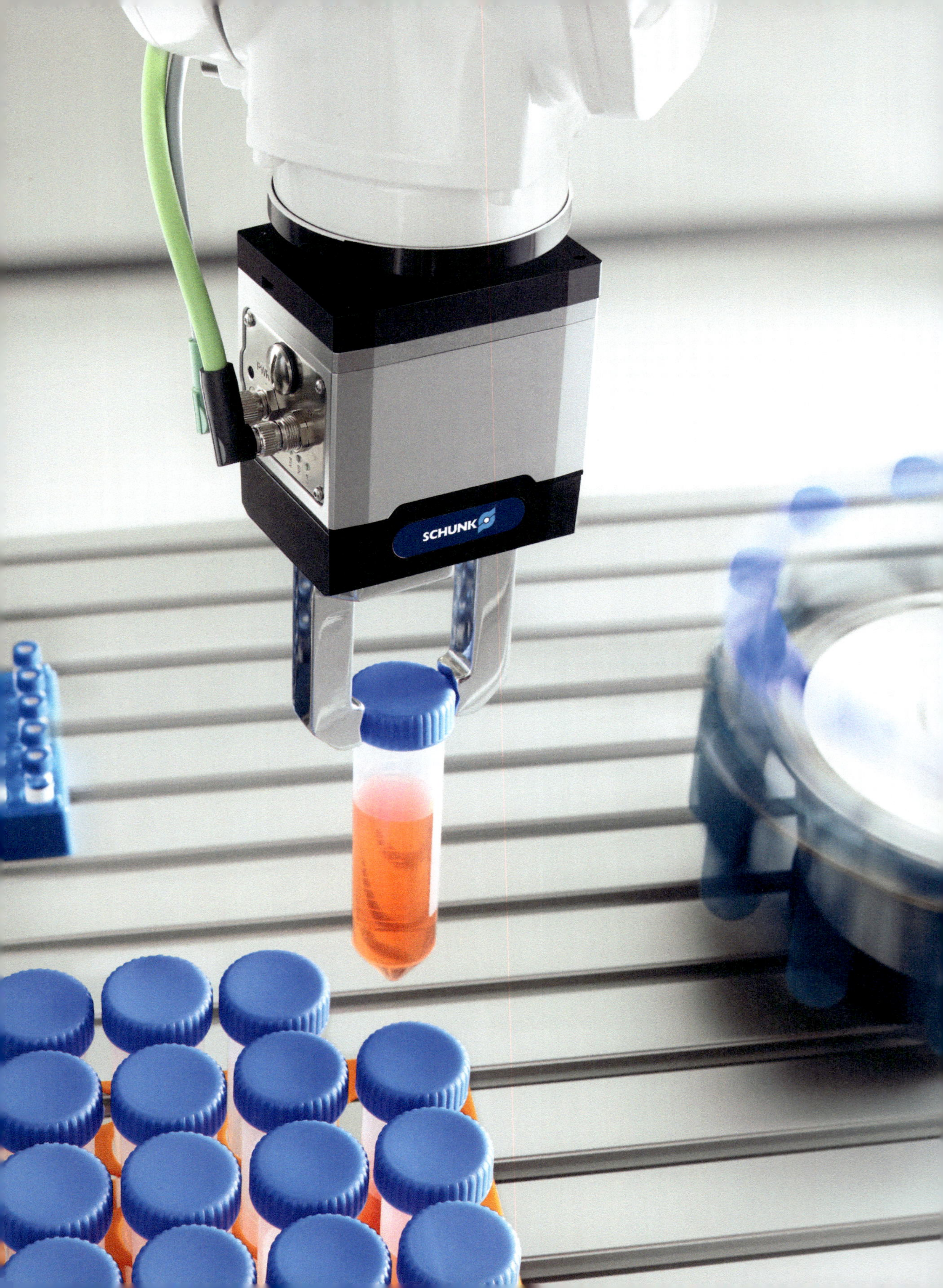

1 DER HANDHABUNGSPROZESS

Wir tun es täglich ein paar hundert, ja vielleicht ein paar tausend Mal – wir handhaben Dinge. Das bedeutet, dieser Prozess ist uns in Fleisch und Blut übergegangen und wir denken nicht groß darüber nach – ein Automatismus, den wir aber erst erlernen mussten!

Wir greifen die Kaffeetasse, bewegen diese bis zum Mund und führen eine Kippbewegung aus. Nebenbei haben unsere Augen die Position der Kaffeetasse erfasst und das Gehirn ermittelt ohne merkliche Anstrengung die Greifsituation und einen möglichen Weg, auf dem die Tasse ohne Kollision mit anderen Gegenständen erreicht werden kann. Der Automatismus, mit dem wir diese Prozesse ausführen, lässt uns ähnliche Aufgabenstellungen in Produktionsumgebungen lächerlich erscheinen, ja nicht beachtenswert.

Aber das genauere Nachdenken über den „Handhabungsprozess beim Trinken aus der Kaffeetasse" zeigt, dass hier sowohl das Erkennen und die Bewegung als auch das Greifen der Tasse für eine Maschine eine gewaltige Herausforderung ist. Nicht ohne Grund fehlen uns heute noch in allen Haushalten die häufig gewünschten Assistenzroboter zum Bügeln oder zum Einräumen der Spülmaschine. Ein wesentliches Problem dabei ist die Vielfalt der Greifobjekte und der Greifsituationen, in denen diese Assistenzsysteme unterwegs sein müssen. Jede Küche und jede Wohnung sind anders eingerichtet und selbst die Kaffeetasse kann in Form, Farbe und Größe stark variieren.

Kein Wunder, finden wir doch nach wie vor auch in der Industrie massenhaft Beispiele solcher scheinbar „nutzloser" oder wie Fachleute sagen „nicht wertschöpfender" Handhabungsvorgänge. Darunter werden Vorgänge verstanden, die das Bauteil nicht bearbeiten, also beispielsweise in seiner Form, Oberfläche oder

Abbildung 1.1 Handhabung der Kaffeetasse als Beispiel für komplexe Prozesse in der Industrie (Quelle: REFORM DESIGN)[1]

Textur verändern. Immer wenn Werkstücke in der Produktion transportiert, gelagert, kommissioniert oder montiert werden, ist die Handhabung der Bauteile erforderlich. Die Werkstücke müssen gegriffen und bewegt werden, häufig ist dazu die menschliche Handarbeit notwendig. Aber auch bereits automatisierte Abläufe können handhabungstechnisch aufwendig oder effizient gestaltet sein.

Mit steigenden Stückzahlen und Lohnkosten werden in der Entwicklung und der Produktion immer mehr Anstrengungen unternommen, die Anzahl der Handhabungsvorgänge auf ein Minimum zu beschränken und sich nur auf die eigentliche Bearbeitung des Bauteils zu fokussieren. Wenn sich die Handhabung nicht vermeiden lässt, so wird über eine Automatisierung dieser Vorgänge nachgedacht.

Ein Beispiel hierfür sind die Bearbeitungszentren in der spannenden Fertigung. Hier können ohne Eingriff von Mitarbeitern komplexe Fräsbauteile in einer Aufspannung fertig bearbeitet werden. Das Transportieren von einer Bearbeitungsmaschine zur nächsten und das Bestücken der Maschinen entfällt. Darüber hinaus kann die Werkstückqualität gesteigert werden und die Fehlerraten bei der Bearbeitung sinken. Durch die Zusammenfassung mehrerer Bearbeitungsgänge in einer Maschine ergeben sich erhebliche Produktivitätszuwächse. Der Preis hierfür sind hohe Investitionskosten und eine aufwendigere Produktionsplanung, da sich Produktionsengpässe an den Bearbeitungszentren bilden können. Daraus ergeben sich höhere Anforderungen hinsichtlich der Auslastung dieser Bearbeitungszentren, um wirtschaftlich arbeiten zu können. Der Betrieb dieser Maschinen erfordert daher eine gute Auftragslage.

Bei Produkten, die sich aus vielen Einzelteilen zusammensetzen, hat die Montage nach wie vor einen hohen Anteil an den Fertigungskosten. Hier gehen die Hersteller den Weg zu immer komplexeren Baugruppen, welche komplett montiert angeliefert werden, sodass in der Endmontage nur noch wenige Handgriffe übrig bleiben. Je nach Branche und Produkt wird hier oft auf die Montage in Regionen mit niedrigem Lohnniveau zurückgegriffen. Nicht umsonst hatte die Verlagerung von ganzen Fabriken mit hohen Handhabungsanteilen nach Fernost in den zurückliegenden Jahrzehnten Hochkonjunktur.

Der Druck, in diesen Regionen stärker zu automatisieren bzw. die Arbeitsgänge mit viel Handarbeit stärker unter die Lupe zu nehmen, ergibt sich sowohl aus den gestiegenen Qualitätsanforderungen als auch aus den rasant steigenden Lohnkosten, die nach einer höheren Produktivität der Fertigung verlangen. Diese Entwicklung ist in allen Schwellenländern zu beobachten.

Die Automatisierung von Handhabungsvorgängen ist eine mögliche Lösung, die sich für die Gestaltung von Produktionsabläufen ergibt. Darüber hinaus haben die Produktgestaltung selbst, die Nutzung alternativer Fertigungsverfahren und die Organisation der Fabrik großen Einfluss und können je nach Situation eine Lösung darstellen. Hier ist ein Umdenken bei Managementkonzepten festzustellen, die sich in der Vergangenheit häufig auf die „schlanke" oder „effiziente" Gestaltung der Fabrik konzentrierten. Inzwischen wird erkannt, dass nur eine dem Produktspektrum und den Marktanforderungen angepasste Produktionstechnik im Verbund mit geeigneten organisatorischen Maßnahmen zielführend sein kann. So werden zu den rein betriebswirtschaftlichen Teams zur Beratung von Firmen immer häufiger Produktionstechnikexperten hinzugezogen, die die Technik der Produktionsmaschinen untersuchen, um Effizienzsteigerungen zu generieren.

Allen Bemühungen gemein ist die Vermeidung von Verschwendung in der Produktion durch die Vermeidung von „nicht wertschöpfenden" Prozessen. Bei allen „wertschöpfenden" Prozessen – also Abläufen, die zur Wertsteigerung des Produkts notwendig sind – sind zu einem erheblichen Anteil immer noch

Nebentätigkeiten erforderlich. Diese sind das Ziel von sowohl organisatorischen als auch technischen Optimierungsmaßnahmen. Beide Maßnahmen stoßen unter wirtschaftlichen Gesichtspunkten immer wieder an Grenzen. Diese Grenzen verschieben sich ständig, da sich der Stand der Technik weiterentwickelt und die Produktgestaltung einen großen Einfluss auf die Effizienz in der Fertigung hat.

Doch lassen sich Vorgänge nur bis zu einem gewissen Grad optimal organisieren. Ab einem bestimmten Punkt sind technische Hilfsmittel notwendig, um die Produktivität weiter zu steigern. Interessant ist dabei immer wieder die Wahl der Systemgrenze. Wenn wir radikale Sprünge bei der Optimierung erwarten, wird es bei „ausgereiften" Produktionen kaum gelingen, die Prozessverbesserung nur mit kleinen Schritten zu erreichen, also an einer Stelle einen manuellen durch einen automatischen Prozess zu ersetzen. Hier muss grundsätzlich über die Herstellung des jeweiligen Produkts bzw. dessen Konstruktion nachgedacht oder über die Systemgrenzen von Produktionsschritten bzw. -verfahren hinweg optimiert werden.

Dieses Kapitel legt die Basis zum Verständnis der in diesem Buch behandelten Thematik der Automatisierungskomponenten, die heute in der Automatisierung von Handhabungsvorgängen zur Verfügung stehen. Der Einstieg in die Welt der Automatisierungskomponenten beginnt mit der Einführung in den Handhabungsprozess als Ziel der Optimierungsbemühungen. Das Kapitel beleuchtet die Handhabungstechnik als Lösungsmöglichkeit und geht auf die Treiber ein, die sich in allen Branchen der Industrieproduktion finden lassen. So wird die Motivation für die Weiterentwicklung dieser Technik klarer und es können Schlüsse gezogen werden für die zukünftige Entwicklung der Komponenten. Im Anschluss daran wird der Prozess der Handhabung an sich definiert und die Begriffe für den Prozess werden erläutert.

1.1 Handhabung – ein nutzloser Prozess?

Bei der Produktion von Gütern geht es in der Regel um die Verarbeitung von Material zu einem Produkt, einer Komponente oder einer Baugruppe. Mit dieser Verarbeitung ist immer eine Wertsteigerung oder Wertschöpfung verbunden. Das heißt, die so bearbeiteten Materialien können zu einem höheren Preis verkauft werden als vor dieser Bearbeitung.

Hierbei ist die Handhabung von Werkstücken in der Produktion notwendig, da die Handhabung den Materialfluss durch die Produktion ermöglicht. Nur bei der Montage oder Verpackung der Werkstücke wird durch die Handhabung der Wert eines Produkts gesteigert, wodurch die Handhabung in der Regel eher der Verschwendung als der Wertschöpfung zugeordnet wird. So wird der Transport von Werkstücken von einer Maschine zur anderen in den Lean-Production-Regeln[2] für die Produktion als überflüssig und somit als zu vermeiden angesehen. Der Transport von Maschine zu Maschine steht im Fokus bei der Betrachtung der Fördertechnik, wobei die Materialflüsse an einem Arbeitsplatz in der Handhabungstechnik näher beleuchtet werden. Beispielsweise sind kurze Wege und ein minimaler Aufwand des Handlings das Ziel vieler Optimierungsmaßnahmen, z. B. im Kaizen.[3] Die Werkstückhandhabung – „eine ständige Quelle der Verschwendung“[4] – wurde bereits in den 1960er-Jahren zum Forschungsschwerpunkt im Bereich der Montagetechnik.

Damals wie heute steht vor allem das Vermeiden von Nebenzeiten bei der Bearbeitung und Montage von Werkstücken im Mittelpunkt, z. B. bei der Be- und Entladung von Maschinen. Der Handhabungsvorgang wird dem eigentlichen Fertigungs- oder Bearbeitungsprozess untergeordnet, da die Handhabung keinen „wertsteigernden“ Effekt auf die Werkstücke hat. Man unterscheidet die zur Herstellung aufgewendete Zeit in die Maschinenzeit und die Handhabungszeit (siehe Abbildung 1.2). Als Maschinenzeit wird der Zeitraum bezeichnet, in dem die Bearbeitungsmaschine arbeitet, d. h. eine Wertsteigerung am Werkstück vornimmt (z. B. Spanabheben, Umformen, Beschichten etc.). Diese Maschinen- oder Nutzungszeit kann nochmals in Nutzungsnebenzeiten und -hauptzeiten untergliedert werden. In der Nutzungsnebenzeit werden z. B. Bohrspindeln auf Drehzahl gebracht und an dem Werkstück positioniert. In der Nutzungshauptzeit erfolgt dann das

Abbildung 1.2 Darstellung der Maschinenzeit und der Handhabungszeit zur Beschickung

eigentliche Abheben des Spanes, also z. B. das Bohren eines Lochs ins Metall. Diese maschinenbedingten Nebenzeiten wurden in den zurückliegenden Jahren immer weiter auf ein Minimum reduziert, um die Leistungsfähigkeit bzw. die Ausbringung von Bearbeitungsmaschinen weiter zu steigern. Die Hauptzeiten von Maschinen stehen ständig unter Druck und werden beispielsweise durch neue Materialien in der Werkzeugherstellung immer weiter gesenkt.

Die Neben- oder Handhabungszeiten werden in die einzelnen Tätigkeiten unterteilt, die notwendig sind, bis ein Werkstück in einem Spannfutter einer Bearbeitungsmaschine eingespannt ist. Diese Tätigkeiten laufen in der Regel außerhalb der Maschine ab und umfassen die Tätigkeiten zur Qualitätssicherung, wie in Abbildung 1.2 dargestellt ist.

Ziel jedes Fertigungsplaners ist es, die Nebenzeiten parallel zu den Hauptzeiten der Maschine ablaufen zu lassen. Damit ist z. B. selbstverständlich, dass ein Handlinggerät zur Werkstückentnahme aus der Maschine in einer Warteposition vor der Maschine warten muss, wenn die Hauptzeit abgelaufen ist. Bei nicht optimal ausgelegten Prozessabläufen ergibt sich eine Wartezeit der Maschine auf das Entnahmehandling. Wenn z. B. der Roboter zur Entnahme aus einer Spritzgussmaschine (siehe Abbildung 1.3) noch weitere Aufgaben, wie beispielsweise das Entfernen des Angusses, auszuführen hat, so muss dieser Prozess in jedem Fall eine kürzere Prozessdauer aufweisen oder der Roboter muss das Werkstück in einer separaten Station zum Entfernen das Angusses ablegen können. Der Roboter sollte zur Entnahme des nächsten Teils aus der Maschine wieder bereitstehen, um eine möglichst hohe Produktivität der Spritzgussmaschine zu gewährleisten.

Die Planung solcher Prozesse bedarf daher einer genauen Analyse der Prozesszeiten, da es weder Sinn macht, den Roboter vor der Maschine warten zu

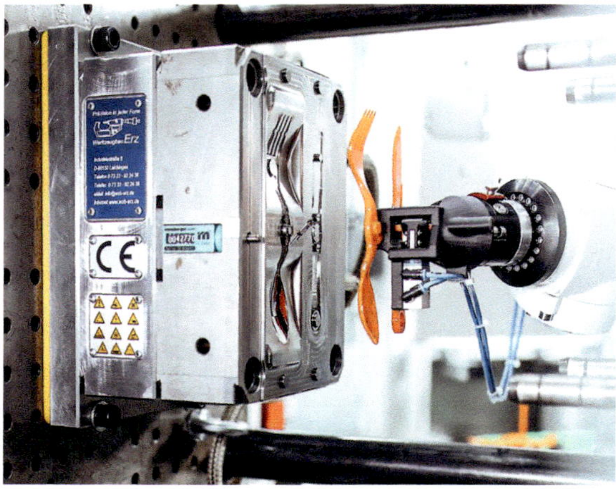

Abbildung 1.3 Entnahme eines Werkstücks mit Anguss aus der Spritzgussmaschine (Quelle: KUKA)[5]

lassen, noch die Maschine auf den Roboter warten zu lassen. Allerdings ist bei diesen Aufgabenstellungen die Varianz von Bauteilen und damit der jeweiligen Prozessdauern zu beachten, da häufig Maschinen mit unterschiedlichen Werkstücken mit variablen Bearbeitungszeiten arbeiten. Damit ist gemeint, dass eine Automation an einer Spritzgussmaschine je nach dem zu fertigenden Bauteil unterschiedliche Prozesszeiten zur Verfügung hat. So können einfache Teile mit geringem Volumen innerhalb weniger Sekunden gespritzt werden. Großvolumige, komplexe Bauteile wiederum benötigen dagegen Minuten. Ein an der Spritzgussmaschine fest installiertes Handhabungsgerät ist daher eventuell zu langsam oder zu schnell für die Bearbeitungsaufgaben.

Um Nebenzeiten, die sich nicht vermeiden ließen, produktiver zu gestalten, wurden bei der Automatisierung von manuellen Handhabungsaufgaben Lösungen gesucht, die den Bediener von der eigentlichen Maschinenzeit entkoppelten. Der Mensch hat gegenüber dem fest installierten Handhabungsgerät den Vorteil, mobil zu sein und somit von Maschine zu Maschine gehen zu können. Durch die Speicherung von Material vor und nach den

Bearbeitungsmaschinen konnte die Handhabung des Materials in die Maschine und wieder heraus und somit der menschliche Bediener von der direkten Taktbindung entkoppelt werden.

In Abbildung 1.4 ist eine Presse mit einem Stangenmagazin dargestellt. Die Werkstücke (in diesem Fall Scheiben) werden hierbei vom Werker in das Stangenmagazin eingebracht. Dabei nimmt das Stangenmagazin eine bestimmte Anzahl an Scheiben auf. Die Größe des Stangenmagazins ist so ausgelegt, dass der Werker eine sinnvolle Zeit bekommt, um andere Tätigkeiten in der Produktion bzw. mehrere solcher Pressen beschicken zu können. Somit ist er von der Taktbindung der einzelnen Presse entkoppelt. Er muss nicht nach jedem Hub der Presse ein neues Teil einlegen bzw. entnehmen. Die Handhabung der Werkstücke erfolgt automatisiert.

Die Puffer oder Speicher an den Maschinen dienen darüber hinaus bei der Verkettung von Bearbeitungsmaschinen als Störungspuffer. Diese Puffer sind nach den Methoden der Lean Production nicht gewünscht, da sie die Sicht auf die eigentlichen Prozesse und deren Unzulänglichkeiten versperren. So wird mit einem Störungspuffer eine Verschwendung durch einen unzuverlässigen Prozess nicht oder erst spät sichtbar. Verschwendung ist die Folge dieser nicht zuverlässigen Prozesse und deren Entdeckung wird besonders gut möglich, wenn kein Störungspuffer den Blick auf die Störungsquelle verschleiert. Insofern ist es für die Optimierung einer Wertschöpfungskette oder Prozesskette hinderlich, wenn Puffer die Fehler von Prozessen abmildern, indem nicht gleich die gesamte Produktionsstraße zum Stillstand kommt.

Abbildung 1.5 zeigt eine Verkettung von Bearbeitungsmaschinen, die jeweils durch Puffer gegen Störungen abgesichert sind. Das heißt, wenn beispielsweise in der ersten Maschine eine Störung entstehen sollte, kann die zweite Maschine weiter produzieren, ohne von der Störung der ersten Maschine betroffen zu sein, bis der Puffer leer ist. Bei diesem Beispiel wird auch die Problematik der Pufferauslegung deutlich. Wie groß muss ein Puffer ausgelegt werden, damit die Störung überbrückt werden kann? Man muss tatsächlich die Zeit zur Störungsbehebung kennen, um den Puffer richtig dimensionieren zu können. Darüber hinaus wird klar, dass die Puffer noch voll bzw. leer sein können, sollten kurz hintereinander Störungen an einer Maschine auftreten. Es ist also nicht unerheblich, welche Prozesszeiten die einzelnen Maschinen in der Kette haben und dass sie die Möglichkeit haben müssen, durch eine

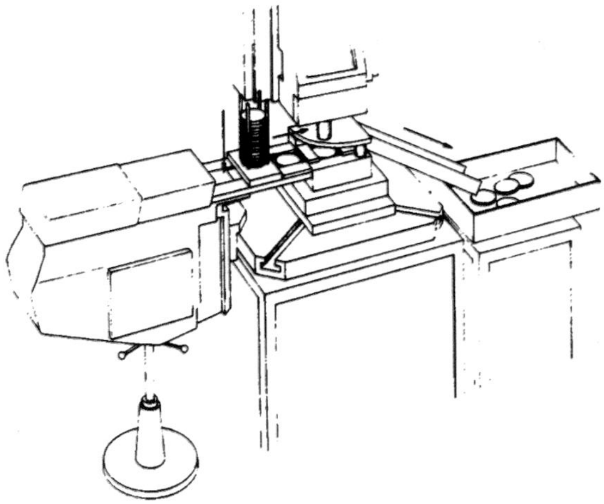

Abbildung 1.4 Entkopplungsmöglichkeit durch Speicher vor und nach der Bearbeitungsmaschine (Quelle: Warnecke/Schraft)[6]

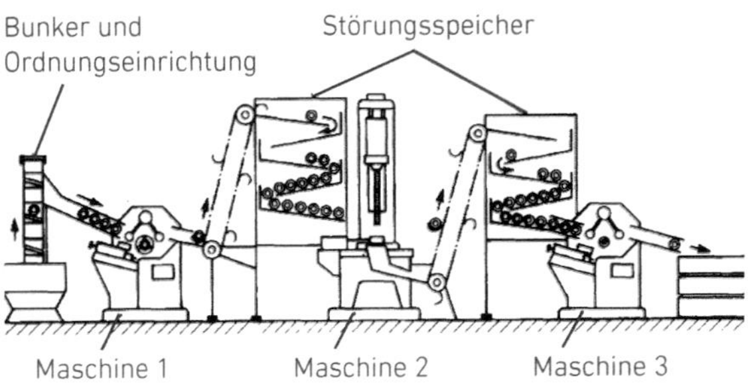

Abbildung 1.5 Störungspuffer zwischen Maschinen können den Stillstand einzelner Produktionsmaschinen verhindern. (Quelle: Warnecke/Schraft)[6]

beschleunigte Abarbeitung der Werkstücke den Puffer wieder zu entleeren. Andernfalls kann diese Störungspufferung keine Wirkung entfalten. Dies widerspricht dem heutigen Vorgehen, die Kapazität der einzelnen Maschinen maximal auszulasten, um einen möglichst kurzen Return on Investment (ROI) zu generieren. Damit sind der Verkettung von Maschinen über Störungspuffer in der Praxis enge Grenzen gesetzt.

Ein Beispiel für die direkte Verkettung von Produktionsmaschinen finden Sie im Internet unter https://www.youtube.com/watch?v=jZrthqpLLuU, bei dem gezeigt wird, wie sich drei Spritzgussmaschinen synchronisieren können.

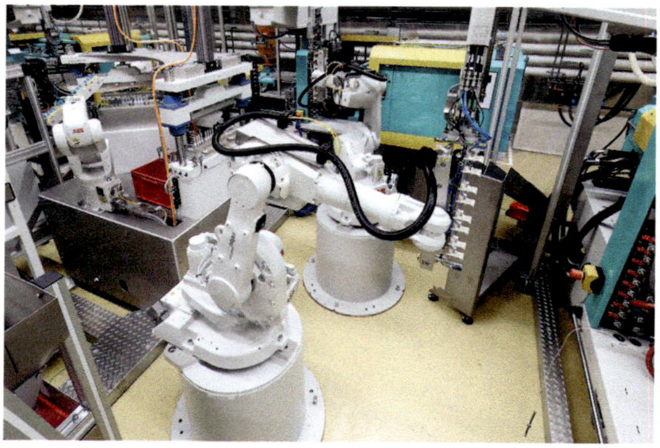

Abbildung 1.6 Direkte Verkettung ohne Störungspuffer von Spritzgussmaschinen mit Robotern (Quelle: medmix, robomotion, ABB)[7]

Hier setzt der Lean-Gedanke an, indem er eine Prozesskette von Maschinen möglichst ohne Puffer plant. Mit den Ansätzen einer durchgängigen Prozesskette ohne Puffer oder Speichermöglichkeit werden erhöhte Anforderungen an die Bearbeitungsmaschine und deren Einzelverfügbarkeiten gestellt. Dies führt in der Technik dazu, dass im Maschinenbau in der Regel nur dauergeprüfte Komponenten zum Einsatz kommen, um ein Höchstmaß an Prozesssicherheit zu gewährleisten. Damit gewinnen die verbleibenden Handhabungsvorgänge in einer Produktionsstraße ohne Puffer an Bedeutung bzw. es muss bei deren automatischer Ausführung auf eine hohe Funktionssicherheit geachtet werden.

Wird z. B. an einem Roboter eine Greiferkomponente eingesetzt, so wird der ausführende Konstrukteur auf Komponenten zurückgreifen, die eine hohe Lastspielzahl laut Datenblatt garantieren. Im Sinne der Total Cost of Ownership (TCO)[6] ist daher nicht nur der Preis einer Komponente interessant, sondern ebenfalls deren Lebensdauer und deren Ausfallhäufigkeit. Eigenkonstruktionen haben hier in der Regel den Nachteil, dass diese bei Weitem nicht so gut geprüft und ausgereift sein können wie langzeitgetestete Standardkomponenten.

Eine Eigenkonstruktion, z. B. eines Greifers, ist normalerweise auch aus Kostengründen zu vermeiden, da standardisierte Komponenten meist kostengünstiger angeboten werden. Die Entwicklungskosten einer fertig aus dem Katalog zu beziehenden Automatisierungskomponente sind auf eine hohe Stückzahl umgelegt. Bei hohen Stückzahlen kann das eventuell anders bewertet werden. Hier sollten jedoch alle Kosten, einschließlich der Lagerhaltungskosten für die spezifischen Ersatzteile und die notwendigen Dauerversuche, mit in die Kalkulation einbezogen werden.

Hieran wird deutlich, wie stark bereits bei der Auslegung von Handhabungsaufgaben auf die spätere Prozesssicherheit und damit auf die Gesamtanlageneffektivität (GAE) oder englisch die Overall Equipment Effectiveness (OEE) Einfluss genommen wird.

Der OEE-Wert wird in der Regel als Kennzahl zwischen 0 und 100 % angegeben. 100 % wäre ein anzustrebender Idealzustand, der in der Praxis allerdings zum Teil weit darunter liegt. Wichtig für die weitere Betrachtung ist allerdings, dass die Handhabungsprozesse alle drei Einflussgrößen Zeit, Leistung und Qualität beeinträchtigen. Somit führt ein sicherer Handhabungsprozess auch zu einem guten OEE-Wert. Je mehr Handhabungsprozesse eine Maschine oder eine Prozesskette

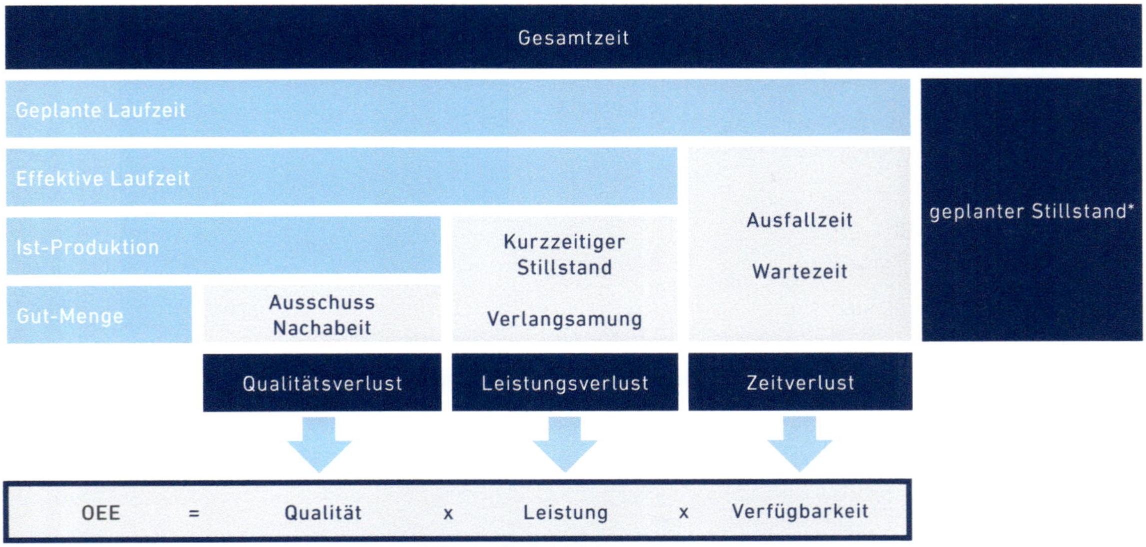

Abbildung 1.7 Grafische Darstellung der Ermittlung des OEE-Wertes in der Produktion (Quelle: fme AG)[8]

enthält, desto wichtiger wird eine hohe Verfügbarkeit des Einzelprozesses. Damit kommt erprobten Komponenten und Baugruppen eine immer wichtigere Rolle zu, da andernfalls die effektive Laufzeit eingeschränkt oder die Leistung gemindert wird.

Moderne Handhabungssysteme erlauben durch eine hohe Dynamik immer kürzere Zykluszeiten der Handhabungsaufgabe. Das hat zur Folge, dass die Maschinenleistung weiter gesteigert werden kann. Tabelle 1.1 zeigt Beschleunigungs- und Geschwindigkeitswerte unterschiedlicher Handhabungssysteme auf. Besonders auffällig sind dabei Lineardirektantriebe und Parallelkinematik mit Beschleunigungswerten, die ein Vielfaches der Erdbeschleunigung erreichen.

War bislang vor allem die reine Dynamik für den Handhabungsprozess entscheidend, so treten mit der ganzheitlichen Betrachtung im Sinne des OEE ebenfalls Aspekte wie etwa die Positioniergenauigkeit in den Vordergrund. Selbst bei einer einfachen Verpackungsaufgabe mit mehreren Millimetern Positioniertoleranz des Produkts in der Packung können sich bei ungünstig kombinierten Toleranzfeldern Ablagefehler ergeben, die zu Störungen des Verpackungsprozesses führen. Dies trifft vor allem dann zu, wenn es sich bei den Produkten um Naturprodukte handelt, die keine eindeutig definierte Form haben, wie z. B. Würste oder Gebäck. Daher ist der Handhabungsprozess nicht nur unter dem Aspekt der pro Zeiteinheit bewegten Werkstücke zu charakterisieren, sondern es spielen auch die Randbedingungen der Handhabungsaufgabe und die spezifischen Eigenschaften der Werkstücke eine entscheidende Rolle.

Sind Handhabungsaufgaben für den Menschen mit seiner flexiblen „Greiftechnik" und den leistungsfähigen „Sensoren" (optisch und taktil) weitestgehend intuitiv zu bewerkstelligen, so ist die technische Lösung bisweilen eher komplex.

Um Handhabungsprozesse besser analysieren zu können, lässt sich der Prozess in unterschiedliche Abschnitte gliedern. Wir unterscheiden drei wesentliche Prozessphasen: Greifen, Bewegen, Ablegen (siehe Abbildung 1.8).

Antriebsart	Zwischenstellung	Maximal-geschwindigkeit	Maximal-beschleunigung	Positionier-genauigkeit
Pneumatikantrieb	nur mit Zusatz-konstruktion möglich	ca. 1,2 m/s	-	auf Anschlag
Riemenantrieb	möglich	ca. 3 m/s	ca. 10 m/s^2	0,1 mm/m
Spindelantrieb Elektromotor	möglich	ca. 2,5 m/s	ca. 10 m/s^2	0,05 mm/m
Mitlaufende Achse externerm Antrieb	nur mit Zusatz-konstruktion möglich	ca. 3 m/s	ca. 10 m/s^2	-
Linearachse Direktantrieb	möglich	ca. 5m/s	ca. 100 m/s	ca. 0,05 mm/m
Parallelkinematik	möglich	ca. 10 m/s	ca. 120 m/s^2	ca. 0,5 mm

Tabelle 1.1 Vergleich unterschiedlicher Achssysteme in ihrem dynamischen Verhalten

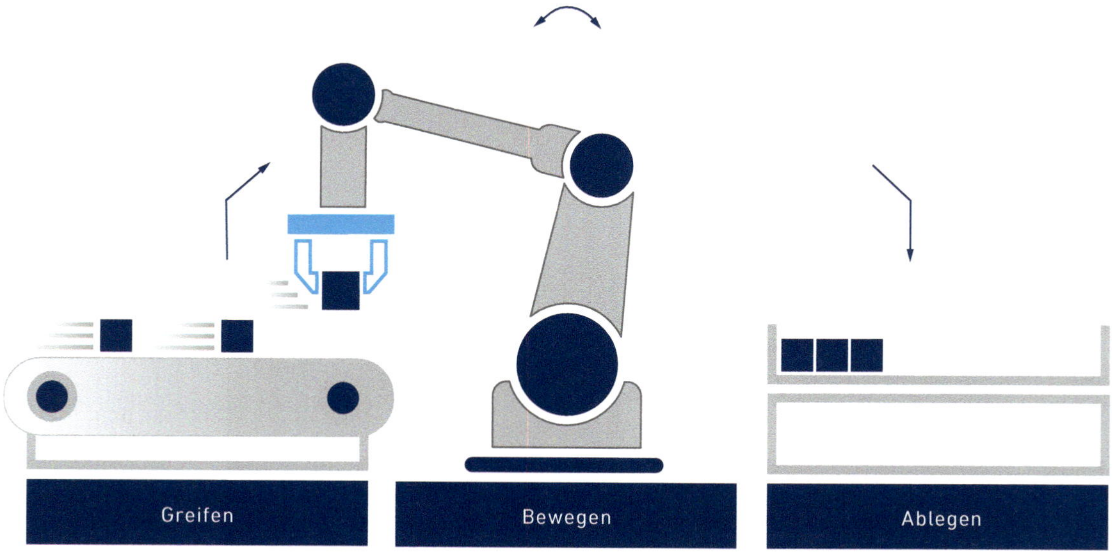

Abbildung 1.8 Unterteilung des Handhabungsprozesses in seine Hauptphasen

In der Greifphase spielen sowohl das Werkstück als auch die Greifsituation eine besondere Rolle. Zum einen weist das Werkstück besondere Merkmale und Eigenschaften auf, die beim Greifen berücksichtigt werden müssen (z. B. Gewicht, Geometrie, Empfindlichkeit etc.), zum anderen ist das Greifszenario zu beachten, wie beispielsweise die Zugänglichkeit oder Werkstückbewegung. Da die Greifzeit direkt in die gesamte Handhabungszeit mit eingeht, ist dies häufig im Sinne der Wirtschaftlichkeit von Automatisierungslösungen eine interessante Kennzahl von Greifern.

Die Bewegungsphase ist durch die Handhabungsaufgabe definiert. Hier spielen vor allem die geforderte

Zykluszeit und die daraus resultierenden Beschleunigungswerte eine Rolle. Je nach Bewegungsbahn ergeben sich mit der Werkstückmasse unterschiedliche Kräfte in der Kontaktfläche zwischen Werkstück und Greiferfinger. Auch hier wird in der Regel versucht, die Bewegungszeit so kurz wie möglich zu halten, d.h., es werden die maximal möglichen Beschleunigungen und kürzesten Wege mit dem Handhabungssystem gefahren. In seltenen Fällen ist dies auch aus Greifprozessgründen wichtig, da es haftende Werkstücke gibt, die mit zunehmender Haltedauer im Greifer Adhäsivkräfte zwischen Finger und Werkstückoberfläche aufbauen können. Bei heißen Werkstücken ist eine maximale Haltedauer zu definieren, um eine Schädigung des Greifers durch Wärmeeinwirkung zu vermeiden.

In der Ablegephase kommen ähnliche Faktoren wie in der Greifphase zum Tragen. Zum einen ist die Öffnungszeit des Greifers wichtig, um eine kurze Gesamttaktzeit zu erzielen. Hier ist zu beachten, dass je nach Greifertyp die Schließzeit bei manchen Greiferkonstruktionen von der Öffnungszeit abweicht. Zum anderen ist wieder die Zugänglichkeit für die Auswahl des jeweiligen Greifprinzips wichtig. Besonders bei kurzen Handhabungszeiten, wie denen von Parallelkinematiken, nehmen die Greif- bzw. Ablegephase gegenüber der eigentlichen Bewegungsphase einen erheblichen Teil der Zeit in Anspruch. So ist es entscheidend, die Greif- bzw. Ablegezeit auf die Millisekunde genau zu bestimmen, da andernfalls die Gesamttaktzeit unnötig ansteigen kann. Will man die Greif- und Ablegephase korrekt erfassen, so ist zunächst die Untersuchung des Werkstücks, der spezifischen Merkmale sowie der Zugänglichkeit angezeigt. Diese wird in Kapitel 3 dieses Buches detailliert betrachtet.

Es ist für das Greifen essenziell, an welchen Stellen das Werkstück gegriffen werden kann. Darüber hinaus ist jedoch zu klären, wie es z.B. in dem Arbeitsraum eines Roboters bereitgestellt wird, also wie es für den Greifer erreichbar ist. Erst danach können die Fragen geklärt werden, wie weit die Finger zum Greifen geöffnet werden müssen und wie fest sie zusammengedrückt werden dürfen. Das Öffnen der Finger ist dann beim Ablegen unter Umständen wieder wichtig, wenn z.B. in schwer zugänglichen Situationen abgelegt werden muss. Dieser ganze Prozess lässt sich sensorisch überwachen und sicherheitstechnisch für unterschiedliche Gefährdungssituationen auslegen.

Die Bewegungsphase der Werkstücke wird in Kapitel 4 behandelt. Vor allem für die Wirtschaftlichkeit ist ein dynamischer Handhabungsprozess bzw. eine dynamische Bewegungsphase essenziell. Die Bewegungsphase ist in der Regel die längste Phase beim Handhabungsprozess. Dabei ist unter anderem auch die Werkstückschonung zum Erhalt der Qualität der Produkte zu berücksichtigen. Die Beschleunigungsphasen bzw. im Gegenzug die notwendigen Abbremsphasen sind die für die Greifkraft kritischsten Abschnitte in der Bewegungsbahn des Roboters. So können beispielsweise empfindliche Produkte bei hohen Beschleunigungen Schaden nehmen. Darüber hinaus kann es sein, dass Produkte bei Bewegungen mit hohen Querbeschleunigungen stärker gegriffen werden müssen, um sie während der Fahrt nicht zu verlieren. Das kann dann zu Beschädigungen auf den Produkten durch den Greifer selbst führen.

Kapitel 5 rundet die Betrachtungen zur Handhabungstechnik ab, indem sowohl neue Anwendungen der Greif- und Robotertechnik beleuchtet werden als auch der Blick in die Zukunft der Automatisierungstechnik versucht wird. Dabei können vor allem die Möglichkeiten der Software in Verbindung mit leistungsstarker künstlicher Intelligenz, gepaart mit Roboterhardware, Sensoren und Greiferkomponenten, neue Anwendungsfelder für die Robotik erschließen. Besonders das schnelle Lernen von Robotern für Applikationen in unstrukturierten und variablen Umgebungen wird die Einsatzfähigkeit der Technik deutlich erweitern.

1.2 Was treibt die Automatisierung an?

Welche Faktoren beeinflussen die Entwicklung der Automatisierungstechnik und damit auch der Handhabungstechnik? In diesem Abschnitt werden die Treiber der Entwicklung der Automatisierung in der Handhabungstechnik beleuchtet. Was hat zur Entwicklung von leistungsfähigen Komponenten der Technologie geführt? Die technische Entwicklung wird sowohl historisch in Kapitel 2 und mit Ausblick auf die Zukunft in Kapitel 5 betrachtet. In diesem Abschnitt stehen dagegen die Rahmenbedingungen im Vordergrund, die für die Automatisierungstechnik und insbesondere die Handhabungstechnik heute gelten.

Die Handhabungstechnik mit Robotern als flexiblen Handhabungssystemen kann in unterschiedlichsten Branchen bei der Produktentstehung bzw. Wertschöpfung zum Einsatz kommen. Seit über 50 Jahren gibt es die Roboter als Industriemaschinen schon. Sie sind heute zum Kernelement von Automatisierungsaufgaben in der Handhabungstechnik geworden. Ihre Peripherie besteht sowohl aus Hardware- als auch Softwarebausteinen, die den jeweiligen Einsatzfall ermöglichen.

Eine möglichst effiziente Produktentstehung ist die Hauptmotivation für den Einsatz von Handhabungstechnologien und -komponenten. Die Produktivität, mit der diese Produktentstehung geschieht, entscheidet mit dem Preis und der Qualität meist wesentlich über den Erfolg des Produkts am Weltmarkt. Die Produktivität ist daher auch die Kenngröße, die der Gesellschaft zu Wohlstand im Sinne des Bruttosozialprodukts verhilft und für viele die Lebensqualität an sich definiert.

Darüber hinaus tragen eine digitalisierte und automatisierte Verpackung und Logistik heute genauso zum Markterfolg von Produkten bei, wie deren effiziente Produktion. Seit der Erfindung des Onlinehandels mit seinen durchgängigen Logistikketten sind wir es gewohnt, innerhalb von Tagen bzw. Stunden nach Bestellung Produkte aller Art geliefert zu bekommen. Ohne Produktivität in der Lieferkette wären diese Möglichkeiten undenkbar.

Abbildung 1.9 verdeutlicht den Einsatzbereich und die Technologiefelder für die Handhabungstechnik bei der Produktentstehung und bei der Logistik.

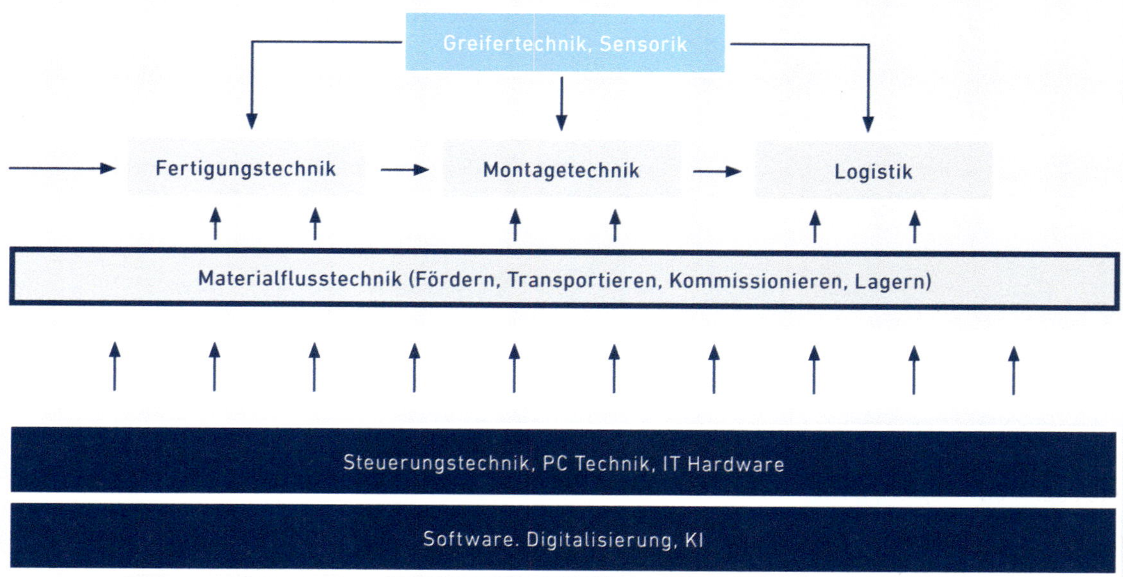

Abbildung 1.9 Technologiefelder in der Produktion und Logistik (Quelle: Schraft/Kaun)[9]

Produktivität war im Laufe der Menschheitsgeschichte schon immer der Schlüssel, um das Leben angenehmer und lebenswerter zu gestalten, angefangen bei der Erfindung erster Werkzeuge und der Bildung von Jagdgemeinschaften bis hin zum Beginn der industriellen Revolution mit ihrer starken Arbeitsteilung und der damit einhergehenden Entstehung komplexer Gesellschaften. Versorgte ein Bauer zu Beginn der industriellen Revolution maximal 5 Personen mit Lebensmitteln, so liegt dieser Wert heute bei ungefähr 140 Personen pro Landwirt.[10]

Diese Lieferketten entstanden und entstehen aktuell in allen Weltregionen. Die übergeordneten Faktoren und Trends, die zu einem wachsenden Bedarf an Handhabungstechnologie bzw. Automatisierungskomponenten in der Vergangenheit geführt haben und in den nächsten Jahrzehnten führen werden sind in Abbildung 1.10 dargestellt.

Immer mehr Menschen haben an einem wachsenden Lebensstandard teil. In den Schwellenländern vollzieht sich häufig in atemberaubender Geschwindigkeit ein Wandel von der Agrarwirtschaft hin zur Industrie- und Dienstleistungsgesellschaft. Diese sind dann zunächst als verlängerte Werkbank der alten Industrienationen abhängig vom Export ihrer Waren. Die Gesellschaften entwickeln sich aber schnell weiter und generieren einen Binnenmarkt und eigene Produktlinien und Dienstleistungen. Bezeichnenderweise haben die oft jungen Gesellschaften afrikanischer Staaten die Chance, ganze Entwicklungsschritte zu überspringen und z. B. statt der Einführung des Festnetztelefons direkt die Mobilfunktelefonie einzuführen. Das spart Ressourcen und bringt die Gesellschaften schneller voran.

In den „alten" bzw. „reifen" Industrieländern muss der Anteil der Industrieproduktion am BIP nicht zwangsweise sinken. Eine verstärkte Automatisierung der Herstellungsprozesse verringert den Anteil der Personalkosten an den Herstellungskosten. Automatisierung fördert somit die Wettbewerbsfähigkeit und macht eine Verlagerung ins kostengünstigere Ausland unnötig. Nur jene Industrien konnten lokal in den Ländern verbleiben, die eine hohe Wettbewerbsfähigkeit hinsichtlich Qualität, Preis und Lieferzeit aufweisen konnten – alles Faktoren, die sich durch eine hohe Produktivität beeinflussen lassen. Eine aus geopolitischen Gründen durch Subventionen im Land gehaltene Industrie ist in der Regel kein Erfolgsmodell und unter Experten umstritten. Allerdings müssen Maßnahmen zum Schutz neu entstehender Industrien und Branchen unternommen werden, wenn andere Weltregionen wettbewerbsverzerrende Maßnahmen ergreifen.

Das in Abbildung 1.11 dargestellte kumulierte Weltwachstum des BIPs zeigt eindrücklich die Vervierfachung des BIPs vom Jahr 2000 bis heute auf ca. 120 Billionen US $. Die Menschheit ist im gleichen Zeitraum von ca. 6 auf 8 Milliarden Menschen, also um ca. 35 % angewachsen. Das heißt, in vielen Teilen der Welt ist das BIP deutlich angewachsen. Sicher ist das BIP nicht die einzige Größe, die über den Wohlstand einer Nation Auskunft gibt, und bestimmt kann auch nicht immer

Abbildung 1.10 Wesentliche Faktoren für das Wachstum bei den Automatisierungskomponenten

etwas über die Zufriedenheit der Bevölkerung ausgesagt werden. Außerdem erfasst die Steigerung des Wohlstandes nicht alle Bevölkerungsgruppen gleichermaßen, was besonders für die Entwicklungsländer gilt.

Das wirtschaftliche Bild der Welt, wie es zu Beginn der Industrialisierung bestanden hat, verschiebt sich seit den Jahren nach der Coronapandemie spürbar. China dominiert immer mehr die Weltwirtschaft und neue Player wie Indien kommen ins Spiel. USA und Europa wachsen moderat. Dies führt zu einer Verschiebung der Anteile an der Weltwirtschaft (siehe Abbildung 1.12). Wie die Charts zeigen, wird der prozentuale Anteil am weltweitem BIP für die USA, Europa und Japan zurückgehen.

Die Zeiten, in denen Deutschland zu den bestimmenden Wirtschaftsregionen der Welt gehörte, gehen zu Ende. Nicht unbedingt, weil Deutschland schrumpft, sondern weil die restliche Welt an der Verteilung des Wohlstandes teilhat. Die steigenden Löhne sind ein Indikator für einen steigenden Lebensstandard.

Das Lohnniveau ist wesentlich für eine Standortentscheidung, besonders in Produktionen mit hohen Handhabungsanteilen. Steigt dieses Lohnniveau, muss die Produktivität in den Fabriken erhöht werden, um am Markt wettbewerbsfähig zu bleiben. So zeigt ein Blick auf die Grafik in Abbildung 1.13, wie notwendig eine wettbewerbsfähige Produktion ist, wenn schon ein räumlich sehr eng beieinanderliegender Wirtschaftsraum wie die Europäische Union Lohnkostenunterschiede von 44,70 € in Dänemark zu 5,30 € in Bulgarien aufweist.

Besonders bei Produkten mit hohen Montageanteilen ist der Anteil der Lohnkosten zu berücksichtigen. Die einzelnen Branchen verhandeln in Deutschland in der Regel gesondert über die Lohnanpassungen. Das heißt, jede Branche hat ein eigenes Lohnniveau. Mit der Einführung des Mindestlohnes wurden viele Branchen

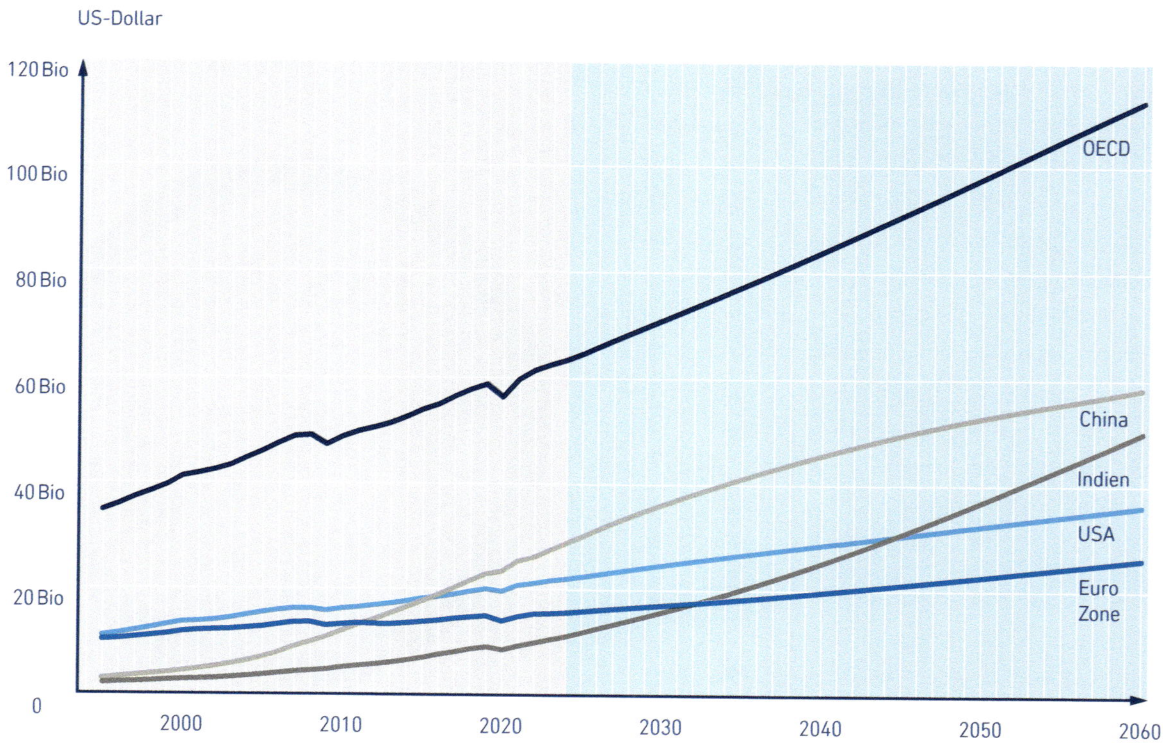

Abbildung 1.11 Vergleich der Entwicklung des Bruttoinlandprodukts zwischen wesentlichen Wirtschaftsräumen (Quelle: OECD)[11]

inzwischen stärker dazu gebracht, über eine Automatisierung nachzudenken. Insgesamt kann pauschal davon ausgegangen werden, dass Branchen mit einem hohen Lohnniveau stärker automatisiert werden oder aber in Länder mit niedrigerem Lohnniveau abwandern, wenn diese nicht mit lokalen Dienstleistungen verbunden sind. Darüber hinaus kann eine Verlagerung in einem gemeinsamen Binnenmarkt häufig ohne Einbußen des Lieferservicegrades erfolgen. Jedes Unternehmen muss wettbewerbsfähige Preise am Markt anbieten, wenn es auf Dauer überleben will. Daher müssen sowohl die Art der Produktion und die Möglichkeiten einer Effizienzsteigerung als auch die Verlagerung an billigere Produktionsstandorte ständig geprüft werden.

Mit zunehmender Ausdifferenzierung der Märkte in Industrieländern entwickelt sich eine immer mehr den individuellen Bedürfnissen angepasste Angebotsstruktur von Produkten. Diese lassen sich zum einen heute in vielen Bereichen durch Anpassung bzw. Freischaltung von Softwarepaketen (bzw. Apps) erreichen, wie das Beispiel Smartphone eindrücklich zeigt.

Die individuelle Anpassung an Kundenwünsche nimmt weiter zu. Das heißt, die Anzahl an Produktvarianten nimmt mit zunehmendem Lebensstandard deutlich

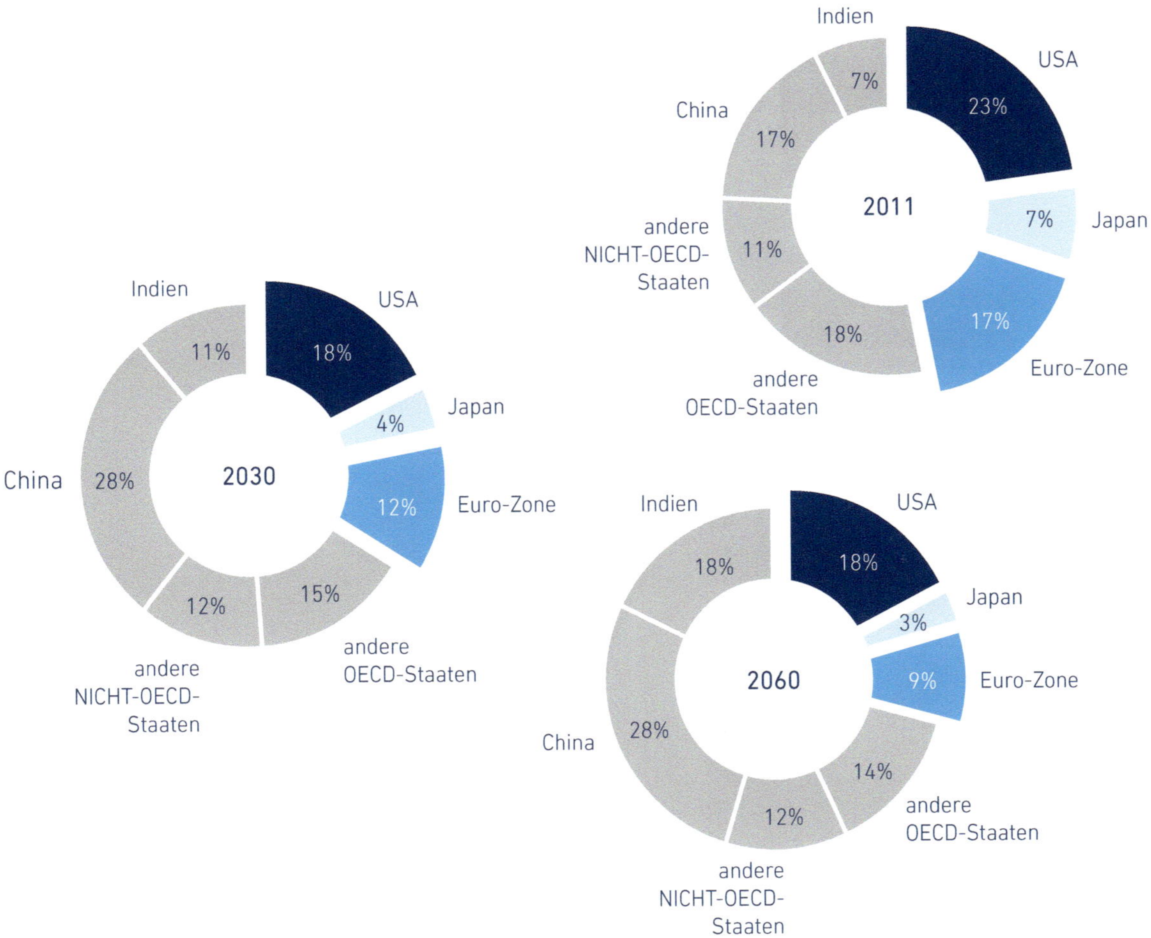

Abbildung 1.12 Europas Anteil am weltweiten BIP schrumpft (Darstellung 2011, 2030, 2060) (Quelle: OECD)[12]

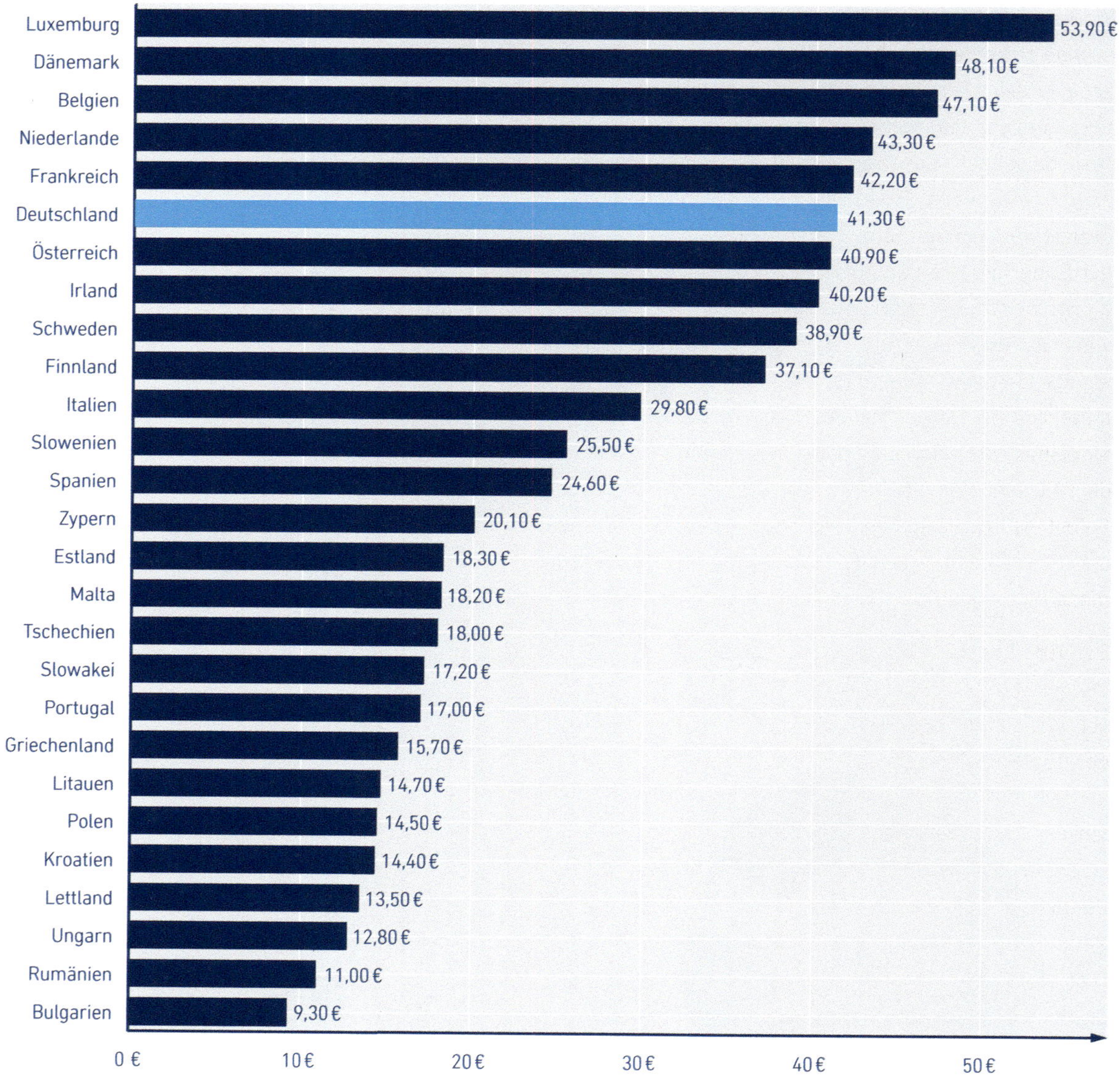

Abbildung 1.13 Lohnkostenverteilung für eine Arbeitsstunde in der EU (Quelle: Statistisches Bundesamt)[13]

zu. In der Automobilindustrie spricht man z. B. von einer Verdreifachung der Varianten seit den 1990er-Jahren bei gleichzeitig zurückgehenden Produktlebenszykluszeiten.[14] Hinzu kam die Veränderung im Antriebsstrang, die viele Hersteller zu einem Parallelangebot von Verbrennern neben elektrisch angetriebenen Autos zwingt. Die Vielzahl an Varianten in der Produktion führt in der Folge zu kleineren Losgrößen, die jeweils hergestellt werden müssen. Diese kleineren Losgrößen münden in kürzere Laufzeiten der Produktionsanlagen, bis wieder auf ein anderes Werkstück umgerüstet werden muss. Die Flexibilisierung der Automatisierung ist daher eine wesentliche Aufgabenstellung, um ein breites Spektrum an Waren herstellen zu können. Dies dient sowohl der Ressourcenschonung als auch der Investitionssicherheit.

Waren es Anfang der 1970er-Jahre nur wenige 1000, so sind es heute weit über 10.000 Einzelteile pro Fahrzeug,[15] die im Schnitt in knapp 24 Stunden[16] zu einem hochwertigen Massenprodukt montiert werden. Interessant ist dabei, dass heute die Mehrzahl der Komponenten eines Autos nicht mehr in derselben Fabrik produziert wird, die das Auto herstellt. Weit über die Hälfte der Baugruppen eines Autos kommt von Zulieferern, die wiederum Einzelteile ebenfalls aus einem Netzwerk von Lieferanten erhalten. Diese müssen nicht zwingend direkt neben dem Montagewerk des Automobilherstellers produzieren. Häufig sind globale Lieferketten entstanden. Bei manchen Herstellern geht die Wertschöpfungstiefe kaum mehr über 10 % hinaus. Selbst die Entwicklung der Fahrzeuge muss aufgrund der immer weiter steigenden Variantenvielfalt zunehmend an Dienstleister ausgelagert werden.

Der Trend zur grenzenlosen Globalisierung ist spätestens mit den enormen geopolitischen Verwerfungen seit Ausweitung des Ukrainekrieges 2022 ins Stocken geraten. Wie eingangs erwähnt, denkt man zumindest in der Politik darüber nach, wie mehr Anreize zu lokalen Produktionen geschaffen werden können. Viele international agierende Unternehmen verfolgen Produktionsstrategien, die zumindest je Kontinent eine Versorgung der jeweiligen Märkte sicherstellen sollen. Hier sind Produktionsmittel gefordert, die sowohl hinsichtlich ihrer Flexibilität als auch ihrer Ausbringmenge einen wirtschaftlichen Betrieb ermöglichen. Damit kommt den Komponenten der Automatisierungstechnik eine hohe Bedeutung zu, da sich diese in die unterschiedlichsten Maschinen und Anlagen verbauen lassen. Ein Sensor zur Bauteildetektion kann genauso in einem Hochregallager in der Logistik zum Einsatz kommen wie in einer Verpackungsmaschine die Folienüberwachung durchführen.

Dieser fast in allen Industriezweigen feststellbare Trend zu mehr Varianten wird noch durch die von den Kunden geforderten kurzen Lieferzeiten verschärft. Aus Kapitalbindungsgründen ist allerdings der Lagerbestand in den Produktionen auf ein Minimum reduziert worden. Insofern fordert der Trend zu kurzen Lieferzeiten daher das direkte Anstoßen der Produktion unmittelbar nach dem Eingang des Kundenauftrags. Die technischen Möglichkeiten bestehen hierzu, wenn die Automation der Produktion eine wirtschaftliche Fertigung in der Nähe des Kunden zulässt. Dieser Trend wird die lokale Produktion von Gütern mit individuellen Anteilen wieder stärker in den Vordergrund der Überlegungen von Produktionsplanern und Logistikern rücken.

Die Durchlaufzeiten der Produkte müssen für eine Verkürzung der Lieferzeit trotz zunehmender Komplexität kürzer werden, sodass häufig eine Produktion im Land oder zumindest auf dem Kontinent, in dem die Produkte konsumiert werden, notwendig ist. Eine lokale Fertigung, die bei kleinen Losgrößen effizient produzieren kann, wird zukünftig attraktiv. Der Schlüssel dazu ist eine flexible Automatisierung, die kurze Umrüstzeiten und eine schnelle Anpassung an neue Produktvarianten bietet. Kombiniert mit flexiblen Fertigungsverfahren, sowohl bei der Erstellung der Produkte als auch für die Komponenten der Automatisierungstechnik (z. B. Werkstückhalter oder Greiferfinger aus 3D-Druckverfahren), ergeben sich immer flexiblere Produktionseinheiten, mit denen sich kleine Losgrößen effizient lokal fertigen lassen. Darüber hinaus bieten Bearbeitungsverfahren mittels Laser und neue Konstruktionsmethoden für Produkte immer mehr Chancen für eine Fertigung in Losgröße 1.

Der Lieferservicegrad hatte sich schon in der Vergangenheit etabliert, bekommt aber seit der Coronapandemie den Anspruch einer resilienten Lieferkette hinzugefügt. So musste in der Pandemie abermals schmerzlich erkannt werden, wie stark die Verfügbarkeit beispielsweise von Computerchips oder Medikamenten von einzelnen Produktionsstätten bzw. Staaten abhängig ist. Es kam durch die pandemiebedingte Stilllegung von Produktionen oder den Abriss der

Versorgung mit Material zu Engpässen in den unterschiedlichsten Branchen. Die starke globale Arbeitsteilung mit den aufgesplitteten Wertschöpfungen und Produktionsstufen stellte sich als besonders verwundbar heraus. Damals schon wurde der Ruf nach einer stärkeren Unabhängigkeit der Weltregionen von der Versorgung durch Asien und im Besonderen von China lauter. Der Begriff „De-Risking" in Bezug auf die Lieferketten wurde als neues Leitbild für die Ausrichtung der Versorgungsstrategien international ausgerufen.

Mit dem Angriff auf die Ukraine durch Russland wurde 2022 dieser Bedarf an Autonomie besonders in Europa aufgrund der Abhängigkeit von fossilen Energien besonders deutlich. Die Resilienz der Lieferketten wurde verstärkt diskutiert, bis hin zu einer Redundanz von bestimmten Lieferketten für besonders kritische Güter. Allerdings kann davon ausgegangen werden, dass sich die Kosten für diese Redundanz an Lieferketten bzw. Produktionsstandorten deutlich erhöhen werden.

Neben dem Lieferservicegrad ist der Qualitätsanspruch bei der Herstellung von Produkten immer wichtiger geworden. Das heißt, es ist erforderlich, in der Produktion bei hoher Qualität Reproduzierbarkeit sicherzustellen. Automatisierung verbessert im Allgemeinen die Reproduzierbarkeit von Prozessen und damit auch die Produktqualität. Grundsätzlich gilt: Die industriellen Prozessfähigkeiten (Toleranz/Prozessstreuung) haben sich mit den Jahren deutlich verbessert. Beispielsweise werden in der Automobilindustrie heutzutage Fehlerraten in ppm (Parts per Million) und nicht mehr in Prozent gemessen. Fertigungsprozesse, bei denen der Mensch noch direkt mitwirkt, haben Fehlerraten im Prozentbereich (1 % = 10.000 ppm). Dies ist einer der Gründe, Fertigungsprozesse ohne das direkte Einwirken des Menschen zu konzipieren, also zu automatisieren.

Die Weiterentwicklung der Sensortechnik (Beispiel: Bildverarbeitung zur 100-%-Inline-Qualitätskontrolle) und der Handhabungstechnik erlauben heute einen ganzheitlichen Ansatz zur Automatisierung der Produktionsprozesse. Dabei werden nicht nur die Prozesssicherheit und damit die Produktqualität, sondern auch die Produktivität und Wirtschaftlichkeit verbessert. Beispielsweise wird der Automatisierungsgrad einer Airbag-Montagelinie auf der ganzen Welt annähernd derselbe sein. Hier bestimmt die Abfolge der Fertigungs-, Prüf- und Handhabungsschritte wesentlich die Qualität des Endprodukts, nebenbei natürlich auch die Produktivität und Wirtschaftlichkeit.

Steigende Anforderungen an die Produktqualität führen in den Schwellenländern zu Investitionen in die Maschinen- und Anlagentechnik, was sich in hohen Exportquoten des deutschen Maschinen- und Anlagenbaus zeigt. Gut drei Viertel der deutschen Maschinenproduktion geht ins Ausland. Hier wird der Anteil an Maschinen mit hoher Produktivität bzw. hoher Effizienz weiter zunehmen, denn wie besprochen sind die wachsenden Volkswirtschaften der Schwellenländer ebenfalls auf Produktivitätszuwächse angewiesen.

Daher ist die Entwicklung der Handhabungstechnik in der Vergangenheit in Deutschland nicht mehr beispielhaft für die heutige Entwicklung in Schwellenländern zu sehen, die derzeit immer schneller in einen Produktivitätsdruck geraten. Heutige Schwellenländer können dafür bereits auf ein breites Angebot an Produktionstechnik für die flexible Automatisierung zurückgreifen. Es stehen ihnen hoch entwickelte Roboter mit den zugehörigen Peripheriekomponenten wie Greifern, Sensoren und Modulbaukästen zur Verfügung. Darüber hinaus haben die Maschinenbauer unterschiedlichster Branchen auf den Bedarf reagiert und bieten standardmäßig Handhabungseinrichtungen für die Werkstücke an ihren Maschinen mit an.

In China sind trotz eines Wachstumsrückgangs die Verkaufszahlen von Automatisierungstechnik in die Höhe geschnellt (in Kapitel 2 gehen wir auf die genauen

Zahlen ein). Die Zahlen zeigen, dass eine Volkswirtschaft mit zunehmendem Lebensstandard der Bevölkerung und hohen Anforderungen an die Produktqualität immer effizienter bei der Herstellung der Produkte werden muss. Die Automatisierungstechnik ist fester Bestandteil des Fünf-Jahres-Plans der chinesischen Regierung und wird damit politisch unterstützt und subventioniert. Ziel ist es, die steigenden Löhne und den Lebensstandard durch eine höhere Effizienz in der Produktion ausgleichen zu können und den demografischen Wandel abzufedern. Die Robotik mit den Möglichkeiten einer echten Mensch-Maschine-Kooperation bietet Chancen bis hin zum handwerklichen Bereich, bei dem es um die Fertigung von Kleinserien oder Einzelstücken geht. Neben den Einsparungseffekten können ebenfalls Aspekte einer attraktiven Arbeitsplatzgestaltung und der Weiterbeschäftigung von älteren Mitarbeitern gesehen werden.

Das Wachstum der Weltbevölkerung in Kombination mit einem steigenden Lebensstandard war in den letzten Jahrzehnten und wird in den kommenden Dekaden ein wesentlicher Treiber für die Zunahme von Techniken für eine effiziente Produktion von Waren sein. Grundsätzlich ist die Bevölkerungsentwicklung der Welt insgesamt als Indikator für einen wachsenden Bedarf an hoher Produktivität in der Produktion anzusehen. Mit der technischen Entwicklung stieg beispielsweise in Europa die Bevölkerung im 18. Jahrhundert rasant an. Erst die Entwicklung der Technik ermöglichte die Versorgung der wachsenden Zahl an Menschen mit Waren des täglichen Bedarfs. Inzwischen liegen die Regionen der Erde mit starkem Bevölkerungswachstum nicht mehr in Europa, sondern in Asien, Indien und Afrika.

Für die kommenden Dekaden wird ein Abflachen des Wachstums der Weltbevölkerung prognostiziert (siehe Abbildung 1.14). Auf den Bedarf an effizienter Produktionstechnik hat das abflachende Wachstum der Weltbevölkerung in den nächsten Jahrzehnten aber keinerlei Auswirkungen, da wir von völlig unterschiedlichen Entwicklungsgraden der Produktionskapazitäten in der Welt ausgehen können. So sind die Produktionen in Schwellenländern häufig noch geprägt von manuellen Arbeitsplätzen mit schlechter technischer Ausrüstung. Hier besteht ein enormer Nachholbedarf hinsichtlich der Effizienz der Produktionsmittel. Mit steigender Bevölkerungszahl und wachsendem Lebensstandard wird eine effiziente und ressourcenschonende Produktion vor Ort immer wichtiger. Dies betrifft in der Regel zunächst die Nahrungsmittelproduktion, die darüber hinaus in ihren Logistikketten effizienter werden muss, wenn eine wachsende Zahl an Menschen ernährt werden soll. So gehen nach einem Bericht der FAO (Food and Agriculture Organization) ca. 13 % der Lebensmittel auf dem Weg zum Verbraucher verloren, weil sie unsachgemäß verpackt bzw. gelagert werden.

Darüber hinaus lebt seit 2010 die Mehrheit der Menschen in Städten. Damit ist eine Versorgung der Bevölkerung mit Gütern nur mit arbeitsteiligen Logistikketten möglich, da nicht jeder in der Stadt sein eigenes Gemüse anbauen kann. Es werden lokal Strukturen entstehen, die die Bevölkerung mit Gütern des täglichen Bedarfs versorgen müssen.

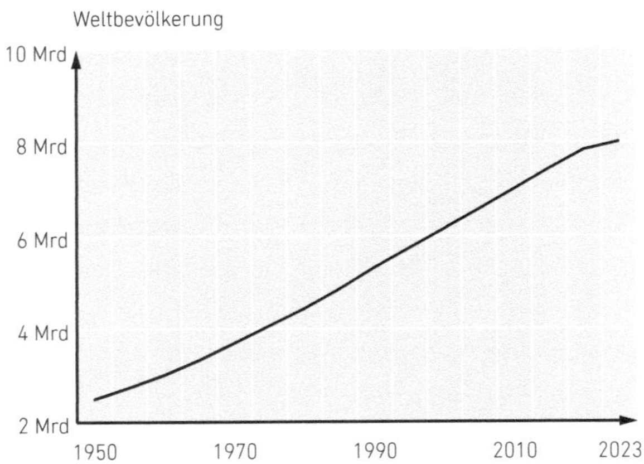

Abbildung 1.14 Entwicklung der Weltbevölkerung von 1950 bis 2023 in Milliarden (Quelle: UN DESA)[17]

Diese Argumente sind in Summe die wesentlichen Treiber für den Einsatz von Automatisierungskomponenten in der Produktion und erklären, warum die Anbieter in dieser Branche ein enormes Wachstum erfahren haben. Hier sind vor allem die global gut aufgestellten Firmen Profiteure dieser Entwicklungen.

Die Digitalisierung unserer Produktionsketten und die damit verbundenen Möglichkeiten werden derzeit in vielen Projekten unter dem Oberbegriff Manufacturing-X zusammengefasst und vermarktet. Die Automatisierungsbranche stand schon immer unter dem Druck, nur zum Einsatz zu kommen, wenn es eine klar rechenbare Wirtschaftlichkeit, einen ROI (Return on Investment) gab. Mit dem Einzug immer stärker vernetzter Informationsflüsse wird ein manuelles Eingreifen in die logistischen Prozesse in solchen Produktionen immer schwieriger. Eine Automatisierung ist dadurch oft die Voraussetzung, damit Manufacturing-X gelingen kann. Insofern verstehen Automatisierer zum Teil den Hype um die vermeintlich neue Art der Produktion nicht immer ganz, da sie schon seit vielen Jahren damit umgehen.

Zu guter Letzt: Geht uns bei immer weiter steigender Produktivität irgendwann die Arbeit aus?

Die Frage wird bezüglich der Beschäftigung immer wieder in Studien gestellt. 2013 machte eine Studie von Osborne und Frey von der Oxford Martin School weltweit Schlagzeilen.[18] Die Studie kam zu dem Schluss, dass 47 % der Arbeitsplätze in den USA durch Automatisierung gefährdet seien. In der Folge wurden Studien erstellt, die nicht annähernd zu den gleichen Ergebnissen kamen. Die von der ZEW durchgeführte Studie sieht eine Gefährdung von 9 bis 12 % der bundesdeutschen Arbeitsplätze durch Automatisierung gegeben.[18] Ebenso wird die Prognose von Frey und Osborne durch die Tatsache widerlegt, dass es in Ländern wie Deutschland trotz eines hohen Automatisierungsgrades aktuell eine niedrige Arbeitslosenquote gibt. So hat Deutschland beispielsweise die vierthöchste Roboterdichte der Welt und dennoch 2023 einen neuen Beschäftigungsrekord aufgestellt – 46 Millionen Arbeitsplätze.[18]

Bei den Debatten um das Thema Arbeit kann auf den Umstand verwiesen werden, dass derartige Ängste und Szenarien so alt sind wie die Industrialisierung selbst. Schon gegen die produktiveren Webmaschinen im 18. Jahrhundert gab es Proteste und Widerstände. Die Erkenntnis war, sie konnten nicht aufgehalten werden und sie brachten auf lange Sicht einen Fortschritt, auf den kaum ein Mensch mehr verzichten möchte. Klar ist aber auch, dass mit der Mechanisierung bzw. Automatisierung ganze Berufsbilder verschwinden. Dies führt immer zu Umbrüchen oder zu Transformationen, die die Gesellschaft und den Blick auf die Erwerbsarbeit generell verändern. Die Flexibilisierung und Digitalisierung der Arbeitswelt und künstliche Intelligenz (KI) sind da nur Stichworte, die unsere klassische Vorstellung von Arbeit infrage stellen. Die Pandemie mit ihren Einschränkungen und der daraus erwachsende Zwang zur Umsetzung digitaler Arbeitsformen in die Arbeitswelt der Menschen haben diese Veränderungen beschleunigt und gezeigt, dass sich die Menschen schnell an neue Gegebenheiten anpassen können.

Da aber davon ausgegangen wird, dass nach wie vor eine Steigerung der Wirtschaftsleistung weltweit zu erwarten ist, geht es nicht um einen schrumpfenden Weltmarkt. Wichtig ist dabei die Erhaltung des Zugangs zum Weltmarkt durch Handelsabkommen und Zusammenschlüsse, wie die Europäische Union. Die Chancen für Firmen mit internationalem Geschäft sind nicht schlechter geworden, wenn sie marktfähige Preise anbieten können. Die Handhabungstechnik ist daher in jeder Branche und in jeder Wirtschaftszone eine wichtige Schlüsseltechnologie.

Systemische Probleme dieser Wachstumsraten sind der zu hohe Ressourcenverbrauch des aktuellen Wachstums, der immer noch stark auf der Ausbeutung von Bodenschätzen und einem Ansteigen des CO_2-Ausstoßes beruht. Darüber hinaus kommt den Menschen in den jeweiligen Wirtschaftsregionen der Wohlstand nicht gleichmäßig zu.[19]

Die Klimakrise und die Ungleichverteilung führen in der Folge zu mehr Krisen (z. B. militärische Konflikte, Flüchtlinge, Naturkatastrophen) und gefährden damit die positiven Entwicklungen. In entwickelten Industrieländern kann aktuell von einer Entkopplung des Wirtschaftswachstums vom Ressourcenverbrauch gesprochen werden.[20]

Diese Entkopplung findet seit einigen Jahren in Regionen statt, in denen erneuerbare Energien für die Energieerzeugung verwendet werden. Natürlich ist diese Reduktion gekoppelt an eine Transformation von der reinen Industriegesellschaft hin zu mehr Dienstleistungen.

Effiziente Produktionen müssen nicht zwingend ins Billiglohnländer verlagert werden. Daher möchte dieses Buch eine Lanze für das Nachdenken über mehr Produktivität unter Verwendung von modernen Handhabungstechniken brechen. Wir zeigen Beispiele von Produktionen, die durch Robotertechnik Ressourcen einsparen konnten und selbst in Hochlohnländern wirtschaftlich betrieben werden können.

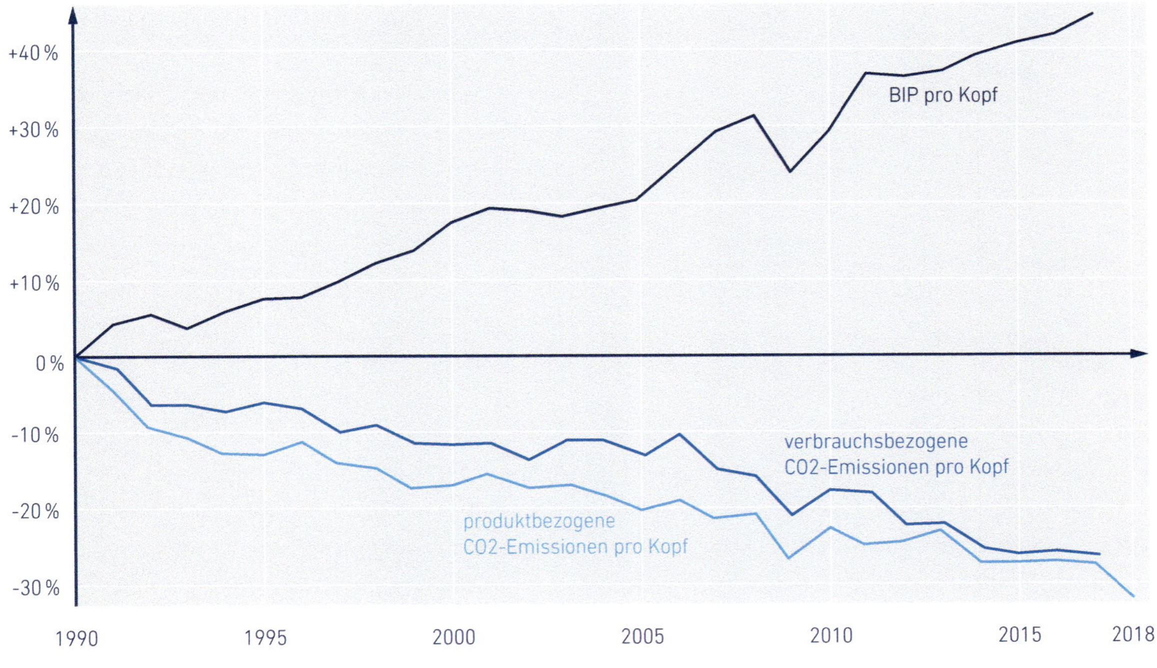

Abbildung 1.15 Entkopplung von Wachstum des BIPs und dem CO_2-Ausstoß (Quelle: Raimund Bleischwitz, Bernd Meyer, Stefan Giljum, Jose Acosta, Martin Distelkamp, Mark Meyer, Elke Pirgmaier, Helmut Schütz, Dominik Ritsche)[21]

1.3 Begriffe der Handhabungs- und Produktionstechnik

In diesem Abschnitt werden Begrifflichkeiten der Handhabungs- und Produktionstechnik zur besseren Verständlichkeit der folgenden Kapitel eingeführt.

Produktivität

Wie im vorigen Abschnitt beschrieben, liegt der tiefere Sinn der Bestrebungen in der Handhabungstechnik darin, Verschwendung in der Produktion zu vermeiden und somit eine höhere Produktivität zu erzielen. Besonders die Arbeitsproduktivität ist eine häufig verwendete Größe, um beispielsweise Produktionsstandorte zu vergleichen. Der Aufwand im Verhältnis zu einer bestimmten Ausbringungsmenge wird als Produktivität definiert. So kann die Arbeitsproduktivität einer Firma oder eines Geschäftsmodells beispielsweise als Umsatz der Firma pro Jahr dividiert durch die Anzahl ihrer Mitarbeiter beschrieben werden, um eine Kennzahl für die Produktivität der Mitarbeiter zu erhalten. Ein bloßer Vergleich zwischen unterschiedlichen Firmen würde hier allerdings in die Irre führen, da der Umsatz stark von dem Geschäftsmodell und der Branche abhängt.

$$\text{Produktivität} = \frac{\text{Ausbringungsmenge}}{\text{Faktoreneinsatzmenge}}$$

$$\text{Arbeitsproduktivität} = \frac{\text{Umsatz/Jahr}}{\text{Mitarbeiterzahl}}$$

Flexibilität

Zur Erfüllung verschiedener Fertigungs- oder Handhabungsaufgaben sind verschiedene Zustände eines Produktionssystems erforderlich. Wenn man zunächst nur Einstationen-Produktionssysteme betrachtet, dann hängt die Fähigkeit, verschiedene Produktionsaufgaben erfüllen zu können, davon ab, wie viele verschiedene Zustände eingenommen werden können, in welcher Zeit bzw. mit welchem Aufwand eine Zustandsänderung von einem Zustand in einen anderen gewünschten Zustand vollzogen werden kann (Rüstvorgang). Die Frage nach der Anzahl möglicher Zustände und nach der Art der Zustandsänderungen lässt es zweckmäßig erscheinen, zwei Ausprägungen des Flexibilitätsbegriffs zu unterscheiden. Beide Ausprägungen beziehen sich auf die möglichen Zustände des Systems, wobei hier allerdings nur die verschiedenen Arbeitszustände eines Produktionssystems während des ungestörten Betriebs interessieren.

Bei der Flexibilität sind die Einsatz- und die Anpassflexibilität zu unterscheiden. Unter dem Begriff der Einsatzflexibilität versteht man ein Maß für die Anzahl der verschiedenen Arbeitszustände, die ein Produktionssystem annehmen kann. Die Einsatzflexibilität ist somit die Wahrscheinlichkeit dafür, dass eine beliebige Produktionsaufgabe innerhalb einer definierten Klasse solcher Aufgaben ausgeführt werden kann. Ein Vergleich der Einsatzflexibilitäten verschiedener Produktionssysteme ist nur sinnvoll, wenn sie auf das gleiche Spektrum herzustellender Teile bezogen sind.

Als Anpassflexibilität bezeichnet man dagegen ein Maß für die Zeitdauer und die Kosten, die beim Übergang von einem bestimmten Arbeitszustand des Fertigungssystems in einen anderen auftreten. Einfach gesprochen geht es im ersten Punkt um die Variantenanzahl, die auf einem Produktionssystem hergestellt werden kann. Im zweiten Punkt geht es um den Aufwand, der zum Wechsel von einer Variante in die andere getrieben werden muss. Wie wichtig diese Eigenschaft bei Produktionssystemen geworden ist, kann nachvollzogen werden, wenn man die Methode des Wertstromdesigns in Betracht zieht. Im Wertstromdesign ist eine eigene Optimierungskenngröße (EPEI) geschaffen worden, die die Flexibilität von Maschinen und Anlagen kennzeichnet.

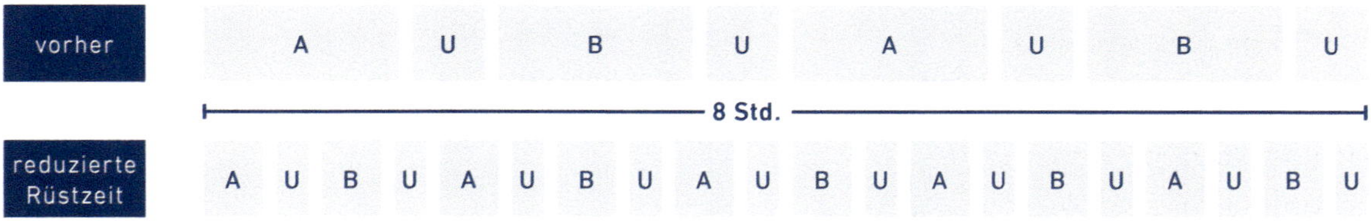

Abbildung 1.16 Vergleich von Umrüstvorgängen zur Flexibilisierung von Produktionen (Quelle: Wertstromdesign)[22]

EPEI – Every Part – Every Interval

EPEI gibt dem Produktionsplaner vor, dass er möglichst oft die Maschinen umrüsten soll, um Verschwendung durch Wartezeiten bzw. Lagerung von halbfertigen Produkten zu vermeiden. So ist die Flexibilität gerade bei hohen Produktvariantenzahlen und Produkten mit vielen Baugruppen nicht hoch genug bei der Investitionsentscheidung zu bewerten. Abbildung 1.16 zeigt die Reduzierung der Rüstzeit (U = Umrüstzeit) bzw. dass häufiger zwischen verschiedenen Teilen (hier Teil A und Teil B). gewechselt werden kann, wenn die Rüstzeiten entsprechend verkürzt werden. Diese Verkürzung lässt schnelle Reaktionen auf Marktänderungen zu.

TPS – Toyota Production System

Die bereits früh nach dem Zweiten Weltkrieg bei der Fa. Toyota eingeführte Methode zur Vermeidung von Verschwendung in der Produktion benennt sieben Arten der Verschwendung. Lassen sich diese Arten nicht nur mit Mitteln der Organisationsverbesserung beheben, so ist meist eine Automatisierung der Verwendungsprozesse die einzige Lösung, um die Situation zu verbessern. In den 1990er-Jahren wurde aus dem TPS immer mehr der Lean-Gedanke herausgearbeitet und eine eigene Optimierungsmethode daraus entwickelt.

Lean Production

Die Analyse von Produktionen und Materialströmen erfolgt in vielen Fällen mit geeigneten Methoden zur Betrachtung des Wertstroms. Eine Methode, die sich dauerhaft durchgesetzt hat, ist das sogenannte Lean-Production-Prinzip.

Die Abläufe oder Vorgänge in Fertigungen werden dabei genauer betrachtet und hinsichtlich Ihrer Wertschöpfung unterteilt. Die nicht wertschöpfenden Bereiche werden dann laut den Regeln der Lean Production in der Produktion als Arten der Verschwendung angesehen.

Alle diese Arten der Verschwendung können durch eine falsche Auslegung von produktionstechnischen Anlagen mit beeinflusst werden, seien es zu groß ausgelegte Werkstückspeicher oder zu ungenaue Handhabungsgeräte, die zu Störungen im Handhabungsprozess führen.

Abbildung 1.17 7 Arten der Verschwendung in der Produktion nach TPS (Quelle: TPS)[3]

Automat

Um Prozesse in der Produktion effizienter zu gestalten, werden diese häufig automatisiert ausgeführt. Der Begriff Automat ist ebenfalls definiert. In der Praxis sind häufig Mischformen oder Hybridlösungen zu finden, d.h., die Prozesse sind nur zu einem Teil sinnvoll automatisierbar. So arbeiten Automaten und Menschen häufig miteinander. Gerade hinsichtlich des demografischen Wandels in vielen Gesellschaften wird die sinnvolle Kombination von menschlichen Fähigkeiten und von Automation als Chance begriffen, die Arbeitskraft der Mitarbeiter zu erhalten. Beispielsweise können dort, wo schwere Lasten zu heben sind, Handhabungshilfen die Mitarbeiter unterstützen.

Definition Automat (DIN 19233):[23]

Ein Automat ist ein künstliches System, das selbsttätig ein Programm befolgt. Aufgrund des Programms trifft das System Entscheidungen, die auf der Verknüpfung von Eingaben mit den jeweiligen Zuständen des Systems beruhen und Ausgaben zur Folge haben.

Automatisierungsziele

Die Ziele der Automatisierung können vielfältig sein. Im Zentrum steht das Bemühen um mehr Produktivität der Produktionsprozesse. Aber auch die Arbeitsbedingungen können dazu führen, dass eine Automatisierung notwendig wird. Dies trifft vor allem auf Industrieländer zu, die bereits höhere Arbeitsstandards erreicht haben und wo sich keine Mitarbeiter mehr für die jeweiligen Tätigkeiten finden lassen.

Materialfluss

Das Handhaben ist eine Unterfunktion des Materialflusses und auf gleicher Ebene wie das Fördern und Lagern (Logistik) angesiedelt. Beim Materialfluss können verschiedene Stufen unterschieden werden, die in Abbildung 1.21 zu sehen sind. Die Handhabungstechnik ist ein Unterbegriff des Materialflusses der noch aus den Bereichen Fördern und Lagern (Speichern) besteht. Dabei ist das Speichern aber in kleinem Maßstab auch eine Teilfunktion des Handhabens (siehe Teilfunktionen der Handhabungstechnik).

Werkstück

Als Werkstück wird im Text das zu greifende Objekt bezeichnet. Durch die Handhabung ergibt sich keine Veränderung des Werkstücks. Es wird lediglich in seiner Position und Orientierung verändert.

Handhabung

Die Handhabung ist das Schaffen, das definierte Verändern oder das vorübergehende Aufrechterhalten einer vorgegebenen räumlichen Anordnung von geometrisch bestimmten Körpern in einem

Abbildung 1.18 Zerlegearbeiten in Schlachtbetrieben am Fließband (Quelle: KUKA)[5]

Abbildung 1.19 Karosserierohbau in der Automobilindustrie (Quelle: KUKA)[5]

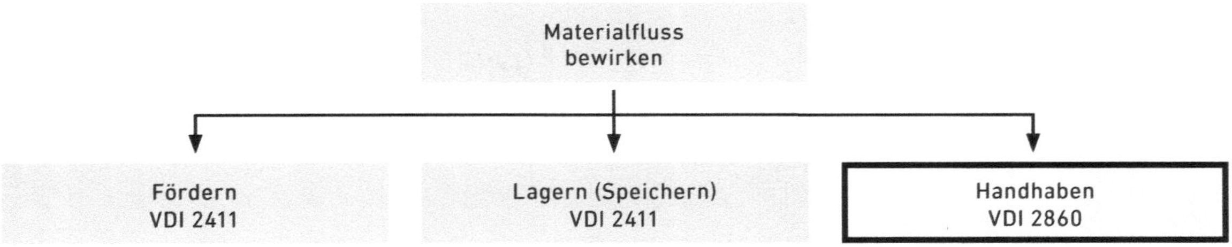

Abbildung 1.20 Gliederung des Materialflusses in unterschiedliche Bereiche der Technik

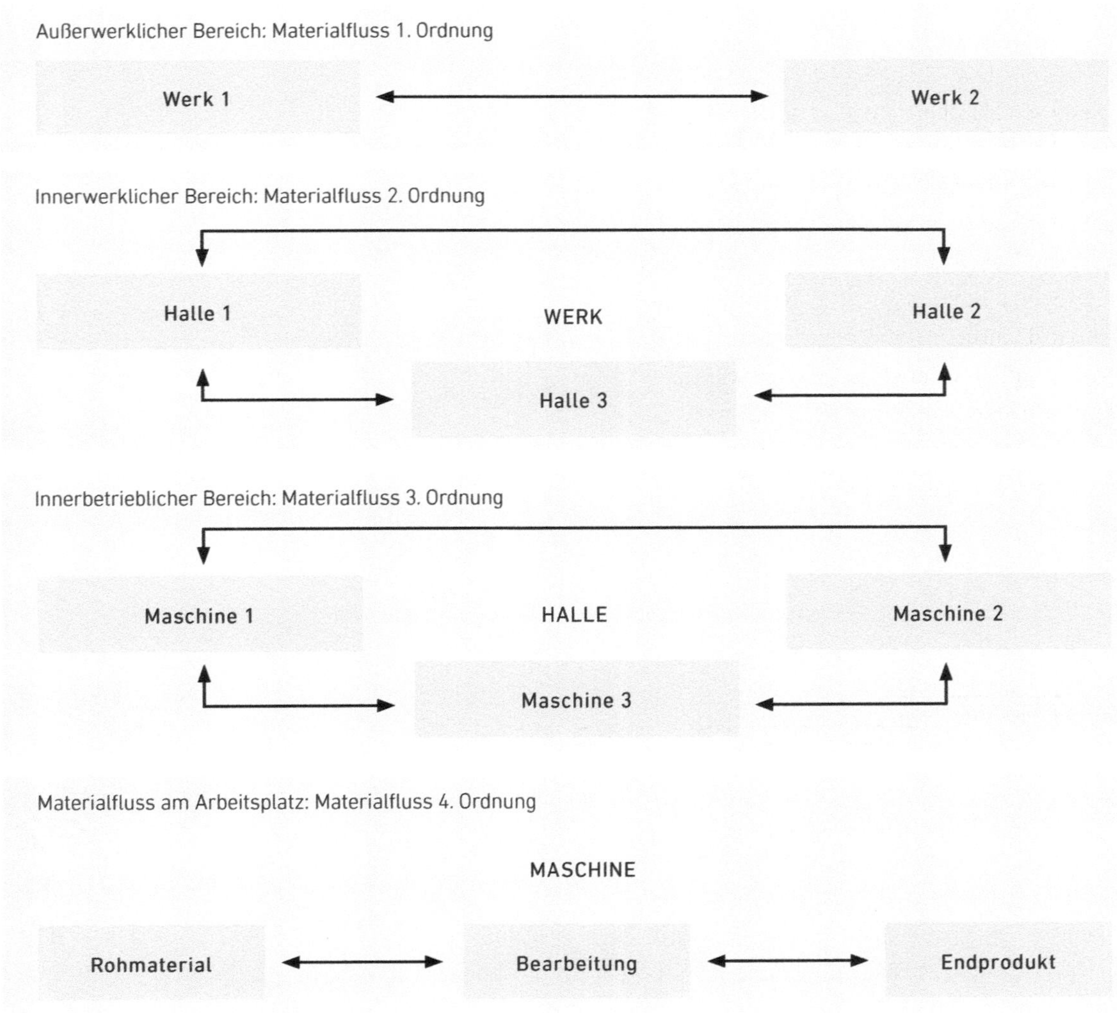

Abbildung 1.21 Unterschiedliche Ordnungen von Materialflüssen (Quelle: VDI 3300)[24]

Rationalisierungsziele		Automatisieren von Hauptfunktionen	Automatisieren von Bearbeitungsnebenfunktionen	Automatisieren von Fertigungsabläufen			
				Werkstückfluss	Werkzeugfluss	Informationsfluss	Hilfs- und Abfallstofffluss
Zeiten	Senken der Hauptzeiten	●					
	Senken der Nebenzeiten		●				
	Senken der Rüstzeiten			●	●	●	●
	Senken der Durchlaufzeiten			●		●	
Kosten	Senken der Materialkosten	●					
	Senken der Lohnkosten	●	●	●	●	●	●
	Senken der Maschinenkosten	●	●				
	Senken der Kapitalbindungskosten			●	●		
	Senken der Ausschuss- und Nacharbeitskosten	●					
Qualität	Senken der Oberflächengüte	●					
	Senken der Maßhaltigkeit	●	●				
Arbeitsbedingungen	Senken der Unfallgefahr	●	●	●	●		●
	Senken der Belastung durch Entkopplung des Menschen vom Arbeitsplatz	●	●	●	●	●	●
	Erweitern der Arbeitsinhalte	●	●	●	●	●	●
Sonstige	Erweitern des Know-hows	●	●	●	●	●	●
	Erweitern der Fertigungstransparenz	●	●			●	

Tabelle 1.2 Unterschiedliche Zielsetzungen einer Automatisierung von Fertigungsabläufen (Quelle: Warnecke/Schraft)[25]

Bezugskoordinatensystem. Es können weitere Bedingungen, wie z. B. Zeit, Menge und Bewegungsbahn, vorgegeben sein.[26]

Teilfunktionen der Handhabungstechnik

Als wichtige Teilfunktionen der Handhabungstechnik sind die Prozesse in Tabelle 1.3 laut VDI 2860 definiert worden. Auch wenn die VDI-Richtline 1990 zurückgezogen wurde, kann doch die dort gefundene Aufteilung heute noch hilfreich für die strukturierte Aufbereitung der Teilfunktionen in Automatisierungslösungen sein. Diese Teilfunktionen der Handhabungstechnik können nochmals in Unterfunktionen unterteilt werden. Ebenso gibt es auch sogenannte zusammengesetzte Funktionen. Während die Teilfunktionen Speichern und Mengen verändern vorwiegend beim Bereitstellen von Werkstücken vorkommen, so ist das Bewegen und Sichern vorzugsweise beim Handhaben eines Werkstücks anzutreffen.

Kontrollieren ist eine Zusatzfunktion, die mit dem Handhaben häufig verknüpft wird, etwa wenn der Mensch die Werkstücke, die er greift und handhabt, gleichzeitig begutachtet. Die Qualitätsprüfung von Werkstücken ist daher fester Bestandteil von automatischen Prozessen. Für das Bewegen und Sichern ist entscheidend, in welcher Bereitstellungsform die Werkstücke vorliegen. Hierzu gibt es unterschiedliche technische Möglichkeiten (siehe Tabelle 1.3). Das Speichern von Werkstücken kann beispielsweise auf einem Transportgurt, auf einer Palette oder in einem Magazin erfolgen. Diese Speicherformen unterscheiden sich in den Möglichkeiten bezüglich Speichervolumen, Speicherkosten und Ordnungszuständen der Werkstücke. Unter Umständen ist nochmals ein Zwischenprozess, nämlich Mengen verändern, dazwischengeschaltet, um das Werkstück abgreifen zu können. Zur Veränderung der Menge können beispielsweise Vereinzelungseinrichtungen wie Vibrationstöpfe oder Zentrifugen genutzt werden.

Alle Teilfunktionen der Handhabungstechnik lassen sich sowohl manuell als auch automatisch ausführen. So gibt es selbst für die Funktion Speichern Bunkersysteme, die automatisch entleert bzw. befüllt werden können.

Automatisierungsgrad

Der Automatisierungsgrad beschreibt den Anteil der automatisierten Funktionen an der Gesamtfunktion einer Anlage. Er kann nur für ein Produktionssystem mit bekannten Grenzen angegeben werden. Zahlenmäßig wird er meist als Quotient der Anzahl von automatisierten Funktionen zu der Gesamtzahl der Funktionen eines Systems angegeben, sodass die Zahlenwerte zwischen 0 und 1 liegen.

Hybridsysteme sind Produktionssysteme, in denen bewusst eine Arbeitsteilung zwischen Mensch und Automaten geschaffen wurde. Entscheidend ist dabei der Begriff der Sicherheit. Besonders bei Produktionssystemen, die eine Überschneidung eines Gefahrenbereichs einer technischen Einrichtung oder eines Handhabungssystems mit dem Arbeitsbereich des Menschen zulassen, ist diese Konzeption äußerst anspruchsvoll, bietet aber die Möglichkeiten eines guten Teamworks unter Ausnutzung der jeweiligen Stärken der Teilnehmer.

Um ein Werkstück zu bewegen, sind die beiden Teilprozesse Bewegen und Sichern notwendig. Die für

	Speichern	Mengen verändern	Bewegen	Sichern	Kontrollieren
Elementarfunktion		• Teilen Vereinigen	• Drehen • Verschieben	• Halten • Lösen	• Prüfen
Zusammengesetzte Funktionen	• geordnetes Speichern • teilgeordnetes Speichern • ungeordnetes Speichern	• Abteilen • Zuteilen • Verzweigen • Zusammenführen • Sortieren	• Schwenken • Orientieren • Positionieren • Ordnen • Führen	• Spannen • Entspannen	• Messen • Zählen
Realisierung	• Gurt • Palette • Magazin	• Vereinzelungseinrichtung • Zuteiler • Weiche	• Dreheinrichtung • Linearachse • Industrieroboter	• Parallelbackengreifer • Aufnahme • Spanner	• Prüfeinrichtung • Messeinrichtung • Sensor

Tabelle 1.3 Unterteilung der Teilfunktionen der Handhabungstechnik (Quelle: VDI)[26]

diese Vorgänge notwendigen technischen Werkzeuge und Komponenten sind das Thema dieses Buches. Zum Sichern der Werkstücke sind mechanische Greifer geeignete Komponenten der Automatisierungstechnik. Aufnahmen und Spannvorrichtungen sind eher auf der Seite der Produktionsmaschinen im Einsatz. Beim Bewegen reichen die Komponenten von Dreh- bzw. Schwenkeinrichtungen über Linearachsen bis hin zu Handhabungssystemen, wie beispielsweise Knickarmrobotern.

Automatisierungslevel

Technologisch werden die unterschiedlichen Automatisierungslevels in fünf Stufen eingeteilt:

Level 1 umfasst die rein mechanischen Komponenten, wie die pneumatischen Greifer. Diese können maximal mit einfacher Endlagensensorik ausgestattet sein. Die Steuerung erfolgt zentral durch eine Leitsteuerung.

Level 2 ist dann die nächste Stufe, in der die mechatronischen Komponenten enthalten sind, d. h., es kommen elektrische Antriebe zum Einsatz und Sensoren können Informationen über den Prozess liefern. Es geht hierbei schon auch um pneumatische Greifer, die mit Sensoren aufgerüstet wurden, aber natürlich im Schwerpunkt um die elektrischen Greifer, Schwenkeinheiten oder Kurzhubeinheiten.

Level 3 ist dann schon mit Komponenten ausgestattet, die eine Eigenintelligenz besitzen, also beispielsweise ein Kamerasensor mit einer eigenen Auswertesoftware oder eine Schwenkeinheit mit einer Kraftregelung. Die Anbindung der Komponenten erfolgt über eine standardisierte Bus-Schnittstelle, wie beispielsweise EtherCAT oder Profibus. Darüber hinaus können die Komponenten auf diesem Level mit einem Wartungsservice verbunden sein.

Auch die Komponenten des Levels 4 können mit einem Wartungsservice verbunden sein. Bei diesem Level geht es darüber hinaus um eine weitere Vernetzung der Automatisierungsteilnehmer innerhalb einer Maschine oder einer Automatisierung. Diese werden innerhalb dieses Levels noch von einer Zentrale gesteuert oder upgedatet. Auch die Programmierung der gesamten Applikation kann zentral erfolgen und die „Smart Products" werden ebenfalls zentral parametrisiert.

Level 5 geht dann von einer völligen Autonomie der Teilnehmer aus. Das heißt, die Komponenten entscheiden selbstständig, wann sie Hilfe von außen benötigen bzw. wann der nächste Arbeitsschritt angegangen werden muss. Die Programmierung entfällt gänzlich, und auch die Optimierung wird von den Komponenten selbst übernommen.

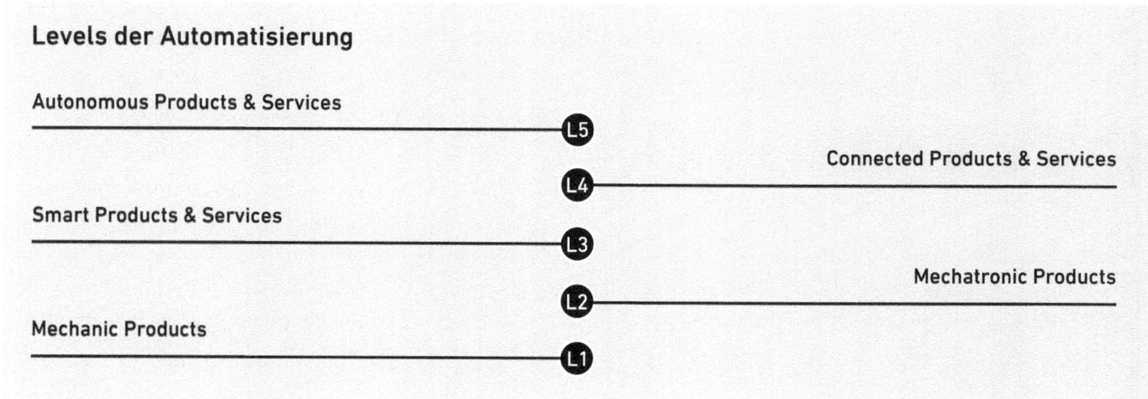

Abbildung 1.22 Unterschiedliche Levels der Automatisierung (Quelle: SCHUNK)[27]

Diese Gliederung kann für alle Automatisierungskomponenten und Peripherie sowie für die Roboter selbst übernommen werden. Das heißt, in der Zukunft kann man davon ausgehen, dass je nach Anwendung ein oder mehrere Levels der Automatisierung in einer Applikation verbaut sein werden.

Handhabungsgerät/Bewegungseinrichtung

Als Bewegungseinrichtungen werden technische Einrichtungen bezeichnet, die die Bewegung eines Werkstücks ermöglichen. Dabei kann es sich um einfachste Bewegungen, wie beispielsweise reine Drehungen, oder um Linearbewegungen des Werkstücks handeln.

Handhabungssystem

Unter Handhabungssystemen werden technische Einrichtungen verstanden, die mehr als zwei Bewegungsachsen miteinander kombinieren, um eine Bewegung des Werkstücks im Raum zu ermöglichen. Handhabungssysteme können unterschiedliche kinematische Ketten aus Achsen bilden. Das heißt, es können kartesische oder rotatorische Achsen kombiniert werden. Ein Knickarmroboter ist beispielsweise ein Handhabungssystem aus sechs rotatorischen Achsen.

Kinematik

Kinematik ist der Teilbereich der Mechanik in der Physik, der sich mit der Beschreibung der Bewegung von Objekten ohne Beachtung der Kräfte beschäftigt, die diese Bewegungen verursachen. Es wird dabei zwischen Translation (geradlinige Bewegung), Rotation (Drehbewegung) und allgemeiner Bewegung unterschieden.[28]

Endeffektor

Unter dem Begriff Endeffektor werden alle an einem Roboter oder Handhabungssystem montierten Werkzeuge oder Greifer zusammengefasst. Es ist somit ein Überbegriff für alle Systeme, mit denen ein Roboter seine Aufgaben in einer bestimmten Applikation ausführen kann.

Greifsystem

Unter einem Greifsystem sind komplexere Greifer zu verstehen, die aus mehreren Subsystemen bestehen können. Wie dargestellt, enthält das Greifsystem beispielsweise Tragsysteme zum Anbau von Antrieben (Aktoren). Die Antriebe ermöglichen ein Greifen z. B. durch Anpressen der Wirksysteme (Greiffinger) an das Werkstück. Häufig sind bei Greifsystemen zusätzlich noch Sensoren integriert, die das sichere Greifen überwachen. Die Sensorsignale lassen sich von Steuerungen auswerten und verarbeiten, sodass beispielsweise keine Beschädigungen bei empfindlichen Werkstücken vorkommen.

Das Greifsystem besteht aus mehreren Subsystemen, die über das reine Greifen hinausgehen, z. B. Tragsysteme, Wirksysteme, Antriebssysteme, Steuerungssysteme, Sensorsysteme, Sicherheitssysteme. Der Greifer kann in mehrere Teilsysteme untergliedert werden. Vom Flansch herkommend benötigt der

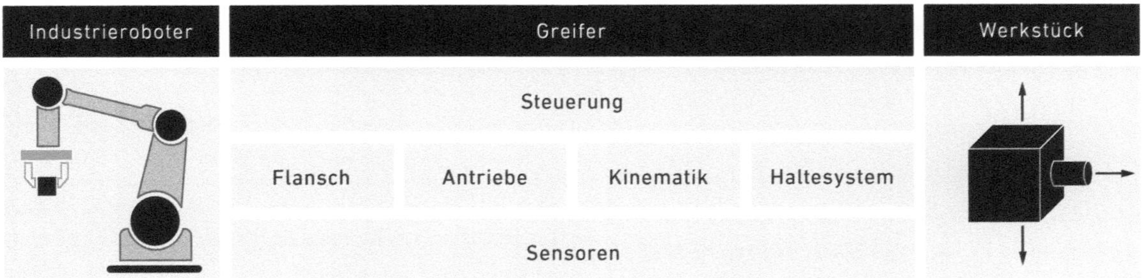

Abbildung 1.23 Unterteilung des Greifers in Teilsysteme

Greifer einen Antrieb und eine Kinematik zur Umsetzung auf das Haltesystem.

Nach der VDI-Richtlinie 2740 sind die Hauptaufgaben eines Greifers das Herstellen, Aufrechterhalten und Lösen der Verbindung zwischen dem Greifobjekt und dem Handhabungsgerät. Das Handhabungsgerät dient dem Positionieren und Orientieren des Greifers mit oder ohne Greifobjekt durch eine allgemeine räumliche Bewegung. Je nach Anwendungsfall können für den Greifer zusätzliche Sonderfunktionen hinzukommen:

- Änderung der Position des Werkstücks
- Änderung der Orientierung des Werkstücks
- Informationsaufnahme durch Sensoren (Anwesenheitskontrolle und Lageerkennung für Werkstücke, Kraft-, Moment- und Wegmessung)
- Teilebereitstellung bei der Montage (z. B. Schraubenzuführung)
- Reinigungsfunktionen in Fertigungsprozessen

Zur Erfüllung seiner Aufgaben muss der Greifer Kräfte und Momente ausüben bzw. aufnehmen. Dazu gehören das Ausüben der Kräfte und Momente zum Erfassen des Handhabungsobjekts und zum vorübergehenden Aufrechterhalten einer definierten Zuordnung zwischen dem Objekt und der Greifeinrichtung:

- statische Kräfte und Momente, die durch das Handhabungsobjekt hervorgerufen werden, z. B. die Gewichtskraft
- dynamische Kräfte und Momente, die im Zusammenhang mit einer Bewegung auftreten, z. B. Trägheitskräfte und -momente
- prozessbedingte Kräfte und Momente, z. B. Anpress-, Füge- und Bearbeitungskräfte und -momente

Greiffinger/Wirkelement

Als Wirkelement oder auch Greiffinger wird der Teil eines Greifers bezeichnet, der in das Werkstück eine bestimmte Kraft einleitet, um es im Greifer zu halten.

Greifermodul

Als Greifermodul wird die Greiferkomponente bezeichnet, die Antrieb und Kinematik miteinander vereinigt. Als Greiferkinematik wird der Teil des Greifermoduls bezeichnet, der die Bewegung eines Aktors (Antriebs) in eine Bewegung der Greiffinger bzw. der Wirkelemente umsetzt. Als Greiferantrieb wird der Teil eines Greifermoduls bezeichnet, der die eingespeiste Energie in eine Rotations- oder Translationsbewegung umsetzt.

Adaption/Flanschadapter

Zur Verbindung des Greifmoduls mit einem Handhabungsgerät (Bewegungseinrichtung), wie beispielsweise einem Industrieroboter, sind Verbindungsstücke notwendig, die die Schnittstellen beider Systeme miteinander verbinden. Beim Roboterarm mit Greifer kann eine Analogie zum Menschen hergestellt werden. Das Werkstück – in Abbildung 1.24 als Zylinder dargestellt – wird von den Wirkelementen gehalten. Sie stellen den Kontakt zum Werkstück her wie unsere Finger oder Handfläche. Die Greifkinematik und der Antrieb erzeugen die Bewegung der Wirkelemente ähnlich wie unsere Gelenke und Muskeln. Beim Roboter werden zusätzliche Sensoren zwischengeschaltet, um eine Rückmeldung vom Greifer an das System zu erhalten. Ähnlich unseren Nerven helfen die Sensoren, die Umgebung zu erfassen, und sichern so die Operationen des gesamten Arms ab. Der Roboterarm lässt sich in die unterschiedlichen Gelenke und deren Bewegungsmöglichkeiten kategorisieren.

Die Hauptachsen befähigen den Roboter, einen bestimmten Punkt im Arbeitsraum zu erreichen. Die Handachsen ermöglichen eine Orientierung des Werkstücks. Zusätzlich lassen sich noch Schwenkeinheiten einsetzen, um zusätzliche Bewegungen ausführen zu können. Im Gegensatz zum Menschen gibt es in der Automationstechnik die Möglichkeit, einen Greiferwechsel durchzuführen. Dies ermöglicht es dem Roboter, ein breites Spektrum an Aufgaben auszuführen. Allerdings wird die Flexibilität der menschlichen

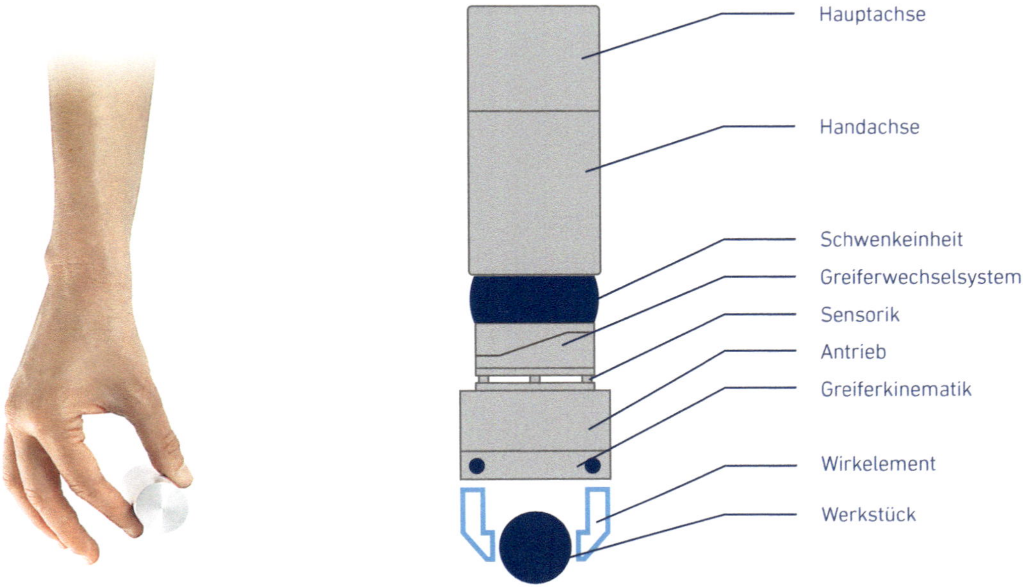

Abbildung 1.24 Ähnlichkeiten zwischen einem Roboterarm und dem eines Menschen

Hand noch von keinem Greifer in der Praxis erreicht und daher ist in der Natur ein viel größeres Aufgabenspektrum mit der Hand abdeckbar, als es mit jedem Industriegreifer heute möglich wäre.

Humanoide Roboter

Als humanoide Roboter werden Roboterkonstruktionen bezeichnet, die nicht nur in ihrer Gestaltung der Arme und der Greifer dem Menschen ähnlichsehen, sondern die darüber hinaus über zwei Arme und Beine für die Mobilität nutzen. Diese ursprünglich von den Japanern in den frühen Jahren der Robotertechnik angestrebten Entwicklungen waren lange Jahre aufgrund ihrer hohen technischen Komplexität nicht weiterverfolgt worden. In den USA wurden jedoch vor allem durch das Militär die Entwicklungen vorangetrieben, so dass es heute beachtliche Leistungen der „Laufmaschinen" gibt. Allerdings fehlen noch die notwendigen Applikationen für einen massenhaften Einsatz, um die Kosten für einen Durchschnittshaushalt erschwinglich zu machen.

Abbildung 1.25 Humanoider Roboter (Quelle: Boston Dynamics)[29]

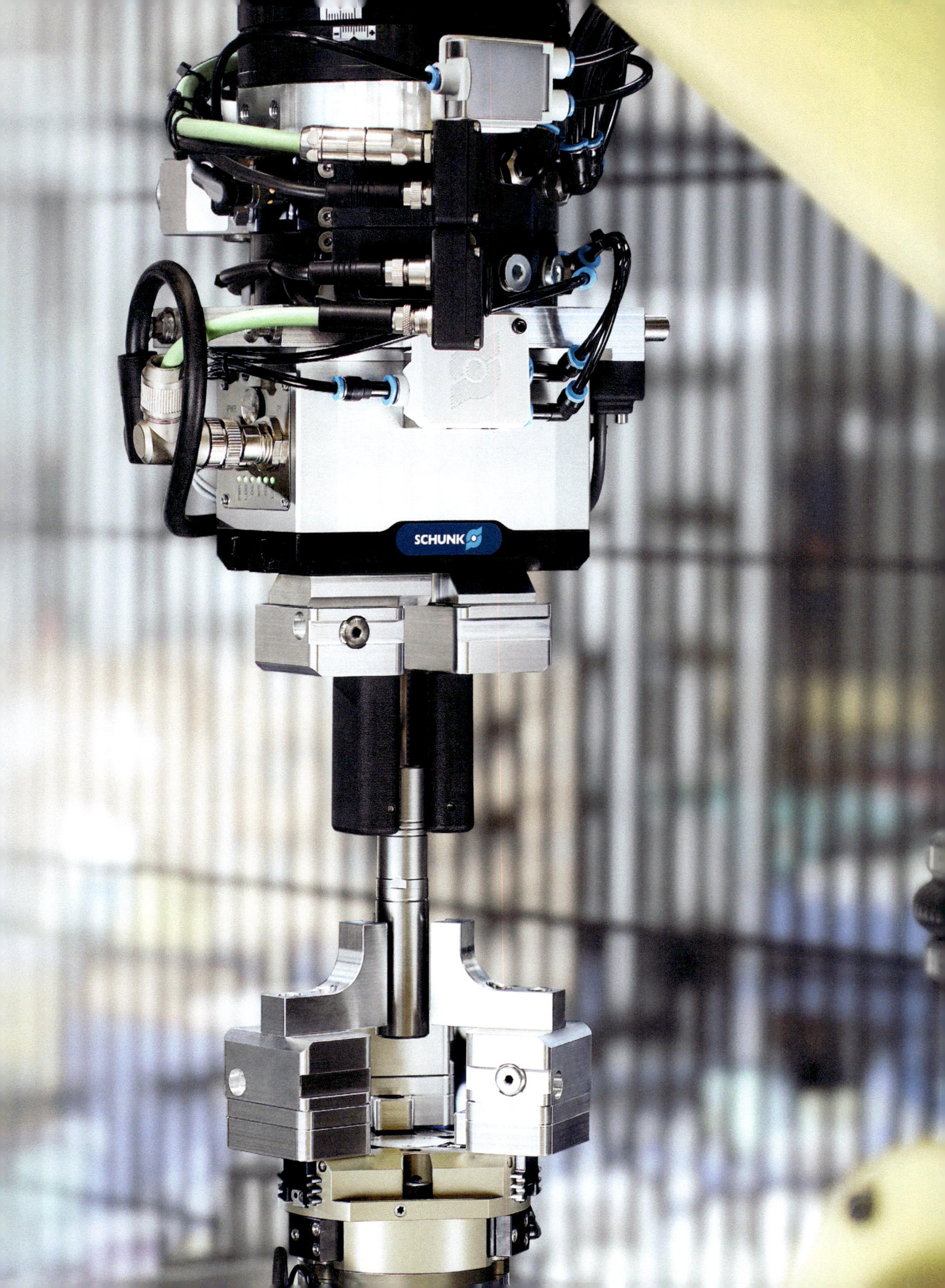
SCHUNK

2 GREIFER UND ROBOTER – EINE ERFOLGSGESCHICHTE

Greifer und Roboter bilden eine Einheit, die eine bestimmte Handhabungsaktion ermöglicht. Aus diesem Sachverhalt heraus ist die Geschichte der Greifer und der Roboter eng verknüpft. Statistisch erfasst ist allerdings lediglich die Entwicklung der Roboter, da diese bereits in den 1980er-Jahren für großes öffentliches Interesse gesorgt hat. Hier standen die Schlagworte „Menschenleere Fabrik" und CIM (Computer Integrated Manufacturing) im Vordergrund und schürten die Angst, dass der Menschheit die Arbeit ausgehen würde. Betrachtet man die damaligen Jahresproduktionszahlen der Roboter, so kann aus heutiger Sicht von einer unbegründeten Angst gesprochen werden. Die Verkaufszahlen lagen damals in Deutschland 1983 bei 134 verkauften Einheiten pro Jahr.[30] Selbst heute können die insgesamt in Deutschland installierten Roboter mit ca. 260.000 Stück[31] noch nicht als bedrohlich für die 8,1 Millionen Beschäftigten in der Produktion angesehen werden.

Darüber hinaus mehren sich international Berichte über menschenunwürdige Produktionsbedingungen, die durch stark arbeitsteilige Prozesse und gesundheitsbelastende Arbeitsumgebungen entstehen. An diesen Arbeitsplätzen ist der Einsatz von Technik zur Erleichterung der Arbeitssituation eher wünschenswert als negativ besetzt. Hinzu kommt, dass inzwischen viele neue Roboter alte Roboteranlagen oder starre Automaten ersetzen. Das heißt, die neu installierten Roboter ersetzen zum Teil bereits bestehende Roboteranlagen. Darüber hinaus wird in bereits hoch automatisierten Produktionen starre Automatisierungstechnik (Hard Automation) durch flexible Produktionssysteme substituiert.

Durch die hohe Flexibilität der Roboter kann schneller auf andere Produkte umgerüstet oder können prinzipiell individualisierte Produkte hergestellt werden. Mit diesen Eigenschaften lassen sich Lieferketten verkürzen und die lokalen Produktionen bis hin in den Logistik-, Handels- und Handwerksbereich automatisieren. Das bringt Arbeitsplätze zurück aus Billiglohnstandorten und ermöglicht qualifizierte Arbeitssituationen. Roboteranlagen können inzwischen wirtschaftlich trotz der häufig geringeren Ausbringraten anstelle von starren Automaten betrieben werden, da sie flexibler einsatzfähig sind.

Mit den Entwicklungen im Umfeld des Internets der Dinge (Industrie 4.0 oder Manufacturing-X) werden die Automatisierungskomponenten wie Greifer und Roboter, aber auch Sensoren und Fördertechnik immer mehr zu Netzwerkteilnehmern. Diese tauschen untereinander Informationen aus, um ein besseres Gesamtergebnis der Aufgabenerfüllung zu erzielen.

In diesem Kapitel wird zunächst auf die historische Entwicklung von Greifkomponenten eingegangen. Die Entwicklung der Greiftechnik wird dabei am Beispiel des Herstellers SCHUNK nachvollzogen, da allgemein verfügbare Statistiken zu diesen Automatisierungskomponenten nicht geführt werden. Anhand erster wissenschaftlicher Arbeiten in den frühen 1970er-Jahren aus Japan wird ersichtlich, dass die Greiferentwicklung immer schon eng mit der Entwicklung der Robotik verbunden war. Daher können die Roboterentwicklungen und die Greiferentwicklungen parallel betrachtet werden. Anhand der statistischen Zahlen des VDMA (Verband Deutscher Maschinen und Anlagenbauer) und der IFR (International Federation of Robotics) lässt sich die Entwicklung der gesamten Robotertechnik nachvollziehen. Darüber hinaus zeigt die Entwicklung der Robotertechnologie, welche Potenziale in der Zukunft durch diese Technik noch erschlossen werden können und wie sich mit der Roboterwelt auch die Welt der Greifer verändert hat.

2.1 Historische Entwicklung der Greiftechnik

Mit dem Aufkommen der Roboter bestand der Bedarf an einer systematischen Auswahl und Gestaltung von Handhabungsaufgabenstellungen in der Produktionstechnik. Zahlreiche wissenschaftliche Arbeiten und Veröffentlichungen in den 1980er-Jahren zeugen davon. Der Greifer stand als wesentliche Komponente der Automatisierungstechnik im Fokus der Betrachtungen. Standardkomponenten der Greifer fehlten fast gänzlich auf dem sich neu entwickelnden Markt der Automatisierungstechnik.

Hiervon zeugen erste Veröffentlichungen in Mechanical Hands zum Thema Greifertechnik aus dem Jahr 1977, bei denen vor allem die Arbeiten von Prof. Ichiro Kato von der Waseda University in Japan zu nennen sind. Die Veröffentlichung zeigt den damaligen Stand der Robotergreifer auf und stellt einige grundsätzliche Überlegungen zum Greifen und den Vergleich zwischen menschlichem Greifen und technischem Greifen an. Der seit über 20 Jahren laufende Entwicklungsplan des Kato-Labors (siehe Abbildung 2.1) zeigt die unterschiedlichen Entwicklungsstadien auf und wie systematisch die unterschiedlichen Roboterkomponenten weiterentwickelt wurden.

Die Forschung in Japan war damals von humanoiden Roboterlösungen fasziniert und es wurden beispielsweise Klavier spielende Roboter präsentiert, die mit Fünffingerhänden die Tasten bewegten (siehe Abbildung 2.2). Der Roboter hatte mit seinen über Seilzug

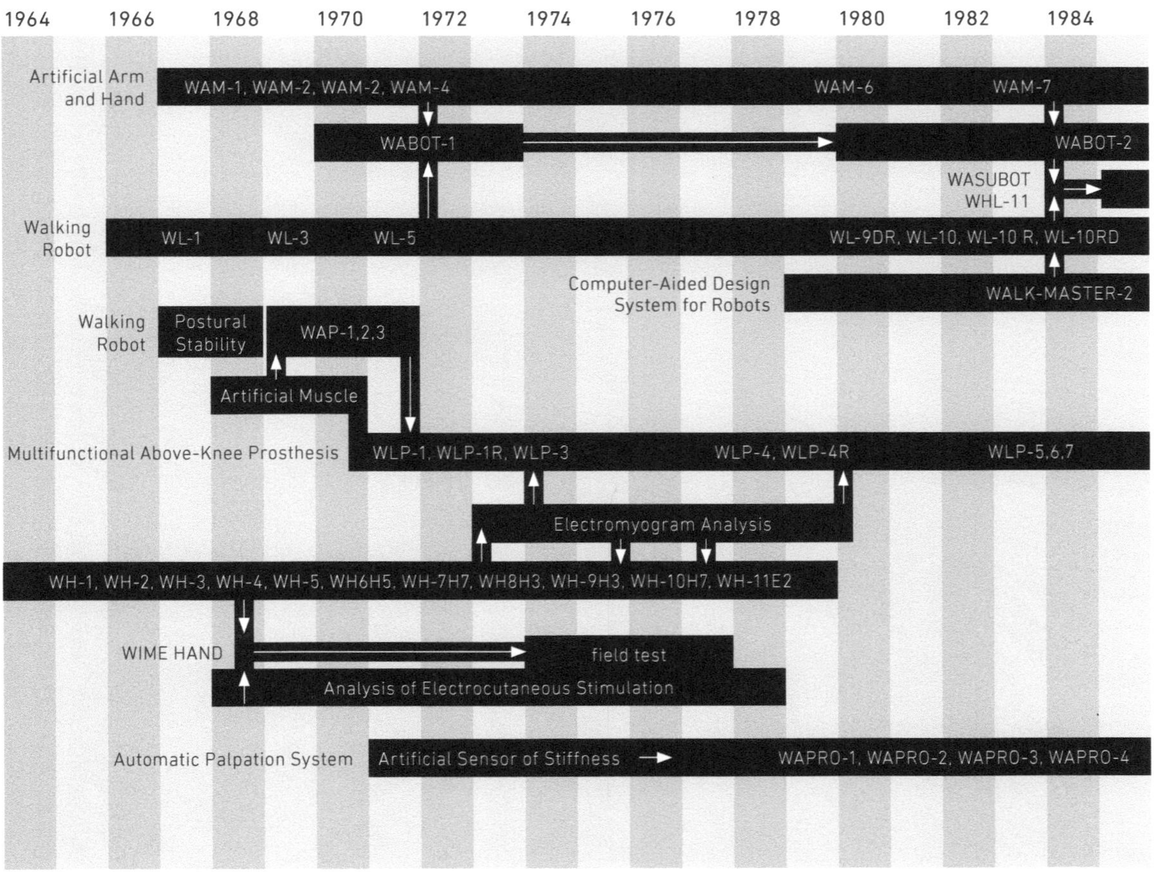

Abbildung 2.1 Entwicklungsplan des humanoiden Roboters der Waseda University (Quelle: KATO)[32]

bewegten Fingern die Möglichkeit, einfache Stücke auf einem Keyboard zu spielen. Schon damals sprachen die Entwickler von einer „künstlichen Intelligenz", mit der der Roboter Stücke vom Notenblatt in die Fingerbewegungen umsetzen konnte. Mit diesen Möglichkeiten wurden damals bis zu 15 Anschläge pro Sekunde durch den Roboter erreicht.[32]

Neben diesen sehr anspruchsvollen Projekten, die vor allem der Wissenschaft dienten, begann gleichzeitig die Umsetzung in Greiferlösungen, die für die Industrie nützlich waren. So wurden schon in den ersten Veröffentlichungen Zweifingergreifer präsentiert, die unseren heutigen Greifsystemen nicht unähnlich sind (Abbildung 2.3).

Der Greifer auf der linken Seite in Abbildung 2.3 wurde elektromagnetisch angetrieben. Er konnte nur geringe Traglasten erreichen. Der pneumatisch angetriebene Greifer auf der rechten Seite war dagegen in der Lage, bereits eine Nutzlast von 30 kg aufzunehmen.

Verglichen mit den anspruchsvollen Roboterprojekten der Universität waren die industriellen Handhabungslösungen doch eher einfach gehalten und oft auch mehr als Hebehilfen für schwere Werkstücke gedacht. So mussten manche Greiferbeispiele in dem Katalog des Kato-Labors damals doch eher futuristisch wirken.

Auch in Deutschland wurde die wissenschaftliche Forschung zu Greifern und deren Anwendung in der Handhabungstechnik weitergetrieben. Hier leistete vor allem das Fraunhofer-Institut für Produktionstechnik und Automatisierung (Fraunhofer IPA) in Stuttgart bereits in den 1980er-Jahren wichtige Grundlagenarbeit und konnte viele Promotionen zu unterschiedlichsten Roboteranwendungen veröffentlichen. Hinter jedem Bild auf einer Fotowand am Robotermuseum des Fraunhofer-Instituts steckt eine wissenschaftliche Arbeit (Abbildung 2.5).

Die Technik der Standardgreifer hat sich seither stark entwickelt und ausdifferenziert. Waren es in den ersten Jahren der Robotertechnik vor allem die Roboterhersteller, die mit den Robotern die Greifer mitlieferten, so traten schon ab Beginn der 1980er-Jahre immer mehr Komponentenlieferanten in den sich entwickelnden Markt ein.

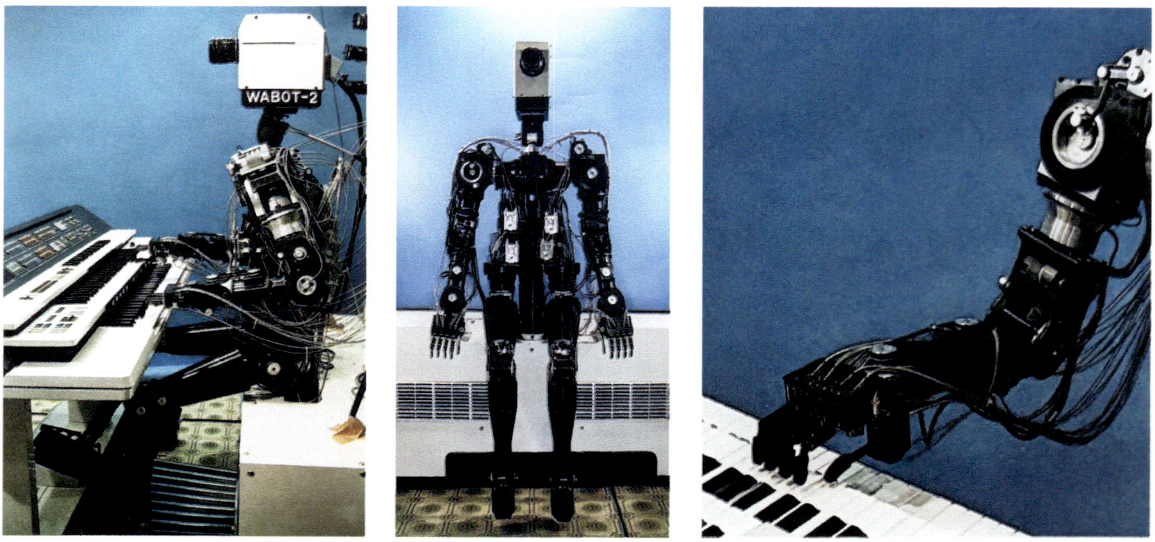

Abbildung 2.2 Erster Klavier spielender Roboter WAM-8 mit Fünffingerhand 1984 (Quelle: KATO)[32]

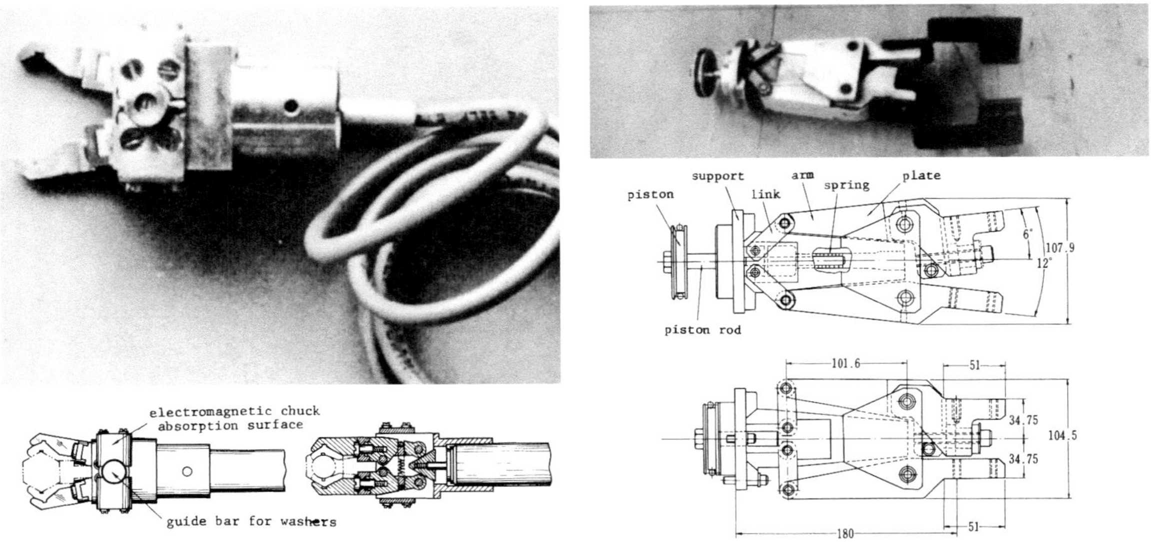

Abbildung 2.3 Zweifingergreifer mit unterschiedlichen Antriebseinheiten (Quelle: KATO)[33]

Abbildung 2.4 Unterschiedliche industrielle Anwendungen der Greiftechnik und erster Handhabungssysteme (Quelle: KATO)[33]

Abbildung 2.5 An die 160 verschiedene Endeffektoren im Zeitraum von 1973 bis 2023 (Quelle: IPA)[34]

08
009
010
011
012
013
21
022
023
024
025
026
34
035
036
037
038
039
47
048
049
050
051
052
60
061
062
063
064
065
73
074
075
076
077
078
86
087
088
089
090
091
99
100
101
102
103
104
12
113
114
115
116
117
125
126
127
128
129
130
138
139
140
141
142
143
151
152
153
154
155
156

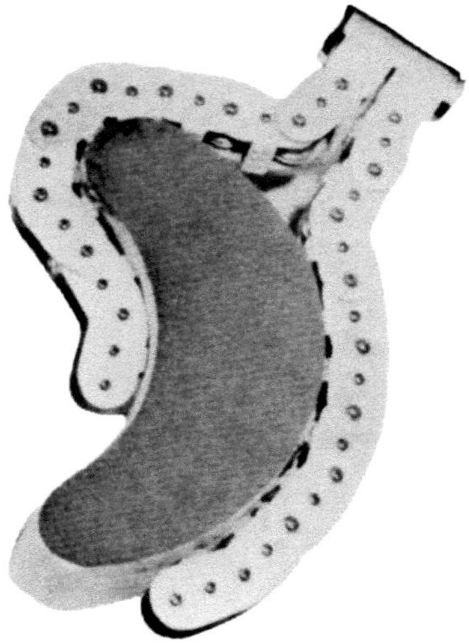

Abbildung 2.6 Anpassungsfähiger Greiferfinger mit pneumatischem Antrieb (Quelle: KATO)[33]

Das war auch die Initialzündung für einen neuen Bereich bei der Firma SCHUNK in Lauffen am Neckar. So informierte sich der damalige geschäftsführende Gesellschafter, Heinz-Dieter Schunk, auf einer Messe in Nürnberg über die Probleme mit dem Greifer der Firma KUKA an ihrem ausgestellten Roboter. Als Hersteller von Spanntechnik für Bearbeitungsmaschinen gab es im Hause SCHUNK durchaus das Applikationswissen, wie ein Werkstück für eine gewisse Zeit möglichst schonend und sicher gehalten werden sollte. Präzision beim Halten war in der Spanntechnik immer schon eine wichtige Anforderung gewesen, und der in Nürnberg ausgestellte Greifer hatte gerade in diesem Bereich noch Verbesserungspotenzial. Heinz-Dieter Schunk entschied, aus der Spanntechnik heraus Greifkomponenten für den Robotermarkt zu entwickeln. Aus damaliger Sicht war diese Entwicklung ein riskantes Unterfangen, da die Stückzahlen in den 1980er-Jahren bei Robotern doch sehr überschaubar und die Kosten für die Geräte extrem hoch waren.

Bei der Handhabung mit Robotern kamen gegenüber der Spanntechnik einige Herausforderungen hinzu. So war und ist das Thema Nutzlastreduktion für einen dynamischen Handhabungsprozess elementar. Je geringer das Handhabungsgewicht für den Roboter, desto effizienter kann die ganze Applikation gestaltet werden. Abbildung 2.7 zeigt anschaulich, wie schwer man sich anfangs mit einer leichten Konstruktion des Greifers tat.

Bei Betrachtung der Darstellung muss man sich heute vor Augen führen, welche Nutzlast ein solcher Roboterarm damals tragen konnte. Hier war das Werkstückgewicht von einigen Kilogramm schnell erreicht, wenn ein derartiger Greifer bewegt werden musste. Auch führten die eingeschränkten Möglichkeiten der Regelungstechnik zu erheblichen Verschleißerscheinungen, sodass die Roboter stark wartungsintensive Geräte waren. Hohe Greifergewichte verstärkten das Problem.

Aus der Spanntechnik kommend konzentrierte sich die Firma SCHUNK auf die Entwicklung eines mechanischen Greifers, der wie ein Baukasten verschiedene Greifsituationen im Markt abdecken konnte. Besondere Vorzüge der von SCHUNK entwickelten Baureihe PPG waren die integrierte Medienführung und die kompakte Bauweise.

Aber nicht nur im Roboterbereich wurden die Vorteile der Standardkomponenten genutzt. Ein viel größerer Markt entstand im Bereich der Sondermaschinenbauer und Systemintegratoren, die Maschinen für die Handhabungs- und Montagetechnik herstellten. Denn die Roboter mit ihren verschwindend geringen Stückzahlen Anfang der 1980er-Jahre wären allein ein viel zu kleiner Markt gewesen. Für den Markt der Montageautomaten konnte ein Programm an Zweifinger- und Dreifingergreifern, Hubeinheiten sowie von Schwenkmodulen in unterschiedlichen Größen angeboten werden. Die Zielkunden der Maschinenbauer kamen aus den unterschiedlichsten Branchen. Die aufgrund der internationalen Wettbewerbssituation immer produktiver werdende deutsche Autobranche zählte jedoch zu den Hauptabnehmern der modularen Greiftechnik.

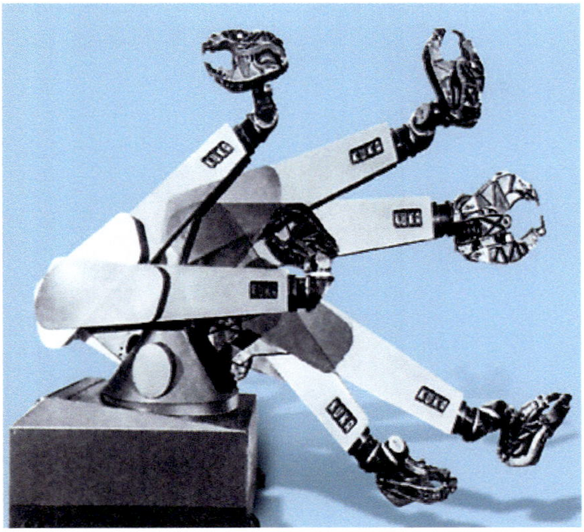

Abbildung 2.7 KUKA-Roboter Famulus 1973 mit Greifer (Quelle: KUKA)[35]

Der Markt wuchs ab den 1980er-Jahren besonders im Bereich der Handhabungs- und Montagesysteme kontinuierlich. Eigene Messen zum Thema formierten sich, z. B. die Motek als Montagetechnikmesse in Sinsheim. Bei den Robotern war es die Halle 17 in Hannover, die vor allem in den 1990er-Jahren diese Handhabungssysteme zeigte. Aber auch die Anbieter von Greifmodulen waren hier mit Ständen vertreten. Die automatica 2004 in München bildete den Startpunkt für eine gemeinsame Messe für Robotik und Komponenten, die alle zwei Jahre die Highlights der Branche zeigt. Nach der Coronapandemie mit den für die Messebranche einschneidenden Maßnahmen muss sich die Messelandschaft der Automatisierungsbranche neu aufstellen. Die Kosten für den Messebetrieb sind seither nochmals deutlich gestiegen und alternative Kanäle zur Information der Kunden über Neuheiten in der Branche sind entstanden und werden verstärkt genutzt. Hier muss ein Konzentrationsprozess die verbleibenden Messen attraktiver machen, um nach wie vor Anziehungspunkt für ein internationales Publikum zu sein.

Der Baukasten der Greifmodule wurde bereits 1983 im ersten Katalog von SCHUNK vorgestellt. Damit war der Grundstein zur Automatisierung für wichtige Handhabungsvorgänge gelegt. Auch Greiferfinger wurden für Basisgeometrien mit der „Industriehand“ angeboten. Die Entwicklungen starteten mit dem Parallelbackengreifer PPG als einer der ersten Standardkomponenten mit konstantem Greifzentrum. Der mit Druckluft betriebene Greifer wog in der 100er-Version noch 1,6 kg und erreichte so ein Greifkraft-Eigengewichts-Verhältnis von 1 bei einem Hub von 3 mm. Über die Jahre sieht man hier die Fortschritte bei der Leistung und den Gewichten.

Gründe hierfür sind die Einführung von hochfestem Aluminium und besonderen Konstruktionsmerkmalen, wie der Vielzahnführung. So konnten die Greiferkomponenten das Verhältnis von Eigengewicht zu Greifkraft weiter steigern. Tabelle 2.1 zeigt den Parallelbackengreifer PPG im Vergleich zum PGN, der dann Anfang 2000 mit dem PGN Plus durch die Vielzahnführung einen deutlichen Sprung im Gewicht-zu-Kraft-Verhältnis erzielte. War beim PPG bei 6 mm Fingerhub eine maximale Kraft von 650 N möglich, so kam man mit dem PGN bereits auf 10 mm bei fast der gleichen Kraft (550 N). Bezeichnend war dann auch noch die Reduktion des Gewichts um über 50 % bei der verbesserten Leistung. Damit konnten die Greifer noch leichter gebaut werden, was zu höheren Taktleistungen der Handhabungssysteme geführt hat. Der PGN Plus setzte dann 2001 den nächsten Meilenstein, der die erzielbare Kraft bei 5 mm Fingerhub nochmals deutlich von 900 N auf 1370 N anwachsen ließ. Diese pneumatisch angetriebenen Greifmodule sind heute die Basis vieler automatisierter Anwendungen in allen Industriebranchen, vom Automobilbau bis hin zur Kunststoffverarbeitung. Die Module sind ausgereift und erreichen hohe Standzeiten. Darüber hinaus bieten sie Möglichkeiten zur Sensorintegration und Prozessüberwachung. So war es 2015 möglich, eine Weiterentwicklung des pneumatischen Parallelbackengreifers mit dem PGN Plus Permanent im Markt zu platzieren. Dieser kann mit einer

2

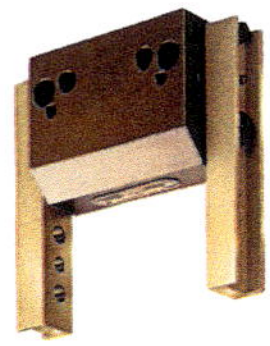 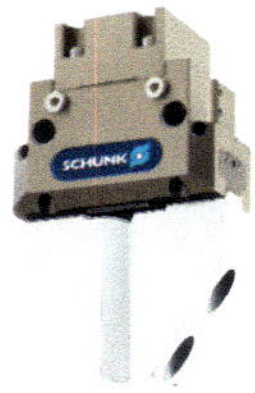  

Typ	PPG	PGN	PGN-plus	PGN-plus-P
Eigenmasse	0,34 kg – 6,5 kg	0,125 kg – 6 kg	0,08 kg – 39,5 kg	0,08 kg – 39,8 kg
Greifkraft	170 N – 3600 N	100 N – 3200 N	123 N – 21150 N	180 N – 26100 N
Herstellungsdatum	1983 – 1990	1990 – 2001	2001 – 2019	2019

Tabelle 2.1 Entwicklung der pneumatischen Greifer hinsichtlich Eigengewicht und Greifkraft

Typ	MEG	EGN	EGP	EGU
Eigenmasse	0,47 kg – 1,42 kg	0,84 kg – 3,4 kg	0,11 kg – 0,83 kg	1,44 kg – 7,8 kg
Greifkraft	40 N – 140 N	400 N – 1000 N	12 N – 300 N	300 N – 4000 N
Herstellungsdatum	2004 – 2007	2007 – 2013	2013	2022

Tabelle 2.2 Entwicklung der elektrischen Greifer hinsichtlich Eigengewicht und Greifkraft

Parallelgreifer		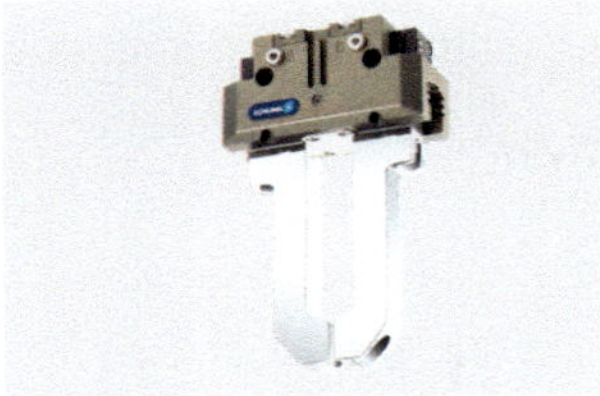	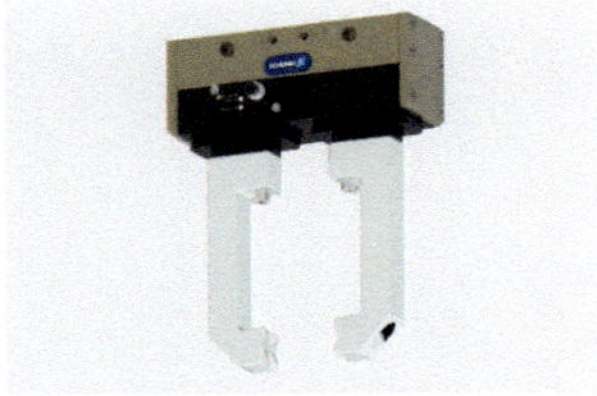
Winkelgreifer	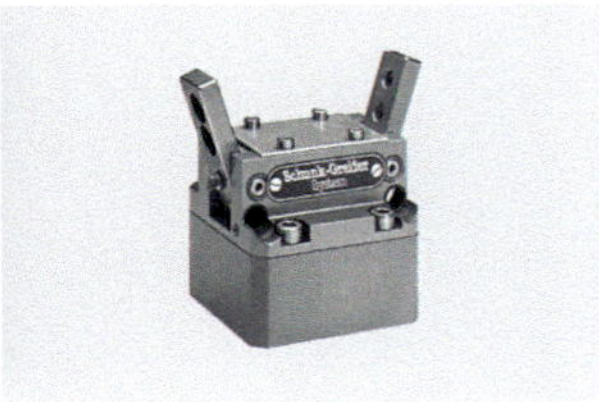		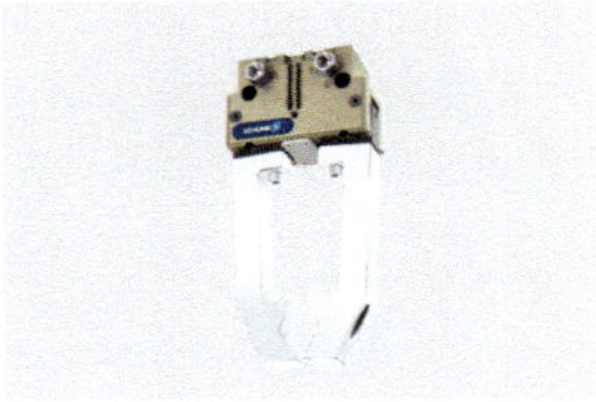

Tabelle 2.3 Vergleich von alten und neuen Parallel- und Winkelgreifern

erneut gesteigerten Greiffingerlänge und mehr Fingerhub aufwarten.

Bereits Anfang der 1990er-Jahre wagte die Firma SCHUNK einen Einstieg in die elektrischen Antriebe bei Greifmodulen (Tabelle 2.2). Technologisch war dies ein Meilenstein, da die elektrischen Antriebe zum einen ein völlig anderes Verhalten als die mit pneumatischer Energiezufuhr haben, sich aber zum anderen dadurch auch völlig neue Möglichkeiten in der Greiftechnik eröffneten. Damals waren jedoch die Leistungen der Elektromotoren noch weit abgeschlagen und die Kosten für diese Antriebsart bei Weitem zu hoch. Heute sehen wir die ersten breit eingesetzten elektrischen Greiferserien, wieder von SCHUNK, im Angebot. Diese Antriebsart findet sich immer häufiger in der Greiftechnik. Hier waren anfangs große Sprünge hinsichtlich des Kraft-Gewicht-Verhältnisses notwendig, da die druckluftgetriebenen Greifermodule ein besseres Verhältnis von Greifkraft zu Gewicht aufweisen. Inzwischen gehen die Bemühungen weiter, mit den Schwerpunkten Baugröße und Energieeffizienz, sodass in den nächsten Jahren nochmals verbesserte Komponenten mit elektrischen Antrieben zu erwarten sind. Die Betrachtung der Energieeffizienz bei den Anwendern der Anlagentechnik hat dazu geführt, dass nicht nur die Investitionskosten, sondern auch die teuren Betriebskosten von pneumatischen Modulen immer mehr zur Kaufentscheidung herangezogen werden.

Darüber hinaus ist mit dem elektrischen Antrieb ein sicherer Betrieb möglich, der verschleißarm bzw. mit konstanten Prozessparametern abläuft. Da die meisten gesteuerten Handhabungssysteme elektrisch angetrieben sind, bietet sich auch der Vorteil einer einheitlichen Medienversorgung.

Auch die anderen Greiferbauformen, wie Winkelgreifer und Dreibackengreifer, machten eine Weiterentwicklung durch. Die Modelle wurden kompakter und integrierter hinsichtlich der Anbaumöglichkeiten. Tabelle 2.3 zeigt das Design der Winkel- und Parallelbackengreifer jeweils nebeneinander.

Mit zunehmender Anzahl an Komponenten wurden die Kundenkreise und damit die Anwendungen immer vielfältiger. So wurden neben der Entwicklung von Greifermodulen die Zubehörpaletten stets erweitert. So kam die Konstruktion von spezifischen Greiferfingern und Flanschplatten hinzu. Auch die Integratoren der Komponenten suchten nach immer flexibleren Verfahren, die Greifer besser den Werkstücken anzupassen. So konnte robomotion erstmals auf der automatica 2006 einen Greifer mit additiv gefertigten Greiferfingern zeigen (siehe Abbildung 2.8).

Aber auch die klassische Greifertechnik wurde immer weiter ausdifferenziert. So können die Integratoren heute nicht nur eine Komponente, sondern ein ganzes Greifersystem beim Hersteller von Komponenten bestellen. Die zunehmende Komplexität und Variantenvielfalt können durch den Einsatz von mechatronischen Komponenten abgedeckt werden. So entwickeln sich flexible Greifer in Form von „Greiferhänden" zunehmend zu einem eigenen Marktsegment.

Tabelle 2.4 zeigt die Entwicklung der ersten Greifmodule bis hin zur ersten Dreifingerhand von SCHUNK, die 2006 ein echtes Novum als Industrieprodukt in der Branche darstellte. Bis dato gab es lediglich Greiferhände von Instituten und Forschungseinrichtungen. Von SCHUNK wurde die Dreifingerhand mit einer flächigen taktilen Sensorik zu einer Standardkomponente entwickelt. 2010 folgte ein leistungsstarker Miniaturgreifer, der in der Montage kleiner Bauteile eingesetzt wird und ein zertifiziertes Safety-Greifsystem für sicherheitsrelevante Handhabungsaufgaben hat.

Abbildung 2.8 Winkelgreifer mit additiv hergestellten Winkelflächen auf der automatica 2006 (Quelle: REFORM DESIGN[36]/ robomotion[37])

Mit dem Arm für den Care-O-Bot des Fraunhofer IPA in Stuttgart stieg SCHUNK in das vielversprechende Gebiet der kollaborativen Roboter ein, die in Interaktion mit Menschen treten können und dies aufgrund ihrer ausgereiften Sicherheitstechnik auch dürfen. Hier gibt es für den Kunden modulartig aufgebaute Systeme, die

	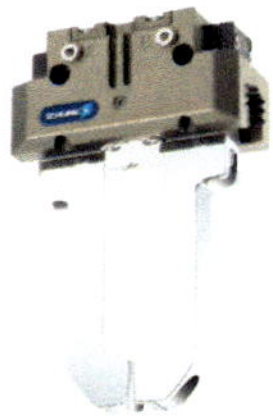	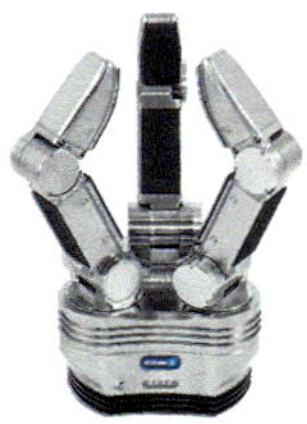	
1983	2000	2006	2008
PPG	**PGN-plus**	**SDH**	**PRL**
erster pneumatischer SCHUNK-Standardgreifer. 100 % konstantes Greifzentrum durch integrierte Synchronisation	der einzige Zwei-Fingerparallelgreifer mit Vielzahnführung, 100 % präzise in der Funktion	erste SCHUNK-Dreifingergreifhand mit taktilen Sensoren, 76 Messpunkte pro Sensorfeld	Integration Greifarm-Module PRL im Care-O-Bot®, bis zu 216 Nm Dauerdrehmoment

Tabelle 2.4 Zeitstrahl der Entwicklung von 1983 bis heute (Quelle: SCHUNK)[38]

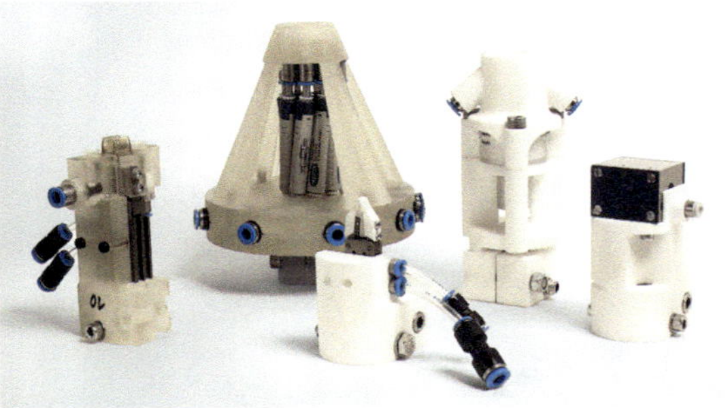

Abbildung 2.9 Sammlung erster 3D-Druck-Greifer 2006 (Quelle: robomotion)[37]

von der Hand bis zum Armaufbau individuell zusammengestellt werden können. Mit dem Powerball-Leichtbauarm wurde wiederum das Verhältnis von Nutzlast zu bewegter Masse des Gesamtsystems verbessert. Mit einer mobilen Plattform ausgestattet, ist der Powerballarm in der Lage, an verschiedenen Orten in der Produktion zu operieren. So lassen sich räumlich auseinanderliegende Arbeitsplätze mit geringen Stückzahlvolumen wirtschaftlicher automatisieren oder die Logistik mit dem Roboter umsetzen.

Die Fünffingerhand wurde 2012 als Ergänzung der Dreifingerhand vorgestellt und ist in der Lage, komplexe Greifvorgänge auszuführen. Die sichere Greiftechnik auf Basis eines elektrischen Greifers konnte dann 2013 vorgestellt werden. Diese Erweiterung der Dreifingerhand, die zusammen mit dem Powerball-Leichtbauarm auf einer mobilen Einheit montiert wurde, ergab sowohl maximale Flexibilität in der Anwendung als auch in der räumlichen Anordnung.

2016 schließlich konnte der Co-act Gripper als neue Greiferserie auf der automatica der Öffentlichkeit vorgestellt werden. In diesem Greifer sind neben dem elektrischen Antrieb sowohl eine eigene Steuerung als auch zusätzliche Sensoren verbaut. Mithilfe der Sensorik kann eine sichere Zusammenarbeit von Mensch, Roboter und Greifer gewährleistet werden.

2019 wurde der PGN-Plus-P auf den Markt gebracht. Mit diesem Benchmarkgreifer in der Automatisierungstechnik konnten 50 % längere Greiferfinger gegenüber dem Vorgängermodell erreicht werden. Das zeigt,

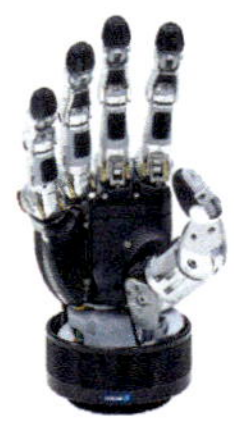

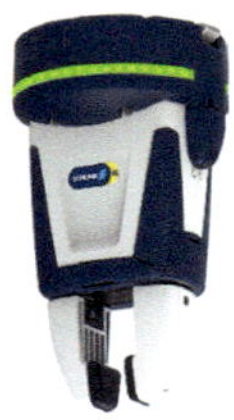

2010	2010	2012/2013	2016	2019
Erstes zertifiziertes Safety Greifsystem EGN/EZN	**Powerball Lightweight Arm LWA 4P**	**SVH 5-Finger-Hand**	**Co-Act EGP-C**	**PGN-plus-P**
erste servoelektrische SCHUNK-Safety-Greifsysteme	der leistungsdichteste Leichtbauarm der Welt, im Einsatz auf mobilen Plattformen, bis zu 6 Freiheitsgrade	erste serienreife Fünffingerhand mit 9 Motoren	sensitiver Greifer, speziell für die kollaborative Robotik entwickelt	Universeller 2-Finger-Parallelgreifer mit Dauerschmierung, großer Greifkraft, hoher Momentenaufnahme durch Vielzahn-Gleitführung

welche Potenziale noch 30 Jahre nach Markteinführung der PGN-Baureihe in der Entwicklung der Komponenten gehoben werden können.

Somit kann festgestellt werden, dass neue Materialien, neue Konstruktionsformen und schließlich „Intelligenz" in die Greiftechnik Einzug gehalten haben. Wir werden in diesem Buch zeigen, dass neue Fertigungsverfahren darüber hinaus einen Beitrag zum Greifer der Zukunft leisten. Denn ab ca. 2000 begannen sich die additiven Fertigungsverfahren vom reinen Prototyping hin zur produktionstauglichen Komponentenherstellung zu eignen.

Aus der Entwicklung der ursprünglichen Greifer als Standardkomponenten ist heute ein Baukasten für Automation entstanden, aus dem modular bestimmte Aufgabenstellungen in der Produktion gelöst werden können. So werden von den Herstellern der Branche inzwischen Module zum Drehen und Ausgleichen angeboten, die in der kinematischen Kette hinter dem Greifer montiert werden können. Es gibt aber auch genügend Einsatzfälle, in denen diese Module gänzlich ohne Greifer oder Handhabungssystem zum Einsatz kommen.

Drehdurchführungen, Wechselsysteme, aber auch die messenden und überwachenden Komponenten kommen häufig noch in Verbindung mit Greifern zum Einsatz. Die stolze Zahl von ca. 2550 Komponenten zum Greifen macht die schier unübersehbare Variantenvielfalt deutlich. Selbstverständlich gab es auch 1983 schon unterschiedliche Varianten vom Parallelbackengreifer (7 Stück) und vom Winkelgreifer (6 Stück), aber bei Weitem nicht die Auswahl für den Kunden. Daher kommt heute der richtigen Auswahl und kompetenten Beratung der Kunden eine immer größere Bedeutung zu. Auch softwaregestützte Auswahlhilfen werden weiter zunehmen, um die Vielfalt bewältigen zu können. Das Datenmanagement in den CAD-Systemen und die durchgängige Einplanung ist für den Konstrukteur immer wichtiger geworden.

Aber nicht nur der Konstrukteur des mechanischen Aufbaus ist bei der Auswahl von Automatisierungskomponenten gefragt. Durch die Verbindung mit der jeweiligen Funktionalität der Baugruppen wird die Frage nach der richtigen Auswahl auch immer häufiger an den Programmierer oder den Elektrotechniker gestellt. Der Programmierer kennt den Ablauf im Roboterprogramm und die geplanten Fahrbewegungen, die beispielsweise von einer Kollisionseinheit geschützt werden sollen. Damit ist er derjenige, der bei der Auswahl der Kollisionseinheit bzw. deren Auslegung mitarbeiten muss.

Durch die Verbindung der Komponenten mit der Steuerungstechnik bzw. mit der Sensorik entstehen Daten, die in den Programmabläufen bzw. in der Prozesssteuerung genutzt werden können. Hier reichen oft die reinen mechanischen Lösungen nicht mehr aus. Teamarbeit ist dabei angesagt, um derartige Lösungen optimal auszulegen.

Greifen 2550 Komponenten		
Kleinteilegreifer MPG-plus 	Universalgreifer PGN-plus-P 	Großhubgreifer ELG 
Drehen 600 Komponenten		
Drehmodul ERT 	Universal- Schwenkeinheit SRM 	
Ausgleichen & Überwachen 150 Komponenten		
Kollisions- und Überlastsensor OPR 	Ausgleichseinheit AGE-F 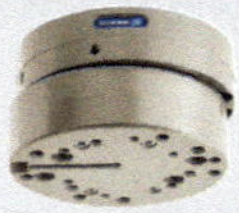	
Durchführen 50 Komponenten		
Drehdurchführung DDF 2 		
Wechseln 100 Komponenten		
Manuelles Wechselsystem CMS 	Roboter-Schnellwechsel- system SWS 	
Bearbeiten 50 Komponenten		
Entgratspindel RCV 	Exzenterschleifer AOV 	Polierspindel MFT 
Messen 150 Komponenten		
Kraft-Momenten-Sensor FT 		
Bewegen 450 Komponenten		
Linearmodul SLD 	Linearmodul Beta 	

Tabelle 2.5 Übersichtsdarstellung eines Komponentenbaukastens (Quelle: SCHUNK)[38]

2.2 Geschichte der Robotik

Jeder Roboter hat in der Regel ein Bearbeitungswerkzeug oder einen Greifer als Endeffektor, um seine Applikation ausführen zu können. Somit ist der Siegeszug der Robotik eng mit der Geschichte der Greifer verbunden. Die Robotergeschichte ist allerdings aufgrund der höheren Priorität in der Wissenschaft und öffentlichen Wahrnehmung viel besser dokumentiert und statistisch erfasst. Häufig werden Roboterentwicklungen gleichzeitig mit dem dazugehörigen Greifwerkzeug durchgeführt. Wie in Abschnitt 2.1 dargestellt, zeigten sich in den Anfangstagen der Robotik zunächst die Roboterhersteller für die Entwicklung der Greifer verantwortlich. Um jedoch die Vielfalt der Einsatzmöglichkeiten für Roboter wirklich erschließen zu können, war der beschriebene Baukasten aus Automatisierungskomponenten und Greifern notwendig. Die Robotererfolgsgeschichte ist daher nicht ohne die unterschiedlichen Werkzeuge der Robotik vorstellbar.

Der Begriff Roboter ist abgeleitet aus dem tschechischen „robota" und wurde 1921 bei der Uraufführung des Theaterstücks „R.U.R.– Rossum's Universal Robots" von Karel Čapek (1890–1938) als Bezeichnung für einen Leibeigenen, Zwangsarbeiter oder unterwürfigen Bediensteten gebraucht. Damals waren die unterschiedlichsten Begriffe für mechanisierte Maschinen im Umlauf. Man sprach von Simulatoren, Automaten, rationellen Maschinen usw. Seitdem ist der Mensch dem Ziel, sich schwerer körperlicher Arbeit zu entledigen, immer nähergekommen. Nur die Vorstellung, dass ein universeller „Leibeigener" alle Arbeiten übernimmt, ist bisher nicht umgesetzt.

Bereits 1946 hatte Del Harder als technischer Direktor bei Ford eine vollautomatische Produktionslinie installieren wollen. Ford hatte kurz darauf eine eigene Abteilung für die Automation eingerichtet, um Abläufe in der Produktion hinsichtlich ihrer Effizienz und Produktivität unter die Lupe zu nehmen. Gleichzeitig begann auch eine Debatte über die Vernichtung von Arbeitsplätzen durch die Automation. Diese Debatte mündete in der Ansiedlung der internationalen Roboterstatistik bei der UNO in New York, da man die Entwicklung global im Auge behalten wollte. Man wollte international die Ausbreitung der Roboter und die Auswirkungen auf die Arbeitswelt überwachen. Diese Statistik ist inzwischen in die Verantwortung der IFR (International Federation of Robotics) übergegangen, die mit Ihrer Statistikabteilung beim VDMA in Frankfurt angesiedelt ist. Das politische Interesse an der Robotik bzw. der Automationstechnik hat bezüglich der Roboterzahlen nicht nachgelassen, dies jedoch nicht mehr aus Furcht vor möglichen Arbeitslosenzahlen und damit sozialen Verwerfungen, sondern als Lösungsmöglichkeit für Probleme wie demografischer Wandel und Fachkräftemangel. So wird in vielen Staaten, wie beispielsweise in China, die Automatisierung bewusst gefördert, weil die Überalterung der Bevölkerung einen Verlust an Lebensstandard (BIP) erwarten lässt, wenn die Produktivität der Wirtschaft nicht gesteigert wird.

Anfang der 1950er-Jahre begann man mit der Entwicklung stationärer Roboter, wie wir sie heute im industriellen Bereich kennen. Damals entwickelten George Devol und Joe Engelberger den Roboter Unimate. George Devol hatte 1954 das Patent zum „Programmed Transfer Article" eingereicht. Zwei Jahre später traf er auf einer Party den damals 31 Jahre alten Joseph Engelberger, der in der Raumfahrtindustrie arbeitete. Engelberger war sofort angetan von der Idee eines „Helfers" für die Produktion, denn er liebte Science-Fiction und hatte alle Bücher von Isaac Asimov gelesen. Der Ingenieur Devol und der Unternehmer Engelberger gründeten die Firma Unimation, die den Unimate-Roboter Anfang der 1960er-Jahre auf den Markt brachte.

Der Roboter wog 2 t und wurde durch ein auf Magnettrommel gespeichertes Programm gesteuert. Der Unimate wurde 1961 erstmals bei General Motors in Trenton (New Jersey) installiert und das Patent von George Devol erteilt. Die Maschine war sehr einfach und konnte nur eine Anwendung in der Gießerei sinnvoll ausführen. Sie wurde für 18.000 US$ verkauft, obwohl sie in der Herstellung 65.000 US$ gekostet hatte. Im Gegenzug konnte Unimation mit dem Roboter werben und ihn als Referenz nutzen. GM rechnete mit einer Lebensdauer des Unimate von maximal 18 Monaten. So wurde der Kaufpreis von 18.000 US$ ermittelt, denn diese Summe sollte der Roboter in den 18 Monaten in der Produktion einsparen. Da die Roboter doch länger hielten, wechselte die Firma Unimation ihr Geschäftsmodell und verlieh die Roboter, statt sie zu verkaufen. Ähnliche Konzepte des Pay-per-Use gibt es heute wieder im Bereich der Cobots, wenn diese an Arbeitsplätzen eingesetzt werden sollen, die keine besonders hohe Auslastung haben.

Del Harder von Ford ließ verbreiten, er benötige mindestens 2000 Geräte in seinen Fabriken für die Produktion von Autos. Damit war er als potenzieller Kunde bei der Spezifikation der Roboter von Unimation ein wichtiger Partner. Er inspirierte aber mit seinen Aussagen auch weitere Hersteller wie AMF, Hughes Aircraft, IBM, Sunstrand und Western Electric, ebenfalls in die Entwicklung von Robotern einzusteigen. So bekam Unimation beispielsweise bereits 1958 Konkurrenz durch den Versatran-Roboter von AMF. Doch 1964 gelang Unimation ein echter Durchbruch mit dem Verkauf von 66 Unimate-Robotern an GM für deren neue Fabrik in Lordstown in Ohio. Das Ziel für GM war es, eine Modellfabrik zur Fertigung von Automobilen zu errichten.

Diese Bestellung war für Unimation, die bis zu diesem Zeitpunkt 3–4 Roboter im Monat hergestellt hatten, ein Wendepunkt. Selbst als die Verkaufszahlen nach der GM-Lieferung wieder auf das alte Volumen zurückgingen, war doch klar geworden, dass Roboter in der modernen Produktion eine Zukunft haben können. Mit dem Verkauf weiterer 26 Roboter an GM im Jahr 1969 war auch eine wichtige Zielapplikation für die Roboter gefunden – das Punktschweißen.

Fortan war und ist die Automobilindustrie die wesentliche treibende Kraft bei der Entwicklung von Industrierobotern. Auch wenn die großen Roboterhersteller in den letzten Jahren erhebliche Anstrengungen unternommen haben, ihren Anteil in der sogenannten „Generalindustrie“ (also nicht der Automobilindustrie) zu steigern, so sind viele Entwicklungen in der Robotik doch durch die Fertigung von Fahrzeugen spezifiziert worden.

Besonders dem Menschen nachempfundene „humanoide“ Roboter waren schon in den Gründerjahren der Robotik ein Entwicklungsziel. So konstruierten 1963 Forscher am Rancho Los Amigo Hospital in Downey, Kalifornien, den Rancho Arm für die Unterstützung behinderter Menschen. Marvin Minsky entwickelte 1968 am MIT (Massachusetts Institute of Technology) den Tentacle Arm.

Fast zeitgleich entwickelte Victor Scheinmann als Maschinenbaustudent am Stanford Artificial Intelligence Laboratory den Stanford Arm, der als Manipulator für die Mikrochirurgie genutzt werden sollte. Der Arm verfügte über sechs Freiheitsgrade und war elektrisch betrieben. Der Stanford Arm war für die damaligen regelungstechnischen Randbedingungen optimal ausgelegt, und 1974 gelang es damit, die Wasserpumpe des Ford A zu montieren. 1977 wurde die Konstruktion an Unimation verkauft. Auf dieser Basis wurde der PUMA (Programmable Universal Manipulator for Assembly) entwickelt. 1979 wurde eine von Unimation lizenzierte Version des Roboterarms am General Motors Technical Center in Betrieb genommen. Der PUMA war erstmalig ein Industrieroboter, der für geringere Traglasten in den Produktionen ausgelegt und somit für Montageaufgaben gedacht war. Diese neue Art der Robotik beflügelte die Fantasie der Produktionsfachleute und es wurden Versuche zum Einschrauben von Glühbirnen, Verpacken von Schokolade bis hin zum Scheren von Schafen mit diesem Roboter durchgeführt. Unimation wurde 1980 von dem Schweizer Unternehmen Stäubli übernommen und produziert seither Roboter besonders für Nischenanwendungen wie den Reinraum oder den Lebensmittelbereich.

Wesentliche Entwicklungen in der Steuerungstechnik kamen in den 1970er-Jahren den Robotern zugute, denn sie vereinfachten die Ansteuerung der Armkonstruktionen und ermöglichten zusätzliche Funktionalitäten. 1972 präsentierte Björn Weichbrodt dem ASEA Management ein Konzept für einen elektrisch angetriebenen Roboter. Lars Westerlund lobt in seinem Buch („The Extended Arm of Man") die Weitsicht des damaligen Managements und besonders von Curt Nicolin, der die Gelder für die Entwicklung und weitere 3 Millionen schwedische Kronen für Pilotstudien mit dem Roboter bewilligte. Ende 1973 war die Entwicklung beendet und die ersten Roboter wurden in Schweden verkauft. 1975 wurde in Schweden die erste „menschenleere" Fabrik realisiert, die auf Basis des IRB 6 automatisiert wurde.

Der IRB 60 wurde Anfang 1975 vorgestellt und war wiederum eine Besonderheit in der Branche, denn Roboter mit 60 kg Traglast wurden damals in der Regel mit hydraulischen Antrieben ausgestattet. ASEA dagegen blieb dem elektrischen Antrieb auch in dieser Leistungsklasse treu.

Diese Modelle blieben bis 1991 in der Produktpalette von ASEA und wurden 7000-mal (IRB 6) und 1900-mal (IRB 60) in dieser Zeitspanne verkauft. Der elektrische Antrieb hatte sich in der Robotik etabliert.

In Deutschland entwickelten zeitgleich mehrere Firmen die Robotertechnik weiter. Die Firma KUKA betätigte sich anfangs auch als Roboterimporteur für die japanische Firma Nachi. Nachi gehörte zu den frühen Roboterbauern in Japan neben Fanuc, Yaskawa, Kawasaki und Mitsubishi Electronic.

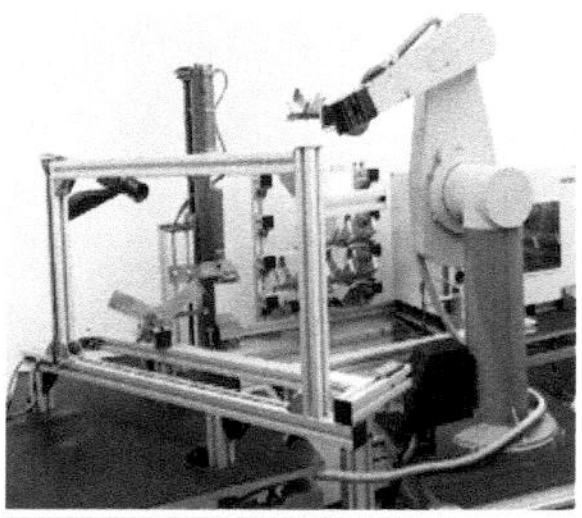	**Unimation PUMA 560 (Programmable Universal Maschine for Assembly)**
Hersteller	Unimation Inc.
Herstellungsjahr	1978
Charakteristika	• Traglast 2,4 kg • Reichweite 878 mm • Positioniergenauigkeit +/- 0,1 mm • Geschwindigkeit 500 mm/s
Innovation	Erster Knickarmroboter mit 6 Servomotorachsen, Compilersprache VAL, hohe Geschwindigkeit, vor allem in den Handachsen

Tabelle 2.6 Exponat aus dem Fraunhofer IPA Robotermuseum Stuttgart (Quelle: IPA Robotermuseum)[39]

Abbildung 2.10 IRB 60 von ASEA mit 60 kg Traglast (Quelle: ABB)[40]

Abbildung 2.11 IRB 6 von ASEA mit 6 kg Traglast (Quelle: ABB)[40]

Die japanischen Autohersteller Toyota und Nissan setzten als Erste auf den Einsatz von Robotern in der Punktschweißtechnik. Mit dieser Anwendung ließen sich hohe Präzision und Taktraten im Karosseriebau miteinander vereinen. Die Roboterstückzahlen stiegen hier in den 1990er-Jahren signifikant an und führten dazu, dass Japan mit Abstand die höchste Roboterdichte der Welt aufweisen konnte. Damals hatte man China nicht ansatzweise in der Statistik finden können.

Damals dominierten noch die Japaner, Amerikaner und die Europäer die Roboterstatistiken. In den Einzelnen Ländern gab es entsprechend große Roboterhersteller, die die Maschinen entwickelten und lieferten.

In Deutschland war es vor allem die Firma KUKA in Augsburg, die sich um die Entwicklung der Robotik in Deutschland verdient gemacht hat. Aber auch die Firmen Siemens, BOSCH und Reis in Obernburg sollen hier nicht unerwähnt bleiben.

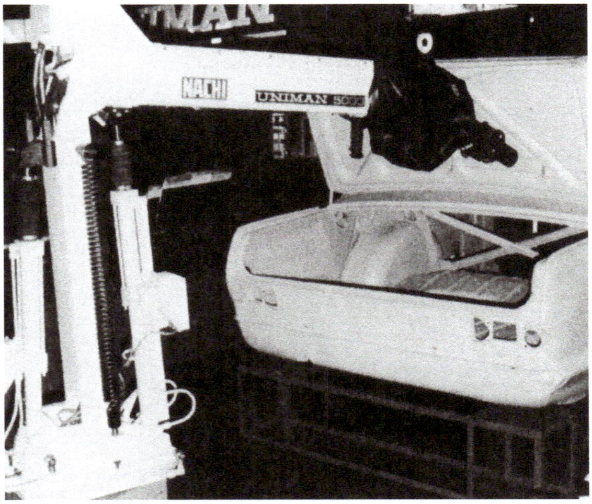

Abbildung 2.12 Auszug aus dem IPA Roboterkatalog von 1984 erste Robotermodelle von Nachi (Quelle: Roboterkatalog IPA)[41]

Abbildung 2.13 Punktschweißroboter zur Karosseriefertigung (Quelle: Westerlund)[42]

In Augsburg begann man mit der Entwicklung eigener Geräte in den frühen 1970er-Jahren. KUKA nutzte die Roboter in ihren Schweißstraßen für die Automobilindustrie, insbesondere für Punktschweißaufgaben, und trat zunächst als Händler für Roboter unterschiedlicher Marken auf. Schließlich änderte KUKA das Geschäftsmodell und stellte seine eigenen Roboter für das Punktschweißen her. 1983 hatte KUKA bereits 1200 Roboter verkauft, die zu 90 % in der Automobilindustrie zum Einsatz kamen. Anfang der 1980er-Jahre begann KUKA die Entwicklung von Robotern für Montageaufgaben.

Die Marktentwicklung in den 1970er-Jahren verlief anfänglich noch sehr schleppend. 1973 waren weltweit 3000 Roboter im Einsatz und Unimation schrieb 1975 erstmals schwarze Zahlen, obwohl 30 % der Roboter aus ihrer Produktion stammten. Trotzdem war das Interesse groß, in das Geschäft einzusteigen, sodass sich weltweit ca. 70 Firmen mit dem Bau und Vertrieb von Robotern beschäftigten.

Neu installierte Roboter 1998	
Japan	34.000
USA	11.000
Deutschland	10.000
Italien	4000
Spanien	2000
Frankreich	2000
Gesamtanzahl installierte Roboter in der Industrie	
Japan	412.000
USA	82.000
Deutschland	73.000
Italien	32.000
Südkorea	31.000
Frankreich	16.000
Anzahl der Industrieroboter pro 10000 Beschäftigte in der Industrie	
Japan	279
Singapur	140
Südkorea	104
Deutschland	100
Italien	70
Schweden	66

Tabelle 2.7 Wesentliche Nationen, die 1998 Roboter eingesetzt haben (Quelle: IFR)[43]

Hierzu zählten auch Automobilhersteller, die für Ihre eigene Produktion die Roboter selbst herstellten. 1983 wurde von Volkswagen die zweite Generation des Golfs vorgestellt und die Roboter hier nicht nur zum Punktschweißen, sondern auch zur Montage (ca. 40 Stück) eingesetzt. Die „Halle 54" in Wolfsburg war die Vorzeigefabrik in der Automobilindustrie. Insgesamt hatte VW zu dieser Zeit ca. 1200 Roboter im Einsatz.

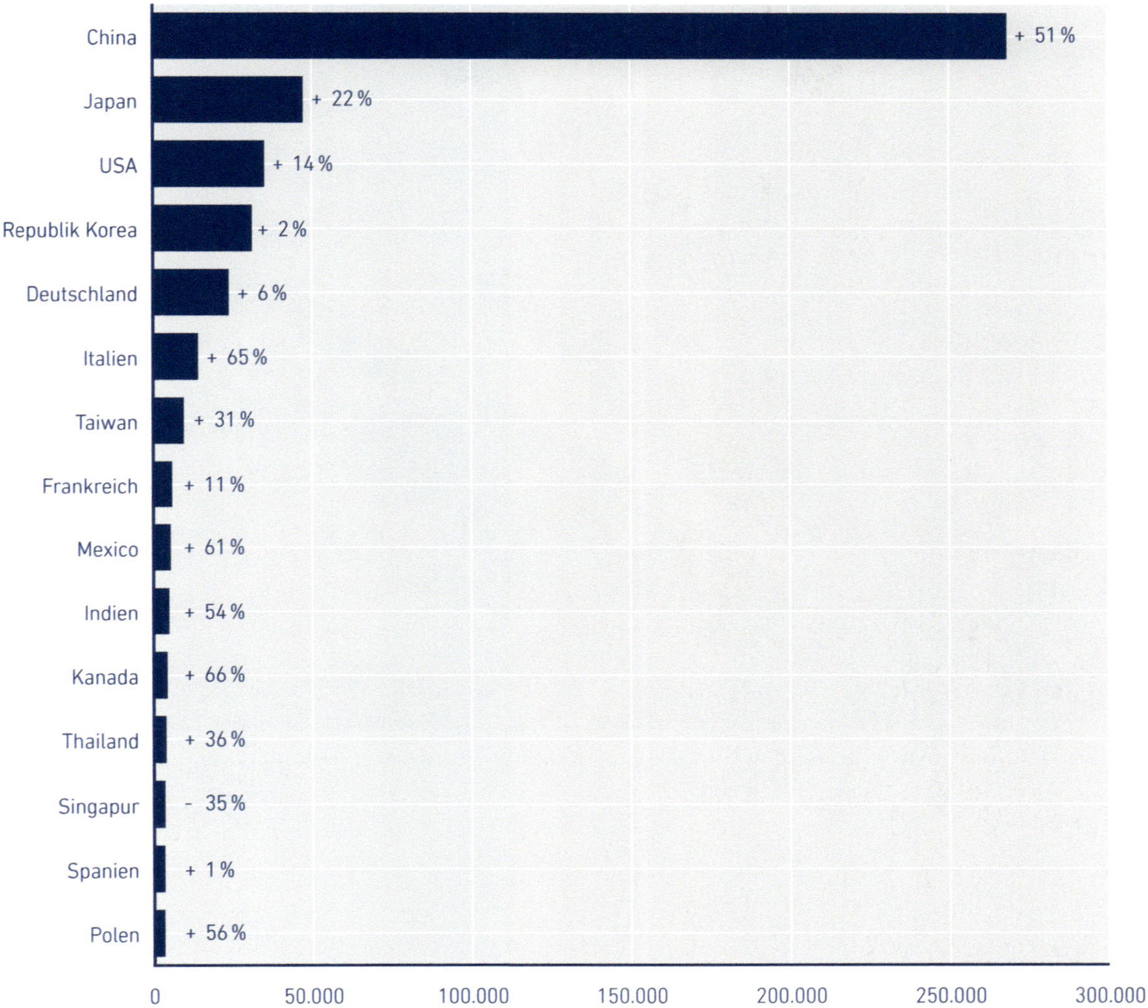

Abbildung 2.14 Roboterabsatzzahlen im Jahr 2023 mit ihren Wachstumswerten gegenüber dem Vorjahr (Quelle: IFR)[43]

Die verkaufsschwachen 1970er-Jahre und den harten Wettbewerb der 1980er-Jahre überlebten nur wenige der zahlreichen Roboterhersteller. In den ersten Roboterkatalogen, wie sie fast zeitgleich in der Deutschen Demokratischen Republik (1983 herausgegeben vom Forschungszentrum für Werkzeugmaschinen in Karl-Marx-Stadt) und in der Bundesrepublik Deutschland (1984 vom Fraunhofer IPA in Stuttgart) erschienen, präsentierten sich ca. 80 Hersteller. In den folgenden Jahren wuchs sowohl die Anzahl der Robotervarianten je Hersteller als auch die Vielfalt der Hersteller.

Namen wie Pfaff Industriemaschinen, Jungheinrich oder MBB (Messerschmitt-Bölkow-Blohm) waren in den Gründerjahren der Roboterindustrie mit dabei, stiegen dann aber auch nach wenigen Jahren aus. Die MBB-VFW (1983) hatte eine Traglast von 50 kg Normal- bis 200 kg Maximallast und wog 2350 kg. Als Preis wurde laut Katalog umgerechnet ca. 135.000 € angegeben.

Abbildung 2.15 Typische Anwendung des VW-Roboters zum Einlegen des Reserverades beim Golf II (Quelle: Volkswagen AG)[44]

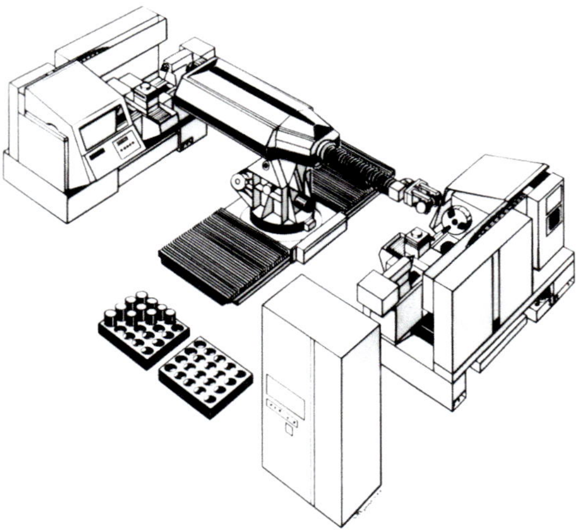

Abbildung 2.16 Planung zum Einsatz des VW-Roboters zur Beschickung von Werkzeugmaschinen (Quelle: Fraunhofer IPA)[45]

Abbildung 2.17 Der Katalog von 1991 (rechts) ist ca. dreimal so dick wie der Katalog von 1984 (links). (Quelle: Fraunhofer IPA)[41]

Kein Wunder, dass diese Maschine bei einem Jahresgehalt eines Industriearbeiters von ca. 10.000 € nicht gerade zum Verkaufsschlager wurde. Hinzu kamen die gegenüber heutigen Robotern doch sehr überschaubaren Taktleistungen dieser schweren Maschinen.

Die Großunternehmen wie Siemens und BOSCH taten sich mit den kleinen Stückzahlen im Robotermarkt schwer. Der Siemens Manutec r3 war Anfang der 1980er-Jahre dabei schon ein gut entwickeltes Handhabungsgerät mit sechs Achsen. Bosch konzentrierte sich auf die für Montageaufgaben entwickelten SCARA-Roboterkinematiken, die derzeit wieder für die Elektronikindustrie interessant sind. Der BOSCH-Roboterbereich wurde immerhin noch bis Mitte 2000 betrieben, bis er an die Firma Stäubli verkauft wurde.

Ähnlich erging es einem mittelständischen Familienunternehmen, der Firma Reis. Die Firma Reis war bereits Ende der 1980er-Jahre mit einer Palette an Knickarmrobotern, Portalen und auch SCARA-Kinematiken am Markt vertreten. Auch die Steuerungsentwicklung wurde von den Franken in Eigenregie betrieben und war vielen damaligen Herstellern überlegen. Vor dem Hintergrund des Maschinenbaus entwickelte sich Reis in den Jahren immer mehr zum Roboteranlagenhersteller. Neben der Autoindustrie war die Solarindustrie ein großer Abnehmer der Reis-Anlagen. Als dieser Markt weitestgehend zusammenbrach, wurde in der Folge Reis von der Firma KUKA im Jahr 2013 übernommen. Zehn Jahre später verkaufte KUKA, inzwischen selbst Teil des chinesischen Midea-Konzerns, seine Anteile an der KUKA Industries an einen italienischen Investor, der die Marke Reis Robotics wiederbeleben will.[46]

Da die Hersteller oft nur ein überschaubares Programm an Arbeitsraum und Traglastenvarianten

	**PPI (Pfaff Pneumatischer Industrieroboter)**
Hersteller	Pfaff Pietzsch Industrieroboter GmbH
Herstellungsjahr	1974
Charakteristika	• Druckluft 6 atü • El. Energiebedarf: 220 V 50 Hz 1,0 KVA • Positioniergenauigkeit +/- 0,1 mm • max. Translationsgeschwindigkeit: 1,2 m/s • max. Rotationsgeschwindigkeit: 120 Grad/s, Traglast: bis zu 40 kp • Anzahl der anfahrbaren Positionen: 30 ÷ 480
Innovation	Es ist der erste in Deutschland entwickelte fünfachsige Industrieroboter, der einem damals einzigartigen elektropneumatischen Antriebskonzept folgte

Tabelle 2.8 Pneumatischer Industrieroboter der Firma Pfaff Pietzsch (Quelle: IPA Robotermuseum)[39]

	**mantec r3**
Hersteller	mantec GmbH (später umfirmiert in Manutec GmbH); Tochter der Siemens AG 1981 bsi 2002
Herstellungsjahr	1984
Charakteristika	• Traglast 15 kg • Reichweite 1230 mm • Positioniergenauigkeit +/- 0,1mm • Geschwindigkeit 1 m/s
Innovation	Hohe Steifigkeit und Genauigkeit, Siemens RCM-3 Bahnsteuerung mit Möglichkeiten der Sensorintegration

Tabelle 2.9 6-Achs-Knickarmroboter von Siemens Mantec (Quelle: IPA Robotermuseum)[39]

	**BOSCH Schwenkarmroboter SR 600**
Hersteller	Robert Bosch GmbH
Herstellungsjahr	1986
Charakteristika	• Traglast 8 kg • Reichweite 600 mm • Positioniergenauigkeit +/- 0,0125 mm • Geschwindigkeit 800 mm/s
Innovation	Teil des umfassenden Bosch-Ausrüstungsprogramms

Tabelle 2.10 SCARA Kinematik für Montageaufgaben (Quelle: IPA Robotermuseum)[39]

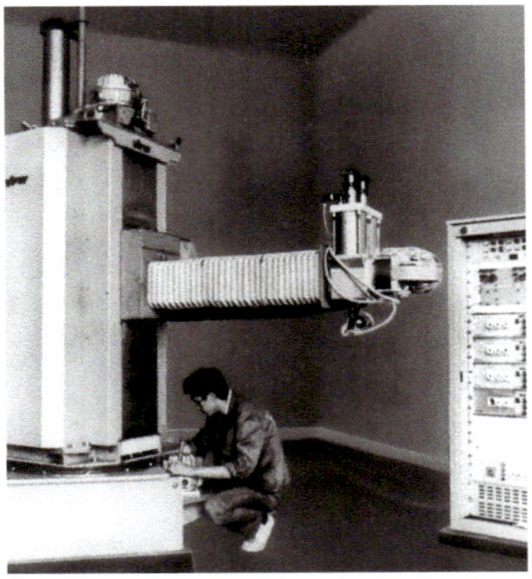

Abbildung 2.18 MBB-VFW Roboter mit Steuerung (Quelle: Fraunhofer IPA)[45]

Abbildung 2.19 BOSCH SCARA der Serie SR800 an einem Doppelgurtband (Quelle: Bosch Rexroth)[44]

Abbildung 2.20 Siemens Mantec r3 (Quelle: Fraunhofer IPA)[45]

Abbildung 2.21 Handhabungsroboter mit großem Z-Hub in der Gussteileproduktion (Quelle: REIS)[47]

Abbildung 2.22 ROBOT 625 beim Handhaben von Motorblöcken (Quelle: Fraunhofer IPA)[45]

anbieten konnten, war es für sie entscheidend, die passenden Applikationen für ihre Roboter zu finden. An einen breiten Einsatz der Roboter in unterschiedlichsten Branchen war damals noch nicht zu denken. Die Hersteller reagierten, indem sie versuchten, sich bei der Entwicklung auf bestimmte Anwendungen ihrer Kinematiken zu konzentrieren, um zumindest die Anforderungen des Marktes gut erfüllen zu können.

Daher wurden für spezifische Aufgabenstellungen spezielle Kinematiken bereits in den 1980er-Jahren entwickelt. Die Bilsing Unimate Roboter für das Handling von Blechteilen zwischen Pressen sind ein Beispiel hierfür. Diese Kinematiken waren hinsichtlich der Taktzeit und dem Bewegungsraum auf das Handling von Autoblechteilen zwischen Pressen optimiert.

Seiner Zeit voraus war ein amerikanischer Hersteller, der sich zunächst auf die Herstellung von SCARA-Robotern konzentrierte und hierzu eine innovative Steuerungstechnik entwickelte. Diese Steuerung war schon in den 1990er-Jahren in der Lage, Bildverarbeitungsdaten in Echtzeit an die Roboterachsen zu übergeben, um z. B. den Roboter bei Bandgeschwindigkeiten von 1 m/s und mehr positionsgenau zum Greifen eines Werkstücks zu steuern. Die Firma Adept war hier in den USA und in Europa sehr erfolgreich und begeisterte vor allem in der Elektronik-, aber auch in der Verpackungsbranche die Anwender. Leider geriet das Unternehmen in den 2000er-Jahren durch Managementfehler in finanzielle Schwierigkeiten und wurde 2015 schließlich von Omron übernommen.

Die SCARA-Arme waren noch zu langsam für echte High-Speed-Anwendungen, z. B. in der Pralinenindustrie und bei der Verpackung von Keksen. ABB übernahm Patentlizenzen von Professor Reymond Clavel aus der Schweiz und entwickelte einen Delta-Roboter. Um jedoch die dynamischen Möglichkeiten der Kinematik wirklich ausreizen zu können, war die damals aktuelle ABB-Steuerung zu langsam. Hier kam es zu einer ungewöhnlichen Symbiose. Die Firma ABB stellte die Kinematik her und verkaufte den Roboter zusammen mit einer Adept-Steuerung, die damals die schnellsten Controller enthielten, die auf dem Markt verfügbar waren. Mit dieser Kombination wurde es möglich, 120 Picks/min mit bis zu 1 kg zu realisieren – eine perfekte Leistung für viele Anwendungen in der Verpackungsindustrie. Probleme traten hier allerdings bei ersten Projekten mit den Getrieben der Roboter auf, da diese für derartige dynamische Belastungen noch gar nicht ausgelegt waren. Erst 2003 kam ABB dann mit einem abgestimmten Paket aus Roboter und Steuerung auf den Markt und die mechanischen Probleme gehörten damit der Vergangenheit an, da nun die Getriebe auf die Steuerung abgestimmt waren.

Parallel wurde eine deutlich verbesserte Software mit dem Roboter in einem Paket angeboten. Diese erlaubte es, mehrere Kameras und mehrere Roboter im Verbund miteinander an Förderbändern zu betreiben. Hier wurden dem Integrator wesentliche Hürden zum Einsatz dieser Art von Robotertechnik genommen. Viele Maschinenbauer im Verpackungsmaschinenbereich versuchten sich in der Folge an derlei Projekten. Die Firma robomotion wurde genau zu diesem Zeitpunkt gegründet und unterstützt noch heute Maschinenbauer bei der Integration von Roboter und speziell Parallelkinematiken.

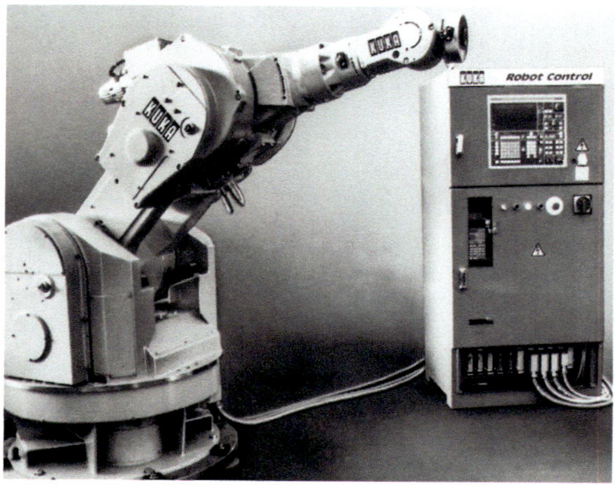

Abbildung 2.23 Links: Roboter aus den 1980er-Jahren; rechts: aktuelle Version (Quelle: KUKA)[48]

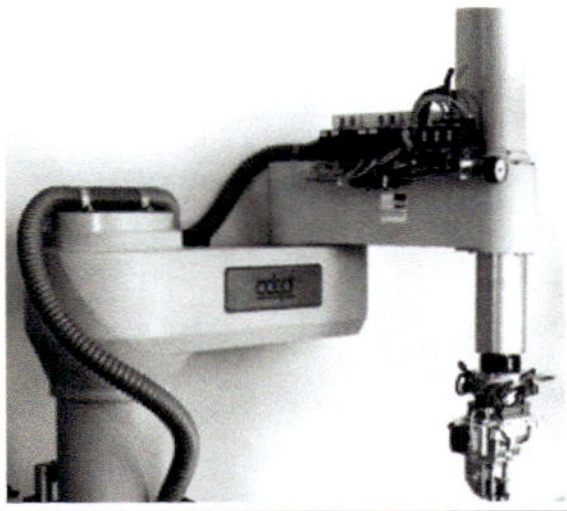	**AdeptOne**
Hersteller	Adept Technology Inc.
Herstellungsjahr	1984; wurde bis 2009 produziert
Charakteristika	• Traglast 9 kg • Reichweite 800 mm • Positioniergenauigkeit +/- 0,025 mm • Geschwindigkeit 500 mm/s
Innovation	Direktantrieb, programmierbare Nachgiebigkeit, Multitaskingsteuerung

Tabelle 2.11 SCARA Roboter der Firma Adept aus den USA (Quelle: IPA Robotermuseum)[39]

Gerade bei diesen Robotern ist der Einsatz von Kameratechnik zur Erkennung der Werkstücke in der Bereitstellung besonders wichtig. Bei Projekten mit Parallelkinenmatiken ist daher immer ein Bildverarbeitungsanteil vorhanden.

Ein wesentlicher Einflussfaktor auf die weitere Entwicklung der Roboter hatte die Steuerungstechnik, bei der KUKA Mitte der 1990er-Jahre erstmals einen PC als zentrale Rechnereinheit einsetzte. Wie Abbildung 2.25 zur Entwicklung der Roboterverkaufszahlen bei KUKA zeigt, wurden in den ersten 15 Jahren bis 1996 insgesamt 12.000 Roboter produziert. In den darauffolgenden 15 Jahren waren es dann schon 120.000 Roboter, die in Augsburg hergestellt wurden.

Ein guter Teil des Wachstums geht sicherlich auf das Konto der gesunkenen Preise, aber auch die gestiegenen Leistungsmöglichkeiten der Roboter trugen zum höheren Absatz bei. Diese sind wiederum eng mit der Steuerung des Geräts verbunden. Die Anbindung an

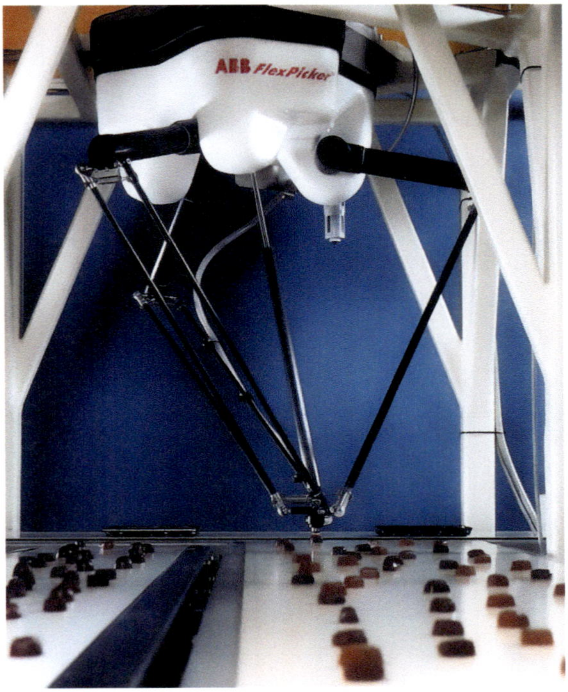

Abbildung 2.24 1998 wird ABB erster Roboteranbieter von Parallelkinematiken. (Quelle: Westerlund)[42]

Sensoren, Netzwerke, Bildschirme und andere Peripherie wurde mit der PC-Steuerung deutlich vereinfacht und einem Massenmarkt angekoppelt.

Mit dem PC als zentraler Steuerungseinheit war es nun erheblich einfacher, Kameratechnik oder zusätzliche Sensoren an den Roboter anzuschließen. Fernwartung über das Internet und neue Bedienmöglichkeiten wurden effizienter. All das waren und sind wichtige Punkte, die den Einsatz der Robotertechnik in komplexeren Aufgabenstellungen erleichterten. Auch der Bauraum für die Steuerung selbst wird immer kompakter und verschwindet bei einigen Herstellern schon im Robotersockel, sodass die bauliche Integration, z. B. in Bearbeitungsmaschinen, immer besser gelingt.

Die Bedienung wurde zunehmend erleichtert, und zwar durch die Weiterentwicklung der Teachpanels, wie sie bereits bei den ersten Robotern vorhanden waren. Mit dem Teachpanel ist das Programmieren bzw. das genaue Positionieren der Roboter in der Nähe des Werkzeugs bzw. des Greifers möglich. Abbildung 2.28 zeigt den Wandel von zumeist Tasteneingabegeräten hin zu frei programmierbaren Bildschirmlösungen mit Touchscreen. So lassen sich die Geräte nicht nur im Einrichtbetrieb der Roboter, sondern auch während der Produktion als Anzeigen bzw. HMI (Human Machine Interface) nutzen. Die Integratoren und Maschinenbauer können diese hochwertigen Handbediengeräte beispielsweise zur Anzeige von Fehlermeldungen oder zur Eingabe von Befehlen nutzen. Die Lösungen werden hierdurch kostengünstiger, da keine zusätzlichen Anzeigegeräte in den Applikationen benötigt werden.

Bei den Sensoren, die den Robotern einen Eindruck ihrer Umgebung liefern, hat sich in gleicher Zeit ebenfalls viel getan. Mithilfe der Sensoren können Roboter auf Veränderungen in ihrer Umgebung reagieren. So lassen sich die Bewegungen der Roboter in ihren Anfahrpositionen, Geschwindigkeiten und Abläufen

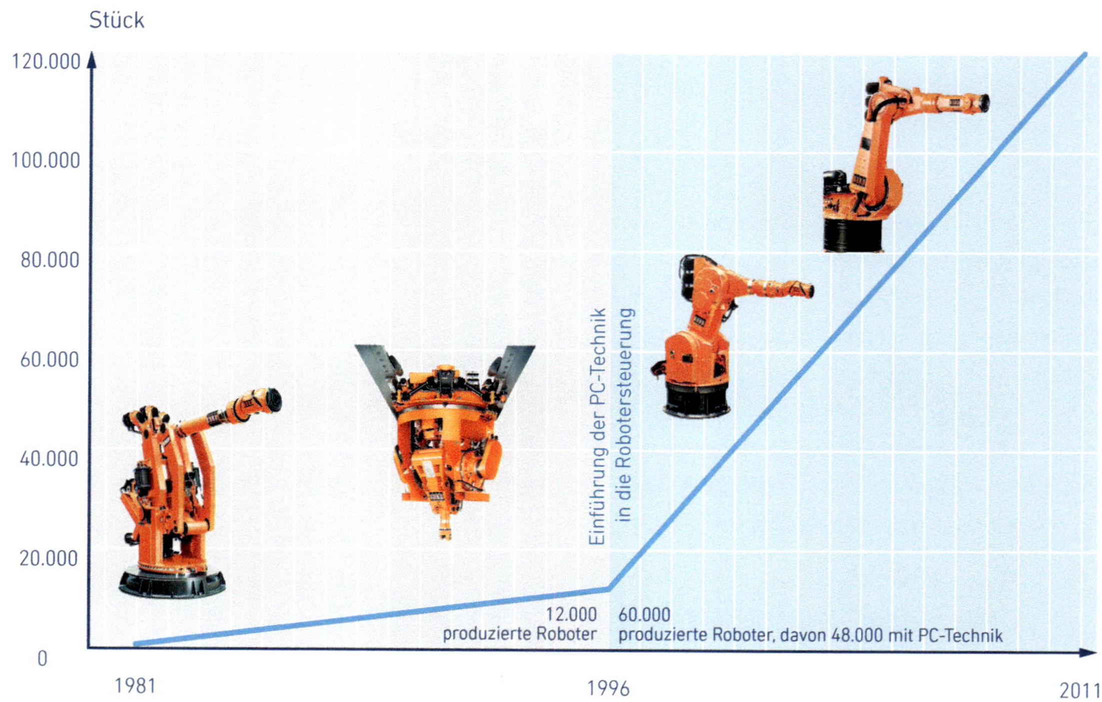

Abbildung 2.25 Starker Anstieg der Roboterverkaufszahlen bei KUKA nach Einführung der PC-basierten Steuerung (Quelle: KUKA)[48]

Abbildung 2.26 Steuerung eines Roboters in den 1980er-Jahren (Quelle: Fraunhofer IPA)[45]

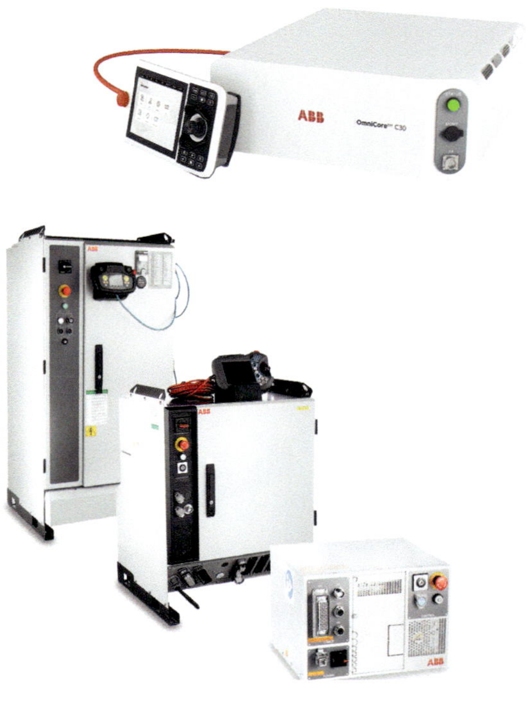

Abbildung 2.27 Steuerungsvarianten, je nach Robotergröße und Einbauwunsch (Quelle: ABB)[40]

variieren. Diese Möglichkeit lässt eine Abweichung der Roboter von starren Abläufen zu, was die Einsatzflexibilität weiter erhöht. Hierzu wurde schon früh nach Sensoren gesucht, die ähnlich dem menschlichen Auge Situationen und Bauteile erfassen und einer Weiterverarbeitung zuführen – also Bildverarbeitungssysteme.

Bei der Bildverarbeitung spielt neben der Sensorqualität die Softwareentwicklung eine entscheidende Rolle zur Erweiterung der Möglichkeiten. Schnelle und zuverlässige Algorithmen, umfangreiche Bibliotheken und neue Formen der Hochsprachenprogrammierung haben die Anwendung und Einsatzmöglichkeiten der Bildverarbeitungssysteme ständig erweitert. Die künstliche Intelligenz (KI) wird im industriellen Bereich weitere Möglichkeiten der Sensordatenverarbeitung bringen und ist heute schon Bestandteil vieler Applikationen. So sind die 3D-Erkennungstechniken aus einer Punktewolke heute Stand der Technik, und immer mehr Anbieter scheuen den „Griff in die Kiste" als Anwendungsfall im industriellen Einsatz nicht mehr.

Die Entwicklung der Kamera- und Rechnertechnik zu den heutigen Bildverarbeitungssystemen ist inzwischen auch wirtschaftlich für reine Handhabungsoperationen mit Robotern anwendbar. Abbildung 2.29 zeigt einen sogenannten Fernsehsensor der Firma BOSCH vom Anfang der 1970er-Jahre. Die Kosten beliefen sich damals auf ca. 30.000 €. Das war für damalige Verhältnisse ein Preisschlager, aber somit schon ein Drittel bis die Hälfte vom Roboterpreis bei sehr bescheidenen Leistungskennzahlen. Die Auswertung der aufgenommenen Bilder dauerte sehr lange und bremste somit die Handhabungsgeschwindigkeit der ohnehin nicht gerade dynamischen Handhabungssysteme. Bei Aufnahmen von Werkstücken auf Förderbändern musste das Band angehalten werden, um die Aufnahme zu machen, was den Prozess zusätzlich verlangsamte. Von den beiden Monitoren diente einer der Programmierung und der andere der Darstellung der aufgenommenen Szene.

Sogenannte „intelligente Kameras" haben den Auswerterechner gleich mit in das Kameragehäuse eingebaut, sodass am Ausgangssignal beispielsweise direkt die Lage des Bauteils auf einem Förderband für den Roboter bereitgestellt werden kann. Das Ganze funktioniert je nach Komplexität der Auswertung in Millisekunden, sodass Werkstücke selbst auf schnell laufenden Förderbändern ohne eine Reduktion der Geschwindigkeit erfasst werden können.

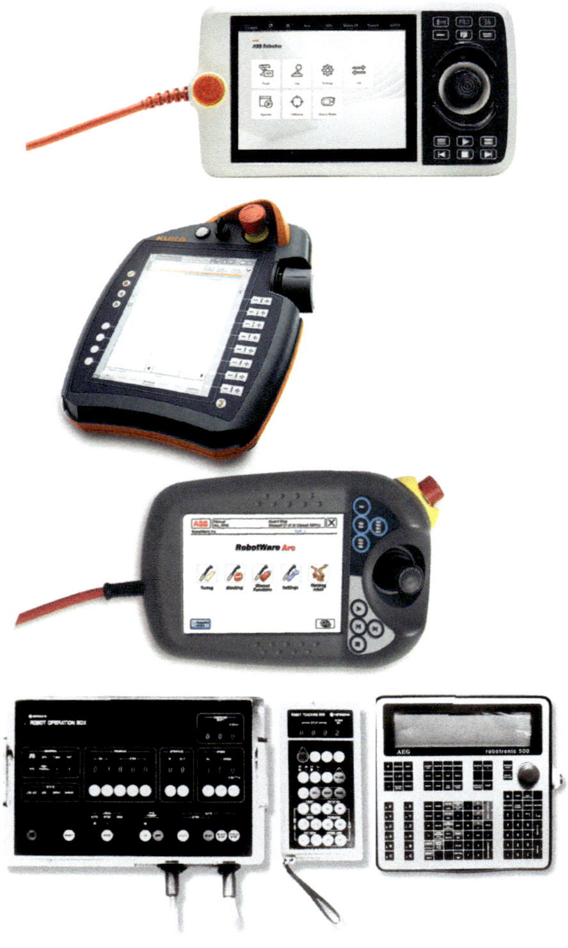

Abbildung 2.28 Unterschiedliche Handbediengeräte für Roboter (gestern und aktuell) (Quelle: Fraunhofer IPA[45]/ ABB[40]/KUKA[48])

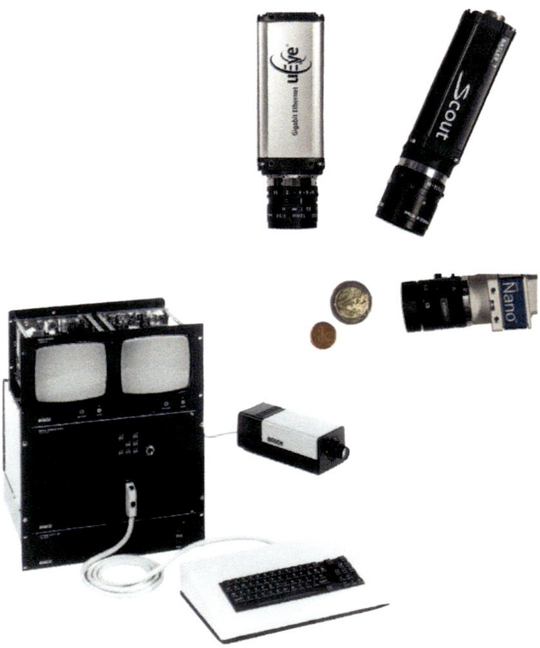

Abbildung 2.29 Kamerasensoren und Bildverarbeitungssysteme (Quelle: robomotion)[37]

Die Kamera erfasst dabei die Information „auf einen Schlag" (Global Shutter). Dies bringt den entscheidenden Geschwindigkeitsvorteil gegenüber dem in den alten Systemen notwendigen Rolling Shutter.

Mit den heutigen Prozessorleistungen können für eine Standardauflösung von 640 × 480 Bildpunkten Mustererkennungen innerhalb von 50 ms durchgeführt werden. Mit Nebenzeiten heißt das ca. zehn Bildauswertungen pro Sekunde. Im Jahr 2000 war es gerade mal eine Auswertung pro Sekunde. Das heißt, die zur Verfügung stehenden Informationen für den Handhabungsprozess nehmen ständig zu und die Qualität bzw. Prozesssicherheit wachsen hierbei kontinuierlich.

Gerade die Rechenleistungen der Grafikkarten aus Computerspielen haben die Auswertungsmöglichkeiten und damit die Anwendungsbreite immer wirtschaftlicher und vielfältiger werden lassen. Kosteten leistungsfähige Bildverarbeitungskarten für PCs Anfang der 1990er-Jahre noch um die 40.000 €, so sind dies heute nur noch wenige 100 €, bei einem Vielfachen an Leistung. So können die Werkstücke nicht nur auf Lage und Orientierung zum Abgreifen erkannt werden, es lassen sich parallel Qualitätsaspekte des Werkstücks prüfen und der Roboter kann entsprechend den Ergebnissen seine Fahrbewegungen anpassen. Das heißt, der Roboter kann sowohl die Handhabungsaufgabe als auch die Qualitätsprüfungsaufgabe übernehmen.

Auch die Verbindung der Kamera mit dem Roboter über die damalige Steuerungstechnik der Roboter war keine leichte Aufgabe. Die ersten technisch genormten Anbindungen erfolgten über eine RS232-S-Schnittstelle, die jedoch deutliche Einschränkungen hinsichtlich der Übertragungsraten darstellte. Die Bildverarbeitungsbranche hat sich in den letzten Jahren kontinuierlich weiterentwickelt. Die Coronadelle im Jahr 2020 wurde mit starken Jahren 2021 und 2022 mehr als ausgeglichen. Allerdings ließen sich die angestrebten Wachstumszahlen in 2023 zu Redaktionsschluss dieses Buches im März 2024 nicht bestätigen, da die

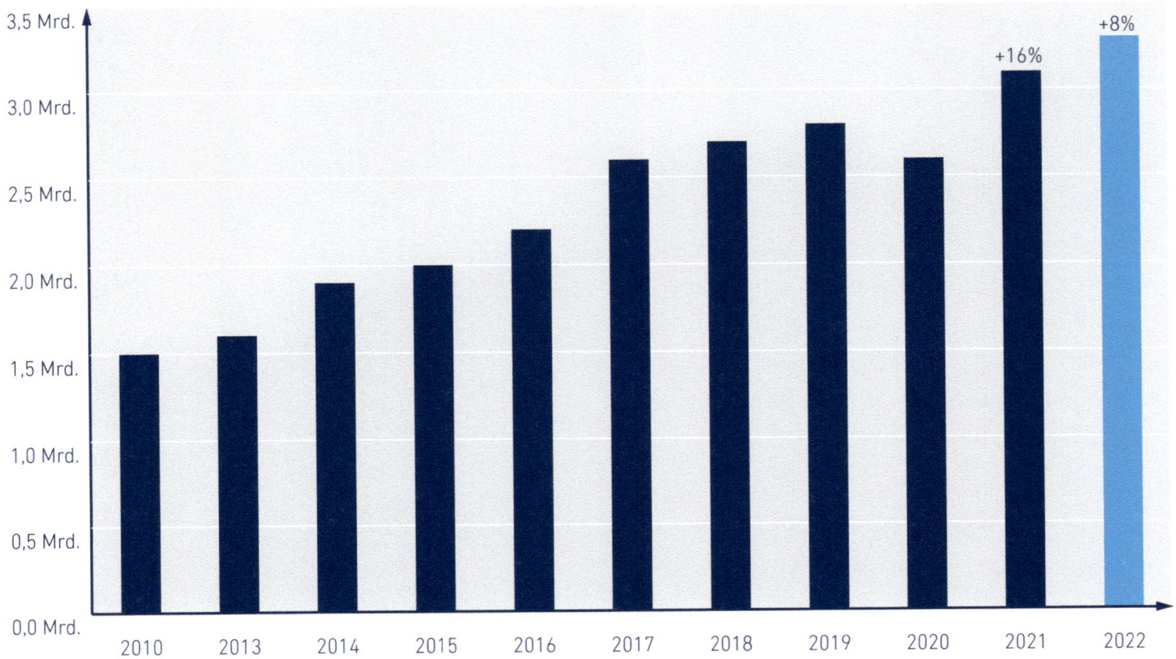

Abbildung 2.30 Entwicklung der deutschen Bildverarbeitungsbranche (Quelle: VDMA)[49]

Wirtschaftsschwäche in Deutschland vor allem den Maschinenbau und damit einen Hauptabnehmer für Bildverarbeitungstechnik getroffen hat.

So wie die Entwicklung der Rechenleistungen bei der Grafikverarbeitung durch die hohen Stückzahlen in der Computerspieleindustrie ein immer besseres Preis-Leistungs-Verhältnis bekam, verhält es sich ähnlich bei den industriell verbauten Kameras und der Digitalfotografie. Die Handyindustrie hat sich seit Erfindung des Smartphones 2007 immer mehr zum Treiber der Digitalfotografie entwickelt. Die Auflösungen der Kamerachips wurden stets weiter gesteigert. Damit wurden parallel auch die Auflösungen für Industrieanwendungen immer besser und wirtschaftlicher. So können heute komplexe Handhabungsaufgaben mit hochauflösenden Sensordaten kombiniert werden.

Zur Anbindung der Kameras an die PC-Welt kamen immer mehr zuverlässige und schnelle Schnittstellen hinzu. Gigabit-Ethernet mit den unterschiedlichsten Protokollen einschließlich der Industrieprotokolle Profinet (Process Field Network), EtherNet/IP™, Modbus-TCP, MC-Protokoll und OPC UA (Unified Architecture) sind nur einige davon. Das Einbinden von Kameras in Produktionslinien ist damit deutlich einfacher, schneller und prozesssicherer geworden. Die erfassten Sensordaten können auf die Art sowohl direkt online verarbeitet werden als auch für einen Handhabungsprozess zur Verfügung stehen. Es können aber auch Cloud-Dienste zur Weiterverarbeitung hinzugezogen oder zur Speicherung der Daten genutzt werden. Auch hierdurch erweitert sich der Applikationsraum für Handhabungssysteme.

Bei der Anwendung von Kameras zur Objekterkennung kommt es stark auf die verwendete Beleuchtung der Werkstücke an. Noch immer ist es eine gängige Methode, Fremdlicht bei der Aufnahme möglichst auszuschließen. Diese Funktionskombination aus Fremdlichtabschottung und gleichzeitiger Herstellung einer optimalen Beleuchtungssituation bringt ein sogenannter Kameradom. Der in Abbildung 2.31 gezeigte Kameradom erfüllt darüber hinaus noch die Funktion der Kameraaufhängung und war für die Nutzung der Kameras über Förderbändern gedacht. In den letzten Jahren sind immer mehr bildgebende Sensoren auf den Markt gekommen, die ihre Beleuchtungsquellen gleich mit eingebaut haben.

Nach der physikalischen Bildaufnahme ist die Sensordatenverarbeitung der Schlüssel zum maschinellen Sehen. Auch hier leisten die großen US-Tech-Konzerne Erstaunliches, indem die mit dem Mobiltelefon aufgenommenen Bilder und Videos beispielsweise in der Cloud mittels KI nachbearbeitet werden. Jeder kennt das enttäuschende Gefühl beim Blick auf das vom Handy aufgenommene Bild im Vergleich mit der Realität, seien es Landschaftsaufnahmen oder Porträts.

Abbildung 2.31 Kameradom zum Ausschluss von Fremdlicht und diffuser Beleuchtung der Werkstücke (Quelle: robomotion)[37]

Die Nachbearbeitung hilft der Realität auf die Sprünge. Ähnliche Algorithmen kommen beim Erkennen von bestimmten Personen oder Gegenständen auf Bildern zum Einsatz. Diese Erkennungstechniken können industriell genutzt werden.

Die Anlagentechnik wird durch die immer weiter fortschreitenden Funktionsumfänge und die damit einhergehende Komplexität immer aufwendiger zu planen und auszulegen. Das war schon in den Anfängen der Robotertechnik eine Herausforderung. Daher entstand schon früh in der Entwicklung der Robotertechnik die Idee, dem Anlagenbauer und dem Integrator softwaregestützte Planungshilfsmittel an die Hand zu geben.

Die ersten Systeme in den 1980er-Jahren waren allerdings sowohl von dem Verhalten der Modelle wie von der Visualisierung der Szenen her noch weit von der Realität entfernt. Inzwischen können moderne Simulationstools neben den Automatisierungskomponenten, wie Robotern, Fördersystemen oder Sensoren, auch das Materialflussverhalten des Systems in der Simulation abbilden. Hier gibt es sowohl vom Roboterhersteller gelieferte als auch unabhängige Simulationsplattformen. Der Anlagenbauer kann hier je nach Bedarf entweder nur die Animation durch einen visualisierten Produktionsablauf oder Stationen bis hin zur virtuellen Inbetriebnahme der Roboteranlage durchlaufen. Bei großen Anlagenprojekten mit vielen Robotern ist eine schnelle Inbetriebnahme ohne Simulation und vorhergehende Programmerstellung nicht mehr denkbar. Darüber hinaus ist die Beherrschung unterschiedlicher Produktvarianten auf einer Anlage ohne Simulation schwer machbar. Hier lassen sich gefahrlos unterschiedliche Bewegungsabläufe der Roboter durchsimulieren, bevor die Roboter in der Realsituation zu arbeiten beginnen. Das vorherige Programmieren und Testen erspart auch längere Stillstandzeiten bei Modellwechseln oder Erweiterungsprogrammierungen.

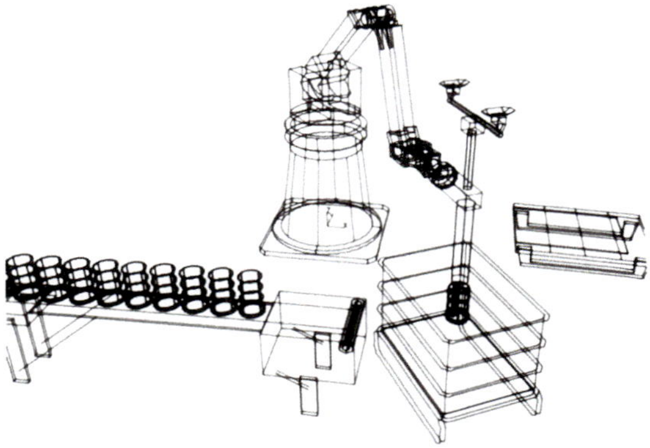

Abbildung 2.32 Erste CAD-basierte Planungswerkzeuge (Quelle: Fraunhofer IPA)[45]

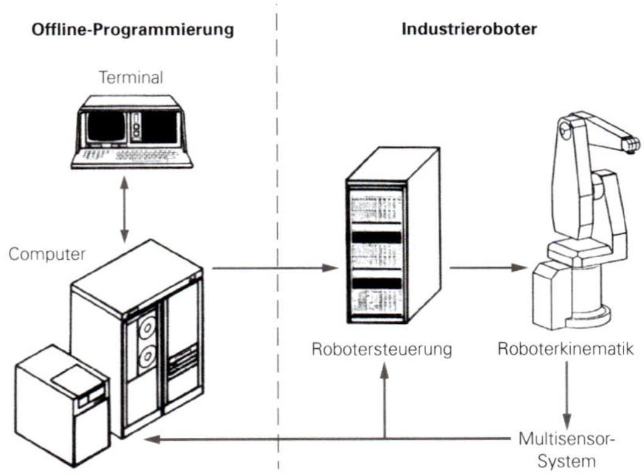

Abbildung 2.33 Prinzip der Off-Line-Programmierung Anfang der 1980er-Jahre (Quelle: Fraunhofer IPA)[45]

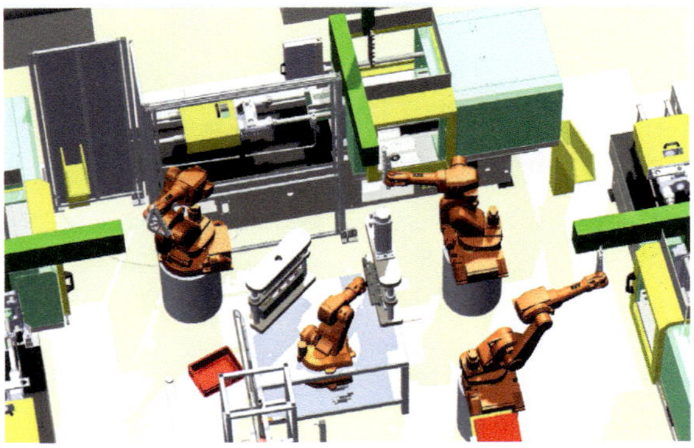

Abbildung 2.34 Simulation einer Anlage zur Montage von Spritzgussteilen (Quelle: robomotion)[37]

2.3 Roboter erobern die Märkte

Die Entwicklung der Bedeutung von Automatisierungskomponenten wie Greifern oder Robotern kann, in Zahlen ausgedrückt, zum einen in den Umsätzen der Hersteller dieser Branche nachvollzogen oder über die reine Stückzahl der Roboter erfasst werden.

Blickt man auf die technische Entwicklung der Automatisierungskomponenten, wie sie in den vorangegangenen Abschnitten beschrieben wurde, so verwundert die Aufholjagd der Automation nicht. Immer leistungsfähigere Komponenten ermöglichen den Maschinen- und Anlagenbauern, sich bei der Entwicklung von Lösungen für ihre Kunden auf eine breite Palette von Steuerungen, Greifern, aber auch Robotern zu stützen. So nimmt die Anzahl der Maschinenbauer, welche Roboter in oder an ihren Maschinen einsetzen, immer weiter zu. Interessanterweise haben die Roboter-Anwender im Maschinenbau die höheren Wachstumserwartungen in den kommenden Jahren. Maschinenbauer, die Roboter in ihren Maschinen einsetzen, erwarten laut einer Studie 13 % Zuwachs, während der Durchschnitt bei den Maschinenbauern nur von 4 % Wachstum ausgeht. Nicht gesagt wird in der Statistik, ob die Maschinenbauer die Roboter als Komplettgerät von einem Roboterhersteller zukaufen wollen oder ob es eine Robotereigenentwicklung durch den Maschinenbauer geben wird.

Auch hierfür gibt es immer wieder Beispiele in den unterschiedlichen Branchen des Maschinenbaus. Gründe sind zum einen die bereits auf steuerungstechnischer Seite vorbereitete Kinematikeinbindung, sodass eine selbst konstruierte Kinematik als Modell leichter eingebunden werden kann als früher. Zum anderen hat die Einsparung der Robotersteuerung als eigene Komponente im Schaltschrank sowohl finanzielle als auch bauraumtechnische Vorteile.

Insofern bestätigt die Statistik des Quest-Magazins den Trend der immer weiter rückläufigen Fertigungstiefen der Maschinenhersteller. Lag die Fertigungstiefe im Jahr 1998 noch bei 49 %, so ist sie heute auf einen Medianwert von 38,8 % gesunken.[51] Dabei wird vom Verband diese Zahl mit einer extremen Streuung angegeben. So gibt es Unternehmen, die immer noch mit einer Fertigungstiefe von über 60 % operieren und damit gut fahren. Es ist mit diesem Wert also keine Wertung verbunden. Jedes Unternehmen muss für seinen Markt, seinen Standort und seine Produktpalette die Fertigungstiefe selbst optimieren.

Sicher kann aber ein höheres Innovationstempo erreicht werden, wenn geschickt Komponenten anderer Hersteller integriert werden. So sind Funktionen möglich, die mit der eigenen Entwicklungsleistung

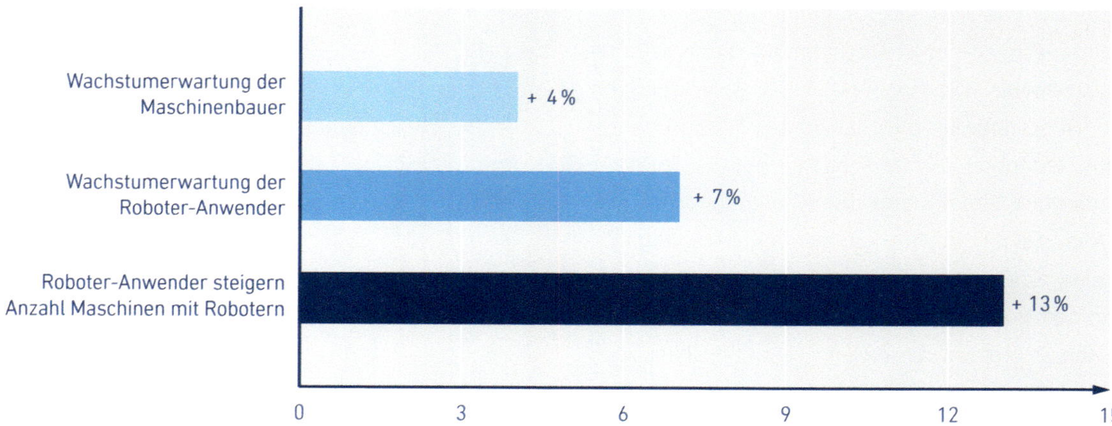

Abbildung 2.35 Roboter-Anwender steigern dynamisch Anzahl der Maschinen mit Robotern bis 2018 (Quelle: Quest TechnoMarketing)[51]

nicht oder nur mit viel Aufwand erzielbar gewesen wären. Die untere Grenze im Maschinenbau liegt hier nach der Statistik des Verbandes bei 20 %. Auch diese Unternehmen können extrem profitabel und mit wichtigen Alleinstellungsmerkmalen ihrer Produkte beim Kunden punkten. Neben der Auslagerung ganzer Fertigungsprozesse, wie z. B. der Galvanik etc., ist dieser niedrige Wertschöpfungswert auch auf den verstärkten Einsatz von kompletten Baugruppen und Komponenten zurückzuführen.

Die Leistungsfähigkeit moderner Maschinen hat immer weiter zugenommen, da die Entwicklungskapazitäten des Maschinenbaus durch die externen Zukaufteile erweitert wurden. Neben den Robotern hat sich die Bildverarbeitungsbranche zu einem eigenen Wirtschaftszweig entwickelt, dessen Komponenten inzwischen nicht nur in Industrieanwendungen zu finden sind. So kommen auch hier in den letzten Jahren entscheidende Impulse durch den Einsatz in Automobilen und Computerspielkonsolen. Die Branche gehören viele Unternehmen. Mit einem Anteil von 74 % überwiegen Unternehmen oder Bildverarbeitungsabteilungen mit bis zu 50 Beschäftigten. Die Unternehmen beschäftigen sich dabei mit der Entwicklung von Kameras und Sensoren aber auch mit der Softwareentwicklung zur Merkmalserkennung. Die Branche hat seit 2013 ihr Umsatzvolumen auf 3,2 Mrd. Euro verdoppelt und das obwohl 2023 ein Umsatzrückgang zu verzeichnen war.[52]

Die Kunden des Maschinenbaus geraten immer weiter unter Druck, ihre Produkte mit einer möglichst kurzen Produkteinführungsphase auf den Markt zu bringen. Dies trifft vor allem im Bereich der Elektronikindustrie zu. Alle haben die Schlangen vor den Verkaufsstores von „Kultelektronikgeräten“ noch in Erinnerung. Gerade in den ersten Wochen nach Verkaufsstart, bevor die Konkurrenz mit ähnlichen Produkten den Markt erreicht, können hohe Verkaufspreise und damit gute Margen erzielt werden. Je später der Markteintritt mit ähnlichen Produkten geschieht, desto mehr muss dies über den Preis erfolgen.

Hält dieser Trend zur immer weitergehenden Arbeitsteilung beim Bau von Maschinen an, so werden der Roboter und andere Automationskomponenten immer mehr zur zentralen Baugruppe für Handhabungs- und Intralogistikaufgaben in technischen Systemen. Dies gilt umso mehr, je besser die Mobilität von Robotern wird, wodurch sich ihre Auslastung in Produktionen noch deutlich steigern lässt. Die Roboterproduzenten unternehmen große Anstrengungen, um die Roboter in anderen Branchen als der Autoindustrie zu platzieren. Hier zeigen die Zahlen, dass das Wachstum von diesen für Roboter neuen Branchen kommt. Aber auch die geringe Roboterdichte in vielen Nationen lässt noch ein weiteres Ansteigen der Robotereinsatzzahlen erwarten.

Die weltweit installierten Roboterzahlen spiegeln diese immer breiter werdenden Einsatzmöglichkeiten in der installierten Basis wider. Die Zahl der weltweit arbeitenden Roboter wird 2023 stark über 3,9 Millionen Geräten liegen.[53] Bei diesen Zahlen geht man davon aus, dass ein Roboter nach zwölf Jahren außer Betrieb genommen werden muss. Das heißt, die Zahlen können je nach Einsatzdauer der Roboter verfälscht sein. Die Grafik spiegelt eine kontinuierliche Entwicklung vor. Diese ist jedoch bei genauer Betrachtung der Jahreszahlen nicht gegeben. So ist eine erhebliche Zunahme der Roboterzahlen von 2010 auf 2015 festzustellen, besonders, wenn man diese Zahlen mit dem Wachstum von 2005 auf 2010 vergleicht.

Geführt wurden diese Statistiken, wie bereits erwähnt, schon sehr früh, da die Roboter zunächst als „Arbeitsplatzvernichter“ im Fokus der Politik standen und besonders beobachtet werden sollten. Begonnen wurde die Statistik daher zunächst von einer politischen Organisation, den Vereinten Nationen (UN – United Nations). Diese UNECE-Statistik ging dann später in die der IFR (International Federation of Robotics) über, die sogenannte World Robotics, in der alle in den Industrienationen arbeitenden Roboter erfasst werden.

Tabelle 2.12 zeigt die 1983 bei der Erstellung der ersten Statistik in Deutschland verwendete Einteilung der Roboter nach den damals angebotenen Bauarten. Hier wurde nach den Bewegungsmöglichkeiten der Hauptachsen der Roboter unterschieden (1 – 5). Dabei gab es Geräte, die komplett mit translatorischen Achsen ausgestattet waren, bis hin zu den rein rotatorisch verfahrenden Geräten. Die jeweiligen Handachsen blieben unberücksichtigt.

Die Statistik in Abbildung 2.36 von 1983 zeigt die Verteilung der damals in Deutschland eingesetzten Robotertypen. Der Statistik lag die Erfassung von insgesamt 134 Robotern in ganz Deutschland zugrunde. Schon damals dominierten die vertikalen Knickarmgeräte (5) in der Statistik den Markt der Roboter mit 40 %. Auch wenn uns diese Stückzahlen heute lächerlich vorkommen mögen, so zeigen sie doch eindrücklich, welche Neuerung damals die Technik der Roboter darstellte, dass selbst solche Größenordnungen überhaupt in einer Statistik gewürdigt wurden.

Heute unterteilen die Statistiker die Roboterzahlen darüber hinaus nach ihren Anwendungsfeldern. Dabei ist die Einteilung bzw. Abgrenzung sicher nicht immer einfach, da sich Gebiete, wie beispielsweise Handhabung und Montage, überschneiden. Es wurde jedoch

	(1)	(2)	(3)	(4)	(5)
	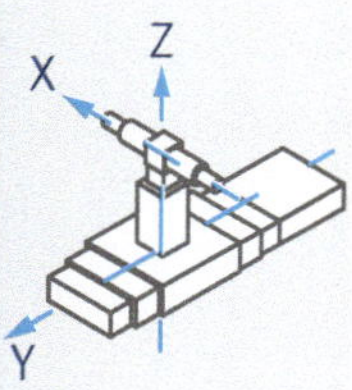	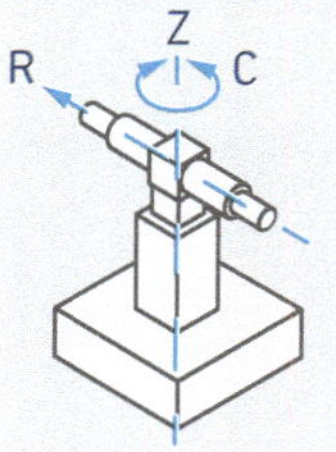	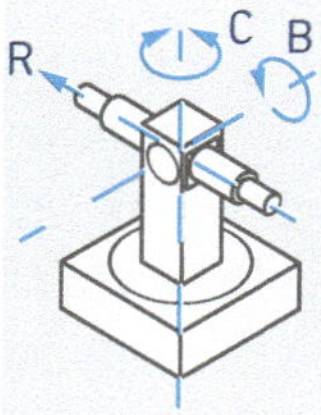	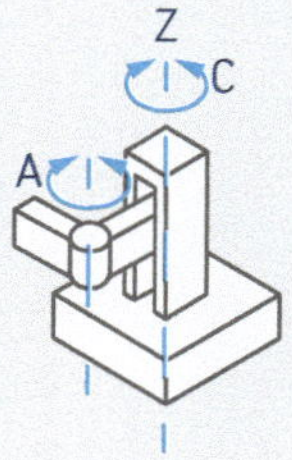	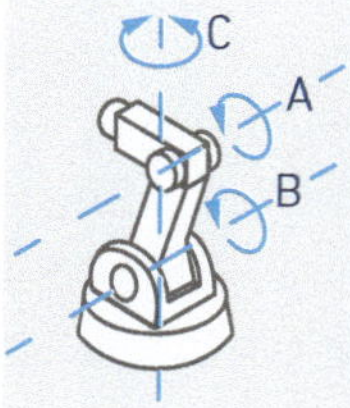
Erweiterungsmöglichkeit des Hauptarbeitsraums	**3 Translationen**	**2 Translationen 1 Rotation Verfahreinheit**	**1 Translationen 2 Rotation Verfahreinheit**	**1 Translationen 2 Rotation Verfahreinheit**	**3 Translationen Verfahreinheit**
Kinematisches Ersatzbild	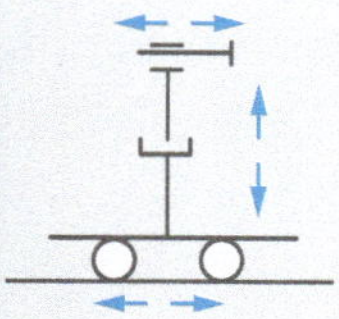	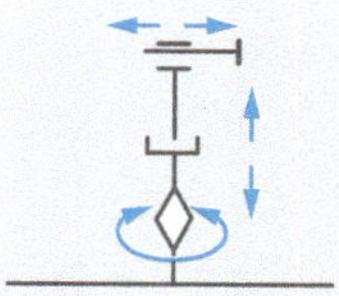	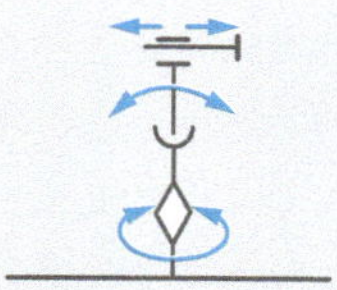	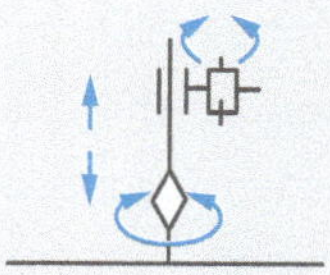	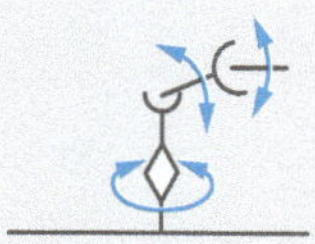
Achsbezeichnung	**YXZ**	**CZR**	**CBR**	**CZA**	**CBA**
Arbeitsraum	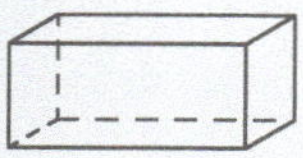	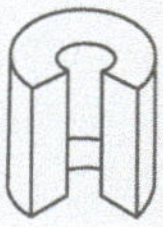	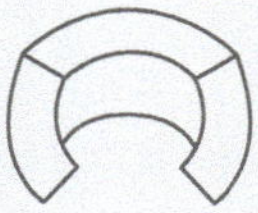		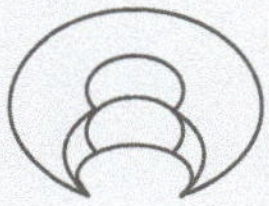

Tabelle 2.12 Bauarten der Kinematiken und zugehöriger Arbeitsraum (Quelle: Fraunhofer IPA)[45]

deutlich, dass das Schweißen als klassisches Anwendungsgebiet der Roboter in der Autoindustrie immer weiter um andere Anwendungsgebiete wie das Palettieren oder das Montieren in anderen Branchen erweitert wird. Mit dem Einzug in weitere Branchen kommen auf die Konstruktion und Entwicklung der Roboter zukünftig andere Anforderungen zu.

Beim Handhaben beispielsweise werden häufig nicht die gleichen Genauigkeitsanforderungen beim Befahren einer bestimmten Bahn im Raum benötigt wie beim Schweißen. Das heißt, die immer weiter gehende Diversifizierung und Variantenbildung bei den Robotern wird sich fortsetzen. Hinzu kommen Spezialisierungen durch bestimmte Armlängenverhältnisse, z. B. bei Robotern, die für den Eingriff in Bearbeitungsmaschinen konstruiert wurden. Umgebungsanforderungen, wie Rein- oder Tiefkühlräume, erweitern die Roboterpalette zusätzlich und erleichtern so die Integration solcher Anwendungen.

Doch die Autoindustrie ist nach wie vor ein Treiber bei der Robotik. So stiegen die Verkäufe in dieser Branche 2014 nochmals deutlich an. Aber auch bei der Elektronikfertigung und der Metallbearbeitung nahmen die Verkaufszahlen deutlich zu. Die Kunststoffindustrie wird sicher in den kommenden Jahren deutlich an Fahrt gewinnen, denn die Hersteller der Roboter bieten gerade für diesen Markt immer leistungsfähigere Kinematiken an. Darüber hinaus werden die Werkstücke, die beispielsweise im Spritzgussverfahren hergestellt werden, immer komplexer und anspruchsvoller. So reicht häufig ein einfaches Entnahmehandling, wie es zu Zigtausenden an Spritzgussmaschinen verbaut ist, zur Bewältigung der Bearbeitungsaufgabe nicht mehr aus. Diese Handlings lassen sich durch flexiblere Geräte ersetzen, die dann noch montieren, kontrollieren oder bearbeiten können.

Bei den Robotern in der Lebensmittelindustrie gibt es keine Steigerung der Stückzahlen. Diese Tatsache rührt häufig von den stark unterschiedlichen Produktionsbereichen bei Nahrungsmitteln her. So lässt sich selbst bei der Produktion von Backwaren eine derartige Vielfalt an Gebäcksorten finden, dass der standardisierte Einsatz von Robotern schwer vorstellbar ist. Im Gegenzug kommen auch die Roboterhersteller nur schwer in der Entwicklung spezieller Versionen für den Lebensmittelbereich voran. So lässt die Einführung von Versionen mit lebensmittelechtem Fett bei einigen Herstellern immer noch auf sich warten. Dies

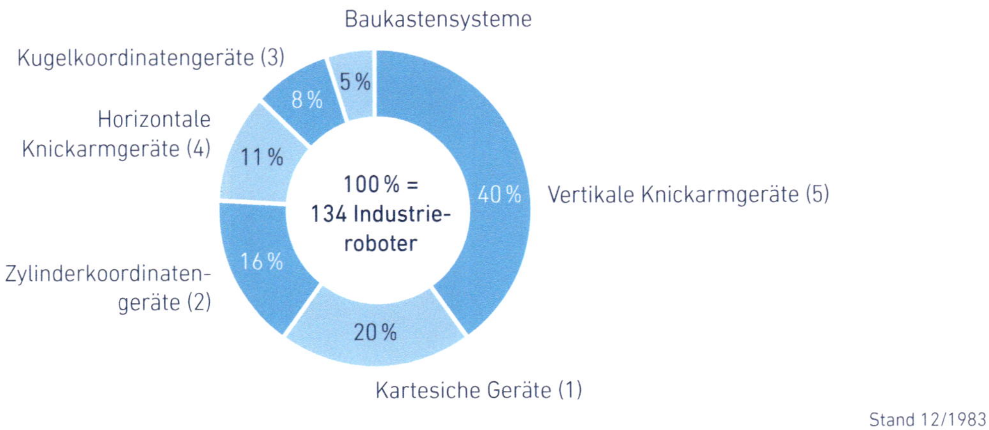

Abbildung 2.36 Mengenverteilung der 1983 in Deutschland verkauften Kinematikarten (Quelle: Fraunhofer IPA)[45]

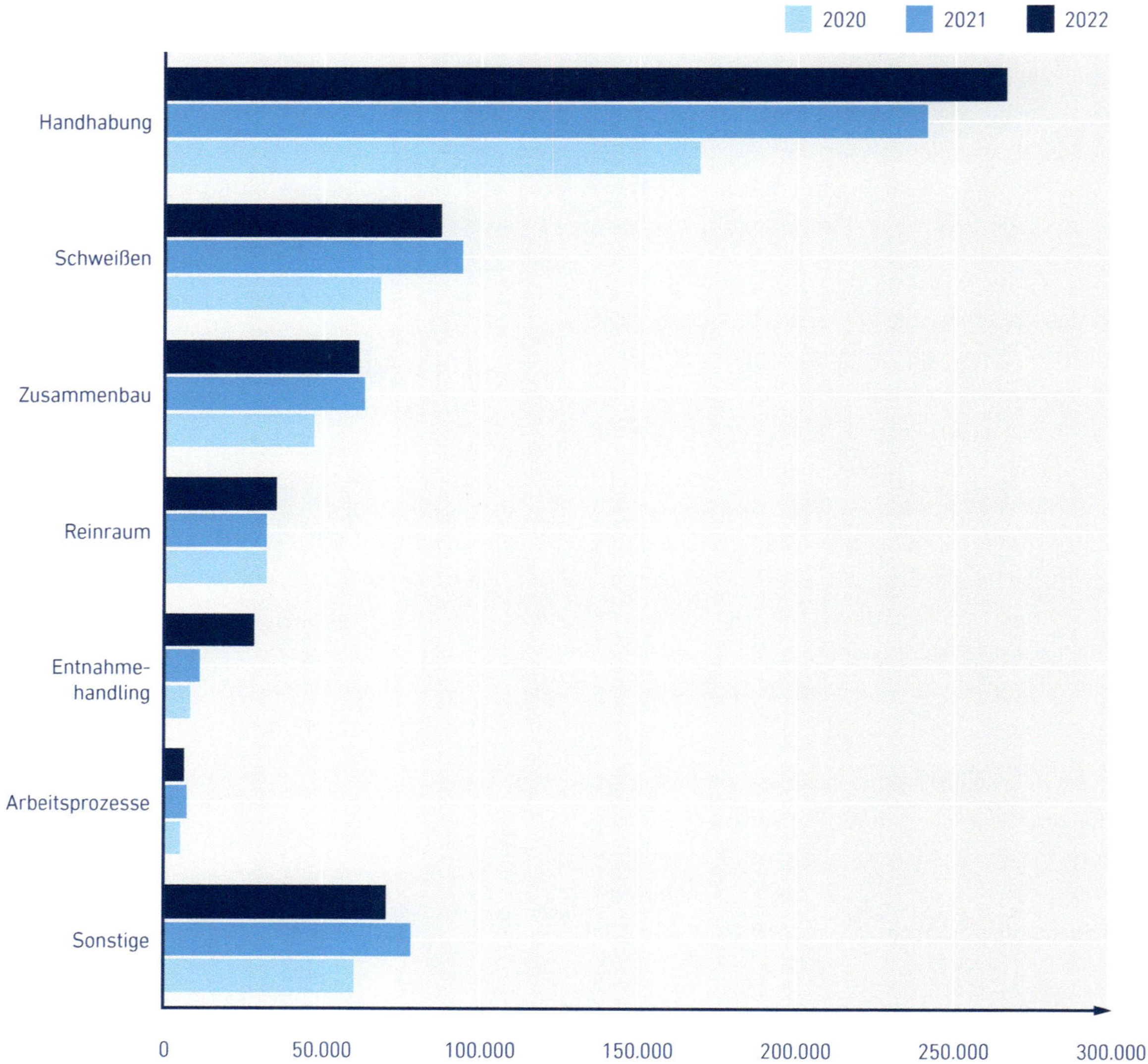

Abbildung 2.37 Robotereinsatzzahlen, gegliedert nach ihren Anwendungen (Quelle: IFR)[54]

verhindert dann den Einsatz in Bereichen, in denen die Produkte noch nicht verpackt sind, also hohe hygienische Anforderungen herrschen.

Die zu Anfang in der Roboterindustrie vorherrschende Gründerzeitstimmung und die damit verbundene hohe Herstelleranzahl war bis Ende der 1990er-Jahre auf wenige namhafte Hersteller aus den USA, Japan und Europa geschrumpft. Seit Ende 2010 kommen aber gerade in den asiatischen Märkten neue Anbieter hinzu. Neue Formen der Roboter mit neuen Leichtbauarmkinematiken erschließen immer mehr Anwendungen und werden zum Teil von völlig neuen Anbietern am Markt gehandelt. Der Markt der Anbieter von Robotertechnik ist somit in den letzten Jahren wieder unübersichtlicher geworden.

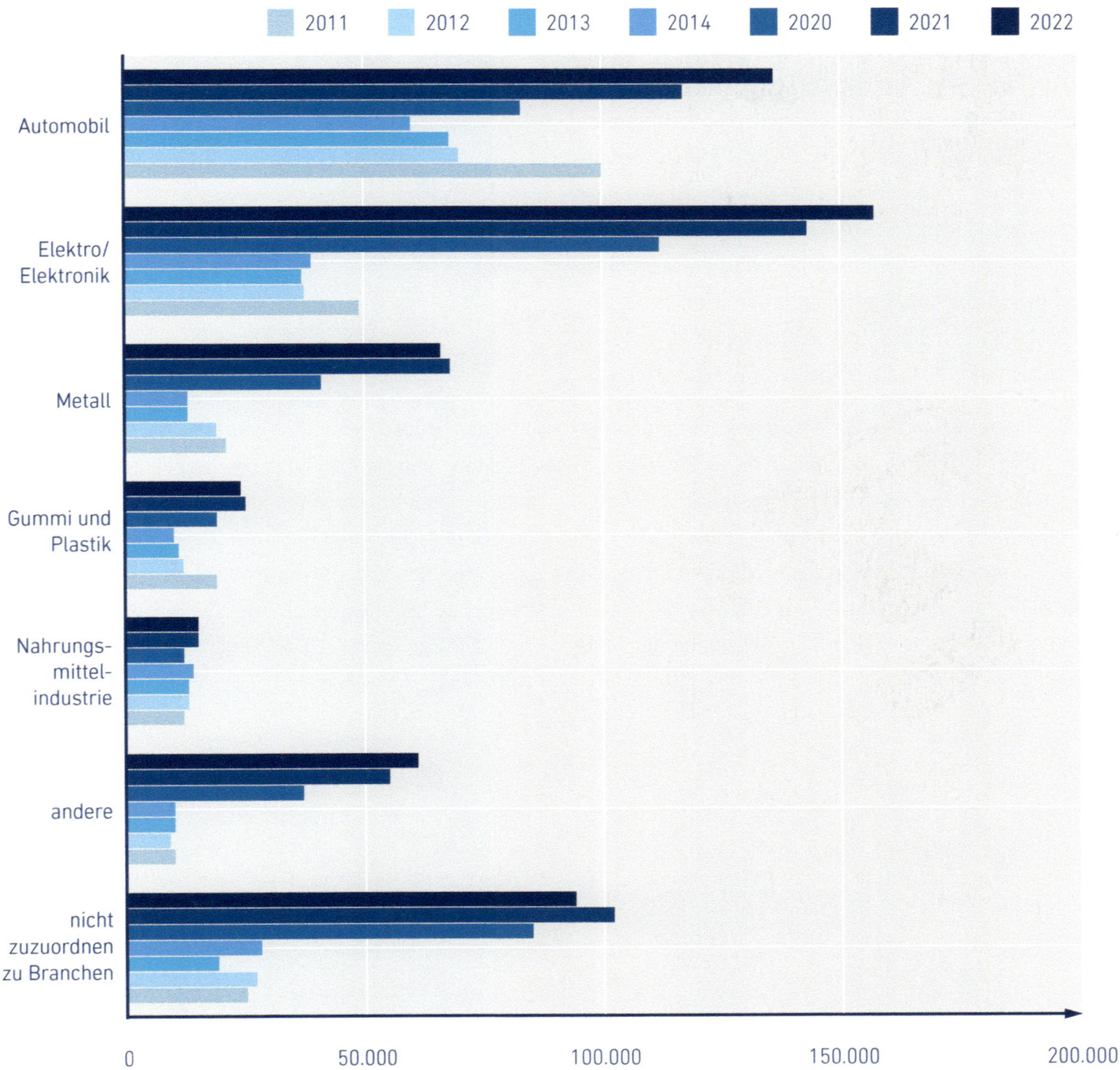

Abbildung 2.38 Roboterverkaufszahlen nach Jahren und Branchen aufgeteilt (Quelle: IFR)[55]

Hinzu kommen Kinematiken, die von Maschinenbauern für ihre Maschinen in Eigenbau selbst hergestellt werden. Die Anbieter von Steuerungstechnik auf Basis von NC-Technik bieten hier bereits Baukästen zur steuerungstechnischen Realisierung von Roboterarmen an, welche dann von den Maschinenbauern umgesetzt werden können. Diese Kinematiken entziehen sich der Statistik, da sie nicht von offiziell gelisteten Roboterherstellern angeboten werden. Insofern kann die Statistik, sowohl der installierten Basis als auch der aktuellen Verkaufszahlen, als konservativ und eher untertrieben angesehen werden.

Stellt man die Grafik der Verkaufszahlen in einem Schaubild für alle Roboterbauarten zusammen, so ergibt sich ein imposantes Bild der aktuellen und der prognostizierten Zahlen. Bei der Statistik ist bereits das sinkende Wirtschaftswachstum in China eingerechnet, was jedoch aus den Erfahrungen der letzten Jahre bisher nicht zu einem Rückgang der Automatisierungskomponenten geführt hat. Im Gegenteil, Chinas Wirtschaft ist dabei, ihre Produktivität zu steigern, und braucht dafür dringend Automatisierungstechnik.

Dies spiegelt sich in den für China erwarteten Zahlen wider. Ursprünglich als Produkt in den USA erfunden und entwickelt, sind die größten Hersteller von Industrierobotern in Japan und Europa zu finden. Inzwischen haben ABB und KUKA auch Werke in China, die Roboter herstellen und direkt vor Ort verkaufen. Hinzu kommen chinesische Hersteller, die zunehmend den Inlandsmarkt bestimmen, vor allem für die einfacheren kartesischen Kinematiken.

Um die Marktdurchdringung mit Robotern darzustellen, ist es hilfreich, die Anzahl der installierten Roboter den aktuellen manuellen Arbeitsplätzen gegenüberzustellen. Hier wurde für das Jahr 2014 eine weltweite durchschnittliche Roboterdichte von 66 Geräten auf 10.000 Industriearbeitsplätze im gewerblichen Bereich ermittelt (siehe Abbildung 2.40). Dieser Durchschnittswert wurde von vielen reifen Industrienationen in der aktuellen Statistik von 2024 deutlich überschritten, wie z.B. Japan und Deutschland, die um die 300 Geräte auf 10.000 Arbeiter aufweisen können. Länder wie China waren dagegen noch ein Roboterentwicklungsland, da ein deutlich höherer Anteil an Beschäftigten in der Produktion arbeitet. Selbst die USA konnten noch um über 100 Geräte pro 10.000 Beschäftigte gegenüber

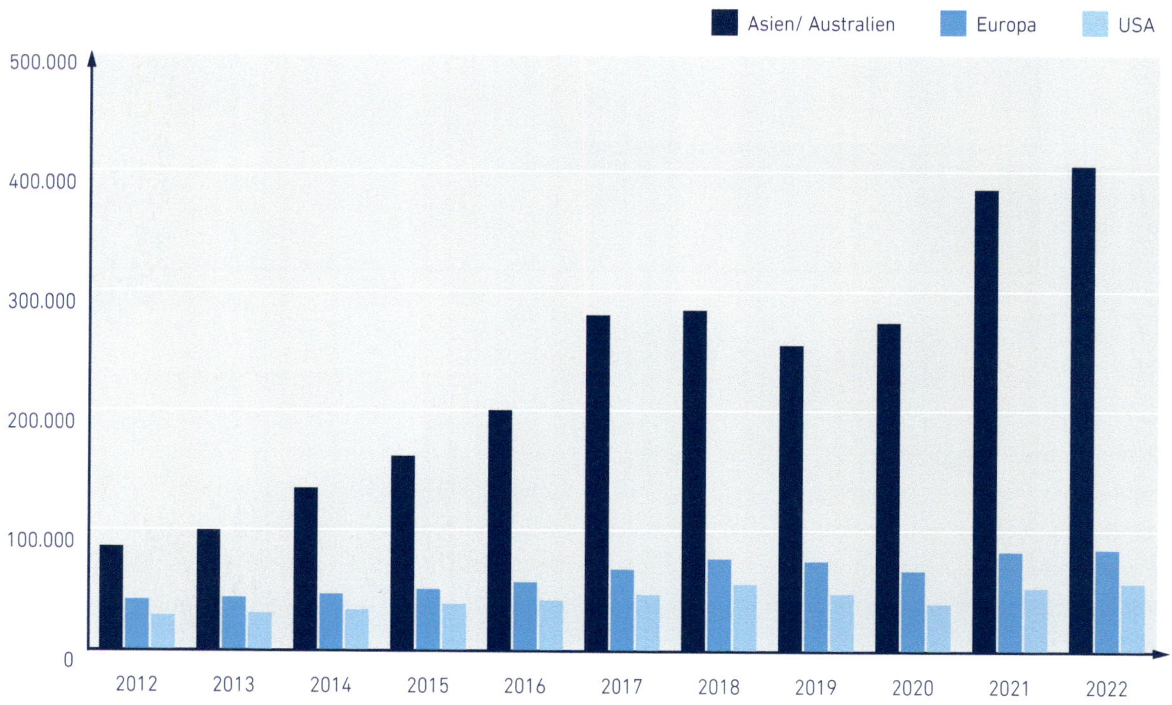

Abbildung 2.39 Jährliche Neuinstallationen von Robotern weltweit nach Wirtschaftszonen (Quelle: IFR)[55]

Deutschland aufholen, auch wenn sie weit über den Weltdurchschnittswerten liegen.

Aktuell ist angesichts seiner schieren Größe der nordamerikanische Markt ein interessantes Verkaufsgebiet für Roboteranwendungen, vor allem weil sich die politischen Entscheider auf eine Reindustrialisierung des Landes geeinigt haben. Das Verhältnis von Roboterdichte zu 10.000 Angestellten ist gegenüber Japan oder Deutschland hier jedoch immer noch entwicklungsbedürftig. Die USA kommen gerade einmal auf 285 Geräte pro 10.000 Industriearbeitsplätze. China ist hier mit 392 bereits in der Liga von Deutschland und Japan zu finden. Sicher sind nicht alle Roboterprojekte in China zu 100 % produktivitätssteigernd, da davon auszugehen ist, dass die üppig geflossenen Subventionen in diesem Markt zu einer gewissen Überhitzung und zu Ineffizienzen geführt haben. Aber die Aufholjagd gegenüber den Zahlen von 2014 sind schon beeindruckend. Indien als der nächste große Arbeitsmarkt mit Produktivitätspotenzialen ist unter den Top 10 noch nicht zu finden. Man darf gespannt sein, wo das Land 2034 steht.

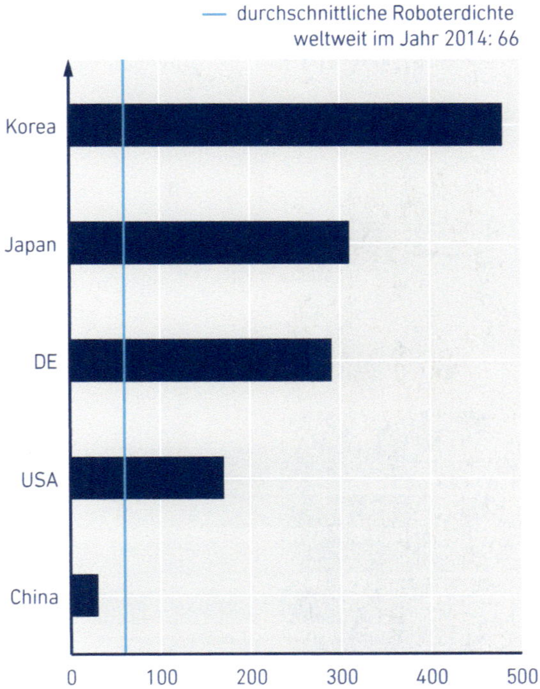

Abbildung 2.40 Anzahl der Mehrzweck-Industrieroboter (alle Arten) pro 10.000 Angestellte in der Fertigungsindustrie (ISIC rev.4: C) 2014 (Quelle: IFR World Robotics 2015)[56]

Korea profitiert bei der Statistik von seinen großen Unternehmen in der Automobil- und Elektroindustrie, die Hauptanwender für Roboter sind. Singapur kann daher mit seinem relativ kleinen Produktionsarbeitsmarkt in der Statistik den zweiten Platz belegen.[55]

Wenn man bedenkt, dass der Roboter immer nur einen kleinen Teil der Automatisierungslösung ausmacht und häufig die Peripherie wie Greifer, Sensoren oder Sicherheitstechnik zu jedem Roboter dazugehört, so ergeben sich deutlich höhere Umsätze als nur die reinen Roboterverkäufe. Wenn man beispielsweise die Branche der Robotik und Automation in Deutschland betrachtet, dann kann von einem Volumen von über 16 Milliarden € in 2023 ausgegangen werden. Die Statistik ähnelt vom Verlauf her dem Balkendiagramm der Bildverarbeitung, da man diese wie die Greifer als Peripherie der Robotik quasi dazurechnen kann. Die Zahlen zeigen aber deutlich, dass es sich bei den Firmen der Branche um stark exportorientierte Unternehmen handeln muss, denn allein durch den Verkauf von knapp 26.000 Robotern im Jahr 2023 könnte ein solcher Umsatz nicht erzielt werden.

Auch wenn jede Statistik ihre Erfassungsprobleme und Fehler hat, so gibt sie doch Anhaltspunkte, wie sich der Markt der Roboter und der Automatisierungstechnik entwickelt hat. Die Prognosen der Automatisierungstechnik insgesamt sind dabei positiv, da es sich um eine Branche handelt, welche die Produktivität steigert – und hier besteht ein hoher Bedarf in vielen Gesellschaften und aufstrebenden Industrienationen. Ein Hoffnungsträger sind aktuell die kollaborativen Roboter, die in neue Anwendungsbereiche bzw.

in mittelständische und handwerklich geprägte Industrien vorstoßen sollen.

Interessant an der Statistik ist, dass der Anteil der kollaborativen Roboter kontinuierlich zugenommen hat und inzwischen 10 % der Verkaufszahlen der Roboter insgesamt ausmacht. Sicher ist hier auch ein gewisser Substitutionseffekt zu berücksichtigen, da nicht alle diese Roboter in Anwendungen eingesetzt werden, die ausschließlich kollaborativen Robotern vorbehalten wären. So gibt es Berichte, dass ein nicht unerheblicher Anteil dieser Robotergattung ähnlich wie ein herkömmlicher Industrieroboter mit Schutzzaun eingesetzt wird. Damit stellt sich die Frage, wie diese „echten" Anwendungsfälle kollaborativer Roboter statistisch erfassbar sind.

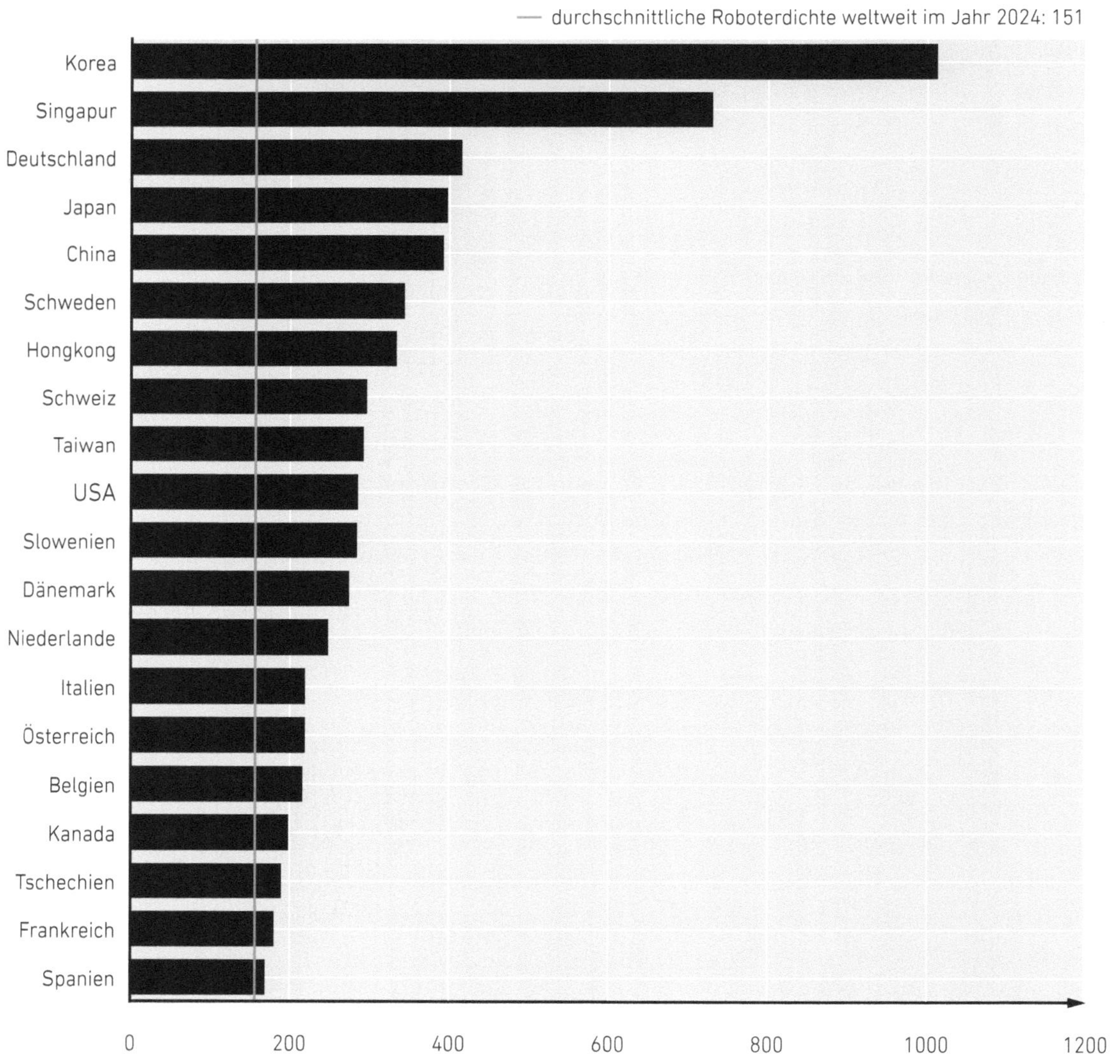

Abbildung 2.41 Die weltweite Roboterdichte hat einen neuen Höchststand erreicht (Quelle: IFR)[56]

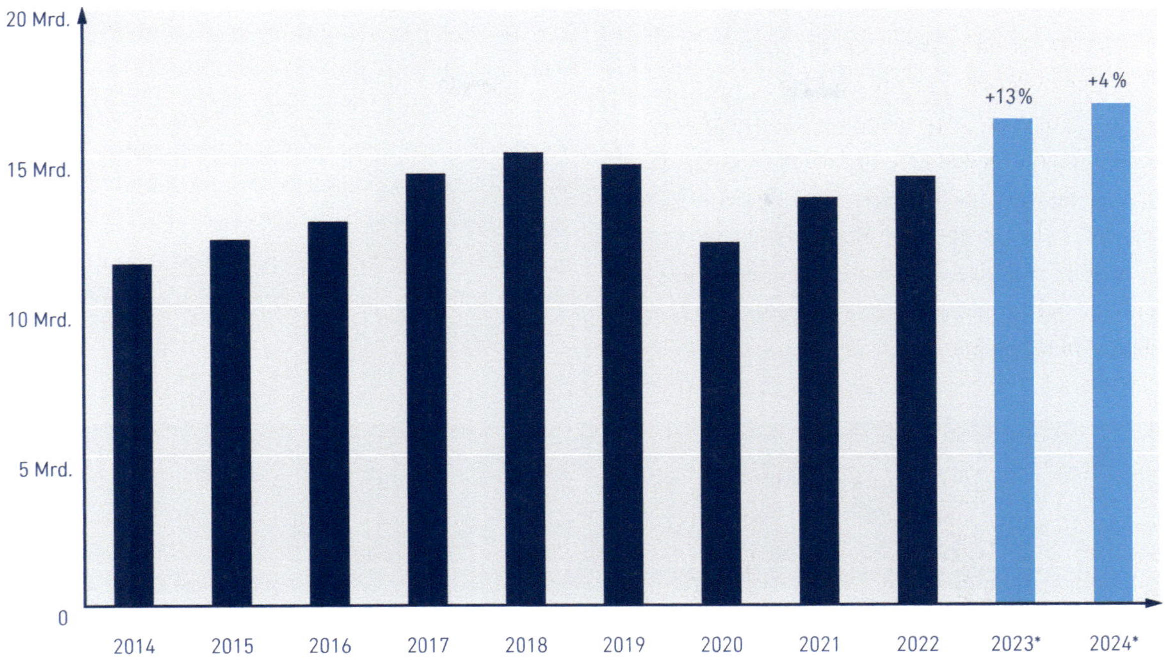

Abbildung 2.42 Umsatzentwicklung der Branche Robotik und Automation in Deutschland (*Prognose) (Quelle: VDMA)[49]

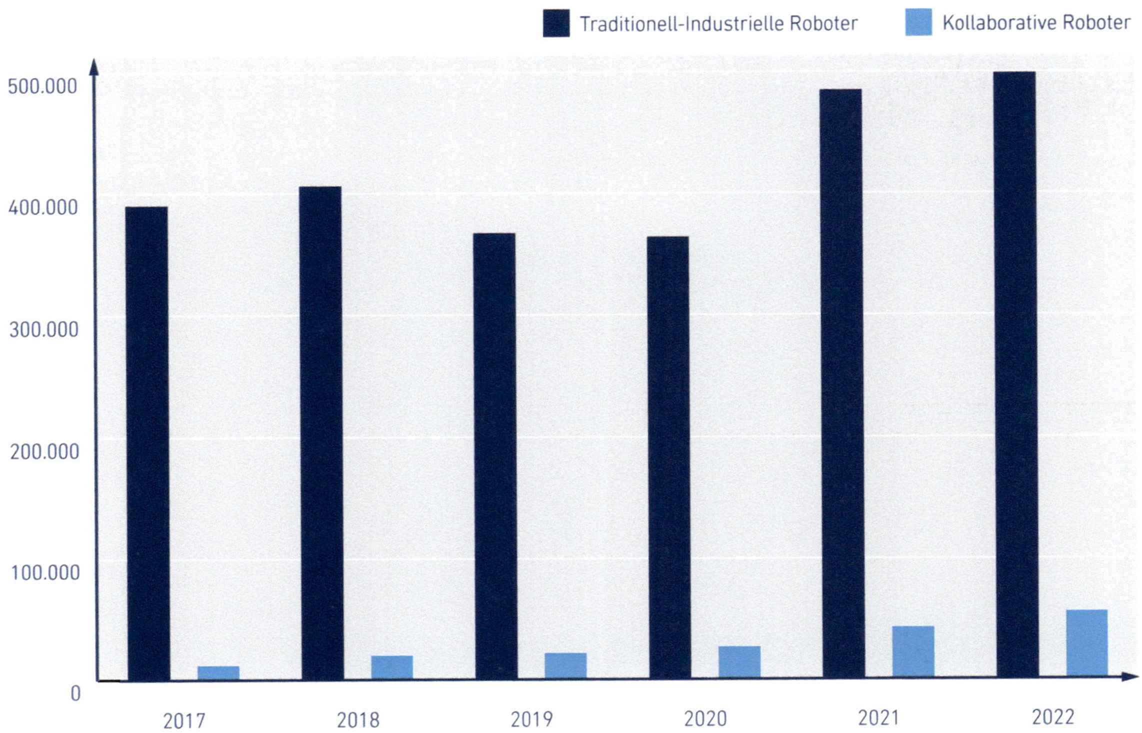

Abbildung 2.43 Anteil der kollaborativen Roboter an den Verkaufszahlen (Quelle: IFR)[57]

Die Servicerobotik begann historisch gesehen schon im letzten Jahrtausend mit der Entwicklung erster Anwendungen im nicht industriellen Umfeld.

So entstanden Applikationen wie Reinigungsroboter für Bahnsteige und Glasfassaden sowie für das Tanken von Fahrzeugen, das eine gewaltige Herausforderung für die damalige Robotertechnik darstellte, da beispielsweise sicherheitsrelevante Sensoren für große Arbeitsräume noch Mangelware waren.

Die Serviceroboterapplikationen werden in einer gesonderten Statistik von der IFR erfasst und teilen sich in die Bereiche Haushaltsroboter, Medizin, Landwirtschaft, Reinigung, Transport und Logistik auf. Bei dieser Statistik kann der Graubereich noch deutlich größer sein, da die Hersteller dieser Roboter nicht zu den klassischen Roboterherstellern gerechnet werden können und viele Start-ups ihre Zahlen nicht unbedingt dem IFR melden.

Agrarwirtschaft	Reinigungsgewerbe	Transportwesen, Logistik	Gastgewerbe	Gesundheitswesen
8000 Roboter	6900 Roboter	86.000 Roboter	24.500 Roboter	9300 Roboter
+ 18 %	+ 8 %	+ 44 %	+ 125 %	- 4 %

Tabelle 2.13 Verteilung der Anwendungen von Servicerobotern weltweit für das Jahr 2023 (Quelle: IFR)[57]

	Animated Ads
Hersteller	Internes Vorlaufforschungsprojekt
Fertigstellung	1999
Einsatzfeld	Außenfassade von Gebäuden
Fähigkeiten	• Führen von Werbetafeln oder Displays auf vertikalen Flächen • Programmierung • Kommandierung der Bewegungen des Schreitwerks am Bildschirm
Innovation	Fortbewegung mittels des „Sliding-Frame-Prinzips“ (relatives Verschieben/Drehen von zwei separaten Rahmen, die mit Saugfüßen ausgestattet sind), minimaler Luftverbrauch durch Einsatz intelligenter Vakuum-Haltemodule, modulares Systemkonzept

Tabelle 2.14 Serviceroboter zum Reinigen von Gebäudefassaden (Quelle: Fraunhofer IPA)[39]

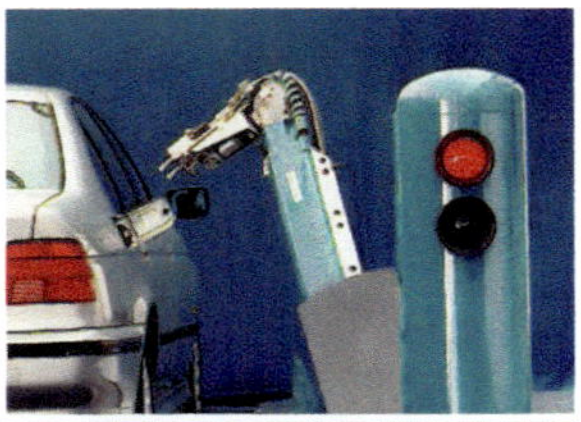

	Tankroboter
Hersteller	Auftrag von ARAL AG, BMW AG und Mercedes Benz AG
Fertigstellung	1995
Einsatzfeld	Automatisches Betanken von Fahrzeugen
Komponenten	Roboterarm RV16 von Reis Robotics mit speziell angefertigter Zapfpistole (Hiby) und Kraftstoff-Fördertechnik (Tankanlagen Salzkotten)
Fähigkeiten	• Identifikation und Lokalisierung des Fahrzeugtyps im Tankplatz • Nutzerdialog über Touchscreen • Nachgiebigkeit der Kinematik zum Ausgleich von Fahrzeugbewegungen
Innovation	Redundante Steuerung für den automatischen Roboterbetrieb ohne trennende Schutzeinrichtung (Personensicherheit) und Ex-Schutz

Tabelle 2.15 Tankroboter, der zum Betanken mit Wasserstoff entwickelt wurde (Quelle: Fraunhofer IPA)[39]

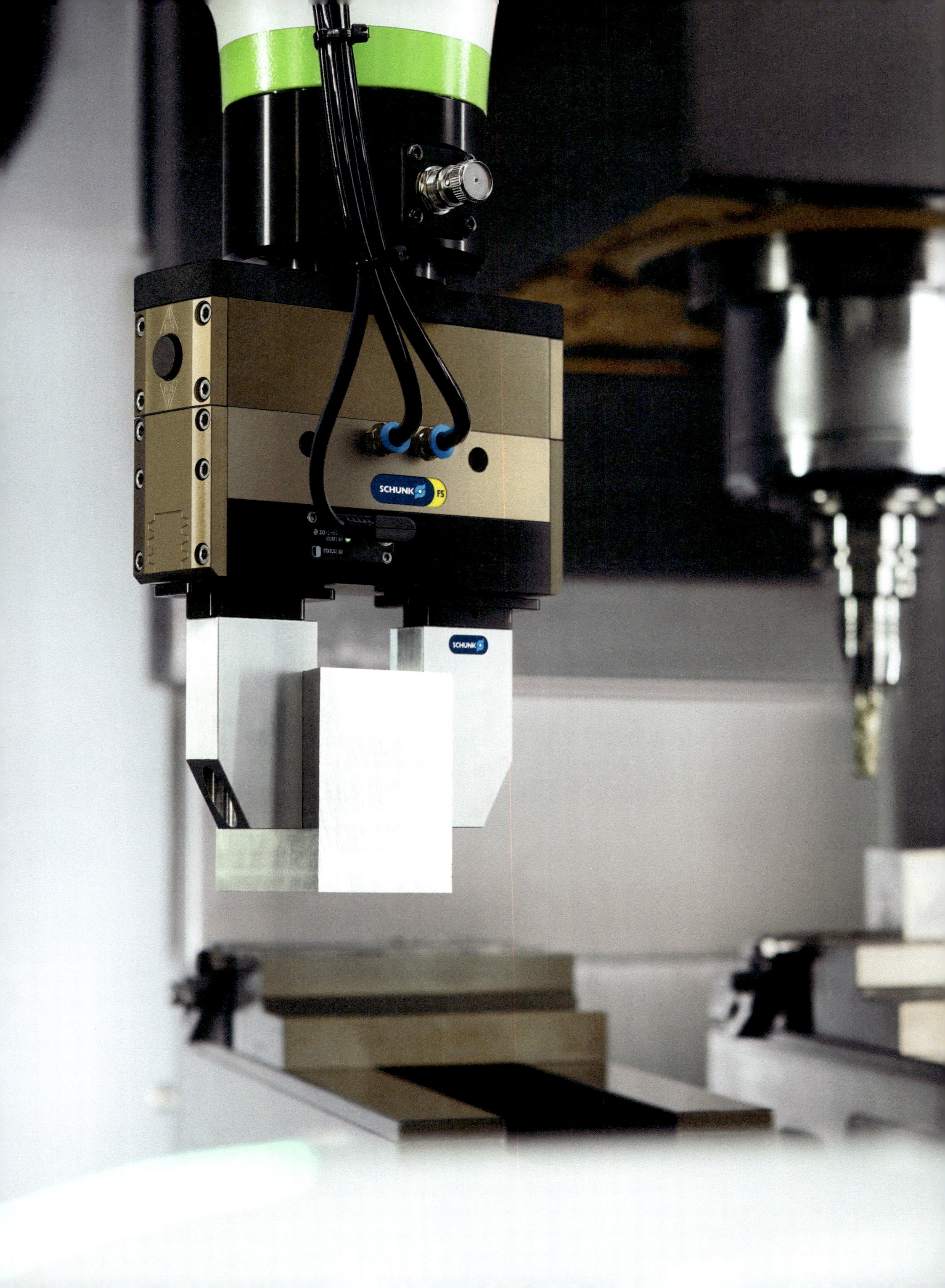
SCHUNK
FS
SCHUNK

3 GREIFEN BEGREIFEN

Dem Greifer kommt in der Handhabungstechnik eine zentrale Rolle zu. Die leider zurückgezogene Richtlinie VDI 2860 definierte diese Funktion in den 1980er-Jahren wie folgt:

> **„Ein Greifer ist dasjenige Subsystem eines Industrieroboters, das eine begrenzte Anzahl von geometrisch bestimmten Werkstücken für einen bestimmten Zeitraum hält, d. h. die Position und Orientierung dieser Werkstücke relativ zum Werkzeug- oder Greifer- Koordinatensystem sichert. Diese Haltefunktion wird in der Regel vor dem Bewegungsvorgang aufgebaut, währenddessen beibehalten und abschließend durch Lösen wieder aufgehoben."[58]**

Die Richtlinie wird aktuell überarbeitet. Seit den 1980er-Jahren hat sich doch technologisch einiges getan, wie Kapitel 2 eindrücklich gezeigt hat. Die Definition ist aus heutiger Sicht zu erweitern, da durch den Einsatz moderner Greiferkonstruktionen und die Einbindung von Sensoren zusätzlich der direkte Kontakt zum Werkstück genutzt werden kann, um Informationen über das Werkstück, aber auch den Handhabungsvorgang zu gewinnen. Damit ist ein Greifer heute mehr als nur eine Komponente zum Halten des Werkstücks. Er ist vielmehr darüber hinaus zum Datenlieferanten geworden, sodass sich die Handhabung zu einem Prozess weiterentwickeln konnte. Gepaart mit den entsprechenden Informationen der Handhabungssysteme über Beschleunigungen und Winkelgeschwindigkeiten lassen sich effiziente und energiesparende Handhabungsabläufe gestalten. Hinzu kommt, dass die Bahnbewegungen der Handhabungssysteme und Roboter immer mehr auf Basis von Sensordaten variiert werden können. Fanden früher die Bewegungsabläufe zwischen Aufnahme des Werkstücks und Ablegen immer auf der gleichen Bahn statt, so können diese heute beispielsweise immer neue Bewegungsparameter oder Abgreifpunkte aufweisen, wenn die Werkstücke von einer Kamera erfasst werden.

In diesem Kapitel werden die Bandbreiten der Anwendungen von Greifern in der Handhabungstechnik und die unterschiedlichsten Randbedingungen aufgezeigt. Bereits aus der Anschauung des menschlichen Greifens (Kapitel 1) wird deutlich, dass die reine Haltefunktion nur einen Teil der Funktion darstellt oder zumindest große Potenziale des direkten Kontakts zum Werkstück außer Acht lässt. Der Mensch ist in seiner ersten Lebensphase hauptsächlich von seinem Tastsinn geprägt. Das Tasten und Greifen sind angeborene Reflexe, die es dem Säugling ermöglichen, seine Umwelt wahrzunehmen. Das Greifen macht die Welt für das Individuum verständlicher und erklärbarer. In der deutschen Sprache ist mit dem „Begreifen" das Erfassen von Sachverhalten als Vorstufe zur Lösung von Aufgabenstellungen gemeint. Der „Begriff" definiert ein Objekt und ermöglicht so das Erklären von Sachverhalten.

Das Greifen hat in der deutschen Sprache mehrere Bedeutungen als nur das Festhalten von Objekten oder Werkstücken. Für den Produktionsalltag kann im übertragenen Sinne festgestellt werden, dass die genaue Betrachtung der Objekte der Handhabung – also der Werkstücke – eine besondere Bedeutung beizumessen ist, um gute technische Lösungen zu entwickeln.

Werden beispielsweise die Oberflächeneigenschaften von Werkstücken bei der Auslegung von Greifern völlig außer Acht gelassen, so kann es beim Greifen im Produktionsprozess zu Beschädigungen an der Werkstückoberfläche kommen. Insofern muss die genaue Untersuchung des Werkstücks der Ausgangspunkt unserer Betrachtungen zum Greifen sein.

Das erste Greifen eines Säuglings mag zwar noch umfangreichere Funktionen als alle in der Produktion vorkommenden Anforderungen haben, aber die Entwicklung der technischen Greifsysteme (Kapitel 2) zeigt, dass bereits heute die Anforderungen an den Greifer über das bloße Festhalten des Werkstücks

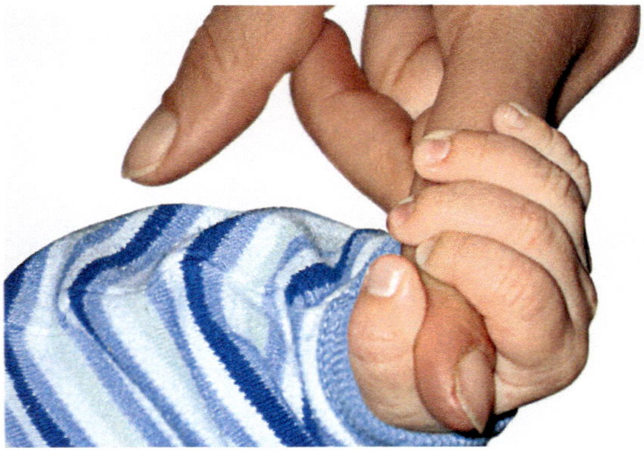

Abbildung 3.1 Ein Säugling greift den ihm entgegengehaltenen Finger mit einem Greifreflex, um Erfahrungen zu sammeln und sich so ein Bild von seiner Umgebung zu verschaffen.

hinausgehen. Aspekte wie Werkstückschonung oder die Einsatzumgebung von Greifern bestimmen deren Auswahl mindestens im gleichen Maße wie die Kernkennzahlen, wie beispielsweise die Greifkraft.

Immer wichtiger geworden ist die Informationsgewinnung über das Werkstück und dessen Beschaffenheit. Mit weiteren Informationen über den Bewegungsprozess, Umgebungsbedingungen und Werkstückverhalten lassen sich die Handhabungsabläufe sicherer, reproduzierbarer und schneller gestalten. Somit ist das Feedback, das über den Greifer vom Werkstück gewonnen werden kann, nicht unerheblich für eine hohe Prozesssicherheit. Mit den beschriebenen steigenden Anforderungen an eine möglichst fehlerfreie Produktion wird hier an der Schnittstelle zum Werkstück eine wesentliche Aufgabe von der Greiftechnik übernommen.

Ob menschliche Hand oder mechanischer Greifer – jede Greifaufgabe wird von folgenden Kriterien beeinflusst:

- Randbedingungen der Greifaufgabe
- Werkstückmerkmale
- Werkstückzustand beim Aufnehmen und Ablegen

Die allgemeinen Randbedingungen der Greifaufgabe definieren die grundsätzlichen Einsatzkonditionen eines Greifers. Denkbar sind etwa bestimmte Öffnungs- und Schließzeiten, die erreicht werden müssen, damit eine wirtschaftliche Lösung der Automatisierungsaufgabe erzielt werden kann. Darüber hinaus legen die Randbedingungen fest, welche Merkmale der Greifer aufweisen muss, damit beispielsweise Informationen über den Greifprozess an das Gesamtsystem zurückfließen können.

Zu den Randbedingungen zählen die Umgebungseinflüsse, die auf den Handhabungsprozess einwirken und unter Umständen den Prozessverlauf negativ beeinträchtigen können. Muss beispielsweise in feuchten Umgebungen gehandhabt werden, ist der Greifer entsprechend dafür zu konzipieren. Das Gleiche gilt für Handhabungsprozesse in hygienisch besonders anspruchsvollen Umgebungen wie der Medizintechnik. Allgemeine Anforderungen wie das Erreichen einer vorgegebenen Standzeit und geringe Wartungsaufwände sind mit konstruktiven Regeln und einer hohen Fertigungspräzision erreichbar.

Die Umgebungsbedingungen des Greifens sind wissenschaftlich nicht immer eindeutig zu beschreiben bzw. genauer in Definitionen zu fassen. Sie sollen daher in diesem Kapitel beispielhaft in den einzelnen Greifsituationen immer wieder erwähnt werden, um ein abgerundetes Bild dieser Problemstellungen wiederzugeben.

Extreme Temperaturverhältnisse in der Umgebung oder des Werkstücks, besondere Anforderung an die Reinheit hinsichtlich störender Partikel und natürlich die geforderte Taktzeit, in der ein Handhabungsvorgang erfolgen soll, können die technische Umsetzung erschweren oder unwirtschaftlich werden lassen. Da der Greifer nah am Werkstück oder im direkten Kontakt zu diesem steht, ist besonders in der Lebensmittelindustrie die Verwendung von zugelassenen Schmierstoffen ein wichtiges Kriterium. In den letzten Jahren sind aufgrund gestiegener gesetzlicher Anforderungen und immer größer werdender Geschwindigkeiten der Handhabungsgeräte die Sicherheitsaspekte der

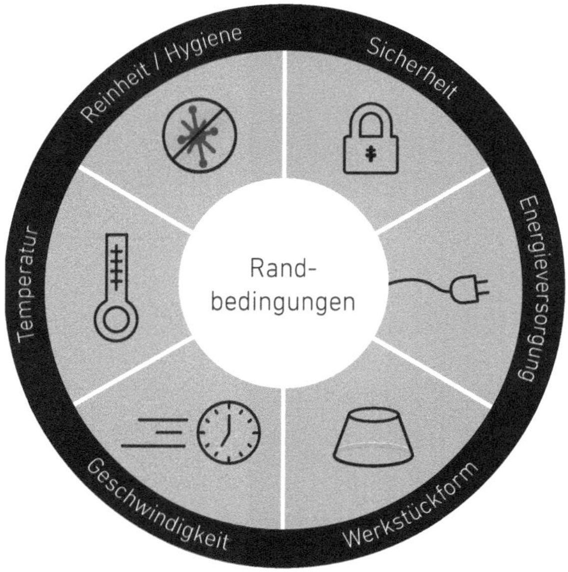

Abbildung 3.2 Randbedingungen der Greifaufgabe

Handhabung in den Vordergrund gerückt. Die Debatte zum Thema Energieeffizienz hat die Energieversorgung von Greifern zum Thema werden lassen. So versuchen viele Firmen, die Druckluft als teure Energieform in der Produktion immer weiter zurückzudrängen, und suchen nach elektrisch angetriebenen Komponenten.

Weitere wesentliche Einflusskriterien auf die Greifaufgabe, etwa die Werkstückmerkmale und eigenschaften sowie der Werkstückzustand in der Greif- bzw. Ablegesituation, lassen sich systematisch untersuchen und technisch aufbereiten. Wobei bei bestimmten Werkstücken der technischen Beschreibung Grenzen gesetzt sind, denkt man beispielsweise an die Beschreibung eines 500-Gramm-Blocks rohen Hackfleisches. Jedoch kann für jede Handhabungsapplikation die Aufgabe in ihren wesentlichen Funktionen über die Werkstückgeometrie, die Masse und den jeweiligen Zustand beim Greifen und Ablegen gut beschrieben werden.

Als Teilfunktion der Handhabungstechnik wird das Greifen auch mit „Sichern" umschrieben. Dabei kann ein Sinnbild für das Halten bzw. Lösen als Symbol genutzt werden. Die Elementarfunktion des Haltens bzw. Lösens wird ergänzt um die Begriffe Spannen und Entspannen, die verdeutlichen, dass neben dem formschlüssigen Halten und Lösen noch der Kraftschluss als Haltekraft hinzukommt.

Im Folgenden wird zunächst auf die Einflusskriterien eingegangen, die durch das Werkstück gegeben sind. Der Begriff Werkstück wird dabei beibehalten, auch

Umgebungsbedingungen der Greiferaufgabe	Werkstückmerkmale/ Werkstückeigenschaften	Werkstückzustand beim Greifen bzw. Ablegen
• Reinraum • Hygiene • Sicherheitsvorgaben • Energieversorgung • Temperatur • Wirtschaftlichkeitsvorgaben • Einbausituation • Wartungsfreiheit • Fremdstoffe • Variantenvielfalt der Werkstücke • Prozessüberwachung ist gefordert	• Geometrie • Form • Dimension • Toleranz • Masse • Schwerpunktlage • Oberfläche • Werkstoff • Konsistenz • Werkstückverhalten	• Ordnungszustand • Toleranzen der Bereitstellung • Greifen/Ablegen im Stillstand oder in der Bewegung • Zugänglichkeit

Tabelle 3.1 Einflusskriterien auf die Greifaufgabe

Handhabungsfunktion	Sinnbild	Funktionsbeschreibung
Halten (E)		Halten ist das vorübergehende Sichern eines Körpers in einer bestimmten Orientierung und Position.
Lösen (L)	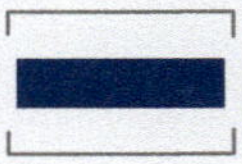	Lösen ist die Umkehrung des Haltens.
Spannen	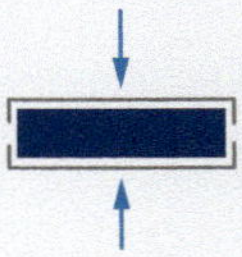	Spannen ist das vorübergehende Sichern eines Körpers in einerbestimmten Orientierung und Position unter Beteiligung von Kraftschluss.
Entspannen		Entspannen ist die Umkehrung des Spannens. Anmerkung: Halten und Lösen sind Elementarfunktionen. Spannen und Entspannen sind Varianten des Haltens bzw. Lösens.

Tabelle 3.2 Handhabungsfunktionen zum Sichern (Quelle: VDI)[58]

wenn bei der Handhabung keine Veränderung an dem Werkstück selbst vorgenommen wird. Das Werkstück kann somit ein bereits fertig produziertes Produkt, aber auch ein im Fertigungsprozess befindliches Bauteil sein, das noch Bearbeitungsschritte zu durchlaufen hat. Zusätzlich können auch während des Transports Bearbeitungsprozesse durchgeführt werden.

Ausgehend von der Darstellung unterschiedlicher Greiferprinzipien fokussiert dieses Kapitel auf die mechanischen Greiferbauformen. Das dem menschlichen Greifen ähnliche mechanische Greifen ist dann in der Folge in den weiteren Abschnitten beschrieben. Beginnend mit den Kontaktflächen zum Werkstück, den Greiferfingern, werden die unterschiedlichen Bauarten der Greifer vorgestellt, die heute als Greifermodule erhältlich sind. Dabei werden die wesentlichen Kenngrößen der mechanischen Greifer behandelt und deren Berechnung vorgestellt.

Die mechanischen Greifer lassen sich gut nach den verschiedenen Kenngrößen klassifizieren. Differenziert wird die Greiferbauart in erster Linie durch die Anzahl der **Kontaktebenen**, also die Anzahl der Greiferfinger. So lassen sich die meisten Greifsituationen beispielsweise mit einem Zweifingergreifer bearbeiten. Mehrfingergreifer dienen zusätzlichen Präzisionsanforderungen oder einer höheren Flexibilität beim Greifen. Die **Greifkraft** ist die Hauptkenngröße, nach der ein Greifer in der Regel ausgelegt wird, aber auch der **Greifbereich** muss für die Werkstückgröße passen und ist daher eine harte Auswahlgröße. Die **Greifzeit** kann ebenfalls im Einzelfall über den Einsatz der jeweiligen Greiferkomponente entscheiden.

Sonderbauformen von Greifern sind immer wieder notwendig, um bestimmte Werkstücke, Einbausituationen oder sonstige Randbedingungen der Greifaufgabe zu erfüllen. Auch diese werden beispielhaft in den folgenden Abschnitten aufgeführt.

Darüber hinaus lassen sich Greifer nach ihren Kenngrößen klassifizieren bzw. für die jeweilige Greifaufgabe auswählen. Hier werden in den folgenden Abschnitten einige wichtige Greiferkenngrößen detaillierter betrachtet und deren Auswirkungen auf den Handhabungsprozess erläutert.

Immer wichtiger ist in den letzten Jahren das Thema Sensorik im Greifer geworden. So ist zum einen der Greifprozess zu überwachen, aber auch der gesamte Handhabungsverlauf soll mit Informationen abgesichert werden. Die Dokumentation dieser Daten hilft dabei, Fehler zu vermeiden bzw. eine Rückverfolgbarkeit in der Produktion zu ermöglichen. Sogar die Einflussnahme auf den Handhabungsprozess ist mit heutiger Sensortechnik möglich.

Eng an die Sensorik gekoppelt, wird abschließend noch das Thema Sicherheit im Greif- und Handhabungsprozess beleuchtet. So ist mit der aktuellen CE-Kennzeichnung eine Risikoanalyse verbunden, die die Greifer als wesentliche Komponente von Roboteranlagen mit in die Betrachtung einschließt. Kommt es zu einem unplanmäßigen Anlagenstopp, so ist immer zu gewährleisten, dass die Werkstücke nicht aus dem Greifer fallen und niemanden verletzen können.

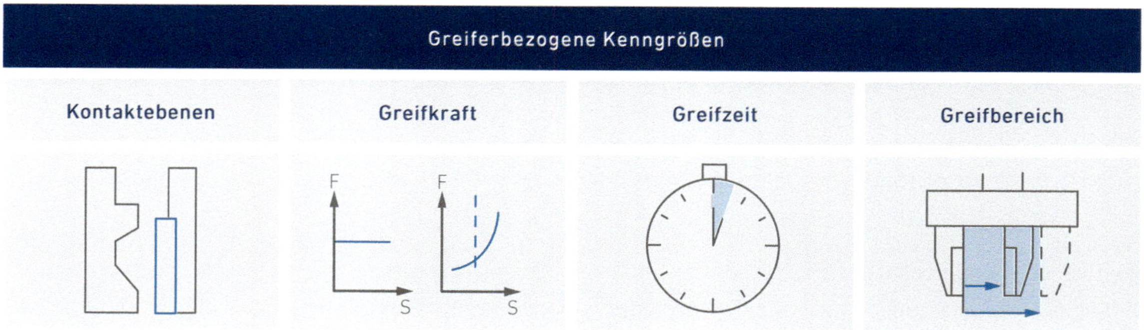

Abbildung 3.3 Wesentliche Greiferkenngrößen

3.1 Das Werkstück als Ausgangspunkt

Greifapplikationen sind so vielfältig wie die geometrischen und physikalischen Eigenschaften von Werkstücken. Kombiniert mit den unterschiedlichen Randbedingungen der Handhabungsaufgabe und den Werkstückzuständen, ergeben sich weitere Varianten für die Handhabung von ein und demselben Werkstück. So ist es offensichtlich, dass die Handhabung des bereits beispielhaft genannten 500-Gramm-Blocks Hackfleisch deutlich vereinfacht wird, wenn er aus einer Tiefkühlproduktion kommt im Vergleich zur Handhabung bei 5 °C.

In der Vergangenheit haben sich viele Handhabungsvorgänge nicht oder nicht wirtschaftlich automatisieren lassen, da sich die Werkstückmerkmale dem widersetzt haben. In Abbildung 3.4 ist dies dargestellt, indem der erzielbare Automatisierungsgrad der Bestimmtheit der Werkstückmerkmale gegenübergestellt wird. So ist anzunehmen, dass Werkstücke, die sich technisch eindeutig in ihrer Geometrie und Toleranz beschreiben lassen, einen höheren Grad der Automatisierbarkeit aufweisen, da dies technisch leichter und damit kostengünstiger zu realisieren ist.

So ist zum Teil auch der unterschiedliche Automatisierungsgrad in verschiedenen Branchen erklärbar. In Branchen, in denen die Werkstücke gut beschrieben und aus technischer Sicht definiert sind, wird man einen höheren Automatisierungsgrad finden als in Branchen, die mit Werkstücken zu tun haben, die beispielsweise „biegeschlaff" sind. Aber auch innerhalb einer Branche gelten bestimmte Vorgänge als schwer automatisierbar, wenn keine klaren bzw. eindeutigen Werkstückbeschreibungen vorhanden sind.

Die Automobilindustrie mit einem hochkomplexen Produkt aus vielen Einzelteilen ist bestrebt, einen möglichst effizienten Fertigungsprozess zu realisieren. Häufig ist jedoch die Handhabung von Schläuchen, Kabeln oder Dichtungsgummis in der Montage von Aggregaten oder der gesamten Karosserie nach wie vor Handarbeit, weil unter anderem das Greifen nicht prozesssicher erfolgen kann.

Die Beschaffenheit oder Bestimmtheit von Werkstücken definiert damit zu einem großen Teil die Automatisierungslösung oder den erreichbaren Automatisierungsgrad.

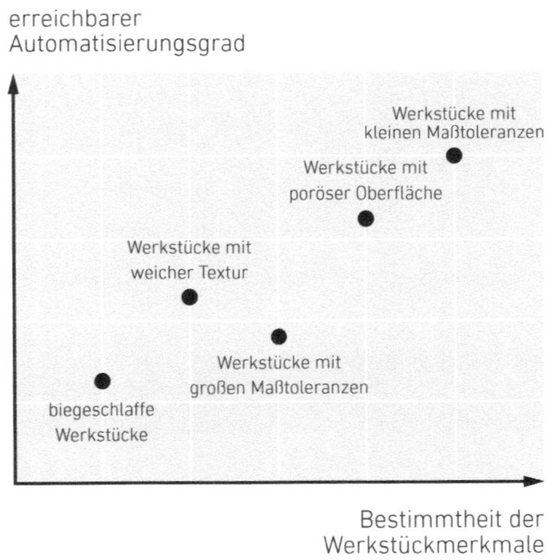

Abbildung 3.4 Je nach Bestimmtheit der Werkstückmerkmale lässt sich ein höherer Automatisierungsgrad erreichen.

3.1.1 Klassifizierung von Werkstücken in der Handhabungstechnik

Sollen Werkstücke gegriffen werden, ist zunächst über die Werkstückklassifizierung zu klären, welcher Art das einzelne Werkstück ist und wie der Greifer es aufnehmen soll. Wichtig ist dann, anschließend zu beschreiben, wie sich das Werkstück vor, während und nach dem Handhabungsvorgang verhält. Auch von diesem Werkstückverhalten kann es abhängen, wie der Greifer zu entwickeln bzw. der Bewegungsvorgang auszuführen ist.

In Tabelle 3.3 sind wesentliche Werkstückkenndaten hinsichtlich der Eigenschaften, aber auch des Werkstückverhaltens zusammengetragen.

Die **geometrischen Werkstückdaten** sind zunächst einmal durch die Form des Werkstücks vorgegeben. Zylinder und kugelförmige Werkstücke lassen sich gut mit V-förmig geformten Greiferbacken zentrieren. Die formspezifischen Werkstückklassifizierungen werden in der Tabelle 3.4 nochmals detaillierter dargestellt. Hier kann leicht formschlüssig gegriffen werden.

Schwieriger wird es bei flach- oder blockförmigen Bauteilen. Diese sind schlechter zu umgreifen, und werden deshalb häufig über reibschlüssiges Anpressen der Finger an die Außengeometrie gehalten. Damit ist das Greifen hier stark abhängig von der Oberflächenbeschaffenheit, der Verschmutzung und den dort gegebenen Reibkoeffizienten.

Ebenfalls komplexer als zylindrische Formen sind Hohlteile zu beurteilen. Da auch diese häufig über Reibschluss gehalten werden sollen, sind die Greifkräfte richtig zu wählen, andernfalls kann es zu Beschädigungen oder Verformungen an den Teilen kommen. Ebenso ist die Zugänglichkeit dieser Werkstücke mit von Bedeutung, da auch ein Greifen von innen möglich ist.

Pilzteile sind vom Greifen her ähnlich den zylindrischen Werkstücken einzuordnen. Es ist jedoch zu definieren, ob die Bauteile am größeren oder kleineren Durchmesser zu greifen sind. Dies muss häufig ebenfalls über die Abgriffs- und die Ablagemöglichkeit entschieden werden.

Bei kegelförmigen Werkstücken sind die Angriffsmöglichkeiten für die Greiferfinger deutlich eingeschränkt. Hier haben wir selbst beim menschlichen Greifen mit

Werkstückeigenschaften			Werkstückverhalten	
geometrische Werkstückdaten	**kennzeichnende Formelemente**	**physikalische Eigenschaften**	**Ruheverhalten**	**Förderverhalten**
• Form • Abmessung • Seitenverhältnisse • Symmetrien • Größenklassen • Toleranzen	• Bohrung • Absatz, Bund • Sicke, Wulst • Ausschnitt • Schlitz • Nut, Einstich • Fase • Haken • Ausklinkung • Krümmung	• Werkstoff • Sauberkeit • Schwerpunkt • Steifigkeit • Bruchfestigkeit • Masse • Temperatur • Bearbeitungszeit • Formstabilität • Reibwert der Oberfläche • Beschaffenheit der Oberflächen	• Standsicherheit • stabile Orientierung • Vorzugsorientierung • Stapelfähigkeit • Hängefähigkeit	• Gleitfähigkeit • Rollfähigkeit • Richtungsstabilität

Tabelle 3.3 Wesentliche Werkstückmerkmale (Quelle: Schraft, Warnecke)[59]

Kugelteile	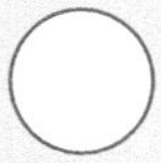	Kugelige Werkstücke bis zur angenäherten Kugelform, z. B. Kugellagerkugeln
Zylinderteile		Zylindrische Werkstücke ohne Formabweichung, deren Längen-Durchmesser-Verhältnis $0{,}5<l/D<30$ beträgt, z. B. glatte Bolzen, Wellen, Stangen
Blockteile		Block- und klotzartige Massivwerkstücke mit prismatischer Werkstückform, z. B. Würfel, Dreikant, Vierkant
Flachteile		Sie weisen eine vorwiegend zweidimensionale Werkstückausdehnung auf und treten meist in der flächigen Vorzugsorientierung auf
Hohlteile	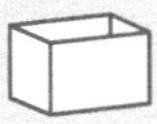	Dünn- und dickwandige, nicht allseits geschlossene Hohlteile mit zylindrischer, prismatischer, kegeliger oder daraus zusammengefasster Form
Pilzteile		Einfach abgesetzte Werkstücke zylindrischer, prismatischer oder kegeliger Geometrie, z. B. Schrauben, Nieten
Kegel- und Pyramidenkegel		Werkstücke regulärer und allgemeiner Pyramiden- und Kegelform, z. B. Keil, Doppelkeil, Vollkegel, Kegelstumpf
regelmäßige Formteile		Werkstücke, die mehr als einmal abgesetzt sind oder Formabweichungen bei nicht gekrümmten Achsen besitzen
unregelmäßige Formteile		Werkstücke mit gekrümmten und/oder sich kreuzenden Achsen und vorwiegend massiver Form, z. B. Press- oder Schmiederohlinge
Wirrgut		Die Werkstücke verhaken oder verklemmen sich im Verband sofort miteinander, z. B. Kolbenringe, Schraubfedern
Sonstige	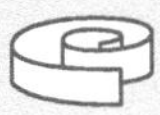	z. B. alle Materialien, die von der Rolle, Stange oder vom Streifen gearbeitet werden können z. B. Stahlband, Draht etc.

Tabelle 3.4 Formklassifizierung von Werkstücken mit Ihrer Klassifizierung (Quelle: Schraft, Warnecke)[59]

3

fünf Fingern erhebliche Schwierigkeiten, die Teile an der konischen Form zu halten. Ein stärkeres Anpressen führt in der Regel zu einem Herausrutschen der Teile aus den Fingern. Insofern ist das mechanische Greifen bei diesen Werkstücktypen sehr individualisiert umzusetzen. Es müssen Greiferfinger mit spezifischen Formmerkmalen hergestellt werden, um diesen Geometrietyp sicher zu greifen.

Auch bei den Werkstückgeometrietypen mit regelmäßigen und unregelmäßigen Formmerkmalen sind die Vorüberlegungen zum Greifen individualisiert durchzuführen. Anhand der Formmerkmale ist in jedem Fall eine Ausrichtung z. B. bei Montagevorgängen, vorzunehmen. Die Formmerkmale können dabei ins Greifen selbst integriert werden, sodass teilweise eine Ausrichtung mit dem Schließen des Greifers erfolgen kann.

Wirrgut und sonstige Werkstücke sind vor allem im Werkstückverbund hinsichtlich der Greifmöglichkeiten zu betrachten. Da Wirrgut, wie der Name schon sagt, im Haufwerk keine geordnete Lage annimmt, kann das Herauslösen des Werkstücks aus dem Verbund mit einem Verhaken bzw. Verschränken von anderen Werkstücken verbunden sein.

Die Finger der menschlichen Hand können sich auf vielfältige Weise um eine bestimme Werkstückform schließen. Je nach Handhabungsaufgabe bzw. Zugänglichkeit beim Aufnehmen oder Ablegen des Werkstücks ist dabei die Griffart zu wählen. Aber auch die Anzahl der eingesetzten Finger variiert je nach Aufgabenstellung bzw. Form des Werkstücks.

Somit hat die Form des Werkstücks einen erheblichen Einfluss auf die Greifergestaltung. Besonders die Gestaltung der Greiferfinger oder der Wirkflächen ist der Form des Werkstücks anzupassen.

Die Abmessungen eines Werkstücks bedingen einen bestimmten Fingerabstand bzw. eine Öffnungsweite der Finger, um ein Werkstück im Greifer aufnehmen zu können. Daher geben die Abmessungen des Werkstücks bei der Greiferauswahl grundsätzlich die Greifergröße vor.

Darüber hinaus sind die Längenverhältnisse der Geometrie für die Auswahl eines geeigneten Greifers entscheidend. Sind eher stabförmige Werkstücke zu greifen, sieht der Greifer grundsätzlich anders aus, als wenn flächige Bauteile gegriffen werden müssen.

Symmetrien können helfen, das Werkstück exakt im Greifer zu platzieren bzw. beim Greifen auszurichten. Besonders eignen sich rotationssymmetrische Werkstücke zum mechanischen Greifen.

Bei der Konstruktion im Baukastenprinzip lassen sich immer wieder Größenabstufungen oder Größenklassen bestimmter Werkstücke in Baugruppen definieren. Die sich dabei ergebenden Abmessungssprünge können nicht immer mit einem Greifertyp abgedeckt werden. In diesen Fällen ist der Greifertyp der Größenklasse entsprechend zu wählen bzw. entsprechend zu wechseln.

Abbildung 3.5 Unterschiedliche Griffarten der menschlichen Hand.

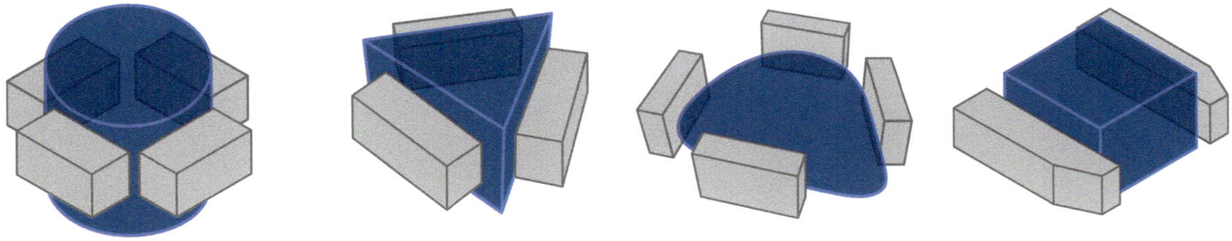

Abbildung 3.6 Unterschiedliche technische Griffarten mit Greiferfingern

Aber auch zulässige oder unzulässige Abweichungen von den exakten geometrischen Werkstückdaten, die sogenannten Toleranzen, gehören zu den geometrischen Werkstückdaten (siehe Abbildung 3.7). Auch hier können je nach Werkstückart die unterschiedlichsten Toleranzen zulässig sein. Bezeichnend ist hier die Darstellung der Gruppe von Würsten in Abbildung 3.8. Bei der Produktion der Würste ist keine der in der Gruppe dargestellten Würste als Schlechtteil aussortiert worden, obwohl Längenunterschiede von bis zu 20 mm gemessen wurden. Die Toleranzangaben beim linken Bauteil zeigen, dass dies für mechanische Bauteile völlig indiskutabel wäre.

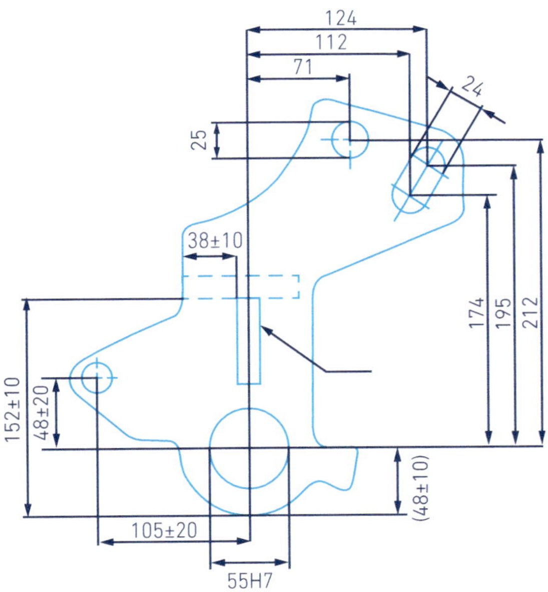

Abbildung 3.7 Unterschiedliche Toleranzen von Werkstücken

Insofern stellen die geometrischen Merkmale eines Werkstücks das grundsätzliche Anforderungsprofil an den auszuwählenden Greifer dar. Über die Geometrie des Werkstücks werden die grundsätzlichen Greiferanforderungen definiert.

Kennzeichnende Formelemente dagegen geben häufig eine bestimmte Orientierung des Werkstücks vor, die z. B. zur Montage in einer Baugruppe beachtet werden muss. Diese Formelemente können ebenfalls in den Greiferfingern abgebildet werden, um beim Aufnehmen des Werkstücks in den Greifer eine exakte Ausrichtung des Werkstücks gegenüber dem Handhabungsgerät zu erhalten. Häufig müssen jedoch Sensoren eingesetzt werden, um z. B. eine Bohrung als Hilfsmittel zur Ausrichtung eines Bauteils nutzen zu können.

So musste bei der Montage eines Kleingetriebes für ein Bohrfutter für Zahnbohrer das Bohrfutter so in die Getriebeaufnahme moniert werden, dass der geschlitzte Teil im 90°-Winkel zu den Bohrungen in der Aufnahme gedreht war. Die kennzeichnenden Formelemente stellten dabei die Bohrungen in der Getriebeaufnahme und der Schlitz im Bohrfutter dar. Die Ausrichtung wurde über eine Kamera realisiert, die nach den Bohrungen im Gehäuse suchen musste. Der Robotergreifer drehte das Werkstück so lange, bis die Bohrungen im Sichtfeld der Kamera lagen. So konnte eine Ausrichtung des Werkstücks an den kennzeichnenden Formelementen vorgenommen werden.

Abbildung 3.8 Jede Werkstückgruppe hat ihre spezifische Fertigungstoleranz

Was die kennzeichnenden Formmerkmale in den metall- und kunststoffverarbeitenden Branchen sind, sind die **physikalischen Werkstückmerkmale** in den Branchen mit nicht genau geometrisch spezifizierten Werkstücken. Der Werkstoff, aus dem das Werkstück besteht, ist dabei eine wichtige Eigenschaft, die sich beim Greifen und Handhaben bemerkbar macht. Darüber hinaus hängen die Werkstoffeigenschaften wiederum mit anderen physikalischen Parametern zusammen.

Beispielsweise ist die Verarbeitung und Handhabung von Nahrungsmitteln sehr stark davon abhängig, in welchem Aggregatzustand das „Werkstück" vorliegt. Aber auch die jeweilige Verarbeitungsstufe des Werkstoffs ist für die Handhabung und deren Leistungskennzahlen entscheidend. So ist klar, dass der Umgang mit Joghurt, wenn er einmal in Becher gefüllt wurde, bei der Greifergestaltung nur noch von der Bechergeometrie und vielleicht noch der Becherstabilität abhängt.

Zusätzliche Anforderungen kann es offensichtlich bei der hygienischen Ausgestaltung der Greifer geben, wenn Nahrungsmittel gehandhabt werden sollen. So ist klar, dass nach einer gewissen Produktionszeit die

Abbildung 3.9 Erkennung der Ausrichtung eines Getriebeteils im Greifer mithilfe von Kameratechnik (Quelle: KaVo[60]/robomotion[61])

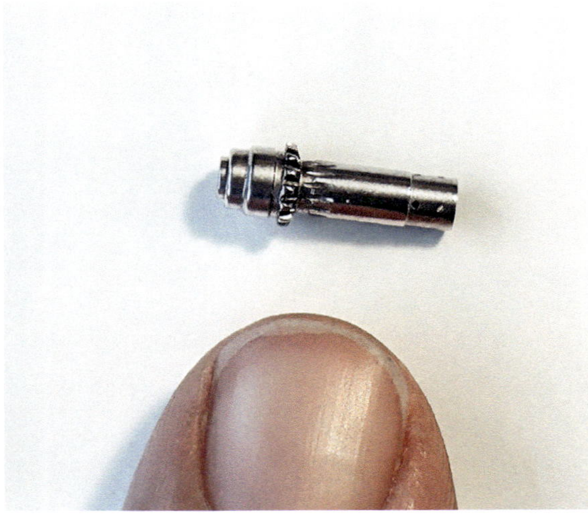

Abbildung 3.11 Größenordnung von Werkstücken für medizintechnische Getriebe mit Bohrungen (Quelle: KaVo[60]/robomotion[61])

Greifer, die rohes Fleisch greifen, gereinigt werden müssen, um Verkeimungen vorzubeugen.

Die Vielfalt der Produkte, die im Lebensmittelbereich zu handhaben sind, sind in ihrer Varianz schier unendlich. Besonders wenn man die unterschiedlichen Verpackungsstufen mit betrachten muss. So werden viele Lebensmittel zunächst primär verpackt. Das heißt, sie werden als Einzelstück vor Umwelteinflüssen und dem Verderb geschützt. Darauf folgt die Sekundärverpackung, die die einzeln verpackten Waren in einem größeren Gebinde zusammenfasst, das Lagerung bzw. Lieferung in den stationären Handel ermöglicht.

Aber auch bei der Produktion von Medikamenten und medizintechnischen Komponenten ist eine saubere Arbeit gefordert. Dabei geht es vor allem um die Gefahr, die von Partikeln ausgeht, die beim Greifen oder Handhaben entstehen können. Das heißt, Abrieb an Lagern, Führungen oder sogar den Greiferfingern gilt es zu unterbinden. Natürlich sind die Schmiermittel an diesen Stellen des Greifers unter besonderer Beobachtung. Ein Heraustropfen oder Verlieren von Schmierstoffen wäre fatal für die Anforderungen der Produkte. Eine Vielzahl von Werkstücken wird heute schon unter besonders „reinen" Produktionsbedingungen hergestellt.

Abbildung 3.10 Unterschiedliche Branchen der Nahrungsmittelindustrie mit Produkten in unterschiedlichen Verarbeitungsstufen

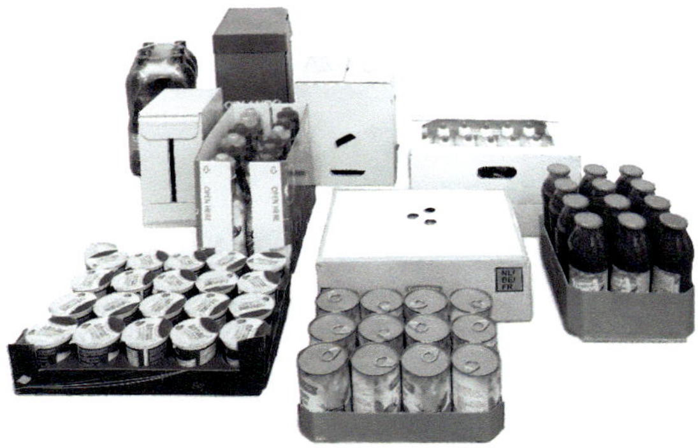

Abbildung 3.12 Verpackte Ware, Primär- und Sekundärverpackung

So sind beispielsweise Reinraumbedingungen bei der Fertigung von elektronischen Komponenten für die Automobilzulieferindustrie inzwischen in bestimmten Bereichen Vorschrift, um die hohen Anforderungen an die Bauteil- und Prozesssicherheit gewährleisten zu können. Bei der Herstellung von Medikamenten ist selbstverständlich jede Verunreinigung unerwünscht und bei der Produktion von Milchprodukten sind schon ganze Werke bei festgestellten Kontaminationen geschlossen worden.

Der Massenschwerpunkt des Werkstücks als wichtige physikalische Werkstückeigenschaft ist vorzugsweise zwischen beide Greiferfinger zu legen, damit keine Kippmomente auftreten können. Das lässt sich häufig nur bei Werkstücken umsetzen, die eine gewisse Symmetrie aufweisen. Bei Bauteilen mit ungleichmäßigen Geometrien kommt es vor, dass der Schwerpunkt exzentrisch liegt. Dies gilt auch für Werkstücke, die aus inhomogenen Materialien bestehen.

Auch die Formstabilität ist beim Greifen von Produkten zu beachten. So kann ein sicheres Greifen über reinen Reibschluss bei weichen, nachgiebigen Materialen nicht gewährleistet werden. Es sind formschlüssige Greiferarten zu wählen. Diese Greiferarten widersprechen aber wiederum der geringen Formgleichheit beispielsweise bei Naturprodukten. Die Toleranzen in der Form liegen zum Teil im Zentimeterbereich, was die Greifergestaltung an dieser Stelle schwierig werden lässt.

Inhomogene und variierende Massenverteilungen können das Greifen oder zumindest die Handhabung erschweren. Verändert sich der Massenschwerpunkt des Werkstücks während der Handhabung, kann sich das Werkstück bei entsprechenden Kippmomenten aus den Greiferfingern bewegen, verschieben oder verdrehen.

Die Steifigkeit bzw. Biegeschlaffheit ist für das Greifen selbst häufig nicht das Problem. Viel schwieriger ist es, in diesen Fällen den Greifpunkt bzw. die Ablage des Bauteils sicherzustellen. Hier sind Schläuche oder Kabel in der Regel bei der Montage als besonders kritische Werkstücke einzustufen und nach Möglichkeit an mehreren Stellen zu greifen.

Die Bruchfestigkeit von Werkstücken ist beim Greifen selbst kritisch. Schnell zugreifende Greifer können empfindliche Bauteile wie Solarzellen oder brüchige Kekse beschädigen oder gar zerstören.

Pharma und Biotechnologie

MEL/MST
Automobil/Optik Lieferanten

Abbildung 3.13 Unterschiedliche Branchen mit hohen Reinheitsanforderungen in der Produktion

Die Masse an sich ist in jedem Fall ein wichtiges Auslegungskriterium, sowohl für den Greifer und dessen Greifkraft als auch für das Handhabungsgerät und die damit verbundene Nutzlastauslegung. Die Masse wirkt sich auch auf die Gestaltung der Greiferfinger und deren Anzahl aus und natürlich auf die erzielbaren Beschleunigungen während des Handhabungsvorgangs.

Im Sichtbereich liegende Oberflächen, wie beispielsweise Innenraumteile beim Automobil oder anspruchsvolle Kosmetikverpackungen, sind schonend hinsichtlich möglicher Kratzer oder Verformungen zu behandeln.

Bei den Temperaturen sind zum einen Toleranzen bei Temperaturschwankungen der Bauteile zu berücksichtigen. Es sind zum anderen aber auch Schutzmaßnahmen zu treffen, wenn die Greifer mit besonders heißen Bauteilen in Berührung kommen müssen. Daher ist die Temperatur von Werkstücken unter Umständen von entscheidender Bedeutung für die Greifergestaltung.

Die Bearbeitungszeit von Werkstücken kann einen Hinweis darauf geben, ob ein Greifvorgang hinsichtlich der Taktzeit optimiert werden soll. So können Möglichkeiten eines Doppelgriffs oder besonders kurze Greiferschließzeiten hilfreich sein und die Greiferauswahl entsprechend beeinflussen.

Eine Stabilität der Form des Werkstücks bzw. eine Instabilität kann ebenfalls die Greiferauswahl hinsichtlich einer sensitiven Greifertechnik beeinflussen. Dies können heute sogar Greifer mit entsprechenden Sensoriken sein, die eine Verformung des Werkstücks erkennen und entsprechend die Greifkraft regeln können.

Um sich schnell einen Überblick hinsichtlich einer passenden Greiflösung für Werkstücke zu verschaffen, können die unterschiedlichen Eigenschaften mit einem Bewertungssystem klassifiziert werden. Hierbei

	(V_c)	**Härte**
	(R_z)	**Oberflächenrauigkeit**
	(kg/m^3)	**Dichte**
	(N/mm^2)	**Elastizitätsmodul**
	()	**Formstörung**
	(N)	**Haftung**
	(mm)	**Größe**

Abbildung 3.14 Symbolik zu Werkstückeigenschaften

bekommen die jeweiligen Eigenschaften Icons zugeordnet, die dann hinsichtlich ihrer Greifbarkeit mit einer Farbcodierung versehen werden.

Das **Werkstückverhalten** (siehe Tabelle 3.3) beschreibt das Verhalten des Bauteils vor dem Abgriff und nach dem Ablegen. Dabei geht man davon aus, dass die Bauteile entweder in einem ruhenden Zustand abgegriffen oder im Moment des Greifens gefördert werden.

Beim **Ruheverhalten** kommt es vor allem darauf an, ob die Bauteile zum Abgriff stabil stehen bzw. liegen oder ob beispielsweise ein Teil seine Lage verändern könnte. Hier spricht man auch von einer Vorzugslage, wenn Werkstücke bevorzugt immer auf eine bestimmte Seite fallen. Wenn Werkstücke stapelbar sind, wird dies gerne für die Lagerung bzw. das Magazinieren genutzt. Dabei ist allerdings für das Greifen zu beachten, dass die Toleranzen der Werkstücke bzw. die Genauigkeit der Stapel unter Umständen stark von der meist manuellen Stapelung beeinflusst werden. Hier muss häufig sensorisch erfasst werden, auf welcher Höhe sich das oberste Werkstück befindet, bevor das Werkstück gegriffen werden kann. Für bestimmte

3

Bearbeitungsverfahren müssen Werkstücke nicht abgelegt, sondern aufgehängt werden, dazu sind geometrische Voraussetzungen zu schaffen, um das Aufhängen zu ermöglichen.

Mit dem **Förderverhalten** ist die Frage nach einem lage- bzw. orientierungsstabilen Transport zu klären. Kann ein Werkstück z. B. durch einen plötzlichen Stopp des Förderbandes verrutschen bzw. wegrollen, so ist dies für einen sicheren Abgriff zu verhindern oder wieder durch Sensorik die richtige Lage zu erfassen, bevor zugegriffen werden kann. Wenn sich Bauteile in einer bestimmten Richtung ausrichten bzw. transportieren lassen, so ist dies für den Handhabungsvorgang bzw. für die Anzahl der Achsen des Handhabungsgeräts entscheidend. Unter Umständen kann hier eine zusätzliche Achse eingespart werden, wenn dem Werkstück eine Richtung vorgegeben werden kann.

Die Darstellung des Förderverhaltens in Tabelle 3.5 ist für die Gestaltung des Transports aber auch der Speicherung von Werkstücken interessant. So können Werkstücke in sogenannten Schachtmagazinen fallend gelagert werden, um dann nach unten einen bestimmte Menge abgeben zu können. Hier eignen sich nur Geometrien, die auch ein Fallen erlauben. Wirrgut lässt sich hier nicht einlagern. Das Gleiten von Werkstücken über ein schiefe Ebene ist für die Vereinzelung in Vibrationstöpfen interessant und rollen kommt als Förderverhalten nur bei Kugeln oder Zylindern in Frage.

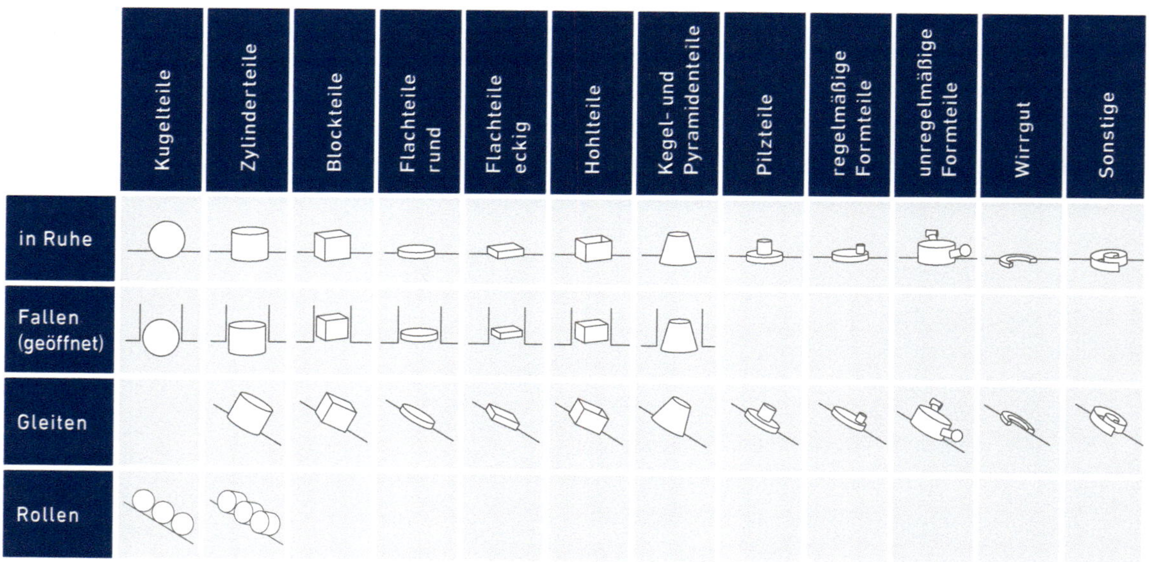

Tabelle 3.5 Darstellung des Förderverhaltens unterschiedlicher Werkstückgeometrien (Quelle: Warnecke, Westkämper)[62]

3.1.2 Definition der Handhabungsaufgabe

Werkstücke kommen in der Praxis selten als Einzelteil vor, sondern in der Regel im Verbund mit einer gewissen Chargenanzahl an Werkstücken. Das heißt, sie werden in gewissen Losgrößen gefertigt und müssen über Transportmedien von einer Produktionsstation zur nächsten befördert werden. Würden die Werkstücke im sogenannten One-Piece-Flow, also einzeln, Stück für Stück durch eine Fertigung laufen, so könnten die Teilfunktionen „Speichern" und „Menge verändern" in der Handhabungstechnik eingespart werden. Die Position und Orientierung des Werkstücks wären zu jedem Zeitpunkt bekannt.

Aufgrund wirtschaftlicher oder produktionstechnischer Überlegungen ist es jedoch notwendig, die Werkstücke zu bestimmten Losen in der Produktion zusammenzufassen und als solche zu verarbeiten bzw. zu produzieren. Werden z. B. Schrauben als Verbindungstechnik bei einem Produkt eingesetzt, so macht es wirtschaftlich wenig Sinn, die Schrauben im Montagewerk einzeln herzustellen und direkt zu montieren da hier die Mengen viel zu gering wären. Die Schrauben werden in der Regel in großen Mengen zugekauft und den einzelnen Montagestationen als Schüttgut zugeführt. Dazu müssen die Schrauben aber wieder manuell oder mit technischen Hilfsmitteln aus dem Haufwerk herausgeholt werden. Diese Teilfunktionen können aber wiederum zu Fehlern bzw. Störungen führen, die die komplette Montagestraße stilllegen. Das heißt, die Verfügbarkeit von Anlagen wird durch diese Arbeitsgänge gesenkt.

Wir unterscheiden in der Handhabungstechnik dabei drei Kategorien, in denen die Werkstücke an der jeweiligen Produktionsstation angeliefert werden. Als Einzelstücke kommen dabei meist die größeren Baugruppen oder die Trägereinheit des Montagewerkstücks an der Station an. Hierzu gibt es in der Regel spezielle Werkstückträger, die das Bauteil sicher transportieren können.

Die nächste Form der Werkstückanlieferung kann die ungeordnete Werkstückbevorratung sein. Kleinteile, wie beispielsweise Schrauben oder Unterlegscheiben, können in Kisten als Schüttgut an den Montageplatz geliefert werden. Die Vorteile für diese Speicherart liegen auf der Hand. So kann günstig und werkstückgeometrieunabhängig ein Werkstückträger bereitgestellt werden. Die Nachteile sind aber auch offensichtlich. Die Werkstücke müssen aus einem solchen Speicher in der Regel manuell oder mit technischem Aufwand entnommen werden. Dies führt zu den genannten störanfälligen Prozessen und verteuern die Produktion.

Daher ist in der industriellen Praxis immer das Prinzip des One-Piece Flow anzustreben, dass die Speicherung von Werkstücken vermeidet und eine direkte Weiterverarbeitung ohne Puffer anstrebt. Abbildung 3.15 stellt dies anhand eines Schaubildes zur kundenspezifischen Fertigung dar. Hier wird davon ausgegangen, dass die Prozesse der Produktion die bearbeiteten Werkstücke bis zum konkreten Auftrag des Kunden in sogenannten „Supermärkten" (hier als Regal dargestellt) speichern. Von hier aus entnimmt sie der nächste Prozess für die weitere Bearbeitung. Sobald der Kundenauftrag eingesteuert ist (mit einem blauen Pfeil gekennzeichnet) kann der Auftrag komplett im One-Piece-Flow fertiggestellt werden. Die Supermarktspeicher entfallen. Diese Betrachtung ist dem sogenannten Wertstromdesign entnommen.[63] Das Wertstromdesign ist eine Methode, um Fertigungen zu optimieren, indem Prozesse analysiert werden, und anschließend zu verbessern, indem die bereits erwähnten „Verschwendungen" reduziert werden.

Wie die Werkstücke in den Supermärkten gespeichert werden, ist dabei durch die Methode nicht definiert. Allerdings führt diese bei näherer Betrachtung des Wertstroms am Arbeitsplatz oder an der Bearbeitungsmaschine zu weiteren Prozessen. Die geordnete Speicherung und Anlieferung an den

3

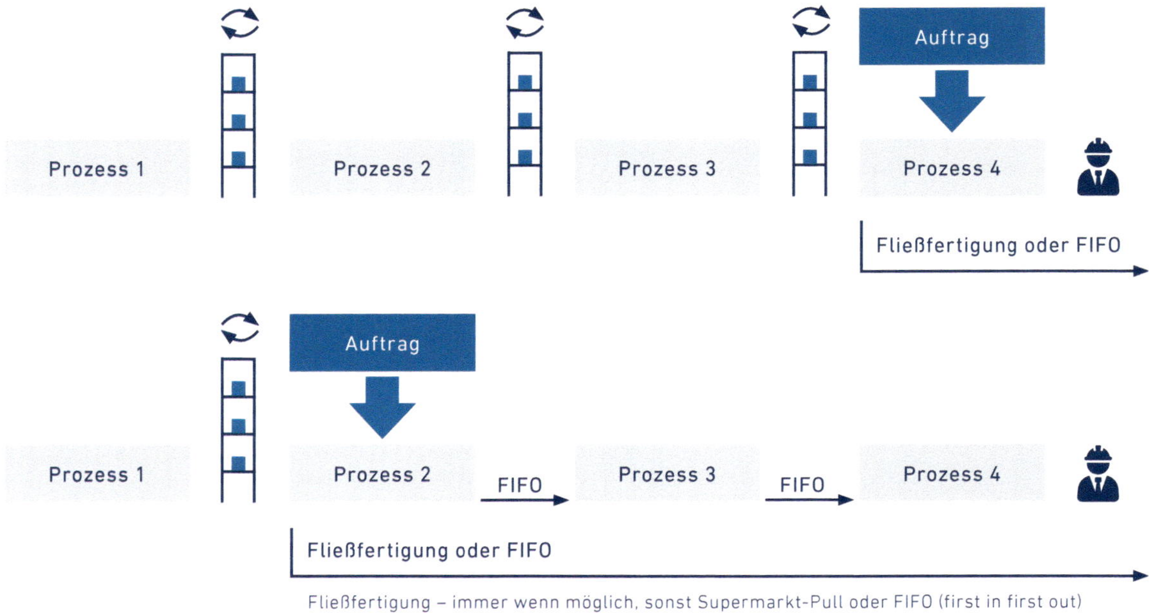

Abbildung 3.15 Unterschiedliche Punkte der Auftragseinsteuerung des Kunden (Quelle: Rother, Harris)[63]

	Kugelteile	Zylinderteile	Blockteile	runde Flachteile	eckige Flachteile	Hohlteile	Kegel- und Pyramidenteile	Pilzteile	regelmäßige Formteile	unregelmäßige Formteile	Wirrgut	Sonstige
Einzel-werkstück												
un-geordnet												
geordnet												

Tabelle 3.6 Grundsätzlich verschiedene Anlieferungsformen der Werkstücke (Quelle: Warnecke, Schraft)[59]

nächsten Arbeitsprozess kann einen entscheidenden Verschwendungseinfluss haben. Eine geordnete Anlieferung der Werkstücke an der Produktionsstation erfolgt immer dann, wenn hohe Prozesssicherheiten gefordert sind oder das Produkt einer besonders schonenden Behandlung bedarf. Können die Produkte durch Kratzer beschädigt werden, so verbietet sich in der Regel eine Anlieferung im ungeordneten Zustand als Schüttgut. Alle drei Formen der Anlieferung sind in Tabelle 3.6 für die einzelnen Geometrien dargestellt.

Dass diese unterschiedlichen Arten der Lagerung nicht nur für die Werkstücke einen erheblichen Unterschied machen, sondern auch für die Greiftechnik, wird deutlich, wenn man versucht, als Mensch die Werkstücke aus einen Werkstückverbund herauszuholen. Klar ist, dass wir uns auch leichter tun, bzw. das Teil nicht einmal anschauen müssen, wenn es bereits als Einzelteil an einem Abgriffsplatz präsentiert wird. Müssen wir es jedoch erst aus einer Kiste holen und genau nach einem Merkmal ausrichten, so dauert dieser Vorgang um vieles länger, was die Durchlaufzeit an der Montagestation insgesamt verlängert.

Für die **Greifsituation** können damit sechs grundsätzlich unterschiedliche Situationen definiert werden:

Bei der Anlieferung der Werkstücke im linienförmigen Zustand können die Werkstücke entweder ungeordnet, d.h. mit unterschiedlichen Abständen zueinander, z.B. auf einem Förderband zur Weiterverarbeitung oder mit immer gleichen Abständen auf dem Förderband geordnet angeliefert werden. Flächige Anlieferung

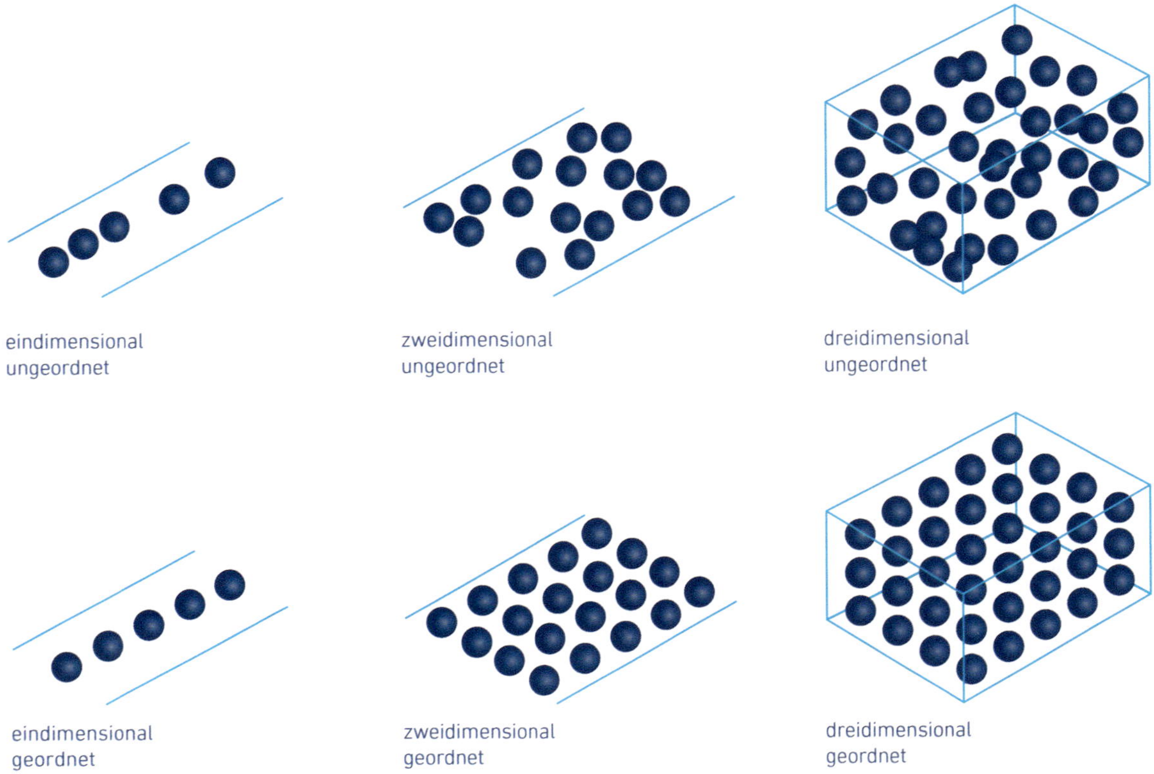

Abbildung 3.16 Sechs definierte unterschiedliche Greifsituationen

der Werkstücke können ebenfalls entweder in einem Magazin geordnet (Abbildung 3.17) oder chaotisch auf einem Förderband liegend erfolgen, wie in Abbildung 3.18 bei der Pralinenproduktion dargestellt ist.

Die dreidimensionalen Anlieferungsformen – geordnet oder ungeordnet – beschreiben die Lagerung von Werkstücken in Behältern, in die die Teile chaotisch hineingeworfen sind.

Diese sogenannten „Anlieferungsformen" der Werkstücke finden sich in allen Ausprägungen in Produktionsbetrieben. Sie entscheiden darüber, welcher Aufwand getrieben werden muss, um die Werkstücke im Greifer aufzunehmen.

Überlagert wird diese Anlieferungsform noch von einem weiteren Aspekt, denn das Werkstück selbst hat sowohl translatorische als auch rotatorische Freiheitsgrade oder Orientierungsmöglichkeiten. Diese lassen sich in einem Koordinatensystem beschreiben.

Dabei lassen sich gegenüber einem Bezugskoordinatensystem die translatorischen und rotatorischen Freiheitsgrade definieren. Mit den Teilfunktionen der Handhabungstechnik können jetzt die rotatorischen und translatorischen Freiheitsgrade über das Bewegen verändert werden (siehe Abbildung 3.21). Die restlichen Teilfunktionen dienen dabei dem Bereitstellen des Werkstücks zum Greifen (Sichern) aus einer bestimmten Greifsituation. Das Kontrollieren ist eine

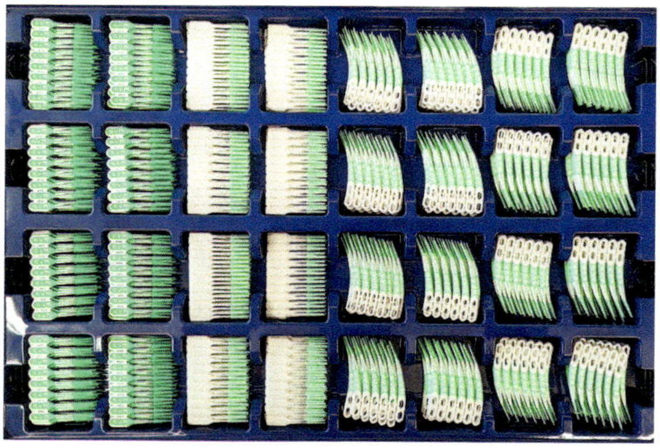

Abbildung 3.17 Zuführung von Werkstücken geordnet in einem Blistermagazin (Quelle: robomotion)[61]

Abbildung 3.18 Zuführung von Pralinen zu einem Verpackungsroboter (Quelle: Wiebold)[64]

Abbildung 3.19 Werkstücke dreidimensional ungeordnet in einer Kiste

Abbildung 3.20 Geordnete dreidimensionale Anlieferung von Werkstücken

weitere Funktion, die in vielen Fällen benötigt wird, um einen Prozess zu Automatisieren.

Die Lage des Werkstücks im Raum wird mit Positionsangaben gegenüber einem Bezugskoordinatensystem (XYZ) angegeben. Die Position wird dann in translatorischen Freiheitsgraden (UVW) angegeben. Die Orientierung das Werkstücks wird in Form von rotatorischen Freiheitsgraden (ABC) angegeben. Die Handhabung verändert wie gesagt nicht das Werkstück selbst, sondern verändert nur die Position und Orientierung.

Um nun eine Beschreibung des Zustandes des Werkstücks hinsichtlich seiner Lage im Raum und seiner Drehung im Raum zu erhalten, wird der sogenannte Ordnungszustand definiert. Hierzu werden sowohl die translatorischen als auch die rotatorischen Freiheitsgrade eines Werkstücks beschrieben.

Dabei werden die rotatorischen Freiheitsgrade als Orientierungsgrade (OG) und die translatorischen als Positionierungsgrade (PG) festgeschrieben. Die unterschiedlichen Grade der Ordnung, die ein Werkstück in der Anlieferung zum Greifen haben kann, sind in Tabelle 3.7 aufgeführt.

Dabei werden die jeweiligen Ordnungs- bzw. Positionierungsgrade in der Definition von 0 bis 3 in dem Level der Ordnung bewertet. So ist das Werkstück sowohl in der Orientierung als auch in der Positionierung völlig unbestimmt angeordnet, wenn eine 0 vergeben wird. Je mehr Freiheitsgrade bestimmt werden, desto höher ist die Bewertung. Bei 3 sind also alle Rotations- oder Translationsachsen bestimmt.

Völlig bestimmt in der Position und Orientierung ist ein Werkstück mit dem Ordnungszustand 3/3. Dies ist für das Greifen eines Werkstücks der Idealzustand. Hier ist keine Ausrichtung oder Zentrierung durch den Greifer erforderlich. Es ist eher darauf zu achten, dass durch das Greifen und das darauffolgende Handhaben dieser Ordnungszustand beibehalten wird.

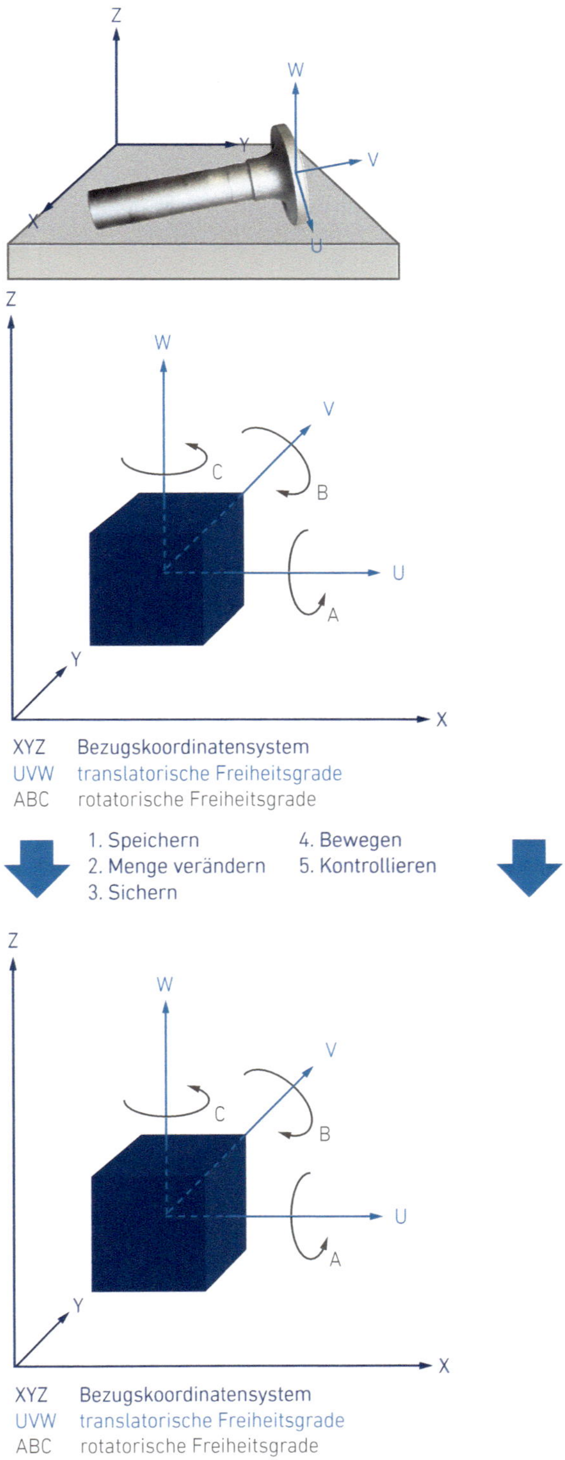

Abbildung 3.21 Die Teilfunktionen der Handhabungstechnik verändern Orientierung und Postitionierung des Werkstücks.

Orientierungsgrad OG		Positionierungsgrad PG	
OG 3	Orientierung des Werkstücks ist in allen Rotationsachsen bestimmt.	PG 3	Ursprung des körpereigenen Koordinatensystems befindet sich an einem bestimmbaren Punkt.
OG 2	Orientierung des Werkstück ist in zwei Rotationsachsen bestimmt.	PG 2	Ursprung des körpereigenen Koordinatensystems ist beliebig auf einer Kurve (z. B. Gerade, Kreisbahn) angeordnet.
OG 1	Orientierung des Werkstücks ist in einer Rotationsachse bestimmt.	PG 1	Körper ist auf einer Fläche (z. B. Ebene, Zylindermantel) angeordnet.
OG 0	Orientierung des Werkstücks ist in allen Rotationsachsen unbestimmt.	PG 0	Körper ist beliebig im Raum angeordnet.

Tabelle 3.7 Definition der Ordnungsgrade/Positionierungsgrade von Werkstücken (Quelle: Warnecke, Schraft)[59]

	3 Drehfreiheitsgrade unbestimmt	1 Drehfreiheitsgrad bestimmt	2 Drehfreiheitsgrade bestimmt	3 Drehfreiheitsgrade bestimmt
Haufwerk	0/0	1/0	2/0	3/0
flächige Verteilung	0/1	1/1	2/1	3/1
linienförmige Verteilung	0/2	1/2	2/2	3/2
vereinzelt	0/3	1/3	2/3	3/3

Tabelle 3.8 Übersicht aller möglichen Ordnungszustände eines Werkstücks (Quelle: Warnecke, Schraft)[59]

Weist ein Werkstück Symmetrien auf, so kann auf Ordnungsschritte verzichtet werden, da sich über die Symmetrie die Orientierung vereinfachen lässt. Das Werkstück muss nicht in allen Freiheitsgraden orientiert werden. Das folgende Beispiel zeigt einen Vergleich zwischen einem Werkstück (Würfel mit Formmerkmal) ohne Symmetrieachsen und einem Werkstück (Scheibe mit Rotationssymmetrie) mit einer Symmetrieachse um W. Dabei wird deutlich, dass für den Würfel mehr Arbeitsschritte von einer Ordnungseinrichtung ausgeführt werden müssten, wenn der Ordnungszustand von 0/0 in 3/3 überführt werden muss. Bei den kreisscheibenförmigen Werkstücken ist mit einem Ordnungszustand von 3/1 bereits die Lage des Werkstücks vollständig beschrieben.

Ändern würde sich die Sachlage, wenn die Kreisscheibe eine Bedruckung aufweisen und diese wiederum eine Ausrichtung erfordern würde. So könnten beispielsweise Geldmünzen zur Verpackung in

Beispiele von Ordnungszuständen für Werkstücke

a) Würfel, keine Symmetrieachse

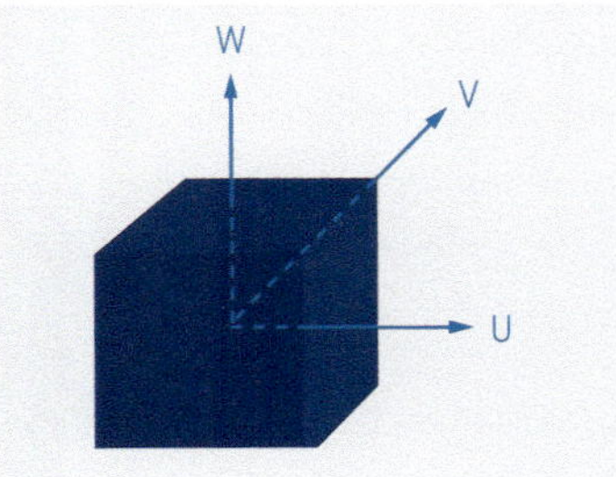

<< Werkstück Position	Werkstück Orientierung >>			
	0.0			
	1.0			
	2.0	2.1	2.2	
			3.2	3.3

Werkstückzustand

0.0 Haufwerk
1.0 flächig
2.0 in Linie
2.1 wenden um v
2.2 wenden um w
3.2 vereinzeln
3.3 wenden um u

b) Scheibe, Rotationssymmetrie um w

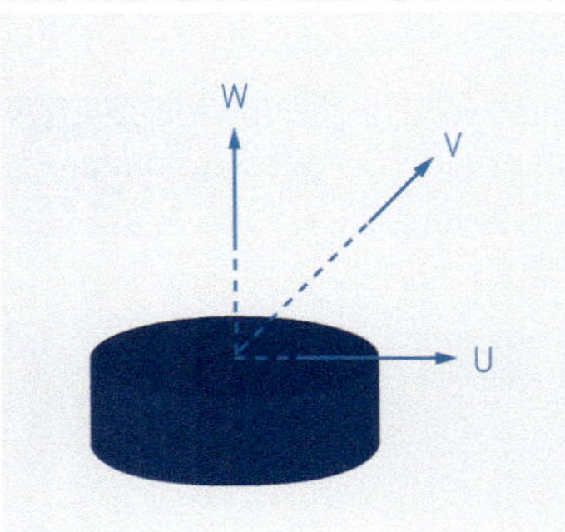

<< Werkstück Position	Werkstück Orientierung >>			
	0.0			
		1.1		
		2.1		
		3.1		

Werkstückzustand

0.0 Haufwerk
1.1 flächig, bei gleichzeitiger Drehung um u oder v (Einnehmen der Vorzugsorient.)
2.1 in Linie
3.1 vereinzeln

Tabelle 3.9 Auswirkung von Werkstücksymmetrien auf den Ordnungszustand (Quelle: Warnecke, Schraft)[59]

Abbildung 3.22 Orientierungszustand bei scheibenförmigen Werkstücken mit Prägung (Quelle: SCHUNK)[65]

Sammlerheftchen in der Orientierung um V und U nochmals gedreht werden, damit die Zahl oder das Wappen in der Verpackung nach oben zeigen. Nicht nur die Größe der Münze ist entscheidend, sondern eben auch die jeweilige Ausrichtung nach Vorder- bzw. Rückseite. Zusätzlich muss bei dem Beispiel auch noch die Drehlage der Münze berücksichtigt werden, um die gewünschte Anmutung in der Verpackung zu erhalten.

Wichtig für die Aufgabenstellung der Handhabungstechnik ist die Beschreibung des Ordnungszustandes des Werkstücks vor dem Handhaben und nach dem Handhaben. Aus dieser Beschreibung kann schnell ersehen werden, wie viele Achsen bzw. Freiheitsgrade an der Handhabungseinrichtung vorhanden sein müssen, damit die Aufgabe vollständig gelöst werden kann.

Beim Transport von Werkstücken in der Produktion ist zu beachten, dass die Werkstücke ihren Ordnungszustand beibehalten. Schon minimale Störungen im Materialfluss können dazu führen, dass nach dem Transport ein erheblicher Aufwand zu treiben ist, damit die Werkstücke noch sicher gegriffen werden können. So verlieren beispielsweise Werkstücke in ein bzw. zwei Freiheitsgraden, wenn sie über einen Bandübergang laufen (Abbildung 3.23 und Abbildung 3.24).

Für die technische Umsetzung bedeutet das, dass ein symmetrisches Bauteil kostengünstiger in einen hohen Ordnungszustand überführt werden kann. Oder anders gesagt, bei Werkstücken, die keine Symmetrien aufweisen, ist es besonders wichtig, auf den Erhalt des Ordnungszustandes in der Produktion zu

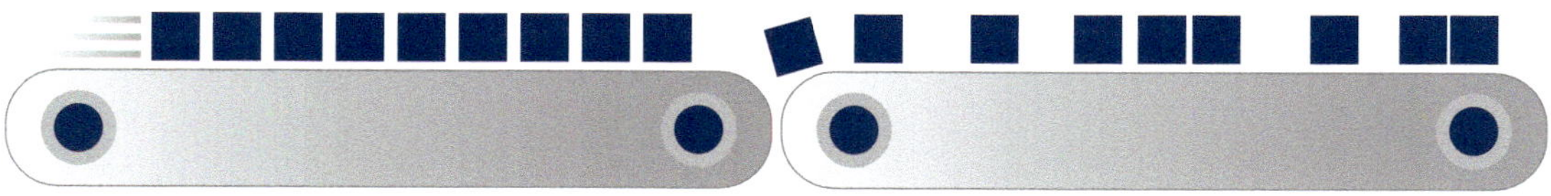

Abbildung 3.23 Veränderung des Ordnungszustandes der Werkstücke bei Bandübergängen

Abbildung 3.24 Beispiel aus der Lebensmittelproduktion zum Verlust des Ordnungszustandes (Quelle: robomotion)[61]

achten. Grundsätzlich gilt, dass ein einmal erreichter Ordnungszustand eines Werkstücks nach Möglichkeit nicht wieder aufgegeben werden sollte. Diese banal klingende Erkenntnis lässt sich in der Praxis nicht immer erfüllen, da beispielsweise die räumlichen Verhältnisse oder bestimmte Fertigungsverfahren eine derartige Aufrechterhaltung des Ordnungszustandes nicht zulassen.

Immer wieder sind Werkstücke in Fertigungsprozessen als Schüttgut zu verarbeiten (vgl. Abbildung 3.25), z. B. beim Gleitschleifen. Somit kommen sie von einer geordneten Situation wieder in die ungeordnete Situation zurück. Auch die Lagerung in einem geordneten Magazin oder einer Palette kann zu kostspielig sein, sodass häufig eine Schüttgutlagerung z. B. für Kleinteile wie Schrauben vorgezogen wird. Auch zunehmende Variantenvielfalt und sinkende Losgrößen können die Lagerung in einer geordneten Palette zu teuer werden lassen, womit entweder eine manuelle Vereinzelung der Werkstücke und deren Handhabung oder eine technisch anspruchsvolle Automatisierungslösung benötigt wird, um die Werkstücke beispielsweise zu montieren bzw. weiterzuverarbeiten.

Der „Griff in die Kiste" ist dabei heute keine völlig auszuschließende Möglichkeit mehr, da leistungsstarke Rechner und entsprechende Sensoren am Markt für überschaubare Kosten erhältlich sind. Die Einrichtung einer solchen Lösung bedarf aber immer noch eines zum Teil erheblichen Aufwandes, sodass die Flexibilität nur eingeschränkt gegeben ist.

Abbildung 3.25 Lagerung (links) von Gusswerkstücken im Schüttgut vor der Bearbeitungsmaschine (rechts) (Quelle: SCHUNK)[65]

3.2 Kontaktebene – Greiffinger als Wirkelemente

Um ein Werkstück zu handhaben, müssen auf das Bauteil Kräfte einwirken, die es erlauben, die Schwerkraft zu überwinden und eine Bewegung translatorischer oder rotatorischer Art auszuführen. Die Kraftübertragung zum Werkstück erfolgt mit den Greiffingern oder den sogenannten Wirkelementen des Greifers.

Mit welcher Kraft die Wirkflächen an das Werkstück angepresst werden müssen, ist dabei abhängig von der Eigenmasse des Werkstücks, von der Oberflächenbeschaffenheit und von der gewünschten Beschleunigung, mit der das Werkstück bewegt werden soll.

Vom menschlichen Greifen ist uns bekannt, dass auch die Angriffspunkte der Finger eine wesentliche Rolle für die aufzubringende Greifkraft spielen. So kann bei einem Untergriff die über die Finger wirkende Kraft auf die Werkstückoberfläche vollständig bis auf 0 reduziert werden, wenn nicht allzu schnell beschleunigt werden muss. Beim technischen Greifen können vier grundsätzlich verschiedene Grifftypen unterschieden werden. Zunächst kann die Anzahl der Kontaktebenen als Gliederungsmöglichkeit genutzt werden. Das Greifen mit einer Kontaktebene geschieht per Haftgriff oder Untergriff. Die Werkstücke werden dabei entweder von oben oder von unten gegriffen.

	Greifen mit einer Kontaktebene		Greifen mit mehr als einer Kontaktebene		
	Haftgriff	Untergriff	Klemmgriff	Formgriff	Klemm- / Formgriff
Grifftyp		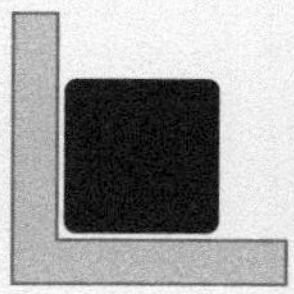	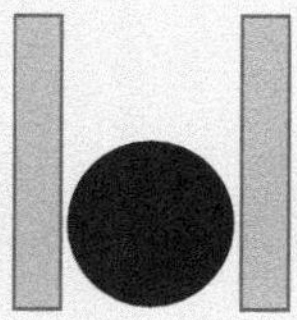	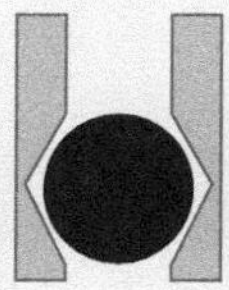	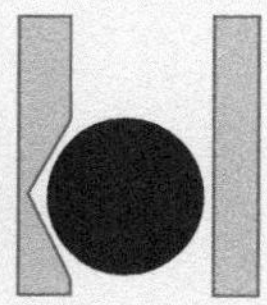
Kraftpaarung	●		●		●
Formpaarung		●		●	●

Tabelle 3.10 Klassifizierung des Greifprinzips nach Form- und Kraftschlussmöglichkeiten

3.2.1 Haftgriff

Wenn von oben gegriffen wird, so spricht man hier von einer Kraftpaarung, da die aus der Beschleunigung wirkenden Querkräfte oder horizontal wirkenden Kräfte auf das Werkstück über die Haftreibung übertragen werden müssen. Das Greifen von oben wird in der Praxis in der Regel über Vakuumsauger bzw. Unterdruck realisiert. Dabei wird die Druckdifferenz zwischen dem Außendruck p_1 (meist der Luftdruck) des Wirkelements (meist ein Saugelement) und dem Innendruck p_2 in dem Hohlraum zwischen Sauger und dem Werkstück genutzt, um die Reibkraft aufzubringen und die Schwerkraft zu überwinden (siehe Abbildung 3.26).

Das Sauggreifen ist in der Industrie ein weitverbreitetes Prinzip der Handhabungstechnik und findet Anwendung in Verpackungsaufgaben, aber auch bei der Handhabung von Blechen und Holzplatten. Überall, wo z. B. flächige Werkstücke gehandhabt werden müssen, kommt diese Art der Greiftechnik zum Einsatz. Die Kontaktflächen der Sauggreifer zum Werkstück können die unterschiedlichsten Formen und Materialeigenschaften aufweisen.

Je nach Aufgabe ist es z. B. wichtig, dass sich die Sauger beim Aufnehmen der Werkstücke einfedern lassen oder dass auf dem Werkstück keine Abdrücke vom Sauger zu sehen sind. Insofern ist bei der Auswahl der Kontaktflächen ein gewisses Expertenwissen notwendig (siehe Abbildung 3.27). Darüber hinaus lassen sich Sonderbauformen z. B. auch komplett additiv fertigen, wie das Beispiel eines Spezialgreifers für Pfannkuchen in Abbildung 3.29 zeigt. Hier ist die Kontaktfläche gleich mit an die Vakuumerzeugung integriert. Das heißt, das

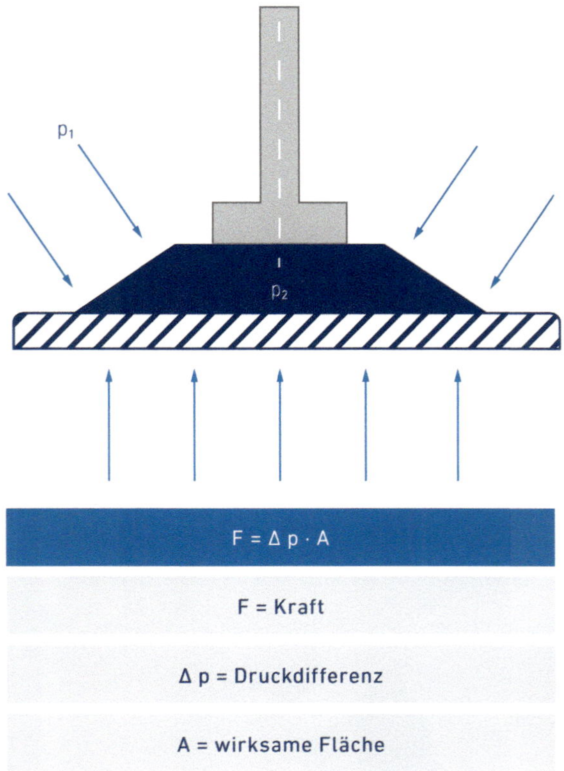

Abbildung 3.26 Prinzip der Krafterzeugung durch Unterdruck (Quelle: J. Schmalz GmbH)[66]

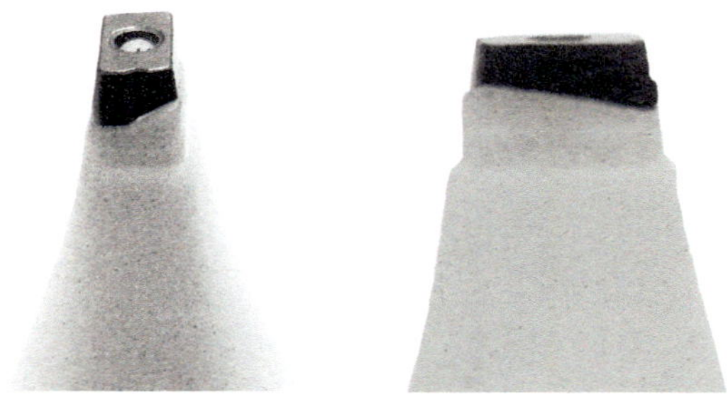

Abbildung 3.27 Saugerwirkfläche mit an eine Wendschneitplatte angepasster Geometrie (Quelle: robomotion)[61]

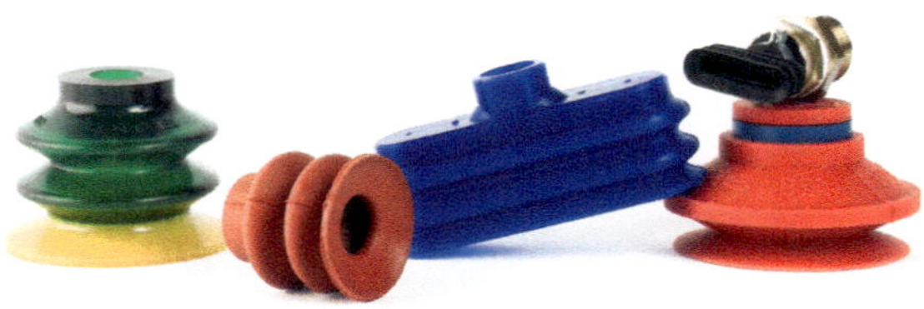

Abbildung 3.28 Unterschiedliche Ausführungen von Wirkelementen für die Saugtechnik

zum Ansaugen notwendige Vakuum wird im Greifer durch einen Ejektor erzeugt.

Je nach Werkstück können auch sehr individuelle Wirkflächen mittels additiver Fertigung der Werkstückgeometrie oder den jeweiligen Eigenschaften angepasst werden. Abbildung 3.27 zeigt Saugerwirkflächen für komplexe dreidimensionale Formen oder für flache Geometrien wie beispielsweise einen Pfannkuchen wie in Abbildung 3.29 dargestellt..

Abbildung 3.29 Saugergeometrie für flächige und poröse Werkstücke (Quelle: robomotion)[61]

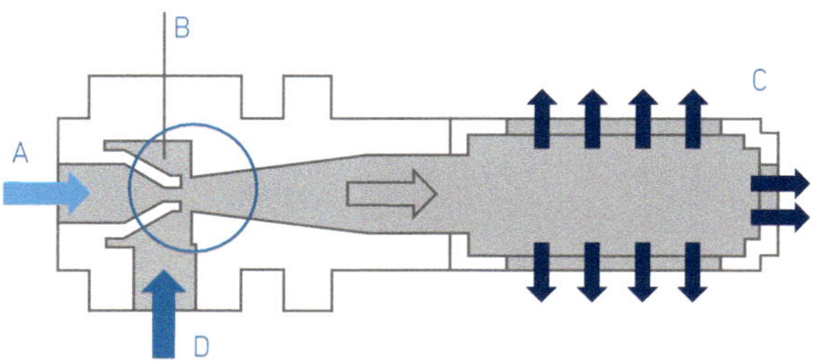

Abbildung 3.30 Schnittbild eines Vakuumejektors nach dem Venturiprinzip (Quelle: J. Schmalz GmbH)[66]

Der Ejektor erzeugt mithilfe von Druckluft ein Vakuum. Die Druckluft wird in Abbildung 3.30 über den Einlasskanal A und eine Düse B beschleunigt in die Vakuumkammer eingeblasen. Dabei reißt sie die vom Sauganschluss D herkommende Luft mit sich und es entsteht ein Unterdruck. Die weiter strömende Luft wird dann über einen Schalldämpfer C wieder an die Außenluft abgegeben. Diese Düse funktioniert nach dem sogenannten Venturiprinzip.

Die Ejektoren sind in der Praxis wegen ihrer einfachen Bauart und der niedrigen Investitionskosten als Vakuumerzeuger sehr beliebt. Hinsichtlich einer energieeffizienten Vakuumerzeugung sind sie allerdings häufig von den Betreibern der Handhabungssysteme nicht erwünscht, da sie einen sehr schlechten Wirkungsgrad aufweisen. Dazu kommt, dass, wenn höhere Greifkräfte benötigt werden, das erzeugte Vakuum nicht so hoch ist wie das einer Vakuumpumpe. Daher gibt es auch bei der Erzeugung des Vakuums eine breite Auswahl an Möglichkeiten. Die Auswahl und Auslegung der Handhabungssysteme gehört ebenfalls zur Handhabungstechnik dazu.

Müssen mehrere Sauger für eine Greifaufgabe angeordnet werden, so bietet sich wieder die additive Fertigungstechnik besonders im Bereich des Kunststoff-3D-Drucks an. Damit lassen sich nicht nur die Halterungen für die Sauger platzieren, sondern es

Abbildung 3.31 Unterschiedlichste Vakuumerzeugerarten (Quelle: J. Schmalz GmbH)[66]

können auch die benötigten Vakuumführungen gleich mit in die Halterungen eingebracht werden. Erste Modelle wurden von robomotion 2011 auf der interpack in Düsseldorf präsentiert und fanden regen Anklang beim internationalen Publikum.

Häufig gestellte Fragen waren damals nach der Festigkeit der Konstruktionen und der Verwendung im Praxisbetrieb. Die Festigkeit entsprach schon damals bereits der Stabilität einer Aluplatte bei 50 % Gewichtseinsparung und zusätzlich deutlich verbesserter

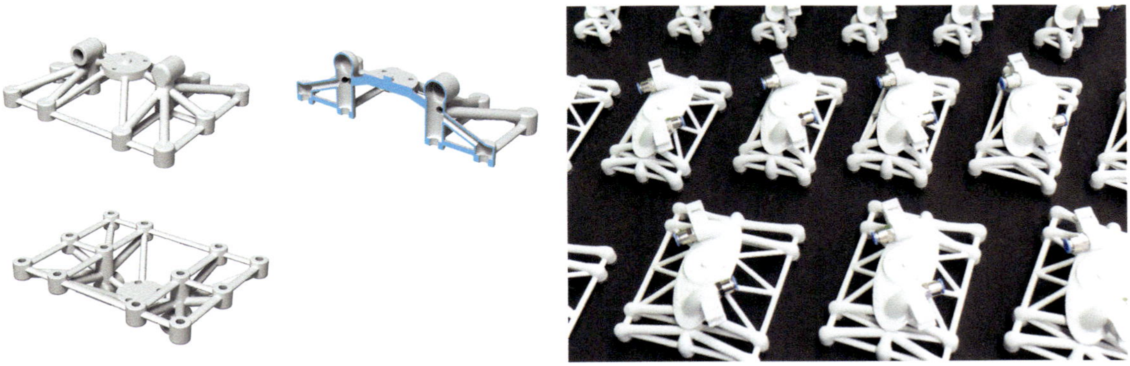

Abbildung 3.32 Fachwerkgitter zur Aufnahme von Saugerwirkflächen inklusive der Vakuumführung (Quelle: robomotion)[61]

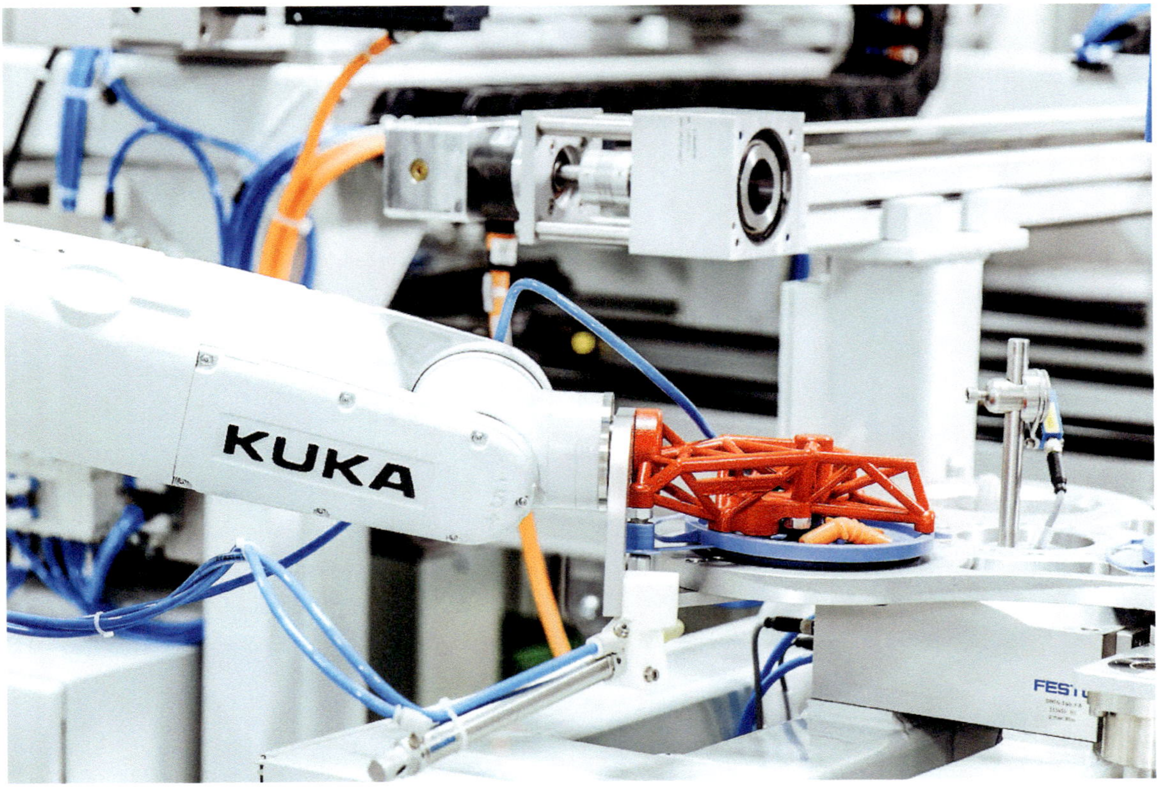

Abbildung 3.33 Leichtbaugreifer von robomotion zur Handhabung von Medizintechnikbauteilen (Quelle: Gindele)[67]

Abbildung 3.34 Leichtbaugreifer für Verpackungsanwendungen (Quelle: robomotion)[61]

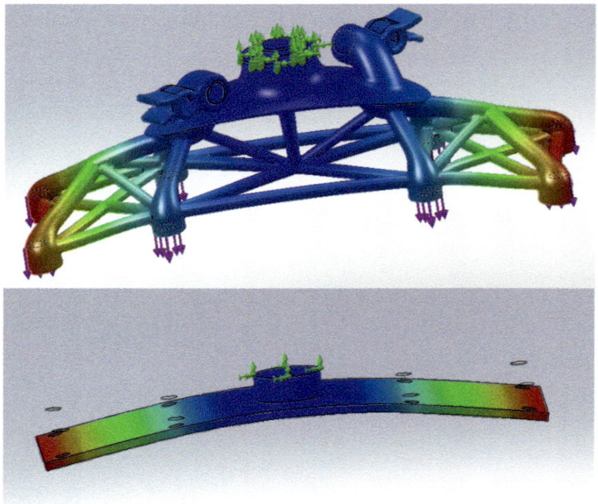

Abbildung 3.35 Gitterstruktur mit gleicher Steifigkeit wie eine 50% schwerere Aluplatte (Quelle: robomotion)[61]

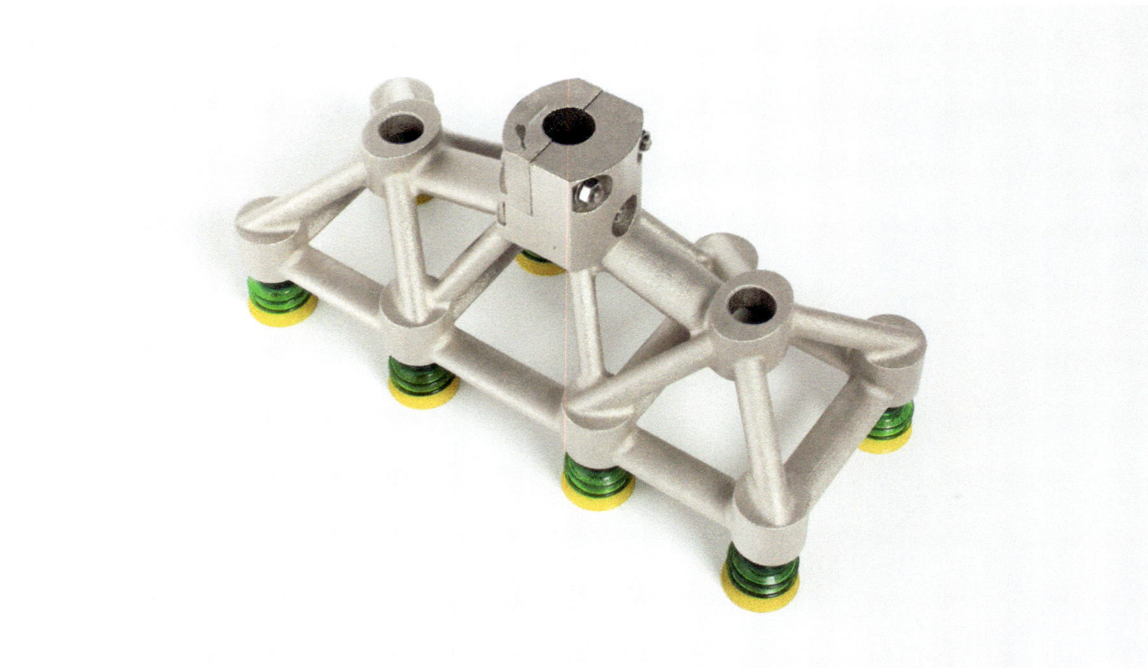

Abbildung 3.36 Saugergittergreifer aus PA12-Material und anschließender galvanischer Beschichtung (Quelle: Fraunhofer IPA)[68]

Funktionalität wie in Abbildung 3.35 der Vergleich zwischen den beiden Ausführungen gezeigt wird..

Einzig die Beschichtung bzw. die Oberflächenbehandlung der 3D-Druckmaterialien ist in manchen Umgebungen nach wie vor eine Herausforderung. So wurde für den Greifer in Abbildung 3.36 die Oberfläche galvanisch beschichtet. Er sieht zwar aus wie aus einem metallischen Werkstoff, ist aber ebenfalls aus PA12 gefertigt.

Wenn es zu größeren Werkstückgewichten und Bauformen kommt, ist eine andere Greiferbauart gefordert. Aber auch hier ist Leichtbau immer von Bedeutung, wenn der Greifer später an eine Handhabungssystem angebaut werden muss. Ein geringeres Handhabungsgewicht ermöglicht eine höhere Dynamik bei der Bewegung. So lassen sich selbst mehrere 100 kg schwere Holzplatten in hohen Geschwindigkeiten an einer Säge zur Bearbeitung bringen und wieder entnehmen. Zur Entwicklung der Roboterlösungfür HOMAG musste von robomotion berücksichtigt werden, dass sich die Geometrie der Werkstücke bei der Bearbeitung durch die Säge ständig verändern. Das heißt, der Greifer musste mit unterschiedlichen Saugerzonen ausgestattet werden, der es erlaubt, die Flächen zu- bzw. abzuschalten. Dies geschieht mittels Ventilinseln, die direkt auf dem Greifer montiert sind. Damit ist der Greifer in der Lage, die unterschiedlichsten Werkstückgrößen zu handhaben (siehe Abbildung 3.37).

Eine eingehende Behandlung dieses Fachgebiets würde einen umfangreichen Buchteil erfordern und kann in diesem Buch nicht geleistet werden. Die Saugtechnik kommt aber an einigen Stellen dieses Buches wieder vor, wenn beispielsweise eine Kombination aus Greif- und Saugtechnik in Anwendungen besprochen wird.

Wie das im Beispiel eines Blechgreifers der Fall ist, bei dem ein ausfahrbarer Saugerteil das Blech für die Handhabung aufnehmen kann. Wird das Blech aber zur Biegebearbeitung in der Maschine gehandhabt, dann ist ein weiteres Klemmen erforderlich, um die benötigten Prozesskräfte beim Biegen aufzunehmen. Andernfalls könnte kein präzises Biegen der Blechteile erfolgen.

Sicher haben die Entwickler bei der Blechbiegeanwendung über den Einsatz von Magnetismus zum Greifen

Abbildung 3.37 Flexibel ansteuerbarer Flächensauger für unterschiedlichste Werkstückgrößen (Quelle: HOMAG Group)[69]

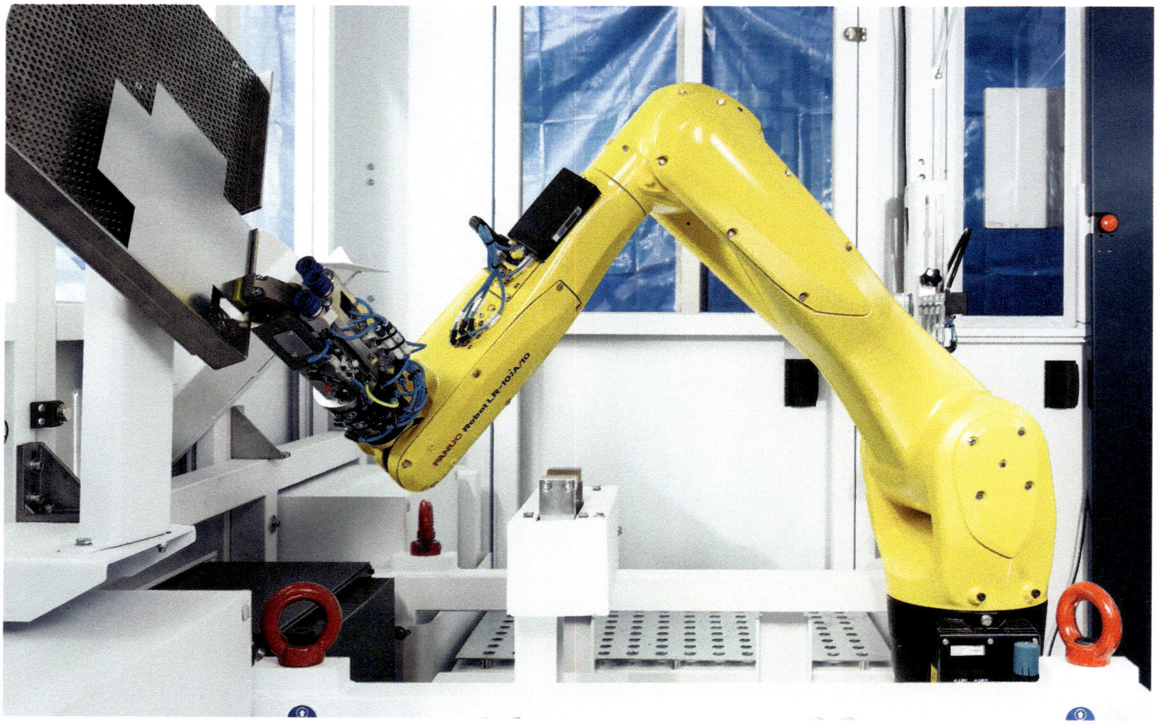

Abbildung 3.38 Biegemaschine mit integriertem Handhabungsroboter (Quelle: TRUMPF)[70]

nachgedacht, aber in Praxis werden eben auch nichtmagnetische Werkstoffe eingesetzt, für die dieses Greifprinzip ungeeignet ist. Die Magnetgreifer übertragen die Kraft auf das Werkstück ebenfalls wie die Sauggreifer in der Regel als Haftgriff. Dabei besteht die Kontaktfläche des Werkstücks entweder direkt aus dem Magneten oder in der Greiftechnik häufig aus magnetischem Material. Der Magnet selbst sitzt bei dieser Bauart von Magnetgreifern innerhalb des Greifergehäuses und wird über einen pneumatischen Antrieb nach oben gezogen, wenn der Greifvorgang beendet werden soll. Damit zählt der Magnetgreifer zu der Gruppe von Greifern mit an- und abschaltbaren Wirkflächen. Diese eignen sich allerdings nur zum Aufnehmen von ferromagnetischen Werkstücken. Modernere Bauformen von Magnetgreifern arbeiten mit aktivierbaren Dauermagneten (Neodymmagneten), die mit

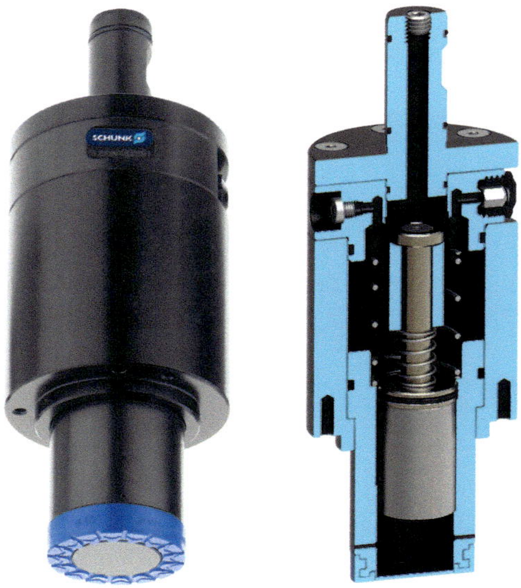

Abbildung 3.39 Bauform von Magnetgreifern mit Permanentmagnet (Quelle: SCHUNK)[65]

einem umpolbaren AlNiCo-Magneten kombiniert sind. Über einen Stromimpuls durch eine Kupferspule wird die Polung am AlNiCo-Magneten geändert und das Werkstück aufgenommen. Danach ist kein weiterer Stromfluss nötig, der magnetische Fluss läuft über den Permanentmagneten. Es gibt Greifertypen, die die notwendige Ansteuerelektronik für diesen Impuls bereits integriert haben, sodass keine zusätzliche Regelung notwendig ist. Der Greifer lässt sich einfach an das 24-Volt-Netz anschließen.

Abbildung 3.40 Magnetgreifer mit aktivierbarem Dauermagneten (Quelle: SCHUNK)[65]

Abbildung 3.41 Applikationsbeispiel für einen Magnetgreifer in der Zellenfertigung (Quelle: SCHUNK)[65]

1 **Anschlussstecker für SPS**
Kommunikation über digitale I/O

2 **Anschlussstecker für die Stromversorgung**

3 **Steuerelektronik**
Intergrierte Regelungs- und Leistungselektronik

4 **LED Anzeige**

5 **Spule aus Kupfer**
Zur Umpolung des AlNiCo-Magneten

6 **Umpolbarer AlNiCo-Magnet**
Umschlossen von einer elektromagnetischen Spule

7 **Nicht umpolbare Neodym-Permanentmagnete**
Leiten den magnetischen Fluss durch das Werkstück

Abbildung 3.42 Schematischer Aufbau eines Magnetgreifers mit Neodym- Permanentmagneten (Quelle: SCHUNK)[65]

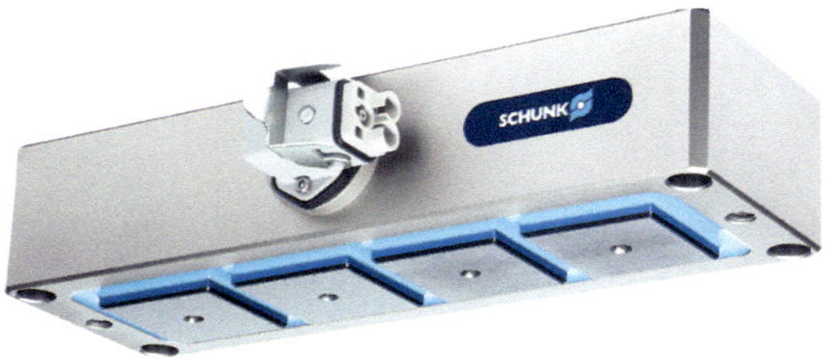

Abbildung 3.43 Magnetgreifer elektromagnetisch (Quelle: SCHUNK)[65]

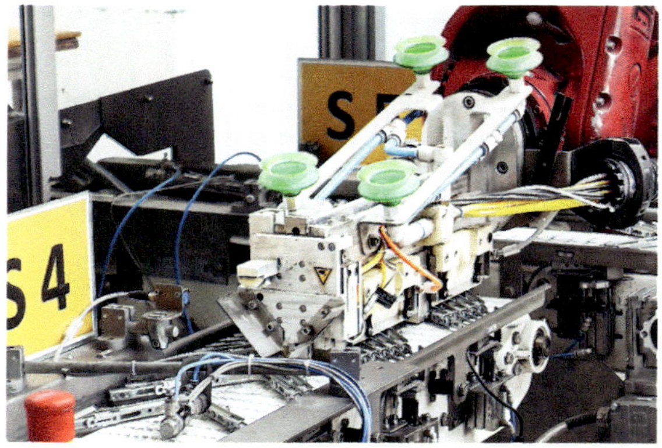

Abbildung 3.44 Magnetgreifer nimmt gleichzeitig zwei Produktpakete auf (Quelle: Roto Frank[71]/robomotion[61])

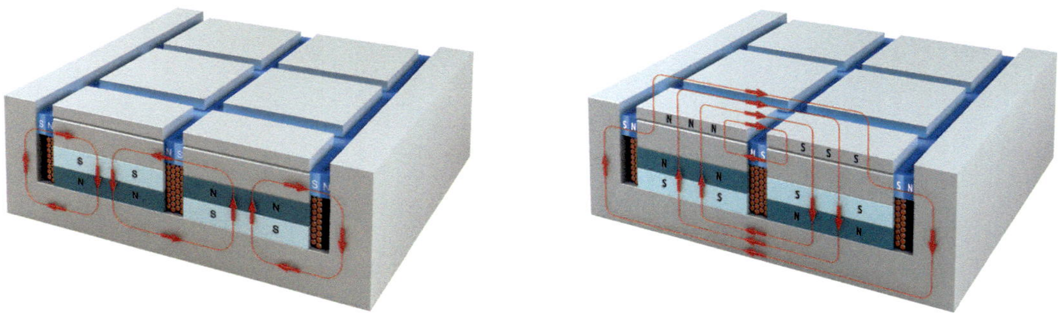

Abbildung 3.45 Magnetgreifer mit Kraftfluss im ab- bzw. angeschalteten Zustand (Quelle: SCHUNK)[65]

Der Charme von Magnetgreifern liegt in der hohen Haltekraft und der Möglichkeit, komplexe Bauteilgeometrien sicher zu halten. Elektromagnetische Greifer eignen sich nicht nur zum Handhaben von Werkstücken, sondern werden auch in der Spanntechnik zur Fixierung von Werkstücken in Bearbeitungsmaschinen genutzt.

Interessant kann der Einsatz von Magnetgreifern sein, wenn mehrere Werkstücke in Gruppen gegriffen werden sollen und die Geometrie der Einzelteile bzw. der Gruppe schwierig zu definieren ist, also eine Greifwirkfläche kaum konstruiert werden kann. In dem Beispiel in Abbildung 3.44 werden zwei Gruppen von Werkstücken, die eine komplexe Geometrie aufweisen, gleichzeitig mit einem Magnetgreifer aufgenommen, um sie im nächsten Schritt zur Verpackung zu stapeln.

Einen weiteren Vertreter des Haftgriffs stellt der sogenannte Adhäsionsgreifer dar. Dieser Haftgriff wird in der Literatur gelegentlich auch als Stoffgriff bezeichnet, da er die Haftung molekular erzeugt.

Bei sauberen und glatten Oberflächen kann der von SCHUNK angebotene ADHESO-Modulbausatz zum Einsatz kommen (Abbildung 3.46). Das Greifprinzip macht sich die intermolekulare Kraftübertragung (Van-der-Waals-Kraft) zunutze und benötigt somit keine zusätzliche Energiequelle. Diese Kraft reicht aber dennoch

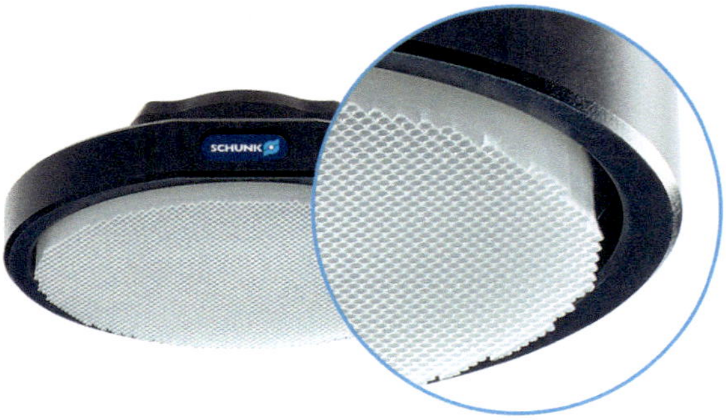

Energieeffizientes Greifen
ohne zusätzliche Verschlauchungen und Verkabelungen

Rückstandsfreies Greifen
ohne Rückstände am Greifobjekt

Kundenspezifische Greiferfreiheit
auf Anfrage für jede Kundenapplikation individuell anpassbar

Kompakte Bauweise
ermöglicht Einbau in kleinsten Anlagen

Niedrige Geräusch-Emission
durch Verzicht auf Druckluft und bewegte Teile

Werkstückabfrage
über optischen Sensoranbausatz

Automatisches Wechseln
durch Drehen des Bajonetts

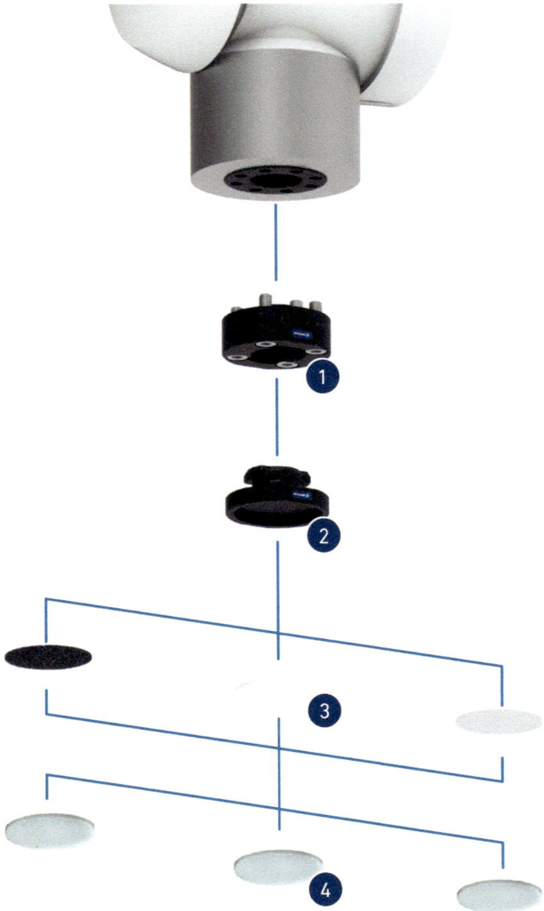

1. **Roboteradapter**
   individuell anpassbar an verschiedene Roboterflansche
2. **Padhalter**
   in vier Standardgrößen erhältlich
3. **Schaum**
   in verschiedenen Härtegraden, um Unebenheiten auszugleichen und somit die Kontaktfläche zu vergrößern
4. **Haftstruktur**
   in verschiedenen Strukturgrößen für Werkstoffe mit unterschiedlichen Oberflächenrauigkeiten

Abbildung 3.46 Haftgreifermodul mit der Möglichkeit unterschiedlicher Einsätze (Quelle: SCHUNK)[65]

aus, um bei extrem geringer Greifermasse immer noch Gewichte von bis zu mehreren Kilogramm zu handhaben. Die Auslegung muss allerdings in Verbindung mit den SCHUNK-Experten im Greiferlabor erfolgen.

Der Charme, völlig ohne Medienversorgung auszukommen, bringt aber auch einen Nachteil mit sich. Es ist zu klären, wie das Werkstück bestmöglich wieder abgelegt werden kann. Hierzu gibt es unterschiedliche Techniken, wie ein Ablöseprozess durchgeführt werden kann.

Eine weitere Variante der Adhäsionsgreiftechnik beruht auf einem physikalischen Prinzip, das durch die Oberflächenspannung von Flüssigkeiten hervorgerufen wird. Unter Adhäsion wird das Aneinanderhaften von Körpern aus unterschiedlichen Stoffen verstanden. Ursache der Adhäsion sind die molekularen

Greifen	
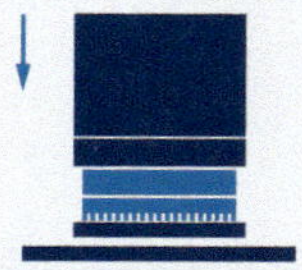	Das Greifen mit dem ADHESO findet durch eine parallele Berührung des Werkstücks statt. Die maximale Haftkraft wird durch eine definierte Anpresskraft erreicht.
Ablösen durch Drehen	
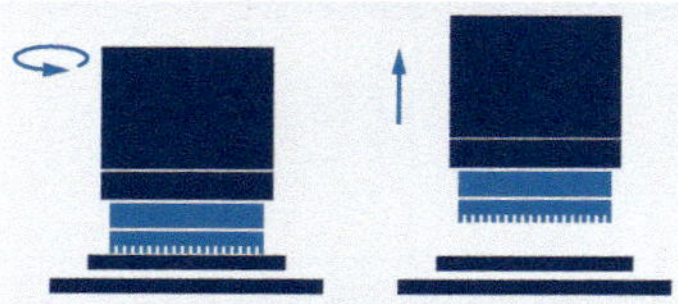	Durch eine geringe Drehbewegung lösen sich die Säulen von der Oberfläche und das Werkstück wird schonend abgelöst.
Ablösen durch Kippen	
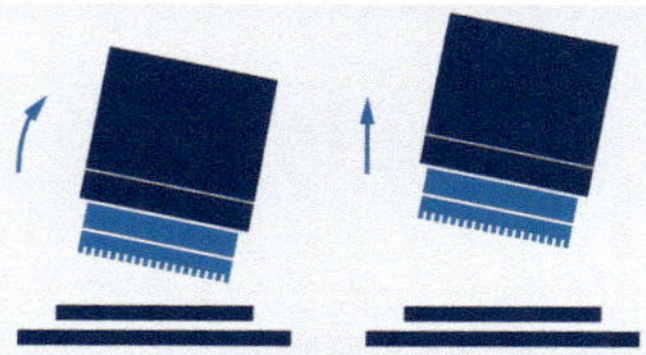	Durch eine Kippbewegung wird das Werkstück abgelöst. Idealer Ablösemechanismus bei der Nutzung eines Sechsachsroboters.
Ablösen durch Schieben	
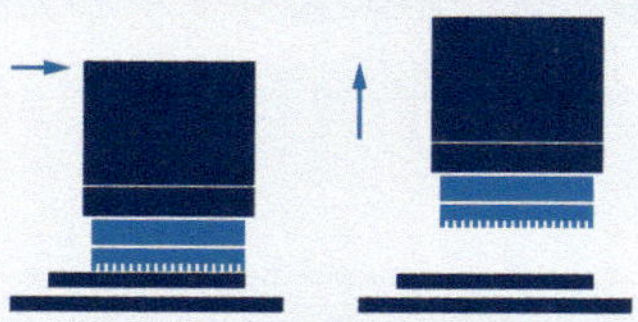	Durch eine geringe Schubbewegung lösen sich die Säulen von der Oberfläche und das Werkstück wird schonend abgelöst.
Lösen durch Überdruck	
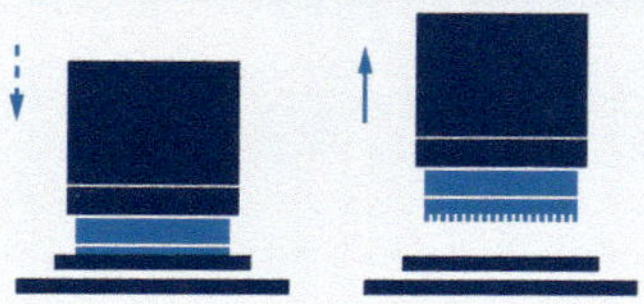	Durch ein Überdrucken knicken die Säulen in sich ein und lösen den Kontakt zur Werkstückoberfläche (lediglich mit der 700-μm-Struktur möglich).

Tabelle 3.11 Unterschiedliche Ablöseprozesse vom Adhäsionsgreifer (Quelle: SCHUNK)[65]

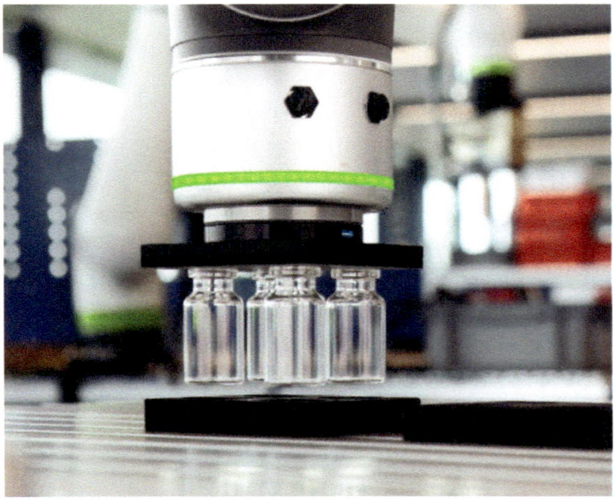

Abbildung 3.47 Anwendungsbeispiel zum Adhäsivgreifen (Quelle: SCHUNK)[65]

Anziehungskräfte, die sogenannten Adhäsionskräfte, an den Berührungsflächen.

Für das Aufnehmen von Mikrobauteilen sind Adhäsionsgreifer entwickelt worden, in denen die Oberflächenspannung eines Flüssigkeitstropfens genutzt wird, um beispielsweise einen Chip zu „greifen" und zu positionieren. Dabei wird die Flüssigkeit zu einer genau definierten Tropfengröße an der Greiferunterseite dimensioniert und dann beim Greifen entsprechend leicht reduziert. Der schwierigste Moment bei einem Adhäsionsgreifer ist das „Loslassen" des Werkstücks. Um die Position des Werkstücks genau zu halten, muss dieses in einer Position sein, in der bereits eine Gegenkraft zu der Adhäsionskraft des Greifers aufgebaut werden kann. Im Beispiel aus Abbildung 3.48 ist bereits ein Klebstoff auf dem Trägermaterial aufgebracht worden. Diese Gegenkraft und das Abpumpen der Flüssigkeit ermöglichen es dann, dass das Werkstück in der Position liegen bleibt, in die es durch den Greifer gebracht wurde. Es können aber auch aktive Abwurfmechanismen zum Ablegen der Werkstücke eingesetzt werden. Als Flüssigkeiten sind häufig leicht flüchtige Medien, z. B. Alkohol, im Einsatz, um auf dem Werkstück keine Spuren zu hinterlassen.

Exotische Halteprinzipien, wie das Gefriergreifen, das Greifen mit elektrostatischen Haltekräften oder das Ultraschallgreifen, kommen in der Praxis zwar selten vor, zeigen aber, wie vielfältig das Thema Greifen in der Handhabungstechnik ausgeprägt sein kann. Die Adhäsions- und Gefriergreifer haben allesamt das Problem, dass die Greifzeit über der von formschlüssigen oder anderen kraftschlüssigen Prinzipien liegt. So benötigt der Greifer eine gewisse Verweilzeit auf dem Werkstück, bis ein Haften bzw. Anfrieren der Oberfläche an den Greifer erfolgt ist. Darüber hinaus sind diese Greifer nicht für hohe Beschleunigungen des Werkstücks geeignet. Wenn dann abgelegt werden soll, ist in der Regel ein Gegenhalten des Werkstücks gewünscht, um hier die Taktzeit nicht zu hoch werden zu lassen.

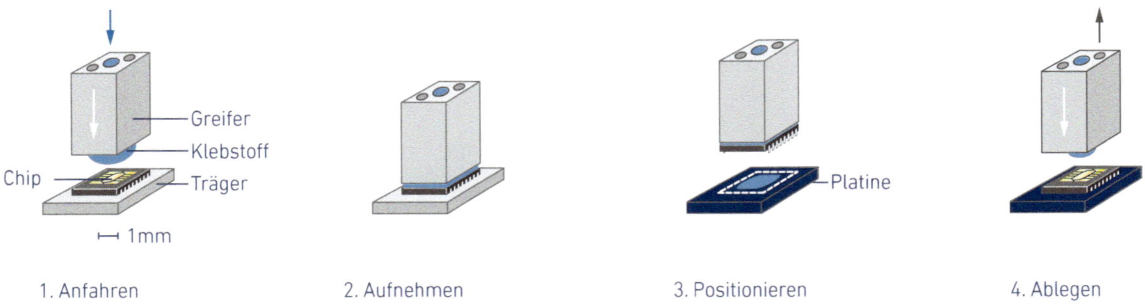

Abbildung 3.48 Ablauf eines Greifvorgangs beim Adhäsionsgreifen (Quelle: Fraunhofer IPA)[68]

3.2.2 Untergriff

Beim Untergreifen eines Produkts wird das Werkstück lediglich durch die Schwerkraft auf der Greiferoberfläche gehalten. Damit kann es bei starken Beschleunigungen zu Verschiebungen des Werkstücks gegenüber der Trägerplatte kommen. Für viele Anwendungen ist das Untergreifen das produktschonendste Greifverfahren, wodurch es immer wieder in Betracht gezogen wird.

So ist in der Logistik das Aufnehmen und Abgeben von ganzen Paletten mit einem Gabelgreifer eine übliche Technik. Die Gebinde sind auf einem Ladungsträger fixiert, z. B. die Europalette, die von der Untergriffgabel unterfahren werden kann. So lassen sind die Paletten einfach Aufnehmen und wieder abgeben.

In der Intralogistik kann dieses Prinzip für kleinere Ladungsträger eingesetzt werden. Dabei ist mit kleiner werdender Grundfläche die Kippstabilität der auf dem Ladungsträger befindlichen Ware zu beachten. Zusätzlich erschwert wird die Handhabung, wenn die Masse der Gebinde des Ladungsträgers ungünstig verteilt ist. Der in Abbildung 3.51 dargestellte Untergreifer für Displaykartonagen zeigt auf, dass es neben der reinen Masse und den zu erzielenden Beschleunigungen noch weitere Werkstückanforderungen an die Greiferfingergestaltung gibt. So kann die Massenverteilung bzw. die Lage des Massenschwerpunktes zum Greiferangriffspunkt dazu führen, dass mehr als nur eine Kontaktebene zum Greifen benötigt wird.

Abbildung 3.49 Gabelgreifer untergreift eine Palette mit Produkten (Quelle: Premium Robotics)[72]

Abbildung 3.50 Roboter mit Blechgreifer (Quelle: Wiesheu)[73]

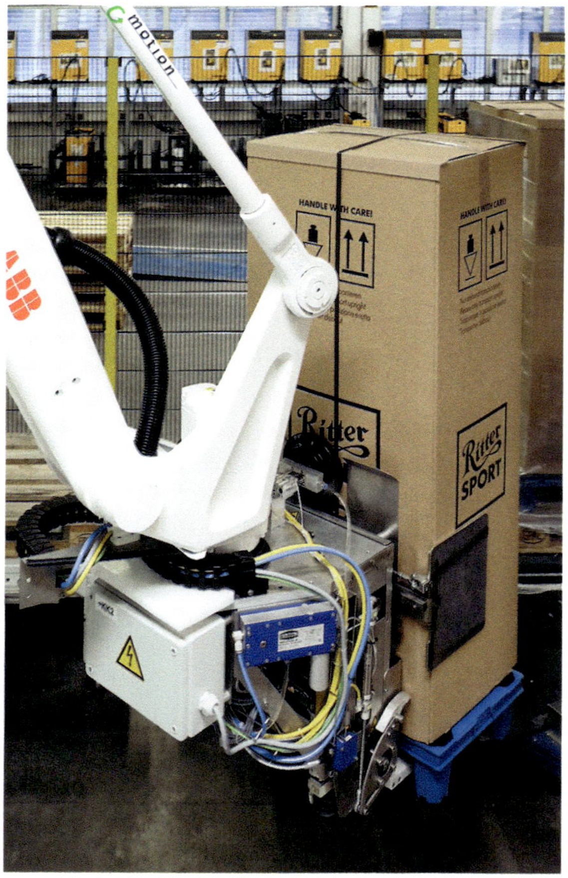

Abbildung 3.51 Untergreifer für Displaykartonagen (Quelle: Ritter[74]/robomotion[61])

Auch beim Griff von Blechen mit Backwaren wird im Grunde wie in der Logistik ein Werkstückträger aufgenommen, der dann mit den Werkstücken beladen gehandhabt wird. Die Sicherung der Backwaren war in diesem Fall nicht möglich, da die Werkstücke einem Backprozess zugeführt wurden. Die Fahrbewegungen des Roboters mussten entsprechend angepasst werden.

Beim Greifen von Säcken, die bei einem Klemmgriff ausweichen oder beschädigt werden und keinen Kraftaufbau zulassen würden, ist es wichtig, eine Unterlage unter das Produkt zu bringen, um den Sack anheben zu können. Hier ist ein Eingreifen in die Förderstrecke, wie in Abbildung 3.52 gezeigt, eine gute Möglichkeit, um einen Abgriff zu realisieren.

Mit dem Untergriff als Funktionsprinzip kann prinzipiell alles gegriffen werden, da letzten Endes stückige Güter auf einer Ebene liegen. Die Schwierigkeit ist jedoch das Aufnehmen oder die Übergabe von Werkstücken ohne Werkstückträger von einer Ablage auf den Greifer und im Umkehrschluss das Wiederabgeben auf eine Unterlage.

Gerade bei klebrigen Werkstücken, die von glatten Oberflächen gegriffen werden müssen, sind hohe Geschwindigkeiten beim Unterfahren der Werkstücke, aber auch beim Abgeben notwendig, um eine gute Positioniergenauigkeit zu ergeben. Der in Abbildung 3.55 gezeigte Greifer hat zusätzlich noch eine Stabilisierung der Produktstapel, um ein Verrutschen der Portion beim Ableben zu verhindern.

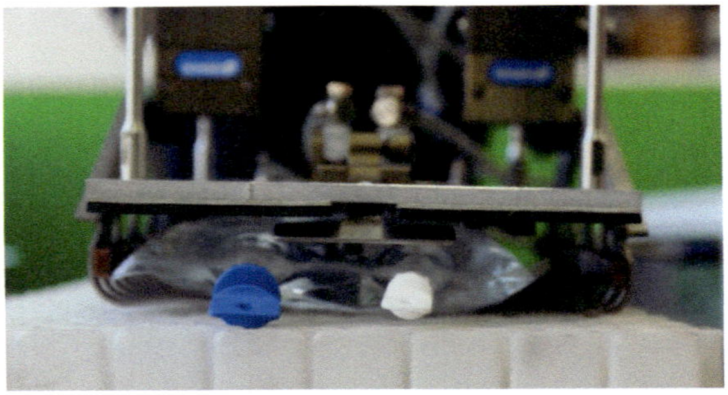

Abbildung 3.53 Untergriff eines Infusionsbeutels zur Handhabung mit hohen Geschwindigkeiten (Quelle: robomotion)[61]

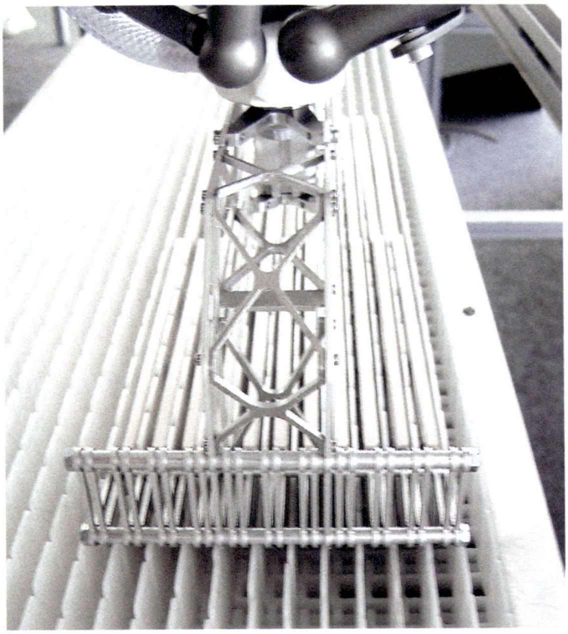

Abbildung 3.52 Untergreifer für den Eingriff in eine Förderstrecke (Quelle: robomotion)[61]

Abbildung 3.54 Untergreifer für Säcke (Quelle: KUKA)[75]

Abbildung 3.55 Untergriffgreifer zum Einlegen von geschindelten Salamischeiben in die Verpackung (Quelle: GEA)[76]

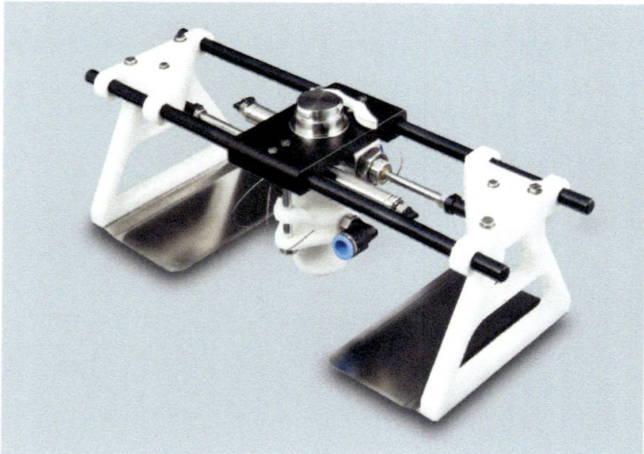

Abbildung 3.56 Untergreifer für Fleischscheiben (Quelle: Treif[77]/robomotion[61])

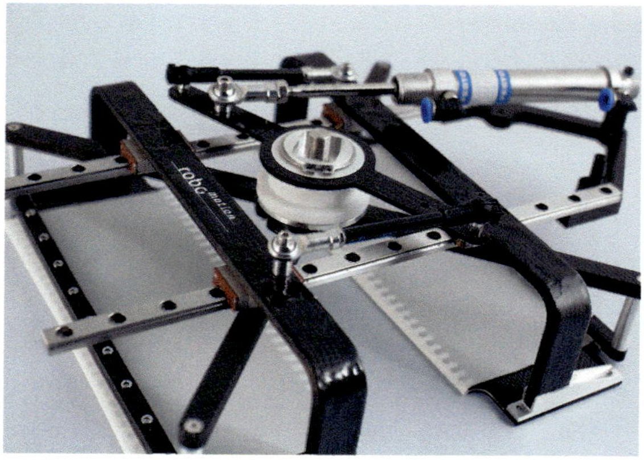

Abbildung 3.57 Untergreifer mit Fördertechnik zum Aufnehmen und Ablegen (Quelle: robomotion)[61]

Die Anwendung verbindet die Verpackungsmaschine der geschnittenen Produkte mit dem Slicer, der in diesem Fall Salami geschnidelt auf ein blaues Förderband abgelegt hat. Die Werkstückgruppen werden von einer Kamera in der Lage erkannt und der in Edelstahl ausgeführte Roboter nimmt die Salamischeiben mit dem hygienisch gestalteten Greifer auf. Die Bewegung erfolgt dann hin zu den Verpackungsmulden, die links in der Abbildung 3.55 zu sehen sind. Weitere Beispiele zum Untergriff finden sich bei Werkstücken, die nicht formstabil, also biegeschlaff, sind. So müssen solche Werkstücke in der Regel von unten abgestützt werden, damit sie mit einem Roboter gehandhabt werden können. Häufig müssen die Werkstücke nicht nur von unten gehalten, sondern mit einer zusätzlichen

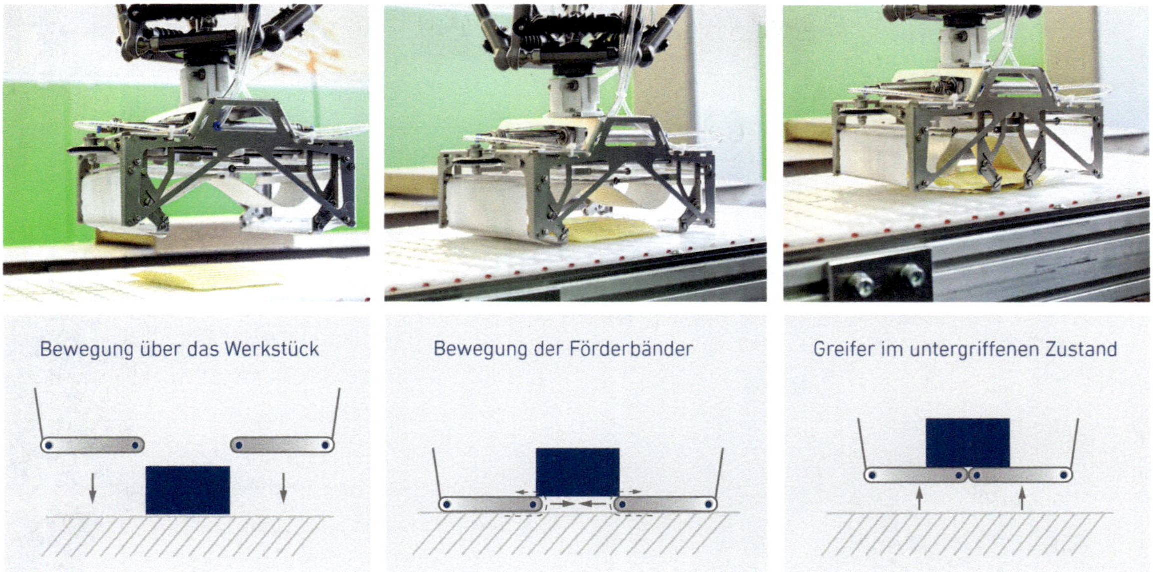

Abbildung 3.58 Greifsequenz eines Untergreifers mit integrierten Förderbändern (Quelle: robomotion)[61]

Kontaktebene (z.B. von oben) abgestützt werden, damit sie bei der Bewegung nicht verrutschen.

Wie bereits erwähnt, kann ein seitliches Verrutschen der Werkstücke durch die Auflage der Untergriffgreifer beim Öffnen nur mit zusätzlichen Abstützungen ausgeschlossen werden. Diese Abstützungen müssen dann dem Werkstück angepasst sein und verringern so die flexible Einsatzfähigkeit des Greifers. Dieses Problem wird bei dem in Abbildung 3.58 gezeigten Greifer vermieden, indem die unterfahrenden Schwerter des Greifers von Förderbändern umschlungen sind. Hier wird beim Öffnen oder Schließen jeweils das Band in der richtigen Förderrichtung bewegt, sodass das Produkt immer mit einer Relativgeschwindigkeit von v = 0 zum Roboterflansch stehen bleibt und die Unterlage sich unter das Produkt schieben kann.

Allein die Aufzählung dieser Beispiele für Haft- und Untergriffgreifer zeigt, wie vielfältig die Greiftechnik sein kann. Auch ist die Konzeption eines Universalgreifers in diesem Segment äußerst schwierig bzw. bisher nicht gelungen. Jeder Integrator entwickelt meist eigene Lösungen, um die Werkstücke seines Kunden optimal zu handhaben. Dies hat aber auch patentrechtliche Gründe, da es in diesem Bereich eine Vielzahl von Anmeldungen bzw. erteilten Patenten gibt und die Hersteller gezwungen sind darauf zu achten, diese nicht zu verletzen.

Der Antrieb der Förderbänder auf den Greiferflächen erfolgt in dieser Anordnung mit dem Öffnen bzw. Schließen der Greiferflächen. Es ist kein zusätzlicher Antrieb erforderlich. Man spricht hier von einem passiven Antrieb oder einem gekoppelten Antrieb. Dies ist eine sehr kostengünstige Antriebsart und spart ebenfalls Bauraum für die Antriebe.

Aufwendigere Aufwälzgreifer arbeiten mit servoelektrisch angetriebenen Förderbändern, die unter das Werkstück fahren können bzw. die Werkstücke auf den Greifer befördern. Diese können für eine bestimmte Kartongröße konzipiert werden, wie dies in Abbildung 3.59 der Fall ist, wo Mehrwegkartonagen von einer Palette genommen werden müssen. Diese Mehrwegkartonagen sind äußerst instabil und lassen sich von

Abbildung 3.59 Aufnahme von Mehrwegkartonagen von Paletten (Quelle: robomotion[61]/Ritter Sport[74])

Hand kaum handhaben. Darüber hinaus sind sie mit ca. 20 kg Schokolade gefüllt.

Noch einen Schritt weiter gegangen ist die Firma Premium Robotics mit ihrer aktiven Aufwälzgreiftechnik. Die Aufwälzgreiftechnik teilt das Aufnehmen des Werkstücks in mehrere Phasen auf (siehe Abbildung 3.60). Da ist zunächst die Kontaktphase, in der das Werkstück seitlich mittels einer Rolle kontaktiert wird. In dieser Phase wird eine Kraft zum Anheben des Werkstücks an einer Seite erzeugt.

Mit dieser ersten Phase erfolgt somit eine Spalterzeugung, die es in der nächsten Phase ermöglicht, den eigentlichen Untergriff durchzuführen. In dieser Aufnahmephase unterfährt das Handhabungssystem das Werkstück mit den Aufwälzmodulen des Greifers. Dieses Aufnehmen kann bei schweren Werkstücken noch mittels Fördertechnik unterstützt werden. Das heißt, auf dem Aufwälzmodul befinden sich Förderbänder, die das Werkstück aktiv mit der Geschwindigkeit des Vorschubs des Aufwälzmoduls auf dieses ziehen. Sowohl die Spalterzeugung als auch das Fördern auf das Aufwälzmodul wird sensorisch überwacht und die Antriebstechnik entsprechend nachgeregelt. Damit ist ein schonender und sicherer Greifprozess möglich. Darüber hinaus lassen sich die Aufwälzmodule in ihrem Abstand verändern. Somit ist eine Anpassung von einer Werkstückabmessung auf eine andere Größe schnell möglich. Es kann somit auf die Lage der einzelnen Werkstücke in einem gewissen Lageschema auf dem Werkstückträger reagiert werden. Es können aber auch völlig unterschiedliche Werkstücke mit ein und demselben Greifer aufgenommen werden.

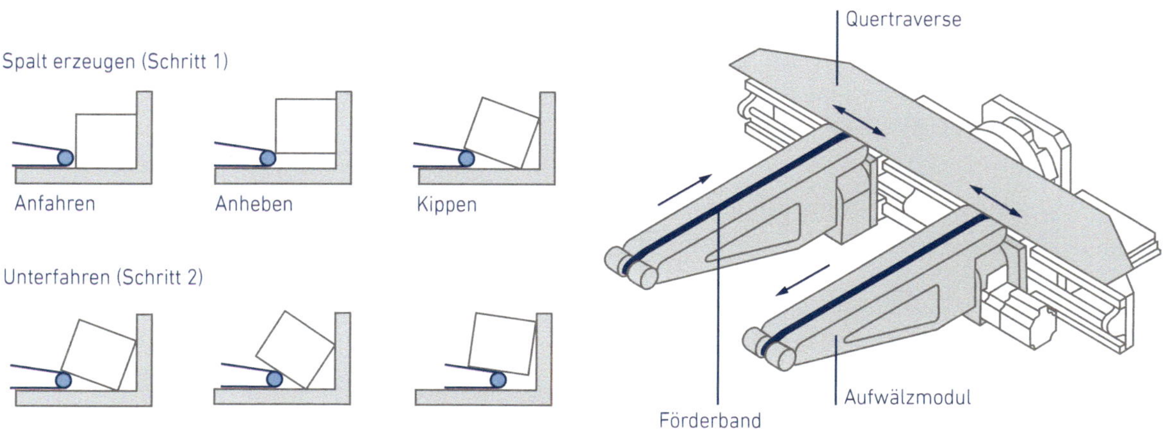

Abbildung 3.60 Ablauf bei der Spalterzeugung und beim Unterfahren des Werkstücks (Quelle: Premium Robotics)[78]

Abbildung 3.61 Ablauf einer Aufnahmesequenz mit den Aufwälzmodulen (Quelle: Premium Robotics)[78]

Abbildung 3.62 Ablauf einer Rotationssequenz auf den Aufwälzmodulen (Quelle: Premium Robotics)[78]

Darüber hinaus ist es möglich, die Werkstücke auf dem Greifer zu drehen. Dies kann während der Handhabung durch einen Roboter erfolgen. Diese Funktion ist notwendig, falls sich die Packschemata auf der Zielpalette von denjenigen auf der Quellpalette unterscheiden.

Das Ablegen kann mit der umgekehrten Förderrichtung der Förderbänder erfolgen oder durch eine geeignete Fördertechnik, die ein Eintauchen der Aufwälzmodule erlaubt. Dadurch kann das Werkstück schonend abgegeben werden.

Besonders eignet sich diese Greiferart in Anwendungen, bei denen ein Saugen oder Klemmen nicht möglich ist. In der Lagerlogistik ist es häufig wegen des großen Gewichts der Werkstücke und der unergonomischen Arbeitssituation ein Problem, Arbeitskräfte für diese Arbeit zu finden und zu halten.

3.2.3 Klemm- und Formgriff mit Wirkflächen

Der Klemm- bzw. Formgriff ist die dem Menschen nachempfundene Griffart und kommt in der Industrie sehr häufig vor. Es können auch Mischformen beider Grifftypen vorkommen.

Beim Formgriff ist der Greiferfinger der Werkstückform nachempfunden. Dies hat große Vorteile bezüglich der Produktschonung und der Greifsicherheit. Solche Griffpaarungen sind auch, was ihre Prozesssicherheit angeht, unschlagbar. Allerdings bestehen hinsichtlich der Flexibilität beim Greifen verschiedener Objekte enorme Nachteile, sodass hier häufig wieder Mischformen oder anpassbare Geometrien zum Einsatz kommen.

Der reine Klemmgriff ist flexibler als der Formgriff, muss aber die Kraftübertragung auf das Werkstück rein über die Reibung realisieren. Die erfordert bei schweren Werkstücken hohe Greifkräfte und kann bei exzentrischen Schwerpunkten und schnellen Bewegungen zum Verschieben des Werkstücks im Greifer führen.

Die Finger können grundsätzlich als starre oder veränderbare Wirkflächenform ausgebildet werden. So ergeben sich die unterschiedlichsten Möglichkeiten, Werkstücke aufzunehmen und zu handhaben. Bei den starren Wirkflächenformen kann dann nochmals untergliedert werden in Finger, die lediglich eine Wirkfläche und damit nur eine Form abdecken, und in Finger, die mehrere Wirkflächen enthalten.

Bei Fingern mit starren Wirkflächen können nur Werkstücke mit einer bestimmten Geometrie aufgenommen werden. Ausnahme bilden hier Rundmaterialien, die auch in verschiedenen Durchmessern zwischen den Greiferbacken aufgenommen werden können. Ansonsten wird immer versucht, einen Wechsel der Finger oder gar des gesamten Greifers zu vermeiden. So geht man bei speziell an das Werkstück angepassten Fingerformen dazu über, getrennte Wirkflächen oder mehrere nicht getrennte Wirkflächen in einem Finger zu vereinen.

Der Vorteil der nicht getrennten Wirkflächen in einem Greifer liegt darin, dass bei der Handhabung mit Handhabungssystemen auch bei unterschiedlichen Werkstücken nur ein Greifpunkt angefahren werden muss. So kann der Roboter selbst bei einer Fehlbedienung

Starre Wirkflächenform			Veränderbare Wirkflächenform		
eine Wirkfläche	getrennte Wirkflächen	mehrere nicht getrennte Wirkflächen	verformbare Wirkflächen	bewegliche Wirkflächen	an- und abschaltbare Wirkflächen
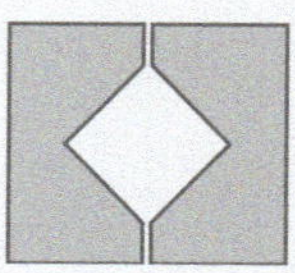	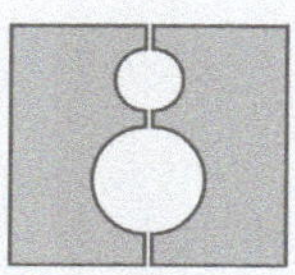	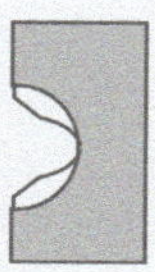	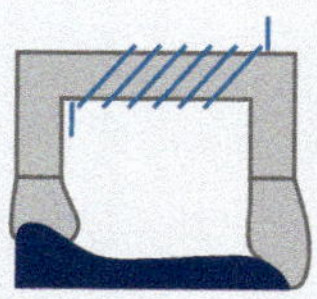		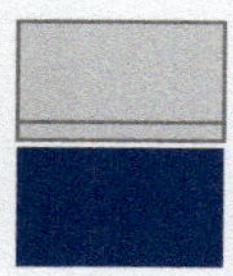
Rundbacken, Prismenbacken, Kammbacken	Doppelrundbacken,beliebige Formenkombinationen	Greiferbacke mit eingelegten Backenschalen	Granulat magnetsiches Pulver elastische Finger Knetmasse	verschiebbare Wirkflächen, verstellbare Wirkflächen	Adhäsionbacken, elektromagn. bzw. dauer-mag. Backen

Tabelle 3.12 Möglichkeiten der Wirkflächengestaltung (Quelle: Warnecke, Schraft)[59]

immer auf die richtige Position fahren, ohne dass es zu einer Kollision kommt.

Abbildung 3.63 Elastomer- (links) und Hartmetalleinsätze (rechts)

Bei Greiferwirkflächen, die über Reibschluss die Kraft auf das Werkstück übertragen, ist die Reibpaarung von entscheidender Bedeutung hinsichtlich der Kraftübertragungsmöglichkeit. Da die Haftreibungszahl als Faktor in die Berechnungsgleichung zur Greifkraft eingeht, ist es wichtig, die Materialien der Reibpaarung zu kennen und deren Oberflächenzustand. Da in Produktionen häufig Schmier- und Schneidöle zum Einsatz kommen, ist in Tabelle 3.13 auch für den geölten Zustand der Reibpaarung die Haftreibungszahl angegeben.

Die Hersteller von Greiffingern versuchen immer bessere Materialien hinsichtlich dieser Reibpaarung einzusetzen, um die benötigte Greifkraft nicht zu stark erhöhen zu müssen und dennoch eine hohe Haltekraft zwischen den Greiffingern zu erzielen. Auch Beschichtungen, Beläge oder spezielle Einsätze der Greiffinger kommen zum Einsatz, wie dies in Abbildung 3.63 dargestellt ist.

Abbildung 3.64 Wirkflächenbelag aus Material mit besonders hohen Reibwerten (Quelle: SCHUNK)[65]

Bei Bauteilen, die unempfindlich sind oder keine erhöhten Anforderungen an die Oberflächenqualität stellen, können speziell geformte Hartmetalleinsätze verwendet werden. Diese gewährleisten einen erhöhten

Werkstoffpaarung	Haftreibungszahl	
	trocken	geschmiert
Stahl auf Gusseisen	0,2	0,15
Stahl auf Stahl	0,2	0,1
Stahl auf Cu-Sn-Legierung	0,2	0,1
Stahl auf Po-Sn-Legierung	0,15	0,1
Stahl auf Polyamid	0,3	0,15
Stahl auf Reibbelag	0,6	0,3
Stahl auf Spezialkunststoff von SCHUNK	0,3 - 0,4	-

Tabelle 3.13 Reibpaarungen unterschiedlicher Materialien

Reibwert durch Mikroformschluss gerade bei rauen Bauteiloberflächen. So lässt sich auch bei verzunderten Gussbauteilen ein sicherer Griff garantieren. Bis zu 30.000 N Greifkraft können mit diesen Einsätzen übertragen werden.

Welche Auswirkungen die Auslegung von Greiferfingern für ein ganzes Automatisierungsprojekt haben kann, zeigt das Praxisbeispiel eines Pleuelgreifers für die automatische Montage von Motorkomponenten. So wurde bei der Auslegung der Greiferfinger zwar auf mögliche Kollisionskanten, die ausreichende Greifkraft und die richtige Materialpaarung geachtet, jedoch die mögliche Verformung der Finger beim Greifprozess außer Acht gelassen. Damit ergab sich beim ersten Greifversuch eine Werkstückanlagefläche wie links in Abbildung 3.65 gezeigt. Die Pleuel wurden nur unzureichend über eine Punktauflage gehalten und pendelten bei jeder Bewegung des Greifers, wodurch ein Ablegen in der Montagesituation nicht möglich war bzw. zu viel Zeit kostete.

Zum besseren Verständnis der Einbausituation und der Aufnahme des Werkstücks ist der komplette Greifer mit den aufgenommenen Werkstücken in Abbildung 3.67 nochmals dargestellt.

Die Lösung für dieses Problem konnte durch gebogen gefertigte Finger gefunden werden, die sich unter Belastung in exakt gerader Gestalt verformen und somit die Pleuel flächig halten. Man entwickelte einen Greiferfinger, der eine besonders schlanke Form aufweist, um keine Störkonturen bei der Aufnahme zu berühren. Bei der Auslegung musste darauf geachtet werden, dass die Streckgrenze des Materials nicht überschritten wurde. zeigt eine Variante des Greiffingers in der Auslegungsphase im CAD.

Aus diesen Erfahrungen heraus wird in der Praxis versucht, ein formschlüssiges Übertragungsverhalten der Finger auf das Werkstück zu realisieren. Dem kommen neue Fertigungsverfahren für Greiffinger entgegen, da beispielsweise additive Verfahren deutlich leichter komplexe Geometrien als Gegenform im Finger abbilden können. Die Herstellungskosten für geometrisch angepasste Finger sinken dadurch erheblich bei gleichzeitigen Qualitätsvorteilen.

War die Fertigung von Greiferfingern in der Vergangenheit häufig ein teures und zeitaufwendiges Unterfangen, so hat sich dies mit der modernen Bearbeitungstechnik und der additiven Fertigung gewandelt. Besonders galt dies bei Werkstücken, die dreidimensional geformt und formschlüssig gegriffen werden sollten. Diese Bauteile in Aluminium zu fräsen war bisweilen zum Teil schlicht nicht möglich. Hier entwickelten sich in den letzten Jahren die additiven Fertigungsverfahren zu einem Problemlöser. So ist es mit den heute verfügbaren Materialien möglich, die Greiferfinger in Kunststoff oder Metall zu fertigen. Dabei sind die Kosten überschaubar und der Finger individuell gestaltbar.

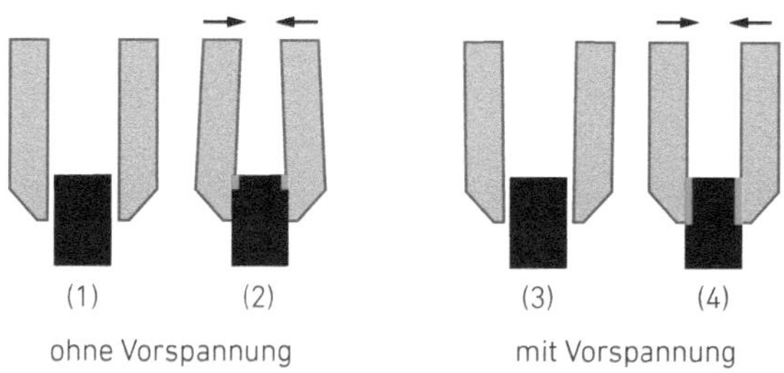

Abbildung 3.65 Vermeidung von Punktauflagen am Werkstück durch Vorspannung der Greiferbacken

Abbildung 3.66 Zu handhabendes Werkstück – einzelner Pleuel

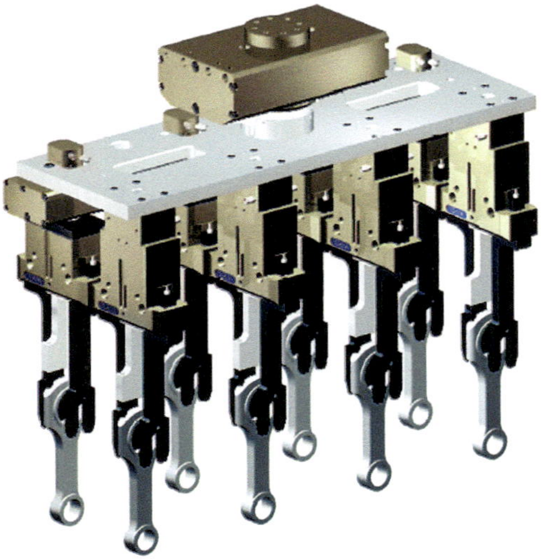

Abbildung 3.67 Greifer (8-fach) für die Pleuel und die langen Greiferfinger (Quelle: SCHUNK)[65]

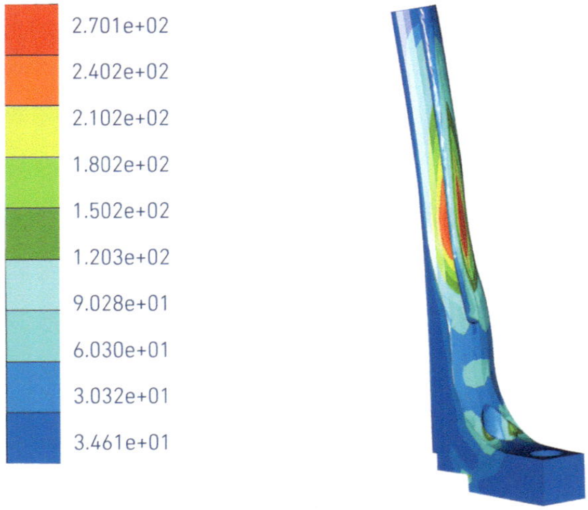

Abbildung 3.68 Auslegung des Greiferfingers bis zur Streckgrenze (Quelle: SCHUNK)[65]

Die Vorteile gegenüber dem herkömmlichen spanenden Bearbeiten überwiegen. Es sind vor allem die für die Kleinteilehandhabung geeigneten Finger, die mit dem 3D-Druckverfahren erstellt werden können. Bei kleinen Werkstücken bietet das Kunststoffmaterial PA12 sowohl die notwendige Festigkeit als auch eine ausreichende Verschleißstabilität, wenn die Werkstücke nicht zu scharfkantig sind. So kann bei kleinen Teilen in der Regel neben dem Gewichts- auch ein Kostenvorteil gegenüber dem spanenden Verfahren von Aluminiumfingern erzielt werden. Die STL-Dateien lassen sich zur Integration in die Anlagenkonstruktion downloaden und direkt verwenden.

Aber auch die spanend hergestellten Greiferbacken können inzwischen durch verbesserte Auslegungssoftware kostengünstiger und optimal ausgelegt hergestellt werden. Hierzu bieten einige Greiferhersteller direkt auf ihrer Website die entsprechenden Auslegungstools an, in denen die Greiferfinger mit der benötigten Greiferbauart kombiniert werden können und somit auch eine Greifkraftauslegung erfolgen kann. Es können die Werkstückgeometrien hochgeladen

Abbildung 3.69 Greiferfinger aus Polyamid im Lasersinterverfahren hergestellt (Quelle: SCHUNK)[65]

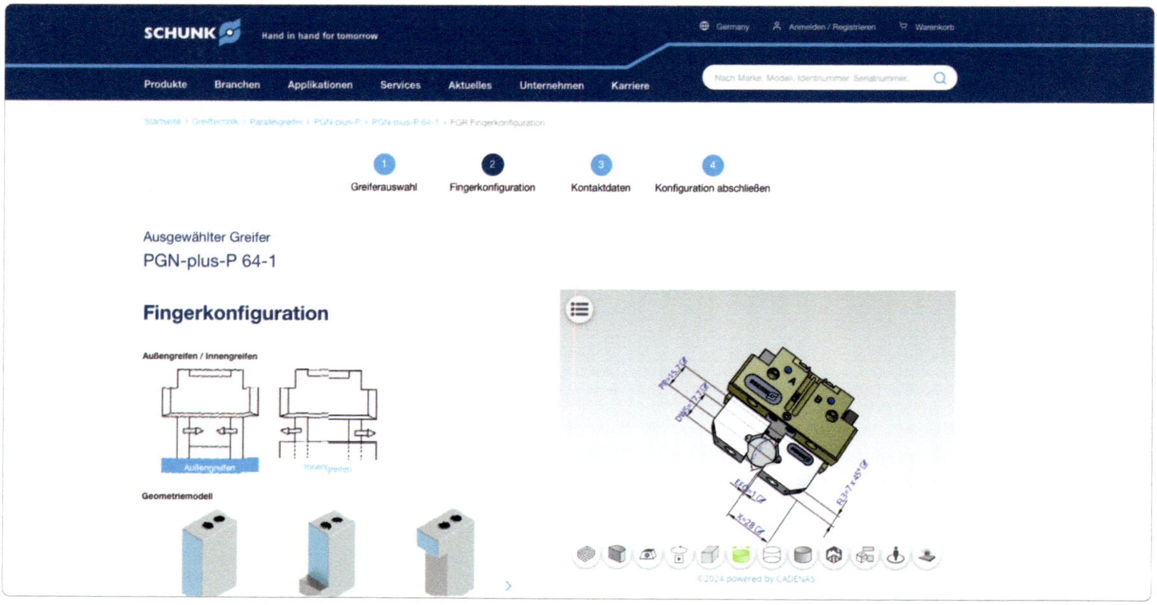

Abbildung 3.70 Auslegungstool für Greiferfinger (Quelle: SCHUNK)[65]

werden, um beispielsweise formschlüssige Greiferbacken zu erzeugen.

Der Clou ist, dass aus dem Tool heraus sowohl die Greiferfinger als auch die Greiferkomponente konfiguriert, ausgelegt und im nächsten Schritt alles zusammen bestellt werden kann.

Durch das Angebot aus einer Hand – Backen und Greifermodul – sind die Schnittstellen kein Problem. Die Greiferbacken sind gleich auf unterschiedliche Greifmodule anpassbar, die in einem Pulldown-Menü abgerufen werden können. Ebenfalls lassen sich unterschiedliche Farben für die Greiferfinger auswählen. Mit dieser webgestützten Plattform ist die Herstellung von Greiferbacken eine der ersten Anwendungen für Industriekomponenten.

Bei den Fingern mit **veränderbaren Wirkflächen** gibt es die Gruppe der verformbaren Wirkflächen. Diese zeichnen sich dadurch aus, dass die Kontaktflächen zum Werkstück zunächst eine andere Außengeometrie als das Werkstück selbst haben. Durch das Aufsetzen der Kontaktfläche auf das Werkstück wird die Kontaktfläche derart verformt, dass das Werkstück ganz oder teilweise von ihr umfasst wird. Anschließend wird die Kontaktfläche fixiert. Dies geschieht, wie in dem Beispiel in Abbildung 3.71 dargestellt, in Form eines mit Granulat gefüllten Ballons, der durch Vakuum beaufschlagt wird. Durch das Vakuum verliert der Ballon seine anpassungsfähige Oberfläche, die Wirkfläche verfestigt sich je nach Stärke des Vakuums. So können unterschiedlichste Geometrien mit einem Greifer formschlüssig aufgenommen werden. Allerdings ist die Greifgeschwindigkeit eher langsam und die Teile werden nicht immer sicher und präzise aufgenommen.

Hier gibt es inzwischen eine Reihe von Anbietern, die diese universellen Greifprinzipien anbieten. Die Anwendungen zielen dabei häufig auf die Verwendung mit Cobots. Es gibt aber auch Greiferangebote mit diesem Wirkprinzip mit einer Traglast bis zu 25 kg.

Ähnlich funktionieren auch Prinzipien, bei denen die Kontaktfläche nicht mit Granulat, sondern beispielsweise mit Metallspänen gefüllt wird. Die Metallspäne lassen sich über einen Elektromagneten fixieren bzw. lösen.

Werden die Wirkflächen beweglich gestaltet, so lassen sie sich der Werkstückform anpassen, wie in Abbildung 3.74 zu sehen ist. Bei dieser Greiferbauart wird die Wirkfläche durch das Werkstück so verschoben, dass das Werkstück die Nägel in einer Kulisse mit zwei Aufnahmepunkten verspannt. Damit klemmen die Nägel das Werkstück entsprechend fest ein, sodass es gehandhabt werden kann. Das Ablegen des Werkstücks erfolgt dann über eine Abdruckplatte, die alle Nägel zurück in die Aufnahmesituation bringt. Der Vorteil einer hohen Flexibilität muss auch hier wieder durch einige Nachteile erkauft werden. Neben der offensichtlich schlechten Produktschonung unterliegt der Greifer auch einem erheblichen Verschleiß, womit die Standzeiten nicht tauglich für hohe Produktionszahlen sind.

Ebenfalls ist bei der Lösung des Nagelgreifers die Positioniergenauigkeit nicht für alle Anwendungen ausreichend, da das Werkstück bei der Aufnahme in

3

Abbildung 3.71 Anwendungsbeispiel Versaball (Quelle: KurzweilAI)[79]

Abbildung 3.72 Flexible Wirkfläche eines anpassbaren Greifers (Quelle: Formhand)[80]

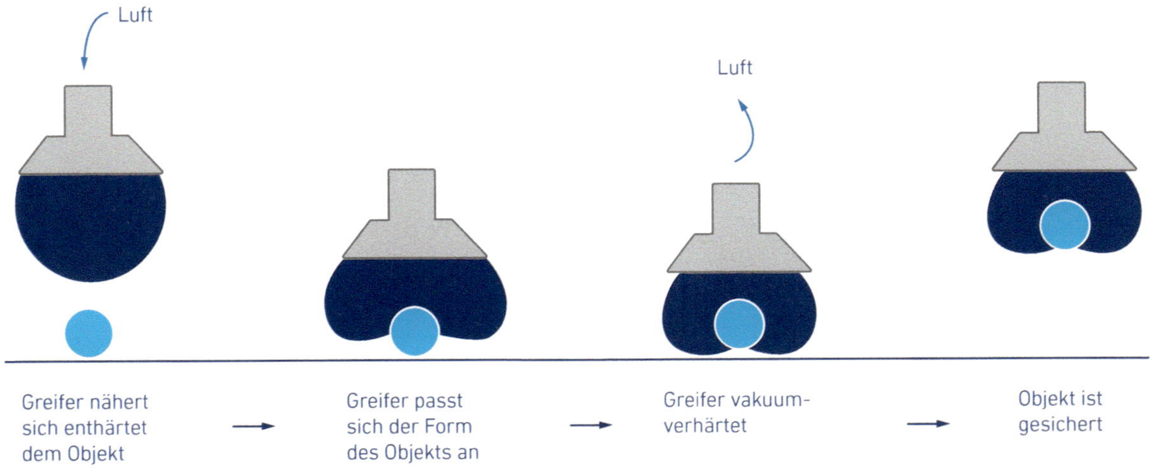

Abbildung 3.73 Versaball-Greifer in Greifsequenz (Quelle: Empire Robotics)[81]

Abbildung 3.74 Nagelgreifer (Quelle: SCHUNK)[65]

den Greifer um eine Nagelbreite in die ein oder andere Richtung verschoben werden kann. Aufgrund zu vieler Nachteile des Greifers und der damit geringen Stückzahlen wurde dieser Greifer von SCHUNK bereits vor Jahren aus dem Programm genommen. Er zeigt aber dennoch Möglichkeiten für an- und abschaltbare Wirkflächen bzw. deren Anpassung auf das Werkstück eindrücklich auf. Auch hier kann eventuell über neue Fertigungsverfahren oder Materialien zu neuen Lösungen gekommen werden.

Handelt es sich bei den Werkstücken um Bauteile mit Bohrung bzw. Innenkonturen, dann kann die Aufnahme des Werkstücks auch über Kontaktflächen auf der Innenseite erfolgen. Hierzu gibt es spezielle Wirkflächen, die sich mittels Druckluft in ihrem Durchmesser verändern lassen. Damit sind sehr gute Haltekräfte erzielbar, da eine große Fläche für die Kraftübertragung zur Verfügung steht. Mit derartigen Greiffingern lassen sich bei einem Eigengewicht von nur 135 g bis zu 4000 g Werkstückgewicht handhaben – ein Eigengewicht-zu-Traglast-Verhältnis, das in der Greiftechnik bisher unerreicht ist.

Der Innengreifer (siehe Abbildung 3.76) funktioniert durch das Ausfahren der Kontaktfläche 1 an die Bohrungsinnenwand. Die Ausfahrbewegung wird über das bewegliche Element 2 ermöglicht, das je nach Ausfahrhub anders gestaltet sein kann. Mit den Anschlägen am Basisgehäuse 3 wird der Hub begrenzt, sodass eine Zerstörung des Werkstücks oder des Greifers verhindert werden kann. Über den eingesetzten Druck kann die Kraft des Greifers variiert werden. Der Innengreifer LOG ist ein Beispiel, wie die Lasersintertechnik auch bei Serienprodukten sinnvoll eingesetzt werden kann. Die Herstellung eines derartigen Greifers über Spritzguss oder spanende Bearbeitung wäre unmöglich bzw. sehr kostenintensiv.

Am häufigsten kommen anpassbare Wirkflächen als Möglichkeit zum Einsatz, um z. B. Werkstücktoleranzen auszugleichen oder unterschiedliche

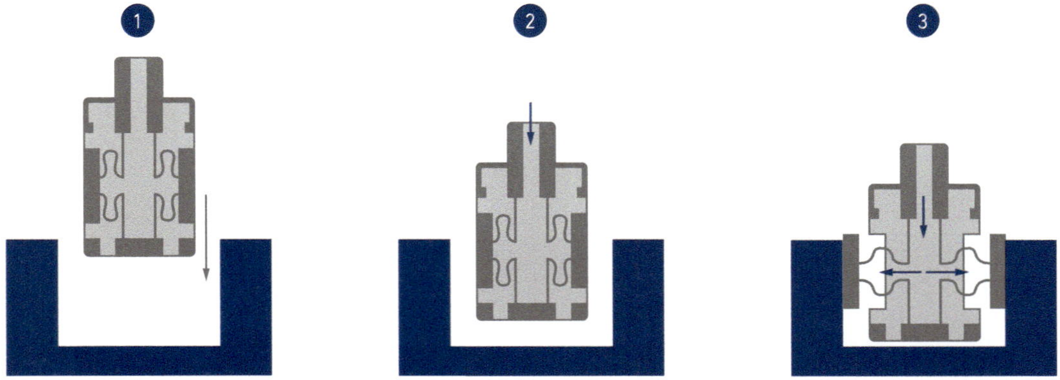

Abbildung 3.75 Funktionsschema des mit Druckluft betriebenen Innengreifers (Quelle: SCHUNK)[65]

Abbildung 3.76 Innengreifer (Quelle: SCHUNK)[65]

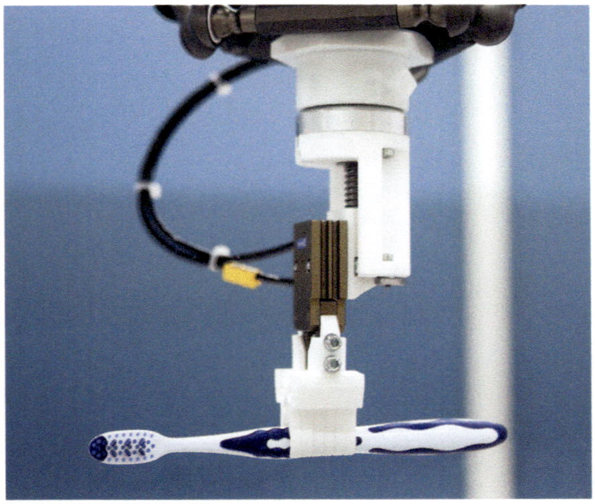

Abbildung 3.77 Flexibel einfedernder Greiferfinger für unterschiedliche Zahnbürstengeometrien (Quelle: Zahoransky[82]/robomotion[61])

Produktdurchmesser ohne Greiferwechsel zu realisieren. Das Beispiel in Abbildung 3.77 zeigt einen Greiferfinger, der sogar mehrere federnde Elemente enthält. Damit können unterschiedlichste Werkstückkonturen z. B. beim Greifen von Zahnbürsten oder Dübeln abgedeckt werden.

Bei Zahnbürsten besteht nun die Möglichkeit, die unterschiedlichsten Geometrietypen mit dem flexibel anpassbaren Greiferfinger ohne Wechsel der Finger zu greifen. Die Standzeit der im Lasersinterverfahren hergestellten Finger ist über mehrere Millionen Zyklen nachgewiesen. Je nach Greifobjekt kann dies dann mehrere Jahre Produktionszeit bedeuten, ohne dass die Finger ausgetauscht werden müssen. Die Fingerform wurde bereits in Kombination mit einem Elektrogreifer zum Griff von Schrauben aus dem Haufwerk getestet.

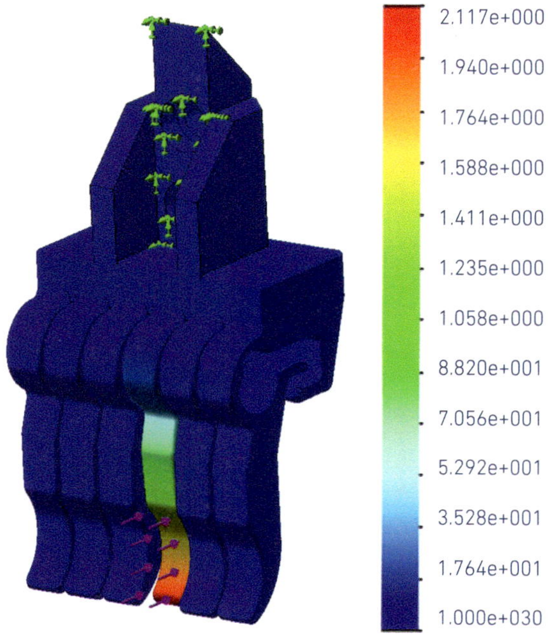

Abbildung 3.78 Anpassbare Greiferfinger für unterschiedliche Werkstückgeometrien (Quelle: robomotion)[61]

Bei Elektrogreifern kann die Öffnungsweite der Finger je nach Werkstück individuell eingestellt werden, sodass der Greifer weiter entlastet wird. Bei metallischen Werkstücken entsteht dabei jedoch mehr Abrieb.

Bei der in Abbildung 3.79 gezeigten Anwendung mussten Behälter mit unterschiedlichen Schraubendurchmessern vom Roboter entleert werden. In diesem Fall wurde die Sensorik zur Erkennung der Schraubenlage gleich in die Greiferhalterung mit integriert. So konnte eine hochflexible Lösung ohne großen Hardwareaufwand geschaffen werden.

Darüber hinaus lassen sich Finger für empfindliche Werkstücke konstruieren, die stark einfedernd sind. So werden die Produkte selbst bei großen Maßtoleranzen sicher gegriffen und trotzdem nicht zerdrückt. Der in Abbildung 3.80 dargestellte Winkelgreifer mit einfedernden Greiferfingern wurde für Backwaren konzipiert.

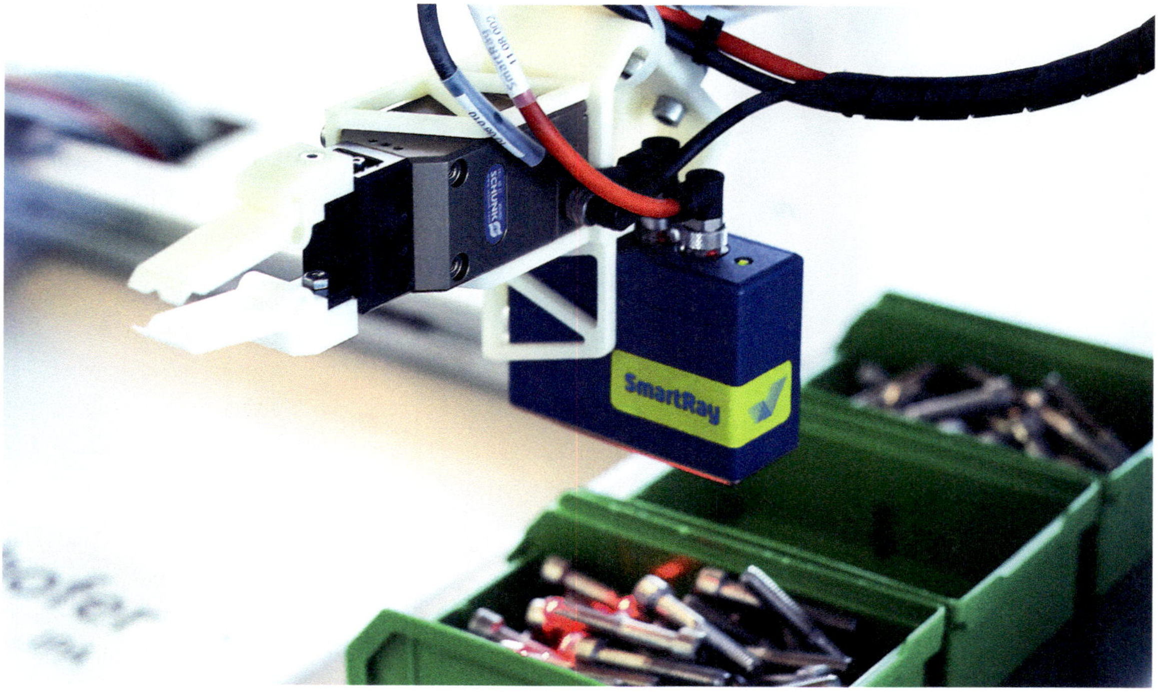

Abbildung 3.79 Elektrogreifer mit lasergesinterten Greiferfingern und Aufnahme des Scanners (Quelle: Fraunhofer IPA[68]/robomotion[61])

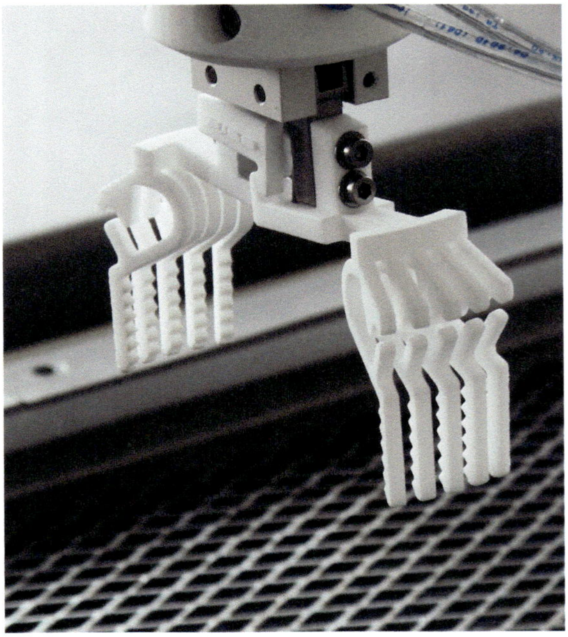

Abbildung 3.80 Greiferfinger für empfindliche Backwaren (Quelle: robomotion)[61]

Mit dem Prinzip des Elastomergreifers wird der Antrieb direkt in den Finger gelegt. Das heißt, die Wirkfläche ist gleichzeitig Aktuator und Kontaktfläche zum Werkstück. So krümmt sich der Finger in eine durch die Form vorgegebene Richtung, wenn er mit Druckluft beaufschlagt wird. Diese Art Greifer eignet sich ebenfalls für besonders empfindliche Werkstücke. Über den Druck, der aufgebracht wird, lässt sich die Kraft am Werkstück einstellen. So lassen sich z. B. Obst und Gemüse mit dem Greifer schonend greifen, wie dies anlässlich der EXPO 2015 in Mailand im Supermarkt der Zukunft zu sehen war.

3

Je nach Gestaltung und Dimensionierung der Finger ergeben sich unterschiedliche Kraft-Druck-Verläufe für die Finger. Auch das Material der Finger spielt dabei eine entscheidende Rolle. Bei der Herstellung im 3D-Druckverfahren kommen beispielsweise PA12 oder TPU zum Einsatz. Hier wird dann der Kraftverlauf

Abbildung 3.81 Roboter im Supermarkt (Quelle: ABB)[83]

über die gewählte Wandungsstärke verändert. Aber es gibt auch schon heute Druckverfahren, die den Einsatz unterschiedlicher Materialien in einem Bauteil zulassen, woraus sich weitere Möglichkeiten für die Herstellung solcher Fingergreifer ergeben. Ebenfalls anpassbar ist der sogenannte flexibel passive Greiffinger gestaltet. Er stellt sich auf die Form des Werkstücks ein und umgreift es sehr sanft. Mit dieser Fingerbauart lassen sich empfindliche Bauteile gut und schonend greifen.

Beim flexibel passiv gestalteten Fingerprinzip muss die Antriebseinheit über einen separaten Zylinder die Finger schließen oder wieder öffnen. Bei aktiv angetriebenen flexibel gestalteten Greiffingern geht man in Richtung Nachbildung einer menschlichen Hand (siehe hierzu Abschnitt 3.3). Insgesamt ist für die verformbaren Wirkflächen abschließend darauf hinzuweisen, dass die Positioniergenauigkeit unter Umständen mit dieser Bauform der Finger nicht ausreichend für die

Abbildung 3.82 Elastomergreifer greift rundes Werkstück (Quelle: Greifer Materialise)[84]

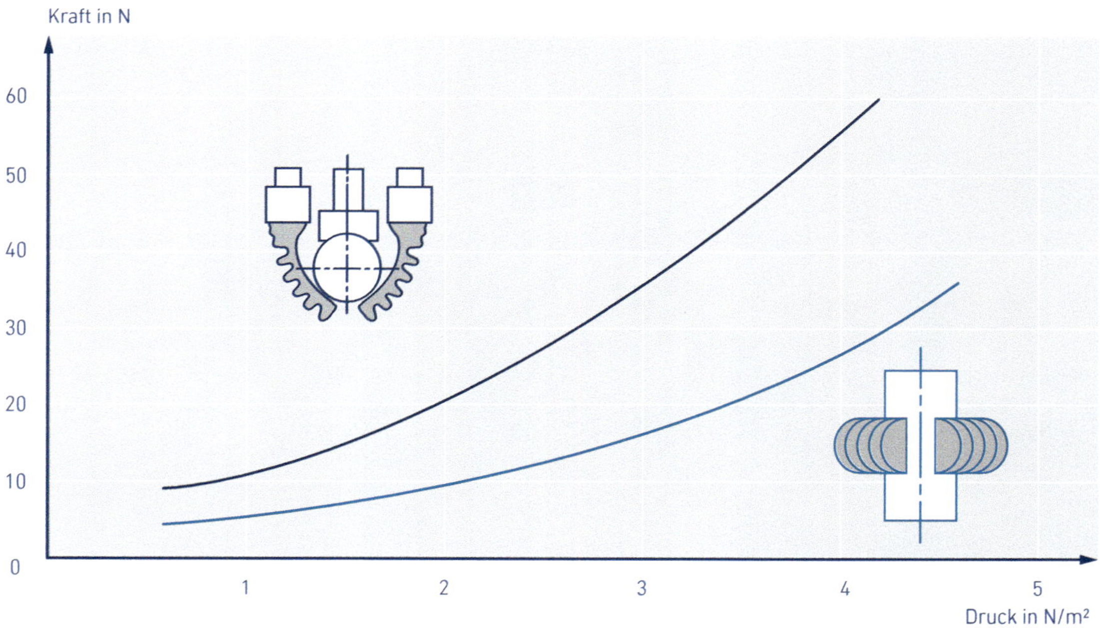

Abbildung 3.83 Die Greiferkraft ist nicht linear mit dem Druckanstieg gekoppelt. (Quelle: Hesse)[85]

Abbildung 3.84 Funktionsprinzip eines beweglichen Fingers (Quelle: Frauhofer IPA)[68]

Handhabungs- und insbesondere Montageaufgabe sein kann. Die Verformbarkeit bedingt, dass das Werkstück nicht exakt wie bei der Aufnahmeposition im Greifer platziert werden kann. Diese Anforderung kann zum Ausschluss der verformbaren Wirkflächen führen.

Durch die sozialen Medien und YouTube werden immer wieder auch aktiv wirkende Greiferfinger populär und erregen bei einem breiten Publikum große Aufmerksamkeit. Ein Greifprinzip basiert dabei auf dem Fin-Ray-Effekt, der einer Fischflosse nachempfunden ist. Das heißt, hier bewegt sich der Finger beim Greifprozess nicht vom Werkstück weg, sondern der Druck führt zu einer Umschließung des Werkstücks.

Weitere Ausprägungsformen dieses Fingerprinzips sind die Greifer mit Querverstrebungen, die den Effekt noch weiter verstärken und höhere Kräfte zulassen. Die Abbildung der unterschiedlichen Fingergestaltungen zeigt die Varianz von einer starren Wirkflächenform über die flexibel passive Fingergestaltung bis hin zu den flexibel aktiven Fingern, wie sie bei den Roboterhänden vorkommen. Diese Hände werden in der Nomenklatur der Fingeranzahl nochmals detaillierter beschrieben.

Im Internet finden sich viele Beispiele für die Fin-Ray-Greifernutzung. In Abbildung 3.85 ist ein Beispiel der Firma KKrobotics abgebildet, die einen Fin-Ray-Greifer im Einsatz für Gemüse zeigt. Die Besonderheit liegt in diesem Fall neben dem Fingerprinzip auch an der besonderen Art der Fingeransteuerung. Die Finger werden nämlich elektrisch über die sechste Achse des Roboters angesteuert. Das heißt, es ist im Greifer kein gesonderter Antrieb und eine Medienversorgung notwendig. Gerade hier kommt es durch das Fin-Ray-Prinzip zu guten Greifergebnissen, da der servogesteuerte Antrieb in Kombination mit den anpassungsfähigen Fingern besonders die Werkstücke schonend behandelt und gleichzeitig einen Formschluss bei komplexen Geometrien zulässt. Auch wenn die Bilder etwas prototypisch daherkommen, so verschmilzt hier doch Leichtbau und minimalistische Greiferkonstruktion mit einem genialen Greiffingerprinzip.

Der Kreativität zum Greifen von Werkstücken sind keine Grenzen gesetzt. So kann gerade durch eine geschickte Gestaltung der Wirkflächen ein auf eine spezielle Anwendung geradezu ideal passendes Greifkonzept entwickelt werden. In dem Fall eines Käsegreifers für Camembert mit unterschiedlichen Durchmessern und Formen war eine einfache Gummimanschette die Lösung des Problems. Der Käse wird nicht von den Aufsatzbacken der Greiferkomponente geklemmt, sondern die Manschette wird nach außen aufgeweitet. Das macht die Manschette im mittleren Bereich schmäler, wodurch der Käse sicher und schonend gehalten wird.

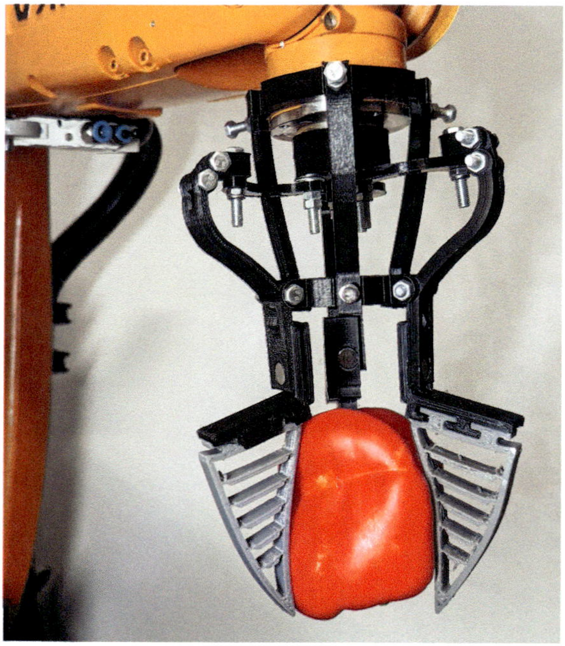

Abbildung 3.85 Produktschonender Griff von empfindlichen Werkstücken (Quelle: KKrobotics)[86]

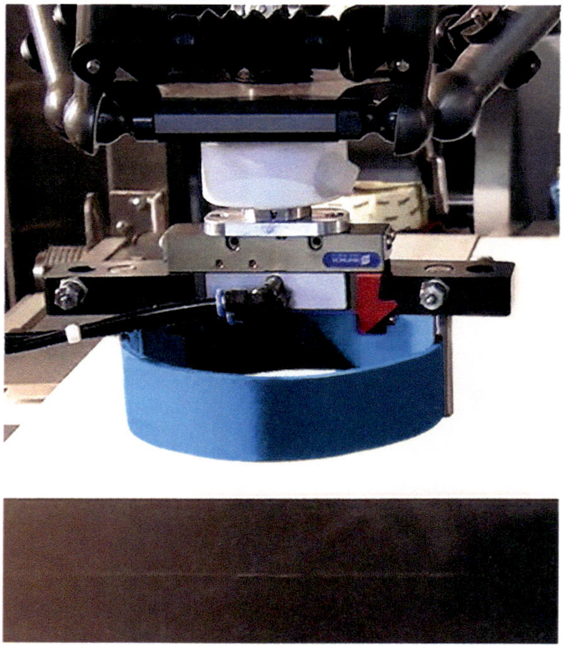

Abbildung 3.86 Greifer mit beweglicher Manschette zum Umgreifen eines empfindlichen Produkts (Quelle: Buhmann[87]/robomotion[61])

Die Nadelgreifer hingegen sind als Standardgreifer in den Programmen namhafter Hersteller zu finden. Sie zählen zu den Greifern mit an- und abschaltbaren Wirkflächen. Durch das Ausfahren von Nadeln wird zwischen dem Greifer und dem Werkstück eine formschlüssige Verbindung hergestellt. Die Nadel oder Nadeln dringen in die Oberfläche des Werkstücks ein und stellen so eine Verbindung her. Die Voraussetzung zum Greifen mit Nadelgreifern ist daher ein Werkstück, dass durch die Nadeln nicht signifikant geschädigt wird. Die übertragenen Kräfte dürfen nicht zu hoch sein, da andernfalls die Nadeln aus der Oberfläche des Werkstücks gelöst und das Werkstück beschädigt wird. Nadelgreifer kommen vor allem beim Greifen von Textilien zum Einsatz.

Das Eindringen der Nadeln in die Oberfläche des Werkstücks hat natürlich erhebliche Nachteile hinsichtlich einer schonenden Behandlung der Handhabungsobjekte. Insofern schränkt es die Verwendung dieser Greiferbauart oder Kontaktflächenbauart deutlich ein.

Die Verwendung im Lebensmittelumfeld ist aufgrund der schwierigen Reinigung solcher Greifer selten. Gut einsetzbar ist der Greifer beim Einsetzen von Gewebestrukturen in der Kunststoffverarbeitung, z. B. bei der Verarbeitung von Glas- oder Kohlefasermatten.

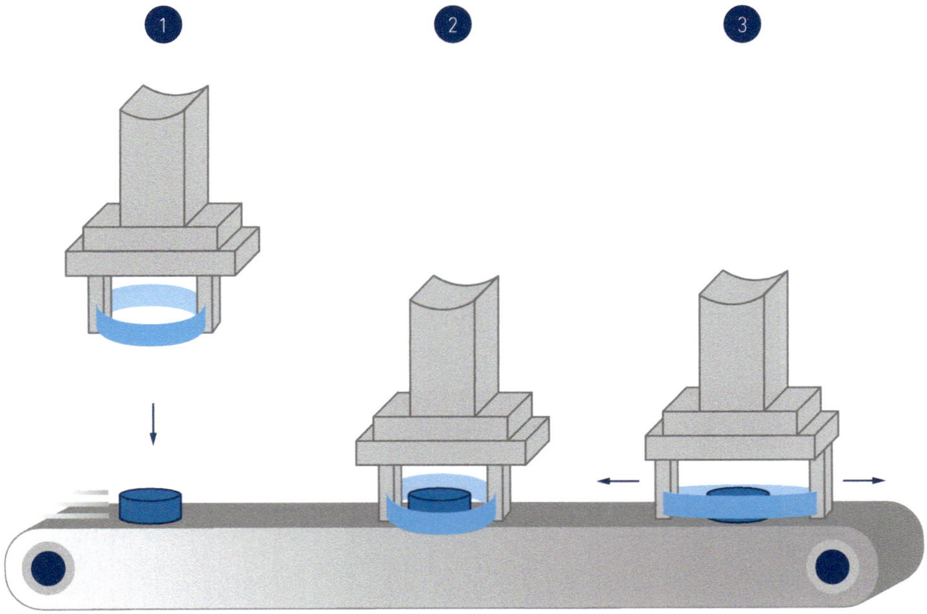

Abbildung 3.87 Grafische Darstellung der Funktionsweise des Greifers mit beweglicher Manschette

Abbildung 3.88 Nadelgreifer (Quelle: Schmalz)[88]

Abbildung 3.89 Nadelgreifer für Textilanwendungen (Quelle: Schmalz)[89]

3.2.4 Anzahl der Greiferfinger

Die Anzahl der Greiferfinger hat einen Einfluss auf die Möglichkeiten, die Greifkräfte zu übertragen. Daher eignet sich die Anzahl der Finger als weiteres Klassifizierungskriterium für mechanische Greifer.

Die Anzahl der bewegten Finger eines Greifmoduls bietet unterschiedliche Möglichkeiten für den Greifprozess. Um ein Werkstück zu halten, reicht prinzipiell die Bewegung eines Fingers aus, der das Werkstück gegen einen festen Anschlag drückt und damit klemmt.

Der **Einfingergreifer** bildet den Daumen der menschlichen Hand nach. So ist für den Menschen der Daumen der wichtigste Finger, mit ihm können fast alle Greifoperationen durchgeführt werden. Es lassen sich Werkstücke zwischen dem Daumen und der Handfläche sicher halten, ohne die restlichen Finger benutzen zu müssen (Abbildung 3.90). Ein fester Anschlag hat in der Praxis den Vorteil, dass die Werkstücke an einer definierten Stelle im Greifer positioniert sind und der mechanische Aufwand zur Bewegung des Fingers gering ist. Das macht diese Greiferbauart einfach und leicht. Für manche Anwendungen sind diese Konstruktionen besonders interessant. So kommen Einfingergreifer in der Chirurgie als Werkzeuge für Operationen zum Einsatz (Abbildung 3.91). Aufgrund der kompakten Bauart können sie bei mikroinvasiven Eingriffen genutzt werden.

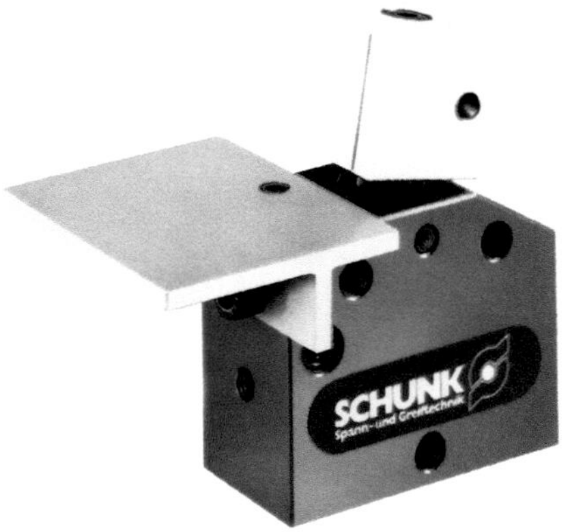

Abbildung 3.90 Prinzip Einfingergreifer (Quelle: SCHUNK)[65]

Abbildung 3.91 Chirurgiegreifer (Quelle: tübingen scientific)[90]

Ebenso lassen sie sich nutzen, wenn die Werkstücke in der Ablageposition aneinandergelegt werden sollen. Diese Gruppierfunktion wird beispielsweise in der Verpackungsindustrie häufig genutzt, wie das Beispiel des Wurstgreifers in Abbildung 3.92 zeigt.

Allerdings kann durch die feststehende Seite des Greifers der Greifhub oder Greifweg oft zu gering ausfallen, was die Bandbreite der Greifobjekte einschränkt. Die Greifzeit ist dafür äußerst gering.

Der **Zweifingergreifer** ist der häufigste in der Industrie eingesetzte mechanische Greifer. Er eignet sich für viele Aufgabenstellungen zum Spannen von Werkstücken. Er kann sowohl stationär als auch an einem Handhabungssystem zum Einsatz kommen. Die Hersteller bieten eine breite Vielfalt an Varianten für spezielle Einsatzfelder an, sei es Hochtemperaturversionen, staubgeschützte Versionen bis hin zu ATEX-Baureihen, die in explosionsgefährdeten Bereichen eingesetzt werden dürfen. Darüber hinaus gibt es die Greiferart in fast allen Größenabstufungen hinsichtlich ihrer Leistungskennzahlen.

Bei dem Zweifingergreifer werden zwei Finger bewegt und an das Werkstück angelegt. Die Bewegung erfolgt dabei üblicherweise gekoppelt bzw. synchron, d. h., die beiden Finger sind über ein Getriebe miteinander

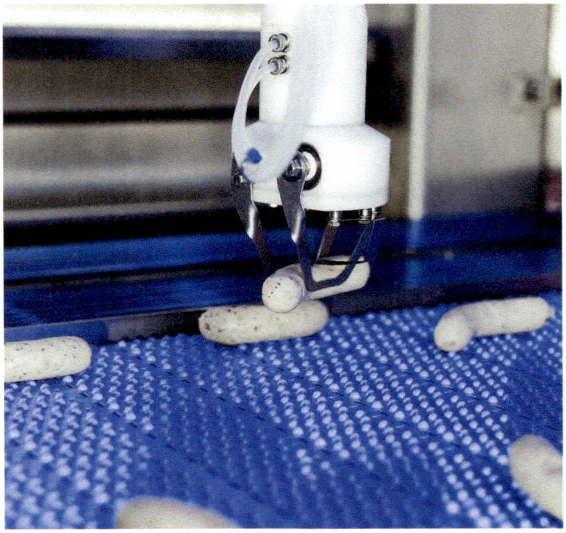

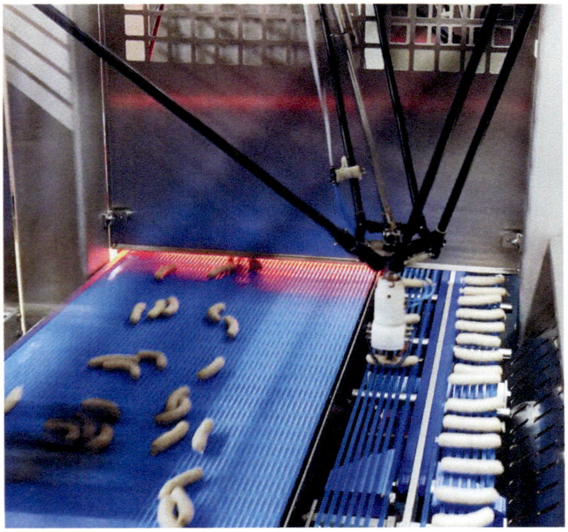

Abbildung 3.92 Wurstgreifer nach dem Einfingerprinzip (Quelle: robomotion)[61]

verbunden. Diese Funktion hat den Vorteil, dass beispielsweise bei der Handhabung mittels eines Handhabungssystems der Greifmittelpunkt des Greifers, der Werkstückmittelpunkt und der Flanschmittelpunkt auf einer Achse liegen. Das Werkstück wird somit unter dem Handflansch zentriert aufgenommen. Das erleichtert die Programmierung der Handhabungssysteme und gleicht leichte Versatzfehler beim Abholen der Werkstücke aus.

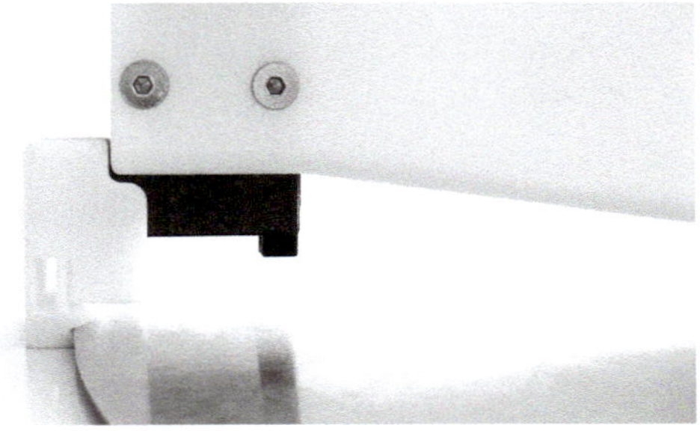

Abbildung 3.93 Ein Finger wird bewegt, um die Siliziumscheibe zu greifen. (Quelle: robomotion)[61]

Diese Zentrierfunktion wird für rotationssymmetrische Bauteile durch einen **Dreifingergreifer** nochmals verbessert. Hier bewegen sich dann drei Greiferfinger und zentrieren derartige Bauteile exakt im Mittelpunkt des Greifers. Besonders für Fügeaufgaben mit Handhabungssystemen werden solche Greifer häufig genutzt. Bevorzugte Werkstückformen sind die Rundmaterialien, die sich beim Griff mit drei Greiferbacken exakt zentrieren lassen. Aber auch Werkstücke mit Innenbohrung lassen sich hervorragend mit einem Dreifingergreifer gut ausgerichtet und sicher greifen.

Abbildung 3.94 Dreifingergreifer mit Drehmomentsaufnahme zur Bearbeitung des Gussteils (Quelle: Effica Automation)[91]

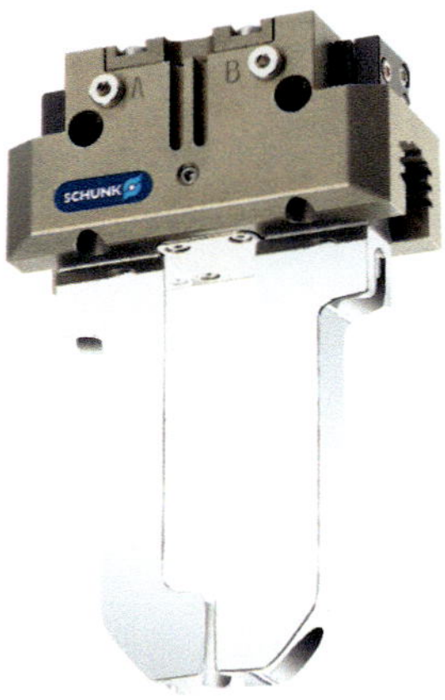

Abbildung 3.95 Zweifingergreifer (Quelle: SCHUNK)[65]

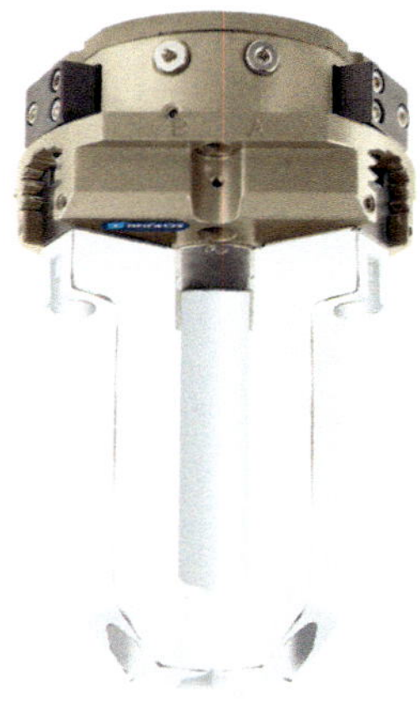

Abbildung 3.96 Dreifingergreifer (Quelle: SCHUNK)[65]

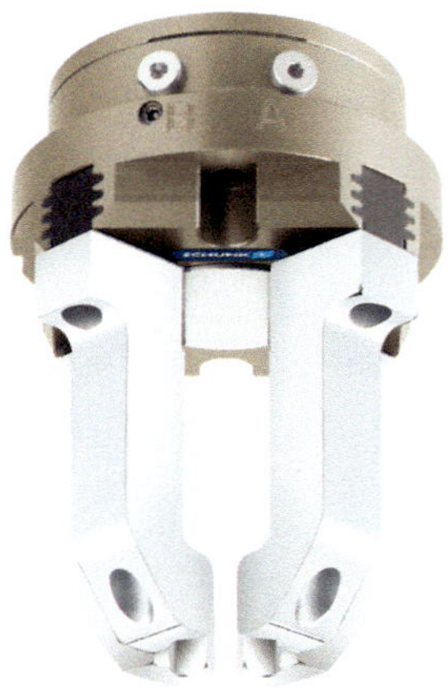

Abbildung 3.97 Vierfingergreifer (Quelle: SCHUNK)[65]

Bei quaderförmigen Bauteilen lassen sich mit Vierfingergreifern ebenfalls exakte Positionierungen im Greifermittelpunkt erreichen. Allerdings sind hier doch die Anwendungsfälle stark eingeschränkt, sodass derartige Module selten zum Einsatz kommen. Abbildung 3.96 und Abbildung 3.97 zeigen Greifermodule, die die Bewegung der drei bzw. vier Finger miteinander synchronisieren, sodass diese gleichzeitig zusammen bzw. wieder auseinander bewegt werden. Hierzu sind ebenfalls aufwendige Getriebe notwendig.

Spezialgreifer für die Montage von O-Ringen nutzen sechs Finger, um den O-Ring für die Außennutmontage entsprechend weit aufzuweiten. Zum Ablegen des O-Rings in die Nut werden drei Finger zurückgezogen, sodass sich der O-Ring an drei Stellen bereits in die Nut legen kann. Danach wird der gesamte Greifer vom Handhabungssystem nach hinten bewegt. Der O-Ring kann so komplett in die Nut rutschen.

Beim Innennutfügen ist der Vorgang etwas komplexer, da der O-Ring zunächst von seinem Durchmesser her reduziert werden muss. Dies erfolgt über eine Matrize, die dreifach geschlitzt ist. In diese Schlitze tauchen drei Finger des Greifers ein und ziehen den O-Ring nach innen. Die Matrizensegmente sind auf den anderen Fingerhaltern des Greifergrundkörpers montiert. Nach dem Positionieren des Greifers über der Nut werden die drei Finger wieder zurückgezogen, sodass der O-Ring in seine ursprüngliche Form zurückspringen und sich in die Innennut legen kann.

Verzichtet man auf diese Synchronisation, so lassen sich leichte und hochflexible Greifer bauen, die unterschiedlichste Geometrien sicher greifen können. In Abbildung 3.101 ist ein Greifer dargestellt, der aus vier Einfingergreifern aufgebaut ist. Die Finger lassen sich flexibel auf den Halterungen einstellen und verschieben, sodass die Angriffspunkte am Werkstück der Kontur des Werkstücks angepasst werden können.

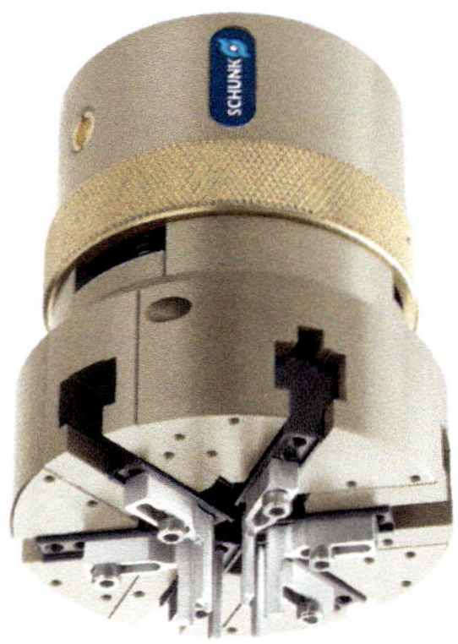

Abbildung 3.98 Mehrfingergreifer zum Einsetzen von O-Ringen (Quelle: SCHUNK)[65]

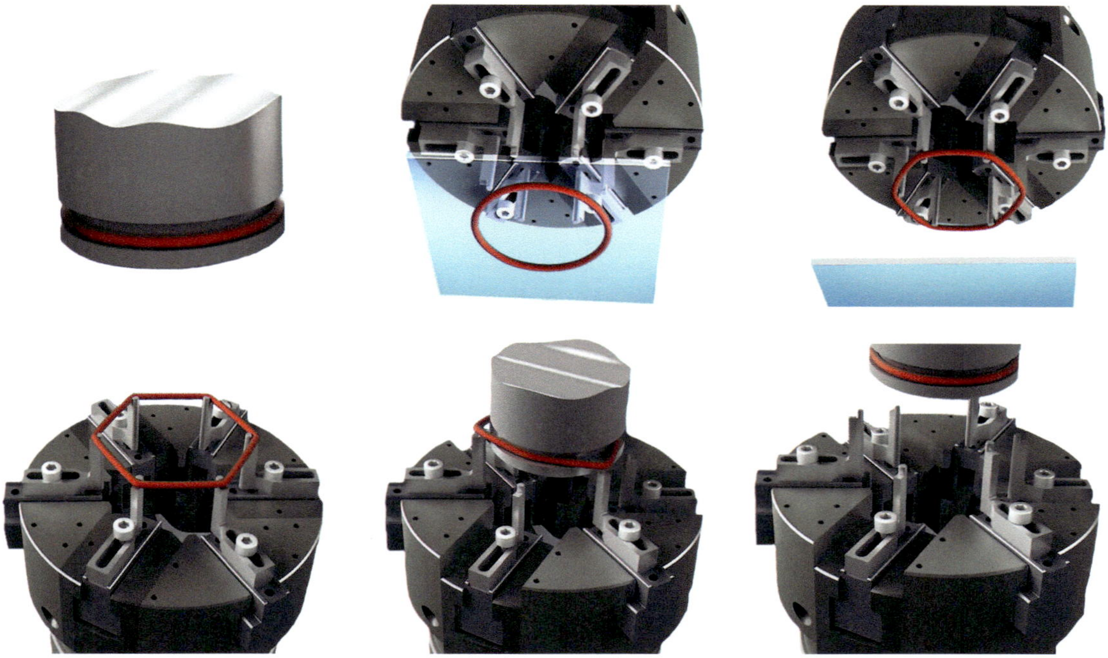

Abbildung 3.99 Funktionsprinzip des O-Ringgreifers für Außennuten (Quelle: SCHUNK)[92]

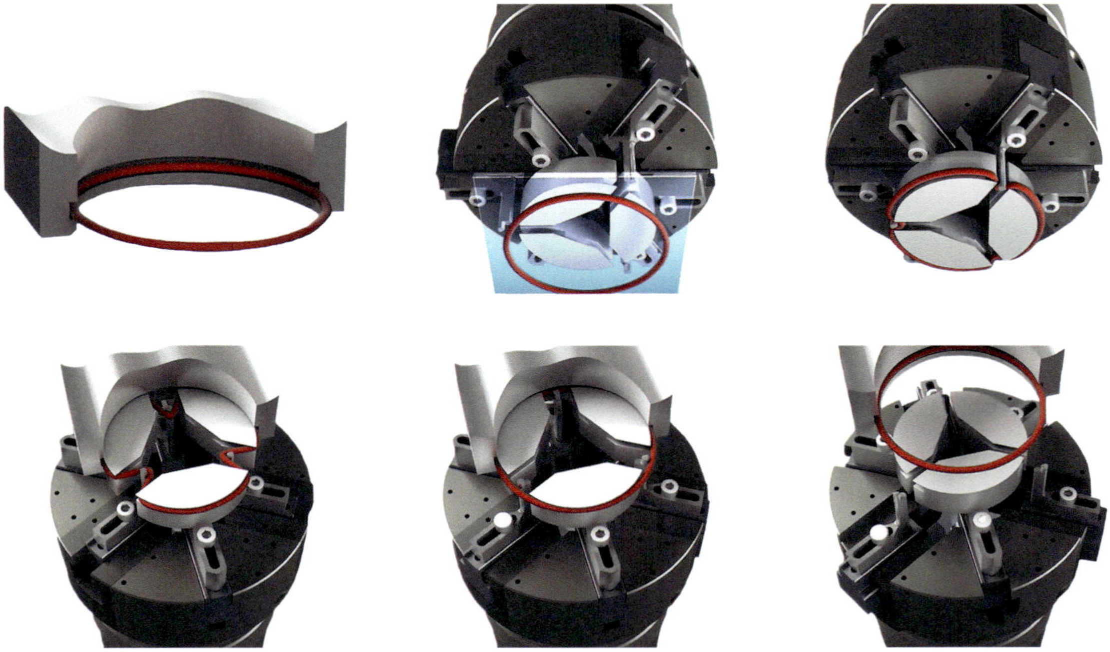

Abbildung 3.100 Funktionsprinzip des O-Ringgreifers für Innennuten (Quelle: SCHUNK)[92]

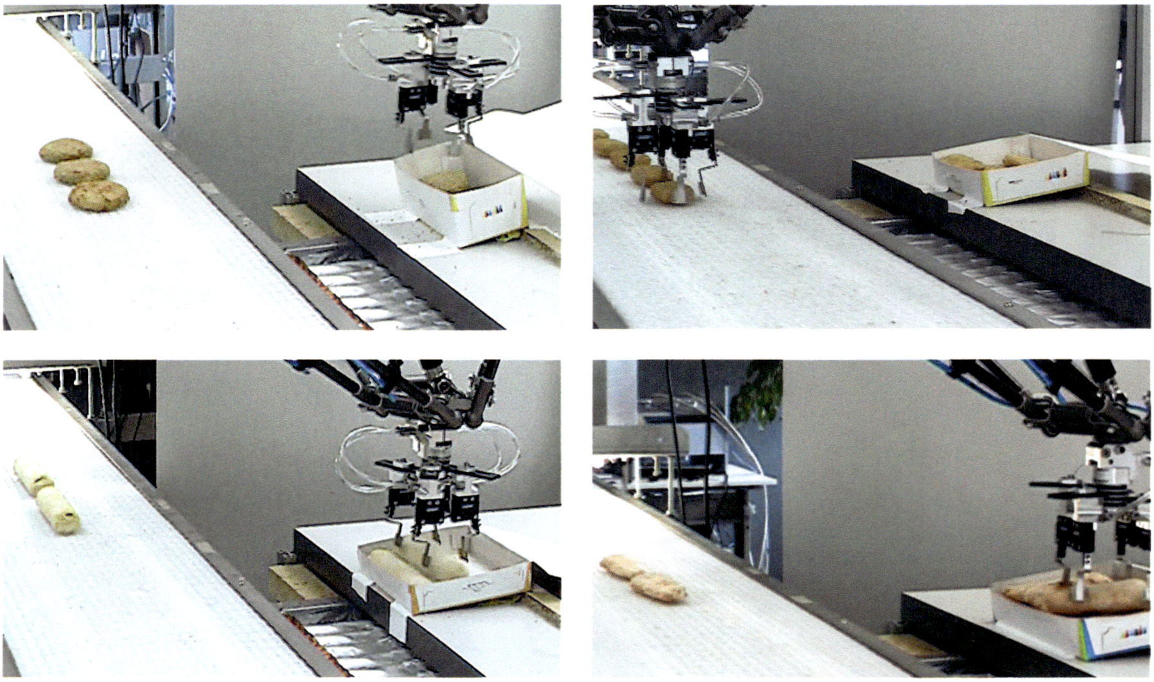

Abbildung 3.101 Vierfingergreifer im Einsatz mit unterschiedlichen Produktgeometrien (Quelle: SCHUNK[65]/robomotion[61])

Der Nachteil eines derartig flexiblen Greifers ist die Anpassung auf unterschiedliche Produkte, die hier nicht automatisch erfolgt, sondern manuell eingestellt werden muss. Bei häufigen Produktwechseln führt dies zu erheblichen Umrüstzeiten, sodass über einen kompletten Greiferwechsel diese Zeit reduziert werden muss. Somit entfallen die Kostenvorteile der flexiblen Einstellmöglichkeit. Jedoch gibt der Greifer dem Kunden die Möglichkeit, sich auf Produktwechsel selbst einstellen zu können, ohne einen neuen Greifer entwickeln zu müssen. Mittels einer Einstellhilfe können die Zeiten zum Umrüsten reduziert werden. Die Beispiele mit unterschiedlichen Geometrien von Tiefkühlprodukten zeigen die Möglichkeiten unterschiedlicher Angriffspunkte am Werkstück. Allerdings ist darauf zu achten, dass entsprechender Greifraum zwischen den Werkstücken beim Aufnehmen vorhanden ist. Darüber hinaus ist dies auf der Ablageseite ebenfalls zu berücksichtigen.

Der nächste Schritt in Richtung völlige Anpassbarkeit bietet dann der Fünffingergreifer, bei dem alle Finger unabhängig voneinander gesteuert werden können – die menschliche Hand ist hier das Vorbild.

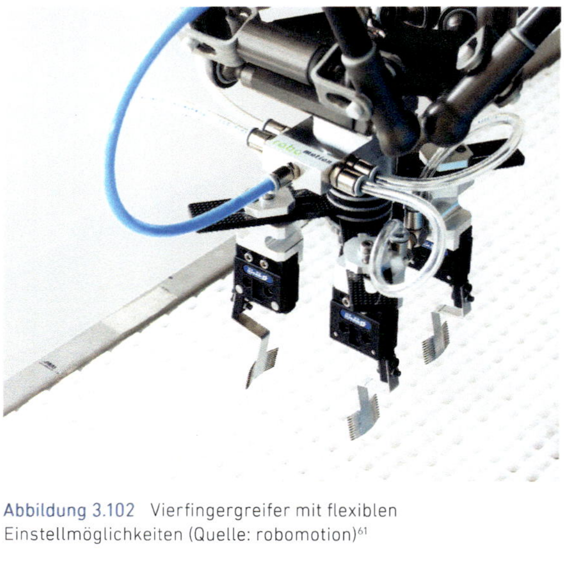

Abbildung 3.102 Vierfingergreifer mit flexiblen Einstellmöglichkeiten (Quelle: robomotion)[61]

3.3 Greiferhände mit aktiven Wirkflächen

Die Anzahl der Wirkelemente als Klassifizierungsmerkmal der Greifer zu nutzen, findet ein Ende bei vier Wirkelementen. Wird die menschliche Hand zum Vorbild für die Greiferkonstruktion, so kann zunächst auf die unterschiedlichen Griffarten und Möglichkeiten, Werkstücke zu fixieren, fokussiert werden (Abbildung 3.103). Hier gibt es beispielsweise den Zylindergriff, mit dem das Werkstück fest umschlossen wird. Diese Griffart nutzen wir, wenn hohe Kräfte z.B. auf ein schweres Bauteil zu übertragen sind. Der Klemmgriff wird dann genutzt, wenn wir beispielsweise unzugängliche Greifsituationen vorfinden, in denen nicht alle Finger zum Einsatz kommen können. Beim Untergriff können wir Bauteile aufnehmen, die zerbrechlich oder labil sind.

Mit dem Präzisionsgriff können beispielsweise Fügebewegungen in der Montage ausgeführt werden. Die Werkstücke lassen sich dabei genau positionieren bzw. manipulieren. Auch der Zweifingergriff ist für genaue Operationen hilfreich, kann aber auch bei schlecht zugänglichen Werkstücken eingesetzt werden. Die fünf Finger erlauben beim Greifen eine Erweiterung des Greifbereichs und das Umschließen von Werkstücken zum sicheren Greifen. Ebenso lassen sich die Wirkelemente – die Finger – durch die Einzelgelenke der Form des Werkstücks anpassen und ermöglichen so in der Regel einen Formschluss.

Aus den Darstellungen in Abbildung 3.103 wird deutlich, dass wir bis auf den Untergriff in der Regel den Daumen als Gegenhalter für jede Greifoperation benötigen. Der Daumen bildet den Gegenpol zu den restlichen Fingern und ermöglicht das Klemmen eines Werkstücks. Bei Verletzungen der Hand wird daher vom Chirurgen zuerst versucht, die Funktion des Daumens zu erhalten, da dieser für fast alle Greifaktionen von viel wichtigerer Bedeutung ist als die restlichen Finger.

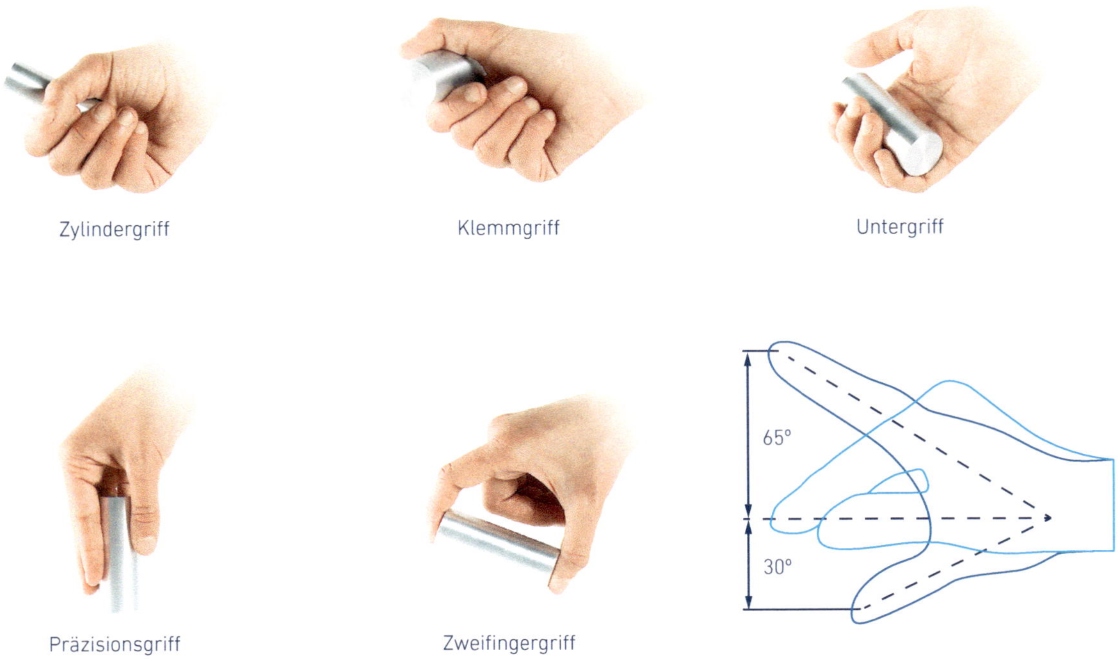

Abbildung 3.103 Unterschiedliche Griffarten der menschlichen Hand und übliche Öffnungswinkel zwischen Daumen und Zeigefinger

Nachbildungen der menschlichen Hand in der Technik gibt es schon seit dem Mittelalter. Auch damals versuchten Entwickler bereits, die Eigenschaften der natürlichen Vorlage nachzubilden. Schon immer gab es dabei zwei Stoßrichtungen: zum einen die Prothetik, die versucht, verlorene Gliedmaßen durch technische Konstruktionen zu ersetzen, zum anderen die Produktionstechnik, die die Hand als universellen Greifer nutzen möchte. Beide Bereiche beeinflussen sich verständlicherweise gegenseitig, da beide ähnliche Anforderungen aufweisen. Bei der Prothetik stehen die neurologische Ansteuerung und das menschenähnliche Aussehen im Vordergrund der Entwicklungen, bei den industriellen Anwendungen hingegen die Flexibilität und die Handhabungsgeschwindigkeit als besonders wichtige Zielrichtungen. Sensoren sind natürlich in beiden Nutzungsrichtungen interessant, um vom Greifer ein Feedback über den Handhabungsprozess zu erhalten. Dabei lassen sich Überwachungen der zumeist elektrischen Antriebe nutzen, die eine Rückmeldung zu den übertragenen Kräften geben können. Aber auch direkte taktile Sensoren können in die Fingerspitzen und Handflächen eingebaut werden. Problematisch für die Prothetik ist dabei häufig noch die Baugröße mancher technischen Lösungen, obwohl gerade hier in den letzten Jahren eine starke Annäherung auf die Größe einer menschlichen Hand stattgefunden hat.

In der Forschung und Entwicklung von humanoiden Robotern und Serviceanwendungen lassen sich diese Hände daher bereits gut nutzen. Es ist zu erwarten, dass die Baugrößen in den nächsten Jahren aufgrund weitergehender Integration immer mehr in die Nähe des natürlichen Vorbildes kommen werden. Bei der Ansteuerung der Hand direkt über Nervenbefehle sind bereits erste Hände im Forschungseinsatz. Heute können jedoch noch keine sicheren Prognosen zum Einsatz in großen Stückzahlen aufgestellt werden.

Die Bauarten der industriell genutzten künstlichen Hände werden dabei in modulare und integrierte Hände unterschieden. Die modularen Hände sind extern adaptierbare Kinematiken, die unabhängig vom Roboterarm alle nötigen Komponenten wie Sensoren und Aktoren beinhalten. Die Integration der Komponenten führt dazu, dass die modularen Hände ein erheblich komplexeres Design als die integrierten Hände aufweisen. Sie sind aufgrund des zur Verfügung stehenden Standes der Technik größer als das menschliche Vorbild, können aber zugleich nur geringere Greifkräfte als integrierte Hände aufnehmen. Die integrierten Hände sind im Gegensatz zu den modularen Händen direkt in den Roboterarm integriert. Komponenten können in den Arm ausgelagert werden und durch den Einsatz von größeren Aktoren können erheblich größere Greifkräfte übertragen werden. Probleme treten hier vor allem bei der Kraftübertragung in die Finger und Gelenke der Hand auf. Eine Gegenüberstellung der beiden Bauarten ist Tabelle 3.14 zu entnehmen.

Modulare Hände	Integrierte Hände
• an Roboterarm adaptierbar • Komponenten sind integriert • geringere Greifkräfte als bei integrierten Händen • größer als menschliches Vorbild • komplexeres Design als bei integrierten Händen	• in Roboterarm integriert • Komponenten können ausgelagert werden • höhere Greifkräfte als modulare Hände • Probleme bei der Kraftübertragung auf die Finger bzw. Gelenke

Tabelle 3.14 Bauarten künstlicher Hände

Für industriell nutzbare Anwendungen setzt sich die Erkenntnis durch, dass weniger Finger ein besseres Kosten-Nutzen-Verhältnis ergeben, da fünf voll flexible Finger einen erheblichen Kostenfaktor bedeuten. Die bei weniger Fingern reduzierten Möglichkeiten hinsichtlich der Flexibilität können in vielen Fällen gegenüber deutlich reduzierten Kosten und verringerter Komplexität der Ansteuerung verkraftet werden. Die Anwendungen der industriellen Roboterhände weisen klar in die Richtung der Abdeckung eines breiten Werkstückspektrums bei kleinen Losgrößen bzw. des Einsatzes in Roboterumgebungen mit unterschiedlichen Aufgabenstellungen für den Roboter. Aber auch die Logistik ist in den letzten Jahren ein Treiber in der Automation von Prozessen zur Kommission von Stückgütern geworden; bei diesen Anwendungen ist der Einsatz von hochflexibler Greiftechnik ebenfalls denkbar.

Mechanische Ansätze zur Handnachbildung sind beispielsweise die Dreifingerhände des Fraunhofer IPA in Stuttgart, die bereits durch die einfache Ansteuerung von drei starren Fingern mit nur zwei Antriebsmotoren ein breites Spektrum an Werkstückgeometrien abdecken können. Hier lassen sich die Wirkelemente sowohl in der Rotation als auch in einer Kipprichtung verstellen. Den Anschlagpunkt bildet dabei ein fiktiver Daumen, der immer als Gegenhalter fungiert.

3

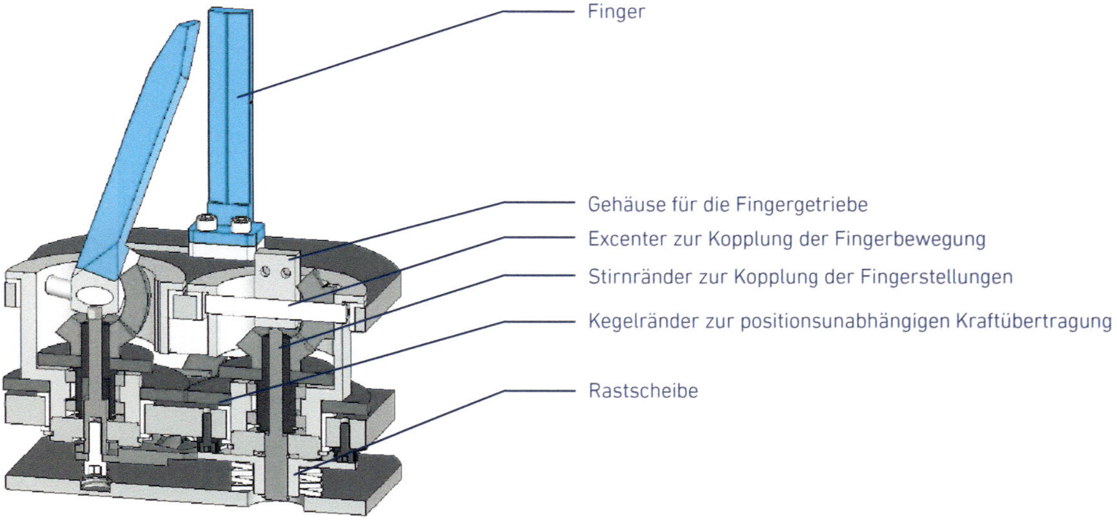

Abbildung 3.104 Verstellmöglichkeiten der Dreifingerhand (Quelle: Fraunhofer IPA)[68]

Klarer Nachteil einer Hand mit starren Wirkelementen ist die mangelnde Anpassfähigkeit an die Geometrie der Werkstücke. Daher gab es hier schon früh Ansätze, sowohl die Angriffspunkte am Werkstück als auch die Finger selbst flexibler zu gestalten. Die Barret-Hand (Abbildung 3.105) ist hier ein vielversprechender Ansatz, der nach den Vorläufern an den Hochschulen in ersten Produkten bzw. entwickelten Komponenten der Automatisierungstechnik umgesetzt wurde.

So ermöglicht die Flexibilität bei den Greiferfingern viele Griffarten, um unterschiedliche Werkstücke mit der Hand greifen zu können (siehe Abbildung 3.106). Je nach Anordnung der Finger lassen sich von der Geometrie her unterschiedliche Werkstücke umschließen. Aber auch die Beweglichkeit in den einzelnen Fingern ist eine wichtige Möglichkeit, deutlich sicherere Greifergebnisse zu erhalten. Würde hier ein klassischer Parallelgreifer mit zwei Fingern zum Einsatz kommen, so wäre jeweils ein Greifer- oder Greiferfingerwechsel erforderlich gewesen. Insgesamt kann also schon mit dieser recht einfachen Hand eine hohe Flexibilität hinsichtlich der Werkstückgeometrie erreicht werden. Allerdings ist sie zu Forschungszwecken vermutlich zu einfach und wurde daher nicht mehr nachgefragt und bei SCHUNK aus dem Programm genommen.

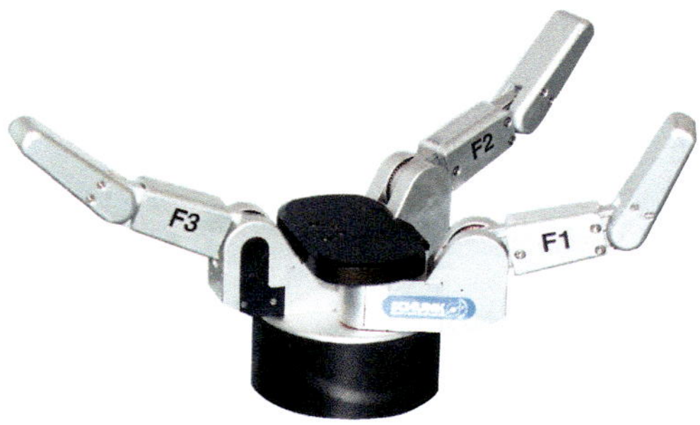

Abbildung 3.105 Dreifingerhand nach dem Barret-Prinzip (Quelle: SCHUNK)[65]

Aktuell arbeiten viele Entwickler weltweit an kompletten Handnachbildungen mit vier bis fünf Fingern mit den unterschiedlichsten Zielanwendungen von der Tiefsee bis zum Einsatz im Weltraum. Wesentliche Unterschiede gibt es vor allem in der Übertragung der Antriebskräfte und damit der Anordnung der Motoren, die im Wesentlichen elektrischer Bauart sind.

Beispielsweise ist die DLR-Dexhand (Abbildung 3.107) für den Einsatz im Weltraum konzipiert worden, um Roboter in Arbeitssituationen mit Werkzeug arbeiten zu lassen, dass auch der Mensch nutzen kann. So ist die Mannschaft in der Raumstation in der Lage, vor Ort zu entscheiden, ob eine Reparatur vom Roboter oder vom Menschen ausgeführt werden soll. Je nach Gefährdungssituation kann dann der Einsatz geplant werden. Die DLR entschied sich für eine Vierfingerhand, deren Antriebe in die Handbasis integriert

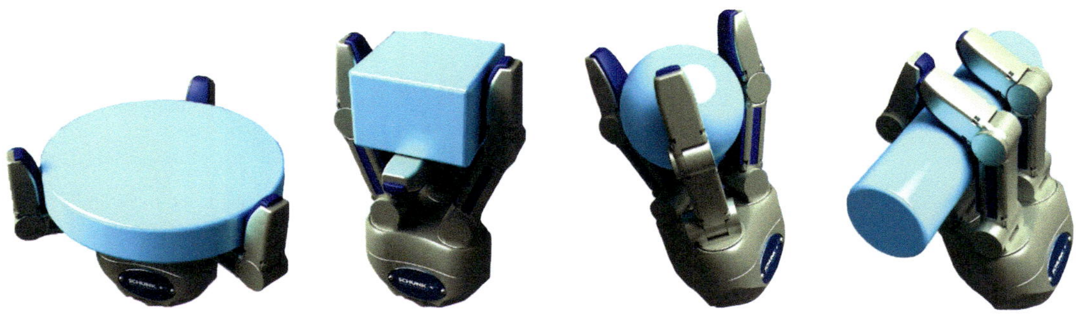

Abbildung 3.106 Unterschiedliche Greifmöglichkeiten (Quelle: SCHUNK)[65]

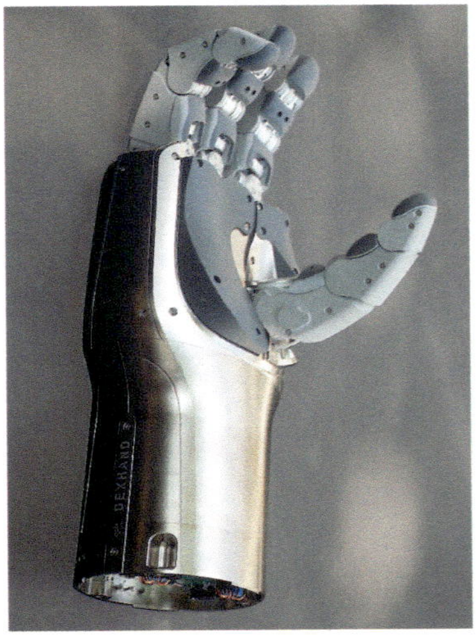

Abbildung 3.107 DLR-Dexhand (Quelle: Deutsches Zentrum für Luft- und Raumfahrt e. V.)[93]

Abbildung 3.108 Shadow Dexterous (Quelle: android world)[94]

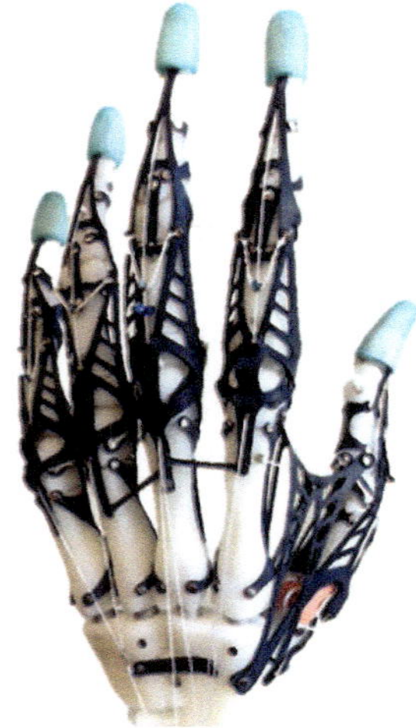

Abbildung 3.109 Hand des Movement Control Labs der Univ. of Washington (Quelle: 3D Printing Industry)[95]

wurden. Auch die Elektronik zur Ansteuerung ist in die Handwurzel integriert worden. Besonderes Augenmerk musste bei der Entwicklung auf den Schutz vor Strahlungseinflüssen auf die Elektronik gelegt werden. Ebenso ist ein Einsatz bei „Weltraumtemperatur" zu erwarten und dafür die Auslegung entsprechend durchzuführen.

Geht man von der Vierfinger- zur Fünffingerhand über, ergeben sich logischerweise zusätzliche Herausforderungen durch die weiteren Gelenke und Antriebe, die auf kleinstem Raum untergebracht werden müssen. Dafür rückt man dann mit ungefähr 20 Gelenken in die Nähe der Möglichkeiten eines Menschen, was die Beweglichkeit angeht. Hinzu kommt dann noch, je nach Modell, der sensorische Aufwand, der ebenfalls den Bauraum weiter einschränkt. Die Ausstattung in dieser Klasse von Handnachbildungen wirkt sich daher stark auf den Preis aus.

Die Shadow-Dexterous-Hand in Abbildung 3.108 kann z. B. mit insgesamt 129 Sensoren sehr feinfühlige Handhabungsoperationen ausführen. Die Hand des Movement Control Labs der University of Washington in Abbildung 3.109 ist hier hinsichtlich des Kostenziels von ca. 1000 US$ deutlich reduzierter ausgestattet. Beide Hände sind der Größe der menschlichen Hand ähnlich. Wie aus den Aufnahmen ersichtlich ist, müssen beide Greiferhände integriert am Handhabungssystem verbaut werden, d. h., es sind noch zusätzliche Antriebe und Steuerungstechnikkomponenten nötig, um die Hand zu betreiben. Man spricht von integrierter Bauweise der Hände.

Konkrete Daten ähnlich wie in einem Datenblatt für Greifermodule, z. B. zur Greifkraft, konnten auf den Internetseiten der Forschungsinstitute nicht gefunden werden. Hier scheint es derzeit noch keine wirklich gesicherten bzw. dauergeprüften Werte zu geben. Auch deshalb werden die Greiferhände häufig nur in Forschungsumgebungen eingesetzt.

Die Firma SCHUNK hat als einer der wenigen industriellen Anbieter in der Szene eine Fünffingerhand entwickelt (siehe Abbildung 3.110). Diese bietet ebenfalls eine Vielzahl Sensoren an und kann wie ein Greifmodul an ein Handhabungssystem angebaut werden. In der Handwurzel ist die gesamte Elektronik und

Antriebstechnik verstaut, sodass sich die künstliche Hand wie ein Greifmodul an einen Roboter anbauen lässt.

Die Fünffingergreifhand, im Maßstab 1:1 zur realen menschlichen Hand, ist sowohl als linke als auch rechte Ausführung erhältlich. Sie deckt ein riesiges Repertoire an Griffarten ab, das von detailliertesten und genauesten Präzisionsgriffen, z. B. Halten einer Nadel, bis hin zu Kraftgriffen, z. B. Schrauben mit einem Akkuschrauber, reicht. Die verschiedenen Griffe werden dabei durch die neun Elektromotoren realisiert, die für die Bewegungen in den 20 Gelenken verantwortlich sind. Es können bis zu 850 g gehandhabt werden. Die Steuerung kann über einen Raspberry Pi mittels ROS (Robot Operating System) realisiert werden.

Die servoelektrische SCHUNK-Hand wird weltweit als Serienprodukt angeboten. Einsätze sind im Bereich der Servicerobotik und der Forschung zu finden.

Mit zunehmender Verbreitung von humanoiden Robotern wird der Einsatz von solchen Händen in größeren Stückzahlen wahrscheinlicher. Allerdings ist auch bei diesen Einsätzen die Ansteuerung dieser komplexen Kinematiken nicht ohne Hindernisse.

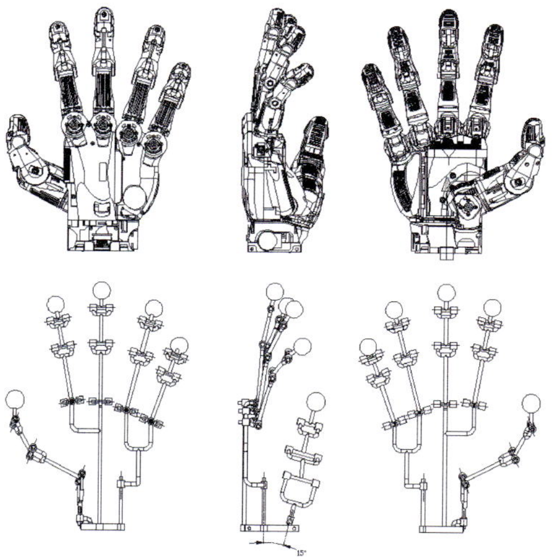

Abbildung 3.110 Mechatronische Hand als Nachbildung der menschlichen Hand (Quelle: SCHUNK)[65]

Abbildung 3.111 Servoelektrische Hand mit 20 Gelenken (Quelle: SCHUNK)[65]

3.4 Greifkraft

Die Greifkraft ist eine wesentliche Kenngröße mechanischer Greifer. Mit der Greifkraft wird die Dimensionierung des Greifers an sich vorgenommen. Je schwerer die Werkstücke, desto leistungsfähiger müssen die Greifmodule sein. Bei der Ermittlung der richtigen Dimensionierung gibt es unterschiedliche Aspekte zu beachten. Zunächst stellt sich die Frage, wie viele Kontaktmöglichkeiten, also Greifstellen, gibt es am Werkstück und mit welchem Greifprinzip – Formschluss oder Kraftschluss – kann gegriffen werden. Die über die Wirkflächen oder Greiferfinger aufgebrachten Greifkräfte können unterschiedlich am Werkstück angreifen. Während einer Bewegung des Werkstücks im Raum können sich dabei die Krafteinwirkungsrichtungen ändern, je nach den Beschleunigungen, die auf das Werkstück übertragen werden sollen.

Vereinfacht lassen sich die unterschiedlichen Greiferbauarten hinsichtlich ihrer Krafteinleitung in das Werkstück wie in dem Schaubild in Abbildung 3.112 darstellen. Hier sind nochmals die im vorangegangenen Abschnitt erläuterten Wirkflächenformen schematisch dargestellt. Der Schwerpunkt der Darstellung liegt in diesem Abschnitt aber auf der übertragbaren Kraft, mit der die Wirkflächen dann Werkstücke bewegen müssen.

Zunächst wird dabei wieder in die grundlegend unterschiedlichen Greifprinzipien Kraftschluss und Formschluss unterschieden. Eine weitere Gliederungsebene bietet die Unterscheidung in die jeweilige Kraftrichtung bzw. Kraftübertragung. Der Formschluss wird über die Paarung von mindestens zwei entsprechend der Werkstückgeometrie angepassten Wirkflächen erzielt.

Bei Wirkflächen wie den Nadelgreifern ist durch ein vorübergehendes Verhaken der Wirkfläche mit dem Werkstück der Formschluss hergestellt.

Der Kraftschluss über eine Normalkraft an der Wirkfläche ist ein sehr häufig vorkommendes Greifprinzip, allerdings nur, was die Sauggreifer angeht. Sonderbauformen wie Adhäsionsgreifer kommen nur bei idealen Rahmenbedingungen zum Einsatz, bieten dann aber gegenüber anderen Prinzipien enorme Vorteile.

Kraftschluss durch Reibung ist für die mechanischen Greifer ein häufig vorkommendes Halteprinzip. Hier bieten Auslegungsformeln eine gute Möglichkeit, die Greifkraft, mit der die Wirkflächen zusammengepresst werden müssen, so auszulegen, dass die Reibung für den Prozess ausreicht.

Im Folgenden wird zunächst erläutert, wie sich die Haltekräfte ermitteln lassen. Darüber hinaus wird die Krafterzeugung und Übertragung auf die Finger näher erläutert, da dies Einfluss auf die Kraftverläufe hat.

Abschließend werden die häufig vorkommenden Formen der Energie, mit denen die Kräfte erzeugt werden, näher erläutert. Der Unterschied zwischen druckluftbetriebenen Greifern und elektrischen Antrieben wird skizziert.

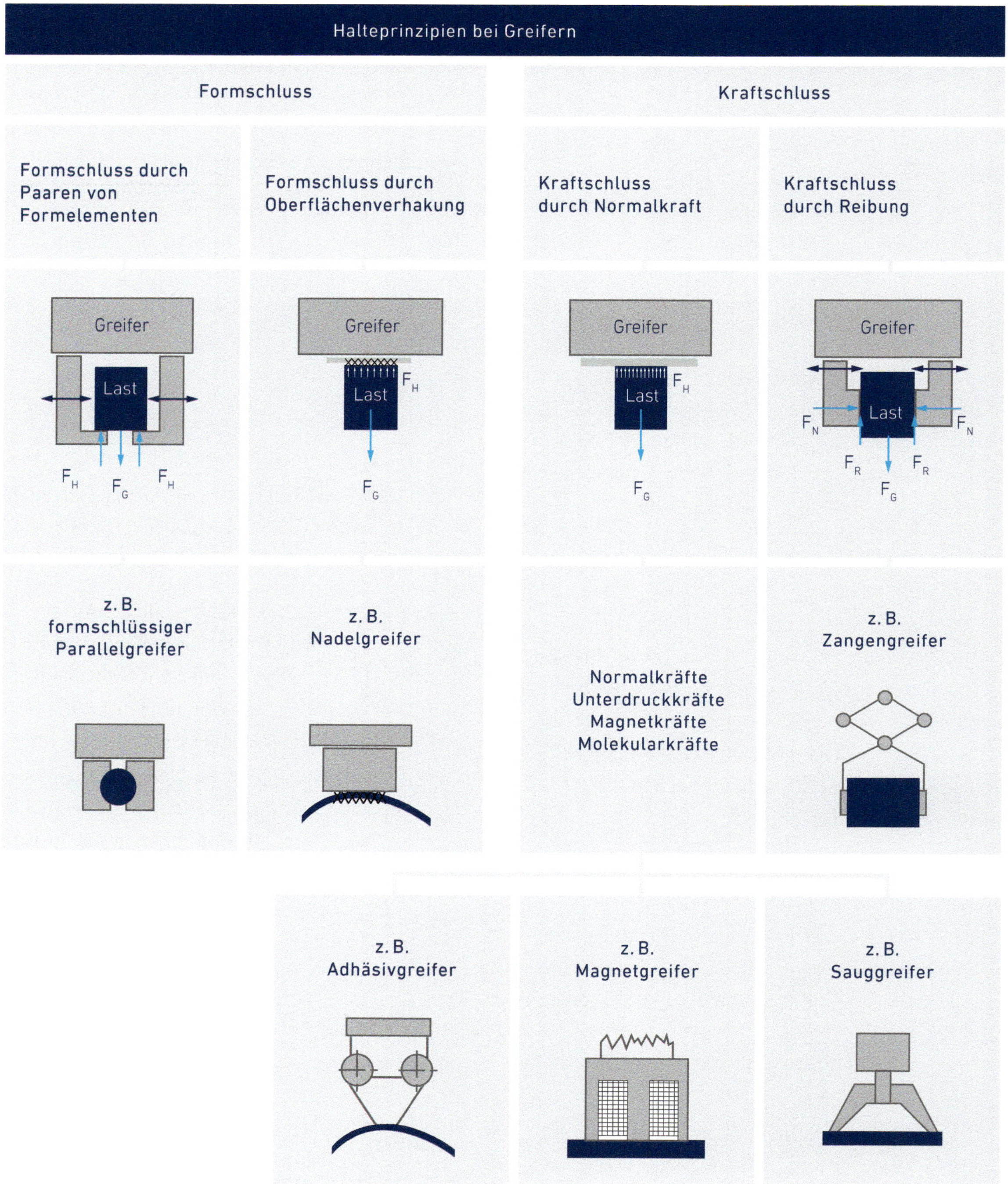

F_G: Gewichtskraft F_H: Haltekraft F_N: Normalkraft F_F: Reibekraft

Abbildung 3.112 Darstellung der Haltekräfte an Werkstücken ohne Bewegung durch das Handhabungssystem (Quelle: Hesse)[96]

3.4.1 Greifkraft und Werkstück

Wird ein Werkstück rein über die Reibung zwischen den Greiferfingern gehalten, ist die Berechnung der Greifkraft im Wesentlichen über die Kräfte zu ermitteln, die kompensiert werden sollen. Im einfachsten Fall ist das die Gewichtskraft und eine der Gewichtskraft überlagerte Kraft, die aus der Beschleunigung der Masse des Werkstücks hervorgerufen wird.

Das in Abbildung 3.113 frei geschnittene fiktive Werkstück hat dabei zunächst eine Masse G, die über die Erdbeschleunigung g nach unten gezogen wird. Wird diese Masse senkrecht nach oben beschleunigt, so ist diese Kraft durch die Reaktionskräfte F_R ebenfalls zu kompensieren. Werden die Reaktionskräfte rein über Kraftschluss erzeugt, sind diese über die Greifkraft zu erbringen.

Die Praxis zeigt aber, dass in der Regel die Berechnung nicht immer so einfach erfolgen kann und es je nach Manipulation des Werkstücks die unterschiedlichsten Formen der Greifkraft gibt. So ist beim Sichern von Werkstücken im Greifer darauf zu achten, dass sich das Greifprinzip während einer Bewegung ändern kann, wie die in Abbildung 3.114 dargestellten Beispiele zeigen.

Reiner Formschluss ist dann gegeben, wenn die wirkenden Trägheits- und Prozesskräfte ausschließlich senkrecht auf die Kontaktflächen zwischen Werkstück und Greiffinger wirken, wie dies in den Grafiken in Abbildung 3.114 dargestellt ist. Formschluss ist zu bevorzugen, da die notwendige Greifkraft geringer gehalten werden kann und eine hohe Prozesssicherheit gegeben ist. Selbst bei unterschiedlichen Haftreibungszahlen ist immer ein sicherer Griff gewährleistet. Allerdings ist bei sich ändernder Bewegungsrichtung darauf zu achten, dass wie in der Grafik dargestellt,

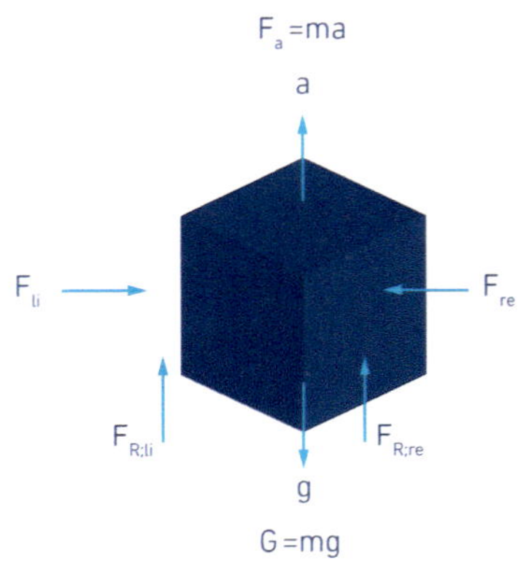

Abbildung 3.113 Kräftezerlegung an einem Werkstück, das über Reibschluss gehalten wird.

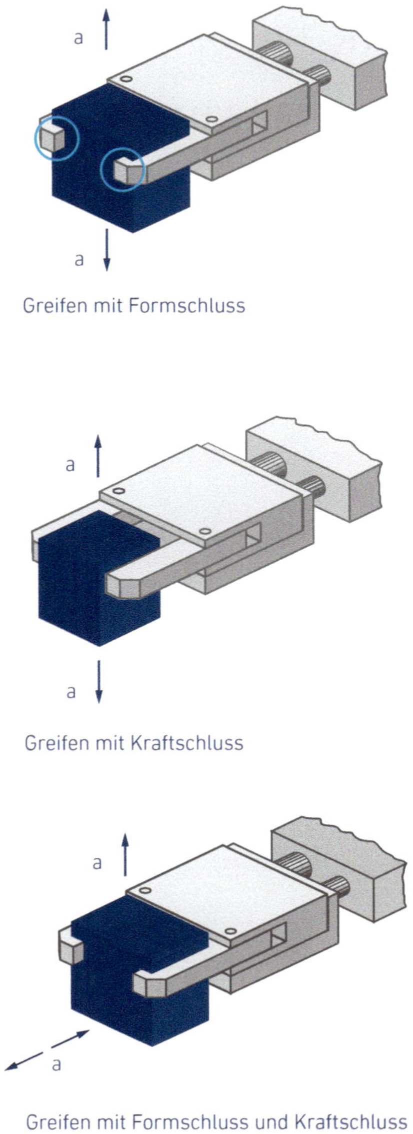

Abbildung 3.114 Greifprinzipien

in x-Richtung nur noch der Kraftschluss wirkt. Unter Umständen reicht in diesem Fall dann die Greifkraft nicht mehr aus, um das Werkstück sicher im Greifer zu halten.

Wird ein Werkstück rein über Kraftschluss gehalten, so muss die Greifkraft so ausgelegt werden, dass nicht nur die Kräfte aus der Erdbeschleunigung überwunden werden, sondern auch die aus der Beschleunigung a resultierenden Kräfte aufgenommen werden. Damit hängt die Größe der notwendigen Greifkraft vorrangig vom Haftreibungskoeffizienten an der Kontaktfläche ab. Daher ist es wichtig zu wissen, ob sich der Reibungskoeffizient in der Praxis verändern kann (z. B. durch Verschmutzungen).

In dem in Tabelle 3.15 dargestellten Berechnungsbeispiel wird jeweils ein Stück Rundmaterial als Werkstück zwischen zwei prismatisch geformten Greiferbacken gehalten. Das Prisma hat einen Öffnungswinkel und auf das Werkstück soll die Beschleunigung a in z-Richtung wirken.

Im Fall des Kraftschlusses ist neben der Gewichtskraft, die durch den Kraftschluss aufgenommen werden muss, ebenfalls die Beschleunigung in entgegengesetzter Richtung zu berücksichtigen. Da diese Kräfte komplett über die Reibung an den Greiferbacken übertragen werden müssen, ist in diesem Fall die Greifkraft, mit der die Greiferfinger zusammengedrückt werden müssen, am höchsten. In dem beschriebenen Beispiel für ein 5 kg schweres Werkstück und einer Beschleunigung von 6 m/s² bei einem Reibkoeffizienten von 0,1 und einem Sicherheitsfaktor 2 ergeben sich 565,7 N.

Im zweiten Belastungsszenario ist in Beschleunigungsrichtung sowie in Schwerkraftrichtung kein Kraftschluss im Eingriff. Das Werkstück wird vielmehr über reinen Formschluss gehalten. Daher ist auch kein Reibungskoeffizient in der Gleichung enthalten. Der untere

Kraftschluss	Formschluss	
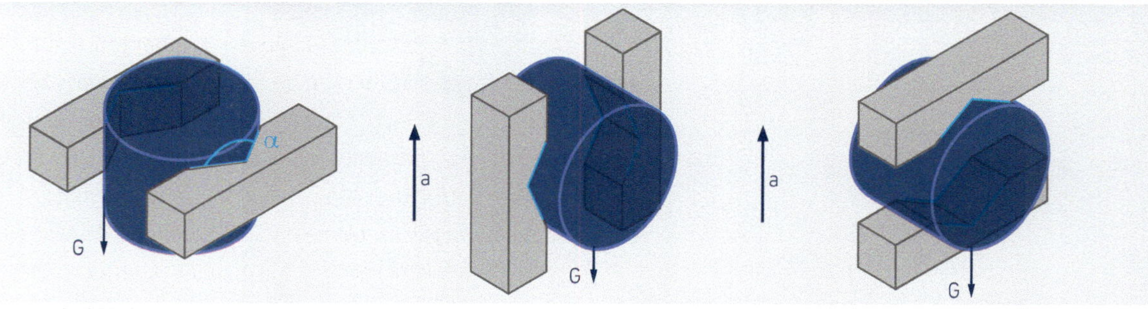		
$F = \frac{m \cdot g}{2\mu}\left(1 + \frac{a}{g}\right)\sin\frac{\alpha}{2} \cdot S$	$F_G = m \cdot (a+g) \cdot S$	$F_G = m \cdot (a+g) \cdot \frac{\tan\frac{\alpha}{2}}{2}$
$F_G = \frac{5\,kg \cdot 10\,\frac{m}{s^2}}{2 \cdot 0{,}1}\left(1+\frac{6\,\frac{m}{s^2}}{10\,\frac{m}{s^2}}\right)\sin\frac{90^\circ}{2} \cdot 2$	$F_G = 5\,kg \cdot \left(6\,\frac{m}{s^2} + 10\,\frac{m}{s^2}\right) \cdot 2$	$F_G = 5\,kg \cdot \left(6\,\frac{m}{s^2} + 10\,\frac{m}{s^2}\right)\frac{\tan 45^\circ}{2}$
$F_G = 565{,}7\,N$	$F_G = 160\,N$	$F_G = 80\,N$

Tabelle 3.15 Vergleich der Kräfte bei Kraft- bzw. Formschluss, S = Sicherheitsfaktor (Quelle: Seegräber)[97]

Greiferfinger muss jedoch sowohl gegen die Schwerkraft als auch gegen die Gewichtskraft des Werkstücks arbeiten. Bei einem 5-kg-Werkstück sind das immerhin noch 160 N.

Erst bei der dritten Anordnung kann sich die Kraft aus Schwerkraft und Beschleunigung auf beide Backen gleichmäßig verteilen, und so erhalten wir die geringste Greifkraft von 80 N. Allerdings ist dieser Fall theoretisch konstruiert, der in der Praxis bei der Handhabung mit Robotern kaum auftreten wird, da diese Handhabungsgeräte die Werkstücke in allen drei Raumachsen bewegen können. Er zeigt aber, wie stark sich die Kräfte voneinander unterscheiden können, wenn unterschiedliche Griffarten zum Einsatz kommen.

Auch die Form der Anlagepunkte der Wirkflächen hat einen entscheidenden Einfluss auf die bei Kraftschluss aufzubringenden Kräfte. Tabelle 3.16 zeigt dies beispielhaft auf. Entsprechend der Form und der Kontaktflächenanzahl zwischen dem Werkstück und den Greiferbacken werden unterschiedliche Greifkräfte notwendig. Die Tabelle zeigt hier drei typische Wirkflächenpaarungen für kraftschlüssiges Greifen auf.

Je nach Form ist die Greifkraft über einen entsprechenden Formfaktor anzupassen. Bei überbestimmten Formen, also wenn die Auflagesicherheit für jede Wirkfläche nicht gegeben ist, kann ein zusätzlicher Korrekturfaktor K (liegt als Schätzgröße zwischen 1 und 2) eingeführt werden. Der Korrekturfaktor beinhaltet die nicht exakte, gleich sichere Anlage aller

	Greifkraft	Grundgreifkraft	Einflussgröße der Kontaktierungsform	Korrekturfaktor zur Kontaktsicherheit
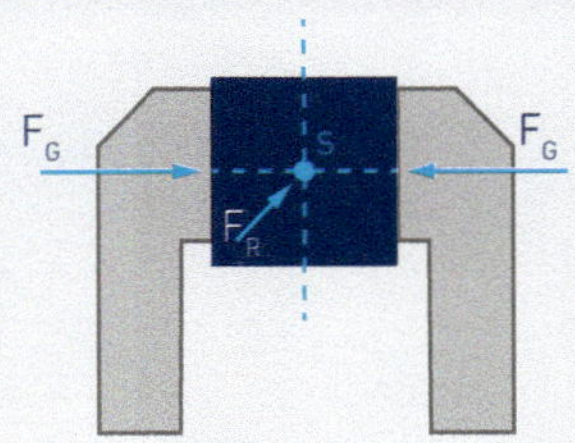	$F_G =$	$F_R \cdot \frac{s}{\mu}$	$\cdot \frac{1}{2}$	
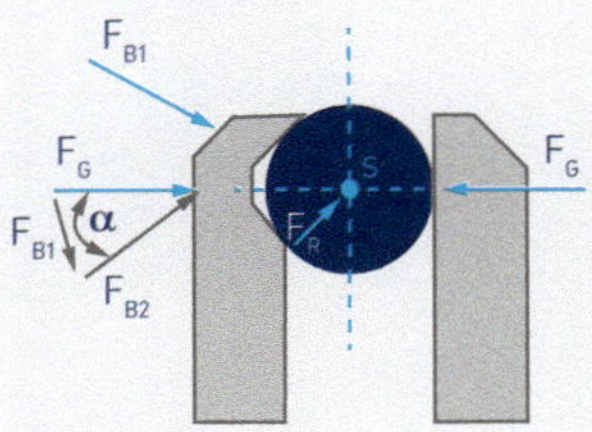	$F_G =$	$F_R \cdot \frac{s}{\mu}$	$\cdot \frac{\cos\alpha}{2}$	$\cdot$ k
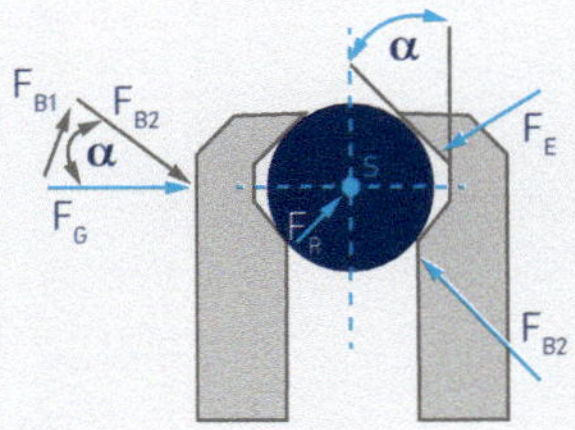	$F_G =$	$F_R \cdot \frac{s}{\mu}$	$\cdot \frac{\cos\alpha}{1 + \cos\alpha}$	

Tabelle 3.16 Greifkraftberechnung bei unterschiedlicher Fingerform (Quelle: Seegräber)[97]

Flächen bei überbestimmten Systemen. Eine gute Kontaktierung zwischen Werkstück und Wirkfläche ist für ein sicheres Greifen, gerade bei geringen Greifkräften äußerst wichtig. In Abhängigkeit der Bewegung des Greifers durch das Handhabungssystem kommt es zu Abweichungen zwischen der Lage der Wirkfläche am Werkstück und der Kontaktfläche an den Greiferbacken.[97]

Je besser dieser Ausgleich erfolgt, desto sicherer ist der Handhabungsprozess. Hierzu können die Greiferfingerenden so gestaltet werden, dass sie sich beim Zusammenfahren der Greiferfinger an das Werkstück anlegen und möglichst guten Kraftschluss zu dessen Oberfläche erzeugen.

Um eine möglichst gute Krafteinleitung bei gleichzeitiger Werkstückschonung zu gewährleisten, können zur Werkstück- bzw. zur Greiffingergestaltung die in Tabelle 3.17 aufgeführten Regeln befolgt werden. Alle diese Regeln haben das Ziel, die reinen Reibkräfte durch Formschluss zu reduzieren und durch Formgebung die Greifgenauigkeit zu erhöhen. Aber auch die Flexibilität eines Greifers kann durch die Fingeranzahl oder -anordnung beeinflusst werden, wie die vorangegangenen Beispiele zeigen konnten. Darüber hinaus zeigen sie, wie bestimmte Teile zu greifen sind, um eine möglichst schonende oder sichere Bewegung der Werkstücke zu erzielen.

Ziel der Regeln ist es, möglichst viel Auflagefläche zu erzielen, um die Reibkraft zu übertragen bzw. das Werkstück nicht zu beschädigen. Grundsätzlich kann festgehalten werden, je mehr die Finger sich um das Werkstück schmiegen, desto mehr Kontaktfläche wird erzeugt. Die Darstellungen rechts in Tabelle 3.17 gehen dabei vom ungünstigsten Fall mit einer reinen Linienauflage bei dem runden Werkstück aus.

Von unten her werden die Fingerformen und die Anzahl immer besser an die zylindrische Form des Werkstücks angepasst. In der obersten Darstellung wird das Werkstück mit an die Form angepassten Fingern gegriffen und zentrisch mit drei Wirkflächen gehalten, sicher die ideale und werkstückschonendste Gestaltung der Finger.

Insofern wird deutlich, dass es auch schon bei der Produktentwicklung sinnvoll sein kann, sich über die spätere Automatisierung der Herstellung Gedanken zu machen und die Werkstücke entsprechend ihrer Handhabbarkeit zu gestalten. Darüber hinaus gibt es auch Regeln zur Gestaltung, die die Montage von Baugruppen aus Werkstücken erleichtern und damit auch die Automatisierbarkeit.

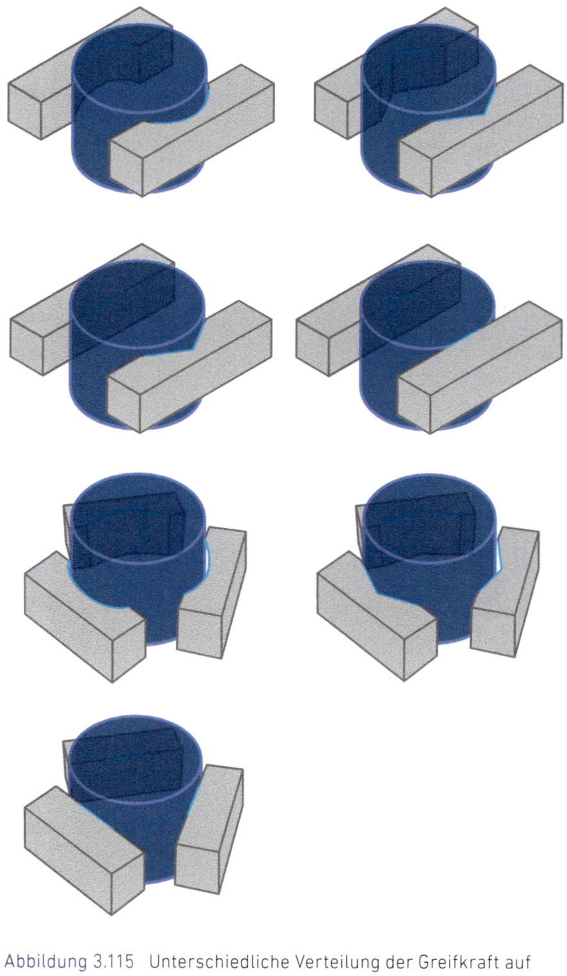

Abbildung 3.115 Unterschiedliche Verteilung der Greifkraft auf das Werkstück durch Fingerformpassung

	Regel	schlecht	besser
1	Formpaarung vor Kraftpaarung verwenden	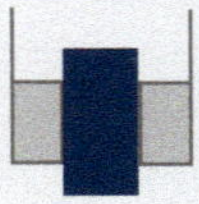	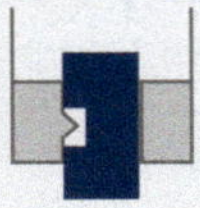
2	Bei Haftgreifern Abgleitsicherung verwenden		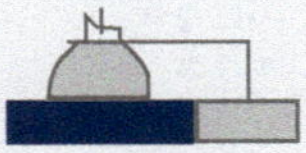
3	Parallele Griffflächen vorsehen	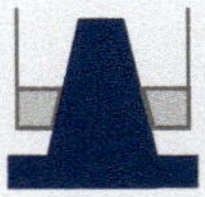	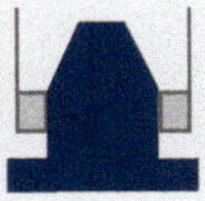
4	Griffflächen bewusst gestalten	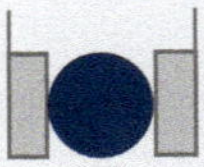	
5	Schwerpunkt zwischen die Greiferbacken legen		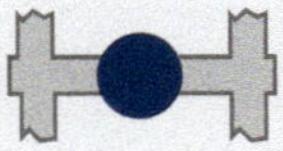
6	Gleiche Greifstellen für unterschiedliche Teile verwenden		
7	An empfindlichen (p = polierten) Flächen nicht greifen		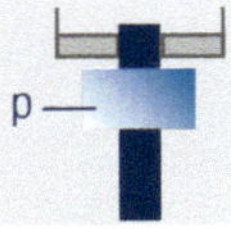
8	Dünnwandige Teile versteifen und Greifkraft begrenzen		
9	Ebene Haftfläche ausbilden	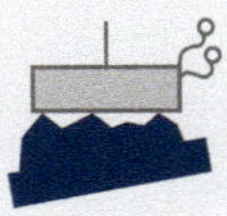	
10	Beim genauen Greifen Zentrierelemente vorsehen	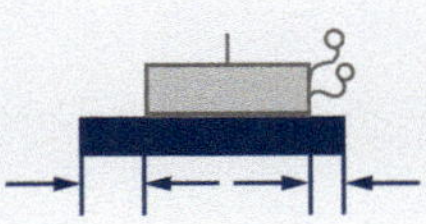	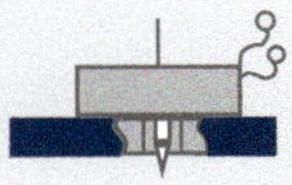

Tabelle 3.17 Regeln zur konstruktiven Gestaltung von Werkstücken (Quelle: Hesse)[96]

Regeln der montagegerechten Produktgestaltung

1 so wenig Teile wie möglich

Klar ist die Regel, die auf einen möglichst hohen Integrationsgrad hinweist. Je mehr Funktionalität in einem Werkstück vereint ist, desto weniger Bauteile müssen in der Montage zusammengebaut werden.

2 große Fügefreiräume

Große Fügefreiräume ermöglichen die Anordnung von Greifern und anderem Montagehilfen.

3 lineare Fügebewegungen

Die Fügebewegungen sollten auf geraden Bahnen erfolgen können. Dies erleichtert Robotern die Arbeit.

4 allseitige Zugänglichkeit

Ebenso ist die allseitige Zugänglichkeit für die Montage hilfreich, da die Werkstücke dann einfacher an den Montageort gebracht und gefügt werden können.

5 Fügen senkrecht von oben

Die Fügerichtung immer von oben festzulegen ergibt eine gute Zugänglichkeit und vermeidet das Drehen des Werkstücks bei der Montage.

6 Greif- und Ordnungsmöglichkeit

Die Werkstücke sollten mit kennzeichnenden Formelementen orientierbar sein, wenn dies für die Montage eine Rolle spielt.

7 keine biegeschlaffen Teile

Biegeschlaffe Werkstücke sind schwierig prozesssicher zu handhaben und erfordern auch bei der Speicherung erhöhte Anforderungen.

8 vormontierbare Baugruppen

Die Vormontage von Baugruppen ermöglicht eine höhere Funktionalität je montierten Werkstücks. Es müssen weniger Teile in der Hauptmontage montiert werden. Es können aber auch die unterschiedlichen Montagezeiten für bestimmte Funktionalitäten ausgeglichen werden, sodass am Ende eine gut getaktete Montagelinie entstehen kann.

9 keine separaten Verbindungselemente (Schnappverbindungen)

Mit Schnappverbindungen müssen keine Schrauben oder Klebstoff als Verbindungselemente separat zugeführt werden. Dies erhöht die Prozesssicherheit.

10 Fügehilfen (z.B. Einführschrägen)

An den Werkstücken sollten Fügehilfen angebracht sein, die eine leichte Montage ermöglichen.

Abbildung 3.116 Regeln der montagegerechten Produktgestaltung (Quelle: Schraft)[98]

3.4.2 Haltekräfte erzeugen

Eine wesentliche Entwicklung in der Greiftechnik war der Bau von Greifermodulen, die die Bewegung der Wirkelemente übernehmen. Durch diese grundsätzliche Innovation vor ca. 30 Jahren konnten zuverlässige und kompakte Greifer gebaut werden.

Um die Greifkräfte am Werkstück aufzubauen, benötigt man eine Kinematik bzw. ein Getriebe, das die Greiffinger in Bewegung versetzt. Dieses Bewegungsprinzip wird genutzt, um die Greifer zu kategorisieren. Die Getriebe sind notwendig, um beispielsweise eine rotatorische Bewegung des Antriebs in eine lineare Bewegung der Greiferfinger umzusetzen. Die Kinematik umfasst somit alle Getriebe-, Übertragungs- und Führungselemente, die benötigt werden, um die Antriebsbewegung entsprechend umzusetzen.

Tabelle 3.18 zeigt die häufig verwendeten Getriebearten bei mechanischen Greifern als kinematisches Schema nach der Ein- bzw. Ausgangsbewegung gegliedert auf. Dabei wird die Eingangsbewegung jeweils linear und rotatorisch einer entsprechenden Ausgangsbewegung in der Tabelle gegenübergestellt.

Diese unterschiedlichen Arten der Kinematik führen zu unterschiedlichen Bewegungen der Greiferfinger. Dabei ist die Bahn, die die Finger beschreiben, ein wichtiges Kriterium für einen sicheren Griff, besonders, wenn die Kontaktflächen starr ausgelegt sein müssen. Werden, wie in Abbildung 3.117 dargestellt, von den Fingern rotatorische Bewegungen ausgeführt, so liegen die Greiferbacken bei bestimmten Werkstückabmessungen nicht mit der kompletten Kontaktfläche am Werkstück an.

Besonders deutlich wird diese Problematik, will man mit einem Greifer unterschiedliche Dimensionen von Werkstücken greifen. Hier ist vor allem auch die

		Eingangsbewegung									
		linear						rotatorisch			
		Schubschleifengetriebe	Nutenschrägengetriebe	Zangenhebelgetriebe	Kipphebelgetriebe	Keilgetriebe mit Kipphebel	Kniehebelgetriebe	Kurvennutengetriebe	Radstangengetriebe	Gewindespindelgetriebe	Exzentergetriebe
Ausgangsbewegung	linear	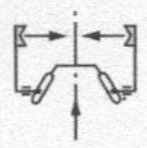	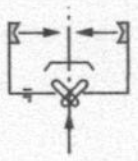			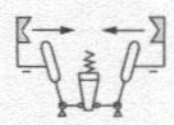			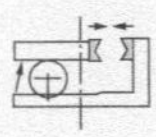	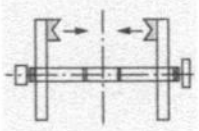	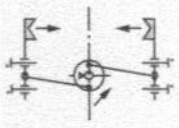
		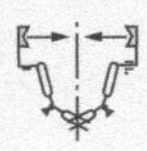									
	rotatorisch			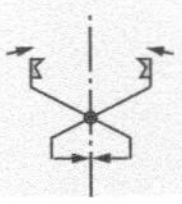	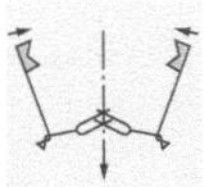	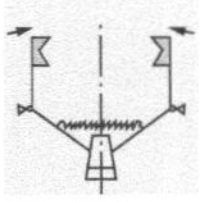	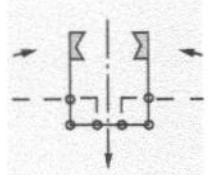	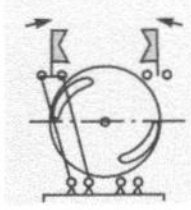			
							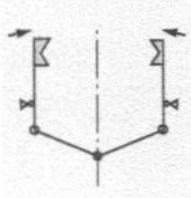				

Tabelle 3.18 Gegenüberstellung der Eingangsbewegung und der Ausgangsbewegung von Greiffingern bei Verwendung der entsprechenden Kinematik (Quelle: Schraft, Warnecke)[59]

3

Position im Greifer eine interessante Eigenschaft. Wie die Grafiken in Abbildung 3.118 für ein Rundmaterial mit unterschiedlichen Durchmessern zeigen, verschieben sich die Greifpositionen und damit die Ablegepositionen der Werkstücke, wenn ein anderer Durchmesser gehandhabt werden soll, in den Fällen, wenn die Bewegungsbahn der Finger nicht linear ist.

Diese Positionsverschiebung bei Winkelgreifern muss beim Handhabungssystem in Form einer eigenen Typwahl hinterlegt sein. Damit führt diese Greiferbauart in der Programmierung zu zusätzlichem Aufwand und Fehlermöglichkeiten. Daher wird in der Praxis versucht, möglichst einen Greifer zu verwenden, der eine lineare Bewegung der Greiferbacken ausführt.

Abbildung 3.119 zeigt einige Getriebearten für den pneumatischen Antrieb in einer dreidimensionalen Darstellung. Der Keilhaken ist dabei die für parallele Fingerbewegungen am meisten verwendete Bauform.

Die Frage nach der für die jeweilige Anwendung besten Auswahl des Greifers ist nicht ganz einfach zu beantworten. Häufig sind für die Konstrukteure die Aspekte des Bauraumes und der Greifkraft entscheidend, aber auch die Lebensdauer, die bei den unterschiedlichen Lastsituationen je nach Bauart größer sein kann, spielt eine Rolle. Darüber hinaus werden bei der Greiferauswahl erfahrungsgemäß die Fragen der Greifkraft und in seltenen Fällen auch der Kraftverlauf betrachtet. Der Kraftverlauf kann aber nicht unwichtig für die Entscheidung sein, wenn man sich den Kraftverlauf eines Winkelgreifers gegenüber dem eines Parallelbackengreifers verdeutlicht. Je nach Fingerstellung weist hier der Winkelgreifer eine andere Greifkraft auf. Der Parallelbackengreifer bietet dagegen eine konstante Greifkraft über den gesamten Fingerhub.

Hier gibt es zum Teil sehr interessante Kraftverläufe, die im Fall des Kniehebelgreifers am Ende des Hubes enorme Kräfte entfalten können. Allerdings neigen diese Bauarten auch zum Verklemmen und sind damit im Praxisbetrieb störanfällig.

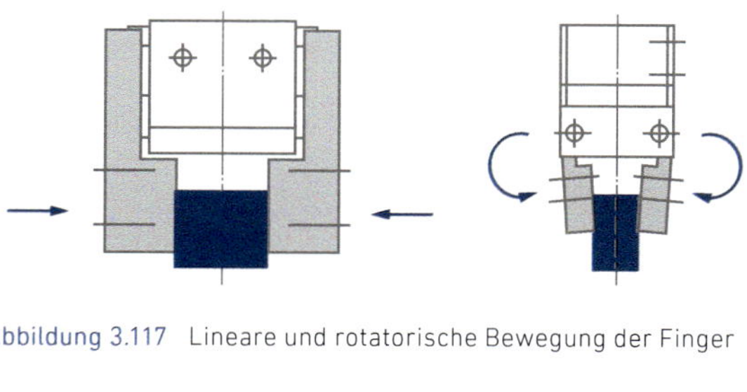

Abbildung 3.117 Lineare und rotatorische Bewegung der Finger

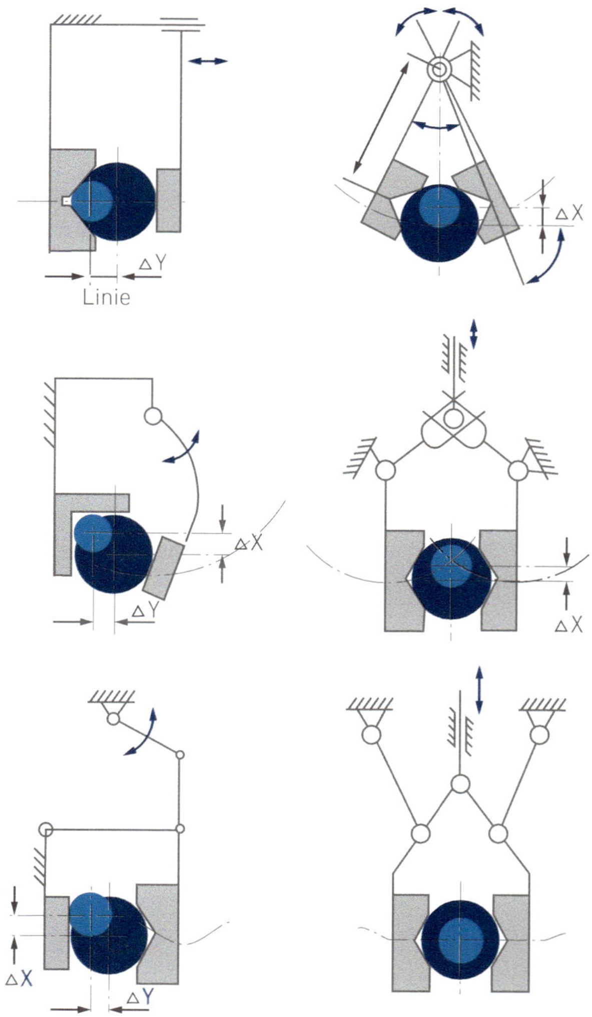

Abbildung 3.118 Nicht lineare Bewegungsbahnen führen zu unterschiedlichen Werkstücklagen im Greifer.

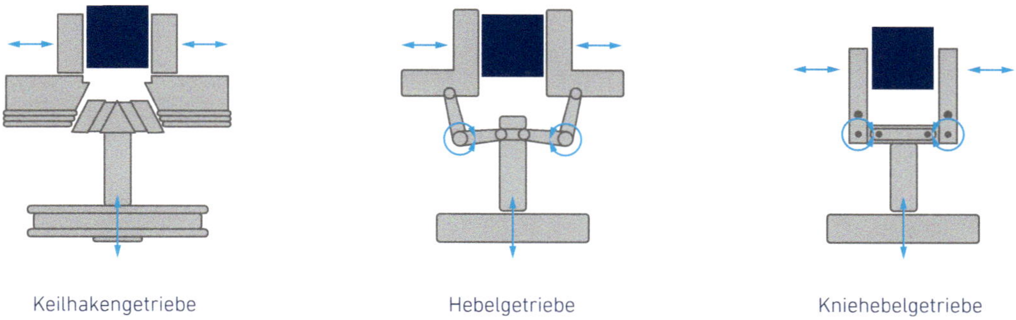

Abbildung 3.119 Dreidimensionale Darstellung unterschiedlicher Kraftübertragungsarten

Prinzip		Greifkraftverlauf
Scherengreifer	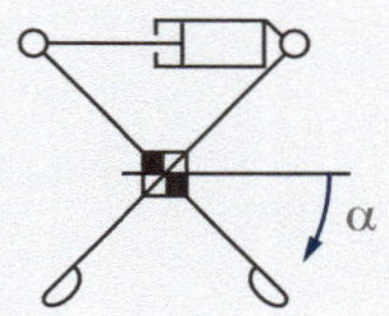	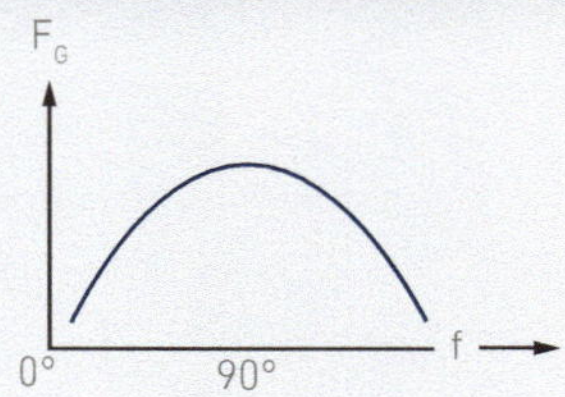
Parallelbackengreifer	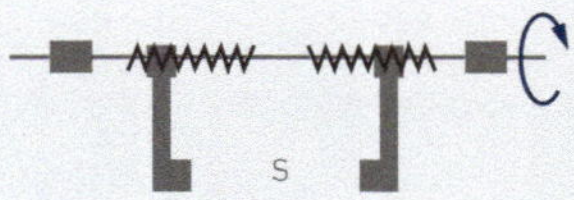	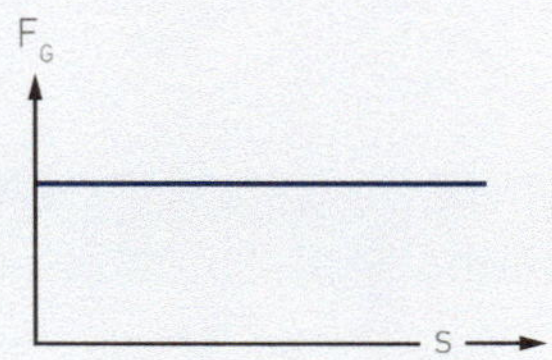
Magnetgreifer	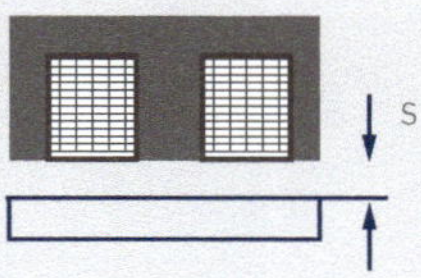	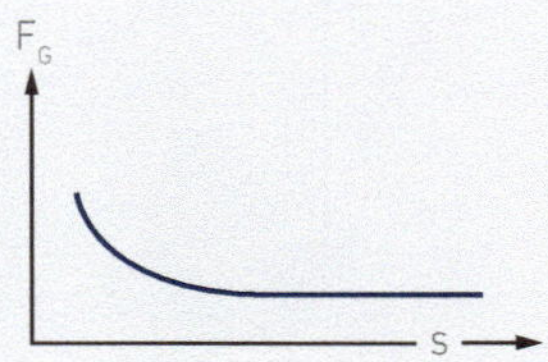
Sauggreifer	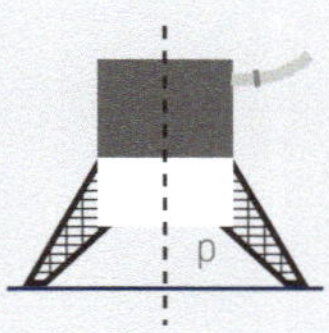	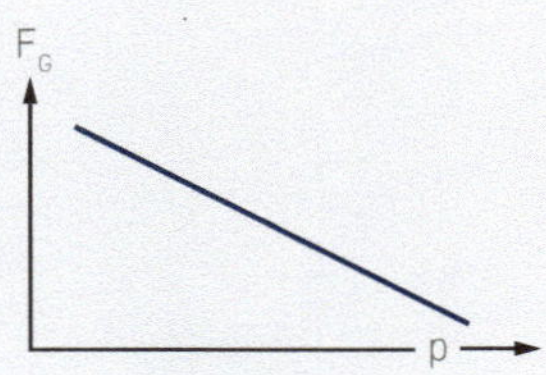
Kniehebelgreifer	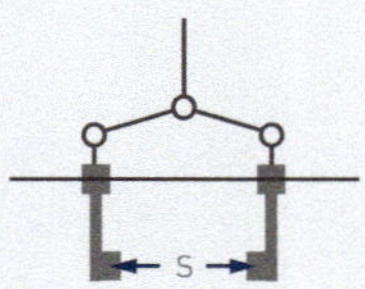	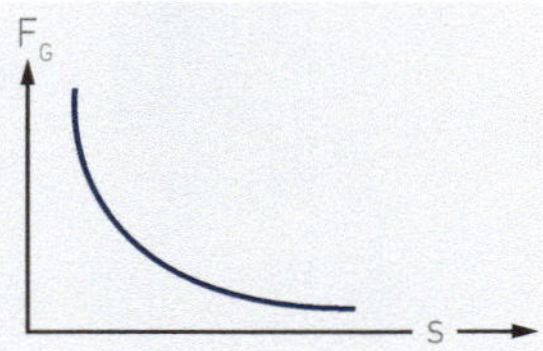

Tabelle 3.19 Unterschiedliche Greifergetriebebauarten mit ihren Kraftverläufen (Quelle: Seegräber)[97]

3.4.3 Zulässige Greifkraft

Bei der zulässigen Greifkraft gibt es zwei Sichtweisen, zum einen die aus Sicht des Werkstücks, das gegriffen werden soll, und zum anderen die des Greifmoduls, das nicht überlastet werden soll, damit eine garantierte Lebensdauer erreicht wird.

Aus Sicht des Werkstücks soll eine zulässige Greifkraft nicht überschritten werden, da das Werkstück beschädigt werden kann. Diese Beschädigung kann im Fall von Metallbauteilen in Form von Spannmarkenbildung auf der Oberfläche auftreten. Die Grenzen dieser Kräfte sind mit entsprechenden Sicherheitsfaktoren auszulegen, um eine Beschädigung sicher zu vermeiden.

Hier können mithilfe der Formeln zur hertzschen Pressung die Gefährdungen für Abplattung bzw. Verformung an den Werkstücken berechnet werden (siehe Tabelle 3.20). Diese Formeln lassen sich allerdings nur für Werkstücke einsetzen, die aus Vollmaterial und nicht beschichtet sind. Schwieriger wird der Fall für beschichtete oder lackierte Werkstücke; in diesen Fällen sind Versuche mit unterschiedlichen Greiferbackenformen oder Greiferbackenauflagen durchzuführen. Ebenfalls hat die Auftreffgeschwindigkeit der Backen auf das Werkstück Einfluss auf mögliche Beschädigungen beispielsweise am lackierten Werkstück. Diese ist dann in Abwägung mit der Wirtschaftlichkeit der Applikation (also langsamerer Taktzeit) anzupassen.

Bei Werkstücken, die sich aufgrund ihrer Geometrie (z. B. Dünnwandigkeit) oder ihres Materials verformen lassen, ist ebenfalls besondere Sorgfalt bei der Greifkraftauslegung angebracht. Plastische Verformungen des Werkstücks sind auszuschließen. Daher sind hier sowohl die Angriffspunkte am Werkstück als auch die Greiffingeroberfläche entsprechend zu wählen.

	Fall	Kontaktkörper		Größen R	Abplattung und max. Pressung	
Punktberührung	1		Kugel	$R = r^2$	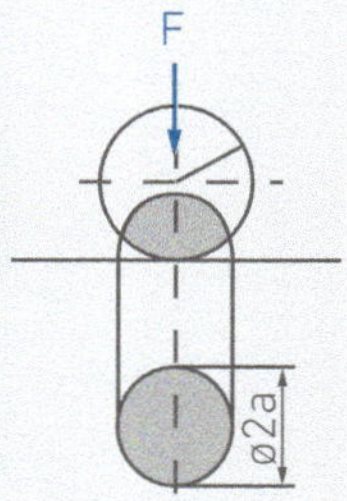	$p_{max} = 1{,}5 \; \frac{F}{a^2 \neq}$
	2		Hohlkugel	$R = r^2$		$a = \sqrt[3]{\frac{1{,}5(1-v^2)\,Fr}{E}}$
	3		Ebene	$R = \infty$		$\frac{1}{r} = \frac{1}{r_1} + \frac{1}{R}$; $E = \frac{2E_1E_2}{E_1+E_2}$
Linienberührung	4		Zylinder	Fall 1	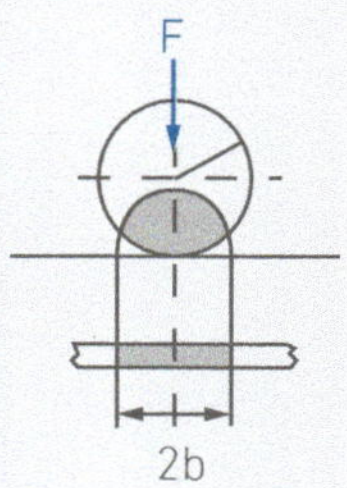	
	5		Hohlzylinder	Fall 2		$p_{max} = \frac{2F}{\neq\, bl}$
	6		Ebene	Fall 3		$b = \sqrt{\frac{8Fr\,(1-v^2)}{\neq\; El}}$

Tabelle 3.20 Hertzsche Pressung bei unterschiedlichen Werkstückgeometrien (Quelle: Seegräber)[97]

Wird die zulässige Greifkraft aus Sicht des Greifmoduls bzw. der Greiffinger gesehen, geht es zunächst um die Biege- bzw. Kippmomente, die auf die Führungen bzw. Lagerungen der Greiffinger wirken.

Bei den folgenden Darstellungen wird die erreichbare Greifkraft in Abhängigkeit von der Fingerlänge im Diagramm für unterschiedliche Varianten des Greifmoduls dargestellt. Die in Abbildung 3.120 dargestellten Verläufe zeigen, dass die zulässige Kraft mit der Fingerlänge immer kleiner wird. Die Hersteller geben die Belastbarkeit für jeweils erreichbare Kippmomente an, die an den Fingern anliegen. Bleibt man mit den realen Belastungen unter diesen Werksangaben, so ist die Lebensdauer für die Greiferkomponente im Datenblatt garantiert.

Je nachdem, ob die Finger das Werkstück von außen oder von innen greifen – also je nach Fingerbewegungsrichtung, ergeben sich unterschiedliche Kraftverläufe. Die folgenden Kraftverläufe sind für Außengriff angegeben. Man sieht die Steigerung der Leistungsfähigkeit der Greiferkomponenten vom PGN über den PGN-plus bis hin zum PGN-plus-P. Diese Besonderheit bei pneumatisch über Zylinder angetriebenen Greifern ist der jeweils zur Verfügung stehenden Kolbenfläche geschuldet, die zum Öffnen bzw. Schließen des Greifers zur Verfügung steht. Die Hersteller geben daher

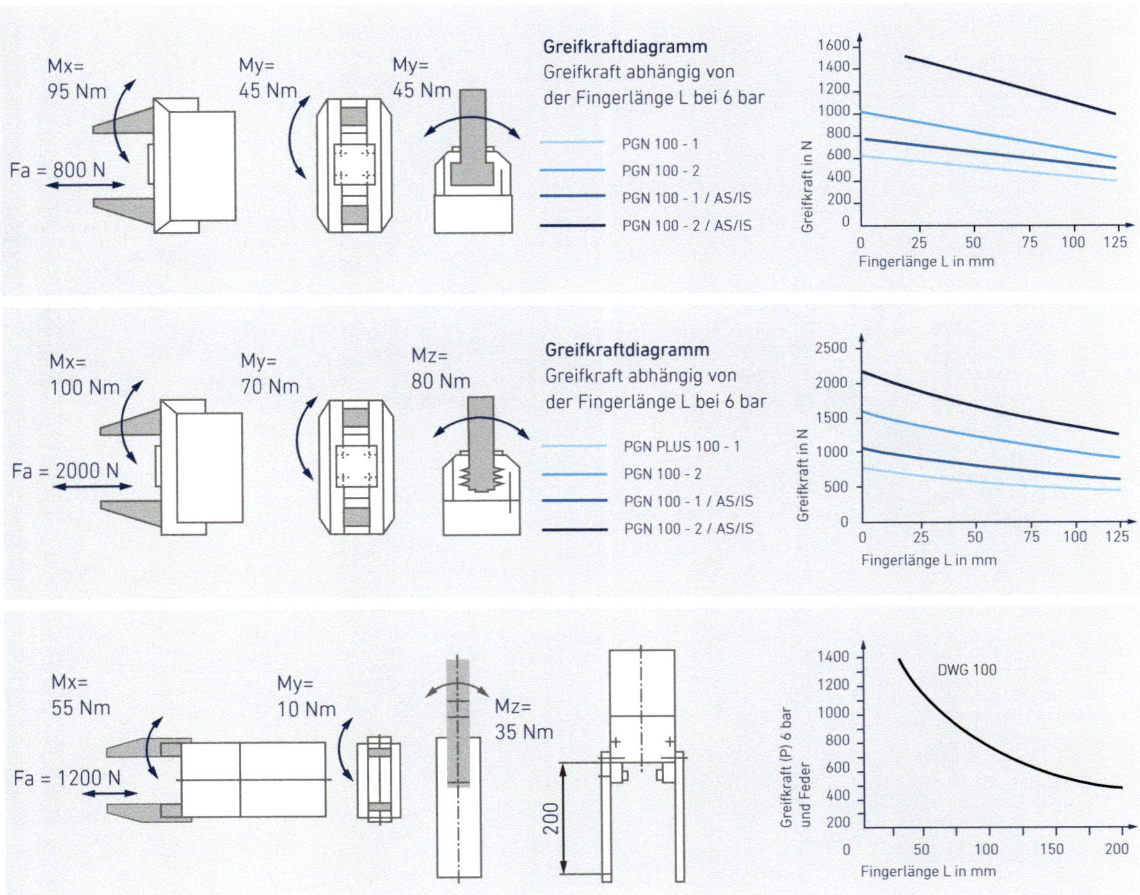

Abbildung 3.120 Unterschiedliche Kraftverläufe für verschiedene Greifertypen. Maximal zulässige Kräfte und Momente an den Greiffingern. (Quelle: SCHUNK)[65]

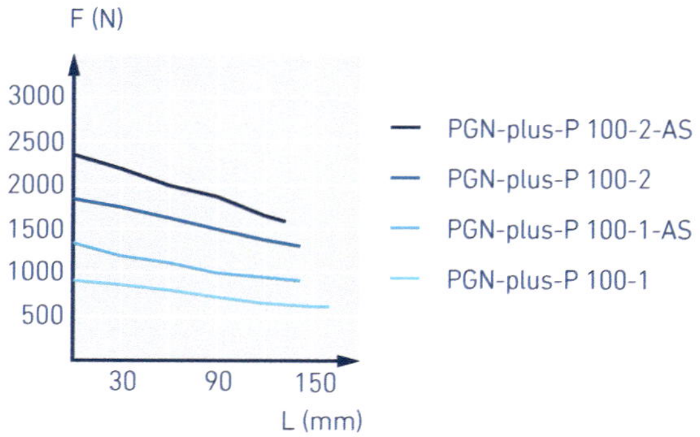

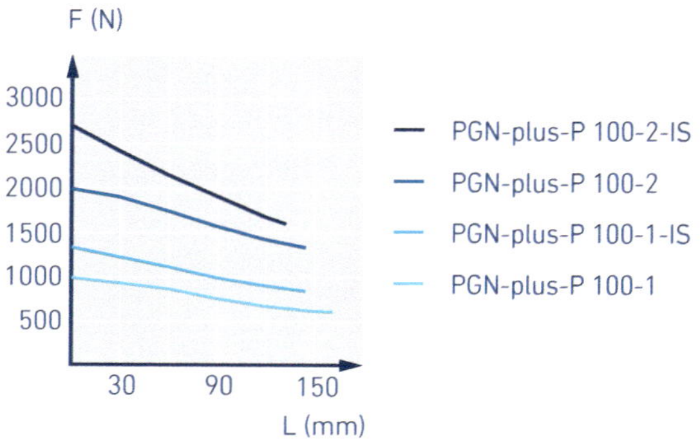

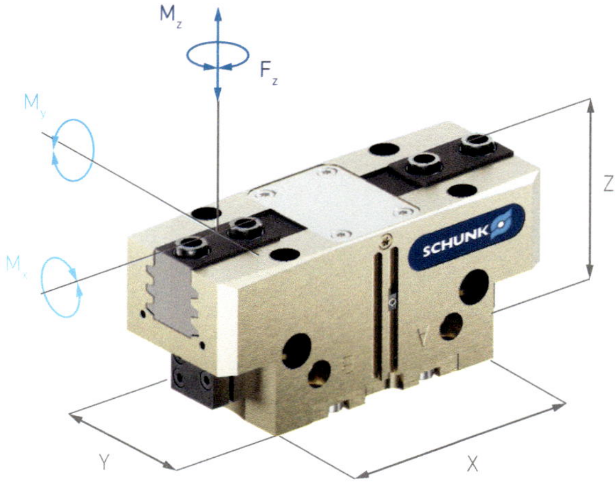

Abbildung 3.121 Auslegungskennwerte für Parallelbackengreifer verschiedener Bauarten (Quelle: SCHUNK)[65]

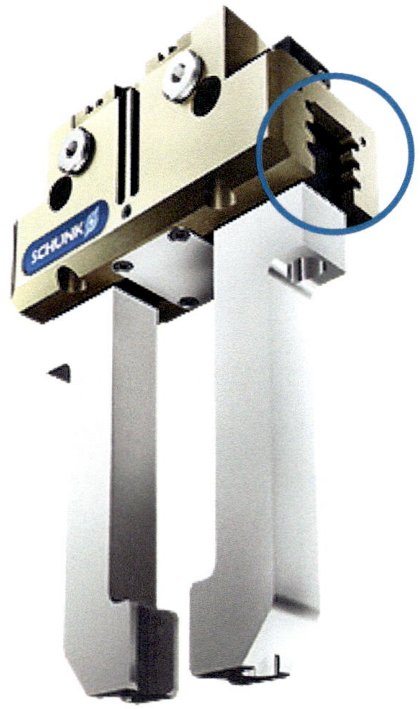

Abbildung 3.122 Greifer mit Vielzahnführung zur Verstärkung der Momentbelastbarkeit

Abbildung 3.123 SCHUNK-Greiferführungen, Bearbeitungsstufen (roh/bearbeitet/beschichtet)

die Kraftkurven jeweils für das Außengreifen oder Innengreifen eines Werkstücks an.

Die Kraft, die dabei vom Kolben erzeugt wird, ist abhängig von der Fläche und vom Druck, der auf diese Fläche wirkt. Somit ist der Kolben in eine Richtung mit der vollen Fläche beaufschlagt, in der Rückbewegung aber nur mit dem Kreisring, der sich nach Abzug der Fläche für die Kolbenstange ergibt. Damit ergibt sich auf dem Rückhub des Kolbens eine geringere Kraft als beim Hub mit der gesamten Kolbenfläche.

$$\text{Druck} = \frac{\text{Kraft}}{\text{Fläche}} \qquad p = \frac{F}{A}$$

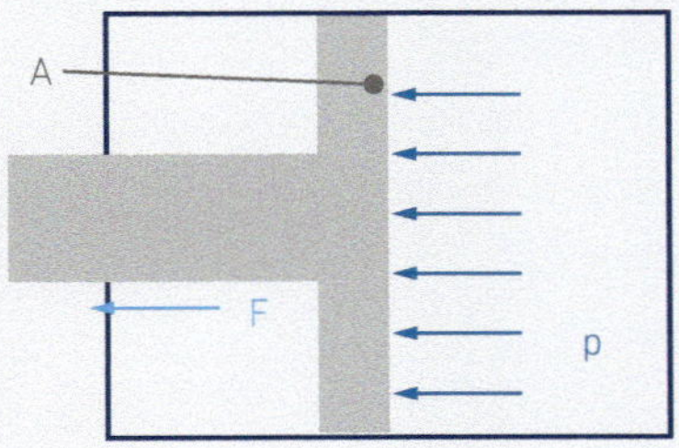

Beispiel

$F = 2\,\text{MN}$: Kolben $\cdot \varnothing d = 400\,\text{mm}$; $\quad p = ?$

$$p = \frac{F}{A} = \frac{2000000\ \text{N}}{\frac{\pi \cdot (40\text{cm})^2}{4}} = 1591\ \frac{\text{N}}{\text{cm}^2} = 159{,}1\ \text{bar}$$

$$1\ \text{Pa} = 1\frac{\text{N}}{\text{m}^2} = 10^{-5}\ \text{bar}$$

$$1\ \text{bar} = 10\frac{\text{N}}{\text{cm}^2} = 100000\ \text{Pa}$$

$$1\ \text{mbar} = 100\ \text{Pa}$$

Abbildung 3.124 Beispielrechnung für eine kolbeninduzierte Kraft

Darüber hinaus können die Belastungen an den Fingern selbst zu Verformungen der Greiferbacken führen, wie dies ja bereits in vorangegangenen Abschnitten gezeigt wurde. Die in Abbildung 3.125 dargestellten Gestaltungsvarianten zeigen unterschiedliche Fingerarten. Die unterschiedlich langen Finger ergeben unterschiedliche Kippmomente für die Führungen der Backenaufnahmen.

Die Verformung der Finger selbst ist jedoch durch deren Gestaltung zu minimieren. Die entsprechende Gestaltung der Greiferbacken kann hier Abhilfe schaffen. Die Gestaltung der Greiferfinger in Abbildung 3.125 unten ist in der mittleren Darstellung gegen Verformung optimiert. Ganz rechts ist der so optimierte Finger hinsichtlich des Greifergewichts weiter verbessert dargestellt.

Daher sind in den letzten Jahren Entwicklungen zugunsten einer besseren Kraftaufnahme in den Führungen durchgeführt worden. So konnten im Laufe der Entwicklung immer höhere Kippmomente oder längere Finger durch eine Vielzahnführung aufgenommen werden.

Die Vielzahnführung konnte weiter in ihrer Kraft- und Momentenaufnahme gesteigert und zusätzlich noch mit einer Permanentschmierung versehen werden.

Die Vielzahnführung wurde von SCHUNK aufgrund ihrer bewährten Vorteile in eine föllig andere Kinematik übernommen, die eher aus den Dreh- bzw. Schwenkeinheiten bekannt ist. Diese innovative Konstruktion setzt zwei Antriebskolben ein, welche die Bewegung der Grundbacken direkt erzeugen. Zur Synchronisation werden jeweils zwei Zahnstangen genutzt die über ein Ritzel miteinander im Eingriff sind.

Die Vorteile liegen hier vor allem in der Möglichkeit eine eigensichere pneumatische Greifer Komponente

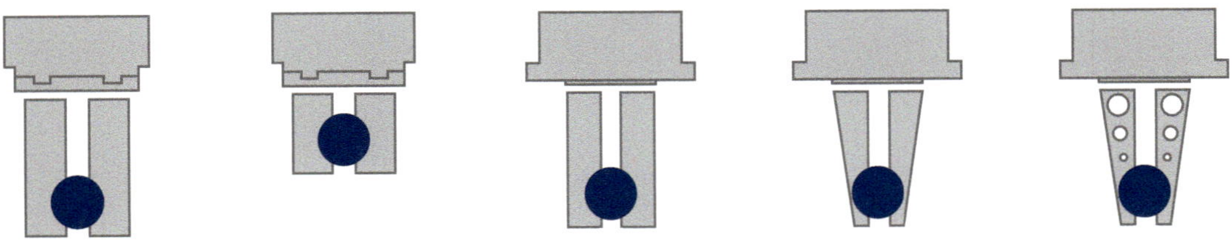

Abbildung 3.125 Unterschiedliche Gestaltungsarten von Greiferfingern (Quelle: Seegräber)[97]

anbieten zu können die beim Einsatz einen hohen Sicherheitslevel mitbringt. Darüber hinaus ist der Greifer standardmäßig mit lebensmittelkonformer Schmierung versehen und voll gekapselt.

Die Hersteller bieten heute in der Regel sogenannte Auslegungstools auf ihren Websites an, die es ermöglichen, in einem menügeführten Prozess zur Greiferkomponente mit der richtigen Greifkraft und entsprechenden Fingerlänge zu gelangen. Dabei können auch Sicherheitsfaktoren eingegeben werden, die einen langlebigen Betrieb der Komponenten sicherstellen bzw. einen Werkstückverlust bei der Handhabung verhindern. Werden die Greiferkomponenten entsprechend der Auslegungsdaten genutzt, so lassen sich Lebensdauern von bis zu 40 Millionen Greifzyklen garantieren.

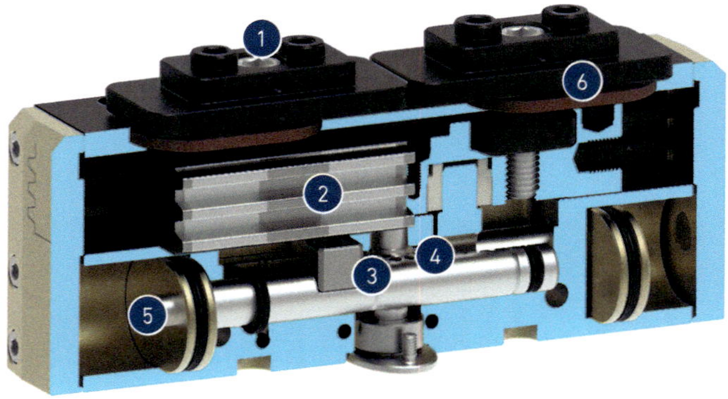

1 **Grundbacke**
mit standardisiertem Anschraubbild zur Adaption der werkstückspezifischen Greiferfinger. Die Zentrierhülsen sind verliersicher angebracht und gehen beim Fingerwechsel nicht verloren

2 **Vielzahn-Gleitführung**
Höchste Lebensdauer durch Schmierstofftaschen in der robusten Vielzahnführung sowie Aufnahme hoher Kräfte und Momente über große Führungsabstützung

3 **Mitnehmer**
Direkte Kraftübertragung der Antriebskolben auf die Greiferfinger über eine robuste Mitnehmerverbindung

4 **Kinematik**
Die Ritzel-Zahnstangen-Kinematik sorgt für die Synchronisierung der Grundbacken und für zentrisches Spannen

5 **Pneumatischer Antriebskolben**
Maximale Krafterzeugung durch zwei ovale Pneumatikkolben

6 **Schmutzabdeckung**
Der gesamte Greifer ist rundherum metallisch gekapselt und an den Grundbacken zusätzlich mit einer Lippendichtung abgedichtet, sodass er universell eingesetzt werden kann, auch in schmutziger Umgebung für genaues und synchronisiertes Greifen

Abbildung 3.126 Weiterentwicklung der Vielzahnführung zu einer neuen Greiferkinematik (Quelle: SCHUNK)[65]

3.4.4 Haltekräfte und Energie

Die Kräfte, die an dem Werkstück anliegen, können durch unterschiedlichste Antriebe erzeugt werden. Je nach Einsatzbereich des Greifers, der benötigten Kräfte und dem Greiferweg stehen unterschiedliche Antriebsarten zur Verfügung. Derzeit wird in der Automatisierungstechnik der pneumatische Antrieb am häufigsten verwendet.

Der **pneumatische Antrieb** innerhalb einer Greiferkomponente erfolgt dabei mithilfe eines Kolbens, der eine translatorische Bewegung erzeugt. Diese Antriebsart ist robust und kostengünstig in der Herstellung. Da Druckluft in den meisten Produktionsbetrieben vorhanden ist, steht diese Energieart oft zur Verfügung. Der Druckluftantrieb ermöglicht durch seine hohe Energiedichte eine kompakte Bauweise, die in vielen Fällen der entscheidende Faktor für die Auswahl einer Greiferkomponente ist. Das Eigengewicht-Kraft-Verhältnis ist bei pneumatischen Antrieben bisher immer noch besser als bei elektrischen Antrieben. Die Verfügbarkeit und Dauerfestigkeit ist selbst bei harten Umgebungsbedingungen (z. B. Kühlmittel, Staub) in ausreichender Form gegeben. Der pneumatische Antrieb arbeitet auch unter Einfluss von starken elektromagnetischen Feldern störungsfrei. Die erreichbaren Öffnungs- und Schließzeiten sind auch bei längeren Greifwegen extrem schnell und EX-Schutz ist für den Druckluftantrieb kein Hinderungsgrund.

Die Bewegung der Grundbacken (2) wird über den Keilhaken (6) synchronisiert. Der Kolben (7) bewegt sich beispielsweise nach oben und schiebt damit den Keilhaken mit den Führungsnuten der Grundbacken nach oben. Die Grundbacken werden auseinandergeschoben. Die Greiffingeraufnahmen, oder auch Grundbacken genannt, sind dabei in einer Vielzahnführung (1) im Gehäuse (4) geführt. Darüber hinaus sind in Abbildung 3.128 noch Sensoren (3 und 5) dargestellt. Die Sensoren überwachen, ob die Greiffingeraufnahmen ihre Endlage erreichen, der Greifer also geschlossen bzw. geöffnet ist. Diese separat angesetzte Sensorik ist ein wesentlicher Unterschied zu den elektrisch angetriebenen Greifern.

Die Bauform des Druckluftantriebs ist in den letzten Jahren immer weiterentwickelt und optimiert worden.

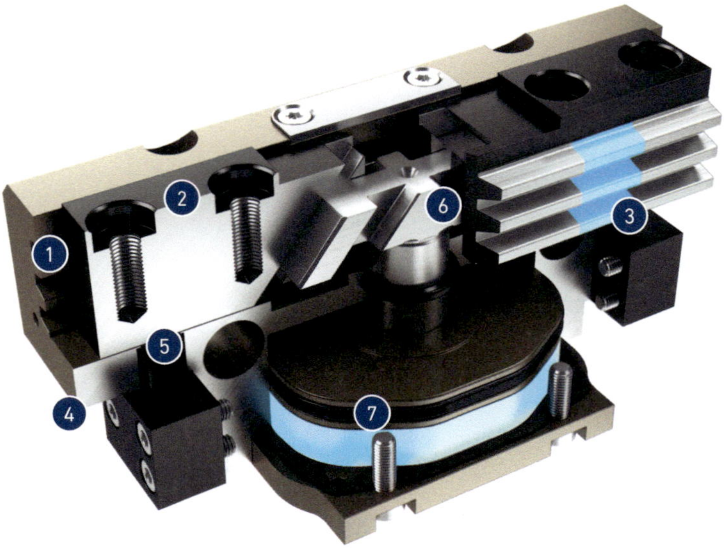

Abbildung 3.127 Schnittbild des Parallelbackengreifers mit Diamantkolben (Quelle: SCHUNK)[65]

Waren die Kolben des PGN-plus noch oval, so nutzt der PGN-plus-P inzwischen einen sogenannten Diamantkolben, um den quaderförmigen Bauraum des Gehäuses optimal auszunutzen (Abbildung 3.127). Diese Bauform ist zwar aufwendiger in der Herstellung, bringt aber eine noch bessere Energiedichte auf gleichem Bauraum.

Sehr kompakt lässt sich die Energieübertragung vom Kolben auf das Getriebe innerhalb eines Winkelgreifers darstellen. Durch die rotatorisch gelagerten Finger (2) ergeben sich vor allem in der Breite des Greifmoduls gegenüber dem Parallelbackengreifer Vorteile bei den Abmessungen des Gehäuses (1), wie Abbildung 3.128 zeigt.

Der Winkelgreifer eignet sich aufgrund seiner schlanken Bauform zum Einbau bei beengten Platzverhältnissen. Darüber hinaus ist er aufgrund seiner einfacheren Bauart eine kostengünstigere und leichte Alternative zu den robusten und leistungsstarken Parallelgreiferbauformen.

Insgesamt hat sich der pneumatische Antrieb in der Automatisierungstechnik weitestgehend etabliert und findet sich weltweit in der Mehrzahl der Anwendungen. Dennoch sind in den letzten Jahren immer mehr Kunden zu einer ganzheitlicheren Betrachtung ihrer Kostenstrukturen in der Produktion übergegangen und haben die Druckluft mit ihrem schlechten Wirkungsgrad bei der Erzeugung und den Verlusten in der Produktion als mögliches Einsparungspotenzial erkannt. So werden heute immer häufiger die stündlichen Druckluftverbräuche als Kriterium für eine Investitionsentscheidung herangezogen. Dies betrifft im Wesentlichen vor allem offene Druckluftsysteme, bei denen die Druckluft zur Erzeugung des Vakuums, z. B. bei Saugern, genutzt wird. Bei Greifern mit geschlossenen Kolbensystemen wird weit weniger Druckluft verbraucht. Jedoch wird in der Konsequenz von vielen Betrieben die druckluftfreie Produktion angestrebt. Damit ist die Substitution der Druckluft in den nächsten Jahren zu erwarten, wobei dies eher in Jahrzehnten als in Jahren kommen wird.

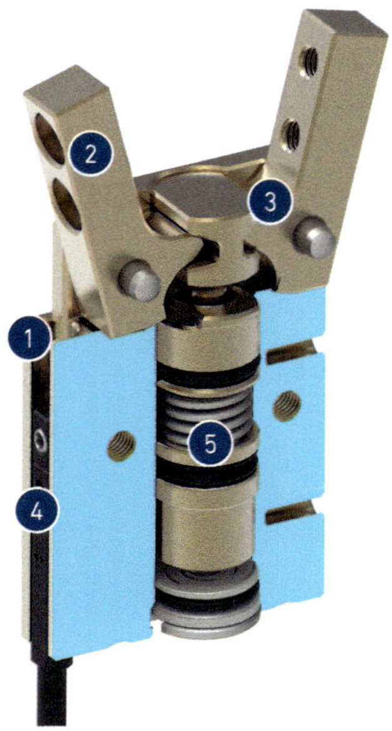

1. **Gehäuse**
   ist gewichtsoptimiert durch Verwendung einer hochfesten Aluminiumlegierung
2. **Grundfinger**
   zur Adaption der werkstückspezifischen Greiferfinger
3. **Kinematik**
   präzises Getriebe für zentrisches Greifen
4. **Sensorik**
   elektronischer Magnetschalter, platzsparend in der Nut des Gehäuses
5. **Greifkrafterhaltung**
   mechanische Greifkrafterhaltung für Außengreifen

Abbildung 3.128 Einfache Kraftübertragung vom Kolben auf die Greiferfinger beim Winkelgreifer (Quelle: SCHUNK)[65]

Die elektrischen Greifer haben in den vergangenen Jahren die nötige Leistungsfähigkeit erreicht, um gegen die preisgünstige pneumatische Konkurrenz bestehen zu können. Gegenüber den pneumatisch translatorisch arbeitenden Greifern wird in der Regel bei den elektrischen Antrieben ein Elektromotor, also ein rotatorischer Antrieb, genutzt. Mit diesen völlig unterschiedlichen Antriebsarten ergeben sich ebenfalls völlig unterschiedliche Kennlinien des Kraftaufbaus der beiden Greiferarten. In dem Verlauf der Drehzahl über dem Hub in Abbildung 3.129 wird deutlich, dass mit dem Schließen eines Elektrogreifers der Motor nicht mit konstanter Drehzahl gefahren werden kann, um ein hartes Anschlagen an das Werkstück zu vermeiden. So wird wie in der Darstellung des Verlaufs der Drehzahl und Geschwindigkeit über den Greiferhub in Abbildung 3.130 gezeigt, dass ein Absenken der Geschwindigkeit notwendig ist.

Mit dieser Ansteuerung wird ebenfalls das Getriebe des Greifers geschont, da andernfalls die Lebensdauer des Greifers nicht gegeben sein würde. In dieser Steuerbarkeit und Reproduzierbarkeit des Greiferhubs und dessen Geschwindigkeitsprofils liegt ein wesentlicher Vorteil des Elektrogreifers. Die lückenlose Prozessüberwachung über diese Kennlinien erlaubt dem Inbetriebnehmer eine viel exaktere Ansteuerung seiner Greiferkomponenten. Taktzeiten können exakt aufeinander abgestimmt und somit Verlust- oder Wartezeiten eingespart werden. Musste bisher bei pneumatischen Systemen eine gewisse Sicherheitszeit für Losbrechmomente (z. B. Stick-Slip-Effekte des Antriebskolbens) einkalkuliert werden, so kann nun die genaue Öffnungszeit vorhergesagt werden. Im Falle von Verschleiß am Greifer gibt die Überwachung ebenfalls eine Rückmeldung und kann dann dem Betreiber wichtige Hinweise zur präventiven Wartung der Komponente geben. Somit ist die Sicherung des OEE-Wertes der gesamten Anlage realistischer geworden. Ein Greiferausfall kann im Anlagenbetrieb schwerwiegende Folgen haben und nicht nur zum Stillstand, sondern auch zu Anlagenbeschädigung oder gar Gefährdungen von Mitarbeitern führen.

Vom Aufbau stellt sich ein elektrisch angetriebener Greifer komplett anders dar als sein pneumatischer Gegenpart (Abbildung 3.127). Einzig die Greiferfingeraufnahme (1) und die Führung der Aufnahmen (2)

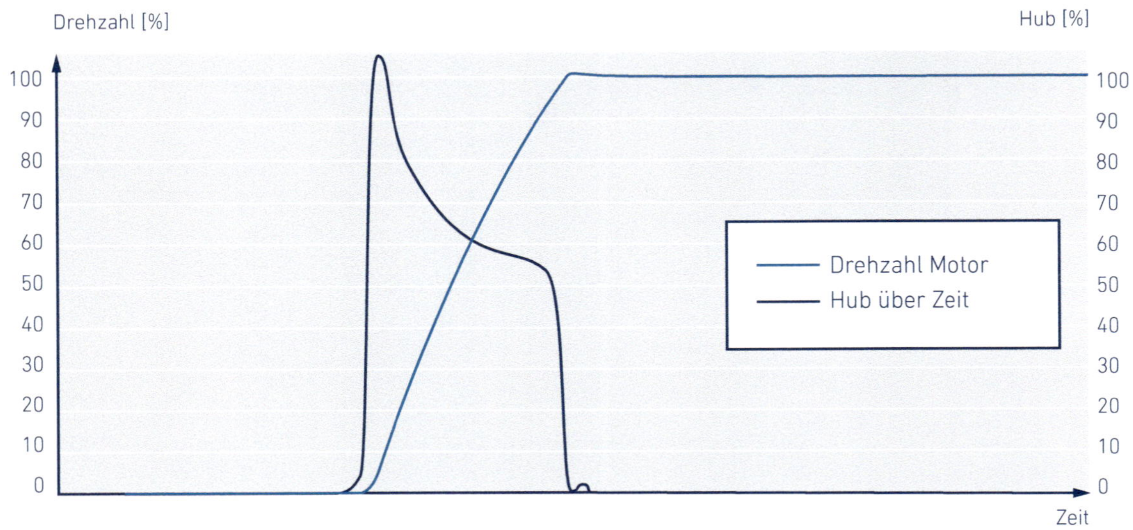

Abbildung 3.129 Motordrehzahl überlagert mit dem Hub des Greifers (Quelle: SCHUNK)[65]

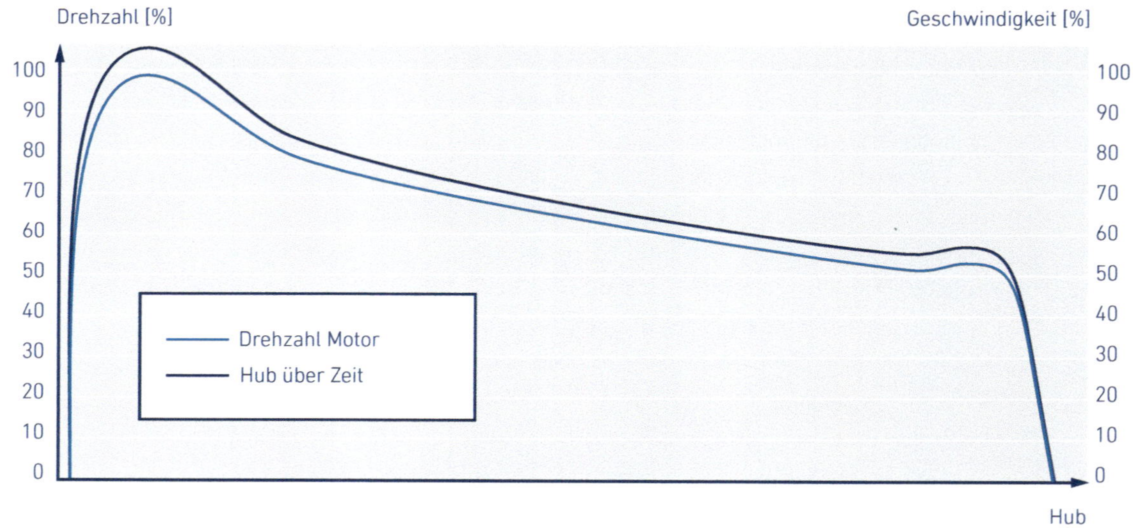

Abbildung 3.130 Verlauf der Geschwindigkeit und des Greifhubs über einen Schließzyklus eines Elektrogreifers (Quelle: SCHUNK)[65]

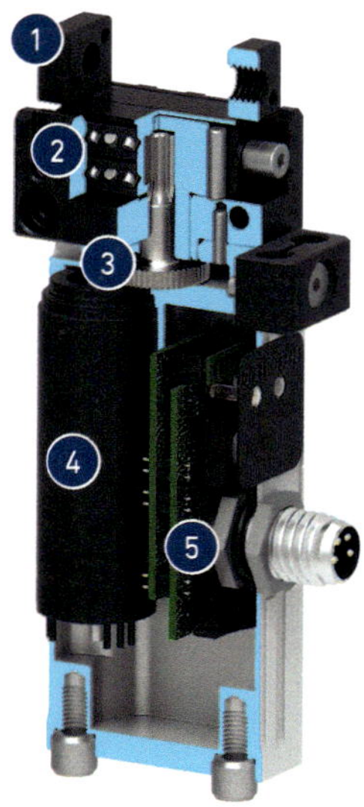

1. **Grundbacke**
   zur Adaption der werkstückspezifischen Greiferfinger
2. **Kreuzrollenführung**
   präzises Greifen durch spielarme Grundbackenführung
3. **Getriebe**
   Ritzel-Zahnstangen-Prinzip für zentrisches Spannen
4. **Antrieb**
   Bürstenloser DC-Servomotor
5. **Steuerelektronik**
   Integrierte Regelungs- und Leistungselektronik zur dezentralen Ansteuerung des Servomotors

Abbildung 3.131 Aufbau eines elektrisch angetrieben Paralellbackengreifers (Quelle: SCHUNK)[65]

können noch ähnlich gestaltet sein. Bei der Umsetzung der rotatorischen Bewegung in die translatorische Greifbewegung (3) und die Untersetzung der Motordrehzahl ist üblicherweise ein Getriebe notwendig. Die Antriebseinheit wird in Form eines Elektromotors (4) gebildet, der von einer Ansteuerelektronik (5) angesteuert wird. Insgesamt bildet die Greiferkomponente eine kompakte Einheit, die mechanisch ähnliche Anschlussmöglichkeiten wie sie sein pneumatischer Wettbewerber bietet.

Je nach Einbaulage oder Bauart des Motors kann die Greiferkomponente eher länglich oder flach gestaltet werden. In der in Abbildung 3.132 dargestellten Greiferkonstruktion liegt der Antrieb (5) flach. Hier ist auch die Umsetzung der Bewegung der Greiferbackenaufnahme (1) über ein Stirnradgetriebe mit Ritzel-Zahnstangenprinzip (4) realisiert. Damit ist ein großer Fingerhub erzielbar und der Greifer kann somit für ein großes Werkstückspektrum eingesetzt werden. Die wirkenden Greifkräfte auf das Werkstück lassen sich über die Stromzufuhr genau einstellen, und über die Überwachung des Motorstroms lässt sich auch kontrollieren, ob das Werkstück sicher gegriffen und während des Handhabungsprozesses gehalten wurde.

Die Programmierung solcher intelligenten Greiferkomponenten erfolgt bei modernen Herstellern ohne Installation einer Software und kann via Ethernet und TCP/IP über einen gewöhnlichen Webbrowser erfolgen. Der dazu erforderliche Webserver ist häufig standardmäßig in die Greifersoftware integriert. Der Webserver kann zusätzlich auch zur Ferndiagnose und zum Versand von Status-E-Mails genutzt werden.

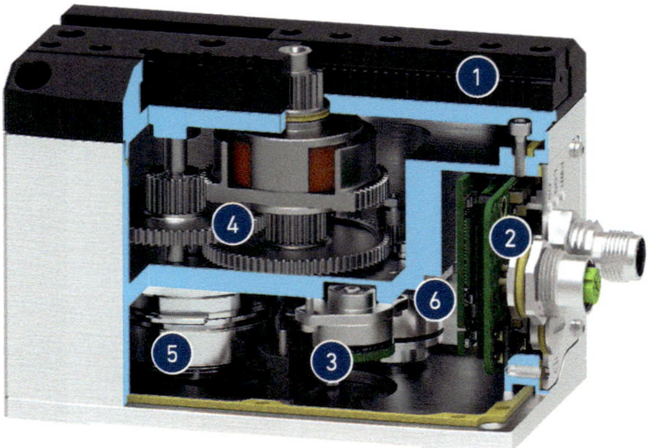

1 **Belastbare und widerstandsfähige T-Nuten-Gleitführung**
für große Fingerlängen, externe Kräfte und Momente. Optional als Staubdicht-Version verfügbar.

2 **Vollintegrierte und abgedichtete Regelungs- und Leistungselektronik**
mit Status LED's und M12-Steckverbindern zum Anschluss von Spannungsversorgung und Kommunikation.

3 **Hochauflösender, abtriebsseitiger Absolutwertgeber**
zur genauen Positionierung der Greiferbacken mit dauerhaft absoluter Positionsrückmeldung.

4 **Abgedichteter Antriebsstrang mit Stirnradgetriebe und Ritzel-Zahnstangenprinzip**
für eine nahezu konstant wirkende Greifkraft über die gesamte Fingerlänge, ohne Mindestanfahrweg.

5 **Bürstenloser Flachmotor**
für begrenzte Platzverhältnisse und hohe Drehmomente dank außen liegendem Rotor.

6 **Elektromagnetische Bremse**
mit zusätzlichem Mechanismus zur Greifkraft- und Positionserhaltung bei Stillstand oder Spannungsausfall.

Abbildung 3.132 Aufbau eines elektrischen Parallelbackengreifers mit Flachmotor (Quelle: SCHUNK)[65]

Häufig gebrauchte Funktionen sind in der Greifersoftware bereits als Greifbefehle hinterlegt, somit ist der Programmieraufwand minimal. Der Funktionsumfang des Greifers lässt sich mithilfe der eingebauten Skriptsprache individuell der jeweiligen Anwendung anpassen. Die erstellten Programmmodule werden auf einer MicroSD-Karte abgelegt. Diese kann auch für Updates genutzt werden oder um Konfigurationsdaten auf andere Greifer zu übertragen. Inzwischen gibt es die unterschiedlichsten Greiferbaureihen mit elektrischem Antrieb. Die Greifkräfte können je nach Baureihe zwischen 12 und 300 N variieren oder im oberen Greifkraftbereich auch 12.000 N erreichen.

Der wesentliche Vorteil eines elektrischen Greifers liegt in der variablen Verstellmöglichkeit des Fingerhubes. Dadurch kann er sich den jeweiligen Greifaufgaben besser anpassen. Die Erkennungssensorik des Werkstücks bringt der elektrische Greifer gleich mit. Je nach Ausführung gibt es Greifer, die mit einem Absolutwertgeber ausgestattet sind und somit keine Referenzierung nach einem Stromausfall oder einem Nothalt (Not Aus) benötigen. Bei guten Modellen ist ebenfalls über die gesamte Öffnungsweite eine

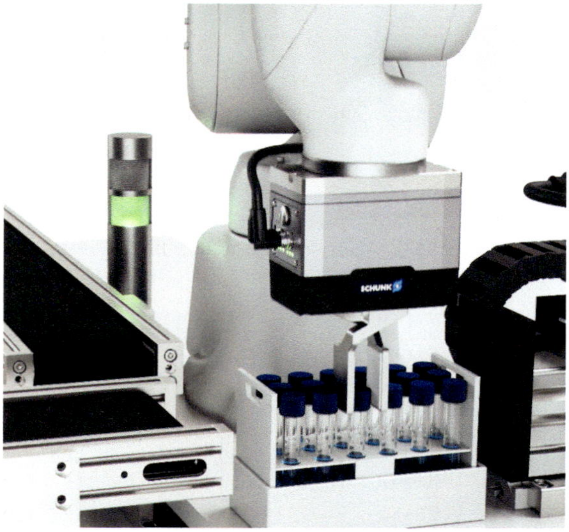

Abbildung 3.133 Anwendungsbeispiel für einen Elektrogreifer mit flach liegend eingebautem Motor (Quelle: SCHUNK)[65]

konstante Kraft zu 100 % gegeben, was die Vorpositionierung der Finger kurz von dem Greifen ermöglicht und damit Taktzeit spart.

Eine Besonderheit der elektrischen Greiftechnik ist die Möglichkeit unterschiedlicher Greifkraftmodi. Das heißt, der Nutzer kann den Greifer im sogenannten StrongGrip-Modus kurzzeitig überlasten und erzielt damit eine höhere Greifkraft, als im Datenblatt angegeben. So lässt sich die Greifkraft bis zu 150 % steigern. Nach dem Greifvorgang wird die Kraft über die Greifkrafterhaltung gespeichert. Der Greifer regelt in der Haltephase nicht nach.

Somit bietet der elektrische Antrieb neben der höheren Energieeffizienz weitergehende Vorteile hinsichtlich einer flexibleren Anlagenauslegung und feinfühligeren Greifprozessen. Um diese Vorteile zu nutzen, ist allerdings ein höherer Aufwand in der Programmierung zu treiben. Auch dies ist häufig ein Hemmnis für den Einsatz dieser Greiferantriebstechnik. Darüber hinaus ist die Stromversorgung über Kabel an dynamischen Handhabungssystemen problematisch, da immer wieder mit Kabelbruch zu rechnen ist, wenn sich diese nicht völlig belastungsfrei verlegen lassen. Hier sind Robotersysteme mit durchgehender Medienführung bis zum Greiferflansch von Vorteil, da diese eine hohe Ausfallsicherheit bieten und so den Einsatz der elektrischen Greifer stabil erlauben.

Hydraulik ist bei besonders hohem Kraftbedarf, z. B. im Schmiedebereich, im Einsatz. Diese hohen Kräfte lassen sich mit einem sehr kompakten Greiferaufbau erzielen. Der hydraulische Antrieb ermöglicht eine stufenlose Einstellung einer gleichförmigen Verfahrgeschwindigkeit der Greiferbacken über einen großen Stellbereich. Ebenso können die Greifkräfte über den Weg der Finger konstant gehalten werden. Durch eine geringe Massenträgheit der bewegten Elemente und die geringe Kompressibilität des Öls wird die Maximalkraft auch bei kleinen Stellwegen sofort erreicht.

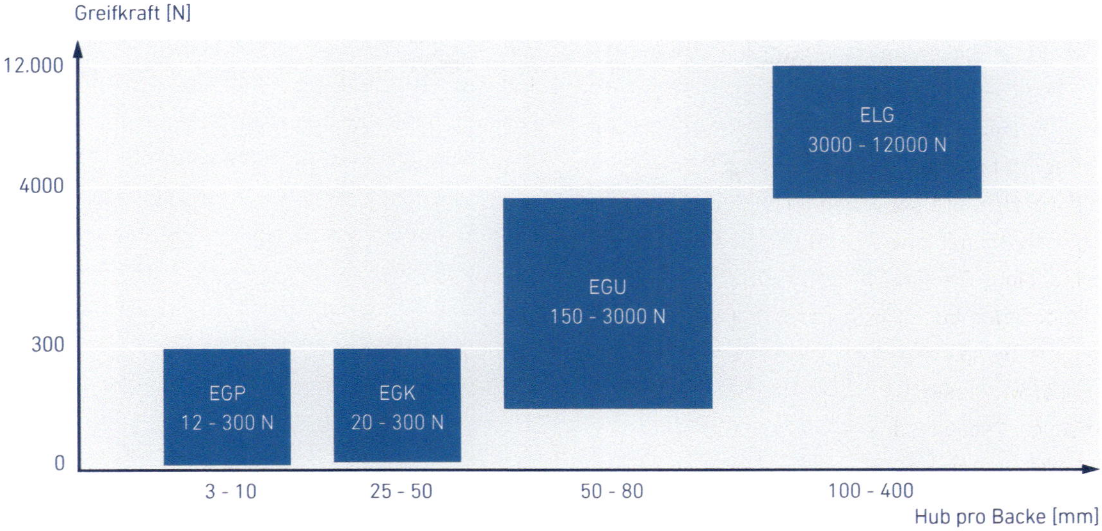

Abbildung 3.134 Unterschiedliche Greifertypen mit unterschiedlichen Greifkraftbereichen (Quelle: SCHUNK)[65]

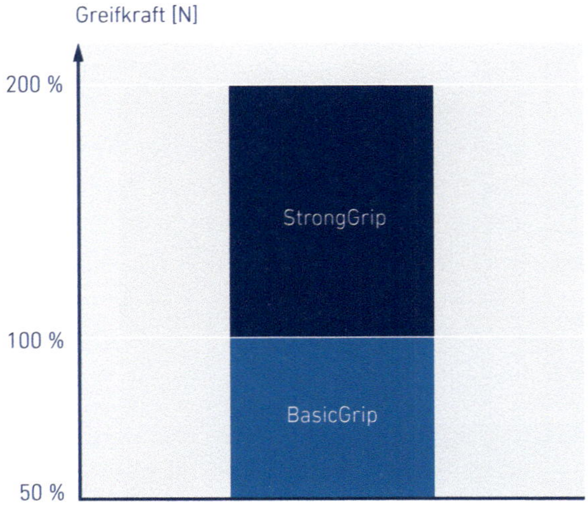

StrongGrip
maximale Greifkraft wird erzeugt und anschließend durch die Greifkrafterneuerung gespeichert, permanentes Nachgreifen ist innerhalb eines einstellbare Zeitfensters möglich

BasicGrip
Greifgeschindigkeit wird automatisch zur gewählten Greifkrafteinstellung optimiert, permanentes Nachgreifen ist möglich

Abbildung 3.135 Elektrogreifer bieten die Möglichkeit über die Normale Greifkraft hinaus zu gehen (Quelle: SCHUNK)[65]

Der Nachteil bei hydraulischen Antrieben liegt im hohen kontinuierlichen Wartungsbedarf, da Leckagen am Greifer und an den Zuleitungen zu schwerwiegenden Greiffehlern führen können. Darüber hinaus ist die Energieversorgung mit Hydraulik schwieriger als mit den anderen Antriebsarten, da in den seltensten Fällen diese in der Haustechnik in der Produktion vorhanden ist und somit extra beschafft werden muss. Die Medienführung, besonders bei Handhabungssystemen mit hoher Dynamik und komplexen Bewegungsbahnen, ist bereits bei Druckluft und Elektrik nicht immer einfach, bei der Hydraulik wird dies zur Herausforderung.

Piezoantriebe sind für kleine, schnelle Bewegungen hervorragend geeignet. Ausgestattet mit einer hohen Energiedichte bietet diese Antriebstechnik eine gute Möglichkeit, kompakte Mikrogreiferantriebe herzustellen. Die Regelbarkeit von Piezoantrieben ist ebenfalls der Pneumatik überlegen. Aufgrund der geringen Kräfte und Wege, die durch diese Antriebsart erzielt werden können, sind die Einsatzbereiche auf die Mikroanwendungen beschränkt. Somit ist auch die Teilevielfalt eingeschränkt.

Abbildung 3.136 zeigt die unterschiedlichen Antriebsarten mit ihren wesentlichen Einsatzgebieten hinsichtlich des Lastbereichs auf.

Im abgedeckten Lastbereich decken heute hydraulische und pneumatische Antriebe die höchsten möglichen Lastfälle ab. Die Kompaktheit der Antriebslösung kann heute bei den elektrischen nicht ganz mit den konkurrierenden Antriebsarten mithalten. Bei den zu tragenden Gewichten liegen ebenfalls Hydraulik und Pneumatik vorne. Nur bei Piezoantrieben ist die Baugröße der Greifer auf kleine Werkstückgrößen beschränkt. Mit den gängigen Antriebsarten lassen sich komplexe Anlagen realisieren. Bei den Geschwindigkeiten liegen pneumatische und elektrische Antriebe vor den anderen Antriebsarten. Nur bei der Regelbarkeit ist die Pneumatik den anderen Energiearten deutlich unterlegen.

Aber gerade diese Eigenschaft ist für zukünftige Automatisierungen immer wichtiger, da mit der damit verbundenen Flexibilität auch eine gute Kontrollierbarkeit einhergeht.

Die Daten, die bei einem Greifvorgang gewonnen werden können, sind ohne zusätzliche Sensorik quasi durch das Antriebsprinzip mit vorhanden. Aber genau von diesen Informationen erhoffen sich die Produktionsfachleute heute die Möglichkeiten für deutliche Produktivitätssteigerungen in den Anwendungen.

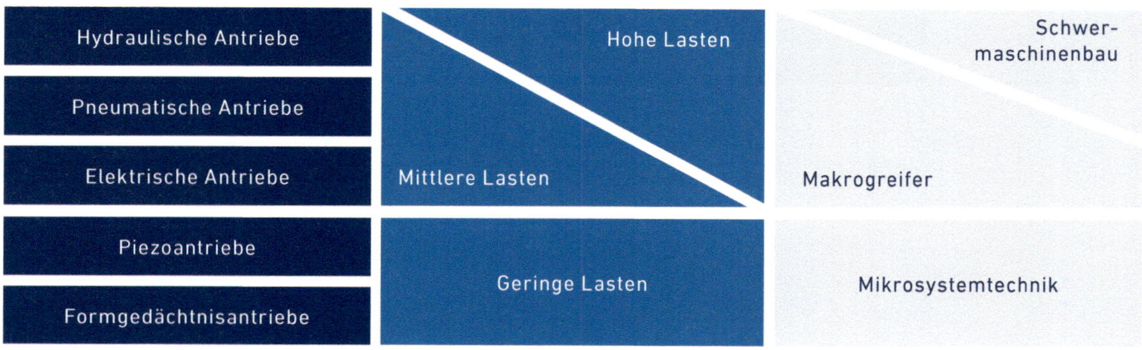

Abbildung 3.136 Antriebsarten und deren jeweilige Einsatzgebiete bei Greifern (Quelle: Fraunhofer IPA)[68]

3.5 Greifbereich

Der Greifbereich des Greifers entscheidet zum einen über die Flexibilität des Einsatzes des jeweiligen Greifers und zum anderen über den generellen Verwendungszweck.

So wird der Greifbereich definiert über den Fingerbewegungshub, der vom Wirkelement ausgeführt werden kann. Hier unterscheiden die Hersteller von Greifmodulen zwischen den bisher erklärten Parallelbackengreifern mit Fingerhüben von ca. 10 bis 30 mm und den Langhubgreifern, bei denen der Fingerhub deutlich über diese Marke hinausgeht (ca. 100 bis 300 mm).

Je nach Form der Greiferbacken und der Zugriffsrichtung auf das Werkstück ist die Greiferöffnung zu wählen. Je größer der Hub eines Greifers, desto größer ist das Werkstückspektrum hinsichtlich der Größenvarianz, das mit ihm abgedeckt werden kann. So bieten die sogenannten Langhubgreifer die Möglichkeit, bis zu ca. 300 mm Fingerhub zu erzeugen und somit Werkstücke mit 600 mm Ausdehnungsunterschied abzudecken. Langhubgreifer werden sowohl mit pneumatischem als auch mit elektrischem Antrieb angeboten.

Je nachdem, aus welcher Richtung ein Werkstück vom Handhabungssystem angefahren wird, ist ein gewisses Mindestöffnungsmaß vorzusehen. Umgekehrt gilt dasselbe für das Ablegen. Abbildung 3.137 und Abbildung 3.138 zeigen zwei unterschiedliche Abgriffsituationen. Im ersten Fall fährt beispielsweise der Roboter ein zylindrisches Werkstück von oben her an. Bei den formschlüssig gestalteten Greiferbacken muss bei dieser Anfahrbewegung der Gesamthub c nicht so groß sein wie im Beispiel mit der Anfahrbewegung von der Seite. Die Öffnungsreserve a muss hier lediglich auf die Ungenauigkeiten des Handhabungssystems und eventuelle Toleranzen des Werkstücks ausgelegt werden. Die Greifreserve b richtet sich auch auf eventuell untermaßige Werkstücke. Bei der Bewegung von vorne muss der Greifer deutlich weiter öffnen. Dies wäre auch im ersten Fall notwendig, wenn das Werkstück nach dem Ablegen seitlich verlassen werden soll.

Für dynamische Anwendungen der Robotertechnik, wie beispielsweise das Palettieren von Kartons, ist die Handhabungszeit und damit die bewegte Masse am Roboterarm eine entscheidende Größe. Hier bieten Leichtbaukonstruktionen unter Verwendung von CFK-Bauteilen die Möglichkeit, das Greifergewicht gegenüber dem klassischen Aluminium weiter zu senken. Die mit diesen sowohl elektrisch als auch pneumatisch angetriebenen Greifern erzielbaren Fingerhübe liegen bei bis zu 400 mm pro Finger.

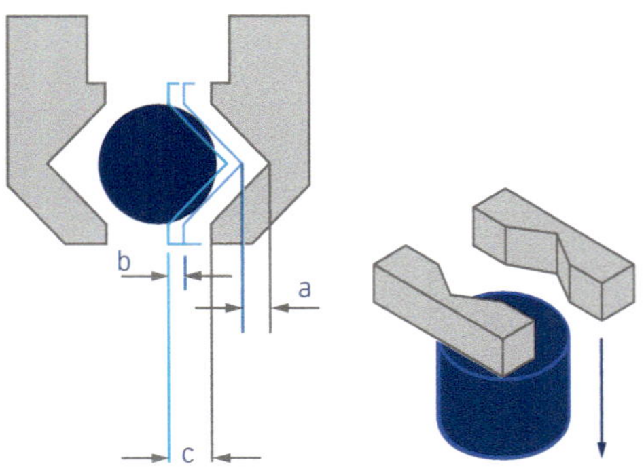

Abbildung 3.137 Zugriff axial

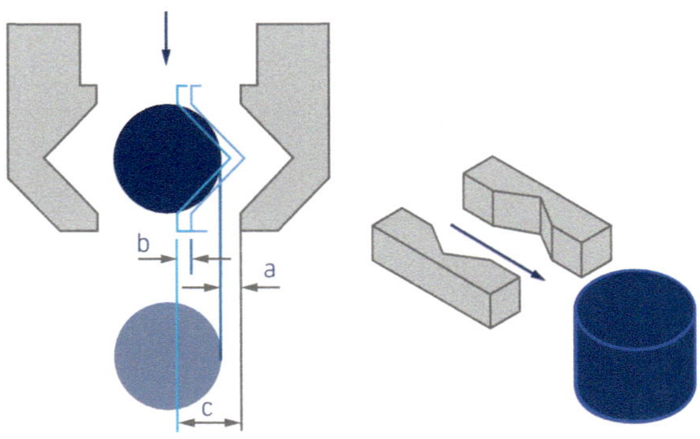

Abbildung 3.138 Zugriff radial

3

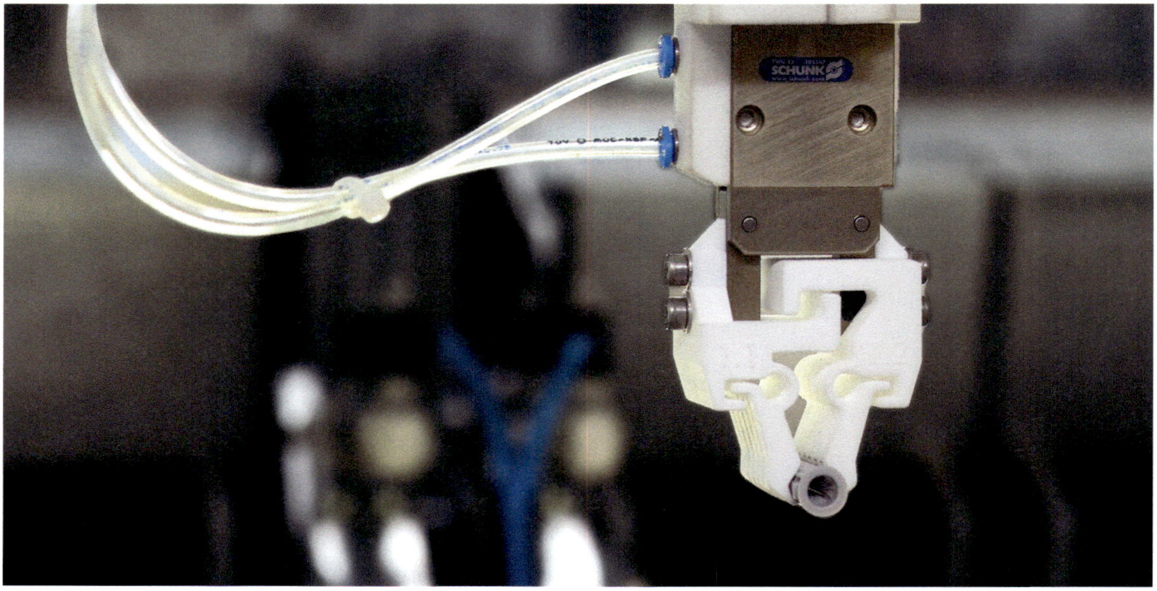

Abbildung 3.139 Winkelgreifer mit begrenztem Schwenkwinkel (Quelle: robomotion)[61]

Auch bei kleinen Greifern kann Taktzeit und vor allem Greifraum gespart werden, indem die Fingeröffnung begrenzt wird. Bei dem patentierten Einfedergreifer von Zahoransky und robomotion in Abbildung 3.140 ist dies einfach über einen mechanischen Anschlag in den Greiferfingern geschehen.

Die Schwenkbewegung der Finger wird beim gewünschten Öffnungswinkel gestoppt und so kann beispielsweise statt 15° Winkel nur 8° erreicht werden. Dies lässt dann individuell einen Öffnungswinkel zu, der z. B. beim Greifen der Dübel die Kollisionsmöglichkeit mit anderen Werkstücken in der Abgriffposition minimiert.

Für das Palettieren unterschiedlicher Paketgrößen ist der Greifer in Abbildung 3.141 in der elektrischen Version automatisch auf die jeweilige Paketgröße einzustellen. So kann sowohl durch das geringe Gewicht als auch durch die Voreinstellung der Finger eine geringere Taktzeit pro Paket erreicht werden.

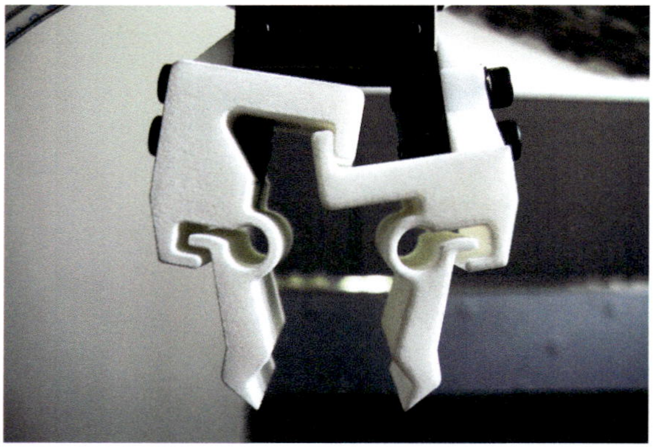

Abbildung 3.140 Reduzierung des Öffnungswinkel durch die Fingergestaltung (Quelle: robomotion)[61]

Die Flexibilität des Greifers besteht also darin, dass er sich selbst bei Losgröße 1 den verschiedenen Paketgrößen anpassen kann. Dabei kann in der Handhabung die Greifzeit minimal gehalten werden, indem der Greifer die Finger schon während der Bewegung des Handhabungssystems auf die Paketgröße einstellt. So muss im Moment des Greifens nur noch ein kurzer Weg gefahren werden, um das Paket aufzunehmen.

Abbildung 3.141 Langhubgreifer in Leichtbauweise und mit elektrischem Antrieb (Quelle: SCHUNK)[65]

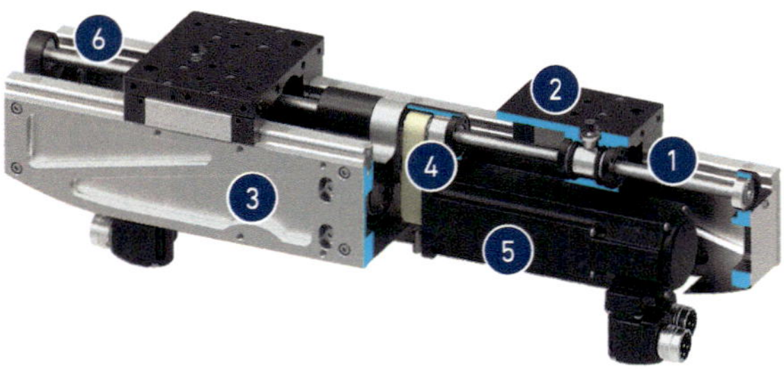

1. **Kugelumlaufführung**
   präzises Greifen durch hochbelastbare, leichtgängige Kugelumlaufführung
2. **Grundbacke**
   zur Adaption der werkstückspezifischen Greiferfinger
3. **Gehäuse**
   gewichtsoptimiert durch FEM- und Topologieuntersuchungen
4. **Kinematik**
   hohe Belastbarkeit und Genauigkeit durch einen Kugelgewindetrieb
5. **Motoreinbauraum**
   für verschiedenste Motoren
6. **Linearführung**
   hochbelastbar für große Momentenbelastungen und lange Aufsatzbacken

Abbildung 3.142 Aufbau eines Großhubgreifers mit elektrischem Antrieb (Quelle: SCHUNK)[65]

Abbildung 3.143 Großhubgreifer mit Form- und Reibschlussgriff (Quelle: SCHUNK)[65]

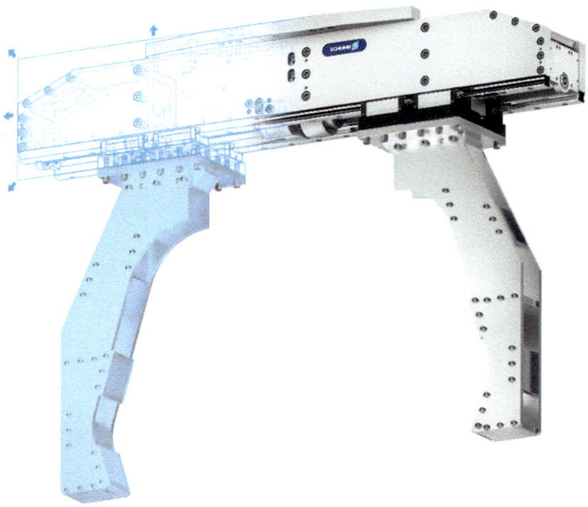

Abbildung 3.144 Individuell konfigurierbarer Langhubgreifer (Quelle: SCHUNK)[65]

Durch die Kugelumlaufspindel (1) ist es möglich, sehr lange Wege mit der Grundbacke (2) zu realisieren. Mit dem Kugelgewindetrieb (4) ist eine präzise Positionierung und Wiederholgenauigkeit für die Greiferbackeneinstellung gegeben. Darüber hinaus lassen sich unterschiedliche Motoren in den Bauraum (5) integrieren, sodass der jeweils bevorzugte Motorhersteller gewählt werden kann. Mit der doppelt ausgeführten Profilschienenführung (6) lassen sich hohe Momente übertragen und damit lange Greiferfinger montieren. Die Besonderheit dieser Bauart ist es, dass die Greiferbacken unabhängig voneinander bewegt werden können. Damit lassen sich außermittige Werkstückpositionen sowohl zum Aufnehmen als auch zum Ablegen realisieren.

Noch weiter geht die kundenspezifische Anpassung bei Greifermodellen, die sich wie aus einem Baukasten speziell für die Anwendung modular zusammenstellen lassen. Hier gibt es Großhubgreifer mit den unterschiedlichsten Ausbaustufen.

Beispielsweise kann vom Kunden gewählt werden, ob er die Backen synchron über ein Getriebe und einen Motor oder asynchron mit zwei Motoren antreiben und damit die Greiferbacken asymmetrisch bewegen möchte.

Aber auch die wichtige Kenngröße des Fingerhubes lässt sich der Aufgabenstellung anpassen. So kann der Kunde zwischen 100 und 400 mm Hub je Greiferbacke wählen. Auch die verwendeten Antriebe können vom Kunden konfiguriert werden. Darüber hinaus lässt sich auch wählen, ob ein Antrieb beide Greiferfinger synchron bewegt oder ob zwei Motoren eine völlig freie Bewegung der Finger zueinander haben können und damit asymmetrisches Greifen möglich ist.

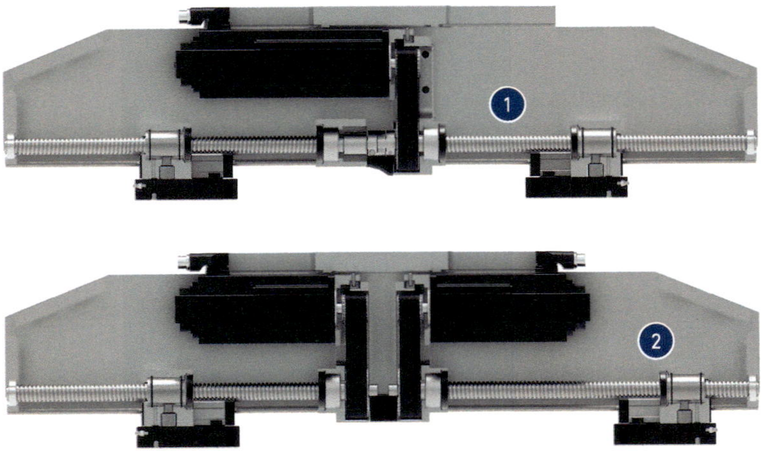

1 Synchron-Version

2 Asynchron-Version

Abbildung 3.145 Art der Synchronisierung der Greiferfinger lässt sich variieren (Quelle: SCHUNK)[65]

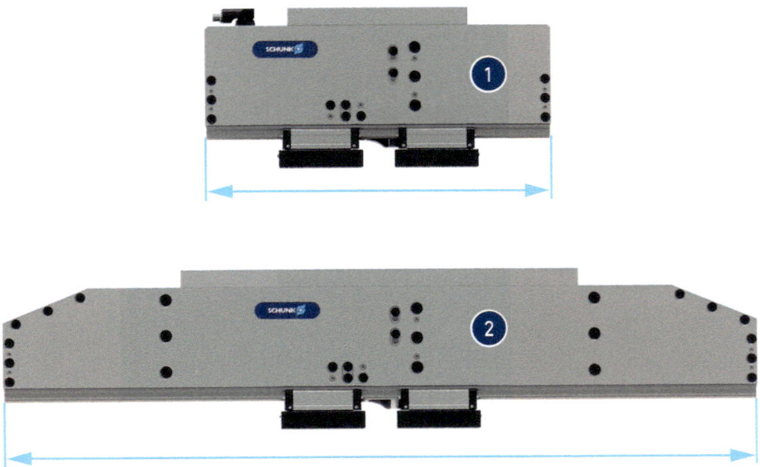

1 Variante mit 100 mm Hub pro Backe

2 Variante mit 400 mm Hub pro Backe

Abbildung 3.146 Unterschiedliche Fingerhübe bzw. Baugrößen lassen sich konfigurieren (Quelle: SCHUNK)[65]

3.6 Greifzeit

Wie bereits in Abschnitt 3.5 zum Fingerhub angesprochen, ist der Weg, den die Finger bis zum Werkstück zurücklegen müssen, eine Einflussgröße für die benötigte Greifzeit. Aber die Greifzeit ist noch von weiteren Faktoren abhängig, die bei der Aufnahme, aber auch beim Ablegen der Werkstücke berücksichtigt werden müssen. Ziel ist es in der Regel, immer die Greifzeit bzw. Ablegezeit bei der Handhabung von Werkstücken so minimal wie möglich zu gestalten. Dies gilt besonders bei direkt verketteten Handhabungssystemen, die z. B. die Be- bzw. Entladung von Maschinen realisieren. Der Materialfluss in einer indirekt verketteten Automatisierung, einer sogenannten Insellösung, ist in Abbildung 3.147 dargestellt. Die Werkstücke werden aus einem Speicher bzw. Lager entnommen, das keine direkte Verkettung zur Vormaschine hat. Sie werden gegriffen und zur Bearbeitungsstation transportiert, dort werden sie wieder abgelegt. Das heißt, es fallen hier sowohl die Greifzeit als auch die Ablegezeit in die Handhabungszeit. Alle Zeiten werden aufaddiert, eine Parallelisierung der Zeiten kann nicht erfolgen.

Die Darstellung zeigt, wie wichtig in vielen Fällen ein schnelles Aufnehmen bzw. Ablegen für die Wirtschaftlichkeit einer Applikation sein kann, da die Öffnungs- und Schließzeiten je Zyklus zweimal anfallen. Mit dem Greifen bzw. Ablegen des Werkstücks ist in der Regel auch eine genaue Positionierung des Handhabungssystems erforderlich; das hierzu notwendige Abbremsen der Masse der Nutzlast (Greifer und Werkstück) und das genaue Einregeln auf die Position gehören noch zur Transportzeit, können aber durch geringe Greifergewichte verbessert werden.

Greifzeiten für mechanische Greifer können extrem unterschiedlich ausfallen. Superschnelle Elektrogreifer können Schließzeiten von 0,02 Sekunden aufweisen, dies ist schneller als die schon extrem schnellen Sauggreifer mit ca. 0,05 Sekunden. Je nach Fingerhub und Greifergröße können es aber auch 1–2 Sekunden sein, die ein pneumatischer Greifer zum Schließen benötigt. Diese Unterschiede sind je nach Applikation bei der Greiferauswahl in Betracht zu ziehen. Besonders bei schnellen Handlungsaktionen in der Verpackungsindustrie können Gesamtzykluszeiten von 0,5 Sekunden gefordert sein, d. h., hier sind je 0,1 Sekunden zum Greifen bzw. Ablegen der Werkstücke schon 40 % der Gesamtzykluszeit, da sie pro Zyklus zweimal anfallen. Die Hersteller von Greiferkomponenten geben in der Regel Greifzeiten je Fingerhub und jeweils für das Öffnen bzw. Schließen des Greifers getrennt an. In Tabelle 3.21 finden sich beispielhaft einige Zeiten für bestimmte Fingerhübe und Greiferbauformen. Allen ist gemeinsam, dass es sich um pneumatisch angetriebene Greiferkomponenten handelt, die bei 6 bar betrieben wurden.

Es wird deutlich, dass bei Parallelbackengreifern die Greifzeiten überproportional mit dem Fingerhub zunehmen. Daher ist hier bei der Auslegung der Greiferkomponenten besonders auf die Auslegung auf die Greifsituation bzw. die Werkstückgröße zu achten. Winkelgreifer sind bauartbedingt etwas schneller als die Parallelbackengreifer, weisen aber unterschiedliche Öffnungs- und Schließzeiten auf. Bei pneumatischen Greifern, bei denen eine Greifkrafterhaltung (GKE) eingebaut ist, wird diese in der Regel über eine Feder realisiert. Das heißt, beim Öffnen unterstützt die Feder und beim Schließen wirkt sie der Bewegung entgegen. Auch bauartbedingt gibt es Geschwindigkeitsunterschiede. Der Winkelgreifer ist ein sehr schneller Greifer, wenn kurze Wege zurückgelegt werden sollen. Dies ist in den letzten beiden Zeilen der Tabelle 3.21 dargestellt.

Die in Tabelle 3.21 angegebenen Zeiten können für unterschiedliche Hersteller und Baugrößen der Greiferkomponenten stark schwanken und sind jeweils vom Anbieter in den Datenblättern zu ermitteln. Allerdings werden vom Hersteller auch nur die echten

	Ablauf	Zeit
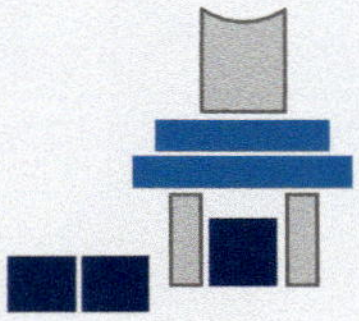	**Lager** Aufnehmen des unbearbeiteten Werkstück	Schließzeit
	Transport	Transportzeit
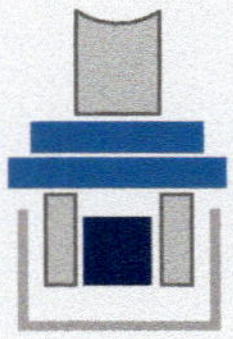	**Bearbeitungsprozess** Ablegen des unbearbeiteten Werkstück	Öffnungszeit
	Bearbeitungsprozess Handhabungssystem im Leerlauf	Prozesszeit
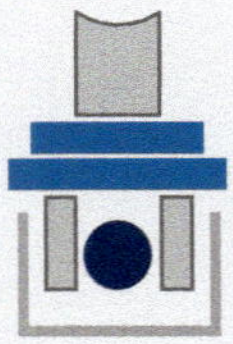	Aufnehmen bearbeitetes Werkstück	Schließzeit
	Transport	Transportzeit
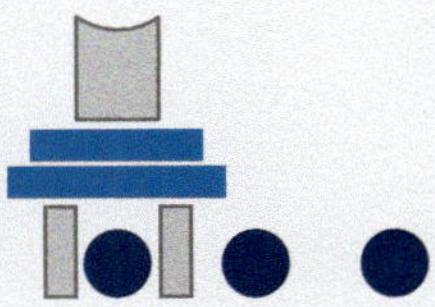	Ablegen bearbeitetes Werkstück	Öffnungszeit
	Verfahrung Bearbeitungsstation im Leerlauf	Verfahrzeit

Abbildung 3.147 Materialfluss mit Bearbeitung in der Insellösung (Ablauf ohne Schwenkeinheit)

Zweifingergreifer		Keilhakenprinzip		Hub	Öffnungszeit	Schließzeit
Parallel-greifer	Winkel-greifer	mit GKE	ohne GKE			
●		●		4 mm	0,04 s	0,4 s
●			●	12 mm	0,02 s	0,02 s
●			●	20 mm	0,05 s	0,05 s
●			●	32 mm	0,10 s	0,10 s
●			●	46 mm	0,17 s	0,17 s
●			●	60 mm	0,30 s	0,30 s
	●		●	16 Grad	0,013 s	0,03 s
	●		●	180 Grad	0,50 s	0,40 s

Tabelle 3.21 Öffnungs- und Schließzeiten verschiedener pneumatischer Greiferbauarten (GKE = Greifkrafterhaltung)

Verfahrbewegungszeiten gemessen. Die Zeitverzögerungen durch lange Druckluftleitungen oder durch die Ansteuerung der Ventile sind in diese Zeit nicht eingerechnet, sind aber in der Praxis nicht zu vernachlässigen, da sich hier Streuungen im Zeitverhalten des Gesamtsystems ergeben. So kann es sein, dass die Bewegung zwar in 0,02 Sekunden erfolgt, aber die Ansteuerung des Greifers um ca. +/– 0,05 Sekunden schwankt. Das heißt, in einem festen Programmablauf eines Roboters müssen entsprechende Sicherheiten eingeplant werden, um bei diesen Schwankungen immer noch im richtigen Moment den Greifer geöffnet zu haben.

Je länger die Transportzeit gegenüber der Greif- und Ablegezeit ist, desto wichtiger wird die effiziente Gestaltung des Gesamtablaufs der Handhabung. Die reine Greifzeit spielt hier nur noch eine untergeordnete Rolle. Hier wird die Wirtschaftlichkeit der Applikation über die Nutzung von Mehrfachgreifern erreicht. Das heißt, im einfachsten Fall wird eine Leerfahrt des Handhabungssystems vermieden.

Die erste Stufe der Taktzeitoptimierung in der Montage- und Handhabungstechnik stellt dabei der Doppelgreifer dar, der auf der einen Seite das unbearbeitete Werkstück für die Bearbeitungsmaschine aufnimmt und auf der anderen Seite das fertig bearbeitete Werkstück aus der Maschine entnehmen kann.

Das Ziel einer Doppelgreiferanwendung ist, eine Leerfahrt des Handhabungssystems einzusparen. So ist die Auslastung des Handhabungssystems höher, als wenn nur im Einzelgriff gefahren wird. Der Doppelgreifer in Abbildung 3.148 zeigt das Prinzip. Einer der beiden Greifer kann das unbearbeitete Werkstück halten, während der andere Greifer das bearbeitete Werkstück aufnehmen kann. Die Aufnahme zeigt die Situation nach dem Greifen des bearbeiteten Werkstücks. Im nächsten Schritt wird nun das unbearbeitete Werkstück in die Vorrichtung zur Bearbeitung abgelegt. So ist die Wartezeit der Bearbeitungsmaschine auf ein unbearbeitetes Werkstück reduziert. Beim Einzelgriff müsste der Roboter zunächst zum Ablegepunkt des fertigen Werkstücks fahren, um anschließend das Rohteil aus der Bereitstellung zu holen und dann wieder zur Bearbeitungsmaschine zu fahren. Das Einsparpotenzial durch Doppelgreifer ist offensichtlich.

Am folgenden Beispiel einer automatischen Be- und Entladung einer Spritzgussmaschine soll die Vorgehensweise zur Wegoptimierung mittels Doppelgreifer anhand einer realen Anwendung im Kunststoffbereich erläutert werden (siehe Abbildung 3.148). Der hier zum Einsatz kommende Roboter ist für die Anwendung so gewählt, dass er den Arbeitsraum zwischen der Teilezufuhr und der Spritzgussmaschine abdecken kann. In der gezeigten Anordnung soll er den mit Kleinteilen zur Umspritzung beladenen Werkstückträger in das Werkszeug der Maschine einlegen. Zuvor ist jedoch der Werkstückträger mit den fertig umspritzten Bauteilen zu entnehmen. Das heißt, der Roboter muss nur eine kurze Strecke fahren, um den neuen Werkstückträger in das Werkzeug einzubringen. Mit einem Einzelgreifer hätte diese Operation deutlich länger gedauert, da der Roboter zunächst den fertig bearbeiteten Werkstückträger ablegen müsste und dann erst wieder den neuen Werkstückträger aufnehmen könnte.

Bei der Darstellung der Roboterzelle in Abbildung 3.149 werden die verschiedenen Anfahrpunkte für den Handhabungsablauf deutlich. Der Sechsachsroboter (A) muss zunächst einen vom SCARA-Roboter (B, siehe Kapitel 4) bestückten Werkstückträger mit einem seiner Greifer (X_1 und X_2) aufnehmen. Anschließend fährt er zur Spritzgussmaschine (C) und wartet dort, bis der Zyklus der Maschine abgeschlossen ist. Die Zellentaktung hat sich in der Regel an der Taktzeit der Bearbeitungsmaschine (in diesem Fall der Spritzgussmaschine) zu orientieren. Das heißt, es ist darauf zu achten, dass das Handhabungssystem (in diesem Fall

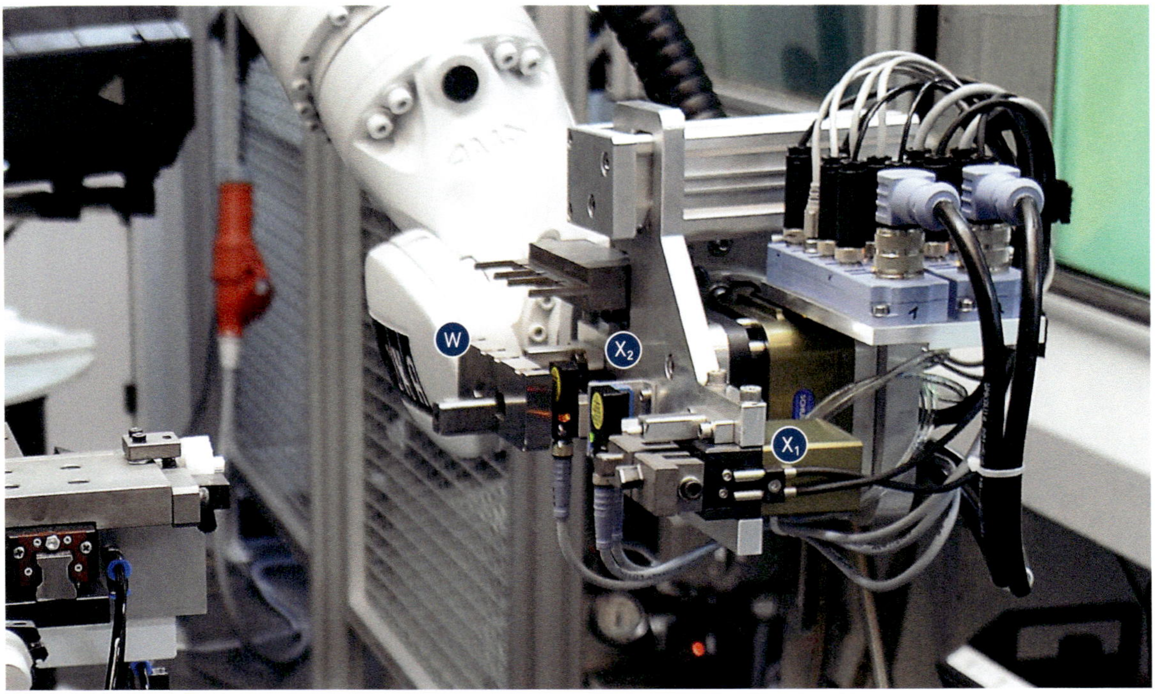

Abbildung 3.148 Roboter mit Doppelgreifer – in einem Greifer mit gegriffenem Werkstückträger (Quelle: Gindele[67]/robomotion[61])

der Roboter A) auf die Spritzgussmaschine wartet und nicht umgekehrt.

Sobald die Teile fertig umspritzt sind und die Maschine das Werkzeug geöffnet hat, kann der Roboter zur Aufnahme des Werkstückträgers (W) mit den umspritzten Teilen fahren und diesen in seinen leeren Greifer X_1 aufnehmen. Dann fährt der Roboter in einer kurzen Bewegung zur Ablage des Werkstückträgers mit den neuen Teilen und legt diesen aus dem Greifer X_2 ab.

Auch hier gehen die Öffnung- und Schließzeiten der Greifer X_1 und X_2 direkt in die Taktzeit bzw. in die Stillstandszeit der Spritzgussmaschine ein, denn das Werkzeug kann erst wieder geschlossen werden, wenn der Roboter A aus dem Werkzeug ausgefahren ist.

Nach der Entnahme der Teile aus der Spritzgussmaschine (C) fährt der Roboter (A) zu einem Prüfplatz (D), an dem die Teile von einer Kamera hinsichtlich bestimmter Qualitätsmerkmale geprüft werden. Anschließend kann er die Teile entweder in eine I.-O.- oder N.-i.-O.-Box ablegen und fährt dann zur Entnahme des wieder befüllten Werkstückträgers durch den SCARA Roboter (B) zur Befüllstation (E). Mit dem Ablegen des leeren Werkstückträgers aus dem Doppelgreifer beginnt der Zyklus von Neuem.

Die Greifzeit ist immer in Kombination mit der Handhabungsaufgabe zu sehen. Je genauer ein Aufnahme- bzw. Ablagepunkt erreicht werden muss, desto mehr Zeit ist für diesen Prozessschritt im Handhabungsablauf vorzusehen. Auch hat die Ansteuerung des Greifers über die Ventiltechnik und die Steuerung des Handhabungssystems entscheidenden Einfluss auf die Exaktheit der Greiferöffnung. Wer hier in Millisekunden kalkulieren will, sollte genau auf die verwendeten Schlauchlängen, Schlauchdurchmesser und den Schaltzeitpunkt des Ventils achten. Auch hier sind die genauer reproduzierbaren Laufzeiten der Schaltsignale von Elektrogreifern ein Vorteil.

Abbildung 3.149 Übersicht über die gesamte Roboterzelle zur Automatisierung der Spritzgussmaschine (Quelle: Gindele[67]/robomotion[61])

3.7 Greifsituation

Wie im vorangegangenen Abschnitt beschrieben, ist häufig die geschickte Kombination aus Greifertechnik und der Planung der Abläufe in einer automatisierten Zelle der Schlüssel für eine wirtschaftliche Lösung der Produktion. Dabei kommt in vielen Fällen der eingangs beschriebene Ordnungsgrad von Werkstücken wieder in den Blick. Aber auch der Materialfluss bzw. die Materialflussgestaltung innerhalb der Zelle ist für das Greifen wichtig. Die Greifsituation wird weiterhin definiert durch das Handhabungssystem mit seiner spezifischen Nutzlast und die geforderten Dauerleistungen von Greifern. Abschließend ist die Bauraumsituation in vielen Applikationen dafür bestimmend, welche Greiferkomponente zum Einsatz kommen kann. Im Folgenden werden diese Aspekte der industriellen Greiftechnik hinsichtlich der bei der Planung zu berücksichtigenden Randbedingungen diskutiert.

3

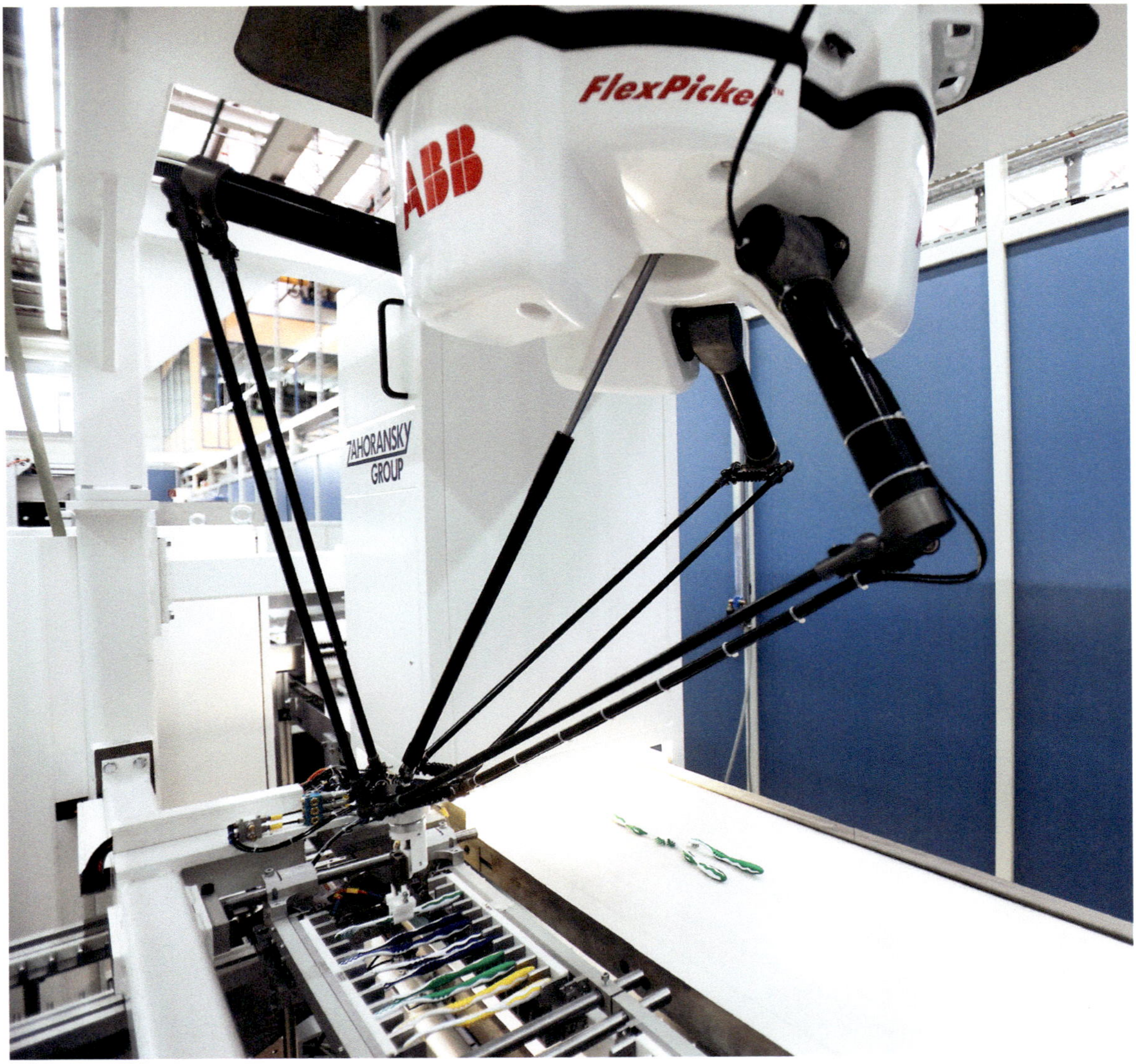

Abbildung 3.150 Greifsituation auf Förderband (Quelle: Zahoransky[82]/robomotion[61])

3.7.1 Greifsituation und Werkstückordnungsgrad

Der Orientierungsgrad des Werkstücks ist entscheidend für die Möglichkeiten des Abgriffs bzw. für das Ablegen. Diese Randbedingung des Greifens beeinflusst die Greifaufgabe zum Teil erheblich und entscheidet häufig über die Wirtschaftlichkeit einer Anwendung. Wie bereits in Abschnitt 3.1 definiert, gibt es unterschiedlichste Fälle für den Ordnungsgrad von Werkstücken. Grundsätzlich lassen sich diese Fälle in drei Kategorien zum Greifen unterteilen:

- Aufnehmen aus ungeordneten Situationen im Raum („Griff in die Kiste")
- Aufnehmen von ungeordneten Werkstücken von einer Ebene
- Aufnehmen aus Situationen, in denen die Werkstücke vorgeordnet sind (Werkstückträger)

Alle Situationen können sich nochmals in der Gesamtaufgabenstellung dadurch unterscheiden, dass sie im ruhenden oder im bewegten Zustand ausgeführt werden müssen. Für den Greifer an sich ist das jedoch nur von untergeordneter Bedeutung. Wir betrachten die bewegte Handhabungssituation aber dennoch in Abschnitt 3.7.4 gezielt.

Das Greifen und Entnehmen aus einer Kiste mit gleichartigen Werkstücken stellt noch immer eine enorme Herausforderung für die Automatisierungstechnik dar. Die zunehmende Arbeitsteilung erfordert immer häufiger die Auslagerung bestimmter Arbeitsgänge, die immer größer werdende Variantenanzahl verhindert dabei eine wirtschaftliche geordnete Zwischenlagerung. Neben der sensorischen Erfassung der Greifpunkte in der Kiste stellt die Greifergestaltung und die Greifstrategie die größte Herausforderung dar.

So sind je nach Produkt unterschiedliche Greiferarten und auch Greifpunkte je nach Situation denkbar. Darüber hinaus ist bei diesen Aufgabenstellungen die Ablagesituation genau zu analysieren. Geht es darum, das Werkstück später exakt in eine Bearbeitungsmaschine zu positionieren oder kann es nur grob ausgerichtet in eine Spannvorrichtung eingelegt werden, um dann durch das Spannen genau orientiert zu werden?

Darüber hinaus ist der Greifer selbst eine Störkontur, die bei der Greifstrategie mit eingerechnet werden muss, will man beim Greifen die Szene in der Kiste nicht zu stark verändern bzw. Beschädigungen am Greifer in Kauf nehmen.

In der Industrie wird in der Regel davon ausgegangen, dass in einem Behälter nur Werkstücke einer Sorte vorhanden sind. Bei Anwendungen in der Logistik kommt es aber vor, dass nur ein Werkstück aus einem Schüttgutbehälter entnommen wird, um ihn für eine Kommission zu verwenden. Das heißt, nach jedem Griff müsste hier jeweils ein Greiferwechsel erfolgen, wenn dies für den nächsten Artikel notwendig ist.

Abbildung 3.151 Beispiel für eine Werkstückbereitstellung im ungeordneten Zustand im Behälter (Quelle: robomotion)[61]

In Abbildung 3.152 ist eine weitere Problematik beim Griff in die Kiste zu erkennen. So kann die Kiste selbst eine Störkontur darstellen. Diese Störkontur soll nicht mit der Kontur des Greifers in Berührung kommen, was zu einem möglichst schlanken Greiferdesign führt. Baut man den Greifer zu groß, kollidiert er beim Eintauchen in den Behälter. Ein vollständiges Entleeren wäre nur schwer zu realisieren. Je größer die Behälter werden, aus denen entnommen wird, desto mehr Bedeutung kommt der gesamten Roboterarm- und Greiferkontur bei der Kollisionsvermeidung zu, wie in Abbildung 3.153 zu sehen ist. Hier ist es vor allem der Roboterarm, der Gefahr läuft, mit der Kistenwand zu kollidieren.

Es wird deutlich, dass auch diese Situation für die Automatisierung nicht ohne Hürden ist, denn je nach gewähltem Fingerhub ist ein bestimmter Sicherheitsabstand im Greifbereich des Werkstücks frei zu lassen, um die Finger entsprechend platzieren zu können. Aber nicht nur die Platzierung der Finger ist zu berücksichtigen, sondern auch die eventuelle Überlappung der Werkstücke und damit die Gefahr eines Fehlgriffs durch Verschieben der Objekte ist zu überprüfen.

Je nach Werkstück kann es aber auch im ebenen Fall sein, dass die Lage des Werkstücks ein Greifen verhindert, da es nicht in der gewünschten Aufnahmeposition liegt. Dies ist dann der Fall, wenn das Werkstück eine Lage einnehmen kann, die die möglichen Aufnahmeflächen der Wirkelemente eines Greifers verdeckt. Hier kann dann durch die Freiheitsgrade des Handhabungssystems eine Position des Greifers erreicht werden, aus der gegriffen werden kann. Wenn dies nicht möglich ist, muss das Werkstück durch andere Maßnahmen (Rütteltisch, Umlaufsystem etc.) gedreht werden, bis es sich in einer greifbaren Lage befindet.

Bei Situationen, in denen die Werkstücke ungeordnet, aber auf einer Ebene bereitgestellt werden, ist die Zugänglichkeit hinsichtlich des Abgriffs deutlich besser als in einer Kiste. Allerdings müssen auch hier bestimmte Randbedingungen beim Abgriff erfüllt sein.

Da in der Regel für derartige Greifsituationen eine sensorische Erfassung der Werkstücklage erforderlich ist, können sowohl der Greifbereich als auch mögliche Kollisionen erfasst und abgefangen werden.

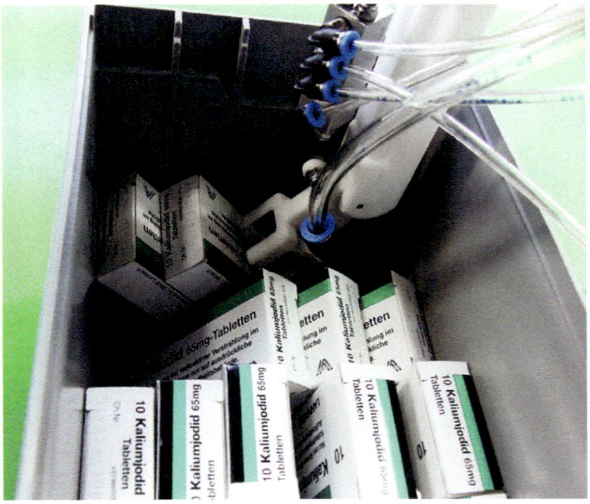

Abbildung 3.152 Störkontur des Greifers/Saugers ist beim Abgriff der Werkstücke zu berücksichtigen (Quelle: robomotion)[61]

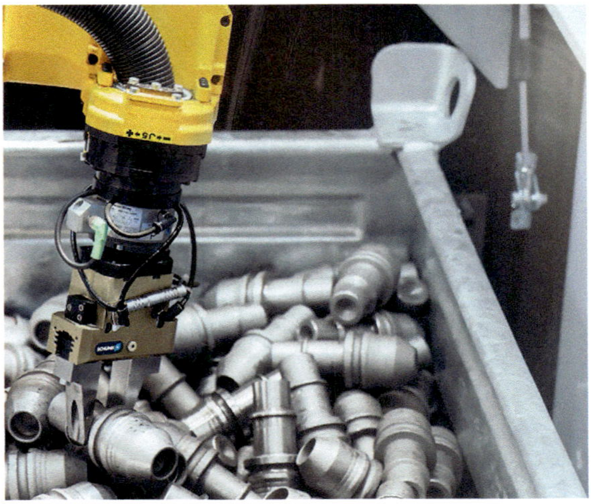

Abbildung 3.153 Mechanische Greifer sind beim Griff in die Kiste schwieriger hinsichtlich der Kollisionswahrscheinlichkeit der Finger (Quelle: SCHUNK)[65]

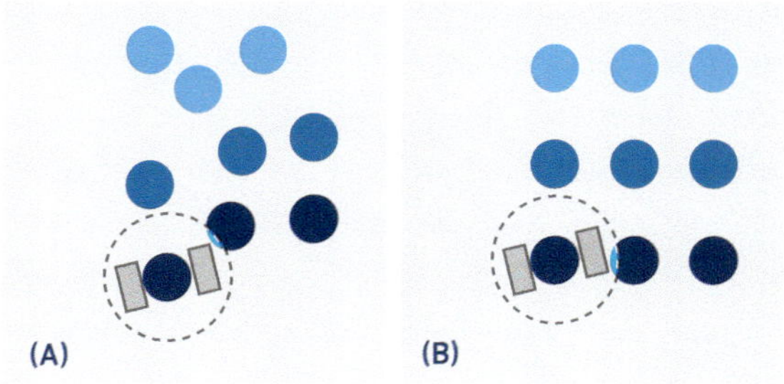

Abbildung 3.154 Kollisionskanten bei Werkstücken im ebenen ungeordneten (A) und im geordneten (B) Zustand

Diese Situationen sind in den Aufnahmen in Abbildung 3.155 zu sehen. Der rote Rand um die Werkstücke zeigt an, dass ein Greifen nicht möglich ist. Das heißt, die Werkstücke müssen entsprechend dem Auswahlprinzip wieder zurück in den Bunker des Systems oder nach dem Zwangsprinzip aktiv in ihrer Lage verändert werden (z. B. durch eine Vibrationsplatte).

Das Ablegen der Werkstücke erfolgt dann meist in geordneten Situationen und möglichst werkstückschonend, wenn ein Handhabungssystem zum Einsatz kommt.

Bei Situationen, in denen die Werkstücke vorgeordnet bereitgestellt werden sollen, muss die Peripherie die Teile in einem hohen Ordnungsgrad vorhalten (z. B. durch Magazine) oder den hohen Ordnungsgrad herstellen. Innerhalb eines Produktionssystems sollte dabei immer versucht werden, den Ordnungsgrad zu erhalten und ihn nicht durch die Prozesse wieder verloren gehen zu lassen. Mögliche Kollisionen der Greiffinger mit anderen Werkstücken oder baulichen Hindernissen in der Zelle sind in diesem Fall bei der Planung zu berücksichtigen.

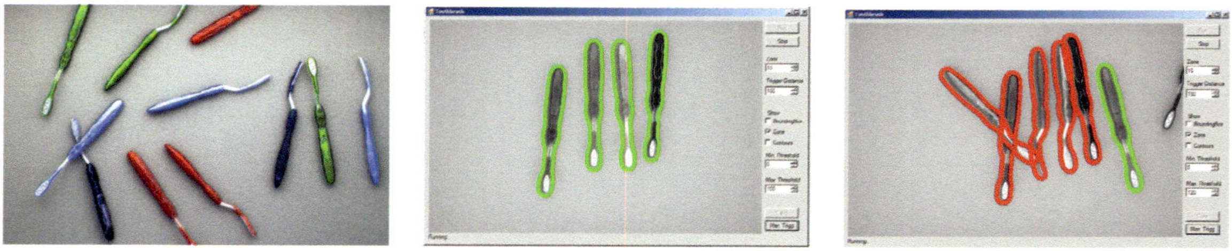

Abbildung 3.155 Darstellungen zur Problemstellung des Greifbereichs mit Störkonturen (Quelle: robomotion)[61]

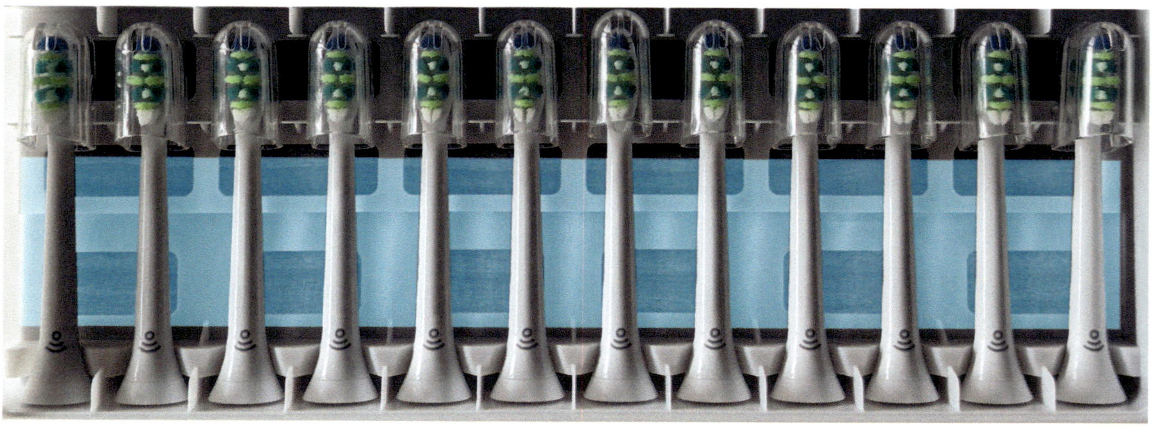

Abbildung 3.156 Magazin lässt nur bestimmte greifbare Bereiche am Werkstück zu. (Quelle: robomotion)[61]

Ebenso können durch das Magazin, in dem die Werkstücke bereitgestellt werden, nur bestimmte Bereiche am Werkstück frei zugänglich sein. Das heißt, es kann nicht an jeder Stelle des Werkstücks gegriffen werden. Diese Einschränkungen lassen sich aber durch die Magazingestaltung reduzieren bzw. an die benötigte Abgriffmöglichkeit anpassen. Dies ist bei chaotisch bereitgestellten Werkstücken nicht machbar.

Bei der Bereitstellung der Werkstücke in Magazinen wird häufig aus Platzgründen eine möglichst dichte Anordnung der Werkstücke gewählt. Dieses Optimierungsziel ist häufig dem Wunsch entgegengesetzt, dass der Greifer eine möglichst große Öffnungsweite hat, um unterschiedliche Bauteile abzugreifen, da die Bauteile für eine große Greiferöffnung zu dicht angeordnet sind. Abbildung 3.157 zeigt, dass die Greiferauswahl sowohl vom Werkstück als auch von der Bereitstellung des Werkstücks im geordneten Zustand abhängt. So kann bei der Bereitstellung des Rundmaterials in einem Magazin sowohl die Griffart von außen bzw. bei Nicht-Vollmaterial auch von innen erfolgen. Hier ist jeweils ein anderer Fingerweg notwendig.

Darüber hinaus sind mögliche Kollisionen der Finger mit anderen Werkstücken im Magazin zu vermeiden.

Ähnliche Kollisionssituationen gibt es beim Aufnehmen der Werkstücke aus Bearbeitungsmaschinen. Hier ist zwar die Position des Werkstücks grundsätzlich bekannt, es können aber veränderte Abgriffpositionen notwendig sein, je nachdem, wie beispielsweise ein Dreibackenfutter in einer Drehmaschine bei der Entnahme steht.

Je nach Zugänglichkeit der Wirkflächen am Werkstück können unterschiedliche Griffvarianten für ein Werkstück definiert werden. So lassen sich Werkstücke aus Vollmaterial in der Regel nur von außen greifen. Je nach Wandstärke können auch Außen- und Innengriff kombiniert werden. Hier kann unter Umständen eine bessere Auslastung der Palette mit Werkstücken erzielt werden, da sich die Werkstücke dichter anordnen lassen. Noch besser funktioniert dies bei einem reinen Innengriff der entsprechenden Hohlkörper. Dabei ist wiederum die maximale Greifkraft entsprechend der Werkstückstabilität zu begrenzen, um Beschädigungen am Werkstück zu vermeiden.

3

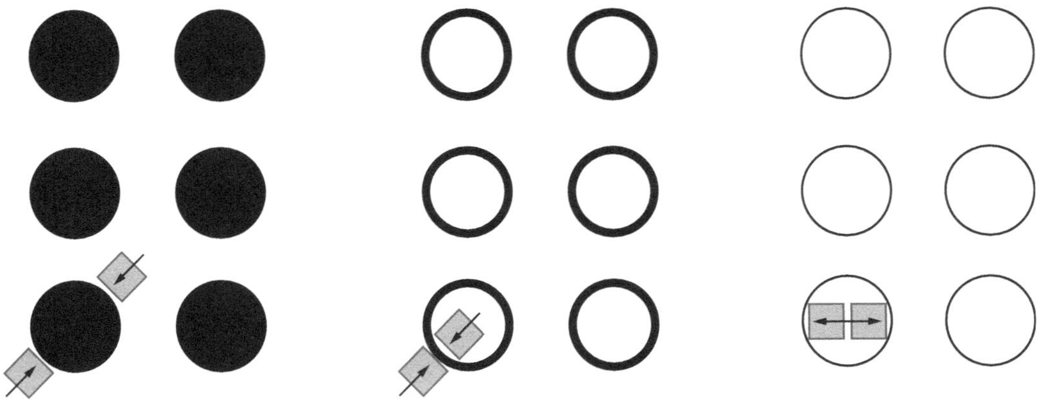

Abbildung 3.157 Griffvarianten je nach Werkstückgeometrie

3.7.2 Greifen und Wirtschaftlichkeit

Zur Verkürzung der Taktzeit ist es in der Regel wünschenswert, dass die Werkstücke mit einem hohen Orientierungsgrad vom Greifer am Handhabungssystem aufgenommen werden können. Der parallele Mehrfachgriff (zeitgleicher Abgriff und Ablage von Werkstücken) bietet Leistungssteigerungen, wie sie in Abbildung 3.158 dargestellt sind. So lässt sich die Taktzeit für einen Handhabungsvorgang durch einen Doppelgriff der Werkstücke halbieren. Je mehr Werkstücke am Greifer hängen können, desto besser wird der Roboter ausgelastet.

Die Voraussetzung für die Realisierung solcher Leistungssteigerungen ist allerdings der parallele Abgriff und das parallele Ablegen der Werkstücke. Das heißt, sowohl in der Aufnahmesituation als auch in der Ablagesituation muss die Position und Orientierung der Werkstücke gleich sein, damit zeitgleich aufgenommen bzw. abgelegt werden kann. Diese Randbedingung kann häufig nicht erfüllt werden oder wirkt sich negativ auf die Flexibilität der Gesamtmaschine aus, da damit in der Regel ein hoher Umbauaufwand verbunden ist.

So müssen z. B. bei einem Umspritzvorgang im Werkzeug zuvor die einzelnen Metallstäbe aus einem Bunker vereinzelt und in den richtigen Abstand zueinander gebracht werden, bevor der Roboter die Bauteile in das Werkzeug korrekt ablegen kann.

Häufig werden bei diesen Aufgabenstellungen Greifer mit integrierten Kinematiken eingesetzt, die die Position bzw. die Orientierung der Werkstücke beim Handhabungsvorgang verändern. Als Beispiel sei hier ein Fünfundzwanzigfachgreifer gezeigt, der die Werkstücke aus einer Verpackungsmaschine mit einem gewissen Abstand in x- und y-Richtung gleichzeitig im Schneidwerkzeug einer Verpackungsmaschine aufnimmt. Während der Bewegung mit dem Roboter

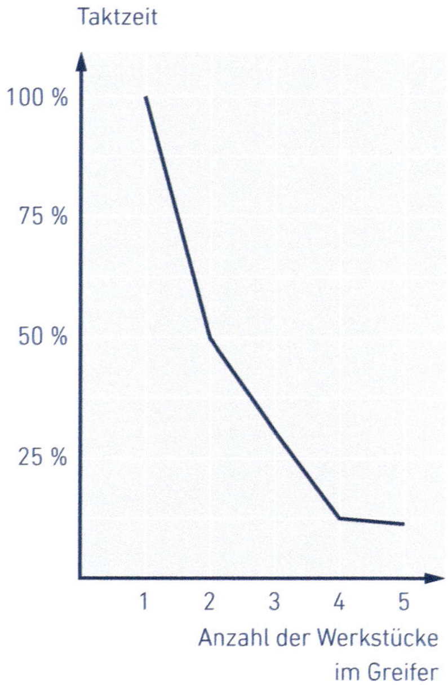

Abbildung 3.158 Reduktion der Taktzeiten durch paralleles Abgreifen und paralleles Ablegen mit einer steigenden Anzahl an Werkstücken pro Takt

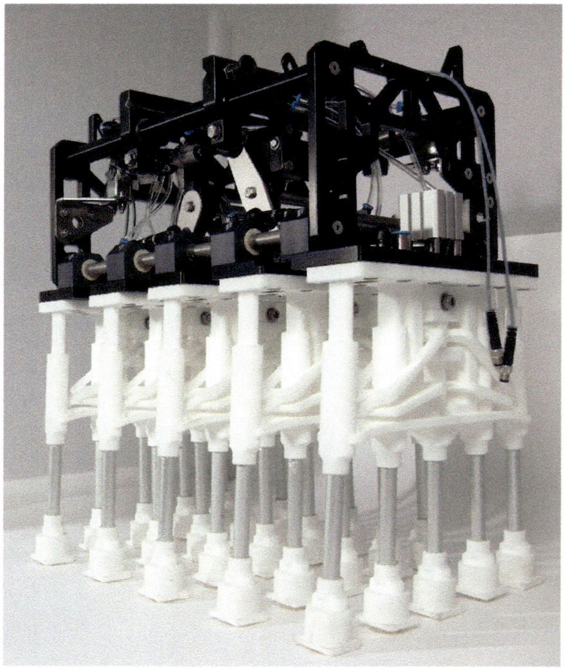

Abbildung 3.159 Mehrfachsauger zum parallelen Abholen und Ablegen von Werkstücken (Quelle: Fraunhofer IPA[68]/robomotion[61])

werden auf Gleitlagern geführten Saugerzeilen von der Aufnahmeposition zur Ablageposition im Karton zusammengeschoben. Ebenso werden die Werkstücke in Querrichtung über einen Pneumatikzylinder über die lasergesinterte Kinematik zusammengezogen, sodass auch in dieser Ausdehnungsrichtung die Produkte auf das Kartoninnenmaß zusammengefahren werden können.

Der in Abbildung 3.160 gezeigte 8-fach Greifer hat die Aufgabe Einlegeteile vor dem Kunststoffspritzvorgang in der Werkzeug einzulegen und die fertig umspritzten Wellen wieder zu entnehmen. Da hier ein Kleinroboter zum Einsatz kommt, war die Herausforderung einen möglichst leichte Greiferkonstruktion zu entwickeln, um den Roboter nicht zu überlasten.

Das Gewicht ist beim Mehrfachgreifen die kontraproduktive Größe, denn mit zunehmender Anzahl an Werkstücken wird sowohl die Nutzlast als auch das Greifergewicht erhöht und damit eine dynamische Roboterbewegung erschwert.

Häufig müssen in der Verpackungstechnik die Produkte zusätzlich zur Änderung des Abstandes auch noch umorientiert werden. Diese Rotation der Werkstücke ist bei Mehrfachgreifern häufig ein Problem und erfordert eine eigene Rotationsachse je Werkstück. Mithilfe einer entsprechenden Kinematik konnte eine beispielhafte Aufgabenstellung konstruktiv deutlich vereinfacht und damit das Greifergewicht gesenkt werden.

Bei dieser in den Sauggreifer integrierten Kinematik ist das Spreizen nicht wie beim vorangegangenen Beispiel auf einer Linearführung realisiert, sondern die Werkstücke werden mittels eines Schwenkarms rotatorisch auseinanderbewegt. Jeder Schwenkarm wird dabei über einen Koppeltrieb durch einen zentralen Antrieb in der Mitte des Greifers angetrieben. Damit ergibt sich dann für das Einzelprodukt nicht nur eine im Abstand der Produkte zueinander gespreizte Ablageposition gegenüber der Aufnahme, sondern auch eine um 60° rotierte. Somit wird durch den Koppelantrieb gleichzeitig gespreizt und gedreht.

Abbildung 3.160 Einlegen von Metallteilen in ein Spritzgusswerkzeug (Quelle: Hauff[99], robomotion[61], KUKA[75])

In den Darstellungen des beispielhaften Greifers in Abbildung 3.161 wird die Start- und Endlage des Greifers gezeigt. Beim Aufnehmen der Produkte liegen die gehandhabten Produkte, in diesem Fall Schokoladenpralinen in Herzform, dicht beieinander. In der Spreizlage sind die Produkte gedreht und gespreizt erkennbar. Durch das in Abbildung 3.162 zu sehende parallele Ablegen der Werkstücke können acht Produkte gleichzeitig in die Verpackungsmaschine eingelegt werden.

Nur durch das während der Handhabung ablaufende Drehen und Spreizen ist diese enorme Leistungssteigerung des Roboters möglich geworden.

Eine Mischform wäre beispielsweise, dass mehrere Werkstücke linienförmig aufgenommen werden müssen, aber dann als Fläche abgelegt werden können. Hier „sammelt" der Greifer zunächst Linie für Linie auf und nutzt dabei den Roboter, um den Abstand der Linien in Querrichtung zu überbrücken.

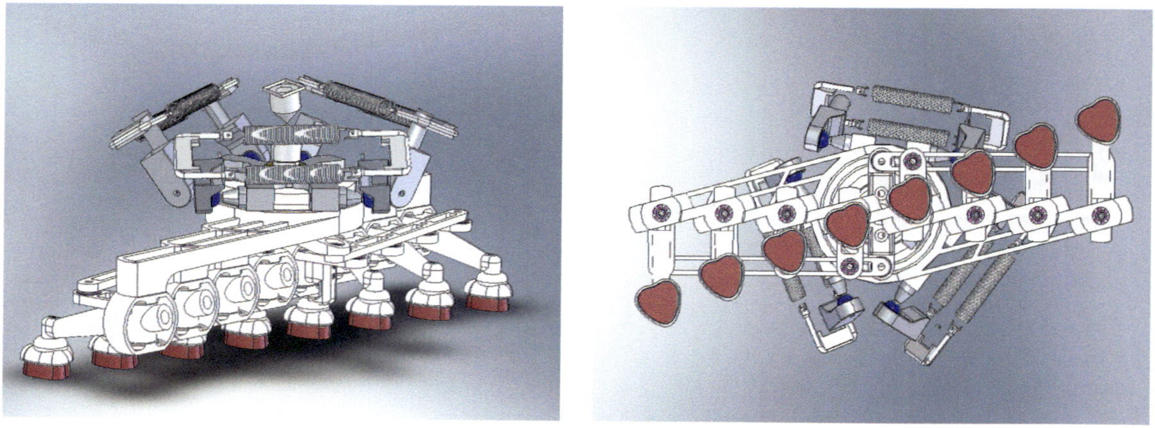

Abbildung 3.161 Greifer mit integrierter Kinematik zum Spreizen und Drehen der Produkte (Quelle: Theegarten[100]/robomotion[61])

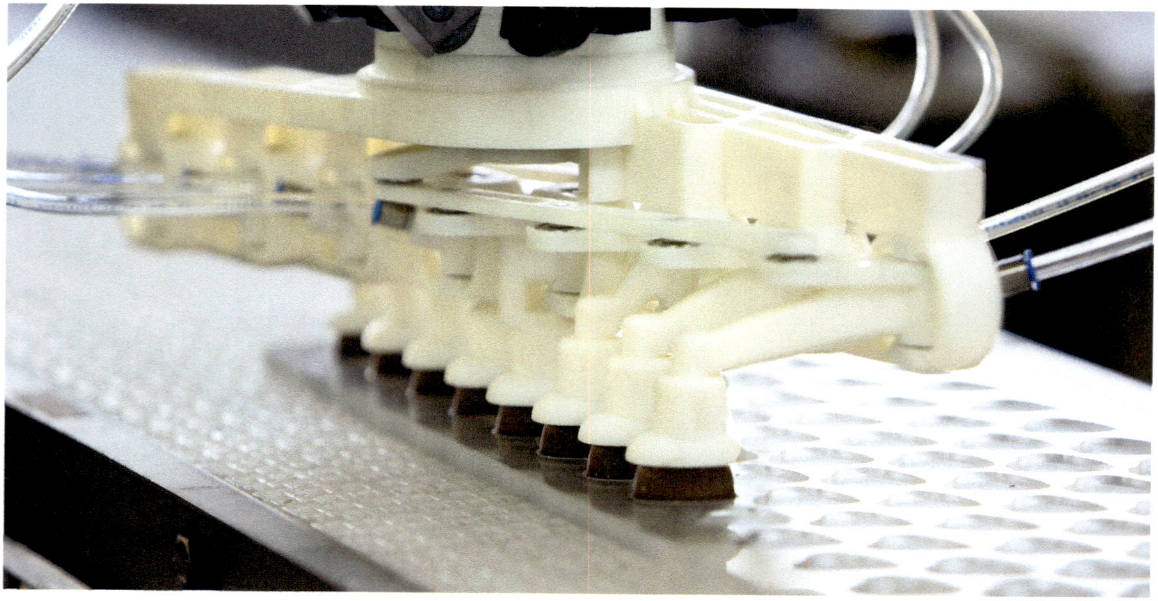

Abbildung 3.162 Realisierung eines Greifers zum Spreizen und Drehen der Werkstücke (Quelle: Theegarten[100]/robomotion[61])

Dieses sequenzielle Aufnehmen mit kurzen Wegen wird dann zu einem parallelen Ablegen aller Werkstücke gleichzeitig.

Neben dem Aufwand zur Entwicklung solcher Spreizgreiferlösungen ist mit zunehmendem Gewicht der Greifer auch ein Handhabungssystem mit höherer Nutzlast notwendig. Diese sind in der Regel auch nicht mehr so dynamisch wie die Roboterarme für kleine Nutzlasten. Damit sinken die Vorteile von Mehrfachgreifern hinsichtlich der Wirtschaftlichkeit. Besonders geschieht das dann, wenn die zu handhabenden Werkstücke häufig variieren oder die Anordnung der Werkstücke in der Ablage (z. B. der Produkte im Karton) sich immer wieder ändert. Die Vorteile von Mehrfachgreifern werden auch durch höheren Rüstaufwand und höhere Greiferkosten geschmälert. Insofern sind bei Roboteranwendungen auch Mischformen von Mehrfachgreifern interessant, wenn beispielsweise keine geordnete Materialzufuhr wirtschaftlich sinnvoll ist.

In dieser Greifsituation kommt der sogenannte sequenzielle Mehrfachgriff zum Einsatz. Er ermöglicht die Kombination aus zeitsparendem Transport mit mehr als nur einem Werkstück im Greifer bei gleichzeitiger Flexibilität hinsichtlich des Ordnungsgrades der Werkstücke. Vorteile bringt dieses Vorgehen vor allem, wenn die Werkstücke zumindest auf einer Seite – also der Aufnahmeseite oder der Ablageseite – parallel angeordnet werden, d. h., wenn die Werkstücke zwar in einer Sequenz aus mehreren Greifoperationen aufgenommen werden, aber dafür alle gemeinsam abgelegt werden können.

Bei der in Abbildung 3.163 gezeigten Applikation zum Greifen von Snack-Würsten konnte mit dieser Greifabfolge die Leistung des Roboters gegenüber einem Einfachgriff um ca. 50 % gesteigert werden. In diesem Fall wurden drei Würste sequenziell aufgenommen und dann parallel vom Greifer in die Packungen gelegt. Also jedes Aufnehmen des Werkstücks war eine eigene Anfahr- und Greifaktion des Roboters. Das Problem, dass der Zugriff des Roboters auf ein Werkstück bereits mit einem Werkstück am Greifer erfolgen muss und dadurch Kollisionen mit noch auf dem Band liegenden Würsten entstehen könnten, wird in diesem Fall durch eine Hubeinheit umgangen, die das gegriffene Produkt über die anderen Produkte hebt und damit eine Kollision vermeidet. Je nach Konstellation hinsichtlich der zurückgelegten Wege, der eingesetzten Kinematik und der Einzelgreifzeiten ergeben sich für jeden Anwendungsfall unterschiedliche Leistungssteigerungen für diese Art der Greifsequenz. Ein Beispiel ist in Tabelle 3.22 zusammengestellt, in dem der Einzelgriff mit einem leichteren Greifer an

Abbildung 3.163 Sequenzielles Greifen von Würsten und paralleles Ablegen in der Tiefziehmaschine (Quelle: SCHUNK[65]/robomotion[61])

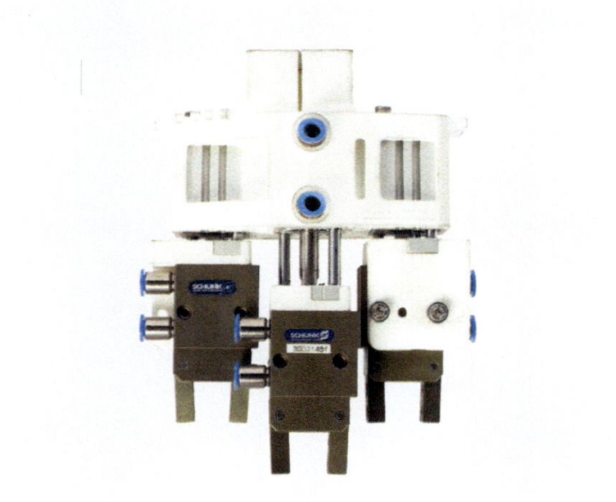

Abbildung 3.164 Greiferaufnahmen additiv gefertigt (Quelle: robomotion)[61]

Werkstücke/ min.	Greiferart	Echt-Frequenz
120	1x	120
193	10x	20
153	3x	51
221		0

Tabelle 3.22 Beispielhafte Leistungsvergleiche zwischen Einzelgreifern und Mehrfachgreifsystemen

einer Parallelkinematik mit dem sequenziellen Vierfachgriff bzw. Achtfachgriff verglichen wird. Das parallele Ablegen bringt dabei immerhin eine Leistungssteigerung von bis zu 116 % gegenüber dem Einfachgriff. Allerdings ist hier der Fall gerechnet, dass der Achtfachgreifer nur doppelt so schwer wird, wie der Einfachgreifer, was in der Praxis schwer erreicht werden kann, wenn aktiv angetriebene Hubeinheiten zum Einsatz kommen müssen.

So kann über die unterschiedlichsten Formen des Mehrfachgriffs für jedes Greifprinzip nachgedacht werden. Wie Tabelle 3.22 zeigt, bringt die Verwendung der Mehrfachgreifer bei gleichzeitigem Abgriff die höchsten Leistungssteigerungen. Bei sequenziellem Abgriff richtet sich die Leistungssteigerung stark nach der Situation, wie sich die einzelnen Abgriffzeiten, aber auch die zurückgelegten Weglängen verhalten. Kann in der Abgriffsequenz des Einzelgriffs ein reines Anfahren der Werkstücke durchgeführt werden, ohne eine entsprechende Ablegebewegung ausführen zu müssen, so ist dies ebenfalls vorteilhaft für die Taktleistung.

Eine Sonderform des sequenziellen Greifens ist das Stapelbilden. Das erstmalig von SCHUNK und robomotion gemeinsam auf der automatica 2004 vorgestellte Prinzip sammelt die Werkstücke in einer Art Stangenmagazin im Greifer. Dabei kann der Greifer wie im Einzelgriff agieren und dennoch mehrere Werkstücke in einer Greifsequenz vom Aufnahmepunkt zum Ablagepunkt transportieren. Der Greifer weist hierzu je nach Produktabmessungen eine Speicherkapazität von minimal zwei Werkstücken auf. Um den Greifer sinnvoll einzusetzen, sollte die Zeit zum Aufnehmen und zum Bewegen eines Werkstücks im Sammelgreifer geringer sein als die Zeit für die Handhabungsbewegung mit dem Roboter.

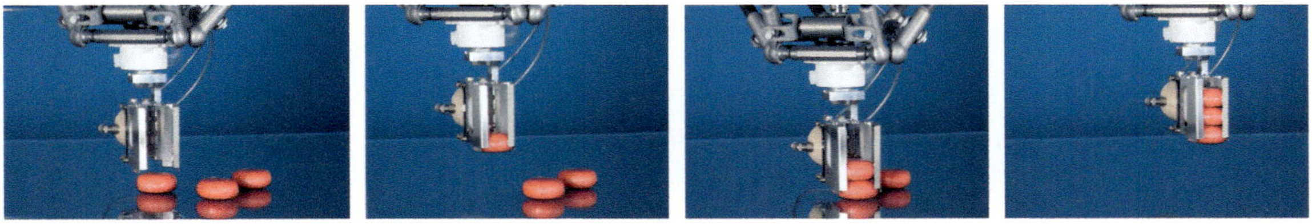

Abbildung 3.165 Aufnehmen in den Stapelgreifer in der Sequenz (Quelle: SCHUNK)[65]

Mehrere Aufnahmeprozesse hintereinander und mehrere Ablageprozesse in der Folge sind so kürzer, als jedes Werkstück einzeln aufzunehmen und abzulegen. Mit diesem Greifer ist es gelungen, die Vorteile des Einzelgriffs mit denen des Mehrfachgriffs zu kombinieren, denn mit ihm kann auch der ganze Stapel parallel abgelegt werden, wenn dies die Ablageposition ermöglicht. Mit einer Doppelhubfunktion kann der Kolben innerhalb des Greifers in zwei Positionen gebracht werden: eine Sammelöffnungsweite, um neue Produkte aufzunehmen, und eine Ablageposition, in der der ganze Stapel freigegeben wird. Diese Option ermöglicht eine nochmalige Leistungssteigerung.

Die Leistungssteigerungen durch einen Mehrfachgriff können sehr unterschiedlich sein, je nachdem, wie die Rahmenbedingungen bei der Anwendung sind. Es ist im Einzelfall zu prüfen, welche Greifstrategie angewendet werden soll. Dabei spielt die Greiferkonstruktion und damit das Greifergewicht eine entscheidende Rolle, denn dies hat wiederum Auswirkungen auf das zu verwendende Handhabungssystem. Wird der Greifer zu schwer, muss auf die nächste Traglaststufe der Kinematik umgestellt werden, was wiederum in der Regel mit Dynamikverlusten einhergeht.

Zur Validierung der Taktleistung durchgeführte Tests sollten daher mit dem bestmöglichen Prototypgreifer durchgeführt werden, der möglichst weit schon dem endgültigen Greifer entspricht. Dies ist vor allem in besonderen Anwendungen der Fall, in denen der Greifer später dann noch zusätzliche Features aufweisen soll. Zum Beispiel sind in der Lebensmittelindustrie häufig Hygiene und Reinigungsanforderungen neben der reinen Greiffunktion zu erfüllen. Damit steigt aber in der Regel auch das Greifergewicht, da häufig Edelstahl als Greifermaterial verwendet werden soll. Diese Gewichtssteigerung ist beim Taktzeittest einzukalkulieren, ansonsten kann es leicht zu Fehleinschätzungen der erreichbaren Taktzeit kommen.

Die höchste Taktleistung beim Greifen kann erreicht werden, wenn nur gegriffen werden muss und nicht weiter gehandhabt wird. Solche Applikationen kommen relativ selten in der Handhabungstechnik vor. In Abbildung 3.167 ist die Kombination aus einer Parallelkinematik in Zusammenarbeit mit einem Palettierroboter zu sehen. Der Leichtbauroboter hat die Aufgabe, nicht korrekt auf dem Blech liegende Teigwaren auszurichten, um im nächsten Schritt einen Mehrfachgriff durch den zweiten Roboter mit 24 Brötchen zu ermöglichen. Das heißt, die Taktzeit besteht hier lediglich in den Anfahrpunkten des Roboters zu dem Greifobjekt und der Verschiebedauer, bis sich der Greifer wieder öffnet und zum nächsten Brötchen bewegt wird.

Abbildung 3.166 Stapelgreifer mit im Greifer aufgenommenen Produkten (Quelle: SCHUNK[65]/robomotion[61])

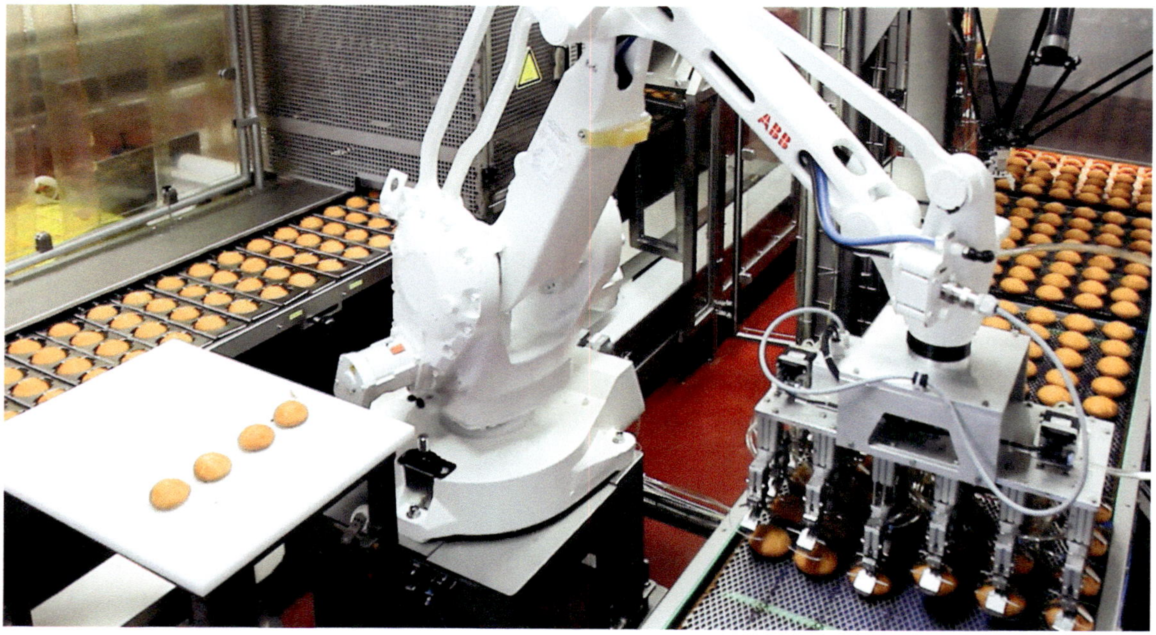

Abbildung 3.167 Mehrfachgreifer und Vorsortierung mit Einzelgreifer (Quelle: robomotion[61]/Unilever[101])

3.7.3 Genauigkeitsanforderungen beim Greifen

Prinzipiell ist jede Automatisierung hinsichtlich ihrer Genauigkeitsanforderungen unterschiedlich. Im Verpackungsbereich reichen oft Genauigkeiten im Millimeterbereich aus, um beispielsweise eine Wurst in eine Packung zu legen. Beim Vermessen von Wendeschneidplatten hinsichtlich ihrer Qualitätsgüte ist die Positionierung in einer Spannstation schon eher im Zehntel- oder Hundertstelbereich anzusiedeln. Dabei sind grundsätzlich die Ungenauigkeiten beim Aufnehmen des Werkstücks durch

- Positionsabweichungen des Werkstücks in der Bereitstellung,
- Positionsabweichungen des Greifers gegenüber dem Werkstück,
- Positionsabweichungen durch Toleranzen des Werkstücks und
- Positionsabweichungen durch Verschleiß des Greifers zu unterscheiden.

Die Positionsabweichungen der Werkstücke in der Bereitstellung können vielfältiger Art sein. Werden beispielsweise Magazine verwendet, die ursprünglich für eine manuelle Entnahme gedacht waren, so können diese für die automatische Entnahme nicht genau genug gefertigt sein. Aber auch Umwelt- oder Prozesseinflüsse können die Werkstückträger hinsichtlich ihrer Genauigkeit verändern, wie z.B. Lackier- oder Reinigungsprozesse, denen die Magazine ausgesetzt sind. Alle diese Einflüsse sind bei der Auslegung der Greiftoleranzen zu berücksichtigen und gegebenenfalls ist die Positioniergenauigkeit der Werkstücke zu erhöhen.

Aber auch das Handhabungssystem oder die Verfahreinheit, mit der der Greifer bewegt wird, kann Ungenauigkeiten in das System bringen. Diese Ungenauigkeiten können beim Abgreifen zu Belastungen für den Greifer und das gesamte Handhabungssystem führen. Durch den Versatz von Werkstück zu Greifer können sich beim Zusammenfahren der Greiferbacken Kräfte aufbauen (siehe hierzu auch Kapitel 4 zum Thema Ausgleichseinheiten). Dies kann durch eine bewegliche Werkstückaufnahme oder eine Ausgleichseinheit am Roboter verhindert werden. Die Positionierung im Greifer ist dadurch jedoch noch nicht genau geworden. Hier können Greifstrategien zum Einsatz kommen, wie sie beispielhaft in Abbildung 3.168 dargestellt sind. In der Anordnung a) wird das Werkstück, das auf einer Ebene verschoben werden kann, zunächst gegen einen Anschlag in x-Richtung geschoben. Im nächsten Schritt schiebt man mit dem Greifer in y-Richtung an einen weiteren Anschlag. Der Anschlag kann so gewählt werden, dass das Werkstück über den Rand des Anschlags hinausragt und dann im letzten Schritt mit den Greiferbacken zentriert abgegriffen werden kann. Im Fall b) wird das Werkstück zwischen die beiden Backen genommen und auf Höhe des Schwerpunktes zentriert. Im nächsten Schritt kann durch Lösen der Backen ein Verschieben des Werkstücks im Greifer zugelassen werden, bis es in der Mitte zwischen den Backen positioniert ist. Hierzu ist eine Sensorik erforderlich, die die Lage des Werkstücks innerhalb der Backen erkennen kann (z.B. externe Kamera oder taktile Sensorik). Wenn das Werkstück in der Mitte liegt, wird endgültig gegriffen. Eine Variante dieses Falls kann auch sein, dass das Werkstück nicht verschoben wird, sondern beim Ablegen der Versatz durch das Handhabungssystem ausgeglichen wird. Im Fall c) konnte durch eine verschiebbare Abgriffposition des Werkstücks und entsprechend geformte Greiferbacken eine zentrale Position des Werkstücks erreicht werden.

Durch Toleranzen am Werkstück, z.B. bei Verschmutzungen durch Späne, kann beim Greifen ebenfalls eine ungenaue Positionierung des Werkstücks zwischen den Greiferbacken entstehen. Das Werkstück liegt dann nicht mehr exakt mittig zwischen den Greiferbacken, was bei genauen Fügeoperationen zu Problemen führen kann. Bei derartig hohen Anforderungen an die Greif- bzw. Ablagegenauigkeit sind die

Rahmenbedingungen entsprechend zu wählen, dass derartige Fehler nicht vorkommen können oder, wenn diese nicht zu vermeiden sind, sensorisch abgefangen werden.

Durch Verschleiß am Greifermodul, z. B. an den Führungen der Backen, können mit der Zeit Genauigkeitsabweichungen je Zyklus auftreten. Durch regelmäßige Wartung und Prüfung der Anlagentechnik sind

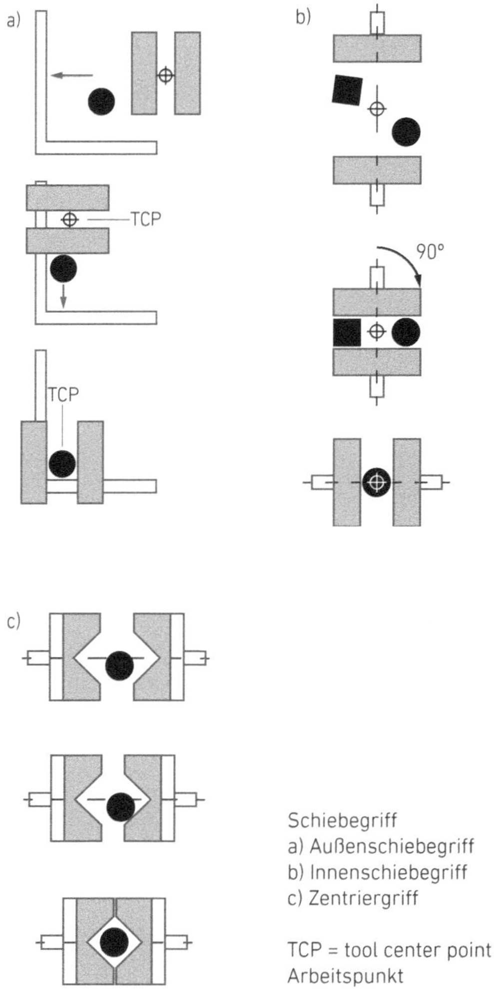

Abbildung 3.168 Unterschiedliche Greifstrategien zur Ausrichtung von Werkstücken im Greifer

derartige Defekte zu erkennen und zu beheben, da diese im Extremfall zu Kollisionen in der Ablageposition des Werkstücks führen können.

Zusammenfassend kann festgehalten werden, dass die Greifergenauigkeit von modernen Greifmodulen weit höher ist als die Genauigkeiten des Handhabungssystems oder manch einer Peripherie, die bei der Automatisierung zum Einsatz kommen. Auch Positionen, die vorher mit einer Sensorik (z. B. Kamera) vermessen wurden, haben gewisse Messfehler oder Abweichungen, die von der Kalibrierung des Messsystems herrühren. Insofern ist immer eine Betrachtung der gesamten Toleranzkette beim Greifen erforderlich, um auch beispielsweise die Öffnungsweite eines Greifers ausreichend auslegen zu können. Hier ist immer der Fall der ungünstig verteilten Toleranzfelder zu betrachten, die im Extremfall alle am oberen Rand der Toleranz liegen können.

So ist auch bei der Zusammenstellung eines Zuführsystems in der Montagetechnik auf die Auswahl der einzelnen Komponenten zu achten, wenn hohe Positioniergenauigkeiten erreicht werden müssen (Abbildung 3.169). Messfehler der einzelnen Komponenten führen in der Folge zu Fehlern des gesamten Systems, wie es beispielhaft in Abbildung 3.169 dargestellt ist.

Die Messfehler der Kamera können unterschiedlichster Natur sein, angefangen bei der optischen Kette aus Beleuchtung, Objektiv und der Auflösung des Kamerachips über die Verschmutzungen am Werkstück bis hin zu Ungenauigkeiten in der Positionierung des Roboterarms. Überall kommen Toleranzen hinzu, die sich im ungünstigsten Fall in die gleiche Richtung addieren. Dem Einrichten und Kalibrieren eines solchen Systems kommt zusätzlich eine große Bedeutung zu. Hier muss genau gearbeitet werden, wenn beispielsweise die Fügeaufgabe direkt nach dem Abgriff des Werkstücks vom Band erledigt werden soll.

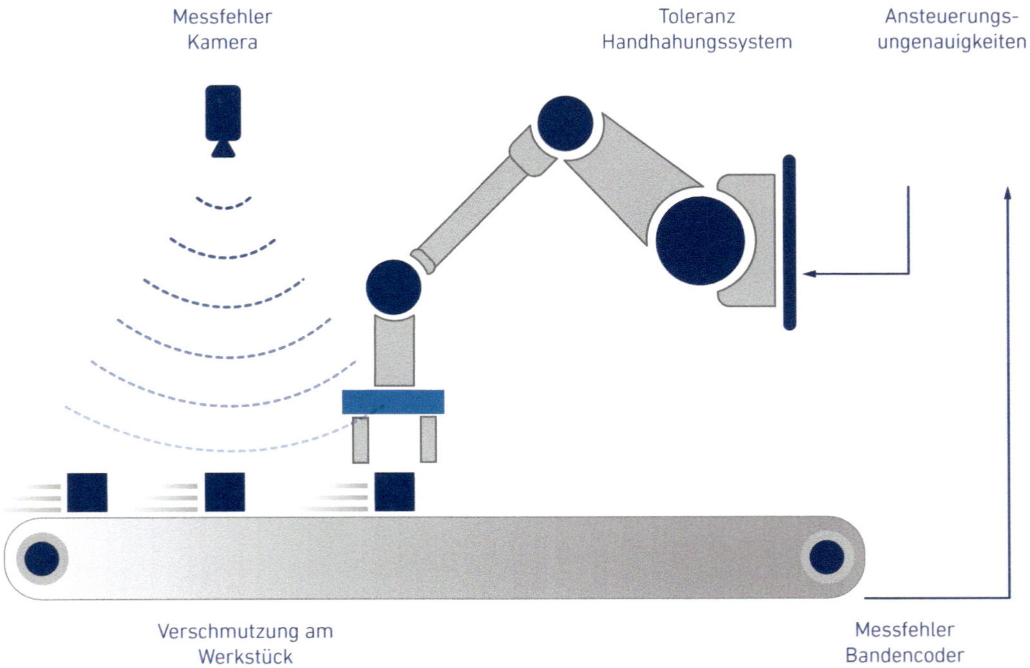

Abbildung 3.169 Systembetrachtung mit Toleranzen, welche zum Abgreifen bzw. Ablegen wichtig sind

Besonders wichtig sind derartige Betrachtungen immer dann, wenn die reine Handhabung in die Montage von Werkstücken übergeht oder wie im gezeichneten Fall besonders viele Einflüsse die Genauigkeit, z. B. durch den Abgriff von einem bewegten Förderband, beeinflussen. Im folgenden Abschnitt wollen wir uns diesen Fall nochmals genauer ansehen und die Herausforderungen hierzu beleuchten. Auf die Betrachtungen zur Montage von Werkstücken werden wir in Kapitel 4 nochmals eingehen, da wir hier die Möglichkeiten des Ausgleichs durch Ausgleichseinheiten näher erläutern wollen.

3.7.4 Greifen von bewegten Werkstücken

Das Greifen von bewegten Werkstücken hat im Vergleich zu den ruhenden Werkstücken einige Besonderheiten aufzuweisen. Da immer häufiger hohe Durchsatzraten bei Maschinen und Handhabungssystemen erforderlich sind, kommen immer häufiger derartige Aufgabenstellungen in der Praxis vor, bei denen der Werkstückträger nicht explizit angehalten und positioniert werden kann, da dies die Durchsatzrate zu stark senkt. Darüber hinaus kann ein Anhalten des Werkstücktransports auch negativ für den Ordnungsgrad der Werkstücke sein, da Werkstücke umfallen oder wegrollen könnten, wenn sie beispielsweise auf einem Förderband transportiert werden. So können die im vorangegangenen Abschnitt beschriebenen Situationen zum Bereitstellen der Werkstücke noch von einer Bewegung der Werkstücke überlagert werden.

Mit heutigen Handhabungssystemen lassen sich die Bewegungen von Transportsystemen der Werkstücke synchronisieren. Somit lässt sich die Bewegung des Werkstücks bzw. des Werkstückträgers komplett ausgleichen, sodass in diesen Fällen die Relativbewegung vom Greifer zum Werkstück gleich null ist. Man spricht hierbei von einer synchronen Bewegung zwischen Fördersystem und Handhabungssystem. Bei derartig ausgelegten Systemen besteht trotz der Bewegung der Werkstücke keine besondere Anforderung an das Greifen, da die Bewegung durch die Synchronisation praktisch aufgehoben ist. Es können sich lediglich bei Fehlern der Synchronisation Probleme ergeben, die in eine Toleranz beim Abgreifen oder Ablegen münden. Diese wurden ebenfalls vorangehend angesprochen. Für den Fall des Parallelbackengreifers sind die Fehlerfälle in Abbildung 3.170 dargestellt.

Ist das Werkstück mit seinen Wirkflächen in Bandlaufrichtung ausgerichtet, so kann davon ausgegangen werden, dass kein Einfluss auf die Positionierung des Werkstücks bei einem Zweifinger-Parallelbackengreifer besteht. Beim Schließen des Greifers werden die Finger mit dem Werkstück so verschoben, dass das Werkstück im Mittelpunkt des Greifers liegt und der Positionsversatz d ausgeglichen wird. Wichtig ist dabei, dass die Öffnungsweite des Greifers den entsprechenden Versatz ausgleichen kann.

In der zweiten Darstellung in Abbildung 3.170 bewegt sich das Werkstück mit seinen Wirkflächen zum Aufnehmen senkrecht zur Bandlaufrichtung. Das Aufnehmen kann bei Synchronisations- und damit Positionsfehlern in Bandlaufrichtung zu einer fehlerhaften Lage des Werkstücks im Greifer führen, wie die

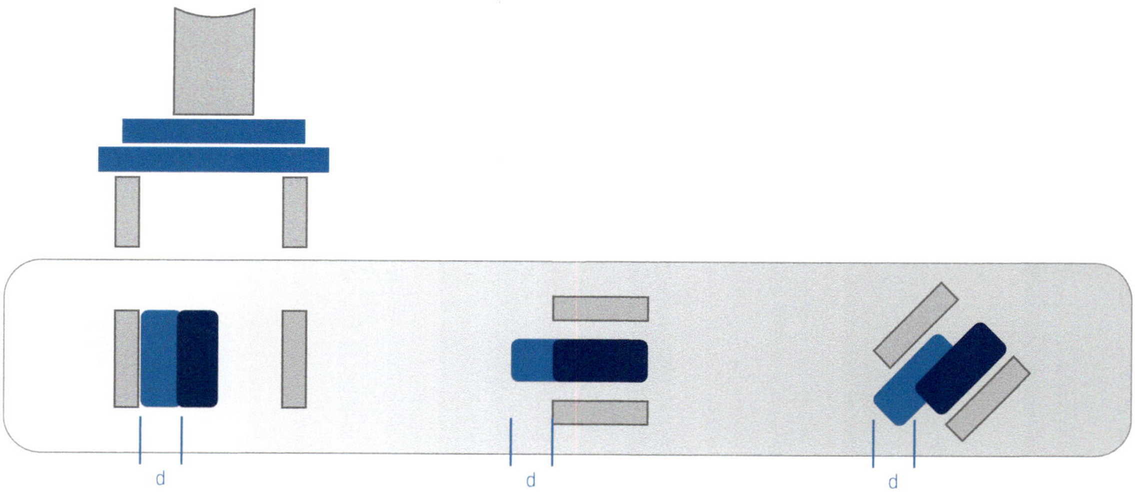

Abbildung 3.170 Versatz (d) von Werkstückabgriffspunkten durch fehlerhafte Synchronisation

Darstellung zeigt. Dieser Fehler beim Aufnehmen ist kritisch hinsichtlich des sicheren Aufnehmens im Greifer und des späteren Ablegens des Werkstücks in einer Aufnahmeposition.

Liegt das Werkstück in einem Winkel zur Bandlaufrichtung, wie in der dritten Darstellung in Abbildung 3.170 gezeigt, so ergeben sich beim nicht synchronen Greifen Geschwindigkeitskomponenten längs und quer zur Bandlaufrichtung, wenn das Werkstück gegen die ersten Greiferbacken stößt. Dadurch wird wiederum die Position des Werkstücks im Greifer nicht korrekt erreicht. Der dargestellte Sachverhalt macht deutlich, dass die Positionierung des Greifers zum Werkstück ein wesentliches Genauigkeitskriterium für die bewegte Aufnahmesituation darstellt.

Diese Erkenntnisse kann man nutzen, um beispielsweise besonders schnelle Aufnahmesituationen für die Handhabung von Förderbändern sicher zu gestalten. Hier wird häufig versucht, das genaue Einregeln des Handhabungssystems im Aufnahmepunkt durch Überschleifen desselben schneller zu machen. Das heißt, der Punkt wird gar nicht genau angefahren, sondern nur in einer Überfahrbewegung grob erreicht. Das erhöht die Taktzeit der Anwendung wesentlich, geht aber zulasten der Genauigkeit des Handhabungssystems. Man spricht unter Programmierern auch von Greifen „on the fly", um das überfliegende Abgreifen von Produkten zu beschreiben.

Gerade in dieser Betriebsart des Greifers kommt es auf eine besonders exakte Ansteuerung des Greifers und genau reproduzierbare Greifzeiten an. Hier sind mechanische Greifer schwieriger einzubinden, insbesondere wenn es sich um pneumatisch angetriebene Komponenten handelt. Bei Anwendungen mit Saugern fallen diese überschleifenden Bewegungen des Roboters in der Greifsituation leichter. Das Vakuum wird einfach schon vor dem Kontakt mit dem Werkstück eingeschaltet und so kann das Aufnehmen trotz schneller Bewegung sicher erfolgen. Allerdings besteht beim Sauger nicht die Möglichkeit einer Zentrierung durch die Greiferfinger. Dies kann durch eine Kombination aus Sauger und mechanischem Greifer kompensiert werden (Abbildung 3.171).

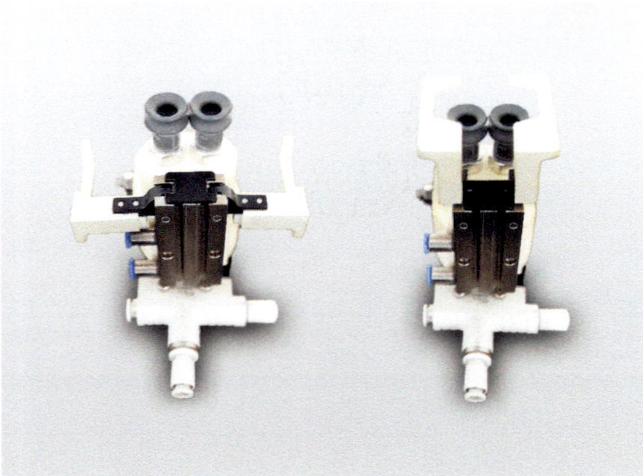

Abbildung 3.171 Kombination aus mechanischem und Vakuumgreifer (Quelle: robomotion)[61]

Einfluss auf die Genauigkeit beim Greifen von bewegten Bändern hat aber auch die Kombination der für den Abgriff notwendigen Komponenten, wie Kamera, Bandencoder, Roboterkinematik und die Steuerungssoftware zur Koordination der Abläufe des Systems. Hier bieten viele Roboterhersteller sogenannte Applikationspakete an, die von reinen Softwarepaketen zum Roboter bis hin zu kompletten Bundles inklusive Kamera und PC-Hardware reichen.

Wollte ein Integrator solche Lösungen selbst entwickeln, benötigte er neben einem sehr versierten Softwareteam mit detaillierten Robotersteuerungskenntnissen auch mehrere Entwicklungspersonenjahre, um hier eine Lösung zu realisieren. Dabei reichen die Funktionalitäten von solchen Funktionspaketen von den Einrichtroutinen zum Kalibrieren der Kamera zum Band und dem Roboterarbeitsraum bis hin zur Materialflusssimulation, um beispielsweise eine Anordnung mit mehreren Robotern am Band optimal auszulasten.

3.7.5 Greifer und Nutzlast

Die Problematik ist klar – das Greifergewicht reduziert die Nutzlast des Handhabungssystems, da er einen Ballast darstellt, der mitbewegt werden muss und keinen Nutzwert für die Handhabung des Werkstücks an sich darstellt. Die Robotik arbeitet ständig daran, das Kinematikgewicht zur Nutzlast in ein immer besseres Verhältnis zu bringen. Mit leichter werdenden Roboterarmen muss auch an der Reduktion des Greifergewichts gearbeitet werden. Wie im vorangegangenen Abschnitt beschrieben, steht dabei der Wunsch nach einer hohen Taktrate im Vordergrund, und das bei einem Werkstück pro Takt oder bei mehreren Werkstücken. Darüber hinaus geht es immer mehr um einen möglichst effizienten Einsatz von Ressourcen, d. h. den Energieeinsatz zur Herstellung wie auch bei Verwendung der Komponenten. Bei Tausenden, ja Millionen von Zyklen, die ein Greifer in der Woche bewegt werden muss, ist jedes Kilo unnötiger Energieaufwand zu viel.

Aus Abbildung 3.172 wird deutlich, dass das Greifergewicht bei jeder Fahrt des Roboters zusätzlich zur Eigenlast des Roboterarms zu bewegen ist. Auch unter energetischen Gesichtspunkten ist daher grundsätzlich der Greiferleichtbau anzustreben.

Bei weiterer Betrachtung der Kombination aus Greifergewicht und Greiferkonstruktion in Verbindung mit der Geometrie des Werkstücks rückt das Auslegungsthema der Massenträgheit und des Massenschwerpunktes in das Betrachtungsfeld. So ist es aus physikalischen Gesichtspunkten verständlich, dass ein Roboter nicht jede beliebige Last am Flansch halten und bewegen kann. Dem Abstand der Last vom Flansch kommt eine besondere Bedeutung zu, denn je weiter die Last vom Flansch entfernt angreift, desto größer werden die am Flansch angreifenden resultierenden Momente. Die Hersteller von Kinematiken geben daher für jeden Robotertyp neben der äußeren Last, die ein Roboter tragen kann, auch die Entfernung dieser Last in die verschiedenen Entfernungsrichtungen vom Flanschmittelpunkt an.

Die Einflussfaktoren auf die Greiferauslegung sind wie bereits besprochen vielfältig. Der Greifer muss dabei sowohl wirtschaftlich motivierte Anforderungen wie Taktzeit bzw. Durchsatzleistung erfüllen, zugleich aber auch die Werkstücke und deren Bereitstellung bzw. Abgabe berücksichtigen.

Ein Lösung kann dann in einem iterativen Prozess aus technischer Auslegung und Bewertung zwischen Roboter (Dynamik und Nutzlast) aber auch des Greifergewichts erfolgen. Darüber hinaus kann die Bereitstellung von Werkstücken mittels Sensorik vereinfacht

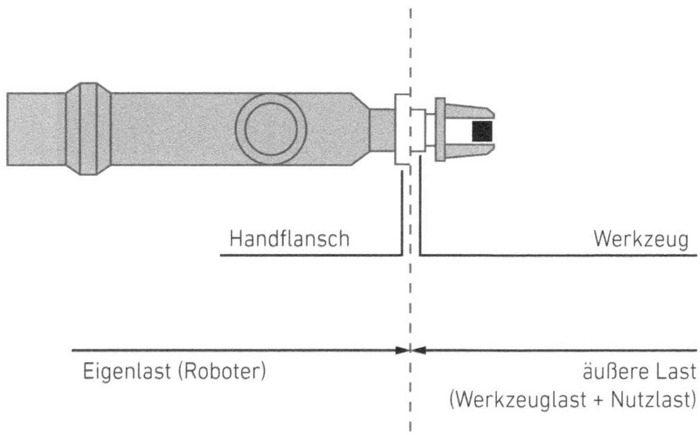

Abbildung 3.172 Berechnung der Last am Handflansch des Roboters und Eigenlastdarstellung des Roboterarms

werden. So müssen die Werkstücke nicht zwingend in einem hohen Ordnungsgrad bereitgestellt werden, wenn beispielsweise eine Kamera die Lage erfasst.

Häufig wird die Erhöhung der Durchsatzleistung versucht mit einem Mehrfachgriff zu erzielen. Im Gegenzug wird der Greifer selbst schwerer und die Werkstücknutzlast kommt mehrfach hinzu. Bei einigen Roboterherstellern ist ebenfalls zum Schutz der Kinematik das Massenträgheitsmoment des Greifers und der Nutzlast in die Maschinenparameter einzugeben. Durch ein zu hohes Gewicht oder zu großes Massenträgheitsmoment ergeben sich Belastungen für die Getriebe und den gesamten Antriebsstrang des Roboters. Dies führt mit den entsprechenden Beschleunigungen zu erhöhtem Verschleiß. Es können auch Programme auf der Robotersteuerung installiert werden, die die Belastung des Roboters mit Nutzlast und Greifer in einem Messzyklus ermitteln.

Diese Möglichkeiten dienen dazu, die Handhabungsleistung des Roboters optimal für den jeweiligen Anwendungsfall auszureizen. Sowohl das Armgewicht des Roboters als auch die Nutzlast haben daher einen entscheidenden Einfluss darauf, ob eine wirtschaftliche Lösung für den Kunden gefunden werden kann. Es kann z. B. bei zu hohen Gewichten oder ungünstig gewählten Massenträgheitsmomenten dazu kommen, dass die nächste Robotergröße gewählt werden muss. Dies führt zu erhöhten Kosten bei der Anschaffung, aber auch im Betrieb der Anlage.

Bei der Auslegung gehen die Roboterhersteller davon aus, dass der Greifer seine Nutzlast in jedem Fall sicher halten kann und durch die Beschleunigungen das Werkstück nicht aus dem Greifer fallen kann. Diese Greiferfunktion muss immer gewährleistet sein bzw. wird vom Roboter nicht direkt überwacht. Hier kommen in der Regel Sensoriken zum Einsatz, wie sie im folgenden Abschnitt beschrieben werden.

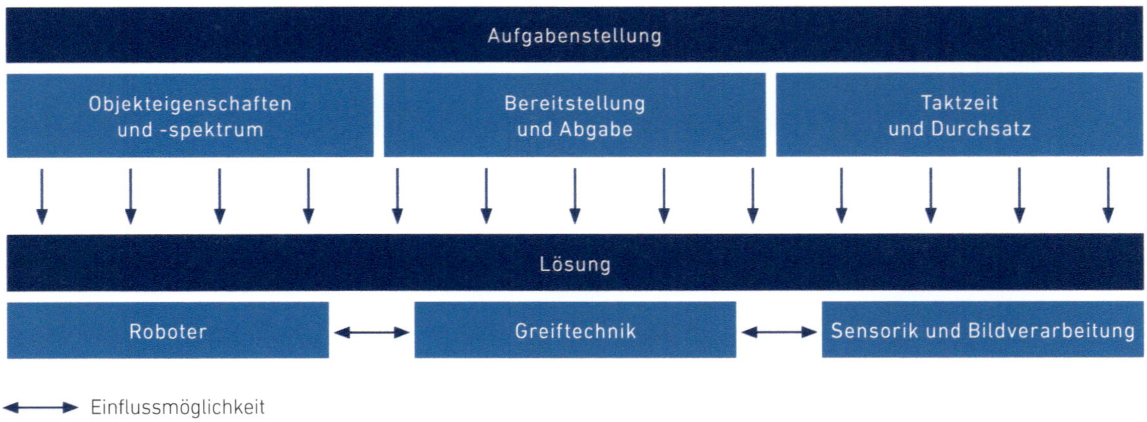

Abbildung 3.173 Einflussfaktoren auf die Greiferentwicklung und als iterativer Prozess

3.8 Der Greifer als Informationsquelle

Mit zunehmender Integration von Sensorik in den Greifer können immer mehr Informationen zur Greifergrundfunktion – dem Sichern von Werkstücken – gewonnen werden. Waren dies in der Vergangenheit reine Zustandsabfragen, ob ein Werkstück gegriffen wurde oder nicht, kann heute das Werkstück durch das Greifen sogar in seinen Abmessungen erfasst werden. Ähnlich wie beim menschlichen Greifen kann der direkte Kontakt zum Werkstück genutzt werden, um ein Sensorsignal zu generieren. Die Berührung kann dabei als einfaches Schaltsignal in ja oder nein (0 oder 1) umgewandelt werden. Wenn gewünscht, lassen sich darüber hinaus aber auch Kraftmessungen durchführen, die eine Beschädigung des Werkstücks bei zu hohen Kräften vermeiden. Die taktile Messung kann ebenfalls genutzt werden, um einen Werkstücktyp zu identifizieren oder um eine Vermessung des Werkstücks im Produktionsprozess auszuführen.

So lassen sich die Funktionen der Greifersensorik in zwei grundlegend unterschiedliche Aufgabengebiete unterteilen: zum einen in das Gebiet der reinen Überwachungsfunktion des Greif- und Handhabungsvorgangs und zum anderen in das der beurteilenden Untersuchungsfunktion des Werkstücks, bei dem bestimmte Werkstückmerkmale erfasst werden können (Abbildung 3.174).

Das Überwachen des Handhabungsprozesses kann dabei nochmals um die Aufgabenstellung erweitert werden, dass das Bauteil zusätzlich noch während der Bewegung kontrolliert wird. Beim Aufnehmen und Ablegen des Werkstücks kann abgefragt werden, ob sich das Bauteil auch wirklich im Greifer befindet bzw. vom Greifer getrennt hat.

Ergänzende Sonderfunktionen sind, dass der Greifer sensorüberwacht das Bauteil in Position zum Greifen bringt, indem er es antippt oder schiebt. Hier kann es hilfreich sein, dass sensorisch das Kontaktieren zum Werkstück erfasst wird, damit das Handhabungsgerät die Geschwindigkeit entsprechend anpassen kann.

Beim Untersuchen oder Prüfen von Werkstücken ist die Prüfung der Geometrie ein wesentliches Prüfkriterium. Aber auch die Positionierung des Objekts kann Ziel der Untersuchung sein.

Bei Werkstücken, die über Reibschluss gehalten werden sollen, ist die Oberflächeneigenschaft ebenfalls noch von hoher Relevanz. Ist beispielsweise die Oberfläche an der Kontaktstelle durch einen Ölfilm verschmutzt, kann das Werkstück aus dem Greifer rutschen, wenn es beschleunigt werden soll. Eine solche Verschiebung, kann durch eine sensitiv ausgestaltete Wirkfläche des Greifers ermittelt und gegebenenfalls die Schließkraft erhöht werden. Ähnlich wie wir die Greifkraft erhöhen, wenn wir merken, dass das Glas in unserer Hand feucht und damit rutschig ist.

Darüber hinaus überwacht der Mensch die Handhabungs- und Greifoperation durch optische Sensoren. So kann die Lage und Position des Greifobjekts bestimmt und die Hand entsprechend weit geöffnet werden. Dies ist ein perfektes Zusammenspiel

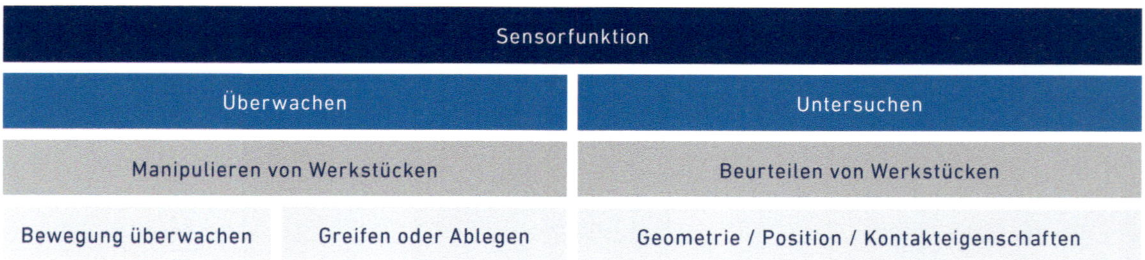

Abbildung 3.174 Grundsätzliche Unterteilung der Sensoraufgaben beim Greifen

zwischen Sensoren, die die Umgebungssituation erfassen, und der Handhabungstechnik. Die berührenden Sensoren eignen sich vor allem zum Einsatz im oder am Greifer, um das direkte Feedback mit dem Werkstück zu ermöglichen. Sensoren, die aus der Distanz messen oder schalten können, werden dagegen entweder am Handhabungsgerät selbst oder in der Automatisierungszelle eingesetzt.

Technisch gesehen steht uns heute eine enorme Bandbreite an Sensorprinzipien zur Verfügung, um eine gute, dem Menschen ähnliche Prozessüberwachung zu ermöglichen. In Tabelle 3.23 sind die wesentlichen Sensortypen aufgeführt, die in der Automatisierungstechnik zum Einsatz kommen. Dabei gliedern wir wieder in die berührenden bzw. berührungslosen Sensoren, da diesen in der Regel unterschiedliche Messprinzipien zugrunde liegen. Die berührenden Sensoren lassen sich wiederum in die Kraft-/Momenten- oder die taktilen Sensoren untergliedern. Bei den berührungslosen Sensoren sind in der heutigen Greifertechnik vor allem die induktiv, kapazitiv und magnetisch wirkenden Sensoren im Einsatz, die im Greifer verbaut werden.

Die berührenden Sensoren sind häufig als Anbauteile in Form von Kraftmessdosen oder Fingerüberwachungen erhältlich. Mit zunehmenden MRK-(Mensch-Roboter-Kollaboration-) Anwendungen ist die Verbesserung der sensorischen Erfassung ein wichtiges Sicherheitskriterium, denn der Greifer mit einem Werkstück kann in der Arbeitssituation mit dem Mitarbeiter kollidieren und stellt damit eine Gefährdung dar. Auch die Roboterhersteller bieten hier Sensorik, die in die Roboter integriert ist, um eine schnelle Reaktion des Roboters auf die Messsignale zu ermöglichen. Zusätzlich arbeiten die Greiferhersteller an Lösungen, die den Greifer in diesen Abläufen intelligenter machen und eine Rückkopplung an die Robotersteuerung ermöglichen.

Sensoren in der Automatisierungstechnik			
berührend	**berührungslos**		
Kraft/Moment	**videooptisch**	**Ultraschall**	**Sonstige**
• Mehrkomponenten- Kraft/ Moment- Sensor • Greiftkraftmessung • aktive Flügelgreifer	• Zeilensensor • Bildverarbeitung (binär, Grauwert) • 3D-Stereo-Bildverarbeitung • Bildverarbeitung mit aktiver Beleuchtung	• Näherungsschalter • Schallschranke • Abstandsmessung • Scanner • akustischer Korrelationssensor	• Mikrowelle • pneumatisch • radioaktiv • chemisch
taktil	**optisch**	**induktiv, kapazitiv, magnetisch und piezoelektrisch**	
• Schalter • Abstandsmessung • Tastzeile • Tastmatrix • Flächenschalter • Schlupfsensor	• Lichtschranken • Reflexlichtmaster • Abstandsmessung • 2D-Scanner • 3D-Scanner • Lichtschnittsensor • optischer Korrelationssensor	• Näherungsschalter • Abstandsmessung • Schweißnahterkennung • Schwingungsanalyse	

Tabelle 3.23 Übersicht zu Sensoren in der Automatisierungstechnik (Quelle: Fraunhofer IPA)[68]

Die unter der Rubrik taktil zusammengefassten Sensoren beinhalten die schaltenden Sensoren, die beispielsweise bei dem Kontakt mit einem Schaltpunkt reagieren. Diese taktilen Sensoren, ähnlich wie die induktiv oder kapazitiv schaltenden Sensoren, führen bei Überschreitung eines Mindestabstandes zum Auslösen des Meldesignals.

Bei den unter berührungslos gelisteten Sensoren wird ebenfalls zwischen den absolut messenden und den eher schaltenden Prinzipien unterschieden. Wobei die videooptischen Sensoren wie Zeilensensoren und kamerabasierten Bildverarbeitungssensoren ganze Szenen erfassen und verarbeiten können. Das heißt, hier lassen sich die Geometrien der Werkstücke und die Greifmöglichkeiten beurteilen. Ähnlich, nur nicht ganz so genau, kann Ultraschall als physikalisches Messprinzip genutzt werden, um Punktbetrachtungen bis hin zu ganzen Arbeitsräumen zu analysieren und für die Handhabungsabläufe umzurechnen. Weitere Messprinzipien sind beispielsweise Mikrowellen oder auf Druckluft basierende Erkennungsprinzipien, die in der Automatisierung eher selten zum Einsatz kommen.

Bei den häufig auf Lasern basierenden Sensoren ist die Abgrenzung nicht wirklich eindeutig, da der Laser in scannenden Verfahren, also über eine Spiegelumlenkung, aufgefächert werden kann. So liefert die punktförmige Lichtquelle über eine ganze Linie Informationen. Auch hier lassen sich heute große Arbeitsräume überwachen und über Förderbändern der Beladungsquerschnitt ermitteln. Ja, sogar räumliche Informationen sind mit entsprechenden Scannerfunktionen zu realisieren.

Bei den induktiven und kapazitiven Sensorprinzipien wird mit kurzen Messabständen gearbeitet. Die auf diesen Prinzipien basierenden Sensoren lassen sich gut in Greifer integrieren und sind kostengünstig sowie robust.

Grundsätzlich ist die Integration von Sensoren in den Greifer für den Handhabungsprozess wünschenswert und oft zwingend erforderlich. Hier kann aber zwischen den Sensoren unterschieden werden, die am Markt als fertige Komponente erhältlich sind, und denen, die voll in den Greifer integriert sind. Der Vorteil eines fertig am Markt erhältlichen Sensors liegt zum einen in seiner häufig preisgünstigeren Verfügbarkeit. Bei den integrierten Lösungen ist häufig noch einiger Entwicklungsaufwand zu leisten, bis ein Sensorsignal verarbeitet werden kann. Hinzu kommt, dass im Störungsfall nicht so schnell ein neuer Sensor eingebaut werden kann, wenn die Lösung voll integriert ist. Hier ist dann häufig das komplette Bauteil zu tauschen. Im Gegenzug hat ein integrierter Sensor Vorteile hinsichtlich der Baugröße und der genauen Abstimmung auf die Greifergröße.

Darüber hinaus kann ein Sensor auf die Aufgabenstellung konditioniert oder programmiert werden. Es lassen sich Auslöseschwellenwerte einstellen und damit die Schaltzeitpunkte verändern. Zusätzlich sind die Umgebungsbedingungen abzubilden, unter denen der Sensor sicher arbeiten muss. Hier gibt es Sensoren mit bestimmten Schutzklassen oder Temperaturbereichen des Einsatzes. Allen Sensoren gemein ist die Problematik zusätzlicher Verkabelung, also möglicher Fehlerquellen und weiteren Montageaufwands. Hier kommen in den letzten Jahren Lösungen zum Einsatz, die auf die Kabel komplett verzichten und nur über Funk die Sensorsignale an die Auswerteeinheit senden. Damit lassen sich neben den beschriebenen Vorteilen zusätzlich das Aufwickeln von Kabeln und damit die Arbeitsraumeinschränkungen vermeiden.

In den folgenden Abschnitten wird auf die an oder in Greifern verbaute Sensorik eingegangen. Darüber hinaus ist die Erfassung der Greifsituation für die Handhabungstechnik erläutert.

3.8.1 Sensoren zur Überwachung des Handhabungsprozesses

Der Handhabungsprozess gliedert sich, wie bereits beschrieben, in unterschiedliche Phasen. Die erste, die Greifphase, ist von mehreren Überwachungsfragen bestimmt. Zunächst steht beim mechanischen Greifen eine Überprüfung der Greiferfunktion an. Hier kommen vorwiegend die schaltenden Sensoren zum Einsatz.

Die schaltenden Sensoren werden in der Regel dazu genutzt, um festzustellen, ob eine bestimmte Position der Greiferfinger erreicht wurde. Diese Art der Greiferüberwachung gehört bereits seit den Anfängen der Greifermodule zum Standard. Ohne diese Sensoren wäre die Prozesssicherheit von komplexen Anlagen kaum zu realisieren. Durch diese Sensoren lassen sich auch die Taktzeiten von Handhabungsabläufen sicher gestalten, da andernfalls Wartezeiten einprogrammiert werden müssten, die die Toleranzfelder von pneumatischen Antrieben und deren Verschleiß berücksichtigen würden.

Mit den schaltenden Sensoren lassen sich grundsätzlich drei unterschiedliche Greiferpositionen überwachen:

- Greifer ganz geöffnet
- Greifer ganz geschlossen
- Greifer mit Werkstück geschlossen

Diese grundlegenden Informationen klingen zunächst trivial, sind aber bei immer kürzer werdenden Zykluszeiten technisch nicht immer einfach zu berücksichtigen. Die Positionen der Greiffinger sind hier in den ersten beiden Punkten in den jeweiligen Endstellungen des pneumatischen Greifmoduls. Die dritte Position ist für schaltende Sensoren schwieriger zu erfassen bzw. festzulegen. Toleranzen der Werkstücke oder unterschiedliche Abmessungen von Werkstücken, die mit einem Greifer gegriffen werden, führen zu variablen Schaltzeitpunkten bzw. unterschiedlichen Einbauorten am Greifer. Je nach Greiferbauart sind unterschiedliche Einbauorte für die Sensoren am Greifer möglich. Dies gilt es bei der Auswahl der Sensorart ebenfalls zu berücksichtigen. Ist zu prüfen, ob der Greifer geöffnet ist bzw. ob er weit genug geöffnet ist, um das Werkstück mit den Fingern aufzunehmen, kann diese Information an unterschiedlichen Stellen aufgenommen werden und der Vorgang mit unterschiedlichen Sensoren erfolgen. Soll ein Sensor exakt an dem Punkt schalten, an dem der Finger geöffnet ist, bieten sich zunächst taktile Sensoren an. Diese haben aber neben dem mechanischen Verschleiß den weiteren Nachteil, dass sie bei der Einstellbarkeit wenige Varianten zulassen. So kommen in der Automatisierungstechnik vornehmlich berührungslose Sensoren zum Einsatz. Diese können sowohl kapazitiv, induktiv als auch magnetisch angesteuert bzw. ausgelöst werden. Man spricht hier von einem Näherungsschalter.

Diese Sensorart bietet viele Vorteile, angefangen bei der kompakten und kostengünstigen Bauweise bis hin zur flexiblen Einstellbarkeit der Position z. B. an einem Zylinder. An einem Antriebszylinder wird die Kolbenstellung des Antriebskolbens von den Sensoren erfasst und der geöffnete bzw. geschlossene Greifer über die Kolbenstellung detektiert. Diese Anwendung an einem Pneumatikzylinder war ursprünglich einer der ersten Überwachungsansätze mit diesem Sensorprinzip. Diese Art der sensorischen Erfassung an einem Zylinder auf einen Greiferantrieb zu übertragen erfordert spezielles Know-how in der Entwicklung hinsichtlich der erzielbaren Schaltgenauigkeit bzw. der Erfassung des magnetischen Feldes, wenn mit Magnetsensoren gearbeitet wird.

In Abbildung 3.175 ist eine Versuchsanordnung zu sehen, in der ein Magnetsensor in einer gefrästen Nut in Kolbenbewegungsrichtung verschoben werden kann. Der Kolben ist mit einem magnetischen Ring versehen und so dimensioniert, dass das Magnetfeld von außen erfasst werden kann. Wenn der Kolben mit

3

seinem Magnetring an dem Sensor vorbeifährt, wird der Schaltpunkt aktiviert.

Aufgrund der Kollisionsgefahr mit den Fingern muss eine möglichst exakte Position der Greiferstellung abgefragt werden. Somit ist die Form der Hysterese des Magnetfeldes entscheidend, um besonders exakt die Position des Kolbens und damit der Greiferfinger abzufragen.

Das Erfassen der Kolbenstellung ist damit eine indirekte Abfrage der Fingerstellung, da ja zwischen der Bewegung des Kolbens noch die Bewegung der Finger über das Getriebe liegt. Da die Kopplung aber über einen kurzen Weg erfolgt und die Getriebe in der Regel sehr wenig Spiel gegenüber der Fingerbewegung aufweisen, ist diese Art der Abfrage eine beliebte und gängige Methode in der Praxis.

Klassisch werden zwei Sensoren für die Erfassung des Zustandes der Greiferstellung eingesetzt. Die Montage erfolgt in einer Nut am Gehäuse der Automatisierungskomponente. Diese Montageart ist einfach und bildet keine zusätzliche Störkontur an den Außenabmessungen des Greifers, und bei einer Kollision wird der Sensor nicht beschädigt, wie die Draufsicht in Abbildung 3.175 zeigt. Bei Verwendung von zwei Sensoren übernimmt ein Sensor die obere Kolbenstellung und der zweite die untere. Die Sensoren funktionieren hier als Schließer und erkennen, wenn der Kolben in Position ist.

Bei programmierbaren Magnetsensoren kann nur mit einem Sensor gearbeitet werden. Der Sensor funktioniert dabei sowohl als Schließer als auch als Öffner. Hier kommt es eben auf eine besonders exakte Erkennung der Hysterese des Kolbenmagneten an.

So zeigt Abbildung 3.176 die Hysterese eines Magnetfeldes, das an einem Sensor vorbeifährt. Ab einer gewissen Stärke des Magnetfeldes schaltet sich der Sensor ein, wenn der Kolben mit dem Magneten den Ausschaltpunkt 1 (AP1) überfahren hat. Dann meldet

Abbildung 3.175 Messung der Kolbenstellung durch Magnetsensoren in der Not (Quelle: SCHUNK)[65]

der Sensor, dass der Kolben in Position ist. SP, also der Schaltpunkt, den der Kunde gerne als genaue Position erkannt haben möchte, liegt je nach Steigung der Kurve dann schon einige Millimeter hinter dem AP1. Das heißt, bei dieser Art der Sensorik muss ein bestimmtes Toleranzfenster möglich sein. AP2 ist der Ausschaltpunkt, an dem das Signal des Sensors wieder abfällt.

Die Einstellung der Schaltpunkte erfolgt über die Platzierung in der Nut. Mithilfe der LED-Anzeigen können die Ausschaltpunkte vom Einrichter erkannt und entsprechend verschoben werden. Waren bislang zwei Schalter notwendig, um die Kolbenstellung in der

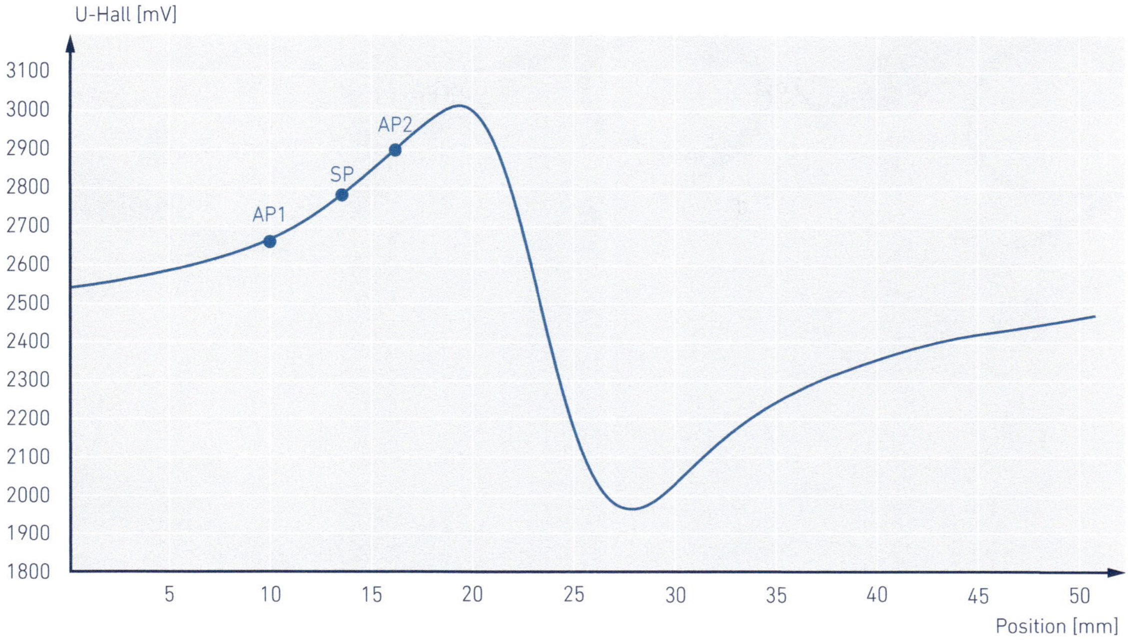

Abbildung 3.176 Hysterese eines Magnetfeldes zum Schalten eines Sensors (Quelle: SCHUNK)[65]

Abbildung 3.177 Sensorik OAS am MPG-plus (Quelle: SCHUNK)[65]

jeweils oberen bzw. unteren Lage zu erkennen, so ist heute die Sensorabfrage mit einem einzigen programmierbaren Magnetschalter möglich, der dann als „Öffner" und „Schließer" betrieben wird. Durch die exakte Abstimmung zwischen dem Magnetfeld des Kolbens in Kombination mit der Wandstärke der Greiferkomponente und dem Sensor kann erkannt werden, wann der Kolben sich aus dem Erkennungsfeld bewegt hat.

Damit ist es für die Greifprozessabfrage, bei der besonders wenig Greifweg zur Verfügung steht, entscheidend, dass die Form der Hysterese des Magnetfeldes besonders gedrungen ist, um ein möglichst großes Delta der Magnetfeldstärke bei geringem Weg des Fingers zu erzielen.

Mit dieser Erfassungsmethode können die Bewegungen des Antriebkolbens verschleißfrei und robust erfasst werden. Einflüsse durch die Umgebung, wie Vibrationen, Feuchtigkeit oder Staub, beeinträchtigen das Messergebnis nicht.

Abbildung 3.179 Magnetschalter

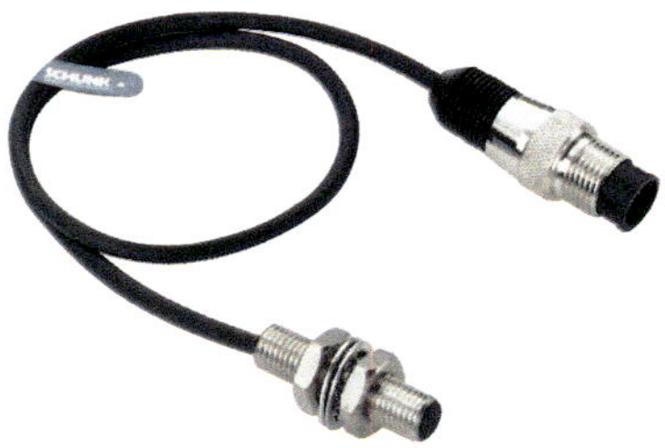

Abbildung 3.180 Induktiver Näherungsschalter

Abbildung 3.181 Flexibler Positionssensor

Abbildung 3.178 Positionierung eines Näherungsschalters (1) zur Überwachung der Grundbackenstellung (Quelle: SCHUNK)[65]

Die Darstellungen in Abbildung 3.179 bis Abbildung 3.181 zeigen die unterschiedlichen Bauformen dieser Sensoren. Der flexible Positionssensor fragt allerdings nicht die Kolbenstellung in einer Nut ab, sondern ist zur positionsgenauen Abfrage der Greifergrundbacke geeignet. In gewisser Weise stellt die Abfrage des Kolbens ja nicht wirklich die Bewegung des Fingers dar, denn der Kolben überträgt seine Kraft und Bewegung zunächst an das Greifergetriebe und dann an die Fingeraufnahmen und schließlich an die Greiferfinger. Die Greiferfinger haben dann den direkten Kontakt zum Werkstück. Aufgenommen vom Sensor wird aber die Stellung des Zylinders, die sich jedoch auch bei gebrochenen Greiferfingern verändern kann. Ein direkter Abgriff der Information an den Greiferbacken ist dagegen eine sicherere Methode der Erfassung.

Die Abfrage der Greiferfingeraufnahme wird als eine weitere Standardoption an Greifmodulen angeboten. In Abbildung 3.178 ist die Positionierung des Sensors (1) im Verhältnis zur Fingeraufnahme (grau dargestellt) gezeigt. Die Schaltpunkte des Sensors können dann über die Position der Schaltgegenstücke definiert eingestellt werden. Bei dieser Möglichkeit wird ein Fehler im „Antriebsstrang" des Greifers ebenfalls überwacht. Es wird also nur das Ergebnis der Kolbenbewegung abgefragt. Wie die Darstellung zeigt, ist die Zugänglichkeit nicht annähernd so gut wie die eines auf der Außenseite des Moduls angebrachten Sensors zur Kolbenüberwachung. Die Einstellung des Schaltzeitpunktes erfolgt über die Position der Schaltauslösung in der Greifergrundbacke.

Mit der Abfrage der Endpositionen (ganz geöffnet/ganz geschlossen) kann in den meisten Fällen davon ausgegangen werden, dass alle drei Fälle (also auch „Werkstück gegriffen") abgedeckt werden. Es wird im Programmablauf geprüft, ob der Greifersensor die Position „Greifer ganz geöffnet" verlassen hat. Erreicht der Greiferfinger die Endposition „Greifer ganz geschlossen" nicht, so kann im Programmablauf fortgefahren werden, denn nach einer gewissen Wartezeit geht man davon aus, dass das Werkstück dann mit ausreichender Kraft gegriffen wurde.

Will man die Position „Werkstück gegriffen" genau überwachen, so muss der Sensor genau auf diese Position für das gewünschte Werkstück eingestellt werden. Diese Einstellung erfolgt mit dem Werkstück im Greifer. Mit einem zusätzlichen Sensor kann außerdem noch die dritte Position direkt überwacht werden. Hierzu lassen sich für die Schaltstellungen feste Bereiche vorgeben, wie in dem Diagramm Abbildung 3.183 dargestellt.

Hier gibt es inzwischen eine breite Auswahl an Schnittstellen zur Ablaufsteuerung, wie beispielsweise IO-Link (Abbildung 3.182). So lassen sich die Sensoren schnell und problemlos in die Steuerungsarchitektur einbinden. Aber auch das Einstellen der Sensoren auf den richtigen Schaltzeitpunkt ist mit Einstelltools immer weiter verbessert worden. So bieten die Hersteller, wie beispielsweise SCHUNK, sogenannte Teachtools mit ihren Magnetsensoren an, die das richtige Positionieren und genaue Feststellen des Schaltpunktes erleichtern (Abbildung 3.184). Bei Werkstücken mit besonders großen Toleranzen oder unterschiedlich großen Werkstücken können auch zwei Sensoren zum Einsatz kommen, um den Greifbereich einzugrenzen. So misst der erste Sensor, sobald der Greifer geschlossen wird, dass die Wirkelemente in den Greifbereich eingefahren sind. Es wird beim „Überfahren" des Sensors eine Flanke gemessen. Nimmt der zweite Sensor am Ende des Greifbereichs kein Signal wahr, so kann das Werkstück als gegriffen angenommen werden. Wird am zweiten Sensor am Ende der Greiftoleranz eine Flanke erzeugt, so liegt ein Greiffehler vor.

Noch weiter geht die Möglichkeit der Überwachung von pneumatischen Greifern, deren pneumatische Positioniereinheiten eine auf 0,5 mm genaue Fingerpositionierung über die IO-Link-Schnittstelle bieten. Darüber hinaus können mit dem System ebenfalls die Greifgeschwindigkeit und die Greifkraft über die Variation des Drucks verändert werden. Die Integration in die SPS-Steuerungen unterschiedlicher Hersteller ist über die Programmieroberfläche direkt als Baustein anwählbar

Abbildung 3.182 Magnetsensor mit IO-Link (Quelle: SCHUNK)[65]

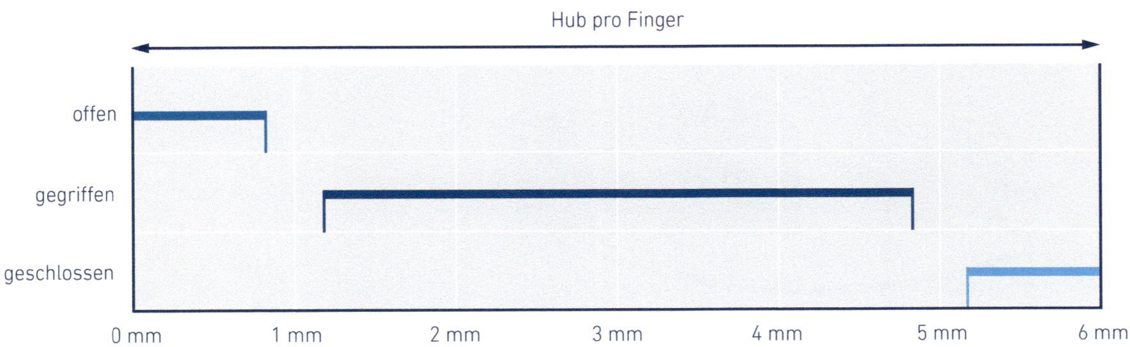

Abbildung 3.183 Vorgegebene Bereiche, in denen der Näherungsschalter ein Signal abgibt (Quelle: SCHUNK)[65]

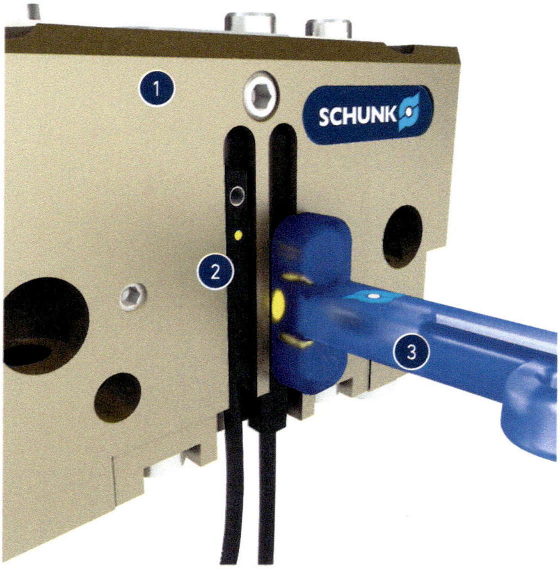

1 **Aktor**

2 **C-Nut-Sensor MMS 22-PI1**

3 **Magnet-Teachtool MT**

Abbildung 3.184 Einsatz einer Einstellhilfe zur exakten Schaltpunkteinstellung der Magentsensoren (Quelle: SCHUNK)[65]

und damit auch von der Software her mit überschaubarem Aufwand realisierbar. Besonderer Vorteil des Systems von SCHUNK ist die Nachrüstbarkeit an einer breiten Palette von Bestandsgreifern.

Die bisher angesprochenen Sensoren arbeiten berührungslos. Es gibt aber auch taktile Sensoren an Greifern, wie beispielsweise einfache Taster zur Erkennung einer Greiferfingerendlage (Abbildung 3.186).

Zum einen gibt es unter Einsatz von taktilen Sensoren die Möglichkeit, das Werkstück in Position zu schieben bzw. zu drücken und dabei ein Gefühl z. B. beim Fahren gegen einen Anschlag zu haben. In der Regel sind es aber eher optische Sensoren, die beim Erkennen des Werkstücks hinsichtlich der Lage und Orientierung genutzt werden. Hier gibt es bereits Ansätze zur Integration von Kameras oder Lichttastern in den Greifer. Vor dem Greifen wird hier die Position des Werkstücks erfasst und an das Handhabungsgerät weitergegeben. In der Regel sind heute jedoch die Sensoren zur Erfassung der Werkstückposition nicht im Greifer integriert (siehe Abschnitt 3.7).

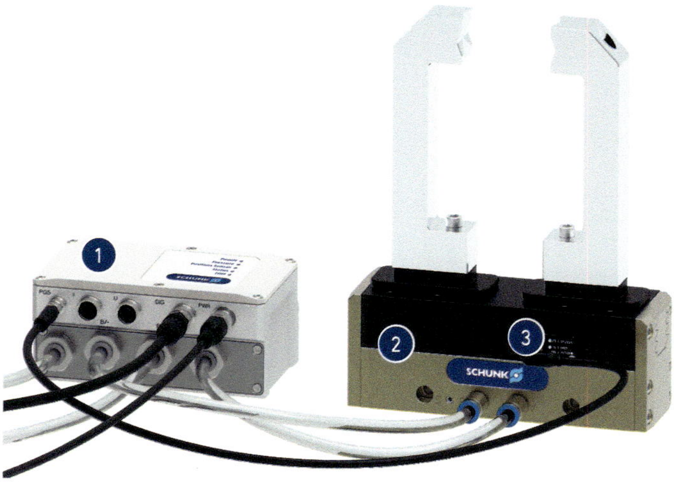

1 **Pneumatische Positioniereinheit PPD**

2 **Pneumatischer Parallelgreifer PGL-plus-P**

3 **Positionssensor (im Greifer integriert)**

Abbildung 3.185 Pneumatischer Greifer mit Positioniersensorik (Quelle: SCHUNK)[65]

Im nächsten Schritt des Handhabungsvorgangs, dem Sichern des Werkstücks, werden die Greiferfinger geschlossen und so der Form- bzw. Kraftschluss hergestellt. Auch diesen Vorgang gilt es zu überwachen und an die Steuerung zu übermitteln. Ähnlich wie beim Öffnen des Greifers gibt es die Abfrage des Kolbens oder der Greiffingeraufnahmen, die überprüft werden, auch beim Schließen des Greifers. So sind es auch ähnliche Probleme, da man nicht direkt feststellen kann, ob der Greifer das Werkstück sicher gegriffen hat. Darüber hinaus ist gerade während dynamischer Handhabungsvorgänge eine Überwachung des Werkstücks hinsichtlich Verrutschens oder Komplettverlust wichtig. Hier tut man sich verständlicherweise mit einem reinen Abfragen der Endlagen schwer, da maximal nur erkannt wird, ob das Werkstück verloren wurde.

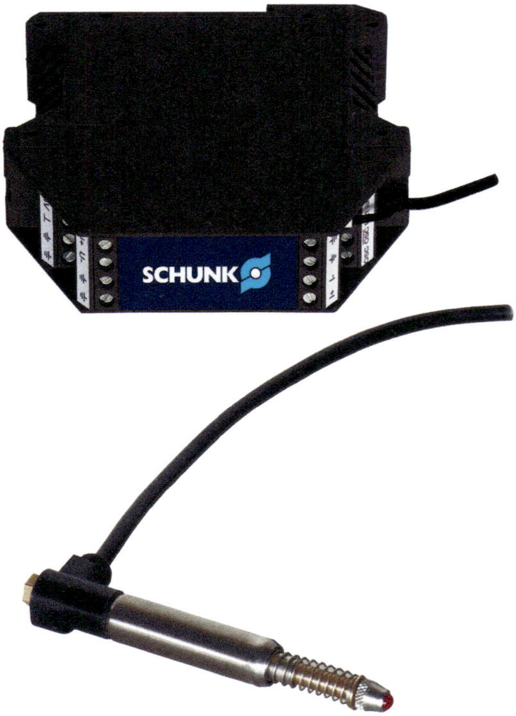

Abbildung 3.186 Taktiler Sensor zur Erkennung einer Greiferfingerendlage (Quelle: SCHUNK)[65]

Genauere Angaben über die anliegende Greifkraft und den zeitlichen Verlauf beim Aufbau derselben ermitteln Sensoren auf Dehnmessstreifenbasis, die als Module zwischen Greifergrundbacken und dem Finger eingebracht werden können (Abbildung 3.187). Man geht also von den rein schaltenden Sensoren zu den messenden Sensoren über.

Die ermittelten Messdaten lassen sich dann mittels Anzeige direkt visualisieren, sodass beispielsweise ein Servicetechniker die Druckluft variieren und so stärker oder schwächer dosieren kann. Über die kontinuierliche Aufnahme der Messwerte in einem Messrechner können aber auch ganze Messprotokolle erstellt werden, die eine Rückverfolgbarkeit des Greif- bzw. Öffnungsverlaufs zulassen.

Die Einstellbarkeit der Greifkraft lässt sich über eine servopneumatische Positioniereinheit erzielen. Diese ist in der Lage eine Druckanpassung vorzunehmen. So lassen sich in einer Applikation unterschiedlich empfindliche Werkstücke entsprechend angepasst handhaben. Mit der PPD von SCHUNK lassen sich Standard-Pneumatikgreifer nachrüsten, um diese Einstellmöglichkeit herzustellen. So lassen sich bestehende Automationen auf neue Anwendungen

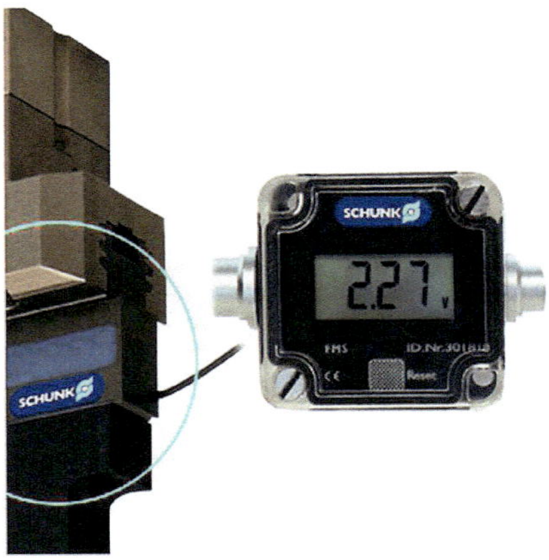

Abbildung 3.187 Messsensoren zwischen den Greiffingern und den Grundbacken auf Dehnmessstreifenbasis (Quelle: SCHUNK)[65]

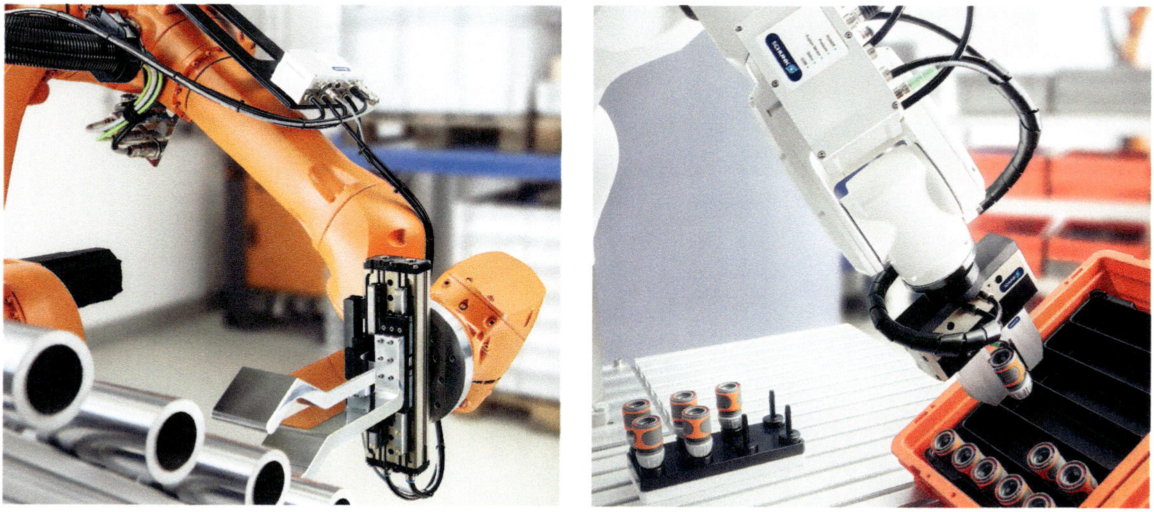

Abbildung 3.188 Greifer mit PPD Positioniereinheit ermöglicht angepasstes Greifen (Quelle: SCHUNK)[65]

aufrüsten. Ebenso wird die Inbetriebnahme vereinfacht und neue Kommunikationsschnittstellen ermöglichen ein breiteres Informationsspektrum.

Noch näher an das Werkstück rücken flächige Sensoren, die die genaue Lage des Werkstücks im Greifer erfassen können und die komplett in die Fingerfläche integriert sind (Abbildung 3.189).

Taktile Sensoren auf den Wirkflächen ermöglichen hier eine durchgängige Überwachung des Handhabungsvorgangs. Sie sind ähnlich wie beim Menschen geeignet, sogar ein direktes Nachregeln der Greifkraft zu realisieren. Allerdings sind sie aufgrund der ständigen Berührung auch einem erhöhten Verschleiß ausgesetzt. Damit ergibt sich wiederum eine Abwägung zwischen mehr Informationen vom Prozess und einer möglichen Störquelle durch den Sensorverschleiß. Diese Abwägung muss aufgrund des Zusatznutzens durch den Sensor getroffen werden. An dieser Stelle bieten die berührungslosen Sensoren eine Alternative, die ohne Verschleiß zu realisieren sind.

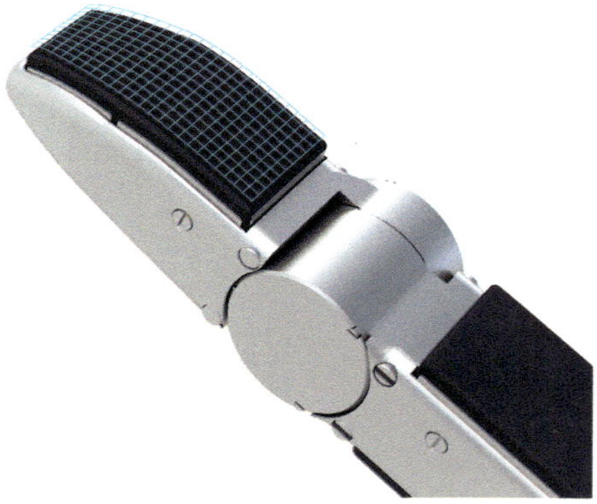

Abbildung 3.189 Darstellung taktiler Sensoren auf der Fingerfläche (Quelle: SCHUNK)[65]

Oft ist auch ein Kabelbruch durch die vielen Bewegungen des Handhabungssystems die Ursache für eine Anlagenstörung. Die Kabel müssen alle Drehungen und Umorientierungen des Greifers nachvollziehen, damit sind sie erhöhtem Verschleiß ausgesetzt. Hier schafft die Übertragung der Sensorsignale per Funk Abhilfe, da die Kabel durch eine Funkstrecke ersetzt werden (Abbildung 3.190).

Dabei werden die Sensoren mit dem Sendemodul direkt verbunden, das die Signale der Sensoren dann drahtlos an den Empfänger überträgt. Das in Abbildung 3.190 dargestellte System war dazu konzipiert, die Probleme mit störender Verkabelung zu beheben. Die Absicherung dieser Funktionalität per drahtloser Übertragung ist technisch nicht ganz einfach zu realisieren, da die Funkstrecke unbeeinflusst von elektromagnetischen Signalen aus der Umgebung sichergestellt sein muss. Auch muss bei einer solchen Funkstrecke die Lebensdauer der Batterien regelmäßig geprüft werden und sie ist kostspieliger als die klassische Verkabelung. Daher wurde dieses eigentlich innovative System wieder aus dem Programm genommen.

Bis auf die Flächensensoren in den Fingern sind alle hier angesprochenen Überwachungssysteme des Greif- bzw. Handhabungsvorgangs externe Sensoren, die an die Greiferkomponenten angebaut werden. Mit dem Aufkommen der elektrischen Antriebe lassen sich die meisten der angesprochenen Sensorfunktionen gleich mit der Antriebsart erfassen. So bietet der Elektrogreifer durch die Überwachung der Motorströme direkt ein Feedback, ob ein Werkstück gegriffen wurde oder nicht.

Insofern bieten elektrisch angetriebene Greifer eine breite Palette an Überwachungs- sowie Untersuchungsmöglichkeiten ohne zusätzliche Anbauteile am Greifer – ein starkes Argument in der Debatte, um mehr Daten aus den Produktionsprozessen zu gewinnen (Abbildung 3.191).

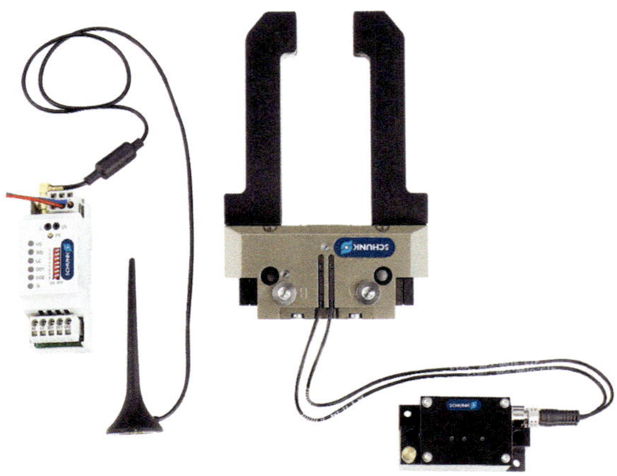

Abbildung 3.190 Komponenten einer Funkstrecke zwischen Greifer und Steuerung (Quelle: SCHUNK)[65]

Abbildung 3.191 Sensorfeedback bei elektrischer Greiftechnik ermöglicht feinfühliges Greifen. (Quelle: SCHUNK)[65]

3.8.2 Sensoren zur Erkennung von Werkstücken

Das Erkennen von Werkstücken zum Greifen ist heute Stand der Technik. Hier gibt es jedoch unterschiedlichste Abstufungen, da die Anforderungen sehr vielfältig sein können. So kann die Aufgabenstellung die reine Überprüfung hinsichtlich des Vorhandenseins eines Werkstücks sein bis hin zur Lage und Orientierung in einem Behälter, aus dem gegriffen werden soll. Vielen Aufgabenstellungen gemein ist, dass durch die Sensorik die Applikation grundsätzlich erst ermöglicht wird. Ohne eine Erkennung des Werkstücks ist das Greifen und Handhaben nicht zu realisieren. Auch hier kann die Analogie zu unserem menschlichen Erkennen und Greifen hergestellt werden. Es gibt Parallelen in der Technik bei Greifsituationen, in denen die reine Erkennung mittels Fingersensoren ausreicht. In der Regel ist aber der Einsatz unserer Augen als optische Sensoren wichtig, um die Werkstücklage und Hindernisse beim Greifen sicher zu erkennen.

Zur Erkennung der Werkstücke hinsichtlich des bloßen Vorhandenseins reichen oft die im Greifer verbauten Sensoren aus. Hier gibt es Anwendungen, bei denen der Roboter Positionen in einer Bereitstellungspalette anfährt. In jeder Position wird ein Greifversuch durchgeführt. Wenn die Sensoren im Greifer erkennen, dass die Endlage der Greiferfinger beim Schließen nicht erreicht wird, geht man davon aus, dass das Werkstück im Greifer ist. Werden die Endlagen der Finger jedoch sensorisch erfasst, so fährt der Roboter die nächste Position in der Palette an, um einen erneuten Versuch zu starten.

Diese beschriebene Methode ist sicher eine sehr kostengünstige Vorgehensweise zu aufwendigeren bildgebenden Sensorverfahren, führt aber zu Taktzeitverlusten, wenn die Palettenplätze nicht voll bestückt sind. Somit wird versucht, die Leerlaufzeit zu reduzieren und die Werkstücke mittels externer Sensoren vor dem eigentlichen Greifen zu erfassen.

Ein Tasten vor dem Zugreifen ist z. B. bei sehr feinfühligen Robotersystemen möglich, da die Sensoren erkennen können, wann der Roboter das Werkstück

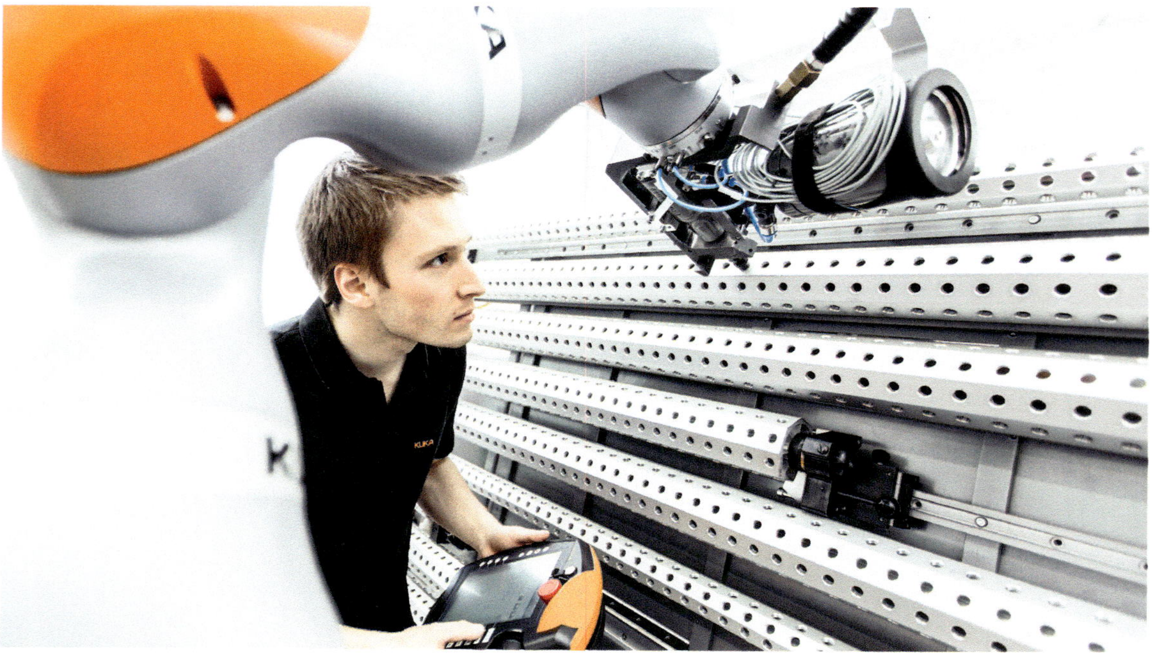

Abbildung 3.192 Roboter bringt Werkstücke zur Montage in Position. (Quelle: KUKA)[75]

angefahren hat. Der Roboter in Abbildung 3.192 bringt die Werkstücke in die Bohrungen der Montageschienen ein. Er erkennt dabei durch seine Kraft-Momenten-Sensoren, ob er das Werkstück noch im Greifer hat bzw. welche Fügekräfte auftreten. Damit kann der Roboter ohne zusätzliche Kameraerkennung zur Teilebereitstellung auskommen. Aber auch diese Art der Erkennung von Werkstücken zum Greifen stellt eine sequenzielle Art der Sensorik innerhalb des Prozessablaufs dar. Das heißt, es wird das eigentliche Handhabungsgerät, das auch den Greifer trägt, dazu genutzt die Sensorik zu transportieren. Eine Verlegung der Sensorik in der Peripherie und damit die Möglichkeit, parallel zur Roboterbewegung die Werkstücke zu erkennen, bringt häufig eine wirtschaftliche Lösung.

Auch ist das Ertasten von Werkstücken eher noch eine ungewöhnliche Art der Werkstückerkennungssensorik. Sehr häufig kommen wieder einfache Lichttaster oder Näherungssensoren zum Einsatz, wenn beispielsweise das Bereitstehen des Werkstücks in der Aufnahme nach dem Vibrationsfördertopf gemeldet werden soll. Die Aufnahme nach einem Vibrationsfördertopf ist in der Regel als Staustrecke ausgeführt. Dabei ist jedoch nicht jedes Werkstück staufähig. Das heißt, es kann nur ein Werkstück vorgehalten werden, bis der Abgriff mit dem Handhabungssystem erfolgt ist. In einem solchen Fall wird das Werkstück über einen Sensor am Ende der Förderstrecke erkannt und das direkt dahinter folgende in den Fördertopf zurückgeblasen (Abbildung 3.193). Danach wird der Topf stillgelegt, da die Bauteile andernfalls immer wieder in den Topf zurückgeblasen würden und diese mechanische Belastung auf Dauer Schäden an den Werkstücken verursachen könnte. Man nennt diese Prinzipien der Bereitstellung auch Auswahlprinzipien, da diese die Werkstücke immer wieder zurück in einen Bunker werfen, wenn sie nicht den richtigen Ordnungszustand haben oder wie in diesem Fall nicht in der richtigen Menge für den Prozess vorliegen.

Abbildung 3.193 Sensorik am Ende einer Zuführförderstrecke (Quelle: robomotion)[61]

3

Diese Art der Bereitstellung kann noch intelligenter gestaltet werden, wenn am Ende der Förderstrecke eine Kamera installiert wird, die auf die zu fördernden Werkstücke und deren mögliche Ausrichtung bzw. Orientierung eingelernt werden kann. Solche Fördertöpfe werden als flexible oder intelligente Fördertöpfe bezeichnet, da durch die Kameratechnik prinzipiell eine hohe Flexibilität mitgeliefert wird.

Die Erkennung der Werkstücke auf Förderstrecken ist ebenfalls heute Stand der Technik und wird in unterschiedlichen Branchen mit unterschiedlichsten Werkstücken prozesssicher ausgeführt. Der wesentliche Unterschied ist dabei, dass die Werkstücke nicht mehr linienförmig durch ein mechanisches System oder an einem Sensor vorbeigeführt werden, sondern dass die Teile nun flächig ausgebreitet dem Sensor dargeboten werden. Hier gibt es grundsätzlich zwei unterschiedliche Anordnungen der Kamera. Zum einen kann die Kamera mit ihrem Beobachtungsfeld im Arbeitsraum des Roboters oder des Handhabungssystems angebracht sein. Diese Anordnung hat den Vorteil, dass die Werkstücke direkt nach der Erkennung abgegriffen werden, ohne dass eine Verschiebung durch die Bandbewegung möglich ist. Zum anderen ist eine Kalibrierung der Kamera (Referenzierung der Kamera zum Roboterkoordinatensystem) vom erkannten Punkt zum Roboterabgriffspunkt einfach durchzuführen.

Das Problem an dieser Anordnung der Kamera ist, dass die Kamera mit der Roboterbewegung synchronisiert werden muss, da der Roboter mit seinem Arm nicht die Sicht auf die Werkstücke versperren darf, wenn das Bild aufgenommen wird. Diese Absicherung kann unter Umständen zu Zeitverlusten führen, da dies über eine Abfrage hinsichtlich der Roboterbahn erfolgen muss und der Förderprozess der Werkstücke unter der Kamera vollständig abgeschlossen sein sollte. Der Vorteil bei dieser Anordnung ist eine kompakte Bauweise der Zelle und dass die Werkstücke im Stillstand abgegriffen werden können. Das bietet Genauigkeitsvorteile führt aber im Gegenzug zu den Verlusten, die durch die koordinierte Bildaufnahme entstehen.

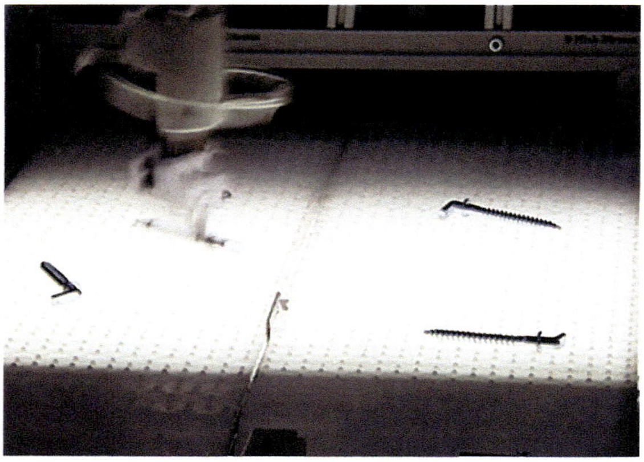

Abbildung 3.194 Abgriff von Schrauben von einem Förderband mit Durchlichterkennung (Quelle: robomotion)[61]

Die andere Anordnung ist derart gestaltet, dass die Kamera mit der Beleuchtung vor dem Roboterarbeitsraum liegt (Abbildung 3.196). Werkstücke werden auf einem Förderband zunächst unter der Kamera hindurchbewegt. Während dieser Bewegung wird das Bild aufgenommen und die Position des Werkstücks bestimmt (siehe auch Abschnitt 3.7.3). Mit dieser Anordnung ist sichergestellt, dass es keine Beeinträchtigung der Sicht durch den Roboterarm gibt. Die Kamera nimmt ohne Störung der Sicht das Bild auf und leitet die Bilder an den Bildverarbeitungsrechner weiter. Dieser wiederum gibt die Koordinaten an die

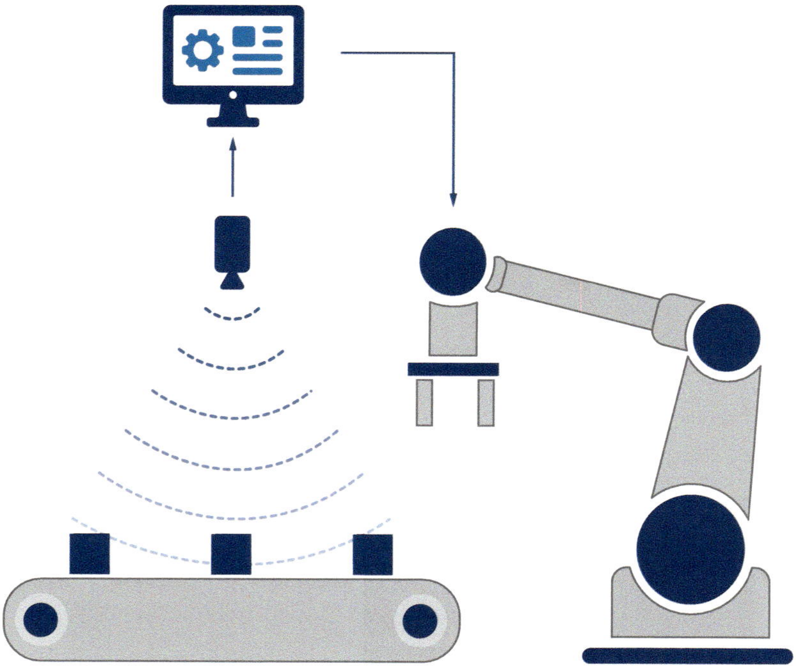

Abbildung 3.195 Kamera im Arbeitsraum des Roboters

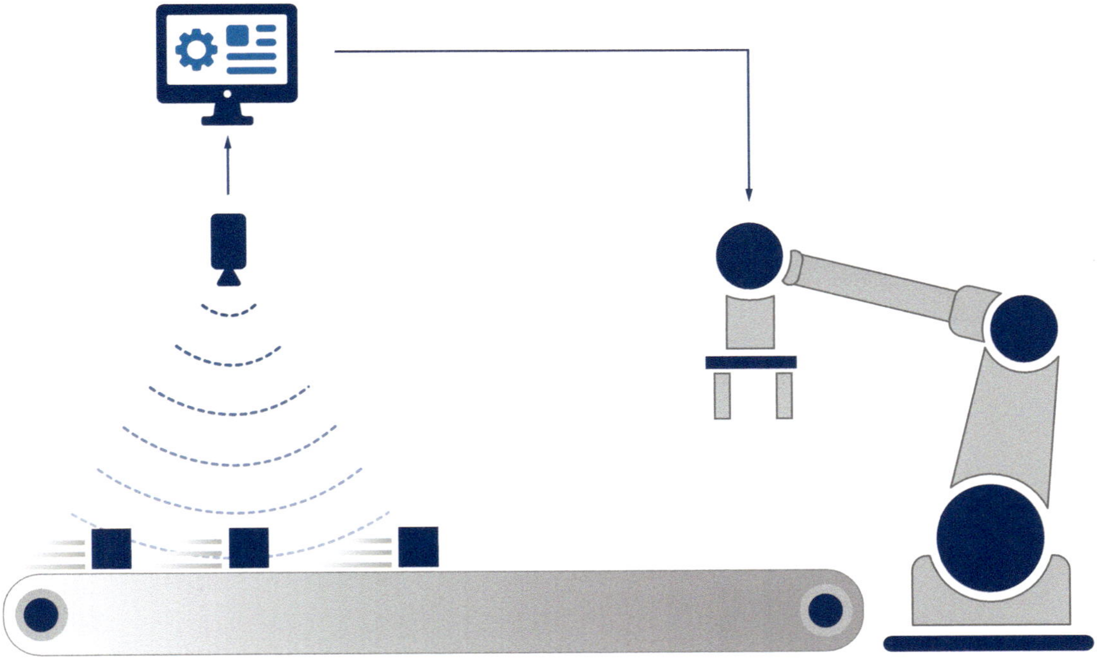

Abbildung 3.196 Kameras vor dem Roboterarbeitsraum

Robotersteuerung weiter, die parallel die Information über die Bandbewegung mit einberechnet. So erhält die Robotersteuerung die Information, wie weit das Band mit den Werkstücken zwischen der Aufnahmeposition und der Abgriffposition weitergefahren ist. Diese Anordnung bedingt somit bei der Einrichtung eine entsprechende Kalibrierung, damit die Koordinaten des Förderbandes vom Roboter genau angefahren werden können.

Allerdings werden häufig in solchen Anwendungen schnelle Vierachsengeräte (siehe Kapitel 4) eingesetzt, die nur eine Drehachse als Möglichkeit zur Orientierungsänderung der Werkstücke haben, aber dafür hohe Geschwindigkeiten erlauben. Bei Pralinen, wie in Abbildung 3.197 dargestellt, mag die Orientierungsmöglichkeit zur Verpackung ausreichen. Aber sobald Werkstücke z. B. nach Ober- und Unterseite unterschieden werden müssen, sind zusätzliche Drehachsen notwendig, um diese Drehung auszuführen.

Abbildung 3.197 Erkennung und Abgriff von Pralinen vom Band sowie Einsetzen in ein Tray (Quelle: robomotion)[61]

Wenn also kein Werkstück zurück in den Speicher zurückgeführt werden muss, weil es den falschen Ordnungszustand hat, kann jedes Werkstück nach der Zuführung verarbeitet werden. In diesem Fall würde man in der Handhabungstechnik von einem **Zwangsprinzip** sprechen, denn alle Werkstücke können dann vom Band abgegriffen und so manipuliert werden, dass der gewünschte Ordnungszustand erreicht wird. Wenn die Werkstücke jedoch so gestaltet sind, dass mehrere Orientierungszustände eingenommen werden können, so ist ein Sechsachsenroboter einzusetzen, damit eine vollständige Orientierung des Werkstücks erreicht werden kann.

In Abbildung 3.199 ist eine Roboterzuführung nach dem Zwangsprinzip dargestellt. Die Werkstücke können zwei Vorzugslagen einnehmen. Entweder sie liegen „richtig" herum, wie sie zur Verarbeitung gebraucht werden oder um 180° „falsch" herum. Die Werkstücke sind in diesem Fall Trägerplatten für Make-up-Kosmetik. Diese müssen in einer Maschine befüllt und dafür aus dem Schüttgut zugeführt werden.

Die Werkstücke werden auf dem weißen Förderband (1) sowohl in ihrer Position als auch in ihrer Drehlage erkannt. Richtig herumliegende Teile werden vom Roboter (2) direkt in die Förderkette (3) eingesetzt. Falsch herumliegende Teile werden in eine Wendestation (4) eingesetzt. (5) zeigt die Wendestationen, die mit Teilen über die Förderkette gefahren sind.

Das Zwangsprinzip hat gegenüber dem Auswahlprinzip bei der Werkstückbereitstellung den entscheidenden Vorteil, dass höhere Leistungen erreichbar werden, da jedes Teil in der Förderstrecke vom Handhabungssystem gegriffen werden kann. Beim Auswahlprinzip kann es zur stochastisch bedingten Häufung einer bestimmten Werkstückorientierung kommen, sodass keine Teile greifbar sind. Unter Umständen steht dann kein Teil zum Abgriff zur Verfügung. Daher werden die Auswahlsysteme meist mit einem Puffer am Auslauf konzipiert, um solche Situationen zu vermeiden. Das heißt aber wiederum, dass die Werkstücke im Auslauf gestaut werden müssen. Das ist nicht mit allen Werkstücken machbar.

Die prinzipielle Alternative zum Zwangsprinzip ist das Ordnen der zu verarbeitenden Komponenten mit dem **Auswahlprinzip** (Abbildung 3.200). Hier wird das Bauteil nicht aktiv in eine gewünschte handhabbare Position gebracht, sondern es werden einfach die Werkstücke gegriffen, die sich bezüglich ihrer Lage bereits in der korrekten Position befinden. Alle nicht abgegriffenen Werkstücke verfahren wieder zurück in den Bunker und werden zu einem späteren Zeitpunkt, wenn sie sich selbst in der richtigen Position befinden, abgegriffen.

Die vereinfachte Darstellung zur Unterscheidung von Zwangs- und Auswahlprinzip in der Zuführtechnik (Abbildung 3.200) zeigt das Zwangsprinzip am Ende eines Vereinzelungsprozesses, in dem Schrauben entlang einer Führungsschiene vibriert werden. Durch die Vibration werden die Werkstücke in Förderrichtung bewegt und zu einer Nut in der Förderstrecke gebracht. Hier werden sie in die immer gleiche Orientierung gedreht, sodass die Schraubenköpfe aus der Nut herausragen und der Gewindeteil der Schraube in der Nut läuft. Das Greifen der Schrauben

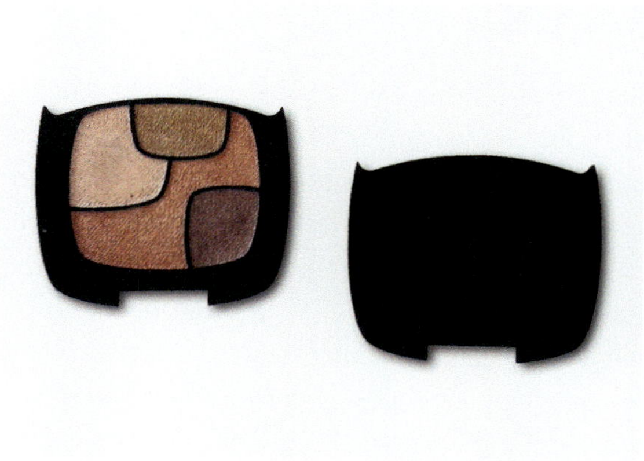

Abbildung 3.198 Werkstücke in der Kosmetikindustrie müssen lagerichtig zugeführt werden (Quelle: Weckerle)[102]

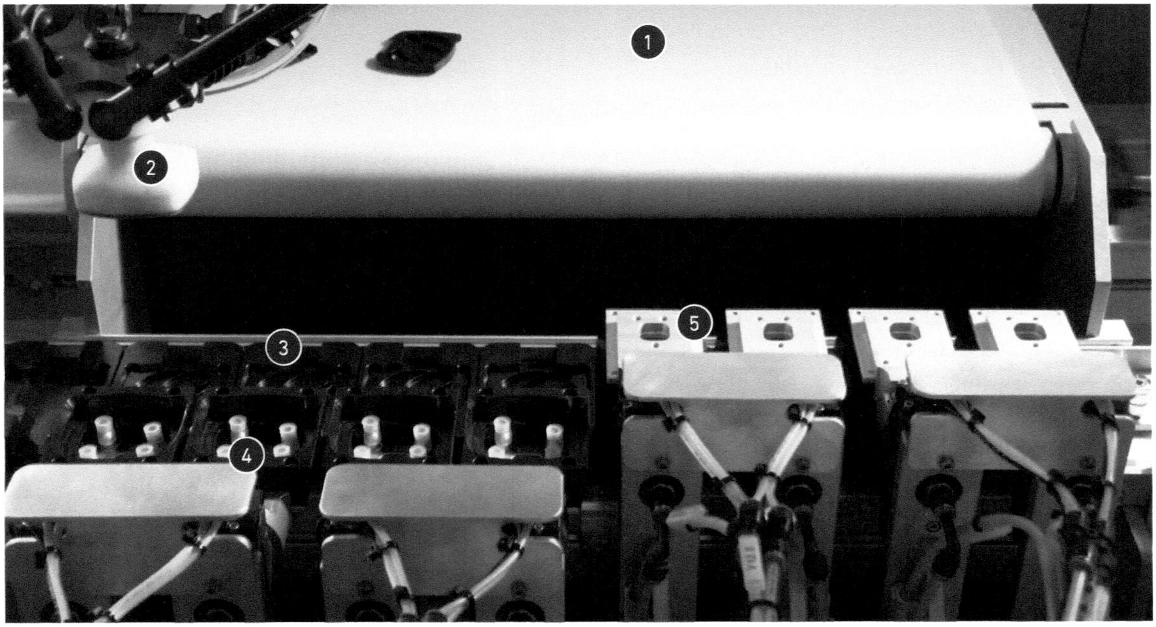

Abbildung 3.199 Zuführstrecke mit Zwangsprinzip – Werkstücke werden mit Wendestation im Bedarfsfall gedreht. (Quelle: Weckerle[102]/robomotion[61])

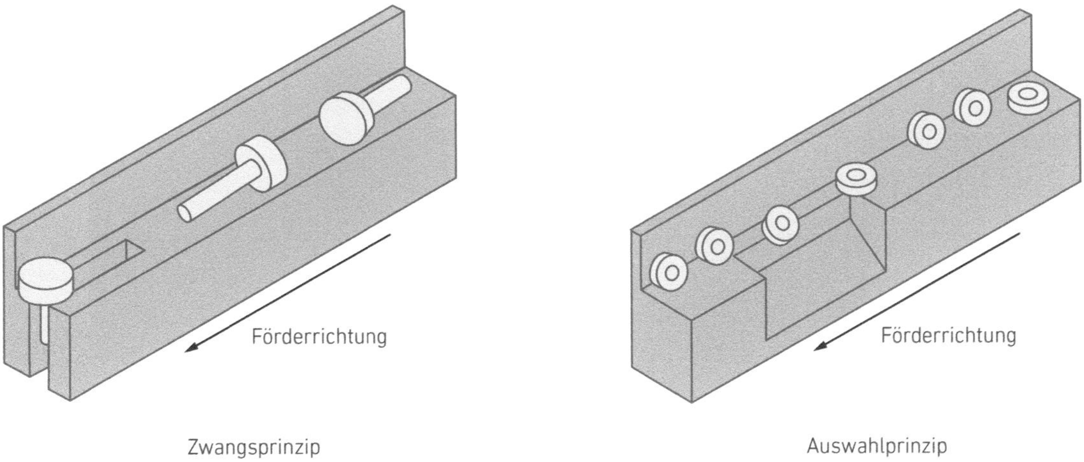

Abbildung 3.200 Darstellungen zum Zwangsprinzip bzw. Auswahlprinzip (Quelle: Technische Universität München)[103]

kann im nächsten Schritt ohne weitere Positionsänderung erfolgen. Jede Schraube, die auf der Förderstrecke transportiert wird, wird so orientiert bzw. zwangsausgerichtet.

Beim Auswahlprinzip ist die Quote deutlich geringer bzw. richtet sich nach der Vorzugslage der Werkstücke. In Abbildung 3.200 zum Auswahlprinzip erkennt man den Unterschied sofort. Werkstücke, die nicht der gewünschten Abgriffsorientierung entsprechen, werden an einer Schikane ausgeschleust bzw. zurück in den Bunker geworfen, aus dem sie vorher vereinzelt wurden. Das heißt, es kommen nicht alle Werkstücke, die aus dem Bunker vereinzelt wurden, auch bei dem nächsten Arbeitsgang an. Damit ist klar, dass die Ausbringleistung einer Zuführung nach dem Auswahlprinzip unter der gleichen Bauart mit dem Zwangsprinzip liegt. Bei Vibrationswendelförderern liegt diese in der Regel so um die 60 Werkstücke pro Minute.

Abbildung 3.201 Jedes Werkstück benötigt einen eigenen Zuführtopf. (Quelle: Gindele)[67]

Die mechanische Sortierung funktioniert nur, wenn die Schikane spezifischen geometrischen Merkmalen des Werkstücks angepasst wurde. Damit ergeben sich hinsichtlich der Flexibilität solcher beider Prinzipien erhebliche Nachteile, wenn unterschiedliche Werkstücke verarbeitet werden müssen.

Darüber hinaus sind die Belastungen für die Werkstücke beim Zwangsprinzip deutliche geringer als beim Auswahlprinzip, da das Werkstück nicht in einer Schleife immer wieder in den Bunker des Systems zurückgeworfen wird. Jedes Werkstück, das einmal aus dem Bunker herausgeholt wurde, wird anschließend direkt weiterverarbeitet. Häufig werden für das Auswahl- und Zwangsprinzip auch die Synonyme aktive und passive Orientierung verwendet.

Nach dem Erkennen der Werkstücke in flächigen Bereitstellungen gibt es mit zunehmend leistungsfähigeren Sensoren immer mehr Applikationen, in denen die Werkstücke im Haufwerk erkannt werden müssen. Der bereits angesprochene „Griff in die Kiste" ist sensorisch jedoch nach wie vor die aufwendigste Art der Werkstückerkennung.

Ein Zwischenschritt ist die Aufbereitung des Werkstückhaufwerkes in eine flächige Zuführungsform. Die Werkstücke werden dabei ungeordnet auf ein Förderband aufgebracht und können auch übereinanderliegen. Hierzu sind bereits 2012 erste Forschungsprojekte von robomotion mit dem Fraunhofer-Institut durchgeführt worden, bei denen die Werkstücke über einen Linienlaser beleuchtet und über eine Kamera die Lage auf dem Förderband erfasst wurde (Abbildung 3.202).

Diese Art der Zuführung kann ebenfalls eine höhere Zuführleistung als Vibrationswendelförderer erreichen, da die Geschwindigkeit des Roboters und die

Möglichkeit des Abgriffs von sich überlappenden Teilen eine sehr kurze Taktzeit erlauben. In dem dargestellten Beispiel war man damals bei 80 Takten.

Inzwischen versuchen immer mehr Hersteller aus der Sensorik, ihren Kunden diese komplexe Aufgabenstellung mithilfe einer kompletten Applikationslösung zu erleichtern.

Dabei bestehen diese Lösungen häufig aus Softwarepaketen zur Berechnung der Roboterbewegung und der Greiferkollisionsvermeidung, aus der Lageerkennung und Simulationsumgebungen zum Trainieren der Aufgabenstellung.

Darüber hinaus wird je nach Hersteller entweder die entsprechende Sensorhardware, die Greifertechnik oder komplette Pakete mit Roboter angeboten. Da diese Paketlösungen immer nur einen bestimmten Lösungsraum hinsichtlich der Werkstückvarianz, Dimension der Bereitstellungskiste und Taktzeitanforderung abbilden können, ist deren Einsatz in der Regel vorab zu validieren, wenn verlässliche Aussagen hinsichtlich der Funktionalität gegeben werden sollen.

Eine Validierung im Verkaufsprozess von bestimmten Anwendungen vorzuschalten ist aber in der Regel aufwendig und häufig führt dies zu einem zögerlichen Kaufverhalten, wenn klar wird, dass es keine erprobten

3

Abbildung 3.202 Demonstrator zum dreidimensionalen Erkennen der Lage und zum Handhaben von bewegten Förderbändern (Quelle: Fraunhofer[68]/robomotion[61])

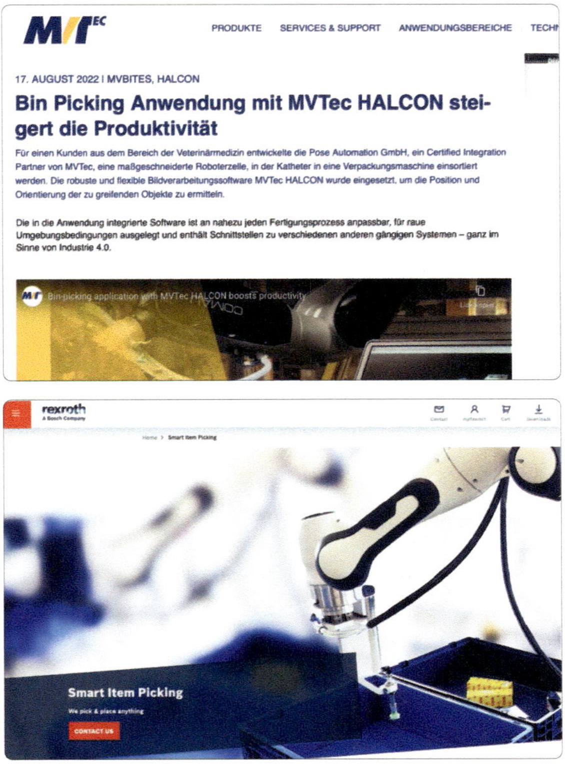

Abbildung 3.203 Beispiele für reine Softwareanbieter zur Lösung einer Bin-Picking-Aufgabe (Quelle: MVTec[104] und BOSCH[105])

Beispiele für den Kunden gibt. Daher versuchen Maschinenbauer aller Branchen fertige Funktionspakete für ihre Kunden bereitzustellen. Die Maschinenbauer kennen den Einsatzfall und die Werkstücke in der Regel genauer als die Anbieter der Komponentenbranche. Daher sind diese in der Lage, für ihre Kunden schon vorgefertigte Maschinenlösungen anzubieten.

Abbildung 3.204 Kombination aus Sensorik und Software (Quelle: Keyence)[106]

Hier ist besonders der Abgriff mit mechanischen Greifern eine Herausforderung, da die Positionierung des Greifers und die Kollisionsbetrachtung mit möglichen anderen Werkstücken im Haufwerk als besonders kritisch anzusehen sind. Häufige Anforderungen von Kunden sind neben einer mindestens zu erreichenden Taktzeit Herausforderungen, wie beispielsweise das Entleeren des Behälters bis auf das letzte Werkstück. Ebenfalls können sich im Haufwerk immer wieder Kombinationen ergeben, die nicht vollständig vom Sensorsystem erfassbar oder vom Greifer entwirrbar sind.

Aber auch die großräumige Erkennung von Werkstücken auf Ladungsträgern bzw. Werkstückträgern, wie z. B. Europaletten, macht von der Sensorik her Probleme. Hier geht es einmal um eine ausreichend gute Ausleuchtung der aufzunehmenden Szene, aber auch um die unterschiedlichsten Reflexionsgrade der

Abbildung 3.205 „Griff in die Kiste"-Zuführung mit mechanischem Greifer (Quelle: Liebherr)[107]

Produkte, die vor dem Greifen erkannt werden sollen. Hier sind in den letzten Jahren immer mehr Hersteller auf den Markt getreten, die eine breite Anwendung ihrer Produkte z. B. in der Logistik ermöglichen.

So gibt es auch hier Grenzen, da z. B. in der Logistikbranche eine sehr große Vielfalt an Werkstücken bearbeitet werden muss. Hier können dafür aber Vereinfachungen der Aufgabenstellung getroffen werden, um eine Lösung wirtschaftlich darzustellen. So muss in der Regel das Werkstück in der Logistik nicht exakt auf den zehntel Millimeter positioniert werden. Es genügt eine Ablage auf ein Tablar oder einen Behälter. Solche Lösungen werden bereits als ausgereifte Funktionspakete an Kunden weltweit verkauft.

Durch die Software- und Sensortechnik ist inzwischen das Erkennen und Ansteuern des Roboters gut lösbar geworden. Das Greifen selbst ist in den unterschiedlichen Orientierungen des Werkstücks und der Zugänglichkeit für die Greiferwirkflächen deutlich problematischer. Hier sind zukünftig Systeme gefragt, die eine Greifersensorik in die Erkennung der Werkstücke und die Handhabung miteinschließen.

Ein gutes Beispiel ist hier die in Abbildung 3.208 gezeigte 2D-Zuführlösung mit elektrischem Greifer. Hier können sowohl die Erkennung mit der dazu notwendigen Software als auch die Greiftechnik aus einer Hand bezogen werden. Die elektrische Greifertechnik ist dabei sensorisch so weit ausgestattet, um Fehlgriffe zu erkennen und damit das Widerholen einer Handhabungsoperation anzustoßen.

Mit dem menügeführten Einlern-Kit können einfache Bauteile in der Kamera eingelernt und die Kamera zum Roboter hin kalibriert werden.

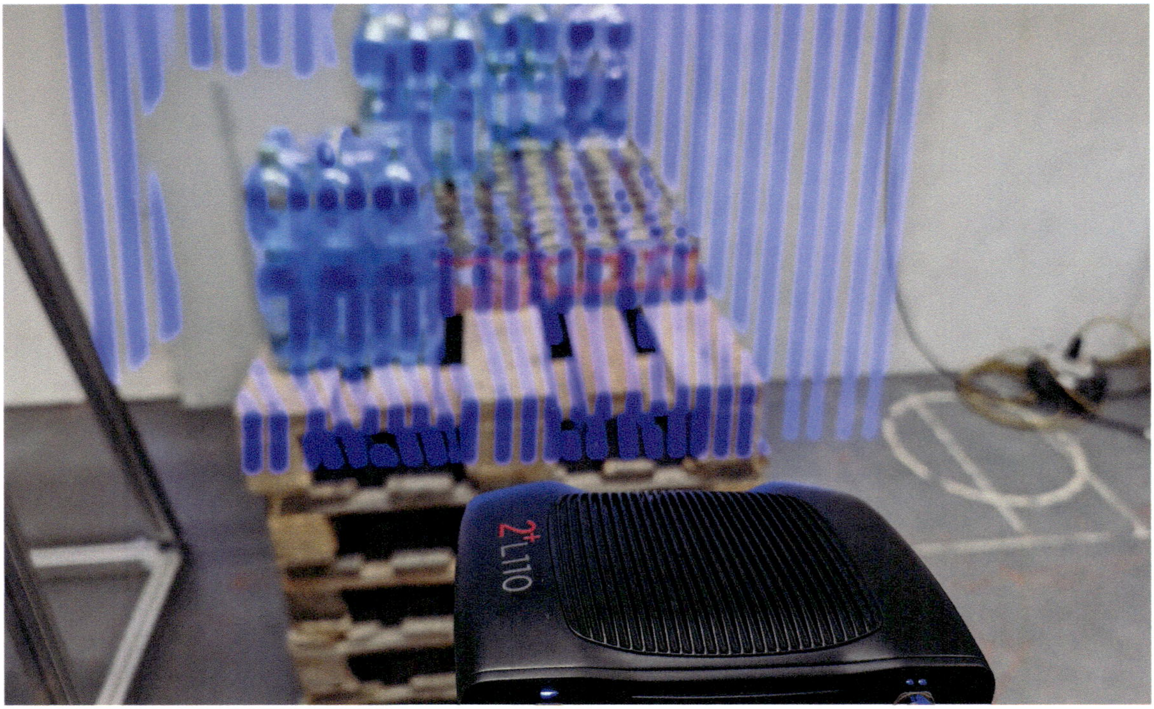

Abbildung 3.206 3D-Sensorik zur Erkennung von Werkstücken auf Paletten (Quelle: Premium Robotics)[78]

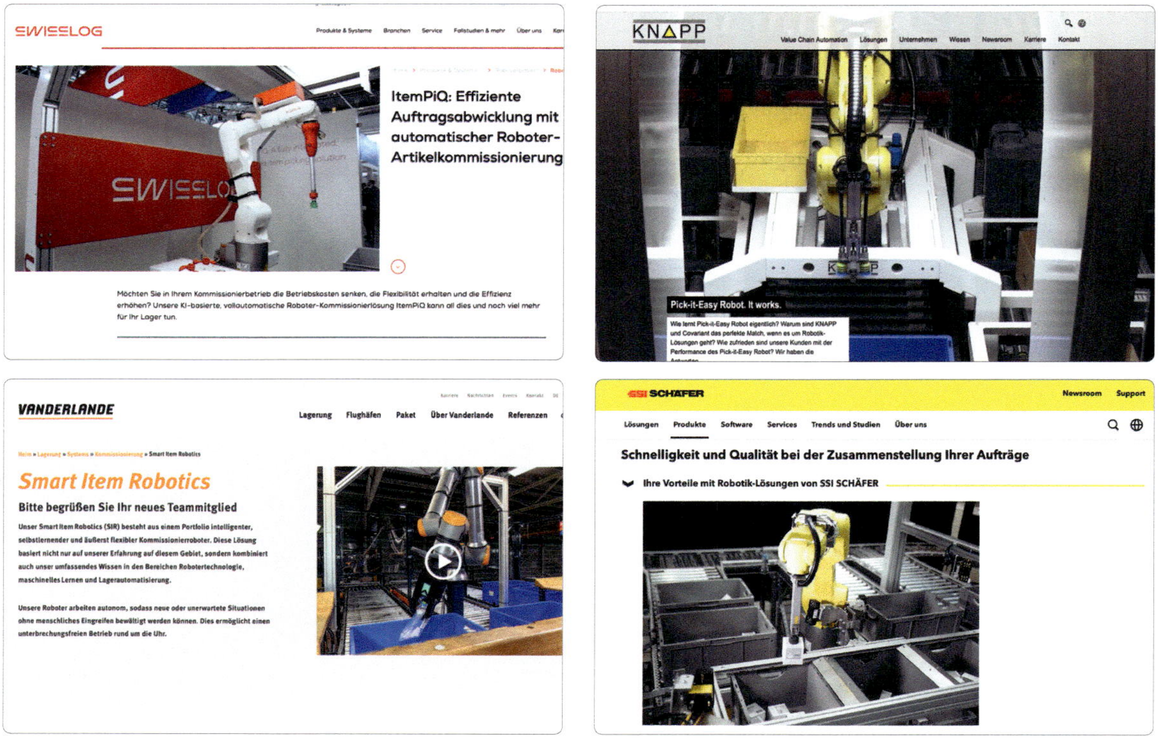

Abbildung 3.207 Unterschiedliche Kommissionierlösungen mit Robotern in der Logistikbranche (Quelle: KNAPP[110]/ SWISSLog[108]/ Schäfer[111] und Vanderlande[109])

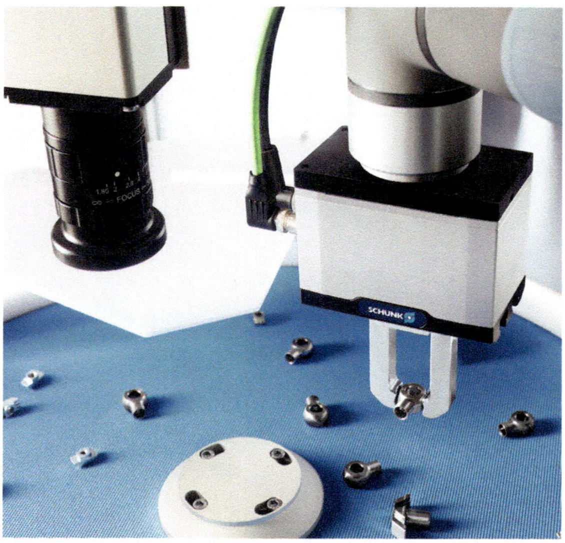

Abbildung 3.208 2D-Ansatz ermöglicht deutliche Komplexitätsreduktion (Quelle: SCHUNK)[65]

Für Aufgabenstellungen zur Kommissionierung ergibt sich eine weitere Herausforderung hinsichtlich der Greifergestaltung. Wenn unterschiedliche Greifer je Greifsequenz benötigt werden, so ist ein Greiferwechsel häufig unvermeidbar. Hier sind Greiferwechselsysteme oder Multigreifer notwendig. Der Greifer in Abbildung 3.209 benötigte für seine Kommissionieraufgaben in der Anwendung sechs verschiedene Doppelsauger und sechs unterschiedliche Einfachsauger.

Der Ablauf zum Einlernen neuer Werkstücke ist in Abbildung 3.211 schematisch dargestellt und macht deutlich, dass es selbst bei dieser "einfachen" Anwendung im Zweidimensionalen viele Schritte bis zum Abgriff eines Werkstücks zu durchlaufen sind.

Darüber hinaus mussten noch unterschiedliche Schräglagen der Werkstücke abgedeckt werden (Abbildung 3.210). Dazu mussten die Sauger in zwei unterschiedlichen Winkeln verstellbar sein, da als Handhabungssystem eine Parallelkinematik zum Einsatz kommen musste, weil eine Taktzeit von maximal 1 Sekunde zur Verfügung stand. Das heißt, der Saugerwechsel musste ebenfalls innerhalb dieser Taktzeitanforderung erfolgen.

Abbildung 3.209 Saugerauswahl zum Abgriff unterschiedlicher Werkstücke (Quelle: robomotion)[61]

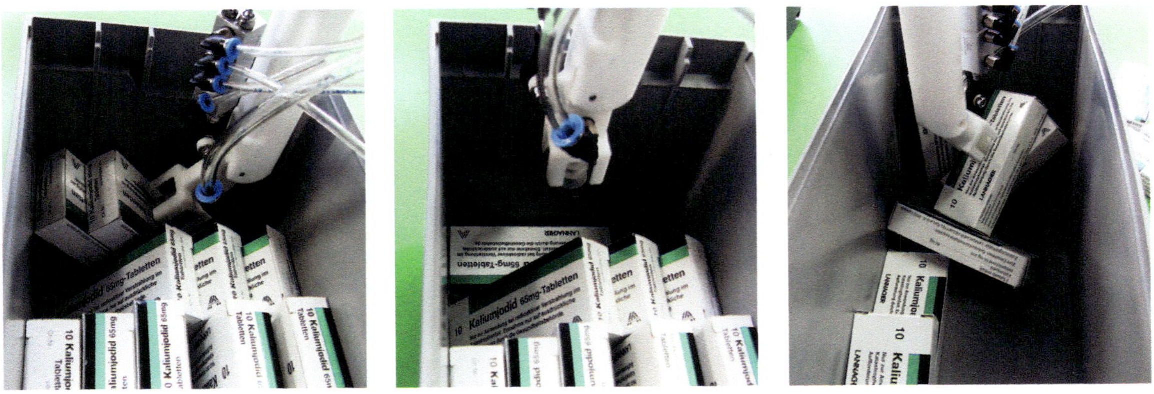

Abbildung 3.210 Abgriffsequenzen in unterschiedlichen Winkellagen (Quelle: robomotion)[61]

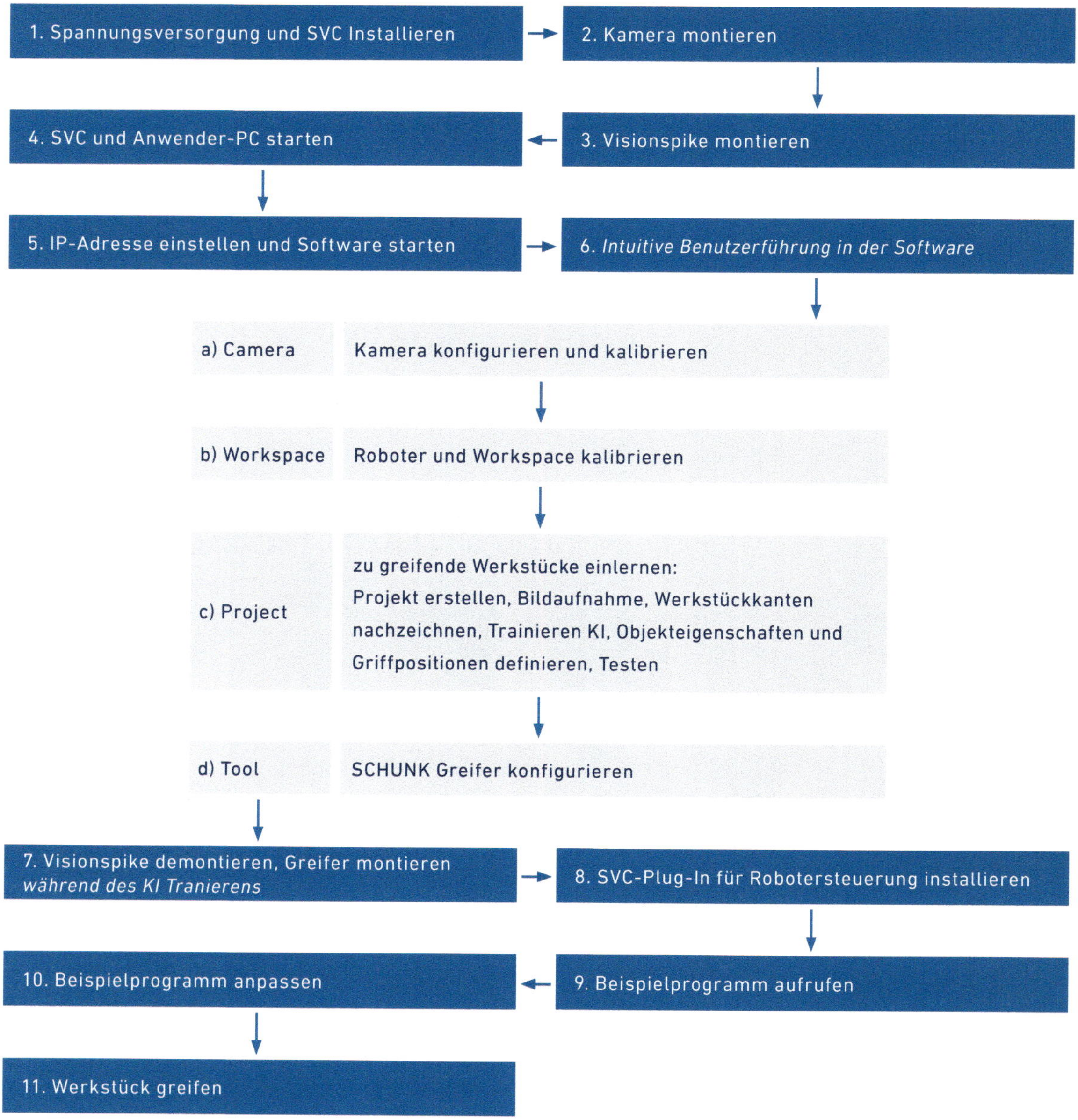

Abbildung 3.211 Auszug aus der Inbetriebnahmeanleitung (Quelle SCHUNK)[65]

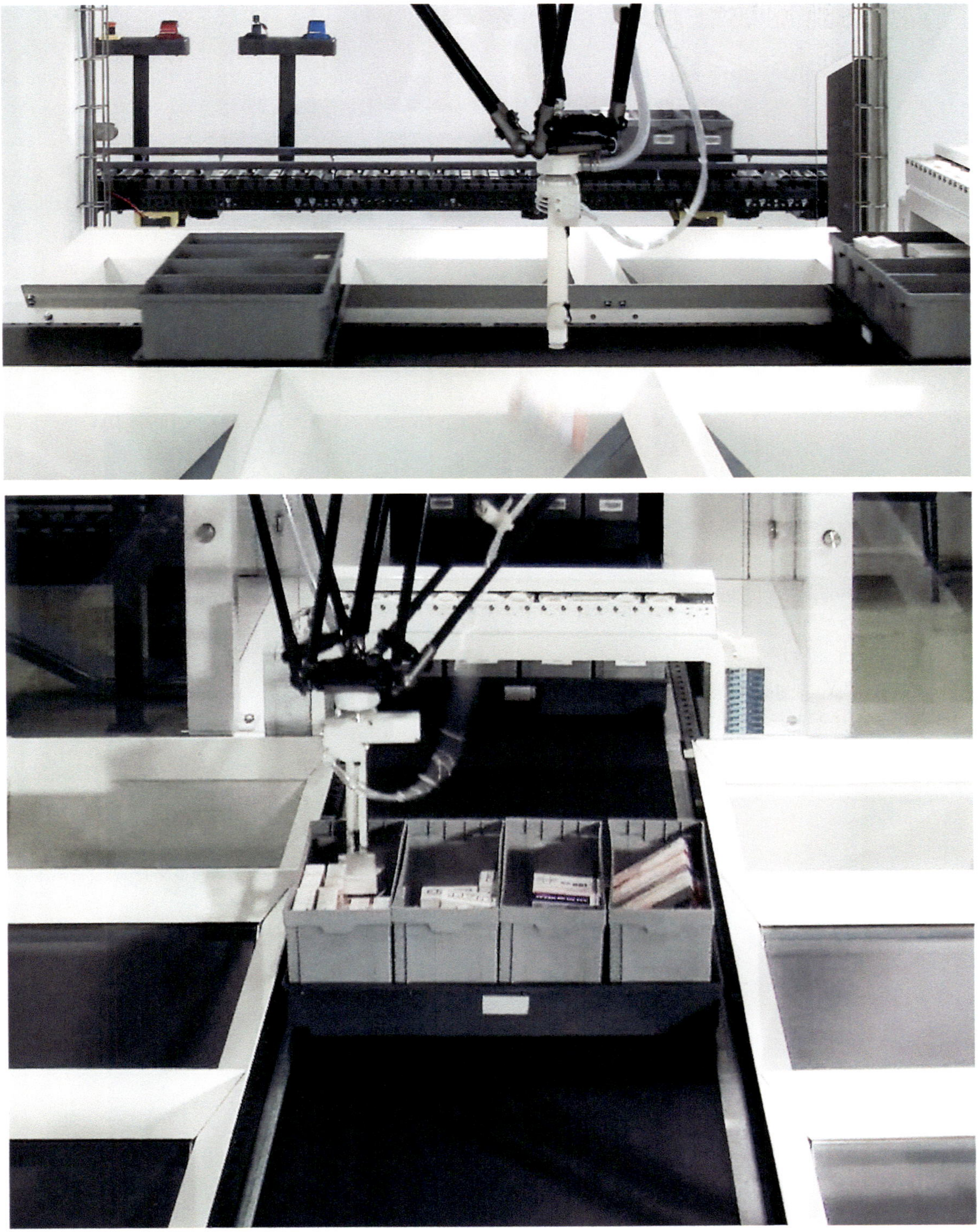

Abbildung 3.212 Testaufbau für eine Kommissionieranlage mit schnellem Greiferwechsel (Quelle: robomotion[61]/KNAPP[112])

3.9 Greiferauswahl

Die Auswahl des richtigen Greifers für die jeweilige Automatisierungsaufgabe ist, besonders bei der Vielzahl an technischen Möglichkeiten, selbst für Experten immer eine Herausforderung. Technisch lassen sich heute viele Aufgabenstellungen lösen, die noch vor Jahren als zu komplex oder unlösbar galten. Jedoch gilt es sehr wohl zu unterscheiden, ob sich eine Lösung unter Laborbedingungen als prinzipiell machbar herausgestellt hat oder ob sie im Dauerbetrieb unter harten Umgebungsbedingungen mit hoher Verfügbarkeit arbeiten soll.

Wissenschaftliche Methoden, die einen breiten Ansatz hinsichtlich der möglichen Lösungswege verfolgen, entstanden, seit es Roboter bzw. Greifer an Handhabungssystemen gibt.[59] Hier war auch schon in den Anfängen der Robotik klar, dass es ein wesentlicher Schlüssel für fast alle Anwendungen ist, den richtigen oder den optimalen Greifer für die jeweilige Aufgabenstellung zu finden.

In Abbildung 3.213 ist in der Veröffentlichung zur Produktionstechnik aller führenden Forschungsinstitute weltweit in den CIRP-Annals eine grobe Zuordnung von Greiferprinzipien für bestimmte Branchen getroffen worden. Dies ist für den Anwender ein erstes Indiz, in welchem Lösungsraum er für seine Applikation nach möglichen, am Markt erhältlichen Greiferkomponenten suchen soll. Allerdings kann die ganze Bandbreite von Anwendungen in einer Industrie kaum von einer Tabelle erfasst werden bzw. es kann durchaus überschneidende Applikationen beispielsweise in der Luftfahrt wie auch in der Elektronikindustrie geben. Somit ist eine schnelle Vorauswahl zwar möglich, der Lösungsraum wird aber unter Umständen zu stark eingeschränkt. Auch kann es Kombinationen aus Greifprinzipien, wie beispielsweise Vakuum und mechanisches Greifen, geben, die in der Tabelle nicht erfasst wurden.

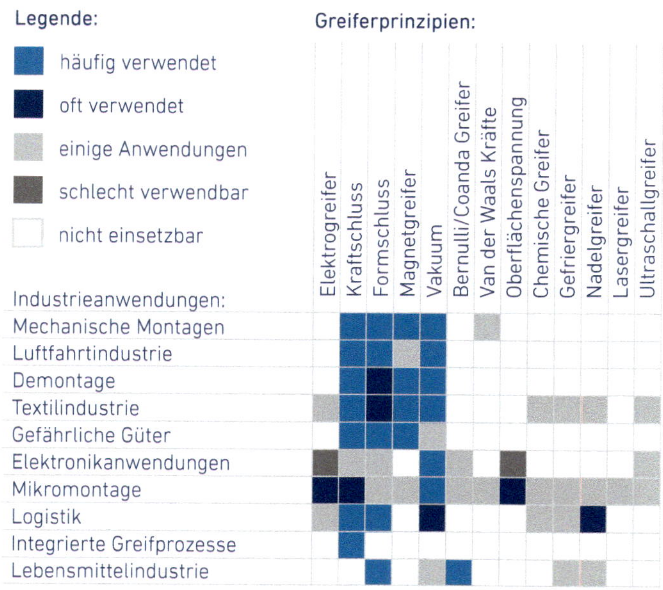

Abbildung 3.213 Vorauswahl bzw. Zuordnung bestimmter Greiferprinzipien zu Applikationen (Quelle: CIRP Annals 2014)[113]

Andere Entscheidungshilfen für die Greiferauswahl gehen stärker auf die jeweiligen Werkstückeigenschaften ein und versuchen, diese als Ausgangspunkt der Greiferauswahl zu nutzen. Nach einer ersten Analyse der Werkstücke können grobe Vorentscheidungen zur Klassifizierung der Aufgabenstellung getroffen werden. So lassen sich Werkstücke, die beispielsweise eine raue und unregelmäßige Oberfläche aufweisen, deren Konsistenz aber stabil ist, hinsichtlich ihres Verhaltens im oder am Greifer gut einschätzen. Man kann in diesem Fall einen Greifer nach den Richtlinien und Kennwerten auslegen. Es sind allerdings noch Entwicklungsaufwendungen in dem Projekt zu berücksichtigen, da geklärt werden muss, wie stark die raue Oberfläche mit den Greiferfingern einen sicheren Formschluss eingeht, um das Werkstück halten zu können.

Auf aufwendige Versuche kann in solchen Fällen häufig noch verzichtet werden. Diese werden dann notwendig, wenn sich die Werkstücke der Berechnung und regulären Auslegung vollständig wiedersetzen, es also zu Versuchen mit einem Prototypgreifer kommen muss. In dem Fall ist man ganz klar im Bereich der Entwicklung und nicht mehr im reinen Engineering. Mit dem in Abbildung 3.214 dargestellten Vierquadrantenmodell wird die Einteilung räumlich sichtbar. Ist ein Werkstück im rechten oberen Quadranten anzusiedeln, so ist in der Regel keine fertige Greiferlösung am Markt verfügbar. Im Quadranten links unten ist die Aufgabenstellung einfacher und klarer, sodass Greifmodule zum Einsatz kommen können. Es besteht eher die Schwierigkeit, aus der Vielfalt des Angebots die am besten geeignete Komponente auszuwählen. Hier ist die Greiferauswahl eher dem Engineering zuzuordnen, die verwendeten Technologien sind weitgehend bekannt und Vorversuche in der Regel verzichtbar.

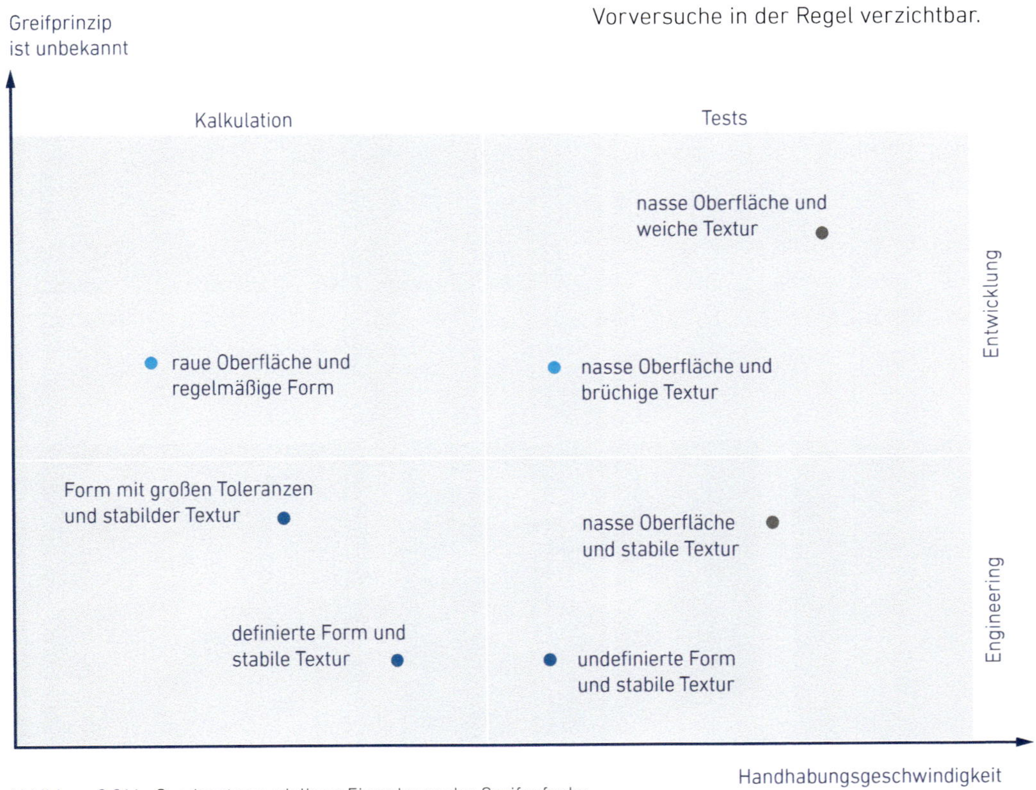

Abbildung 3.214 Quadrantenmodell zur Einordnung der Greifaufgabe

Weist das Werkstück jedoch die Merkmale des Quadranten rechts oben auf, so ist damit zu rechnen, dass der Greifer eine völlige Neukonstruktion bzw. eigene Entwicklungsarbeit ist, wenn zusätzlich noch mit hohen Geschwindigkeiten gehandhabt werden soll. Darüber hinaus sind sonstige Einflüsse aus der Umgebung bzw. aus der Greifsituation nicht in der Bewertung berücksichtigt. Aber selbst, wenn nur das Werkstück untersucht wird, gibt es genug Unbekannte, sodass sich ein Engineering bisher nicht sofort durchführen lässt.

Eine Kalkulation mittels Berechnungsschema ist hierbei nicht oder nur schwer möglich. Die Simulation mit sogenannten „physics engines" als Hilfsmittel gewinnt unter anderem in diesem Fall immer mehr an Bedeutung. Die Methode, die in der 3D-Animation bei Computerspielen vorangetrieben wird, kann Objekte mit ihren physikalischen Eigenschaften simulieren. Das heißt, wenn ein Werkstück biegeschlaff beschaffen ist, so wird diese Biegeschlaffheit in der Simulation nachgebildet, um die Veränderung der Form bzw. der Massenträgheitsmomente während der Bewegung nachzubilden.

Abbildung 3.215 zeigt die Modellbildung eines beweglichen Objekts in der Computersimulation. Hier sind in den kommenden Jahren weitere Fortschritte hinsichtlich der Realitätsnähe solcher Simulationen zu erwarten.

So ist die Simulation eines Werkstücks, wie des in Abbildung 3.216 aufgenommenen Puderzuckerbeutels, bereits heute möglich. Die Verformung während der Beschleunigung über den Karton in Bild 1 ist deutlich zu sehen. Beim Abbremsen in Bild 2 rutscht der Zucker nach vorne in die Spitze des Beutels, um dann kurz nach dem Abwerfen in den Karton in Bild 3 nach unten zu sacken. Solche Werkstücke sind komplex in der Vorhersage ihres Verhaltens am Greifer. Nur die Simulation verspricht hier in Zukunft Abhilfe.

Abbildung 3.215 Modellbildung eines Objekts aus mehreren Einzelbaugruppen zur Simulation des Bewegungsverhaltens (Open-Source-Physik-Engine Tokamak, Quelle: Wikipedia)[114]

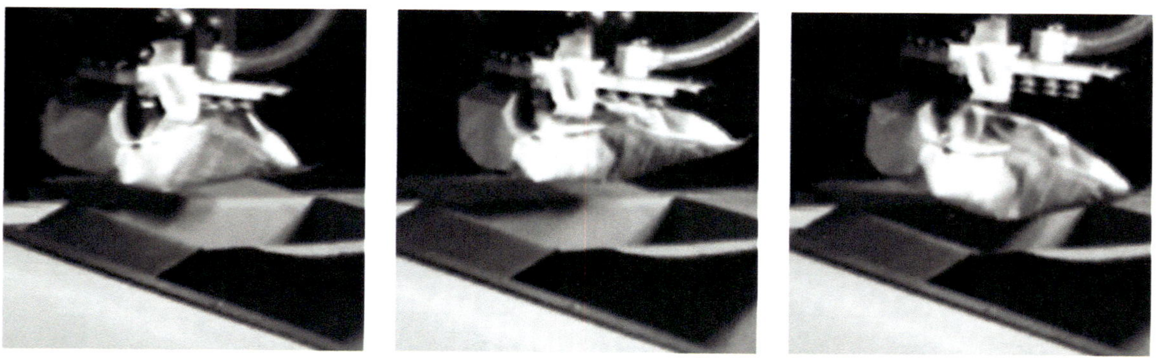

Abbildung 3.216 Verhalten eines Beutels mit Puderzucker während der Handhabung (Quelle: robomotion)[61]

Derzeit ist eine Simulation derartiger Vorgänge für die Auslegung eines Sondergreifers noch zu aufwendig und im Gegenzug die Versuchsdurchführung einfacher und realitätsnäher. Mit zunehmender Simulationsdetaillierung und Vereinfachung der Bedienung der Simulationssysteme, wird der Versuch dadurch immer zielgerichteter und effizienter bzw. kann ganz entfallen. Dies ist vor allem dann interessant, wenn die Anzahl der Werkstückvarianten extrem ansteigt bzw. ständig in der Praxis variiert, wie dies bei Naturprodukten der Fall ist. Aber auch bei verpackten Konsumgütern gibt es eine schier unüberschaubare Anzahl an Varianten, die z. B. bei der Kommissionierung gehandhabt werden müssen. Die Abbildung des Verhaltens dieser Gebinde in einem digitalen Zwilling (also Nachbildung in der Simulationsumgebung) stellt aktuell noch eine große Herausforderung dar und ist daher Ziel von Forschungsvorhaben (Abbildung 3.217). Die Bestimmung der benötigten Parameter für den Prozess geschieht entweder datenbasiert oder in einem interaktiven Simulationslauf.

Das Quadrantenmodell aus Abbildung 3.214 kann sich mithilfe dieser Technologien für die unterschiedlichen Werkstückeigenschaften immer weiter hinsichtlich der technischen Machbarkeit verschieben. Es entwickelt sich mit den technischen Möglichkeiten und neuen Werkstücken immer weiter. Das Quadrantenmodell spiegelt somit den Erfahrungsschatz des auslegenden Ingenieurs bzw. des Integrators wider oder die Möglichkeiten, im digitalen Zwilling biegeschlaffe Werkstücke abbilden zu können.

In Abschnitt 3.1.1 zur Klassifizierung der Werkstücke wurden bereits vielfältige Eingruppierungen der Werkstücke in unterschiedliche Klassen vorgestellt. Gerade für den Bereich schwierig zu greifender Produkte kann eine grobe Vorauswahl hinsichtlich des möglichen Greifprinzips erfolgen. Dabei wird

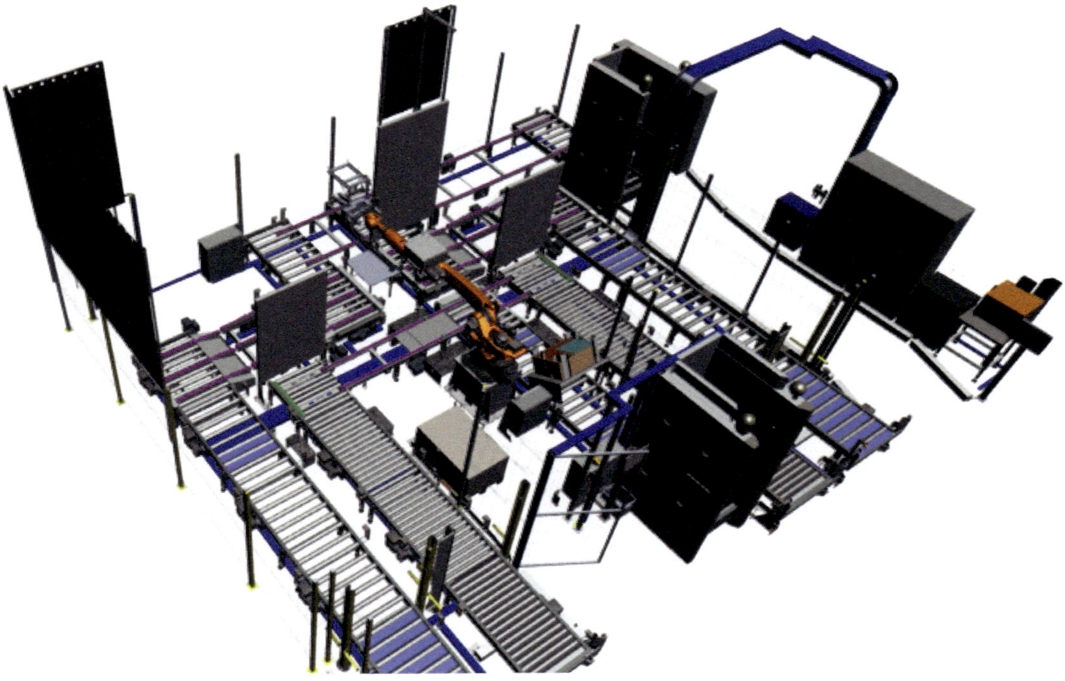

Abbildung 3.217 Abbildung einer Roboteranlage zur Umpalettierung mittels digitalen Zwillings (Quelle: Premium robotics[78]/ ISG[115]/ ISYS[116])

den fünf unterschiedlichen Basisgreifprinzipien (Haftgriff, Untergriff, Klemmgriff ohne und mit Formschluss und Hybridgriff) über die Werkstückeigenschaften noch eine Farbcodierung hinzugefügt. Ist die Codierung rot, so wird die Eigenschaft als hinderlich bei dem jeweiligen Greifprinzip angesehen. Ist die Codierung grün, so kann von guten Werkstückeigenschaften für das jeweilige Prinzip ausgegangen werden.

Das in Abbildung 3.218 dargestellte Beispiel zeigt die Einordnung von geschnittenem Fleisch bei 20 °C hinsichtlich unterschiedlicher Greifprinzipien. Die wichtigsten Eigenschaften für das Greifen in dem bestimmten Anwendungsfall können zunächst aus der Vielzahl von Eigenschaften des Werkstücks zusammengestellt werden. Beispielsweise ist die Oberflächenbeschaffenheit, die Geometrie, die Textur bzw. Konsistenz des Werkstücks entscheidend für die Handhabung und damit die Greiferauswahl bei geschnittenem Fleisch. Die Konsistenz wird wiederum durch die Temperatur beeinflusst, somit ist diese hier unbedingt anzugeben.

Je mehr dunkelblaue Icons bei einem Greifprinzip auftauchen, desto unwahrscheinlicher ist die Lösung der Greifaufgabe mit dem jeweiligen Prinzip. So kann eine schnelle Vorentscheidung hinsichtlich des zu verwendenden Greifprinzips getroffen bzw. transparent gemacht werden.

Diese Vorentscheidung kann dann aber in der Umsetzung wieder aufgeweicht werden, indem z. B. unterschiedliche Prinzipien in einem Greifer zur Anwendung kommen. Genutzt wird diese Methode in der Diskussion mit Kunden bzw. dem Anwender, um bei der Beschreibung der Eigenschaften keine wichtige Eigenschaft zu vergessen und um das Werkstück möglichst eindeutig zu beschreiben.

Eine weitere Methode geht bei der Auswahl des richtigen Greifers zunächst einmal von den möglichen Greifprinzipien aus. Diese sind bei dieser Methode zunächst nach mechanischen und fluidischen Greifprinzipien unterteilt. Für die Untergruppen dieser Prinzipien wird dann je nach Zugänglichkeit und Form des

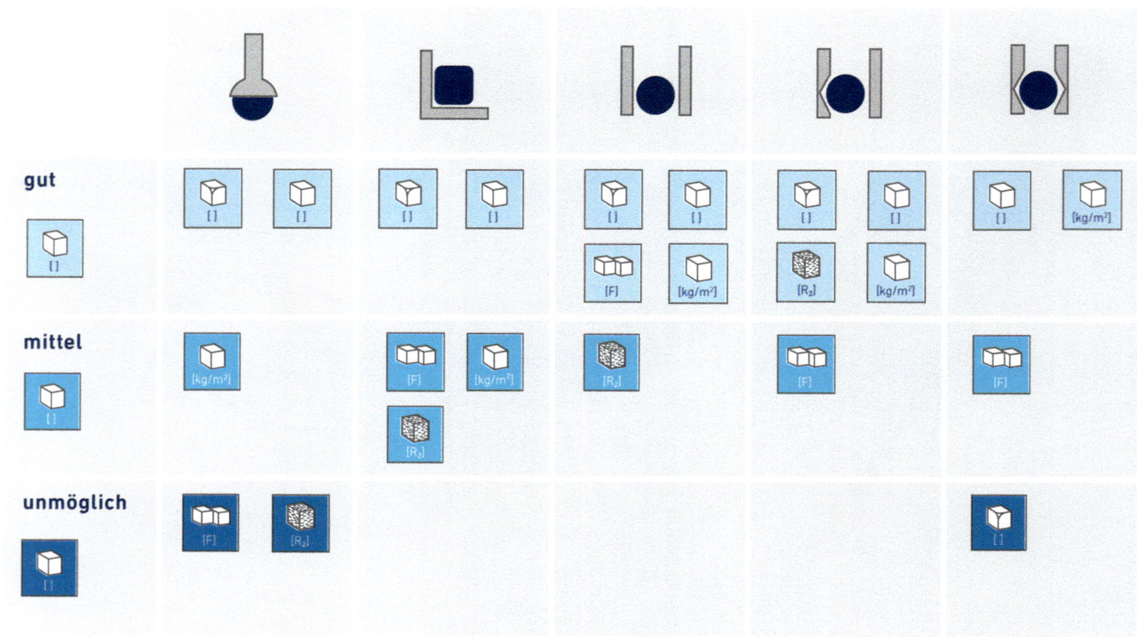

Abbildung 3.218 Zuordnung eines Greifprinzips zu den Werkstückeigenschaften von geschnittenem Fleisch (20°C)

Werkstücks eine Greiferkombination zusammengestellt. Hier soll die Auswahlmöglichkeit aus den Prinzipien die Zusammenstellung erleichtern und zum richtigen Greifer führen. Schwerpunkt dieser Methode ist die Kraftberechnung, die die notwendige Greifkraft für das jeweilige Greifprinzip bei der gegebenen Masse G ermittelt. Die Zugänglichkeit zu den Angriffsflächen an das Werkstück werden mit S1–S6 z. B. für ein quaderförmiges Werkstück definiert. Die möglichen Greifprinzipien werden den jeweiligen Flächen zugeordnet, wie beispielsweise das Saugprinzip der Fläche S1 von der Oberseite des Werkstücks. Die Flächen S2 und S5 können über Haftreibung mit einem Klemmgreifer aufgenommen werden. So lassen sich mit dieser Methode auch unterschiedliche Greifprinzipien an

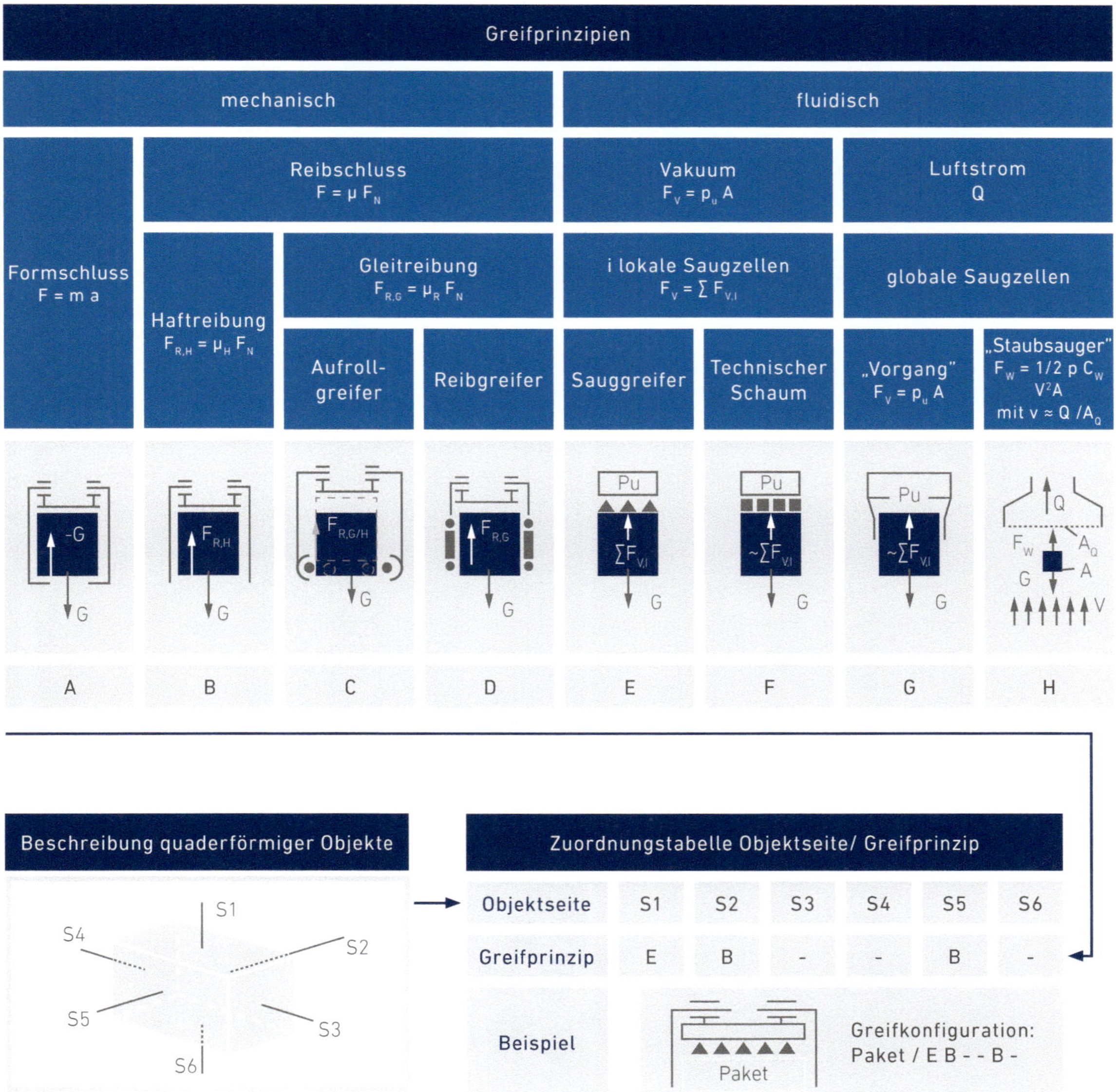

Abbildung 3.219 Auswahlschema auf Basis unterschiedlicher Greiferarten (Quelle: Günthner, ten Hompel, Schaaf, Chisu)[117]

einem Werkstück kombinieren und eine Greiferlösung für ein klar definiertes Werkstück finden.

Allerdings geht die Methode davon aus, dass das Werkstück in einer ideal zugänglichen Position zum Greifen liegt, und auch über die Position des Werkstücks beim Ablegen ist nichts bekannt bzw. diese wird in der Methode nicht berücksichtigt. Die Sammlung aller Informationen zum Werkstück, zur Werkstückumgebung und zu den Anforderungen der Aufgabenstellung kann daher vorab in einem schrittweisen Vorgehen aufgezeigt werden.

Zunächst werden die Informationen zum Werkstück gesammelt. Diese Informationen umfassen alle Eigenschaften des Werkstücks, wie wir sie in Abschnitt 3.1 kennengelernt haben. Bei besonders komplexen Werkstücken können Beschreibungsarten mit Symbolen oder Icons, wie eingangs beschrieben, hilfreich sein.

Dann folgt im nächsten Schritt die Sammlung von Informationen zur Greifsituation. Auch hier wurde bereits in den vorangegangenen Abschnitten eine Vielzahl an möglichen Situationen und Greifszenarien dargestellt. Die Beschreibung der Situation am Greifpunkt und am Ablagepunkt ist unerlässlich, um die Greiferauswahl enger einzugrenzen. Bei Betrachtung der Greifsituation entfällt in der Regel eine ganze Anzahl an Lösungsmöglichkeiten, weil beispielsweise die Zugänglichkeit eine Verwendung bestimmter Prinzipien nicht zulässt.

Im letzten Schritt folgen Informationen zur Handhabungsaufgabe und deren wirtschaftlichen Randbedingungen, z. B. wie viele verschiedene Produkte mit welcher Taktzeit gehandhabt werden sollen. Hier müssen dann darüber hinaus Entscheidungen beispielsweise hinsichtlich des Handhabungssystems und des Bewegungsablaufs mit in die Greiferauslegung einbezogen werden, wenn sich eine Anwendung im Einzelgriff nicht wirtschaftlich darstellen lässt.

Mit dieser Sammlung an Informationen kann dann die Greiferentwicklung begonnen werden (Abbildung 3.220). Hier sollte neben der Kreativität des Konstrukteurs auch das Wissen über die am Markt verfügbaren Greiferlösungen, wie sie in den vorangegangenen Abschnitten in einigen Beispielen dargestellt wurden, in die Überlegungen einfließen.

Oft ist es ein weiter Weg von dieser prinzipiellen Machbarkeit eines Greifprinzips hin zu einem auf Dauerfestigkeit geprüften Industriegreifer. Mit dem Einsatz von bereits getesteten und ausgereiften Greifmodulen kann eine Vielzahl von Aufgabenstellungen in einem hohen Maße abgedeckt werden. Insofern haben sich die Hersteller solcher Module bereits eine stufenweise Vorgehensweise zur schnellen Auswahl von ihren Modulen erarbeitet.

Abbildung 3.220 Sequenzielle Abfolge zur Sammlung der Informationen für die Greiferentwicklung (Quelle: robomotion)[61]

So bieten heute die Hersteller von Greifern durch ihr geschultes Personal vor Ort Unterstützung an und wählen gemeinsam mit dem Konstrukteur einen Greifer aus dem umfangreichen Programm aus. Im Internet findet man dagegen nur wenig Hilfestellung bzw. Auslegungsprogramme. Viele Hersteller verzichten ganz auf Auswahlhilfen und geben lediglich die Formeln zur Ermittlung der Haltekräfte oder gar keine Informationen auf ihren Seiten an. Hinzu kommt, dass je nach Hersteller mit unterschiedlichen Sicherheitsfaktoren gerechnet wird, was zu unterschiedlichen Ergebnissen je nach gewähltem Greiferhersteller führt.

Bleibt man bei der Auslegung von Greifern eines Herstellers, erfolgt bei einer softwaregestützten Auswahlhilfe diese in der Regel auf Basis von Standardmodulen des jeweiligen Herstellers. Aus dieser Modellpalette werden dann mithilfe von Kennzahlen wie Werkstückgewicht und Beschleunigungskennwerten die notwendige Greifkraft und anschließend das Greifmodul ermittelt. Dabei können zum Teil auch schon unterschiedliche Umgebungsbedingungen, wie beispielsweise Reinraum etc., berücksichtigt werden. Diese Programme lassen im Grunde auch nur eine grobe Vorauswahl zu, die dann von einem Konstrukteur und Applikationsspezialisten validiert werden muss. Denn beispielsweise der Bauraum, der zum Einbau zur Verfügung stehen soll, wird nicht durch ein solches Auslegungsprogramm geprüft. Hier zeigt sich, dass die Vielzahl der Einflussfaktoren und die schier unendliche Anzahl an Applikationsfällen immer wieder den Experten erfordern, der eine solche Software bedient.

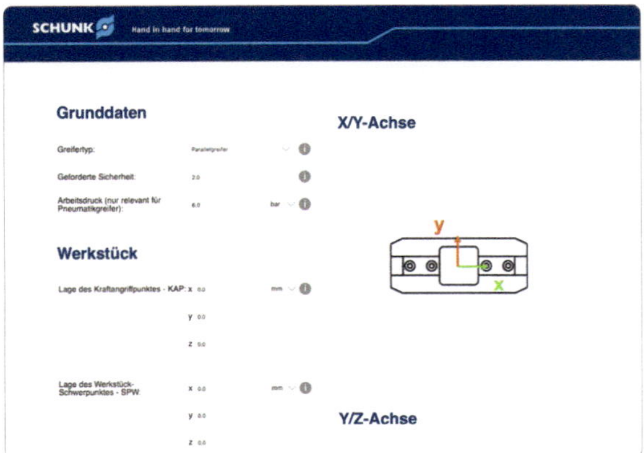

Abbildung 3.221 Auslegungsprogramm für mechanische Greifer (Quelle: SCHUNK)[65]

Greiferauslegungsprogramme und Vorgehensweisen, die von bestimmten Herstellern der Greiferkomponenten angeboten werden, erleichtern somit die Auswahl nur für die Komponenten des jeweiligen Anbieters. Das heißt, es sollte vor der Auswahl klar sein, auf welche Greiferart das Verfahren hinausläuft. Oft ist hier schon die Frage, ob ein Winkelgreifer einem Parallelbackengreifer vorgezogen werden soll, nicht immer klar zu begründen. Somit ist wieder das Expertenwissen gefragt, um hier eine gute Entscheidung für die Aufgabenstellung zu treffen.

Generell gilt: Je besser die Aufgabenstellung abgegrenzt und beschrieben ist, desto zielgenauer lassen sich die Greifer entwickeln und dem speziellen Anwendungsfall anpassen. Somit ist der Universalgreifer in der Regel einem spezifisch entwickelten Greifer technisch unterlegen. Aus wirtschaftlichen Überlegungen trifft dies meistens nicht zu, denn die Entwicklungskosten können die Kosten für Greiferkomponenten um ein Vielfaches übersteigen.

Bei der Entwicklung eines Greifers kann auf die klassische Methode des morphologischen Kastens aus der Konstruktionslehre zurückgegriffen werden. Hier bietet sich die Untergliederung der Aufgabenstellung in das Aufnehmen des Werkstücks, die Sicherung des Werkstücks und das Ablegen an. Zusätzlich können noch Prinzipien und Lösungsmöglichkeiten für die Bewegungsbahn des Handhabungssystems und die einzusetzenden Antriebs- und Energiearten einbezogen werden (Tabelle 3.24).

Die Prinzipien, die in den Kästen der Morphologie dargestellt sind, können dann zu einer Lösung zusammengefügt bzw. verbunden werden, wie dies mit den

Abbildung 3.222 Die Zugänglichkeit in der Werkzeugmaschine hat großen Einfluss auf die Greiferwahl. (Quelle: SCHUNK)[65]

grauen Verbindungspfeilen dargestellt ist. Bei den Lösungen in der Morphologie handelt es sich bereits um vorausgewählte Konzepte, die mit Blick auf das Werkstück schon eine gewisse Lösungswahrscheinlichkeit besitzen. Allerdings kann die Morphologie nur einen Teil des Lösungsraumes enthalten bzw. die Aufgabenstellung nur zu einem kleinen Teil widerspiegeln. Es ist also auch hier der kreative Entwickler mit seinem Wissen zur Aufgabenstellung gefragt, um eine gute Greiflösung zu erarbeiten. Es ist dabei möglich, sowohl technologiegetrieben als auch anwendungsorientiert die Greiferauswahlstrategie zu wählen.

Die Automatisierung der Greiferauswahl ist nach wie vor das Ziel der wissenschaftlichen Bemühungen. Daher versuchen sich Forscher und Wissenschaftler immer wieder daran, besonders das vielschichtige Aufgabenfeld mittels umfangreicher Kriterienkataloge analytisch zu erfassen und entsprechend zu gewichten. Denn die Anforderung aus einer hygienegerechten Konstruktion ist in vielen Anwendungen beispielsweise völlig unbedeutend, wohingegen bei direktem Lebensmittelkontakt oder beim Einsatz in der Medizin dieses Kriterium zum Ausschluss eines kompletten Lösungsraumes führen kann.

Ein Ansatz von J. Schmalz und G. Reinhardt nutzt dabei ebenfalls die Herangehensweise über die in diesem Kapitel angesprochenen Werkstück-, Handhabungssystem-, Prozess- und Umwelteigenschaften, um die Aufgabenstellung losgelöst von möglichen Lösungen zu ermitteln.[118] So werden zunächst in einem strukturierten Schritt der Analyse von Kriterien die wichtigsten Kriterien für die Greiferauswahl bestimmt. Anschließend erfolgt dann in einem iterativen Verfahren die Bestimmung der Greifkraft bzw. die Auslegung der Wirkelemente am Werkstück. Hierbei sollen Methoden der Simulation und der FEM-Berechnung der Situation genutzt werden, bis dann ein abstrakter Greifer abgeleitet werden kann. Erst dann wird der reale Greifer abgeleitet.

Morphologischer Kasten					
Teilfunktion → Lösungen ↓	1 Produkt aufnehmen	2 Produkt bewegen	3 Produkt fixiern	4 Produkt ablegen	5 Energie-versorgung
1	Schaufel	Rotation	Ballon	Schieber	Pneumatik
2	Saugen	Linear	Nadel	Förderband	Elektrisch
3	Gefrieren	Kombiniert	Glocke	Schaufel	Hydraulik
4	Nadel		Stempel	Doppelschaufel	
5	Förderband		Seitenführung	Multi-segment	
5	Schieber		Reibung		
7	Multisegment		Mulde		
8	Doppelschaufel		Gegenform		

Tabelle 3.24 Morphologischer Kasten als Hilfestellung bei der Lösungsfindung

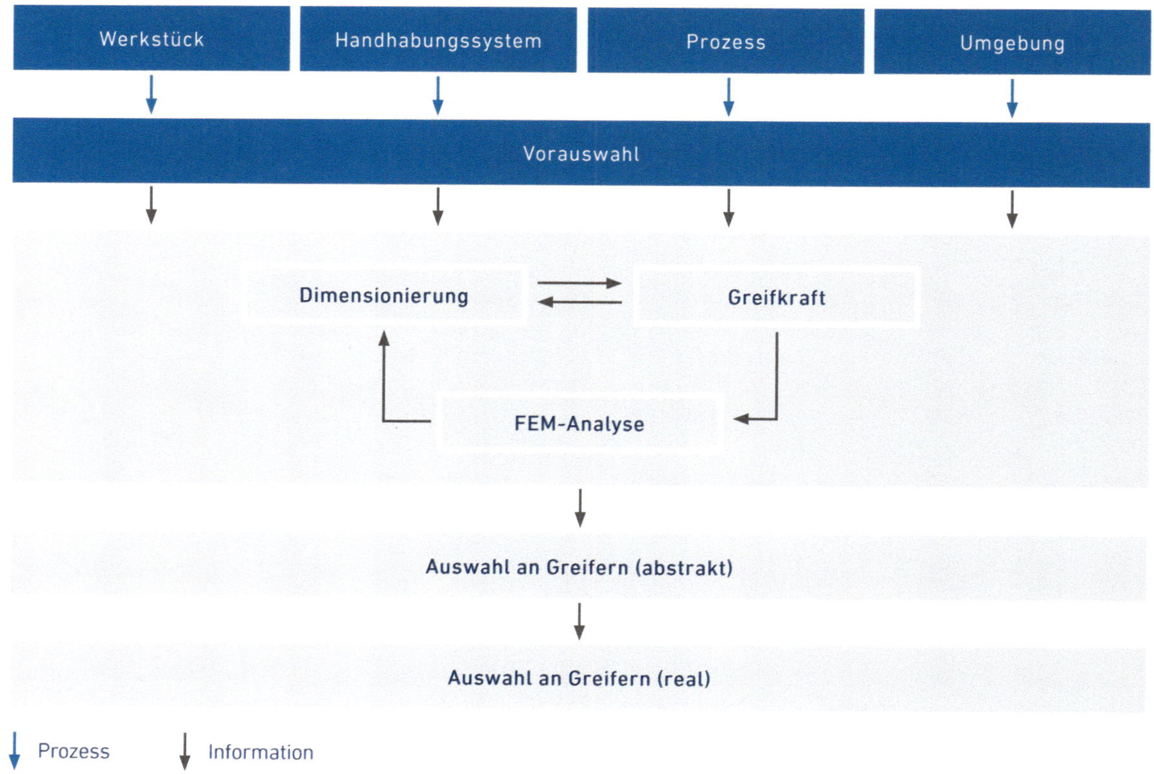

Abbildung 3.223 Auswahlmethode zur optimalen Greiferbestimmung (Quelle: Schmal, Kiefer, Behncke)[119]

Dass eine Vorselektion bzw. eine Gewichtung der Kriterien notwendig ist, wird schon daraus deutlich, wie viele Kriterien die Auswahl beeinflussen. Tabelle 3.25 zeigt die wesentlichen Kriterien für die Bereiche:

- Prozess
- Greifer
- Umgebung
- Werkstück
- Handhabungssystem

Diese Zusammenstellung umfasst die in den vorangegangenen Abschnitten beispielhaft beschriebenen Einflüsse, ohne jedoch die Greifsituationen im Einzelnen beschreiben zu können. Dies muss dann in der weiteren Folge bei der Greiferauslegung erfolgen. Mit der Methode von J. Schmalz, L. Kiefer und F. Behncke zum strukturellen Komplexitätsmanagement können dann die wesentlichen Kriterien für die jeweilige Anwendung herausgefiltert werden, bevor die eigentliche Greiferauswahl beginnt.

Über die Methoden der Sensitivitätsanalyse von Kriterien kommen die Autoren zu den, ihrer Ansicht nach für die Greiferauswahl kritischen, Merkmalen. Das sogenannte strukturelle Komplexitätsmanagement ermittelt mithilfe einer Multi-Domain-Matrix die wichtigsten Kriterien für die Greiferauswahl, zugeordnet zu den jeweiligen Bereichen.

Werkstück	Greifer	Handhabungssystem
• Werkstücksgeometrie • Greifposition • Greiferorientierung • Minimaler Abstand zu Störkonturen in Aufnahme • Werkstückgewicht • Masseschwerpunktlage • Temperatur • Materialeigenschaften • Oberflächenbeschaffenheit • Form der Oberfläche • Oberflächenqualität • Greifpunkt • max. Greifkraft • Zugänglichkeit • Ablageposition • Ablageorientierung • minimaler Abstand zu Störkonturen in der Ablage	• Gewicht der operativen Elemente • Anzahl der operativen Elemente • Geometrie der operativen Elemente • Schnittstelle zu operativen Elemente • Form der operativen Elemente • Material der operativen Elemente • Spezielle Features (z.B. Reinraum) • Oberflächenbeschaffenheit der operativen Elemente • Greifermaterial • Gewicht des Greifers • Masseschwerpunkt des Greifers • Abstand des Masseschwerpunktes vom TCP des Roboters • Geometrie des Greifers • Greifweite • Greifzeit • Reibungskoeffizient • Greiferkinematik • Greiferschnittstelle • Antriebsart • Kraftübertragung • Greifkraft • Lebensdauer des Greifers • Verfügbarkeit des Greifers • Greifsituationsabhängigkeit • Sensorsystem • Effizienz des Greifers • Greiferkosten	• Steuerungssystem • max. Beschleunigung Linearrichtung • max. Beschleunigung Rotativ • max. Geschwindigkeit Rotativ • max. Traglast • Kraftübertragung • Spezielle Features (z.B. wasserfest) • Wiederholgenauigkeit • Verfügbarkeit • Lebensdauer • Taktzeit • Freiheitsgrade • Bahngenauigkeit • Gewicht • Arbeitsraum • Montagesituation • Energieeffizienz • Kosten des Handhabungssystems

Prozess	Umgebung
• Taktzeit • Zuverlässigkeit • Wiederholbarkeit • Sicherheitsfaktor • Lebensdauer • Energieeffizienz • Kosten	• Umgebungstemperatur • Umgebungsbedingungen • Elemente in der Umgebung • Layout der Umgebung • Schnittstellen

Tabelle 3.25 Sammlung der relevanten Kriterien für die Greiferauswahl (Quelle: Schmalz, Kiefer, Behncke)[119]

Prozesscluster	Werkstückscluster	Handhabungssystem-cluster	Greifercluster
• Taktzeit • Wiederholbarkeit • Verfügbarkeit • benötigte Lebensdauer	• Greifposition • Aufnahmeorientierung • Zugänglichkeit zum Werkstück	• max. Geschwindigkeit • max.Beschleunigungen • Bewegungsdauer • max. Traglast • Kraftübertragung	• Gewicht • Schwerpunktlage • Greifweite

Tabelle 3.26 Darstellung der für die Greiferauswahl wichtigsten Kriterien, geordnet nach Bereichen (Quelle: Schmalz, Kiefer, Behncke)[119]

Für den Bereich des Handhabungsprozesses sind beispielsweise die Zykluszeit und die Prozesssicherheit entscheidend, für das Werkstück die Greifposition und die Greiferorientierung. Beim Handhabungssystem ist die Geschwindigkeit und die Beschleunigung wichtig, für die Greiferkomponente das Gewicht und der Masseschwerpunkt. So lassen sich wissenschaftlich die bereits in den vorangegangenen Abschnitten beschriebenen Kriterien nochmals nachweisen.

Insofern ist die wissenschaftliche Debatte um die Auswahl geeigneter Greiferkomponenten immer noch nicht abgeschlossen. Die Industrie beschränkt sich nach wie vor auf empirische Methoden, sowie Morphologien und allenfalls Greifkraftberechnungen zur Greiferauslegung.

Insofern besteht noch Handlungsbedarf bei der Umsetzung der wissenschaftlich gewonnenen Erkenntnisse in die Praxis, um neue Anwendungen schneller erschließen zu können. Zukünftige Softwaremethoden mit Unterstützung künstlicher Intelligenz könnten hier Möglichkeiten bieten, die Entwicklung von Greifern zu beschleunigen. Fragt man heute (2024) ChatGPT 3.5, so erhält man diese Stichpunkte für eine effektive Greiferauswahl:

1. Untersuchung bestehender Greifertypen hinsichtlich Einsatztauglichkeit für den Anwendungsfall
2. Klassifizierung der Greifertypen nach ihren Funktionsprinzipien und Kennzahlen
3. Recherche nach Komponentenherstellern unterschiedlicher Greifertypen
4. Einbeziehung möglicher Sensor- und Steuerungstechniken, um den Greifprozess zu unterstützen bzw. auszuführen
5. Trendscouting hinsichtlich von Innovationen in der Greifertechnik, wie beispielsweise Cobots oder adaptive Greifertechnik
6. Untersuchung applikationsspezifischer Greiferlösungen und deren Möglichkeiten zum Einsatz in speziellen Umgebungsbedingungen, wie beispielsweise in einem hygienisch kritischen Umfeld
7. Einsatz von Kennzahlen zur Suche nach passenden Greifern über Werkstückgewicht, Lebensdauer und Genauigkeit zur Greiferauswahl
8. Konsultation von Greiferexperten

Gar nicht so schlecht für eine künstliche Intelligenz. Allerdings fehlen uns hier die Werkstückbezogenen Ansätze und die Versuchsdurchführung als Mittel zur Greiferauswahl.

3.10 Greifen und Sicherheit

Wenn uns die Kaffeetasse aus der Hand gleitet oder im Supermarkt das Gurkenglas statt in den Einkaufswagen auf den Boden fällt, dann ist der Schaden überschaubar. Beim Bewegen von Werkstücken kann ein Fehler zum Teil sehr kritische und kostspielige Folgen nach sich ziehen. Die in Kapitel 4 beschriebenen Auswirkungen auf das Werkstück durch die Bewegung und Beschleunigung des Greifers mit Werkstück führen zu einer Gefährdung von Mensch und Maschine.

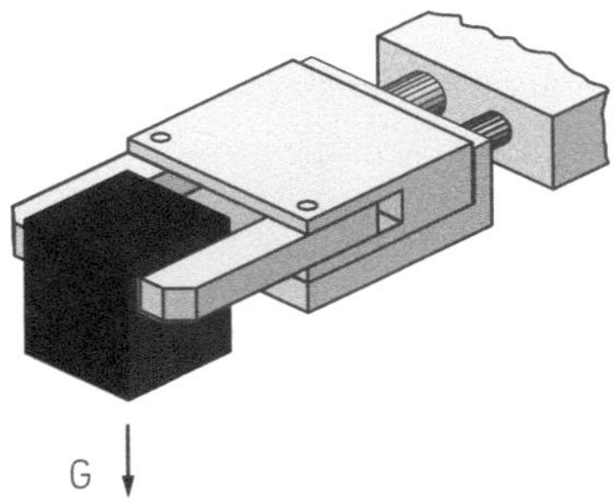

Abbildung 3.224 Statistische Situation beim Greifen. Die Greifkraft muss die Gewichtskraft kompensieren.[61]

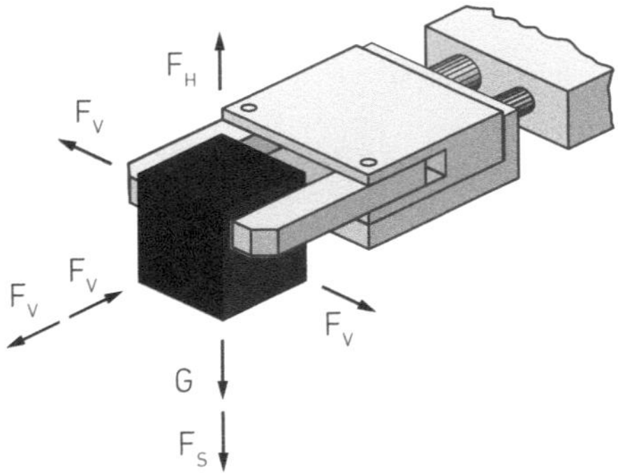

Abbildung 3.225 Dynamische Situation. Trägheitskräfte durch Translation sind zu kompensieren.[61]

Abbildung 3.224 und **Abbildung 3.225** zeigen die Kräfte auf, die durch die reine Gewichtskraft und durch die Trägheitskräfte auftreten. Ziel der sicheren Auslegung von Greifern ist die Vermeidung von Gefährdungen aller Art. Dies wird durch ein methodisches Vorgehen in der Auslegung und die Einhaltung der entsprechenden Normen sichergestellt.

Hier sind an erster Stelle die Gefährdungen für Personen zu nennen, wenn sich ein Werkstück komplett aus dem Greifer löst. Je nach Werkstückgewicht und Dynamik der Bewegung können hier Energien bzw. Verletzungen auftreten, die bis zum Tod führen können. Ein Werkstück im Greifer eines Roboters, der sich mit ca. 3 m Arbeitsraumradius und voller Geschwindigkeit dreht, kann beim Verlust zum Wurfgeschoss werden. Das Ganze geschieht bei einer Traglast dieser Roboter von bis zu 500 kg und mehr. Diese Gefährdungen sind zu 100 % auszuschließen. In kollaborativen Roboteranwendungen agiert der Werker zusammen mit dem Roboter und ist damit in der Nähe und ohne trennenden Schutzzaun unterwegs. Hier ist in der Regel mit einer verminderten Geschwindigkeit zu arbeiten, um bei Werkstückverlust keine Verletzungen hervorzurufen. Aber auch ohne Werkstück muss der Greifer bestimmten Sicherheitsanforderungen genügen, um die derzeit sich formierenden Normen und Abnahmebedingungen der Berufsgenossenschaften zu erfüllen.

Ein Werkstückverlust oder eine Positionsverschiebung des Werkstücks im Greifer kann beispielsweise eine Gefährdung der Maschine – man spricht hier von Maschinensicherheit – nach sich ziehen. Das Werkstück kann beispielsweise in die Bearbeitungsmaschine fallen und dort beim Wiederanlaufen der Maschine zu mechanischen Zerstörungen führen. Umgekehrt ist auch das Werkstück, besonders bei aufwendig bearbeiteten Werkstücken, vor Beschädigungen zu schützen.

Die Bewertung eines Risikos des Werkstückverlusts lässt sich sehr gut mit der FMEA (Fehler-Möglichkeiten- und Einflussanalyse) durchführen. Diese ist heute fester Bestandteil einer methodischen Projektentwicklung. Die Risikobewertung ist dabei eine in die Zukunft gerichtete Methode, die das Gefährdungspotenzial und die Wahrscheinlichkeit des Auftretens der Gefahrensituation untersucht. Mit dieser Methode ist der Schritt von der reinen Problembehebung zur vorausschauenden Auslegung von Greifersicherheit getan (Abbildung 3.226).

Die Risikoanalyse wurde als Teammethode entwickelt und basiert auf der Notwendigkeit, dass alle Mitarbeiter ihr Spezialwissen bei der Bewertung einbringen. Nur so können die möglichen Gefährdungen und die Risiken realistisch eingeschätzt und potenzielle Fehler systematisch vermieden werden. So möchte man mit der Risikoanalyse zukünftige Fehler vermeiden und nicht wie mit der Problemanalyse auftretende Fehler beheben.

In einer Skala zur Gefährdung zwischen 0 und 10 können die verschiedenen Gefährdungen, z. B. für Druckverlust bei pneumatischen Greifern, aufgeführt werden. Im nächsten Schritt kann dann die Auftretenswahrscheinlichkeit der Gefährdung von den Experten mit den Noten der Skala bewertet werden. Zusätzlich wird die Erkennungswahrscheinlichkeit der aufgetretenen Gefährdung bewertet. Multipliziert man anschließend die Gefährdungsbewertung mit der Auftretenswahrscheinlichkeit und der Erkennungswahrscheinlichkeit, ergibt sich die Risikozahl, die das Risiko gewichtet.

Im Beispiel in Tabelle 3.25 wird die Gefahr durch den Verlust oder das Verrutschen des Werkstücks in einem pneumatischen Greifer bewertet. Bei dem Druckabfall auf 2 bar wird die Greifkraft des Greifers stark reduziert. Der Normdruck wäre 6 bar gewesen. Bei der Untersuchung der Situation ist das Gesamtsystem mit seinen Schnittstellen zu anderen Komponenten als nur dem Greifer zu betrachten. So ist im gleichen System der Verlust des Werkstücks als besonders kritisch bewertet worden (z. B. Gefahr der Beschädigung der Anlage oder Personengefährdung). Die Gefährdung, die sich durch eine falsche Positionierung des Werkstücks im Greifer ergibt, ist als gering eingestuft worden. So könnte z. B. mit zentrierend wirkenden Greiferbacken das Werkstück nur in z-Richtung verrutschen. Dafür ist die Auftretenswahrscheinlichkeit des Verrutschens höher als die für den Totalverlust des Werkstücks eingestuft worden. Das Werkstück müsste über die komplette Länge aus den Fingern rutschen, bevor es freigegeben wird. Die Erkennungswahrscheinlichkeit eines Druckabfalls auf 2 bar wird als relativ hoch eingestuft, da die Anlage über einen Druckwächter verfügt. Somit wird der Druckabfall dem Anlagenbediener gemeldet. Die Meldung allein kann allerdings übersehen werden,

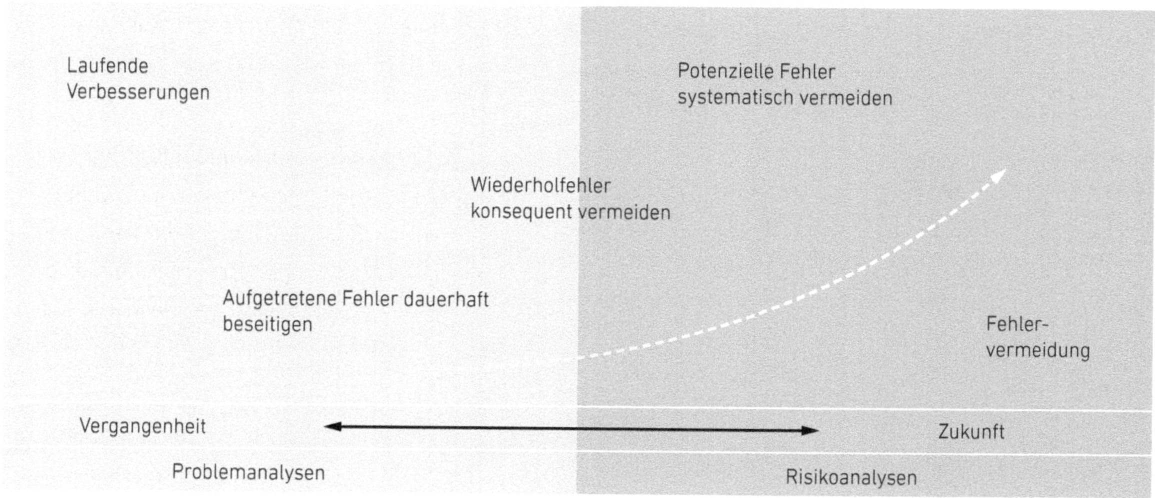

Abbildung 3.226 Übergang von der Behebung von Fehlern zur vorausschauenden Vermeidung von Fehlern (Quelle: robomotion)[61]

und so ergibt sich immer noch ein Gefährdungswert von 4 als Bewertungsergebnis.

Tabelle 3.27 macht klar, dass die Risikoanalyse nur durchführbar ist, wenn die Gefährdungen des Gesamtsystems, innerhalb dessen der Greifer arbeitet, bekannt sind. Ein Verrutschen des Werkstücks kann gravierende Folgen für die Peripherie einer Automatisierungslösung und das Handhabungsgerät haben.

So sind Kollisionen, mit einem im Greifer verrutschten Werkstück besonders wahrscheinlich, wenn das Werkstück in eine eng tolerierte Werkstückaufnahme abgelegt werden muss. Es ist also eine genaue Kenntnis der Applikation und ein Team aus Experten von der mechanischen, elektrischen und von Softwareseite notwendig, um die Bewertung einigermaßen objektiv zu ermitteln. Die Risikoanalyse ist dabei auf das Gesamtsystem anzuwenden und nicht nur auf die Gefährdungen, die durch den Greif- und Handhabungsprozess entstehen.

Für den beschriebenen Fall des Druckverlusts gibt es vonseiten der Komponentenhersteller die Möglichkeit, eine sogenannte Greifkrafterhaltung im Greifer zu integrieren. Das heißt, es wird versucht, das Werkstück auch ohne Energiezufuhr im Greifer halten zu können.

Dies wird bei pneumatischen Greifern über zwei Wege realisiert. Zum einen gibt es die Möglichkeit, mit einer Feder im Zylinderraum den Kolben in eine Richtung zu drücken. Die Feder kann sowohl in Schließrichtung der Finger als auch umgekehrt in Öffnungsrichtung wirken. In der einen Richtung unterstützt die Feder die Greifkraft bei Normalbetrieb, in der Gegenrichtung muss der Kolben die Energie zum Spannen der Feder aufwenden, dadurch verliert der Greifer in dieser Richtung an Kraft. Dieser Kraftverlust ist beim Öffnen eines Greifers unerheblich, da nur die Greiferbacken auseinanderbewegt werden müssen. Allerdings ist die benötigte Öffnungszeit durch die Feder verlängert, was bei zeitkritischen Anwendungen problematisch sein könnte.

Natürlich können die Federn und die damit erzielbaren Haltekräfte des Greifers nicht so ausgelegt werden, dass sie den Druckverlust komplett kompensieren. In der Regel gilt es, die Werkstücke im Greifer ohne Druckluftversorgung zu halten, ohne dass eine Bewegung ausgeführt wird. Kräfte, die aus einer Bewegung resultieren, müssen also nicht von der Federkraft kompensiert werden. Dies ist z. B. der Fall, wenn Anlagen abgeschaltet werden, ohne ein Leerräumen der Anlagen von Werkstücken notwendig zu machen. Darüber hinaus gilt es, in Sondersituationen die Werkstücke, die zu diesem Zeitpunkt im Greifer sind, nicht fallen zu lassen und damit undefinierte Anlagenzustände herzustellen.

Um pneumatische Greifer gegenüber Druckabfall abzusichern, gibt es noch eine zweite Methode, die mit dem Druck in den Zuleitungen des Greifers arbeitet. Hierbei

Beschreibung der Gefährdung (1-10)	Gefährdungs-bewertung (1-10)	Auftretenswahr-scheinlichkeit (1-10)	Erkennungs-wahrscheinlichkeit (1-10)	Risiko (1-1000)
Verlust des Werkstücks bei Reduktion des Druckes auf 2 bar	8	4	4	128
Verrutschen des Werkstücks bei Reduktion des Druckes auf 2 bar	2	8	4	64

Tabelle 3.27 Risikoanalyse (Quelle: robomotion)[61]

3

kommen sogenannte Druckerhaltungsventile oder Doppelrückschlagventile zum Einsatz. Diese Ventile werden entsprechend der Abbildung 3.227 möglichst nahe am Greifer angebracht.

Im Fall eines Druckverlusts in der Zuleitung A wird der Sperrkolben mit der Abluft aus dem Greifer über P_2 verschoben und hindert so die Luft aus dem Greifer am Entweichen. In gleicher Weise funktionieren Rückschlagventile für den Hydraulikbereich. Der Vorteil der Rückschlagventile ist eine relativ hohe Haltekrafterhaltung, ohne die Greifzeit zu verändern.

Darüber hinaus ist der Aufwand relativ gering und die Einbaugröße sehr kompakt. Natürlich lässt die Wirkung nach einiger Zeit, besonders bei Druckluft, nach. Unvermeidliche Leckagen führen zu Druckverlusten. Auch in der Umschaltsituation des Ventils geht besonders bei Druckluft mit der Leitungslänge Druck verloren, daher die möglichst nahe Einbausituation am Greifer. Hier bieten sich Greifkrafterhaltungen über Federkraft an. Ebenfalls kann auf elektrische Greifer mit integriert Greifkrafterhaltung zurück gegriffen werden.

Alle diese Arten der Greifkrafterhaltung sind in der Regel nur wirklich gefährdungsreduzierend, wenn die Greiffinger nicht rein auf Reibschlussprinzipien aufgebaut sind. Es ist vielmehr ein gewisser Formschluss sinnvoll, um im Fall eines Druckverlusts und Stillstandes über längere Zeit einen Verlust des Werkstücks zu verhindern.

Im Fall eines Nothalts kommt es zu einem abrupten Abbremsen der Bewegung des Handhabungssystems. Dieser Nothalt soll Schaden an Personen oder der Maschine verhindern, kann aber auch zu extremen Kräften auf Greifer und Werkstück führen. Besonders schwierig ist dabei, dass der Punkt auf der Bewegungsbahn, an der der Nothalt erfolgt, nicht vorhergesagt werden kann. Es ist also mit dem ungünstigsten Fall zu kalkulieren. Ein Werkstückverlust muss auf jeden Fall ausgeschlossen werden. Je nach Handhabungssystem ist dabei auch eine Kollision beim sogenannten „Austrudeln" des Systems zu beachten. Das heißt, in dem Moment, in dem der Not-Aus-Knopf gedrückt wird, wird der Roboter von der Energiezufuhr getrennt. Die Bremsen der Achsen versuchen, die Bewegung zu stoppen, aber die gesamte kinetische Energie aus Roboterarm, Greifer- und Werkstückgewicht lässt sich nicht innerhalb von Millisekunden zum Stehen bringen. Hier ist eine bestimmte Bewegungszeit vorzusehen, in der das System zum Stillstand kommt. Roboter mit Safety-Funktion überwachen die Bremsbewegung trotz gestoppter Stromzufuhr, sodass es nicht zu einer unkontrollierten Fahrbewegung kommt.

Die Methode der Risikoanalyse bildet letzten Endes auch die Basis für die einschlägigen Sicherheitsnormen. Die DIN EN ISO 12100 „Sicherheit von Maschinen" ist dabei als Grundnorm anzusehen und gibt allgemeine Gestaltungsleitsätze und Begriffsdefinitionen vor. Ebenso wird ein detailreiches Verfahren zur Risikobeurteilung beschrieben. Dabei wird die Sicherheit von Maschinen so definiert, dass in den jeweiligen Lebens- bzw. Nutzungsphasen der Maschine das Risiko für die beschriebenen Gefährdungen entsprechend gemindert wurde. Dabei ist natürlich vorausgesetzt, dass die Maschine in den ihr jeweils zugedachten Funktionen betrieben wurde. In der Norm wird darauf hingewiesen, dass die Gewährleistung der Sicherheit eine iterative Aufgabe der Konstruktion von Maschinen ist. Erst wenn das Konzept der Maschine steht, kann eine Analyse nach DIN EN ISO 13849 erfolgen. Die DIN EN 13489 ist wiederum eine sicherheitsspezifische Norm, die sich mit den sicherheitsbezogenen Teilen von Steuerungen beschäftigt und sich in zwei Teile aufteilt. Der erste Teil beschreibt allgemeine Gestaltungsleitsätze. Der zweite Teil definiert die Validierung, also die Überprüfung der Sicherheitstechnik.

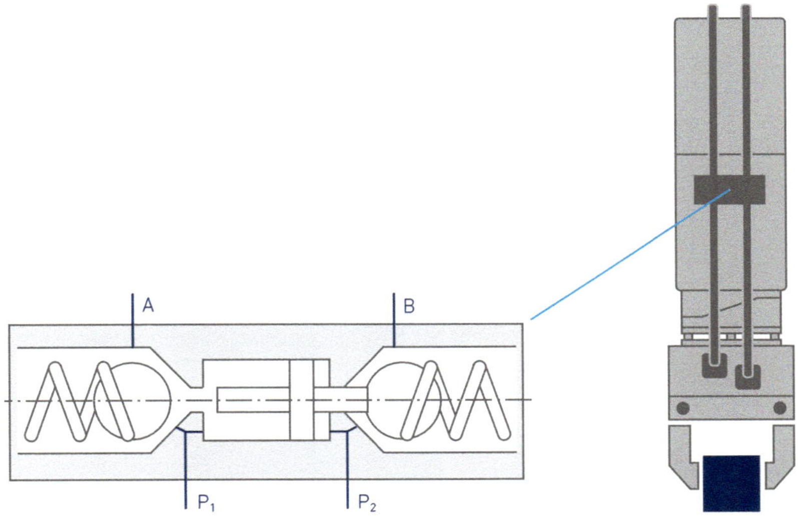

Abbildung 3.227 Montage des Druckerhaltungsventils nahe beim Greifmodul und Funktionsprinzip (Quelle: Seegräber)[97]

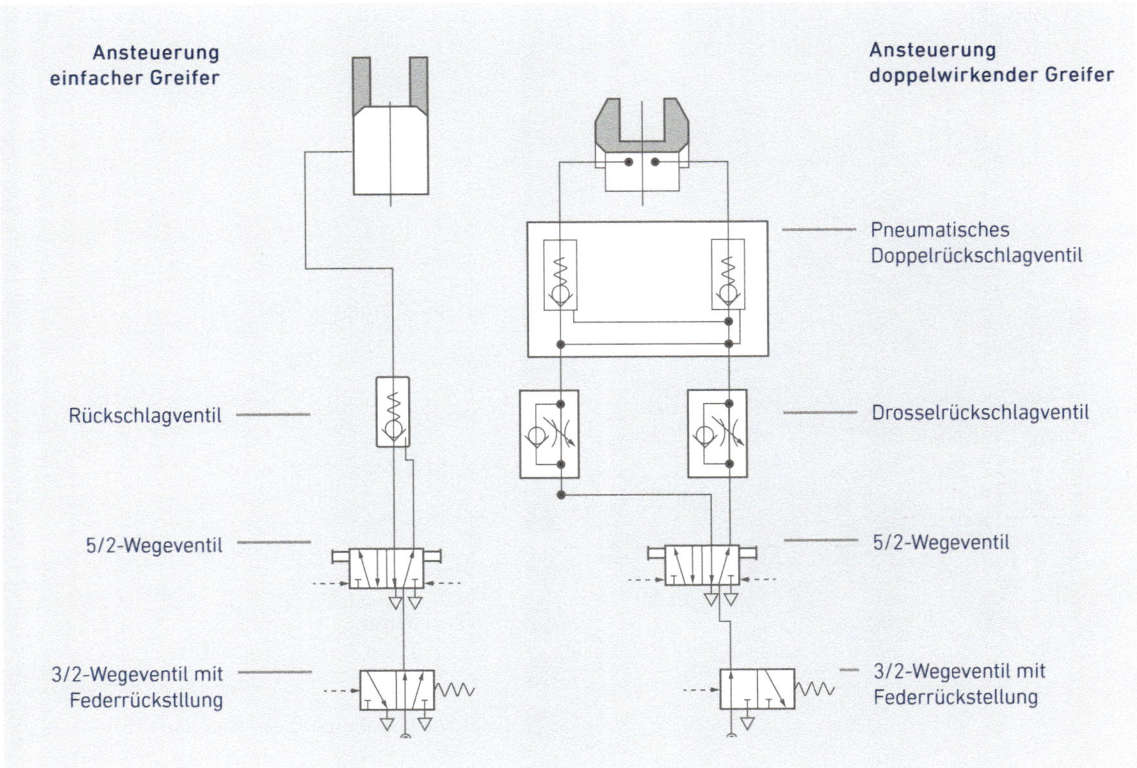

Abbildung 3.228 Schaltplan für den Einbau des Rückschlagventils bei unterschiedlichen Greiferarten (Quelle: Seegräber)[97]

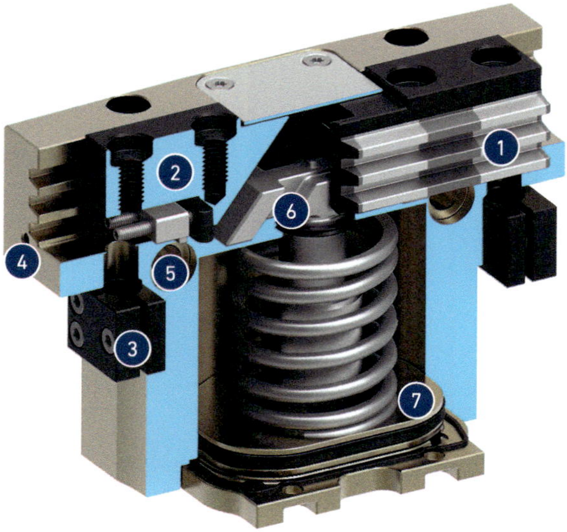

1. **Vielzahn-Gleitführung**
   Höchste Lebensdauer durch Schmierstofftaschen in der robusten Vielzahnführung sowie Aufnahme hoher Kräfte und Momente über große Führungsabstützung
2. **Grundbacke**
   mit standardisiertem Anschraubbild zur Adaption der werkstückspezifischen Greiferfinger
3. **Halterung für Sensorik**
   Halterungen für Näherungsschalter und einstellbare Schaltnocken im Gehäuse
4. **Gehäuse**
   ist gewichtsoptimiert durch Verwendung einer hochfesten Aluminiumlegierung
5. **Zentrier- und Befestigungsmöglichkeiten**
   für die universelle Montage des Greifers
6. **Keilhakenprinzip**
   für hohe Kraftübertragung und niedrigsten Verschleiß durch größere Schrägzugfläche
7. **Kolben**
   Maximale Kraft durch maximale Fläche des Antriebkolbens

Abbildung 3.229 Greifkrafterhaltung über eine Feder im Kolbenraum (Quelle: SCHUNK)[65]

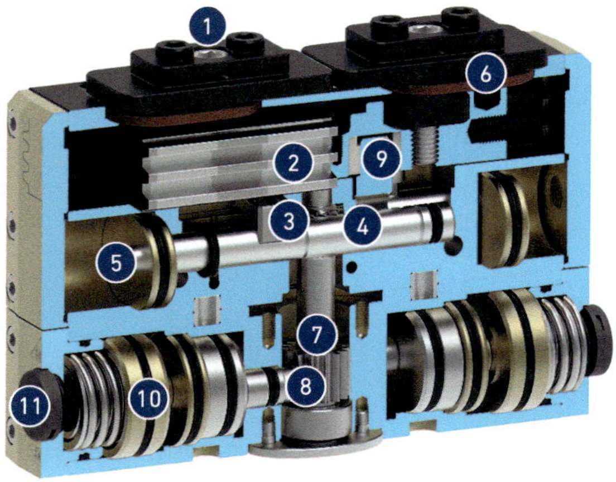

1. Grundbacke
2. Vielzahn-Gleitführung
3. Mitnehmer
4. Kinematik
5. Pneumatischer Antriebskolben
6. Schmutzabdeckung
7. Ritzelwelle
8. Klemmelement
9. Elastomer
10. Federvorgespannter Pneumatikkolben
11. Druckausgleichsventil

Abbildung 3.230 Sichere, zertifizierte Greifkrafterhaltung (Quelle: SCHUNK)[65]

Die EN ISO 13849 ist eine Sicherheitsfachgrundnorm Typ B1 nach der EN ISO 12100-1, d. h. eine Sicherheitsnorm für definierte Sicherheitsaspekte./88 Die Norm gilt für alle Arten von Maschinen, unabhängig von der verwendeten Technologie (z. B. elektrisch, hydraulisch, mechanisch). Sie kann angewendet werden für nicht trennende Schutzeinrichtungen, berührungslos wirkende Schutzeinrichtungen (z. B. Lichtschranken), Steuerungsbaugruppen und Leistungsschaltelemente (z. B. Relais). Sie gilt sowohl für einfache Maschinen als auch für komplexe Fertigungsanlagen.

Stößt man im Verlauf der Planung der Steuerungstechnik einer Anlage auf konzeptionelle Probleme, die man nicht allein mit der sicherheitsbezogenen Funktion der Steuerung lösen kann, beginnt ein iterativer Prozess zwischen Steuerung und Konstruktion. Es wird eine vertiefende Risikobeurteilung notwendig. Wenn die Steuerung der Maschine oder Anlage die Sicherheit nicht allein gewährleisten kann, ist eine mechanische Reduktion des Risikos erforderlich. Diese hat oft erhebliche Auswirkungen bis hin zu einem veränderten Anlagenlayout, wenn beispielsweise der Abstand des Roboters zum Schutzzaun geändert werden muss. Hier muss auch auf die Auswahl des Roboters und dessen Sicherheitsfunktionen geachtet werden, da ein Roboter mit Last ohne diese Schutzfunktionen nicht auf seiner geplanten Bahn nach einem Not-Aus zum Halten kommen und unter Umständen nur durch den Schutzzaun aufgehalten würde.

Mit der Neuerung der Norm wurden die sogenannten Performance Levels (PL) eingeführt. Es handelt sich bei diesem Begriff um ein Maß, das die Fähigkeit der sicherheitsrelevanten Teile eines Steuerungssystems beschreibt, die jeweilige Sicherheitsfunktion zu realisieren. Bei der Risikobeurteilung wird dabei ähnlich wie in der alten EN-954-1-Norm vorgegangen, nur dass die Auswertung nicht nur zu einer Kategorie führt, sondern zu einem Performance Level.

Dabei werden PLs von a (niedriger Beitrag zur Risikominimierung) bis e (hoher Beitrag zur Risikoreduzierung) unterschieden. Neu ist dabei, dass mehrere Wege zum Ziel führen können. Der Anlagenbauer kann auf unterschiedlichen Wegen bzw. mit unterschiedlichen Maßnahmen das Ziel eines hohen Sicherheitslevels erreichen. Es gibt dabei sowohl technische als auch wirtschaftliche Randbedingungen, die eine Lösung favorisieren. Die festgelegten Sicherheitsstrukturen sind nach wie vor einzuhalten. Jede verwendete Komponente in der Anlage weist einen eigenen PL-Wert auf. Je geringer die Wahrscheinlichkeit für gefährliche Ausfälle pro Stunde (PFHD) ist, desto besser ist der Performance Level. Der PL gibt damit auch vor, in welchem Umfeld die jeweilige Komponente verwendet werden darf, denn der PL muss mindestens so hoch sein wie der Risikowert am betrachteten Einsatzort.

Ergibt sich ein Risikowert C für eine bestimmte Maschinenbaugruppe, muss die Funktion ebenfalls

PL (Performance Level)	PFHD (Wahrscheinlichkeit gefährlicher Ausfälle pro Stunde)	SIL (Safety Integrity Level nach EN 61508)
A	$\geq 10^{-5}$ bis $< 10^{-4}$	Keine
B	$\geq 3 \times 10^{-6}$ bis $< 10^{-5}$	1
C	$\geq 10^{-6}$ bis 3×10^{-6}	1
D	$\geq 10^{-7}$ bis $< 10^{-6}$	2
E	$\geq 10^{-8}$ bis $< 10^{-7}$	3

Tabelle 3.28 Tabelle mit der Definition der Performance Level und SIL-Werte (Quelle: ifm electronic)[113]

mindestens den Performance Level C oder höher haben (z. B. D oder E).

Mit diesen neuen Normungen und den Möglichkeiten, zwischen unterschiedlichen Gefährdungssituationen im Betrieb einer Anlage zu unterscheiden, treten nun die elektrischen Greifer auf den Plan. Hier bieten sich dem Integrator und dem Anlagenbauer ganz neue Möglichkeiten, seine Anlage sicher zu gestalten. Anders als bei den pneumatisch und hydraulisch angetriebenen Greifmodulen ist bei diesen ein differenzierter Betrieb möglich. Die reine Greifkrafterhaltung ist bei elektrischen Greifern in der Regel schon mit dem Getriebespiel in ausreichender Form konstruktionsbedingt mitgeliefert.

Die Firma SCHUNK bietet neben einem hohen Performance Level von D bzw. einem Safety Integrity Level (SIL) 3 noch zusätzlich über die Steuerung des Greifers ermöglichte Antriebssicherheitsvarianten an. Hierzu wird ein sogenanntes Safety-Modul in die Greifersteuerung integriert. Damit ist es möglich, den Greifer in unterschiedlichen Sicherheitsmodi zu betreiben. Es können verschiedene Schutzzonen definiert werden, die unterschiedlich abgesichert sein können (z. B. Trittmatte, Lichtvorhang, 3D-Kameras, Türschalter etc.). Beim Eintritt eines Werkers in den Schutzbereich können dann unterschiedliche Effekte erzielt werden. Hier stehen immer mehr Möglichkeiten zur Verfügung, vom Stillstand bis zum weiteren Betrieb mit reduzierter Handhabungsgeschwindigkeit. Für den Greifer heißt das z. B. eine verminderte Greifkraft, wenn der Bediener in der Nähe ist und Klemm- bzw. Quetschgefahr besteht. Hier bietet die Positionsermittlung der Fingerstellung am Greifer ebenfalls eine detaillierte Einstellungsmöglichkeit.

Nach der EN IEC 61800-5-2 (Sicherheitsfunktion für Antriebe) konnten drei unterschiedliche Betriebsarten unterschieden werden:

- Beim SLS (Safely Limited Speed) wird eine definierte maximale Geschwindigkeit nicht überschritten.
- Beim Safe Operation Stop (SOS) wird der Antrieb überwacht, ob er eine bestimmte Position nicht verlässt. Dabei wird überwacht, dass der Antrieb innerhalb des Positionsfensters bleibt, das definiert wurde.
- Mit Safe Torque Off (STO) ist das sofortige Abschalten der Stromzufuhr gemeint.
  Dabei muss die Komponente von der Energieversorgung getrennt werden.

Dieses Sicherheitssystem ist auch bei bestehenden Greifern aus dem Programm nachrüstbar. Die elektrischen Greifer können also auch für kollaborative Roboteranwendungen „intelligent" gemacht werden.

Abbildung 3.231 Sicherer Roboter mit intelligentem Greifer zum Greifen von Objekten (Quelle: Liebherr)[107]

Abbildung 3.232 Mensch-Roboter-Kollaboration (Quelle: SCHUNK)[65]

	Normen		Funktionen	Greifer
Sicherheit von Maschinen	DIN EN ISO 12100 Allgemeine Gestaltungsleitsätze	Risikobeurteilung →	Ein Greifer verliert nie das Werkstück	
	DIN EN ISO 13849 Sicherheitsbezogene Teile von Steuerungen	Maschinensicherheit →	Sicherer Betriebshalt des Greifers	
Industrieroboter	DIN EN ISO 10218-1 Sicherheitsanforderung – Roboter DIN EN ISO 10218-2 Sicherheitsanforderung – Robotersysteme und Integration DIN EN ISO/TS 15066 Sicherheitsanforderung – Robots and robotic devices – Collaborative robots	Schutzprinzipien →	Ein Greifer verletzt nie	
Von der Normanforderung zur Kundenlösung →				

Abbildung 3.233 Normungsrichtlinien in der Automatisierung (Quelle: SCHUNK)[65]

Der Trend beim Einsatz von Robotik in der Produktion und Montage geht verstärkt in Richtung Mensch-Roboter-Kollaboration, wodurch vor allem eine sichere Interaktion zwischen dem Bediener bzw. Werker und dem Roboter sichergestellt werden muss. Die Art des Teamworks definiert sich dabei über die Art der Arbeitsräume und Kontakte. Es wird zwischen getrennten und gemeinsamen Arbeitsräumen, zwischen entkoppelter und gekoppelter Arbeit sowie dem Grad der Berührung unterschieden. Je enger die beiden Teampartner Mensch und Roboter zusammenarbeiten, desto höheren Sicherheitsanforderungen muss das System genügen.

Nach den einschlägigen Sicherheitsnormen kann ein sicherer kollaborativer Betrieb der Roboter nur gewährleistet werden, wenn sichergestellt ist, dass die Greifer der Automatisierungslösungen nie das Werkstück verlieren, einen sicheren Betriebshalt besitzen und keine Gefahr für den Menschen darstellen oder ihn gar verletzen.

Je nach der Form der Zusammenarbeit zwischen Mensch und Roboter können die folgenden Arbeitssituationen definiert und nach ihren Sicherheitsanforderungen bewertet werden.

Die Firma SCHUNK konnte als erstes Unternehmen diese drei Basisfunktionen der sicheren Mensch-Roboter-Kollaboration bei Einhaltung aller geltender Sicherheitsnormen in einem Greifer vereinen. Der Co-Act Gripper nimmt mit seinen Sensoren und Kameras zuverlässig seine Umwelt war und ermöglicht so eine sichere Interaktion zwischen Mensch und Roboter. Einsatz findet das System beispielsweise bei der kollaborierenden Montage mechatronischer Gruppen, schwerer Werkstücke und beim Greifen in gefährlichen Bereichen der Montage.

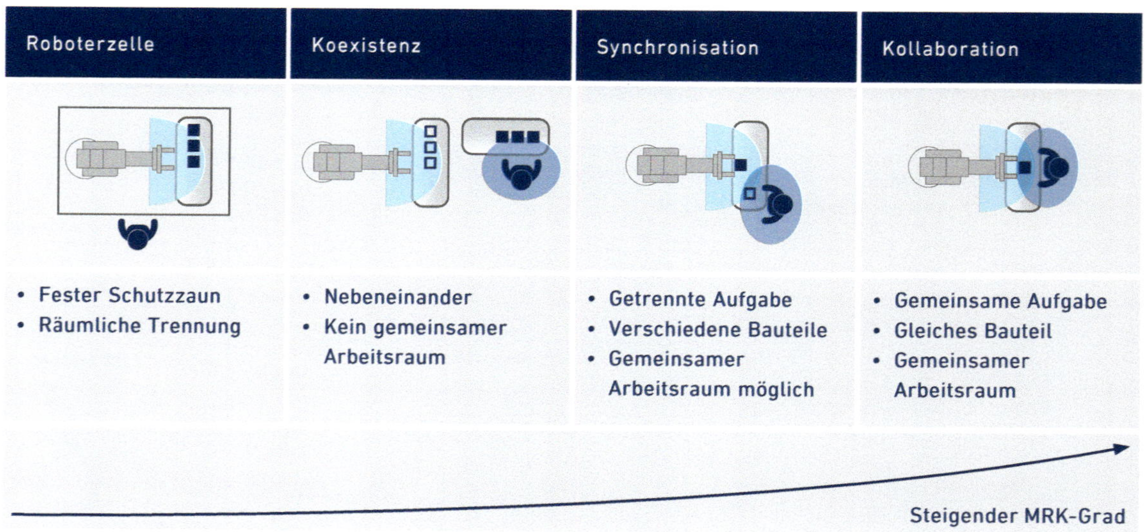

Abbildung 3.234 Unterschiedliche Formen der Zusammenarbeit (Quelle: IAO)/[10] W. Bauer (Hrsg.)[120]

Abbildung 3.235 Co-Act Gripper mit Werkstück und kollaborierender Anwendung (Quelle: SCHUNK)[65]

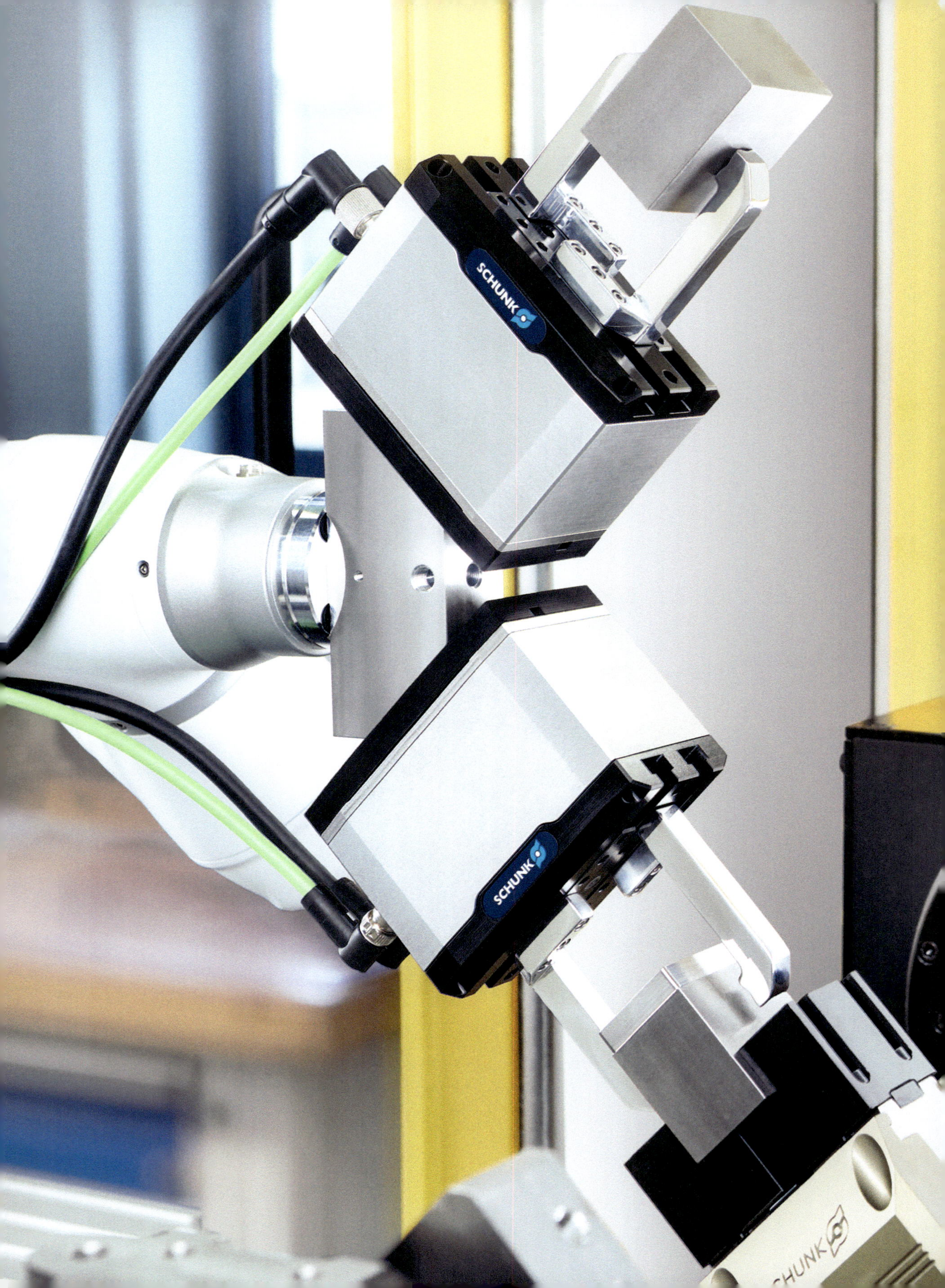
SCHUNK
SCHUNK

4 BEWEGUNG BRINGT WERTSSCHÖPFUNG

Nachdem das Werkstück von einem Greifer aufgenommen worden ist, ist die Bewegung des Greifers mitsamt dem Bauteil im nächsten Schritt zu untersuchen, da unterschiedliche Beschleunigungen auf Bauteil und Greifer wirken können. Mit der Dynamik entstehen also Kräfte, die aus der Bewegung resultieren und zusätzlich zur reinen Gewichtskraft vom Greifer aufgenommen werden müssen. Damit sind wir bei der Auslegung von Greifern auch auf die Kenntnis der eingesetzten Handhabungseinrichtung und deren Leistungsmöglichkeiten angewiesen, um zu möglichst effizienten Entscheidungen zu kommen. Aber auch die Kenntnis der Kenngrößen des Greifers in Kombination mit dem Werkstück ist wiederum ein wesentlicher Auslegungsfaktor bei der Wahl des Handhabungssystems. Während der Entwicklung einer Automationslösung findet hierbei ein iterativer Prozess statt, der zwischen Greiferkonstruktion, Gesamtzellenlayout, Materialfluss und Kinematikauswahl hin und her geht. Darüber hinaus sind die Randbedingungen der Bewegungsaufgabe und der Ordnungszustand des Werkstücks zu berücksichtigen. In diesem kreativen Prozess entscheidet sich die Wirtschaftlichkeit einer Automatisierungslösung. Hier werden die wesentlichen Kostenfaktoren der Lösung definiert. Es ergibt sich ein gewisser Durchsatz an Werkstücken, die pro Zeiteinheit verarbeitet werden können.

Der Materialfluss oder die gewünschte Anlagenleistung bestimmt hierbei über die Taktzeit und damit über die Wirtschaftlichkeit einer Automatisierungslösung. Die Ausbringung einer Anlage pro Stunde entscheidet letzten Endes über die Wirtschaftlichkeit und damit die Amortisation. Die Unternehmensleitung des Produktionsunternehmens legt dabei die Kriterien für die Investitionsentscheidung so, dass die Anlage innerhalb eines Produktlebenszyklus noch Geld verdient bzw. andere Aspekte der Lösung über der reinen Wirtschaftlichkeit stehen.

In der Regel sollte das Ziel sein, die Investition noch weit vor Ende des Lebenszyklus refinanziert zu haben und somit die Einzelstückkosten durch die Automation zu senken.

Immer häufiger werden Prozesse aber nicht nur aus wirtschaftlichen Erwägungen automatisiert. Auch die reproduzierbare Qualität, Hygiene oder die Arbeitssicherheit können Gründe für den Einsatz von Handhabungseinrichtungen sein.

Mit der Bewegung kommen zu den bereits angesprochenen Merkmalen der Werkstücke und den daraus resultierenden Greiferkombinationen weitere Randbedingungen der Bewegungsaufgabe hinzu. Unter diesen Randbedingungen sind die in der Umgebung vorhandenen Restriktionen oder Anforderungen zu verstehen, die die Applikation charakterisieren. So kann es sein, dass eine Aufgabenstellung bereits an den Wirtschaftlichkeitsvorgaben scheitert, bevor die technische Detaillierung erfolgt. Dabei sind häufig die einzelnen Randbedingungen mit der Wirtschaftlichkeit verknüpft, denn z. B. besonders hohe Anforderungen an die Hygiene bzw. Reinigungsmöglichkeiten führen leicht zu einer Kostensteigerung von über 30 % gegenüber einer herkömmlichen Automatisierungslösung.

Die Merkmale der Bewegung an sich sind wiederum eine Mischung aus den räumlichen Gegebenheiten, dem ausgewählten Handhabungssystem und den sich aus der Applikation ergebenden Anforderungen hinsichtlich des Bewegungsablaufs. So ist neben dem Arbeitsraum, innerhalb dessen die Aufgabe zu erfüllen ist, auch die Genauigkeit, mit der die Position erreicht werden kann, entscheidend dafür, ob das System zum Einsatz kommen kann.

Die in Tabelle 4.1 aufgeführten Randbedingungen und Merkmale stellen nur die wesentlichen Kriterien dar, die bei einer automatisierten Lösung zu beachten sind. Mit zunehmenden Möglichkeiten der Sensortechnik, aber auch den Gestaltungsmöglichkeiten von Greifern, wie in Kapitel 3 aufgezeigt, ergibt sich ein enormer Lösungsraum für den Maschinenbauer bzw. Integrator. Im Wesentlichen kann dieser aus Soft- und Hardware aufgespannt werden. So ist die Lösung heute nie ausschließlich eine rein mechanische. Darüber hinaus besteht die Hardware in der Regel aus Komponenten mit elektronischen Bauteilen, wie z. B. einer Kamera. In der dritten Dimension kommt dann die jeweils zu lösende Aufgabenstellung hinzu. Diese kann von der reinen Veränderung des Ordnungszustandes des Werkstücks bis hin zur Qualitätskontrolle mit entsprechender Datenhaltung reichen. Die Montage des Werkstücks zu einer Baugruppe beinhaltet dann weitere Prozesse, wie z. B. das Verbinden mittels Schraubtechnik.

So ergeben sich durch Einbindung weiterer Komponenten in die Zelle des Handhabungsgeräts neue Möglichkeiten, das Werkstück in seinem Wert zu steigern.

Mit dem Handhabungsgerät ergibt sich die räumliche Verknüpfung der einzelnen Komponenten der Lösung. Der Greifer und das Werkstück stellen dabei einen wesentlichen Teil der Hardware dar. Hinzu kommt die Hardware aus Kameratechnik, Steuerungen und der Roboterzelle. Die Software ermöglicht die Funktionen, wie sie beispielsweise bei der Erkennung von Werkstücken benötigt werden. In Verbindung mit einem Roboter wird daraus dann eine bestimmte Anwendung – eine Applikation oder „App". Diese kann beispielsweise

Randbedingung der Bewegungsaufgabe	Merkmale der Werkstück-Greifer-Kombination	Merkmale der Bewegung
• Fremdstoffe • Wirtschaftlichkeitsvorgaben • Variantenvielfalt der Werkstücke • Temperatur • Energieversorgung • Einbausituation • Reinraum • Hygiene • Wartungsfreiheit • Sicherheitsvorgaben • Prozessparameter erfassen	• Form • Dimension • Toleranz • Masse • Massenträgheitsmoment • Schwerpunktlage • Oberfläche • Konsistenz	• Bewegungsraum • Bewegungsform • Freiheitsgrade • Geschwindigkeit • Beschleunigung • Präzision • Wiederholbarkeit • Kollisionsmöglichkeiten

Tabelle 4.1 Wesentliche Einflussfaktoren auf die Bewegungsaufgabe

durch den Wechsel von Greifern weiter ausgebaut werden, um den Roboter besser auszulasten, sollten die Einzelprozesse (wie z. B. die Qualitätsprüfung) zu lange dauern.

Diese App funktioniert nur in einem gewissen Rahmen. Das heißt, das Layout oder die Anordnung der einzelnen Teilfunktionen zueinander sind entscheidend für die Funktion, aber auch für die Erfüllung wesentlicher Randbedingungen der Bewegungsaufgabe.

In **Abbildung 4.1** ist der Zusammenhang zwischen Hard- und Software in einem Quadranten dargestellt. Zur Kamerahardware wird eine bestimmte Bildverarbeitungssoftware benötigt. Diese beiden Komponenten sind beispielsweise der Schlüssel für eine Montageapplikation, da die Werkstücke mithilfe von Kamerahardware und Bildverarbeitungssoftware vor der Montage erkannt werden müssen.

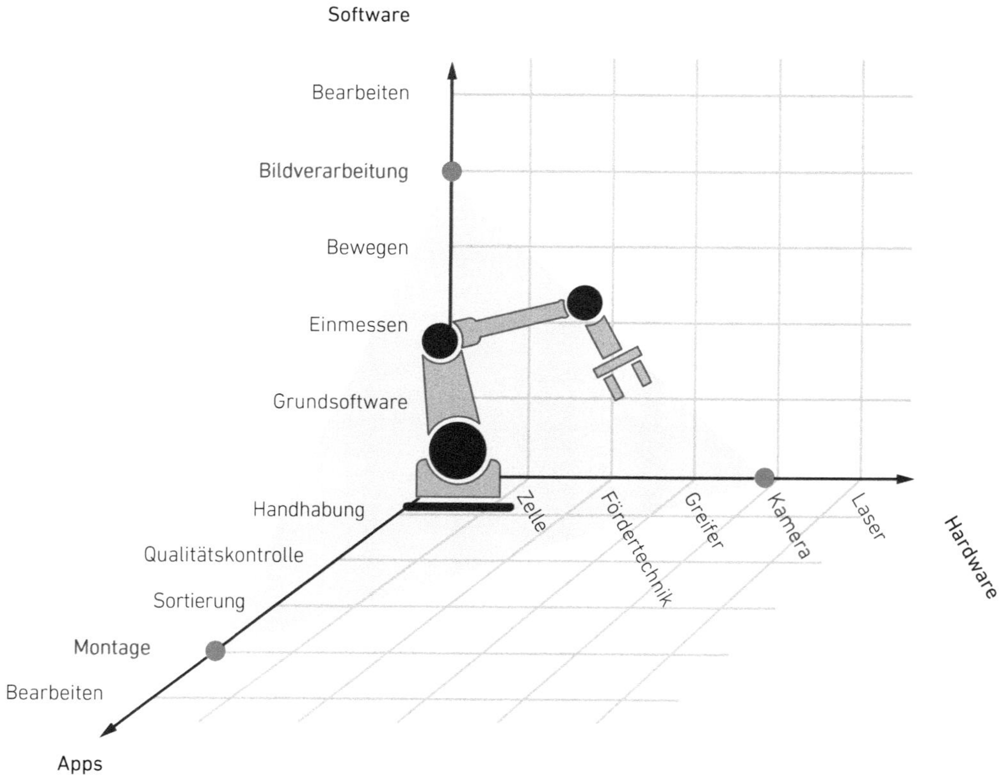

Abbildung 4.1 Zur Verfügung stehender Lösungsraum aus Hard- und Software ergibt eine Applikation für Handhabungsgeräte

4.1 Auswirkungen der Bewegung

Wir alle kennen die Auswirkung von hektischen oder schnellen Bewegungen mit einem Gegenstand in der Hand. Besonders, wenn dieser Gegenstand glitschig oder nass ist. Wir reagieren intuitiv mit der Reduktion der Beschleunigung oder mit dem Erhöhen der Greifkraft, um den Gegenstand nicht zu verlieren.

Was in der Natur so reibungslos und flüssig funktioniert, ist für technische Systeme auch heute noch lange keine Selbstverständlichkeit bzw. muss im Einzelfall mühsam entwickelt werden.

Zunächst geht es einmal darum, das Werkstück im Greifer zu behalten – trotz der zusätzlich zur Gewichtskraft wirkenden Kräfte. Hierzu lassen sich zur Auslegung der Greifer zunächst einige Berechnungen anstellen, die diese Kräfte bei der Greiferwahl berücksichtigen. Die im Folgenden verwendeten Abkürzungen und Formelzeichen sind in Tabelle 4.2 zusammengestellt.

Formelzeichen mit ihrer Bedeutung			
a	Beschleunigung	k	Korrekturfaktor
a_R	Radialbeschleunigung	M	Moment
a_t	Tangentialbeschleunigung	m	Masse
a_z	Zentralbeschleunigung	p	Normaldruck
A	Fläche	P_0	Istdruck
D	Durchmesser	P_U	Unterdruck
E	Elastizitätsmodul	r	Radius, Abstand
F	Kraft	s	Weg, Abstand
F_G	Greifkraft	S	Sicherheitsfaktor
F_H	Hebekraft	t	Zeit
F_{NA}	Not-Aus-Kraft	v	Geschwindigkeit, Translation
F_S	Senkkraft	α	Backenöffnungswinkel, Winkelbeschleunigung
F_R	resultierende Kraft	β	Richtungswinkel
F_V	Versetzkraft	φ	Reibwinkel
F_Z	Fliehkraft	ς	Öffnungswinkel, Richtungswinkel
G	Gewichtskraft	μ	Reibwert
g	Erdbeschleunigung	ω	Winkelgeschwindigkeit

Tabelle 4.2 Zusammenstellung der verwendeten Formelzeichen

4.1.1 Auswirkungen von Trägheitskräften

Als Trägheitskräfte bezeichnet man die aus der Beschleunigung einer Masse resultierenden Kräfte. Da der Greifer wie beschrieben eine lösbare Verbindung mit dem Werkstück eingeht, ist diese während der Bewegung gefährdet. Das heißt, das Handhabungssystem und die damit möglichen Beschleunigungen haben einen erheblichen Einfluss auf die Wahl des Greifers.

Die auf einen Körper wirkende Kraft ergibt sich aus dessen Masse und der auf ihn wirkenden Beschleunigung.

$$F = m \cdot a$$

F = Kraft (N), m = Masse des Werkstücks (kg)

a = Beschleunigung (m/s²)

Ohne den Greifer zu bewegen, wirkt zunächst die Erdbeschleunigung g auf das Werkstück. Für diese Auslegung wurden die Berechnungen bereits in Kapitel 3 angestellt. Die Kräfte aus der Erdbeschleunigung sind nun im nächsten Schritt mit den Kräften aus der Beschleunigung des Handhabungsgeräts zu überlagern, will man die notwendigen Greifkräfte z. B. für eine Reibpaarung ermitteln. Dafür ist es also hilfreich zu wissen, welche Beschleunigungen das Handhabungssystem mitsamt dem Greifergewicht ausführen kann. Tabelle 4.2 in Abschnitt 4.1 zeigt einige Arten von Achsen bzw. Achssystemen mit ihren jeweiligen Beschleunigungswerten beispielhaft auf. Hieran wird deutlich, dass die reine Auslegung auf das Gewicht des Werkstücks bei modernen Antrieben und Kinematiken nicht mehr ausreicht. Beschleunigungen von einem Mehrfachen der Erdbeschleunigung sind hier möglich und führen so zu Kräften weit über der eigentlichen Gewichtskraft des Werkstücks.

Für den Greifer bzw. dessen Auslegung ist es dabei wichtig zu wissen, in welcher Richtung die Beschleunigung wirkt. Dies wird klar, wenn man Abbildung 4.2 und Abbildung 4.3 näher betrachtet.

Die Gewichtskraft G wird durch die Erdbeschleunigung g in jedem Moment der Handhabung vom Werkstück in Richtung des Erdmittelpunktes erzeugt. Damit ist die Gewichtskraft in ihrer Größe und Richtung für den gesamten Handhabungsprozess definiert. Alle anderen Massenträgheitskräfte sind in ihrer Höhe und in ihrer Richtung je nach Bewegungsbahn und Beschleunigungsgröße zu ermitteln.

Wird mit dem Handhabungssystem, und damit mit dem Werkstück, eine reine Translationsbewegung ausgeführt, so ist die resultierende Kraft je nach Richtung der Bewegung zu bezeichnen.

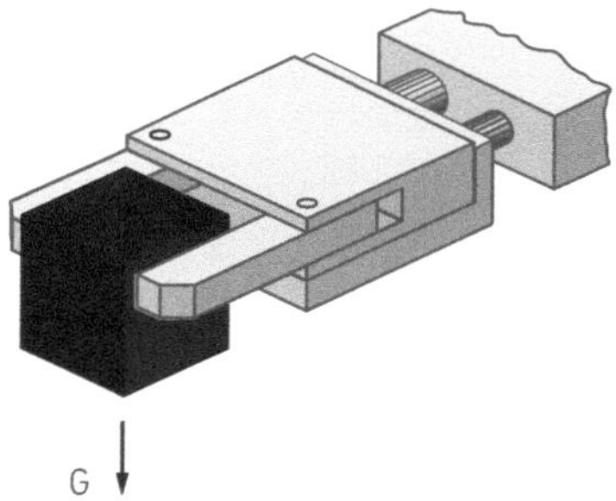

Abbildung 4.2 Statische Situation beim Greifen. Greifkraft muss die Gewichtskraft kompensieren.

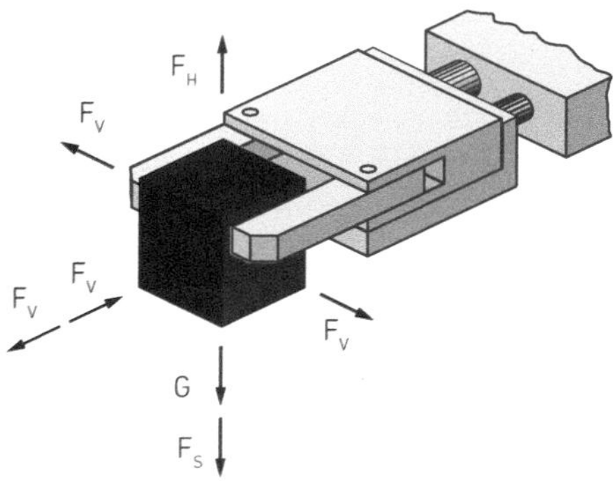

Abbildung 4.3 Dynamische Handhabungssituation mit den jeweiligen Reaktionskräften

Abbildung 4.4 Roboter mit Doppelgreifer hebt Werkstücke aus Werkstückaufnahme (Quelle: Erhardt und Abt)[121]

In Abbildung 4.4 ist die Entnahme von Werkstücken aus einer Vorrichtung in der Entnahmesequenz dargestellt.

Dabei werden die Vertikalkräfte mit V und die Kräfte zum Heben (H) bzw. zum Senken (S) mit den entsprechenden Buchstaben gekennzeichnet.

Sind, wie in Abbildung 4.3 gezeigt, die Bewegungen eines Greifers zum Heben oder Senken genau parallel zur Gewichtskraft G, ergibt sich die

Kraft zum Heben

$$F_H = mg\left(1 + \frac{a}{g}\right)$$

und die **Kraft zum Senken**

$$F_S = mg\left(1 - \frac{a}{g}\right)$$

Aus diesen Formeln wird klar, dass die Kraft, die aus der Beschleunigung durch das Handhabungssystem kommen kann, deutlich über der aus der Erdbeschleunigung liegen kann. Für die Kräfte in waagerechter Richtung, also senkrecht zur Wirkungslinie der Gewichtskraft G, gilt die Berechnung zum Versetzten des Werkstücks.

Die Darstellung der Kräfte am Werkstück zeigt, dass die Kraft zum Versetzen von den Wirkelementen wie bei Formschluss aufgenommen wird. Dies ist dann der Fall, wenn eine rein horizontale Bewegung senkrecht zu den Wirkelementen ausgeführt wird. Es wird deutlich, welche Bedeutung das Greifprinzip für die benötigte Greifkraft hat.

Kraft zum Versetzen

$$F_R = \sqrt{G^2 + F_V^2}$$

mit dem Richtungswinkel:

$$\rho = \arctan \frac{F_V}{G}$$

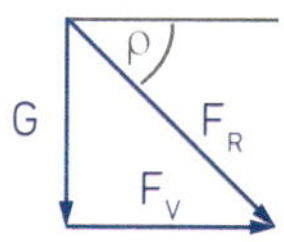

Wird das Werkstück auf einer Kreisbahn vom Handhabungssystem bewegt, so ist eine ständige Beschleunigung in Richtung des Zentrums der Drehbewegung notwendig. Diese Zentrifugalbeschleunigung löst die entgegengesetzte Zentrifugalkraft bzw. Fliehkraft aus.

Kraft durch Rotation

$$F_z = m\omega^2 r$$

Da die Winkelgeschwindigkeit im Quadrat in die Gleichung eingeht, entstehen hierdurch gerade bei schnellen Handhabungssystemen mit ihren schnellen Rotationsachsen enorme Fliehkräfte.

Analog zu den translatorischen Bewegungen wird zur Änderung der Rotations- oder Winkelgeschwindigkeit eine Tangentialbeschleunigung at benötigt. Die Tangentialbeschleunigung wirkt senkrecht zur Fliehkraft F_Z oder zur Zentrifugalbeschleunigung a_Z. Die dadurch innerhalb einer bestimmten Zeit t erreichte Rotationsgeschwindigkeit (w) definiert die sogenannte Winkelbeschleunigung.

$$\omega = \frac{(\omega_2 - \omega_1)}{t}$$

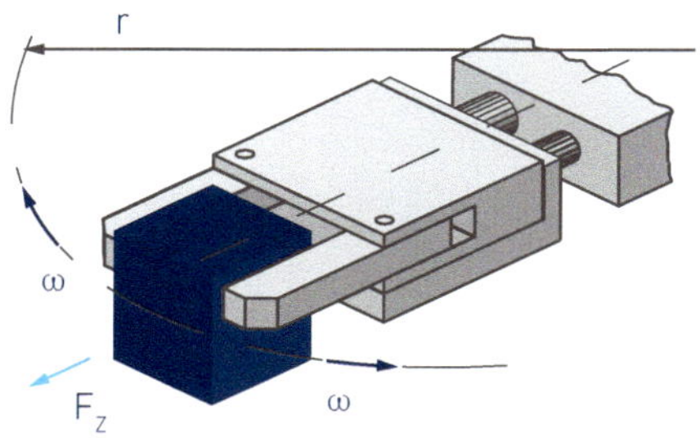

Abbildung 4.5 Fliehkraft

Bei einer beschleunigten Rotation überlagern sich die Zentrifugalbeschleunigung a_z und die Tangentialbeschleunigung a_t. Damit ergibt sich die Beschleunigung des Werkstücks bei rotatorischer Bewegung zur Gesamtrotationsbeschleunigung

$$a_R = \sqrt{a_Z^2 + a_t^2}$$

mit dem Richtungswinkel:

$$\beta = \arctan \frac{a_z}{a_t} = \arctan \frac{\omega^2}{\alpha}$$

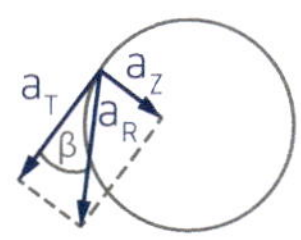

Bei einer beschleunigten Rotation überlagern sich die Zentrifugalbeschleunigung a_z und die Tangentialbeschleunigung a_t. Damit ergibt sich die Beschleunigung des Werkstücks bei rotatorischer Bewegung zur Gesamtrotationsbewegung.

Einbausituation	Richtung der Beschleunigung	Kraft/notwendige Greifkraft pro Greiffinger	
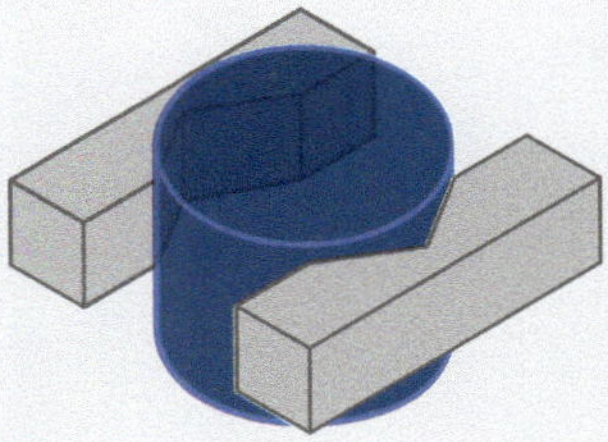	↕	$F_G = m(a_z+g)\frac{\sin\frac{\alpha}{2}}{2\mu} S$	
	⤢	$F_{G;z} = mg\frac{\sin\frac{\alpha}{2}}{2\mu} S$	$F_{G;x} = ma_x\frac{\tan\frac{\alpha}{2}}{2} S$
	⤡	$F_{G;z} = mg\frac{\sin\frac{\alpha}{2}}{2\mu} S$	$F_{G;y} = ma_y S$
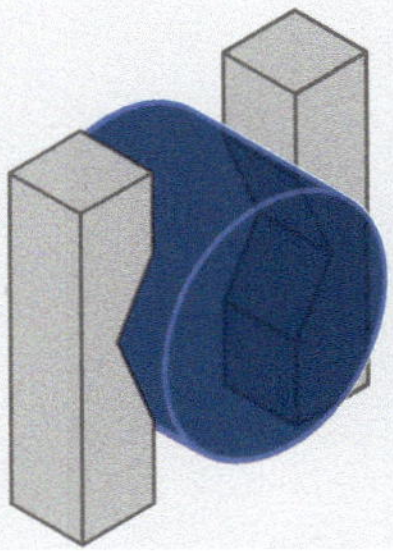	↕	$F_G = m(a_z+g)\frac{\tan\frac{\alpha}{2}}{2} S$	
	⤢	$F_G = m\left(a_x+g\frac{\tan\frac{\alpha}{2}}{2}\right) S$	
	⤡	$F_{G;z} = mg\frac{\tan\frac{\alpha}{2}}{2} S$	$F_{G;y} = ma_y\frac{\sin\frac{\alpha}{2}}{2\mu} S$
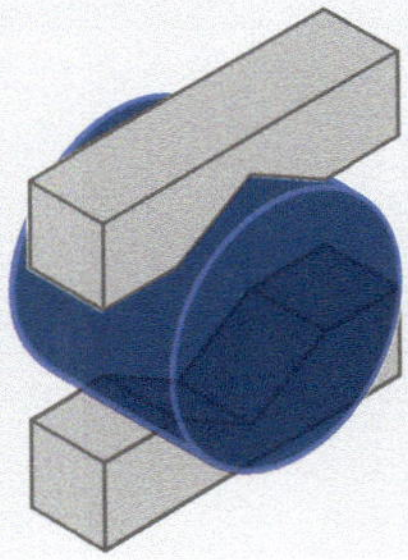	↕	$F_G = m(a_z+g)\ S$	
	⤢	$F_G = m\left(g+a_x\frac{\tan\frac{\alpha}{2}}{2}\right) S$	
	⤡	$F_{G,z} = mg\,S$	$F_{G;y} = ma\frac{\sin\frac{\alpha}{2}}{2\mu} S$

Tabelle 4.3 Auswirkungen der Bewegung auf die notwendigen Greifkraft pro Finger (Quelle: Seegräber)[122]

Bei der Verwendung von rotativen Bewegungen in der Bahn mit Greifer und Werkstück, wird daher versucht, die Aufnahme des Werkstücks formschlüssig zu gestalten, wie dies in Abbildung 4.6 gezeigt wird. Das Kunststoffzahnrad ist in seiner zentralen Bohrung über den Zapfen formschlüssig aufgenommen und kann durch die Fliehkräfte der Bewegung nicht verloren gehen.

Je nach Greifsituation und Aufnahmemöglichkeit lassen sich auch Innengriffmöglichkeiten nutzen, um bei Rotation die Fliehkräfte auf die Greifsituation zu vermeiden. Der Innengriff erfordert eine entsprechende Werkstückgeometrie, die den formschlüssigen Eingriff der Wirkelemente ermöglicht. Diese Möglichkeit ist nicht in jeder Greifsituation gegeben.

Aus Abbildung 4.7 wird deutlich, dass die Sicherheit für den Werkstückverbleib im Greifer selbst bei hohen Bewegungsdynamiken durch die richtige Platzierung des Werkstücks zu den Wirkelementen entscheidend ist.

Bereits bei der Analyse des Werkstückspektrums und der Diskussion des Angriffspunktes von Wirkelementen

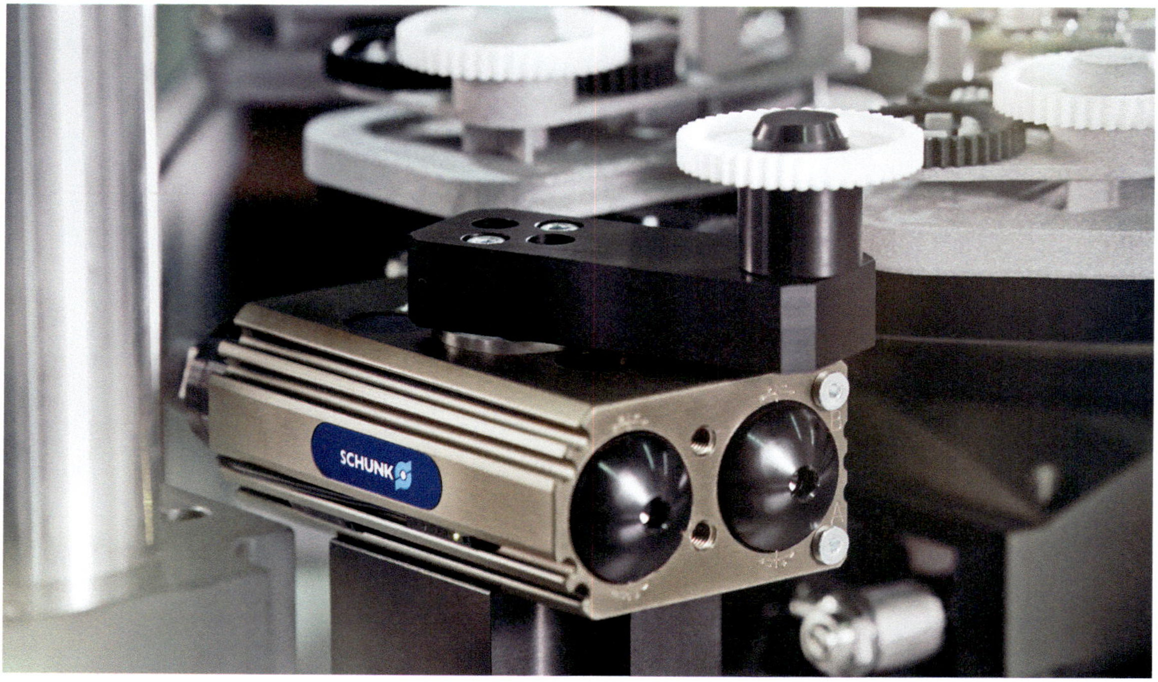

Abbildung 4.6 Schwenkeinheit mit Werkstück auf einer formschlüssigen Aufnahme (Quelle: SCHUNK)[123]

Abbildung 4.7 Schwenkeinheit mit Werkstück auf formschlüssiger Aufnahme (Quelle: SCHUNK)[123]

wurde auf die Wichtigkeit der Schwerpunktlage zwischen den Greiferfingern hingewiesen. Bei der Betrachtung von Abbildung 4.8 und Abbildung 4.9 wird in Verbindung mit den Massenträgheitsformeln deutlich, wie entscheidend diese Kraft für die Greifkraft ist. Mit dem Greifen nahe dem Werkstückmassenschwerpunkt werden die Hebelkräfte reduziert, die sich bei der Bewegung des Werkstücks ergeben.

Mit dem Abstand r zwischen dem Massenschwerpunkt und dem Angriffspunkt der Wirkelemente kann die folgende Formel gebildet werden:

$M = m \cdot a \cdot r$
M = Moment (Nm)
m = Werkstückmasse (kg)
a = Beschleunigung in Richtung Q (m/s^2)
r = Abstand Schwerpunkt zur Greifpunkt (m)

Das Moment in Abbildung 4.8 wirkt gegen die Wirkelemente des Greifers und kann dort zu erhöhtem Verschleiß in der Greiferkinematik führen, wenn dieser nicht entsprechend ausgelegt wurde. Darüber hinaus wirkt dieses Moment entgegen der Antriebsbewegung des Greifers selbst. Das wirkt sich je nach Gestaltung der Wirkelemente unterschiedlich auf die Greifsicherheit aus. Bei Greiferfingern, die rein auf Reibschluss ausgelegt sind, ergibt sich ein Kippmoment wie in Abbildung 4.8, wenn eine Querfahrt mit dem Greifer gefahren wird. Die Greifkraft muss so ausgelegt sein, dass diese das Kippmoment kompensieren kann.

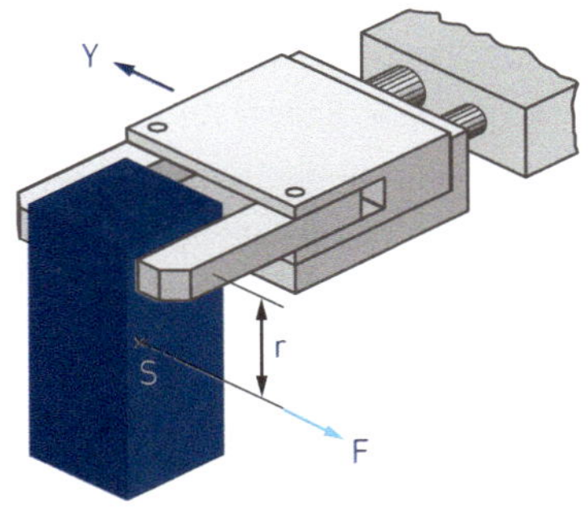

Abbildung 4.8 Verdrehen der Greiffinger bei Querfahrt

Bei der Bewegung, wie in Abbildung 4.9 dargestellt, muss der Greifer selbst keine erhöhten Momente oder Greifkräfte aufnehmen. Es ist jedoch damit zu rechnen, dass das Werkstück bei zu hohen Beschleunigungen oder zu geringen Reibkräften aus dem Greifer gedreht wird. Hier ist vor allem die Abhängigkeit von bestimmten Reibwerten in der Praxis nachteilig. Sollten die Reibwerte z.B. durch unvermeidbare Verschmutzungen stark schwanken, wäre eine Umgestaltung der Finger hinsichtlich eines Formschlusses wünschenswert.

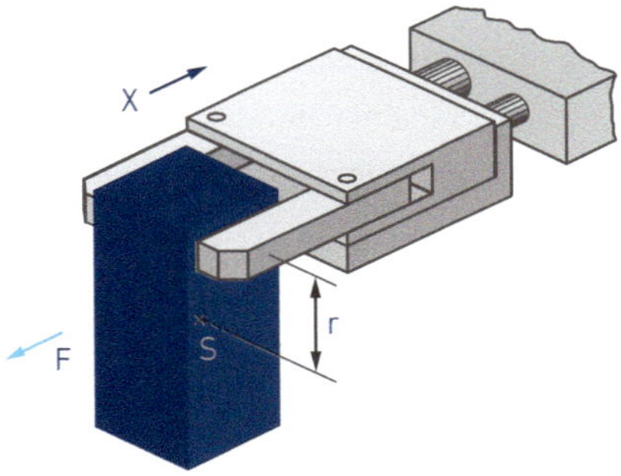

Abbildung 4.9 Möglichkeit des Herausrutschens des Werkstückes

Abbildung 4.10 zeigt ein formschlüssig aufgenommenes Werkstück im Greifer. Das Kippmoment aufgrund des exzentrisch liegenden Masseschwerpunktes wird durch die Nut im Werkstück aufgenommen, in die die Finger eingreifen. Ein Herausdrehen des Werkstücks aus dem Greifer ist so nicht möglich. Auch bei Bewegung in x-Richtung ist ein Herausrutschen unmöglich. Allerdings kann bei einer Bewegung in z-Richtung die Position des Werkstücks im Greifer verändert werden. Es kann zu einer Verschiebung kommen, wenn die Greifkräfte zu gering sind.

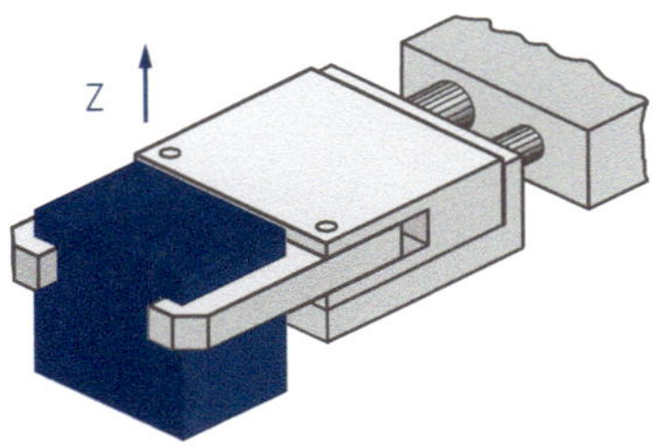

Abbildung 4.10 Formschlüssiges Greifen verhindert das Herausrutschen in Z-Richtung.

4.1.2 Auswirkungen von Prozesskräften

Prozesskräfte ergeben sich zusätzlich aus der jeweiligen Aufgabenstellung der Handhabungstechnik. Es kann zwischen den bekannten oder kalkulierbaren Prozesskräften und den unbekannten oder unvorhergesehenen Prozesskräften unterschieden werden.

Wenn beispielsweise Füge- oder Bearbeitungsvorgänge auszuführen sind, werden diese Kräfte über das Werkstück in den Greifer eingeleitet. Diese Kräfte können in einem gewissen Rahmen im Voraus berechnet und der Greifer entsprechend ausgewählt werden, um das Werkstück bei der Bearbeitung nicht zu verlieren.

Treten Kräfte auf, wie sie z. B. durch Verspannung der Werkstücke in einem Magazin durch zu enge Toleranzen entstehen können, so sind diese vielleicht bei der Auslegung des Systems vorher nicht bekannt. Derartige Kräfte führen dann in der Regel zu Störungen im Ablauf und werden häufig erst in der Inbetriebnahme- oder Hochlaufphase eines automatischen Systems erkannt. Ähnliche Schwierigkeiten ergeben sich z. B. durch Verschmutzungen von Werkstücken. Wir wollen uns im Folgenden mit den planbaren Prozesskräften auseinandersetzen.

Mit den bekannten Prozesskräften endet die reine Handhabung und beginnt die Wertschöpfung am Werkstück, d. h., die Handhabung geht in eine Bearbeitung über. Diese Bearbeitung der Werkstücke ist für die Greiftechnik immer gesondert zu betrachten, da dabei neben den eigentlichen Handhabungskräften nun auch noch die Bearbeitungskräfte vom Greifer zusätzlich aufgenommen werden müssen, wie dies in Abbildung 4.11 bei einer Polierbearbeitung gezeigt wird.

Das Werkstück wurde hierzu in einem Dreibackengreifer möglichst in der auftretenden Kraftrichtung mit einem Greiferbacken abgestützt. Keine Frage, dass durch diese Art der Bearbeitung deutlich höhere Kräfte auf den Greifer wirken, als dies bei einer reinen Handhabungsbewegung der Fall ist. Aber auch schon bei einfachen Füge- oder Entnahmeaufgaben können Kräfte auftreten, die sowohl für das Werkstück als auch für das Handhabungssystem eine Gefahr darstellen können.

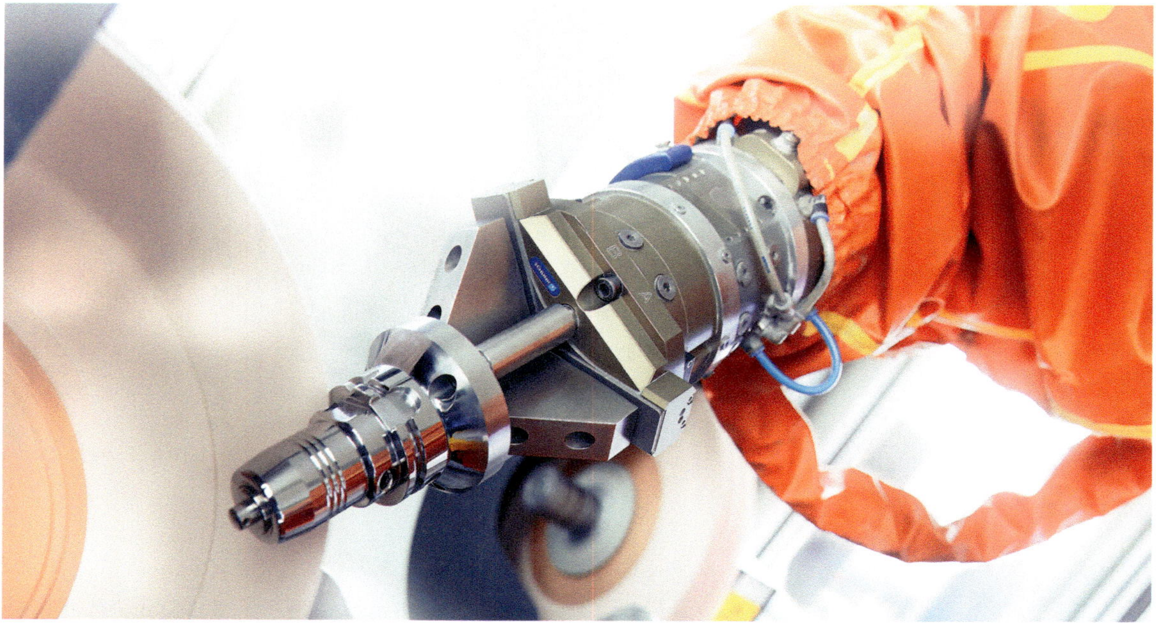

Abbildung 4.11 Polierbearbeitung eines Werkstücks im Dreibackengreifer (Quelle: SCHUNK)[123]

Soll beispielsweise, wie in Abbildung 4.12 dargestellt, ein Werkstück aus einem Magazin oder einer Aufnahme entnommen werden, so kann nicht immer eine ausreichend genaue Positionierung des Handhabungssystems garantiert werden. Es kann beispielsweise eine Ablagegenauigkeit erforderlich sein, die durch das Handhabungssystem nicht erreicht wird. Ein genaueres Handhabungssystem könnte unter Umständen die Wirtschaftlichkeit der gesamten Applikation gefährden. Diese relativen Ungenauigkeiten würden bei jeder Entnahme zu Kräften auf das Werkstück und den Roboterarm führen, was wiederum das Werkstück beschädigen und auf Dauer zu einem höheren Verschleiß am Roboter führen würde. Darüber hinaus würde auch die Greiferkomponente durch die ständige Belastung in Mitleidenschaft gezogen. Hier bieten sogenannte passive Ausgleichseinheiten die Möglichkeit, beispielsweise Positionsversätze des Handhabungsgeräts gegenüber dem Werkstück in x- und y-Richtung auszugleichen.

Hierzu wird die Ausgleichseinheit zwischen dem Greifer und dem Handhabungssystem eingebaut. Diese Funktionsweise ist in Abbildung 4.13 dargestellt, bei der im Aufnahmepunkt des Bolzens ein Versatz D zwischen dem Toolcenterpoint des Roboters und der Mittellinie des Werkstücks gezeigt wird. Übertrieben dargestellt ist in der Figur 1 zu sehen, wie der rechte Greiferfinger den Bolzen zuerst berührt, bevor in Figur 2 der Greifer dann komplett geschlossen ist und die Ausgleichseinheit den Versatz ausgleichen kann. In Figur 3 ist dargestellt, wie der Roboter die Ausgleichseinheit mitsamt dem Greifer und dem Werkstück handhabt und dabei noch den Versatz D aufweist. Erst in Figur 4 wird dann dieser Versatz durch eine Verriegelung der Ausgleichseinheit wieder aufgehoben. Nun ist ein Fügen des Bolzens mit bekannter Position im Greifer möglich, wobei die Mittellinie des Werkstücks mit der des Roboters fluchtet. Häufig werden die Ausgleicheinheiten eingesetzt, wenn der Roboter für die Fügeaufgabe nicht genau genug ist. Das heißt, auch zum Ablegen des Werkstücks kommt die

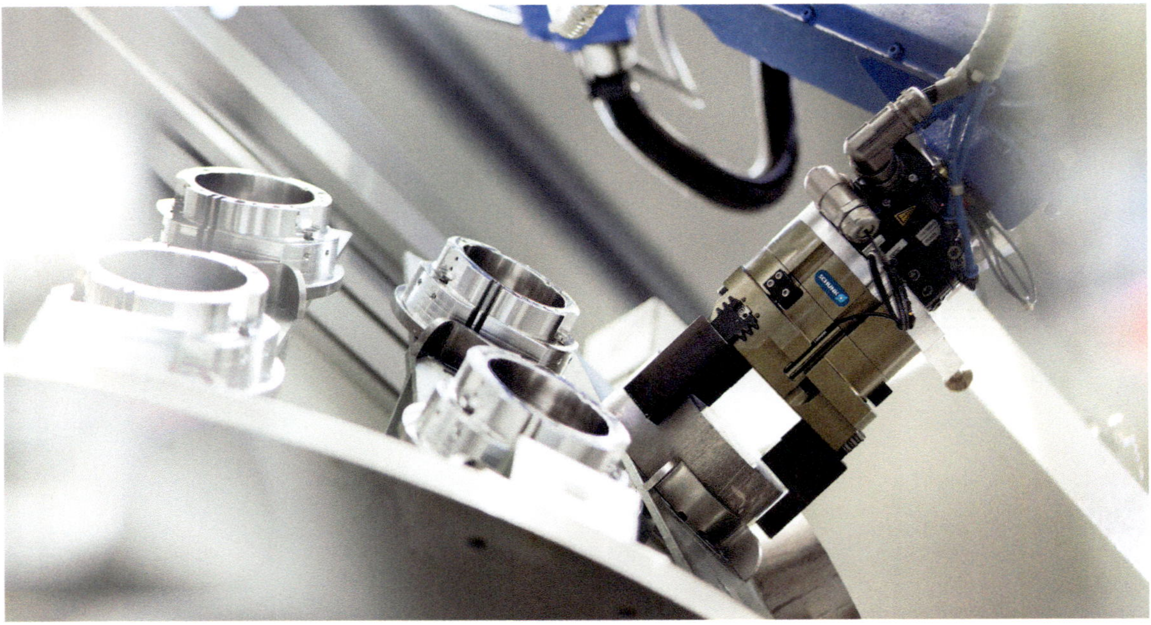

Abbildung 4.12 Entnahme eines Werkstücks aus einem Magazin (Quelle: SCHUNK)[123]

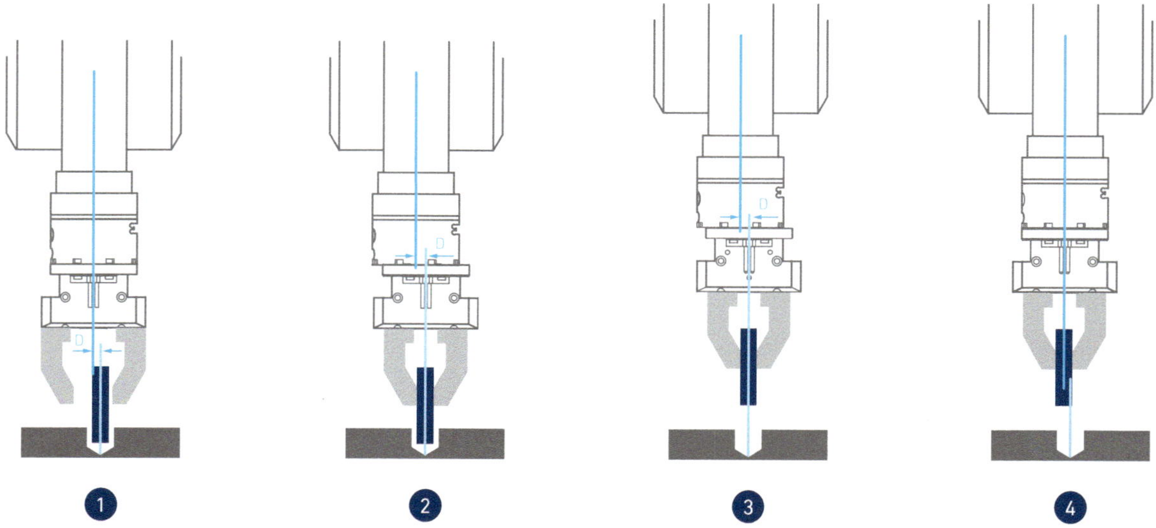

Abbildung 4.13 Funktionsweise einer Ausgleichseinheit beim Entnehmen eines Bolzens aus einer Situation mit Positionsfehler

Ausgleichseinheit zum Einsatz. Vor dem Fügevorgang wird die Einheit „weich" geschaltet und der Versatz durch die Ungenauigkeit der Komponente wird ausgeglichen. Derartige Ausgleichseinheiten können je nach Bauart mehrere Millimeter an Versatz ausgleichen. Auch Winkelversätze von mehreren Grad sind möglich. Neben dem Ausgleichsvorgang durch das Verriegeln (in der Regel durch Pneumatik) der Ausgleichseinheit hat das Verriegeln die Funktion, dass während der Handhabung keine Bewegung des Greifers gegenüber dem Handhabungssystem stattfinden kann. Dies ist gerade bei engen Platzverhältnissen wichtig, da hierdurch Kollisionen vermieden werden können. Daher kann die Verriegelungsfunktion auch nochmals über Sensoren erfasst werden, um sicherzustellen, dass die Pneumatik funktioniert hat.

Auch in z-Richtung kann ein Ausgleich notwendig sein. Hierfür gibt es wiederum spezielle Ausgleichsvorrichtungen, die eine Bewegungsmöglichkeit in diese Richtung besitzen. In Abbildung 4.14 ist eine solche Ausgleichseinheit auf Basis von Federelementen zu sehen.

Abbildung 4.14 Ausgleichseinheit in z-Richtung (Quelle: SCHUNK)[123]

Ausgleichseinheiten ohne Federn werden auf Elastomerbasis gebaut.

Jede Bauart hat bestimmte Vorteile hinsichtlich Baugröße, Gewicht oder Kosten. Der Anwender muss hier mit dem Hersteller den Einsatzfall abstimmen, um die optimale Lösung auswählen zu können. Berechnungsvorlagen wie beim Greifen gibt es für Ausgleichseinheiten nicht.

Gerade beim Fügen von Bauteilen in der Montage ist es immer wieder hilfreich, den Bewegungsvorgang nicht starr programmiert ablaufen zu lassen, da dadurch die Bauteile beim Fügen beschädigt werden können oder der Fügevorgang stoppt, wenn die Bauteile keine Passung zueinander finden.

Die sogenannten passiven Fügehilfen sind dabei eine Möglichkeit, den Vorgang prozesssicher zu gestalten. In Abbildung 4.15 ist ein Vergleich des manuell durchgeführten Montagevorgangs mit dem technisch gelösten Vorgang dargestellt. Ähnlich wie die Hände des Menschen versuchen, mit dem Gefühl der Finger die Passung zwischen Werkstück und Basisteil herzustellen, ist die Aufgabenstellung mit technischen Mitteln gelöst. Man gibt dem Werkstück zwischen den Fingern etwas Luft und lässt es sich in die Passung finden. Diese Funktion entspricht also im Prinzip der Ausgleichseinheit, die zwischen Roboterarm und Greifer montiert wird.

Der Roboter hat dabei eine höhere Wiederholgenauigkeit als der Mensch und findet die Fügeposition auf den Zehntelmillimeter genau wieder. Jedoch ist der Fügevorgang dann in der Regel „gefühllos" und daher für das Werkstück und den Arm selbst eine Belastung. Die Prozesskräfte beim Fügen werden hier nicht erkannt und der Arm gibt nicht nach.

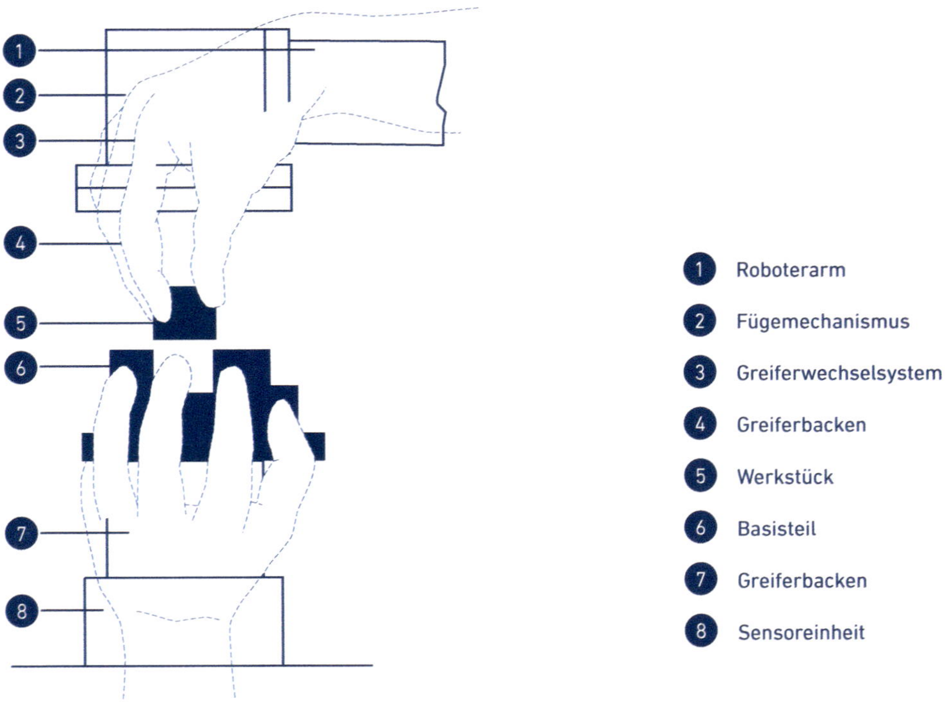

Abbildung 4.15 Vergleich eines Fügevorgangs des Menschen mit dem Roboterfügen

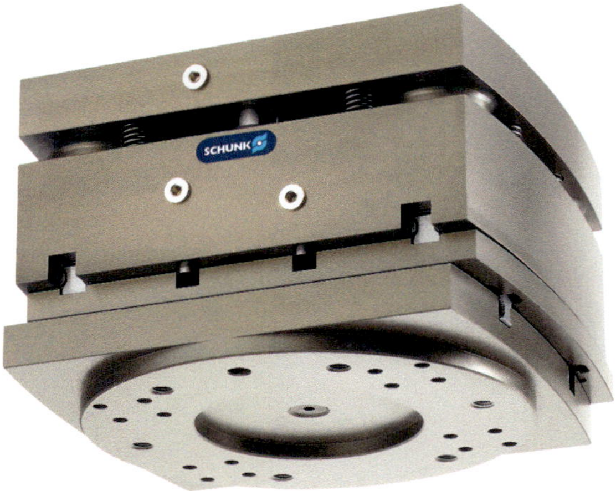

Abbildung 4.16 Ausgleichseinheit für xyz-Richtungen (Quelle: SCHUNK)[123]

Für Fügebewegungen die höhere Freiheitsgrad bei der Montage erfordern gibt es Augleichseinheiten, die sich in xyz-Richtungen frei schalten lassen.

Zur Erfassung dieser Prozesskräfte steht heute eine Vielzahl von Messtechniken zur Verfügung. An dieser Stelle sollen lediglich die Messtechniken aufgezeigt werden, die sich über modular integrierbare Komponenten in die Handhabungskette einfügen lassen. Das Erfassen der Prozesskräfte bei der Bearbeitung von Werkstücken kann dabei dem reinen Überlastschutz dienen, wird aber immer häufiger zur Prozesssteuerung und Qualitätssicherung genutzt. Moderne Robotersteuerungen bieten hierzu schnelle Sensoreingänge an der Steuerung an, sodass der Roboter in Echtzeit auf überhöhte Anpresskraftwerte mit einem

Abbildung 4.17 Ausgleichseinheit zwischen dem Roboterflansch und dem Greifer (Quelle: Liebherr)[124]

Ausweichen der programmierten Werkstückkontur reagieren kann. Die immer konstanten Anpresskräfte garantieren dabei eine konstante Bearbeitungsqualität, die über die erfassten Sensordaten hinaus ebenfalls rückverfolgbar dokumentiert ist.

Zusätzlich ist es möglich, über das Erfassen eines gleichmäßigen Anpressdrucks an die Polierscheibe die Bewegungsbahn des Roboters beispielsweise einer Kontur des Werkstücks automatisch anzupassen. So muss bei einer Konturänderung der Werkstückgeometrie nicht unbedingt ein neues Programm geschrieben werden und somit reduziert sich der Programmieraufwand für eine Variante des Werkstücks.

Ein Beispiel für ein solches Prozessdatenerfassungsmodul sind die sogenannten FTC-(Force-Torque-Compliance-)Sensormodule, die zwischen dem Greifer und der Handhabungseinrichtung verbaubar sind.

Ziel ist es dabei, die Kräfte in den translatorischen Bewegungsrichtungen und die Kippmomente in allen Richtungen zu erfassen und innerhalb von 1 Millisekunde an die Steuerung des Handhabungsgeräts weiterzugeben.

Es können die nachgiebigen und die steifen Sensoren unterschieden werden. Die nachgiebigen Sensoren bestehen beispielsweise bei einer Ausführungsform aus auf einem Kern montierten Dioden, die über einen Blendenring ihr Licht auf lichtempfindliche Sensoren aussenden. Dieses Prinzip funktioniert damit ähnlich einer 3D-Maus für CAD-Anwendungen beim Computer.

Wird der Diodenkern gegenüber dem Außenring mit den Empfängern gekippt, so werden die Positionsveränderungen in elektrische Signale umgewandelt. Durch die Umrechnung in Bewegungsdaten können dann die auftretenden Momente und Kräfte ermittelt werden, wenn die gegenhaltenden Kräfte der ebenfalls eingebauten Federpakete bekannt sind.

Dabei sind die zu messenden Kraft- und Momentenrichtungen zu berücksichtigen. Die Verlagerungen, die der Sensor für das Werkstück dabei zulässt, sind in x-, y- und z-Richtung maximal +/– 1,4 mm und in den Rotationsrichtungen maximal +/– 1,4°.

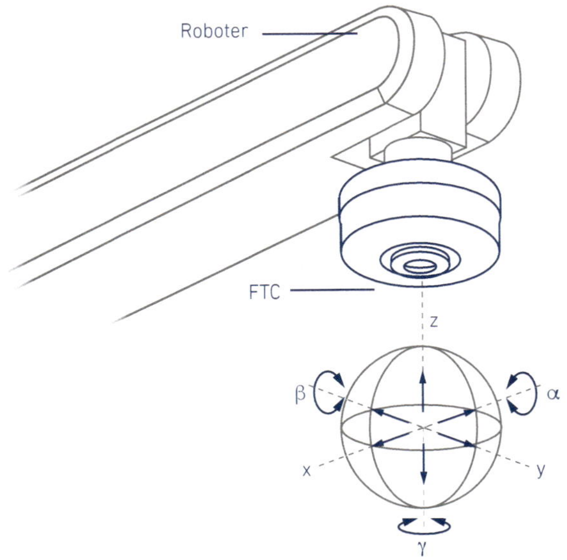

Abbildung 4.18 FTC-Bewegungsmöglichkeiten

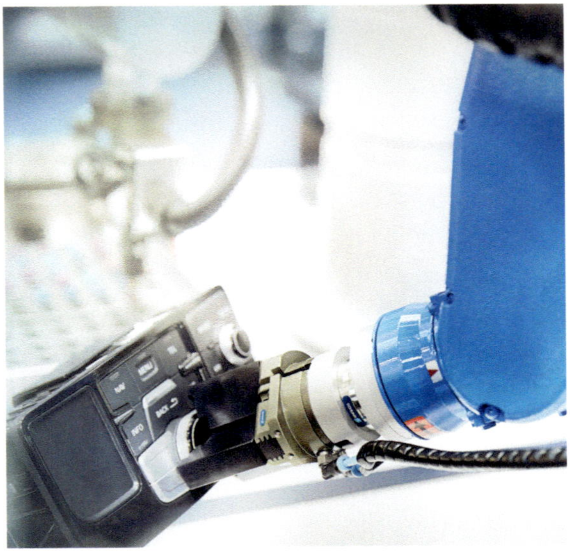

Abbildung 4.19 FTC-Sensor im Einsatz beim Fügen von Ventilen (Quelle: SCHUNK)[123]

4

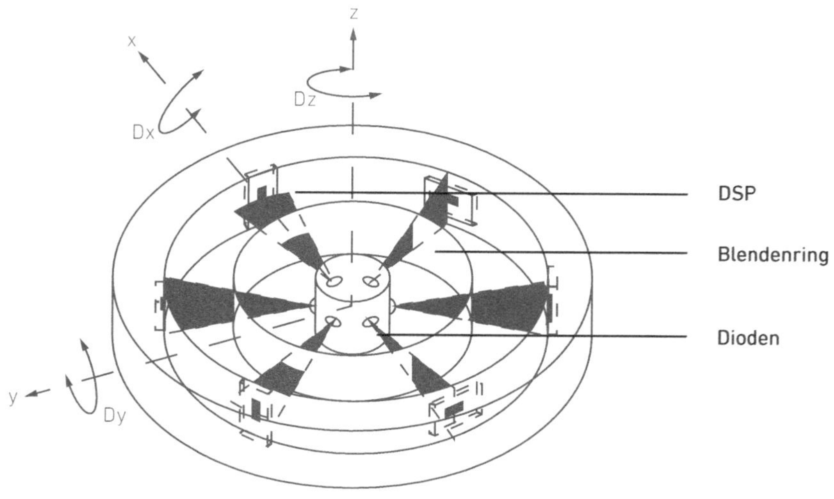

Abbildung 4.20 Messprinzip des FTC-Positionssensors

Ähnlich wie bei den Ausgleichseinheiten lassen sich solche weichen Sensoren verriegeln. Hierzu kann ein pneumatischer Antrieb gewählt werden, der die Beweglichkeit blockiert, wenn z. B. der Roboter mit Greifer und Werkstück eine schnelle Transportfahrt machen soll. Die Messung ist dann während dieser Roboterbewegung nicht möglich. Der Sensor muss in dem Fall zur Messung freigeschaltet werden.

Alternativ zu den einfedernden Kraftmesssensoren gibt es Sensoren, die mithilfe von Dehnmessstreifen (DMS) die Kräfte und Momente aufnehmen können. Hierzu werden die DMS entsprechend den Kraftrichtungen auf sogenannte Messbalken aufgebracht. Diese müssen aufgrund ihrer Bauart nicht blockiert werden, wenn sich der Roboter bewegt. Sie können also auch während der Fahrt Messungen durchführen. Die Sensoren können in allen sechs Raumrichtungen die Kräfte ermitteln.

Industriell angebotene Sensorenkomponenten auf Basis dieses Messprinzips können beispielsweise Lastmessbereiche zwischen 8 N und 40.000 N abdecken. Mit ihnen lassen sich bei den Kraftkomponenten F_x, F_y und F_z Auflösungen von bis zu 1/320 N und bei den Momentenkomponenten M_x, M_y und M_z Auflösungen von bis zu 1/8000 Nm erfassen. In Verbindung mit dem serienmäßig integrierten Temperaturausgleich bleibt die hohe Messgenauigkeit im Prozessverlauf über eine große Temperaturspanne hinweg erhalten, sodass auch bei schwankenden Temperaturen der Einsatz möglich ist. Moderne Komponenten bieten dabei eine Vielzahl an Schnittstellen und Messbereichen für den Anschluss und die Auswertung der erfassten Kräfte an. So lässt sich gerade bei unterschiedlichen Applikationen in einer Roboterzelle die Flexibilität erhalten.

Ein Beispiel für den Einsatz ist die Produktion von Bändern (Stahlbändern) mit Verformung in nicht sichtbaren Bereichen, deren Oberflächengüte und Rauheitskennwerte für die Ergebnisse beim späteren Tiefziehen entscheidend sind. Ein Roboter ist in der Lage, das dressierte, also mit einer feinen Oberflächenstruktur versehene, Band feinfühlig abzuziehen und so für die Begutachtung durch den Inspektionsmitarbeiter zu präparieren. Ziel der regelmäßigen Inspektion am stehenden Nachwalzgerüst ist es, Unregelmäßigkeiten auf dem Band oder auf den Walzmedien zu erkennen, die sich unter Umständen über eine längere Strecke hinweg auf die komplette Charge auswirken würden. Hierzu werden zunächst einige Meter des Bandes auf den

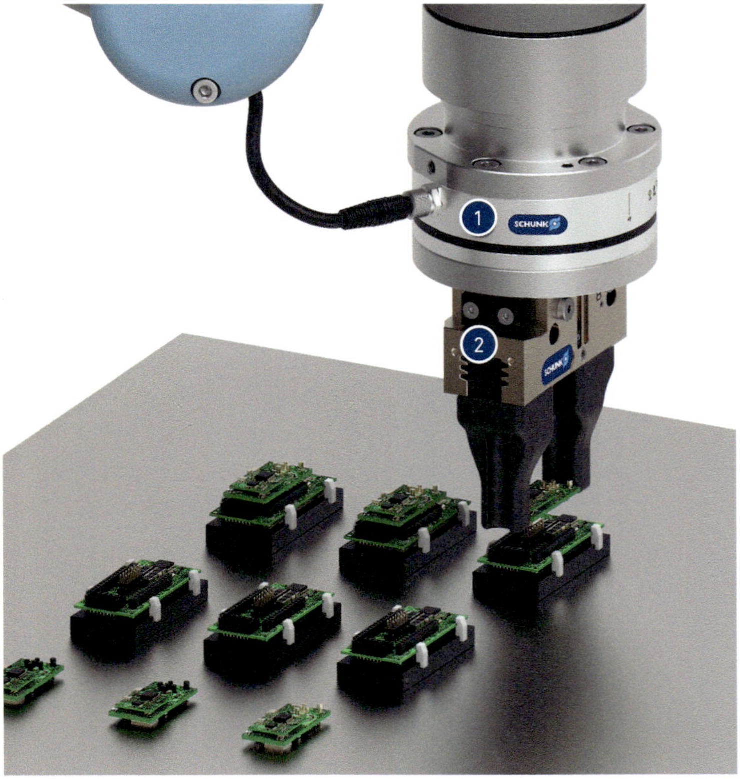

Abbildung 4.21 Feinfühlige Montage von Platinen mit einem starren Kraft-Momenten-Sensor (Quelle: SCHUNK)[123]

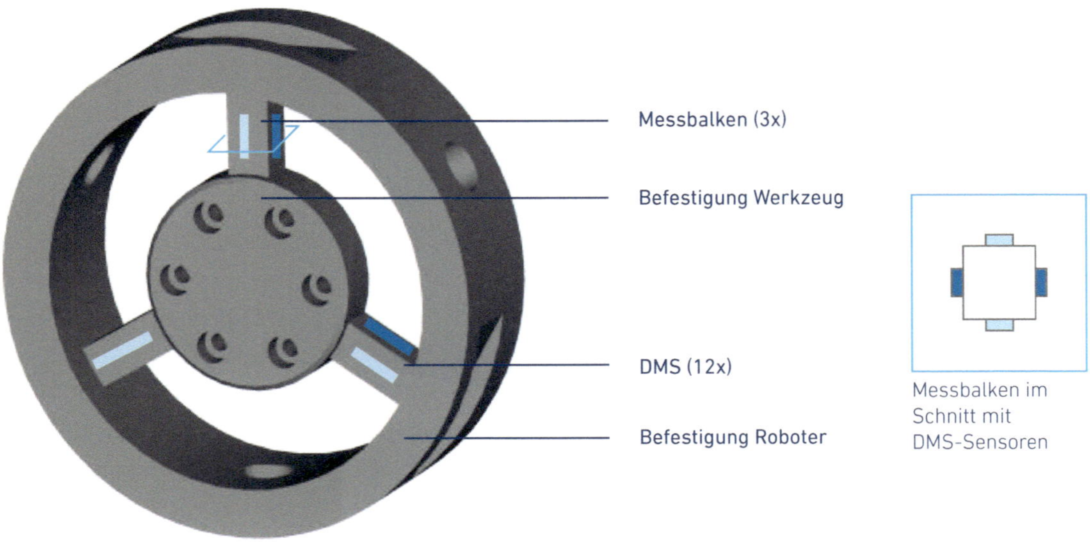

Abbildung 4.22 Darstellung des Messprinzips bei festen Kraft-Momenten-Sensoren

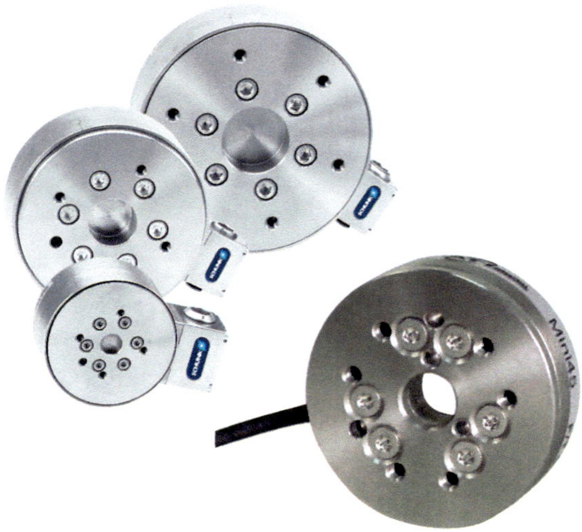

Abbildung 4.23 FT-Sensoren in unterschiedlichen Größenordnungen (Quelle: SCHUNK)[123]

Haspeldorn gewickelt. Anschließend wird das unter Zug stehende Band auf einer Länge von rund 1 m über die komplette Breite leicht angeschliffen.

Was bisher rein manuell erfolgte, übernimmt heute mehr und mehr ein Anschleifroboter. Hierzu richtet dieser den Schleifstein zunächst parallel zu dem je nach Wickelhöhe unterschiedlich geneigten Band im Winkel von rund 45° aus. Anschließend fährt er die komplette Breite des Bandes sensorgeregelt ab. Dabei liegt der Anpressdruck kontinuierlich bei rund 40 N, was ungefähr der Kraft entspricht, die der Inspektor auch beim manuellen Anschleifen aufbringt. Hierdurch wird der Mitarbeiter in der Inspektion deutlich entlastet, da die Zugänglichkeit in diesem Bereich erschwert ist. Zudem ist die Reproduzierbarkeit des Anschleifens deutlich gestiegen. Bei den meisten Bändern erledigt der Roboter seine Aufgabe bereits so perfekt, dass der Inspekteur lediglich noch die abgezogene Fläche optisch beurteilen und eventuelle Auffälligkeiten klassifizieren muss.

Rund 80 % der Bänder lassen sich bereits heute automatisiert anschleifen. Für einen kompletten Schliff benötigt der Roboter derzeit rund 5 Minuten. Lediglich bei dickeren Bändern kann es während des Anschleifens zu einer plötzlichen Umlagerung der Eigenspannung, einem sogenannten Knackfrosch, kommen, der vom Sensor bisher noch nicht verarbeitet werden kann. Bei sehr hohen Qualitäten, also sehr dünnen Bändern, wiederum kommt es zum Teil zu Schwingungen des gespannten Bandabschnitts, die ein starkes Nachregeln des Roboters erforderlich machen, wodurch die Schleifgeschwindigkeit sinkt. Im nächsten Schritt sollen daher die Bearbeitungszeit und die Güte des Schliffbildes weiter optimiert werden, um die Lösung künftig auch an solchen Anlagen einsetzen zu können, bei denen für die Inspektion nur ein eingeschränktes Zeitfester zur Verfügung steht. Darüber hinaus gibt es bereits erste Überlegungen, eine automatisierte Oberflächeninspektion einzusetzen, was bisher jedoch aufgrund der Komplexität der Fehlererkennung technisch noch nicht zuverlässig möglich ist. Da sämtliche Komponenten der Applikation vom Roboter über den Sensor bis hin zur Software standardisiert sind, lässt sich die modular aufgebaute Lösung sehr effizient auf andere Anwendungen mit ähnlichen Anforderungen übertragen.

Mit exakt dosierter Kraft streicht der Anschleifroboter in Abbildung 4.25 über die Oberflächen des gespannten Bandes und erzeugt dabei ein gleichmäßiges Schliffbild. Der zwischen Roboter und Stahloberfläche angebrachte Kraft-Momenten-Sensor übermittelt die Parameter an die Robotersteuerung.

Eine schwer zugängliche Arbeitssituation und fehlende Umbaumöglichkeiten an der vorhandenen Anlage erschweren den Einbau für den Roboter in Abbildung 4.26. Der Anschleifroboter erleichtert aber für die Inspekteure die Arbeit erheblich. Die Qualität des Anschleifergebnisses ist reproduzierbar und dank des Sensors der eines manuellen Anschleifens vergleichbar. Es lassen sich selbst minimalste Unregelmäßigkeiten auf dem Stahlband auf der angeschliffenen Fläche erkennen.

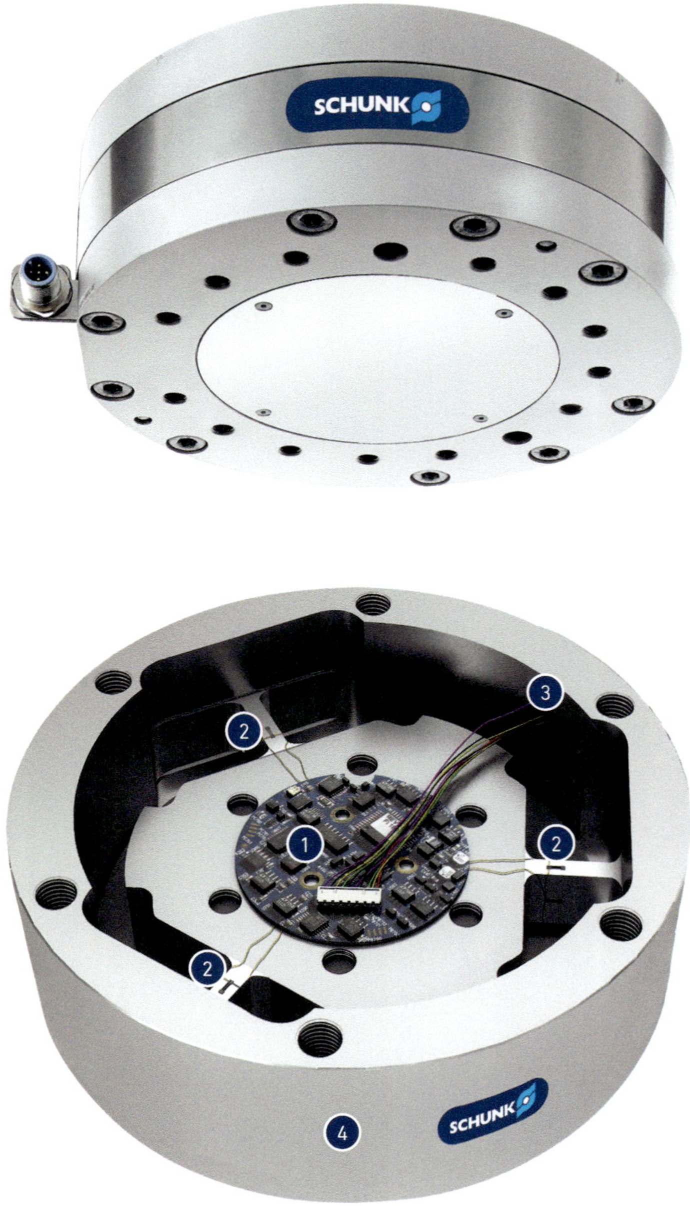

1 **Elektronik**
keine Störkontur durch Integration im Gehäuse

2 **Dehnmessstreifen**
Silizium-Dehnmessstreifen liefern ein 75-mal stärkeres Signal als konventionelle Folien-Messstreifen und reduzieren das Signalrauschen auf nahezu Null

3 **Schnittstellen**
Auswertung der Daten via EtherNet, EtherCAT, RS-422 oder RS-485

4 **IP Schutzklasse**
FT-AXIA 80 mit IP64
Baugrößen FT-AXIA 90 und FT-AXIA 130 mit IP67

Abbildung 4.24 Schnittbild eines festen Kraft-Momenten-Sensors (Quelle: SCHUNK)[123]

Abbildung 4.25 Anschleifvorgang mit Roboter (Quelle: Becker Automation)[125]

Abbildung 4.26 Einbausituation zum Anschleifen (Quelle: Becker Automation)[125]

4.1.3 Bewegung unterbrechen

Eine Kollision des Greifers bzw. des Werkstücks innerhalb des Arbeitsraumes führt meist zu Schäden. Je nach der Geschwindigkeit im Moment der Kollision und der jeweiligen Bewegungsrichtung kann dies bis hin zur Deformation des Roboterarms führen. Für die Produktion ist das eine Katastrophe, denn in der Regel kommt es durch die Kollision zum Stillstand. Das schnelle Austauschen mit einem Ersatzteil reicht hier oft nicht aus.

Im Produktionsbetrieb einer Anlage ist der Kollisionsfall nur durch einen unvorhersehbaren Betriebszustand denkbar. Dies kann beispielsweise dadurch entstehen, dass sich ein Werkstück aus seiner ursprünglich geplanten Lage im Greifer verschoben hat und so als sogenannte Störkontur aus der Bewegungsbahn herausragt. Darüber hinaus könnten Werkstücke beispielsweise auf den Bereitstellungspaletten verschoben worden sein, sodass beim Programmablauf der Greifer des Roboters auf das verschobene Werkstück auftrifft. Ebenso könnten Werkstücke oder andere Objekte von einem Mitarbeiter im Arbeitsraum des Roboters liegen gelassen worden sein, z. B. nach einem Wiederanlauf, die sich dann als Störkontur bei der Roboterbewegung verheerend auswirken.

Bei fest programmierten Bewegungsabläufen und Werkstücken mit eindeutig definierten Geometrien ist dies sicher äußerst selten. Schwieriger sind Automationslösungen, die – durch Sensorsignale beeinflusst – die Bewegungsbahnen ändern und somit unterschiedliche Zustände annehmen können. Kritisch sind auch Produktionszustände nach Eingriff eines Bedieners. Hier muss eine Anlage aus bestimmten Stellungen des Handhabungssystems wieder anlaufen. Da die Kosten von Kollisionen, abgesehen von den eigentlichen Schäden an der Anlage, im Wesentlichen die Produktionsausfallkosten darstellen, rechnet sich der Einbau eines Kollisionsschutzes meist bereits bei der ersten Kollision, da mit einer solchen Einheit in der Regel direkt wieder angefahren werden kann.

Der Kollisionsschutz hat dabei die Aufgabe, auftretende Kräfte, die über den Normalbetrieb hinausgehen, zu erkennen und die Handhabungseinrichtung stillzulegen. Abbildung 4.28 zeigt unterschiedliche Kollisionsfälle und die damit verbundenen Kraft- oder Momentenwirkungen auf den Greifer und die Kollisionsschutzeinheit. Im Lastfall a wird ein Moment auf den Greifer und damit auf die Kollisionseinheit ausgeübt, als wenn der Greifer rotiert werden sollte. Im Lastfall b wirkt eine Druckkraft von unten auf den Greifer. Dies ist üblicherweise dann der Fall, wenn

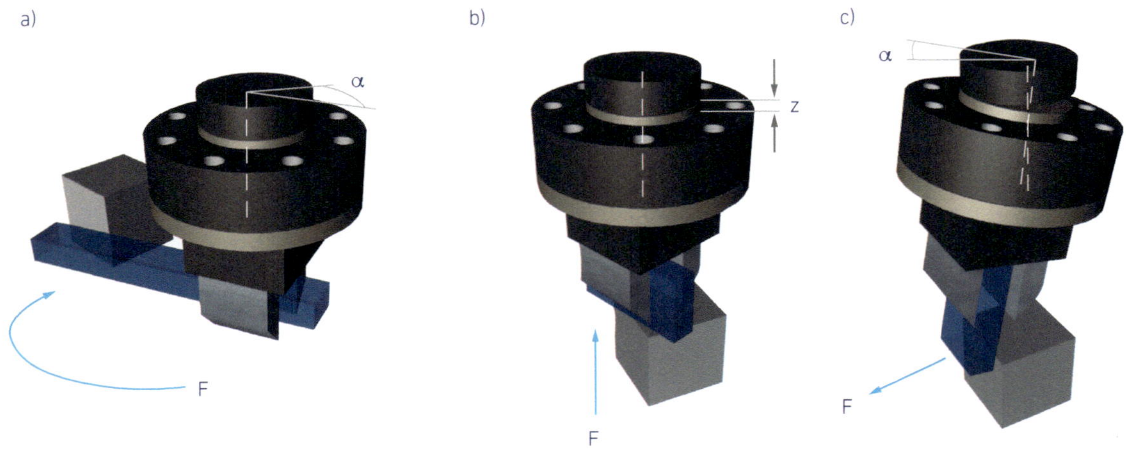

Abbildung 4.27 Kollisionssituationen mit den jeweiligen Kraft- und Momentenrichtungen

ein Fügevorgang durchgeführt werden soll und dieser aufgrund von Passungenauigkeiten nicht abgeschlossen werden kann. Mit dem Lastfall c ist ein Fall dargestellt, der ein Kippmoment auf den Greifer wirken lässt. Die Kollisionsschutzeinheit hat in alle Bewegungsrichtungen die Möglichkeit, eine Ausweichbewegung zuzulassen. Das schont Greifer, Werkstück und Roboter. Zusätzlich wird automatisch der Nothalt des Systems über einen Abfragesensor ausgelöst, um den Eingriff des Bedieners zu ermöglichen und um weiteren Schaden abzuwenden. Der Kollisionsschutz ist fast wie eine Ausgleichseinheit, die immer in Bereitschaft ist und nur erheblich größere Wege zulässt. Eine harte Verriegelung gibt es hier nicht. Allerdings muss die Einheit dafür ausgelegt sein, die Kräfte, die im Normalbetrieb auftreten, aufzunehmen, ohne den Alarm auszulösen und im Ernstfall das Ausweichen zuzulassen. Aus diesem Grund haben Kollisionsschutzeinheiten in der Regel eine Einstellmöglichkeit für die Kraft, die im Kollisionsfall minimal wirken darf.

Das heißt, es wird der Bewegungsablauf mit einer möglichst schwach eingestellten Kraft durchlaufen. Löst die Kollisionseinheit hier bereits aus, weil die Massenträgheitskräfte bereits den Auslösepunkt überschreiten, so muss nachjustiert werden. Die in Abbildung 4.28 dargestellte Kollisionseinheit ist ein Beispiel für die technische Realisierung einer solchen Aufgabenstellung. Hier kann über den Druck, der mit dem Kolben (1) auf den Anbauflansch (5) ausgeübt wird, die Kraft zum Auslösen eingestellt werden. Da kleine Auslenkungen in der Bewegung eventuell tolerierbar sind, kann der Schaltzeitpunkt für den Nothalt der Anlage separat über die Einstellschraube (2) nochmals genau eingestellt werden.

Selbstverständlich haben moderne Roboter bereits eine Motorstromüberwachung integriert, die eine Überlast an den Antrieben erkennt und den Roboter abschaltet. Allerdings ist es da für den Greifer und das Werkstück in der Regel schon zu spät. Hier bietet ein mechanisches Ausweichen die Chance für einen wirklichen Schutz. Bei dynamischen Anwendungen kann die robotereigene Abschaltung auch den Roboter nicht ausreichend vor Schädigungen schützen. Die Kollisionseinheit hingegen verhindert durch das Ausweichen in den verschiedenen Lastfällen eine Beschädigung sicher, indem der Greifer gegenüber dem Roboter ausweichen kann.

Bevor es zu einer Kollision kommt, kann auch ein Maschinenführer im Ernstfall die Anlage über einen Not-Aus-Knopf komplett stilllegen und somit eine Kollision vermeiden. Hierzu sind Roboter mit Bremsen an jeder Antriebsachse ausgestattet, die in einem solchen Fall eine Vollbremsung ausführen. Dies ist sicher in der Produktion eher der absolute Sonderfall, wird aber bei Maschinenabnahmen als ein Standardtest durchgeführt.

Die Not-Aus-Situation stellt eine besondere Form der Prozesskräfte dar. Hier wirken kurzzeitig enorme Bremsbeschleunigungen auf das Werkstück und müssen von den Greifkräften kompensiert werden. Je nach Bewegungssituation, aus der heraus der Ablauf des Handhabungssystems gestoppt wird, können deutlich höhere Kräfte auftreten als die notwendigen Haltekräfte, die zum Beschleunigen berechnet wurden. Die auftretenden Kräfte führen zum Teil zu erheblichen Stoppdistanzen der Roboter. Diese sind für jeden Roboter unterschiedlich und müssen nach der ISO 10218-1 „Industrieroboter – Sicherheitsanforderungen" jedem Roboter als sicherheitsrelevante Information beigefügt und durch den Konstrukteur und Nutzer beachtet werden. Die Schwierigkeit für die Auslegung im Not-Stopp-Fall besteht darin, dass nicht bekannt ist, in welcher Bewegungssituation der Halt ausgelöst wird. Besonders bei Werkstücken, die ihren Massenschwerpunkt nicht zentrisch zwischen den Greiferbacken liegen haben, ist in diesem Sonderfall ein rein

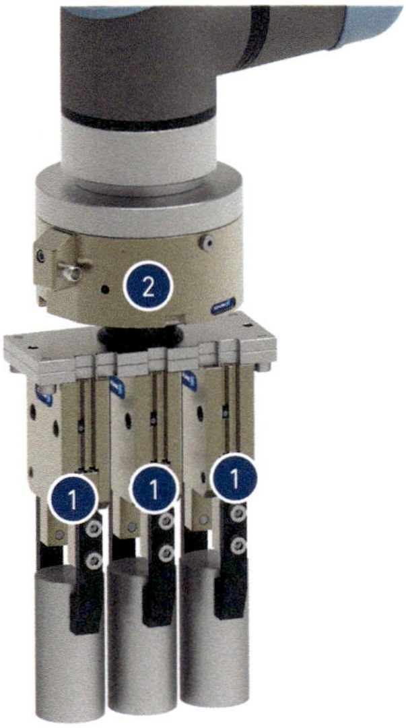

1 **2-Finger-Winkelgreifer SWG**

2 **Kollisionssensor OPR**

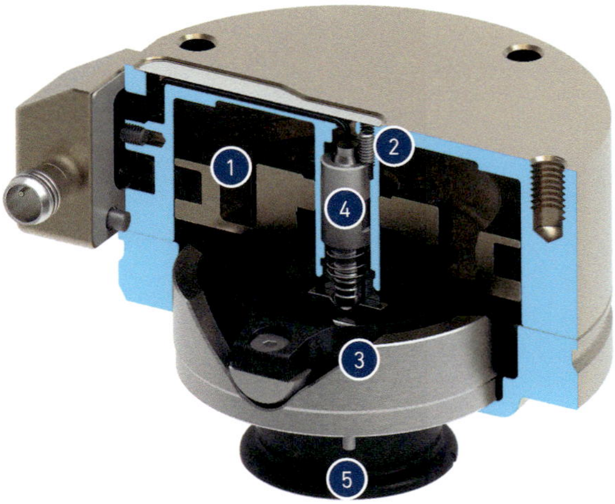

1 **Pneumatikkolben**
für einfaches Einstellen der Ansprechempfindlichkeit mittels Druck

2 **Einstellschraube**
zum Einstellen des Schaltpunkts

3 **Lagerstelle**
zur Aufnahme hoher Kräfte und Momente

4 **Abfrage**
über mechanischen Schalter

5 **Anbauflansch**
lenkt im Fall einer Kollision aus

Abbildung 4.28 Einbausituation und Schnittbild einer Kollisionsschutzeinheit (Quelle: SCHUNK)[123]

auf Reibschluss beruhendes Greifprinzip kritisch zu sehen. Je nach Werkstückgewicht und Form müssen hier Greiferfinger mit Formschluss, entsprechende Schutzgitter oder Geschwindigkeitsreduktionen des Handhabungsgeräts zum Einsatz kommen.

Prinzipiell sind alle Unterbrechungen des normalen Ablaufs in Produktionsanlagen als Sonderfall einzustufen. Das Problem ist dabei häufig, dass es nach solchen Stillständen zu undefinierten Situationen im Programmablauf kommen kann. Der Programmierer spricht dabei vom „Abfangen" solcher Situationen. Das heißt, die Software der Anlage muss so gestaltet sein, dass nach einem ungeplanten Produktionsstopp ein Wiederanlauf schnell möglich ist.

Für den Schutz des Greifers und des Roboters kann wie beschrieben die Kollisionsschutzeinheit gute Dienste leisten. Es muss aber auch die zugehörige Software erarbeitet werden, um nach einer Kollision die bewegten Elemente einer Anlage wieder sicher in die Ausgangslage zurückzufahren. Man spricht hierbei vom „Freifahren“ der Kinematiken.

Diese Programmerstellung für den Notfall kann dabei je nach Gestaltung der Anlage aufwendiger werden als die für den Normalbetrieb der Anlage benötigte Ablaufsoftware, wenn der Kunde besondere Wünsche hinsichtlich eines extrem schnellen Wiederanlaufs der Anlage hat. Hier zeigt sich anhand der Erfahrung des Maschinen- und Anlagenbauers, ob er solche Fälle bereits in der Angebotsphase bei der Kalkulation berücksichtigt oder es dem Personal auf der Baustelle überlässt, die entsprechenden Routinen zu programmieren.

Im Betrieb automatischer Anlagen erfahrene Nutzer wissen ebenfalls um die Wichtigkeit solcher Wiederanlauffunktionen und weisen daher im Lastenheft auf bestimmte Wünsche ihrerseits hin. So bleiben sowohl dem Lieferanten als auch dem Kunden Überraschungen bei der Budgetierung bzw. eventuelle Nachforderungen erspart.

Wichtiger noch als derartige Investitionsbudgets ist für den Nutzer allerdings die Ausbringung von Anlagen. Werden aufgrund zu häufiger und langer Anlagenstillstände die geplanten Mengen nicht erreicht, so stellt dies häufig die gesamte Investition infrage. Das heißt, es kann sogar zum Abbau der Produktionslinie kommen, wenn der Anlagenbauer keine Strategie zur Verbesserung bei Störhäufigkeit und Stördauer anbieten kann. Hier kommt dem Thema Datenhandling in einer Produktionsanlage erhebliches Potenzial zu. So können beispielsweise die anfallenden Daten in einer Anlage sowohl zur Kontrolle der Produktqualität als auch zur Optimierung der Anlage und somit zur Reduktion von Störungen genutzt werden. Hier ist vor allem die Kompetenz der Anlagenbauer hinsichtlich entsprechender Tools und Auswertungsmethoden gefragt, um die anfallenden Sensordaten, Kamerabilder und Motorüberwachungen zu deuten. Mit diesen Daten lassen sich in der Phase der Inbetriebnahme die Zeiten zur Optimierung reduzieren und in der Betriebsphase Störungen schneller beheben bzw. ganz vermeiden.

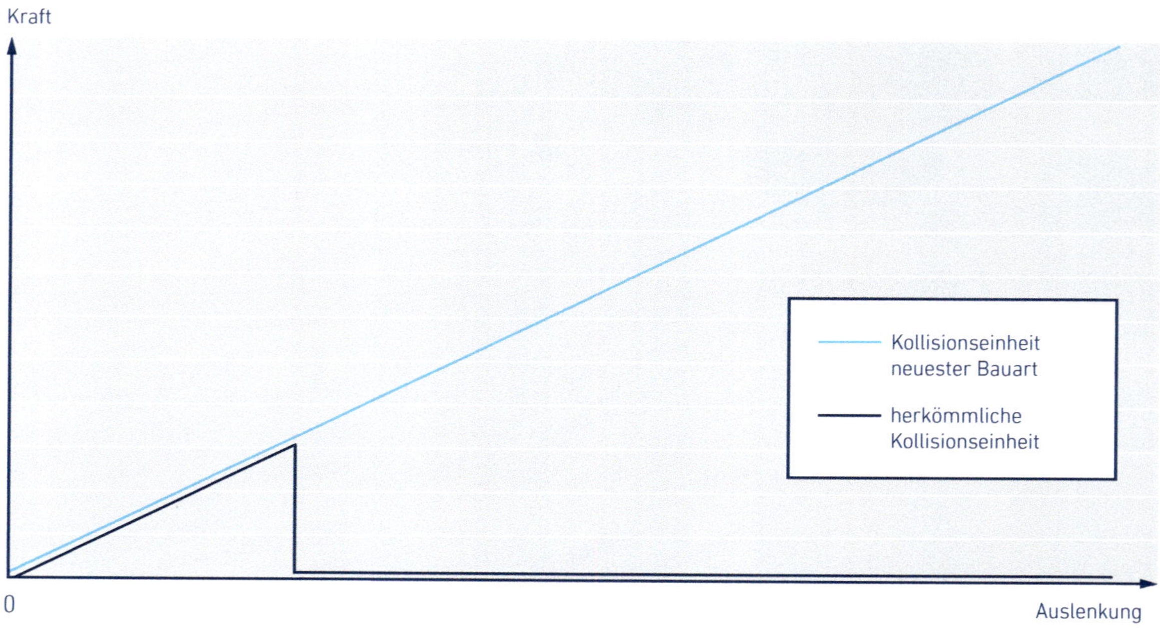

Abbildung 4.29 Auslenkung und Kraftverlauf unterschiedlicher Kollisionsschutzeinheiten (Quelle: SCHUNK)[123]

4.2 Bewegung ermöglichen

Die Bewegung des Werkstücks mitsamt dem Greifer ist die Aufgabe von angetriebenen Modulen in der Handhabungstechnik – den sogenannten Aktoren. Dabei kann zwischen einfachen linearen und rotativen Bewegungen unterschieden werden. Diese dienen lediglich dazu, die Werkstücke in einer Achse zu verschieben bzw. zu drehen. Dies kann in vielen Fällen bereits für bestimmte Handhabungsvorgänge ausreichen. Flexibler können diese einfachen Bewegungen dann durch die programmierbare Verschiebeweite oder den Drehwinkel gestaltet werden. Erst wenn Achsen miteinander kombiniert werden, ergibt sich eine Bewegung in der Fläche oder im Raum, wie wir sie beispielsweise von Robotern her kennen. Hier können die Werkstücke in allen Freiheitsgraden bewegt und frei programmierbar die Bewegungsbahnen verändert werden. Eine Bewegung im Raum ist dabei grundsätzlich durch ihre Geschwindigkeit, Beschleunigung und Richtung definiert. Alle prinzipiellen Möglichkeiten werden in der VDI-Richtlinie 2860 in Abbildung 4.30 aufgeführt.

Die Bewegungseinrichtungen mit fester Hauptfunktion sind in der Regel einfache Stellglieder wie Pneumatikzylinder oder einfache Schwenkeinheiten. Bei den Bewegungseinheiten mit variabler Hauptfunktion wird zunächst zwischen den manuell gesteuerten Bewegungsautomaten und den programmgesteuerten weiter unterschieden.

Die variable Hauptfunktion ist daher so definiert, dass die Bewegungen, die von den Einrichtungen ausgeführt werden, nicht mechanisch vordefiniert sind und sich leicht ändern lassen. Die manuell gesteuerten Bewegungsautomaten werden in diesem Buch nicht weiter betrachtet.

Es handelt sich hierbei um manuell gesteuerte Manipulatoren oder Exoskelette. Diese werden eingesetzt, um menschliche Bewegungen dort umzusetzen, wo direkte Gefährdungen bestehen, oder um die Kräfte des Menschen zu erhöhen. Das können strahlenbelastete Bereiche in Atomkraftwerken oder hohe Handhabungsgewichte bei schweren Produkten sein. Für die industrielle Automatisierungstechnik spielen diese Arten der Unterstützung erst seit Kurzem eine wichtigere Rolle, da darin eine Möglichkeit gesehen wird,

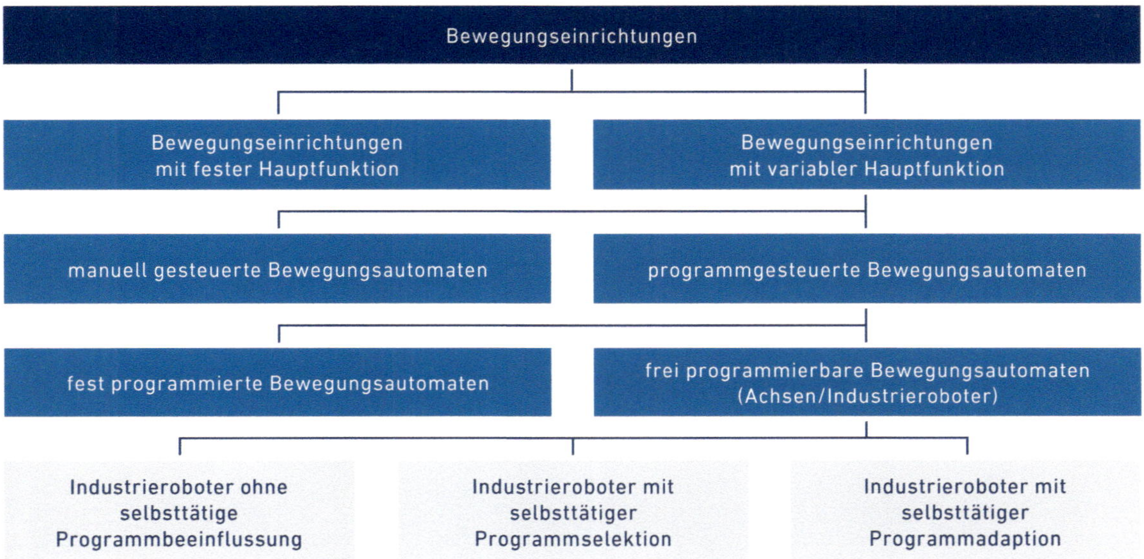

Abbildung 4.30 Gliederung der Bewegungseinrichtungen (Quelle: VDI 2860)[126]

dem demografischen Wandel in den alternden Industriegesellschaften durch unterstützende technische Maßnahmen zu begegnen. Darüber hinaus sind beispielsweise Hebehilfen als Hilfsmittel aufgrund gesetzlicher Vorschriften in vielen Anwendungen notwendig, um bestimmte Traglasten für Mitarbeiter nicht zu überschreiten.

Auf die programmgesteuerten Bewegungseinrichtungen wird in den folgenden Abschnitten noch weiter eingegangen. Sie bilden heute die Grundlage der Fabrikautomation. Mit der Unterscheidung zwischen einer freien und einer festen Programmierung wird den kurvengesteuerten Bewegungsautomaten Rechnung getragen. Die PC- und NC-gesteuerten Achsbewegungen sind Vertreter einer freien Programmierung.

Wie in Abbildung 4.31 dargestellt, setzt sich die Bewegung im Raum aus unterschiedlichen Bewegungsphasen zusammen, die wie beschrieben Auswirkungen auf den Greifer haben können.

Bei den frei programmierbaren Bewegungsautomaten ist eine Gliederung nach der „Intelligenz" möglich. Mit zunehmender Selbstständigkeit der Bewegungseinrichtung hinsichtlich ihres Verhaltens und ihrer Adaption an Umgebungseinflüsse werden die Ablaufprogramme verändert. Dabei wird noch zwischen der Programmselektion, d.h. der Auswahl bestimmter vorgegebener Unterprogramme, und der Programmadaption, d.h. der Veränderung des Programms selbst, unterschieden. Hier wurden in den letzten Jahren deutliche Fortschritte im Bereich der sensorbasierten Einflussnahme auf Bewegungsabläufe erreicht, sodass heute schon viele Applikationen auf Veränderungen in ihrer Umgebung oder der Werkstücke reagieren können.

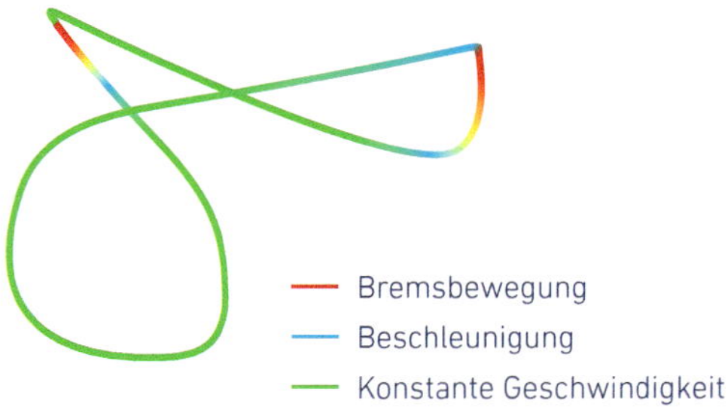

Abbildung 4.31 Bewegungsbahn mit farbig dargestelltem Beschleunigen und Abbremsen

Die folgenden Abschnitte stellen einige Komponenten und Systeme vor, die heute am Markt erhältlich sind. Sie ermöglichen die Bewegung von Werkstücken, um Wertschöpfung im Sinne der Handhabung zu generieren.

4.2.1 Linearbewegungen

Die eindimensionale lineare Bewegung von A nach B auf einer vorgegebenen Linie ist im Verhältnis zu den Bewegungsmöglichkeiten eines Roboters eher unspektakulär. Jedoch gibt es bei Weitem mehr Anwendungen für diese einfache Art der Bewegung in automatisierten Anlagen als die komplexen Bewegungen eines Roboters. So wird ein überwiegender Teil der Bewegungen in der Automatisierung von Handhabungsvorgängen von kostengünstigen Aktoren wie den Pneumatikzylindern erledigt. Linearbewegungen auf Basis von Druckluftantrieben machen heute immer noch einen Großteil des Komponentenmarktes aus.

Bei den Antriebsprinzipien gibt es zunehmend neben den druckluftgetriebenen Einheiten die immer weiter verbreiteten elektrischen Komponenten. Die gute Steuerbarkeit und je nach Bauart sehr gute Positioniergenauigkeit dieser Einheiten lässt diese zunehmend interessant werden. Auch der sichere Wiederanlauf einer Anlage nach Stoppsituationen ist immer wieder Grund für Überlegungen hinsichtlich eines Wechsels der Antriebsart.

Ähnlich wie bei den Greifern gibt es bei den Linearmodulen unterschiedliche Kennzahlen, die für den Einsatz entscheidend sind. Hier sind vor allem folgende Angaben als wichtigste Kenngrößen zu nennen:

- Bewegungslänge
- Positioniergenauigkeit
- Dynamik
- Endgeschwindigkeit
- Traglast
- Momentenbelastbarkeit

Dabei gibt es je nach Übertragungsprinzip und Bauart unterschiedliche Standardachsen im Angebot der Hersteller. Besonders bei kurzen Hüben können sogenannte Direktantriebe ihre Dynamik ausspielen und mit einer Beschleunigung von 100 m/s² auch schwere Werkstücke oder Maschinenkomponenten präzise positionieren. Die Genauigkeiten gehen dabei bis zu 0,01 mm. Ein Vertreter dieser Kurzhubeinheiten auf Direktantriebsbasis ist die kompakte Kurzhubachse von SCHUNK.

Die Achsen werden in unterschiedlichen Längen angeboten, sodass der Anwender sie sich je nach Aufgabenstellung zusammenstellen kann. Die Traglast ist in diesem Beispiel mit 6 kg angegeben, ist aber entsprechend der Auslegungskennlinie je nach gewünschter Verfahrzeit anzupassen.

Zur detaillierten Auswahl und Auslegung von Linearmodulen werden ebenfalls entsprechende Tools auf den Websites der Hersteller angeboten. Mit diesen Auslegungsunterstützungen können schnell die passenden Module gefunden und mit den spezifischen Lastdaten konfiguriert werden.

Kostengünstige Alternativen zu den elektrischen Lineareinheiten stellen die pneumatisch angetriebenen

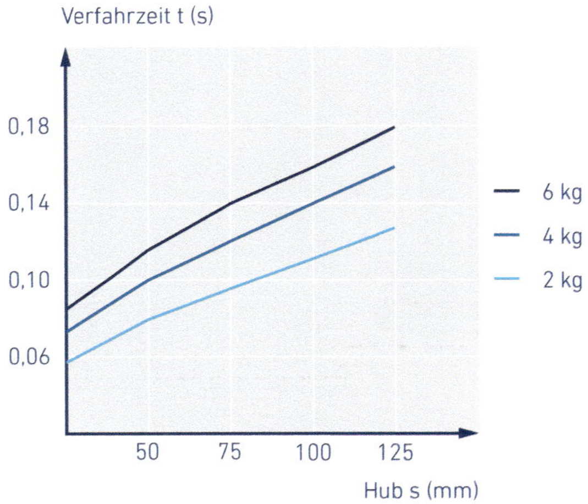

Abbildung 4.32 Kennlinie einer Kurzhubeinheit zur Auslegung der möglichen Traglast (Quelle: SCHUNK)[123]

4

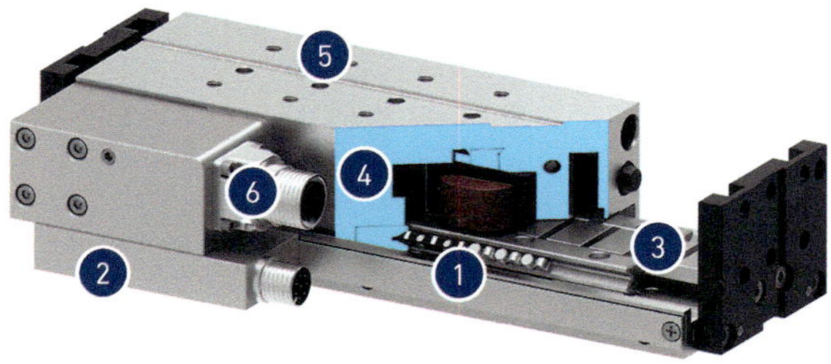

1. **Kreuzrollenführung**
   für maximale Positioniergenauigkeit und Momentenbelastung
2. **Wegmesssystem**
   Berührungsloses und magnetisches Messsystem, inkrementell oder absolut
3. **Integrierte Sekundärteile**
   mit Dauermagneten
4. **Grundkörper**
   aus Aluminium mit integriertem Primärteil
5. **Baukastenlochbild**
   Komplette Integration in den Systembaukasten
6. **Motorstecker**
   für komfortablen Anschluss der Motorphasen und des Temperatursensors

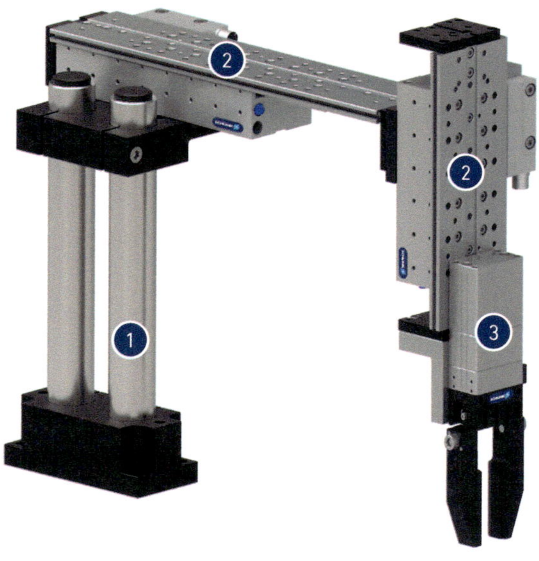

1. **Säulenaufbausystem**
2. **Elektrisches Linearmodul ELB**
3. **Elektrischer 2-Finger-Parallelgreifer EGP**

Abbildung 4.33 Elektrische Kurzhubachse im Schnitt und als Anwendungsbeispiel (Quelle: SCHUNK)[123]

Einheiten dar. Diese bestehen neben den Führungen und Gehäuseteilen in der Antriebseinheit aus einem Pneumatikzylinder.

Bei den elektrischen Achsen ist ein wichtiger Aspekt der einfache Umstieg von den pneumatischen

Abbildung 4.34 Screenshot eines Auslegungstools für Linearmodule (Quelle: SCHUNK)[123]

Komponenten auf den neuen Antrieb. Die Inbetriebnahme bei den ELP-Achsen von SCHUNK kann dabei ganz einfach über den elektrischen Anschluss erfolgen. Die Endlagen werden dann mechanisch mit einem Sechskantschlüssel eingestellt. Die Aus- und Einfahrgeschwindigkeit wird über Drehschalter verstellt. So ist ein 1:1-Austausch leicht und ohne zusätzlichen Platz im Schaltschrank möglich.

Es besteht sogar die Möglichkeit, diese Achsen mit einem Absolut-Wegmesssystem auszustatten, das im Praxisbetrieb den Wiederanlauf von Anlagen beschleunigt, da die Einheit selbst nach einem Stromabfall (z. B. nach einem Not-Stopp) wieder über ihre Position informiert ist.

Bei den pneumatisch angetriebenen Kurzhubmodulen gibt es dagegen im Wesentlichen nur zwei Positionen, die von dem Schlitten angefahren werden können. Wenn die Flexibilität einer frei programmierbaren Position nicht benötigt wird, kommen diese kostengünstigen Komponenten zum Einsatz. Allerdings ist z. B.

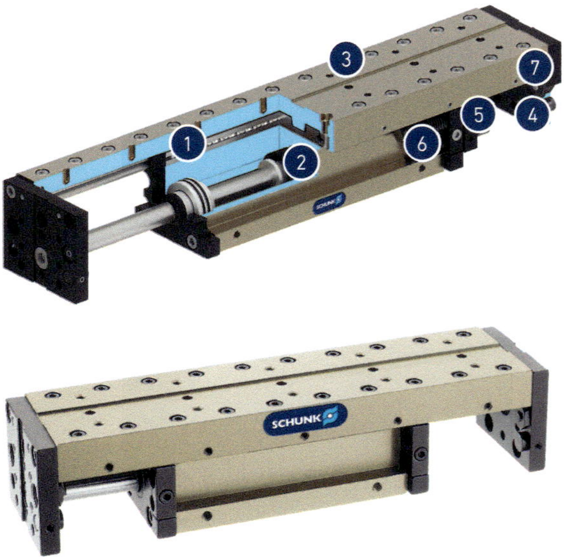

1 **Kreuzrollenführung**
Vorgespannt und absolut spielfrei

2 **Antrieb**
Kräftiger Kolbenstangenzylinder

3 **Baukastenlochbild**
Komplette Integration in den Systembaukasten

4 **Schaltfahne**
für induktiven Näherungsschalter

5 **Endlageneinstellbarkeit**
Komfortable Einstellung über Stoßdämpfergewinde

6 **Sensorik**
mit Sensormitnehmer zur komfortablen Einstellung

7 **Dämpfungseinstellung**
Einstellung der Dämpfercharakteristik

Abbildung 4.35 Pneumatisch angetriebene Lineareinheit (Quelle: SCHUNK)[123]

bei einem Produktwechsel häufig ein mechanischer Umbau bei dieser Art des Antriebs erforderlich.

Völlig frei für den Kunden konfigurierbar sind Achsen, die mit Zahnriemen oder Kugelspindel ausgestattet sein können. Diese werden dann in der Regel kundenseitig mit der notwendigen Antriebstechnik versehen, da es hier eine unglaubliche Vielfalt an Varianten und Möglichkeiten gibt. Der Kunde möchte in der Regel seine Antriebstechnik und Steuerungstechnik einsetzten.

Eine Erweiterung dieser zwei Positionen auf einer Linie bilden die sogenannten Pick-and-Place-Module, die noch eine Hubfunktion mit integrieren können. Das heißt, das Werkstück lässt sich auf einer Linie mit einem Höhenunterschied bewegen. Derartige Module, wie in Abbildung 4.37 dargestellt, sind inzwischen als komplette Einheit erhältlich, die hinsichtlich der Taktleistung optimiert ist. Darüber hinaus werden diese Handhabungssysteme mit einer Mediendurchführung

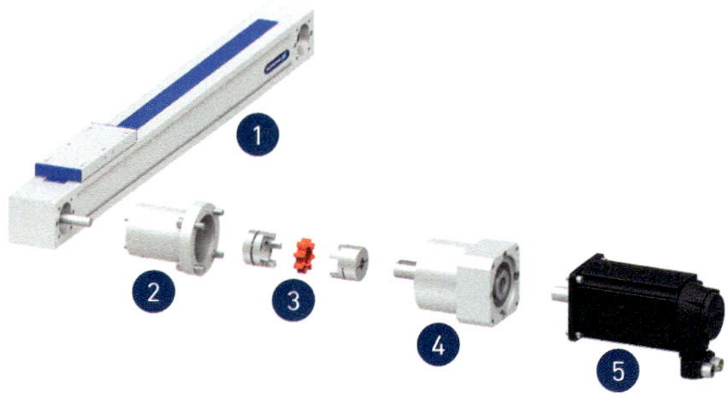

1 Zahnriemenachse
2 Motorglocke
3 Kupplung
4 Getriebe
5 Servomotor

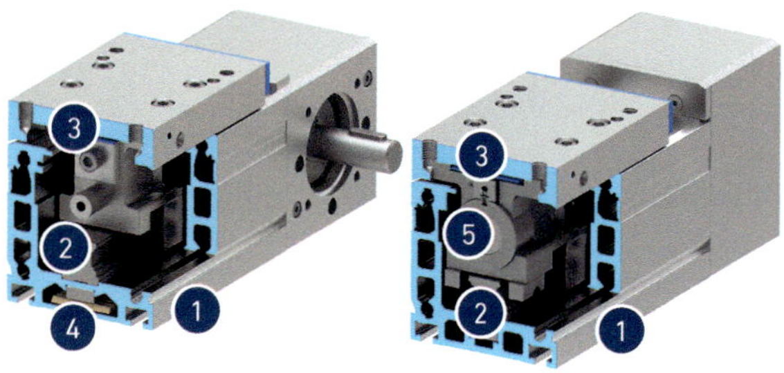

1 **Aluminiumprofil**
Selbsttragend und robust

2 **Profilschienenführung**
für maximale Positioniergenauigkeit und Momentenbelastung

3 **Abdeckband aus Kunststoff**
über die gesamte Führungslänge gegen groben Schmutz

4 **Zahnriemen**
Übertragung der Rotationsbewegung in eine Linearbewegung

5 **Kugelrollspindel**
Übertragung der Rotationsbewegung in eine Linearbewegung

Abbildung 4.36 Schnittbild und Antriebslösung einer Linearachse (Quelle: SCHUNK)[123]

angeboten, die sowohl pneumatische Greifer aber auch elektrische Anbindungen erlaubt.

Abbildung 4.38 zeigt unterschiedliche Einsatzfälle von Linearbewegungseinheiten in der Produktion. Sie sind fester Bestandteil von Bearbeitungsmaschinen, z. B. um die Werkzeugaufnahme der Maschine aus einem Magazin zu handeln, aber auch als schnelles und präzises Spreizsystem bei der gleichzeitigen Aufnahme von Werkstücken aus einer Palette mit anderen Aufnahmepunkten wie der Ablagesituation. Besonders stabil ausgeführte Linearbewegungen sind bei Montagestationen häufig wichtig, um die Positionierung der Greifer exakt auszuführen.

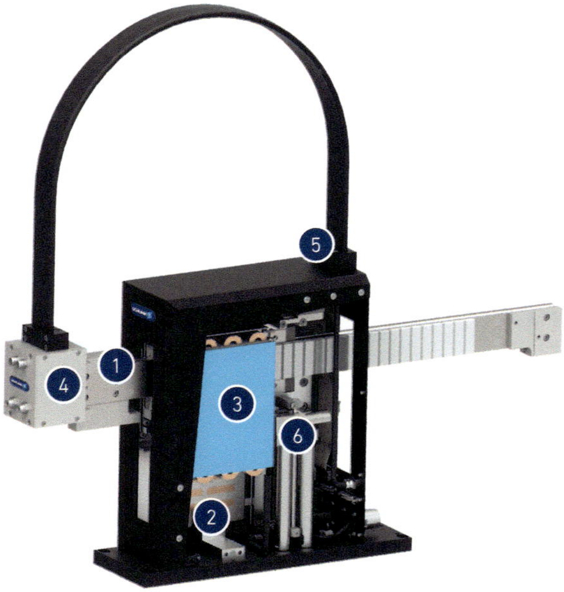

1. **Auslegerarm**
   mit präziser vorgespannter Profilschienenführung mit Kugelumlaufschuhe (nur PPU-E 30 & PPU-E 50)
2. **Linearmotor für vertikale Achse**
   Feststehendes Primärteil
3. **Linearmotor für horizontale Achsen**
   Feststehendes Primärteil
4. **Verteilerbox**
   zum Anschluss der Luft- und Sensorleitungen des Aktors
5. **Hybridkabel**
   mit integrierten Luftschläuchen und Elektroleitungen
6. **Pneumatische Haltebremse**
   in der Z-Achse, pneumatisch betätigt

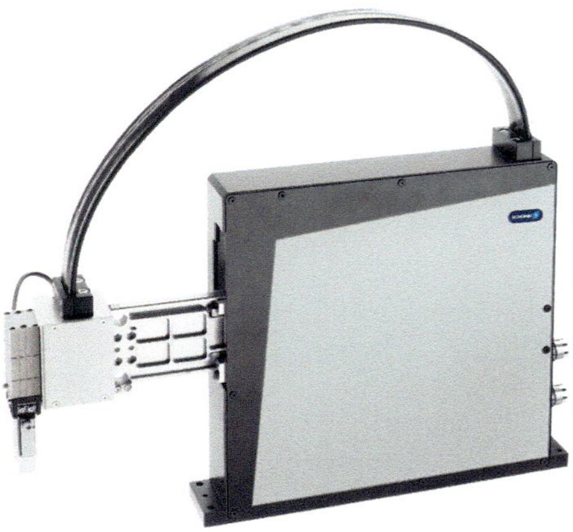

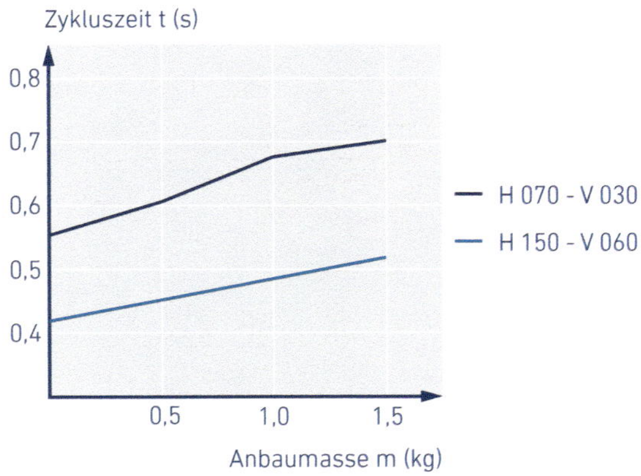

Abbildung 4.37 Linearbewegungseinheiten, zu einem Pick-and-Place-Gerät vereint (Quelle: SCHUNK)[123]

Abbildung 4.38 Einsatzfälle von Linearmodulen in der Produktion; oben links: Werkzeugmagazin, oben rechts: kartesischer Roboter, unten: Entnahme von Leiterplatten (Quelle: SCHUNK)[123]

4.2.2 Rotationsbewegungen

Für die Realisierung einer Rotationsbewegung gibt es wie bei den Linearbewegungen Komponenten, die eine feste Hauptfunktion besitzen. Auch hier unterscheiden sich dabei die mit Druckluft angetriebenen Module erheblich von den Möglichkeiten der Module, die elektrisch angetrieben sind.

Abbildung 4.39 zeigt einen Doppelgreifer an einem Schwenkmodul. Der Ablauf ist so gedacht, dass der Greifer mit einem fertig bearbeiteten Werkstück zur Palette kommt und dieses ablegt (im Bild dargestellt). Im nächsten Schritt fährt das Handhabungssystem zu einem unbearbeiteten Werkstück und nimmt dieses in den Greifer auf. Anschließend fährt das Handhabungssystem zur Bearbeitungsmaschine und wartet dort auf das Beenden des Bearbeitungszyklus. Nach Entnehmen des bearbeiteten Werkstücks mit dem freien Greifer wird die Schwenkeinheit gedreht und das unbearbeitete Werkstück in die Maschine eingelegt. So kann ein einfaches Handhabungssystem mit maximal drei Achsenfreiheitsgraden ausreichen, um den Arbeitsgang auszuführen, und mit der Schwenkeinheit lassen sich die Beschickungszyklen deutlich in der Taktzeit senken.

Mit dieser Vorgehensweise wird die Nebenzeit zur Beschickung der Maschine auf ein Minimum reduziert, da das Schwenken ohne oder mit nur geringer Bewegung der Handhabungseinrichtung ablaufen kann. Mit der Schwenkeinheit lässt sich eine Verfahrbewegung des Handhabungssystems zum Aufnehmen eines unbearbeiteten Werkstücks vermeiden.

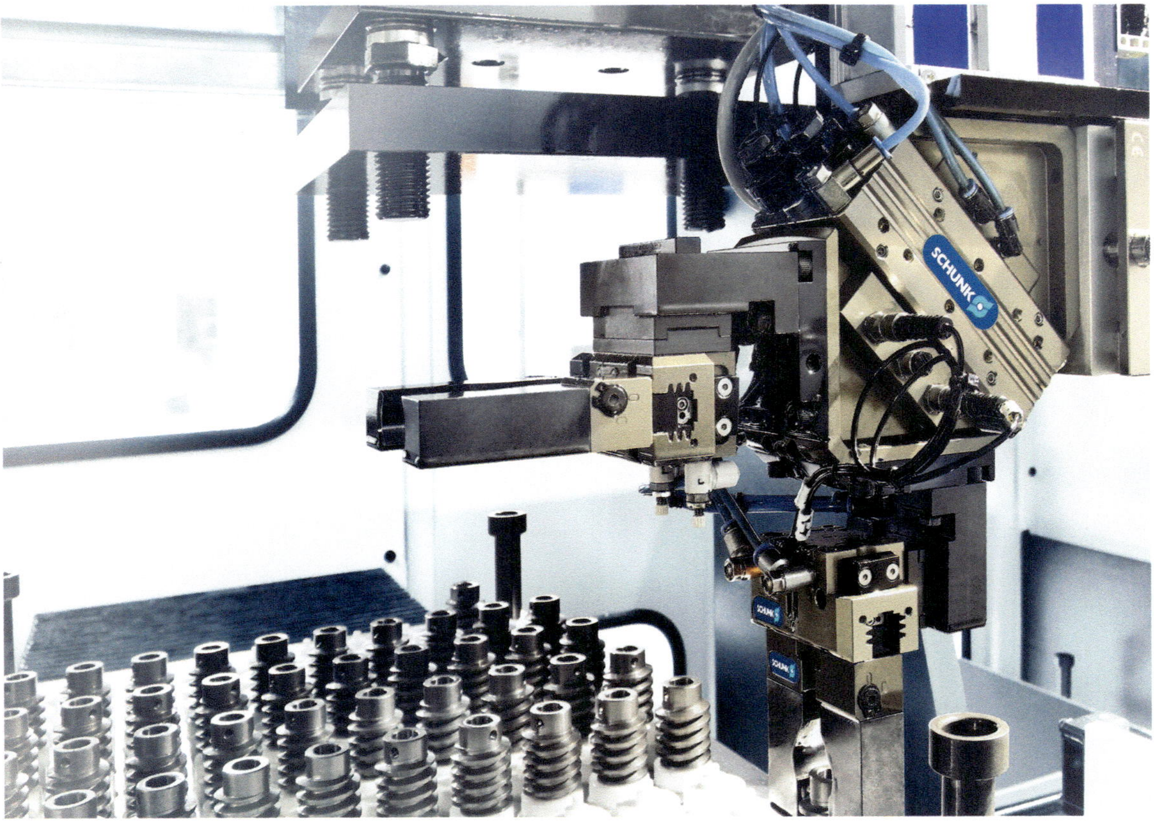

Abbildung 4.39 Schwenkmodul mit zwei Greifern (Quelle: SCHUNK)[123]

Abbildung 4.40 Schwenkkopf (Quelle: SCHUNK)[123]

Die Darstellungen in Abbildung 4.42 zeigen eine Schwenkeinheit, die sowohl pneumatische als auch elektrische Medien durchführen kann. Damit ist ein Schwenken ohne Kabel- oder Schlauchgewirr möglich. Dies ist eine wichtige Eigenschaft, denn gerade bei häufigen Schwenkbewegungen werden die Medienführungen stark beansprucht und es kommt zu Störungen durch Leckagen oder Kabelbruch.

Aus den Darstellungen in Abbildung 4.42 wird deutlich, dass die Bearbeitungsmaschine im Fall ohne Schwenkeinheit nach der Bearbeitung warten muss, bis das Werkstück von dem Handhabungssystem auf der Fertigteilpalette abgelegt wurde. Anschließend muss das Handhabungssystem ein unbearbeitetes Werkstück aufnehmen und zur Bearbeitungsstation fahren. Somit addieren sich zu der Bearbeitungszeit die

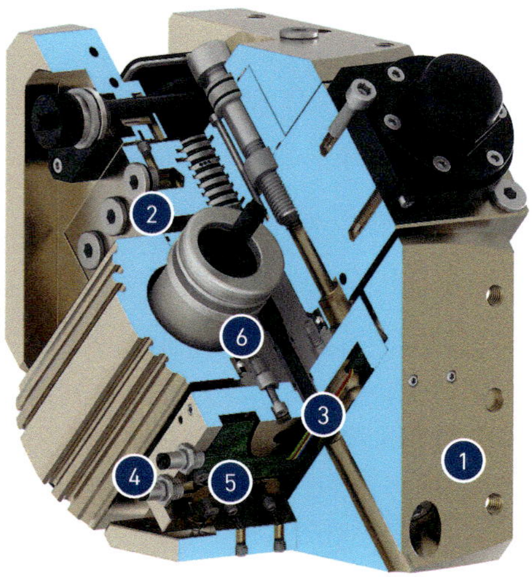

1. **Abtriebsseite**
   zur Befestigung von Endaktuatoren wie z. B. Greifern
2. **Mediendurchführung MDF**
   bis an die Anschraubflächen des Schwenkkopfes geführt
3. **Elektrische Durchführung EDF**
   komplett integriert, für Sensor-, Aktorsignale und Energieübertragung
4. **Buchsen**
   für die Nutzung der integrierten elektrischen Durchführung
5. **Verteilerplatine**
   zur Bündelung der Eingangsleitungen
6. **Ritzel-Zahnstangen-Antrieb**
   für ein kraftvolles Schwenken und ein robustes, zuverlässiges Modul

Abbildung 4.41 Schnitt einer Schwenkeinheit mit Mediendurchführung (Quelle: SCHUNK)[123]

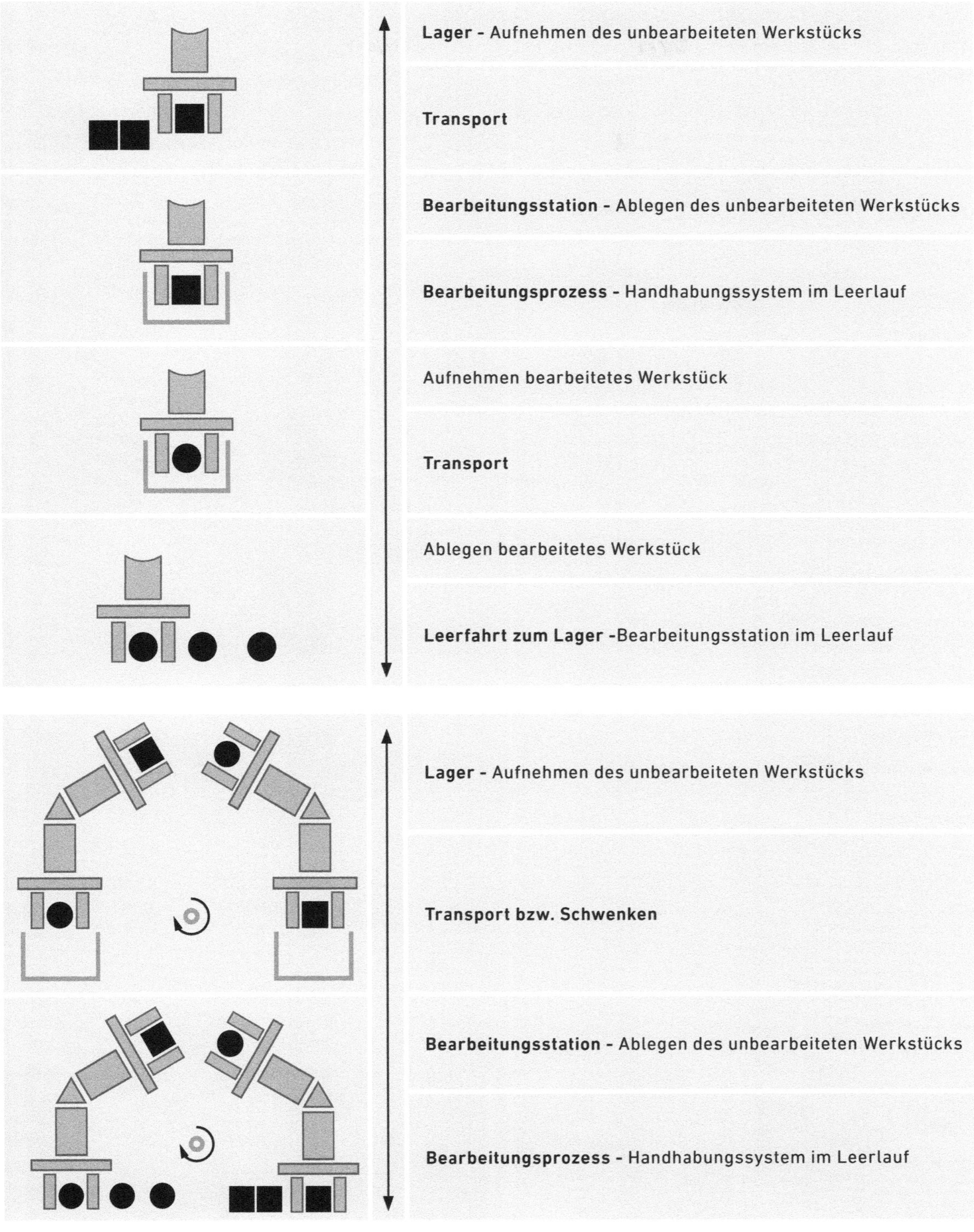

Abbildung 4.42 Beschickung einer Bearbeitungsmaschine ohne und mit Schwenkeinheit

Handhabungszeiten zum Ablegen und Aufnehmen der Werkstücke dazu. Es entsteht ein rein sequenzieller Ablauf. Diese Vorgänge laufen beim Handhabungssystem mit Schwenkeinheit synchron zum eigentlichen Bearbeitungsvorgang ab. Mit der parallelen Bearbeitung kann die Auslastung der Maschine je nach Anordnung und Geschwindigkeit des Handhabungssystems erheblich gesteigert werden. Die Systeme werden so ausgelegt, dass das Handhabungssystem mit dem unbearbeiteten Werkstück bereitsteht, bevor der Bearbeitungszyklus abgeschlossen ist.

Eine Schwenkeinheit kann auch zum Einsatz kommen, wenn das Werkstück in seiner Orientierung verändert werden muss, um es weiterbearbeiten zu können. Hier dienen die Schwenkeinheiten dazu, dem Handhabungssystem eine Orientierungsmöglichkeit für die Werkstücke zu geben. So kann ein Roboter beispielsweise um eine Bewegungsachse reduziert werden, wenn die Werkstücke immer um den gleichen Winkel gedreht werden müssen und keine gesteuerte Bewegung erforderlich ist. Ein Beispiel hierfür ist die Zuführung von Werkstücken in einer liegenden Position, da die Vorzugslage der Werkstücke dies erfordert. Anschließend müssen diese aber um 90° verdreht in ein Magazin eingesetzt werden.

Die von einer Kamera erkannten Aluminiumhülsen werden von einem mechanischen Greifer gegriffen, um anschließend hochkant in eine Palette gesetzt zu werden. Dieser Vorgang ist in der Sequenz in Abbildung 4.44 dargestellt.

In dem Beispiel kam eine leichte pneumatische Schwenkeinheit zum Einsatz. Diese besaß keine weiteren Einstellmöglichkeiten hinsichtlich Schwenkwinkeln oder Endlagedämpfung. Diese Möglichkeiten der Umorientierung mit einfachen Achsen wird bei Handhabungssystemen mit wenigen Achsen häufig genutzt, wenn die Freiheitsgrade nicht ausreichen und lediglich ein Schwenken um einen definierten Winkel benötigt wird.

Abbildung 4.43 Schwenkgreifer für Kosmetikarktikel (Quelle: Weckerle)[128]

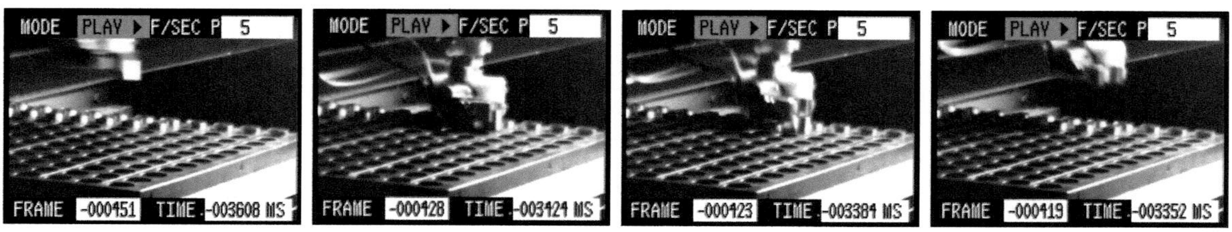

Abbildung 4.44 Mechanischer Greifer setzt Werkstücke nach einer 90°-Schwenkbewegung in einer Palette ein (Quelle: robomotion)[127]

In vielen Fällen muss jedoch über das reine Schwenken hinaus die Position in einem anderen Winkel verändert werden. Oder es müssen Zwischenstellungen möglich sein. Diese Anforderungen sind auch von pneumatischen Schwenkeinheiten realisierbar. Die Hersteller bieten hier voreingestellte Endlagen oder frei vom Bediener wählbare Endlagen an. Schwenkeinheiten mit Zwischenstellung erfordern bei pneumatischen Einheiten besondere Aufwendungen.

Die Einstellung der Endlagen erfolgt eher einfach über den Kolbenhub. Je nach Bauart der Schwenkeinheit lassen sich auch Schwenkwinkel von 180° erzielen. Die Kolben treiben dann über ein Zahnrad die Schwenkeinheit an (Abbildung 4.46 bis Abbildung 4.48).

Abbildung 4.45 Linearmodule in Kombination mit Schwenkeinheit und Greifer (Quelle: SCHUNK)[123]

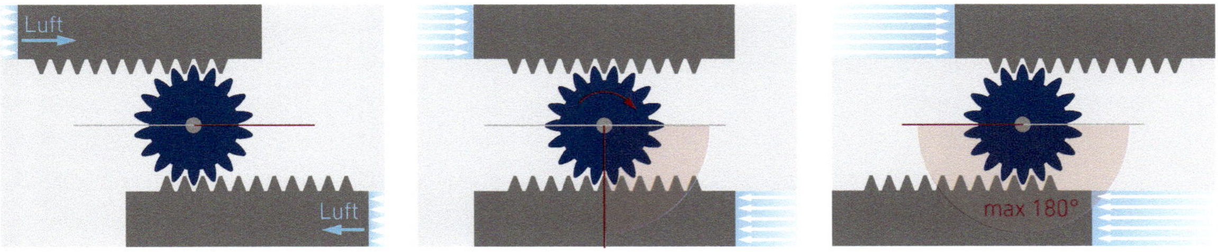

Abbildung 4.46 Funktionsprinzip einer Schwenkeinheit nach dem Zahnstange-Ritzel-Prinzip (Quelle: SCHUNK)[123]

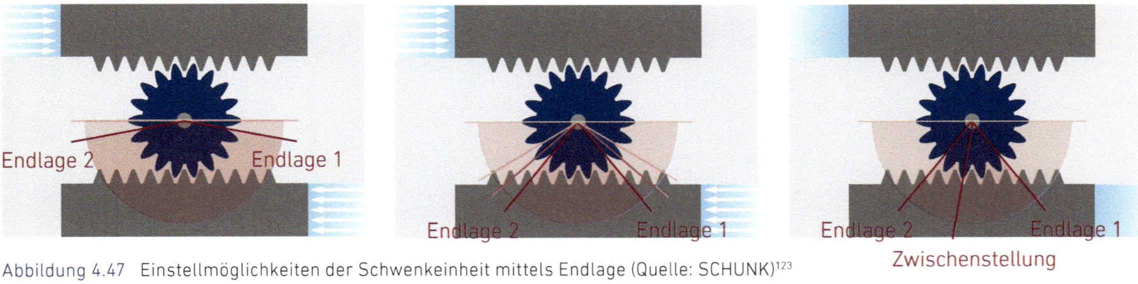

Abbildung 4.47 Einstellmöglichkeiten der Schwenkeinheit mittels Endlage (Quelle: SCHUNK)[123]

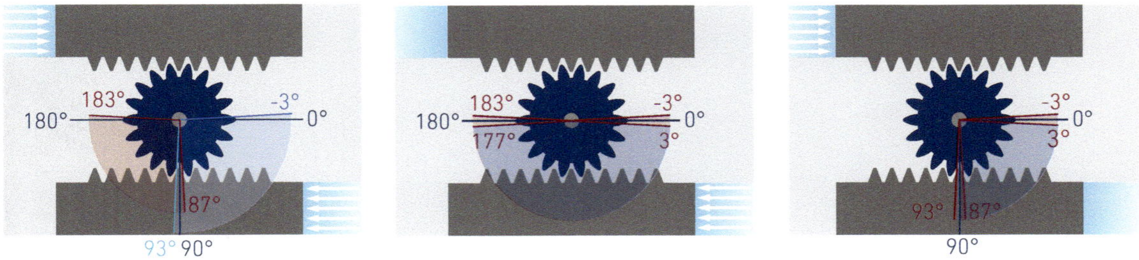

Abbildung 4.48 Feinjustagemöglichkeit in den Endlagen und der Zwischenstellung (Quelle: SCHUNK)[123]

Auch bei rotativen Bewegungen können die Positionen (Endlagen und Zwischenstellungen) sensorisch überwacht werden. Dazu können Magnetschalter zur Abfrage der Drehstellung bei der dargestellten Schwenkeinheit in bis zu acht verschiedenen Überwachungspositionen an die Einheit angebaut werden. Dabei können unterschiedliche Montagevarianten gewählt werden: entweder mit Magnetschaltern in der Nut mit der bereits von den Greifern bekannten Abfrage des Kolbens oder mit der betriebssicheren Abfrage über Initiatoren. Bei dieser Abfrage gibt es dann drei Positionen der Schwenkeinheit, die sensorisch erfasst werden können. Diese Art der sensorischen Erfassung benötigt allerdings mehr Bauraum, wie in Abbildung 4.49 unten zu sehen ist.

Für die Auslegung bzw. Dimensionierung von Schwenk- oder Drehvorgängen sind als physikalische Größen die folgenden Kennzahlen wichtig:

- Schwenkwinkel
- Massenträgheitsmoment
- Winkelgeschwindigkeit
- Winkelgenauigkeit
- Winkelbeschleunigung

Die Hersteller der Schwenkeinheiten bzw. Drehmodule geben in der Regel ein maximales Drehmoment ihrer Einheit vor. Auf Basis dieses Drehmoments können dann Komponenten einer bestimmten Baugröße ausgewählt werden. Je nachdem, wie die zu bewegenden Massen des Greifers zum Drehmittelpunkt angeordnet sind, verändert sich das Massenträgheitsmoment. Dies zusammen mit der gewünschten Schwenkzeit ergibt die für das Schwenken benötigte Energie.

Rotationsenergie

$$E = \frac{1}{2} J\omega^2$$

$$\omega = \frac{2\rho}{t}$$

Wenn besonders kurze Schwenkzeiten erreicht werden sollen, ist auf reduziertes Gewicht, aber auch auf dessen günstige Verteilung nahe am Drehpunkt und eine entsprechend gestaltete Dreheinheit zu achten. Hier gibt es bauartbedingt Unterschiede in der Beschleunigung, je nach Baugröße und den Übersetzungsverhältnissen in der Komponente. Die Schwenkzeiten schwanken üblicherweise zwischen 0,04 und 1 Sekunde für eine 90°-Bewegung. Besonders der pneumatische Antrieb ist hier nicht immer einfach danach einzuschätzen, welche exakte Schwenkzeit sicher erreicht wird. Auch deshalb hat in den letzten Jahren der

Abbildung 4.49 Unterschiedliche Montagearten von Sensoren an der Schwenkeinheit (Quelle: SCHUNK)[123]

elektrische Antrieb an Beliebtheit gewonnen, da hier eine Reproduzierbarkeit der Bewegungsdauer in Millisekunden sichergestellt ist. Darüber hinaus unterliegt diese Bewegungsdauer bei pneumatischen Einheiten einem zeitlichen Verschleißeinfluss. Das heißt, die Zeit variiert mit der Betriebsdauer der Einheit. Dies ist hinsichtlich der Prozesssicherheit und der Ausfallgefahr kaum noch zu tolerieren bzw. muss durch Reservezeiten erkauft werden.

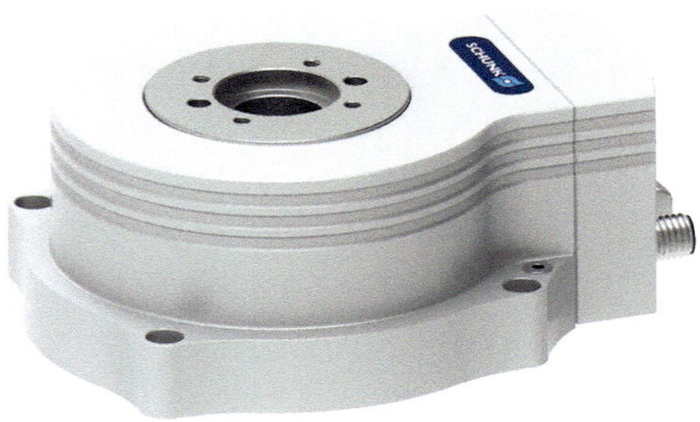

Abbildung 4.50 Extrem flache elektrisch angetriebene Dreheinheit (Quelle: SCHUNK)[123]

Da die Bewegungen bzw. die Möglichkeiten einer genauen Positionierung mit den pneumatischen Schwenkeinheiten nur eingeschränkt sind, bieten die Hersteller von Automatisierungskomponenten immer mehr elektrische Baugruppen zum Rotieren von Werkstücken oder Werkzeugen an. Einige Beispiele sind in Abbildung 4.50 bis Abbildung 4.51 dargestellt.

Die elektrischen Module sind über eine Feldbusschnittstelle ansteuerbar und können mit einem USB-Anschluss für den Service- und Einrichtbetrieb direkt angesteuert werden. Über einen eingebauten Encoder kann die Position ermittelt und an die Steuerung zurückgemeldet werden. Die Leistungsdichte hat in den letzten Jahren stark zugenommen, sodass ein Einsatz aufgrund der höheren Flexibilität und des geringeren Energieverbrauchs gegenüber pneumatischen Einheiten immer öfter in Erwägung gezogen wird.

Mit den in Abbildung 4.51 dargestellten Modulen lassen sich beispielsweise Momente von bis zu ca. 170 Nm erzielen, und das bei Wiederholgenauigkeiten der Position von ca. 0,08 mm (im ungünstigsten Fall). Erweitert werden diese Module um zusätzliche Achsen, die weitere Bewegungsfreiheitsgrade zur einfachen Rotation hinzufügen.

Abbildung 4.51 Drehmodul mit integrierter Elektronik (Quelle: SCHUNK)[123]

Mit den elektrischen Dreheinheiten in Abbildung 4.52 und ihren unterschiedlichen Ausführungen ist in der Regel auch eine freie Programmierung der Endlagen bzw. der erreichbaren Positionen möglich. Je nach Modell und Ausführung können unterschiedliche Leistungskennzahlen hinsichtlich Drehmoment und Beschleunigung erreicht werden. Darüber hinaus können auch mehr als 360° als Rotation angeboten werden.

Ein Hauptproblem bei der Rotation von Greifern bzw. Werkzeugen ist die Medienführung. So muss der Greifer mit Druckluft bzw. Strom versorgt werden. Hinzu kommen Sensorsignale, die vom Greifer zum Controller des Handhabungssystems geführt werden müssen. Bei jeder Drehbewegung werden diese Schläuche und/oder Kabel tordiert, was in der Folge zu Kabelbruch bzw. Leckluft führen kann.

Bei Schwenkeinheiten mit eingeschränktem Schwenkwinkel mag dieses Problem nicht so gravierend sein. Für Dreheinheiten mit mehr als 180° Verdrehwinkel ist dies z. B. für Kabel nicht mehr akzeptabel, da hier mit hoher Wahrscheinlichkeit mit Kabelbruch gerechnet werden muss. Viele Dreheinheiten bieten aus diesem Grund bereits vorinstallierte Durchführungsmöglichkeiten elektrischer Leitungen und für Druckluft an. Bei der Spezifikation ist vom Anwender zu definieren, wie viele und welche Signalarten und Energiearten hier zu übertragen sind.

In Abschnitt 3.8 zur Sensorik wurde bereits auf die Möglichkeit hingewiesen, Sensorsignale auch drahtlos

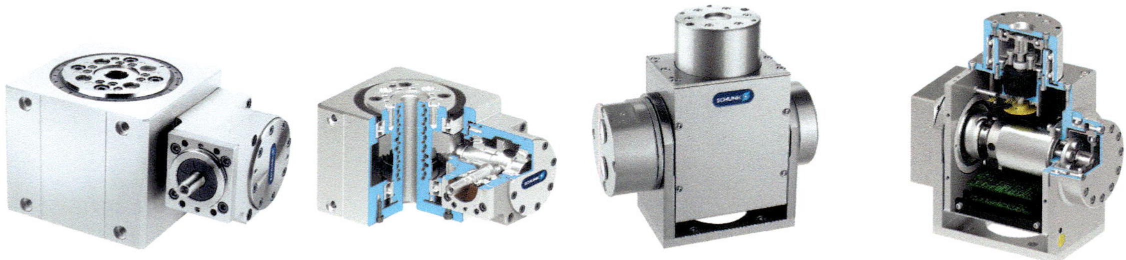

Abbildung 4.52 Elektrische Schwenk-Neigemodule für unterschiedliche Anwendung (Quelle: SCHUNK)[123]

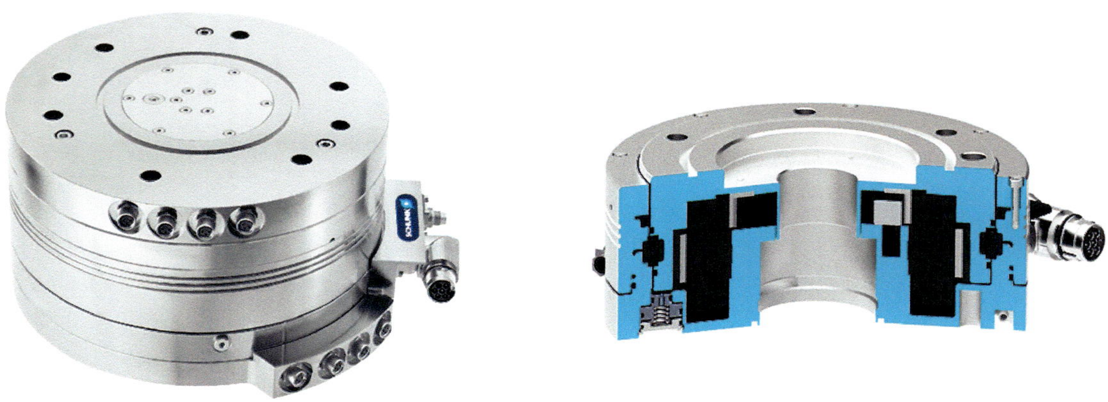

Abbildung 4.53 Positionierteller für Drehbewegungen über 360° mit integrierter Mediendurchführung (Quelle: SCHUNK)[123]

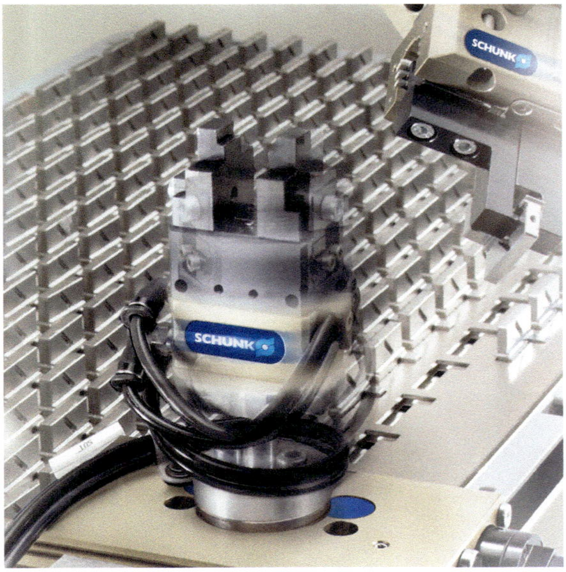

Abbildung 4.54 Bewegung eines Greifers mit externer Medienführung (Quelle: SCHUNK)[123]

Abbildung 4.55 Dreheinheit als Rundpositionstisch in einer Montageanlage mit der Möglichkeit der Durchleitung von Sensorsignalen (Quelle: SCHUNK)[123]

zu übertragen. Bei dem in Abbildung 4.55 gezeigten Rundpositionstisch würde dabei die schiere Anzahl der Sensorübertragungsmöglichkeiten diese drahtlose Übertragung zu komplex werden lassen. Darüber hinaus steht nach wie vor die Energieübertragung per Drehdurchführung an.

Die Roboterhersteller führen dabei sowohl Energie als auch Sensorik bis zu den Handachsen als Standard oder optional an ihren Kinematiken durch. Das heißt, nach dem Ende der Hauptachsen ist vom Anwender die Medienführung selbst auszuführen. In Abbildung 4.56 ist die Problematik der Medienführung an einem Roboterarm dargestellt. Das Kabel ist von den Hauptachsen des Roboters an den Orientierungsachsen vorbei zum Greifer verlegt. Zum einen ergeben sich bei der Stellung von 0° erhebliche Störkonturen bei der Roboterbewegung, weil das Kabel für eine Drehung von 180° ausgelegt wurde. In der Stellung von 180° liegt es zwar gut am Roboterarm an, wird jedoch erheblich verdreht und damit belastet.

Die Auslegung solcher Medienführungen führt in den meisten Fällen zu einem Engineering-Aufwand und birgt ein gewisses Fehlerpotenzial aus den oben beschriebenen Gründen. Daher bieten an dieser Stelle ebenfalls Komponentenhersteller Lösungen in Form von Drehdurchführungen an, die direkt an den Roboterflansch montiert werden können.

Gemeinsam ist allen Drehdurchführungen, dass sie einen oder mehrere Anschlüsse auf der Einspeiseseite besitzen, die gegenüber der Drehbewegung des Roboters oder der Schwenkeinheit keine Relativbewegung ausführen. Deutlich zeigt dies Abbildung 4.60, die die sogenannte Momentabstützung gegenüber den Hauptachsen der Roboterkinematik darstellt.

Mit der Momentabstützung wird verhindert, dass sich der Einspeiseteil der Drehdurchführung bei der Roboterbewegung durch die innere Reibung der Drehdurchführung mitbewegt. Um diese innere Reibung auf ein Minimum zu reduzieren und gleichzeitig dennoch hohe Kräfte übertragen zu können, werden die

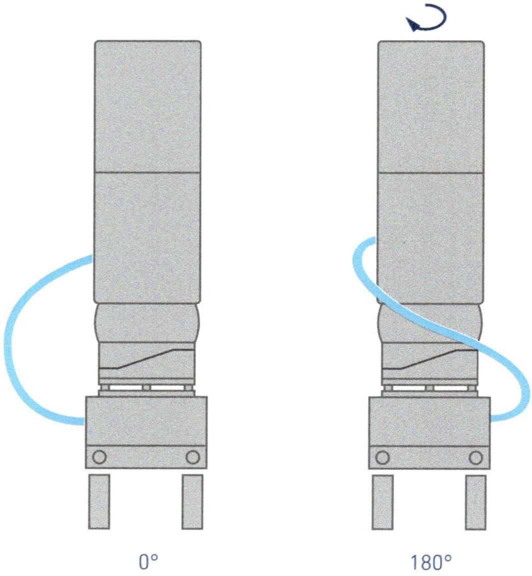

Abbildung 4.56 Drehen des Greifers ohne Drehdurchführung

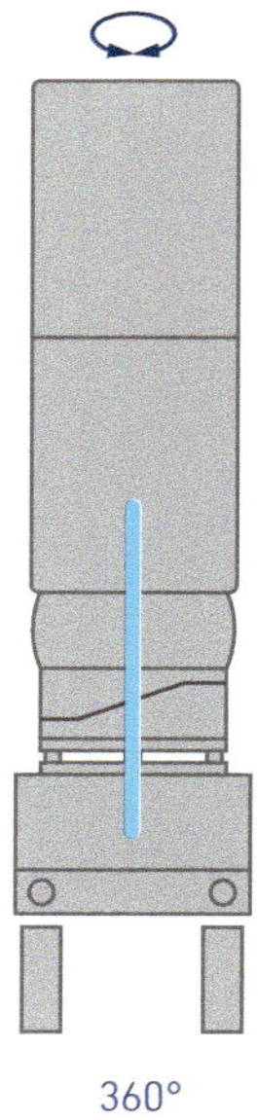

Abbildung 4.57 Idealisiert dargestellte Medienführung über eine Drehdurchführung zwischen Roboterarm und Greifer (Quelle: SCHUNK)[123]

Drehdurchführungen auch kugelgelagert angeboten. Diese Lagerung ist in dem Schnittbild in Abbildung 4.61 deutlich zu erkennen und mit roten Markierungen hervorgehoben.

Da bei Drehdurchführungen immer der zur Verfügung stehende Bauraum eine Rolle spielt, ist es entscheidend, welche Energiearten und welche Energiemengen übertragen werden sollen. Ein Beispiel ist die Drehdurchführung für 1500 A, die zum Schweißen mit Robotern benötigt wird, um die hohen Energiedichten zum Werkzeug ohne externe Kabelführungen zu bewerkstelligen.

Die in Abbildung 4.59 gezeigte Sonderausführung von Drehdurchführungen wurde individuell für Kunden angefertigt, um ein Minimum an Bauraum für die geforderte Anzahl der Medien bzw. der Leistungsübertragung zu erzielen.

Abbildung 4.58 Drehdurchführung für elektrische und pneumatische Medien (Quelle: SCHUNK)[123]

Abbildung 4.59 Sonderdrehdurchführung mit sechs Pneumatik- und zwölf Elektrikleitungen mit Greiferwechselsystem und Momentenabstützung

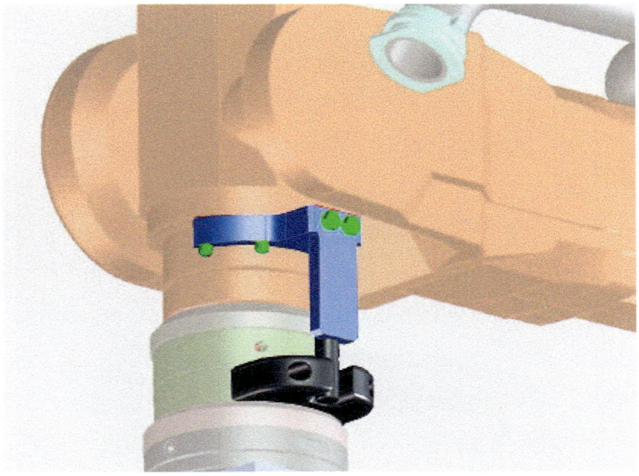

Abbildung 4.60 Drehdurchführung mit Momentabstützung (Quelle: SCHUNK)[123]

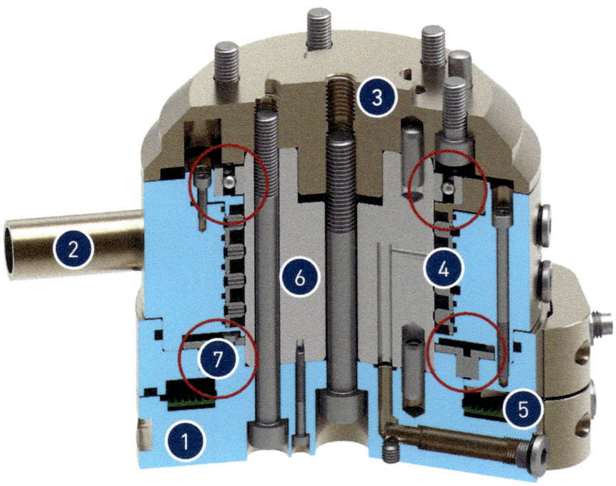

1. **Gehäuse**
   ist gewichtsoptimiert durch Verwendung einer hochfesten Aluminiumlegierung
2. **Momentenabstützung**
   zur Aufnahme des Drehmoments am Roboter
3. **ISO-Flansch**
   zur einfachen Montage an den Roboterflansch
4. **Pneumatikdurchführung**
   zur Versorgung von Greifern, Hubeinheiten und anderen Aktoren
5. **Schleifring**
   zur Durchführung von bis zu zehn elektrischen Signalen
6. **Stahlwelle**
   zur Übertragung der Drehbewegung
7. **Wälzlagerung**
   zur spielfreien Übertragung der Drehbewegung

Abbildung 4.61 Drehdurchführung mit Kugellagerung (rot markiert) (Quelle: SCHUNK)[123]

4.2.3 Kinematiken

Haben wir bisher nur von Einzelbewegungen wie Translation oder Rotation gesprochen, so können wir bei der Zusammensetzung der Einzelbewegungen von Kinematiken sprechen. Wie in Kapitel 1 beschrieben, definieren sich die Kinematiken von Handhabungssystemen zunächst einmal über die Anzahl der Achsen. Dabei gehen wir im Folgenden von frei programmierbaren Achsen aus. Das heißt, es sollen beliebig viele Zwischenpositionen mit einer ausreichenden Genauigkeit von den jeweiligen Achsen anfahrbar sein. Die Kinematiken sollen Punkte im Raum durch die Verkettung mehrerer Achsen anfahren können. Das heißt, es werden mindestens drei Achsen benötigt.

Für eine gesteuerte Bewegung ist ein Regelsystem notwendig, das den Antrieb, die Steuerung und die Messung der Position übernimmt. Die Bewegungssteuerung ist dabei der Ausgangspunkt. Hier wird durch die Programmierung festgelegt, welche Bewegung die Achsen ausführen müssen, um eine bestimmte Bewegung des Tool Center Points (TCP) zu erzeugen. Der TCP ist dabei der Punkt, an dem der Greifer oder ein Werkzeug befestigt werden kann.

Der in Abbildung 4.62 dargestellte Antriebsstrang hat einen Achscontroller, der den Servoverstärker des Servomotors ansteuert. Der Servomotor wiederum treibt dann in der Regel über eine Kupplung und ein Getriebe die Abgangswelle der jeweiligen Roboterachse an. Je nachdem, ob eine rotative Achse oder eine Linearachse angesteuert wird, kann entweder ein Encoder oder ein Wegmesssystem zum Einsatz kommen, um dem Achscontroller die Stellung der Achse zurückzumelden. So kann eine kurze Regelstrecke aufgebaut werden, die unabhängig von der Bewegungssteuerung ihre jeweilige Zielposition erreicht. Diese Regelstrecke ist pro Achse der Kinematik aufgebaut und ermöglicht je nach Auslegung und Präzision ein schnelles Einregeln auf einen bestimmten Punkt.

Zum Erreichen der Zielposition des TCP im Raum muss aus den einzelnen Achsen eine Kinematik erstellt werden, die durch die Kombination unterschiedlicher Achsen miteinander komplett unterschiedliche Eigenschaften und Arbeitsräume aufweisen kann.

Tabelle 4.4 zeigt unterschiedliche Hauptachskombinationen von Kinematiken auf. Dabei ist neben der Bauart des Handhabungssystems zusätzlich das Symbolbild der Kinematik mit den jeweiligen Achstypen zu sehen. Hier ist ersichtlich, ob es sich um translatorische oder rotatorische Achsen handelt und in welcher Reihenfolge diese zusammengebaut wurden. Darüber hinaus ist

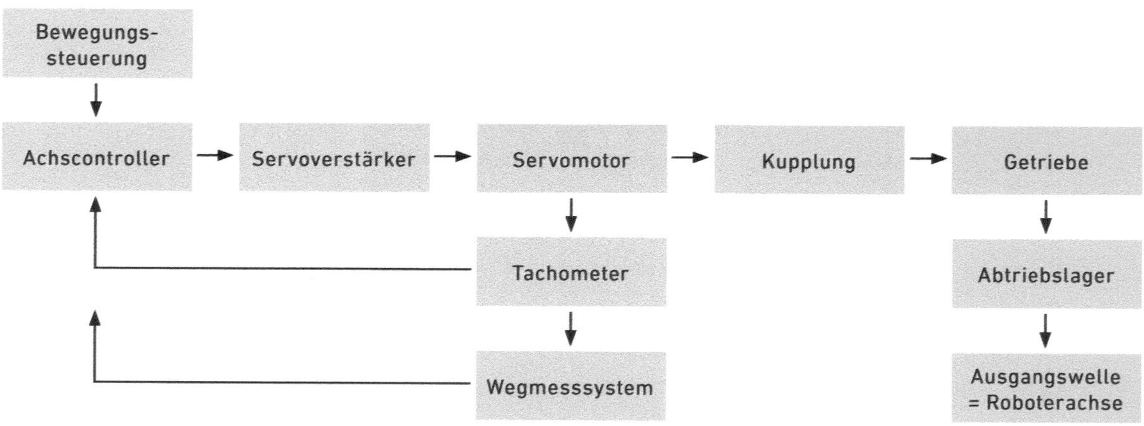

Abbildung 4.62 Antriebsstrang einer frei programmierbaren Kinematik

eine Darstellung des Volumens der mit der jeweiligen Kinematik erreichbaren Positionen zu sehen.

Jede Kinematik weist aufgrund ihrer Bauart unterschiedliche spezifische Bewegungseigenschaften, aber auch Arbeitsraumgeometrien auf. Darüber hinaus lassen sich die Größen und Traglasten für die einzelnen Bauarten je nach Anwendung dimensionieren. Die Anbieter von Standardrobotern variieren durch

Hauptachskombinationen			
	Bauart	Kinematik	Arbeitsraum
1	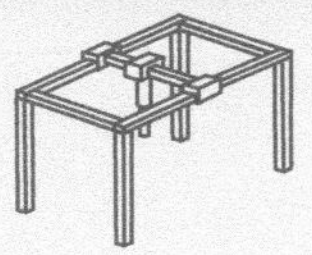	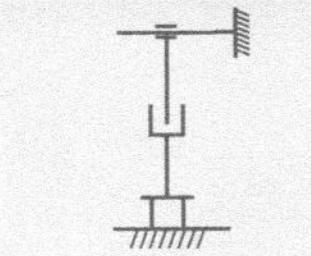	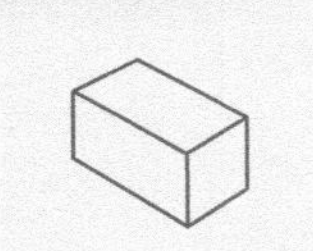
2	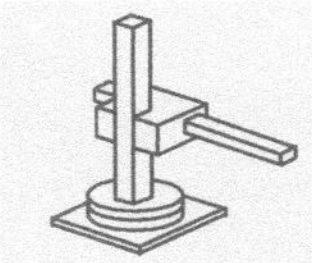	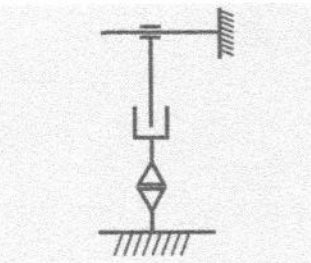	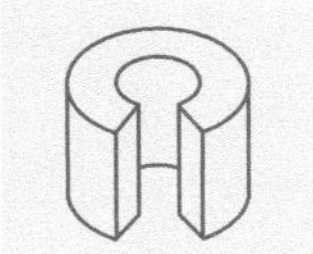
3	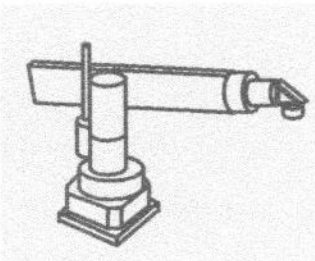	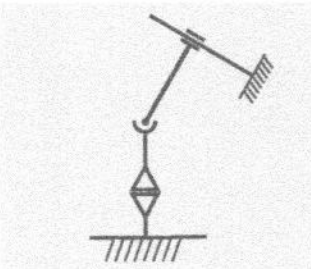	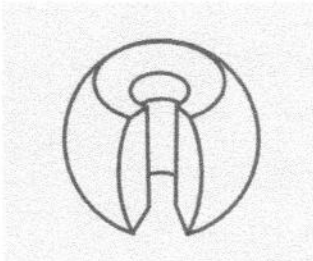
4	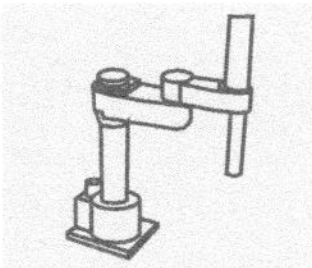	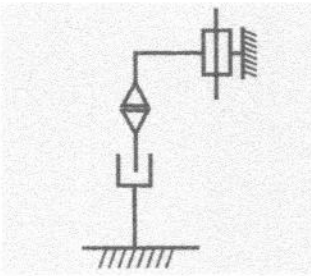	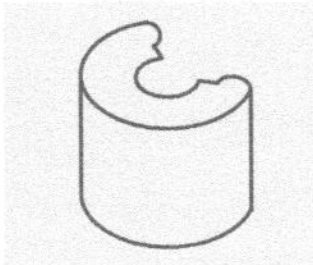
5		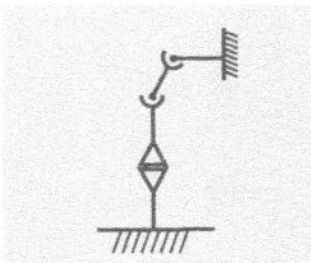	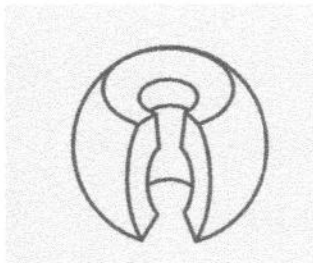
6		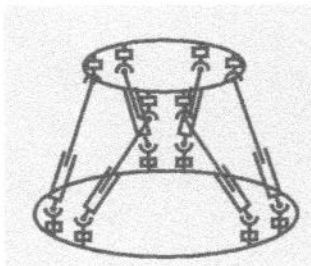	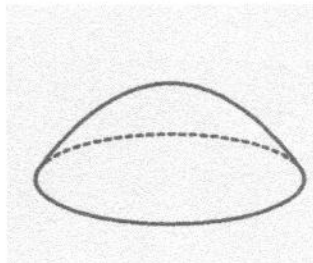
7		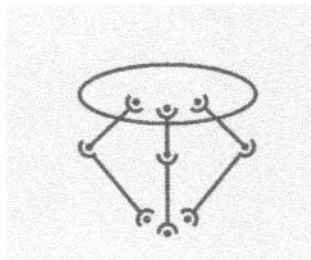	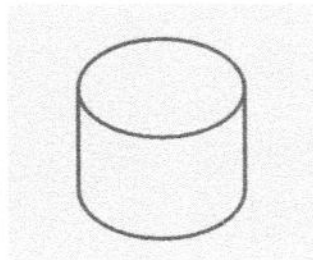

Tabelle 4.4 Unterschiedliche Bauarten von Kinematiken und deren Arbeitsräume

die Armlängen und Antriebsleistungen die Kennwerte der jeweiligen Bauart. Bei den Bauarten 1 bis 5 spricht man von den sogenannten seriellen Kinematiken, da hier die Achsen aufeinander aufgebaut sind.

Die aus Linearachsen aufgebauten kinematischen Systeme (Tabelle 4.4, Nummer 1) sind in der Praxis die mit der größten Reichweite. Sie werden auch als kartesische Roboter oder lineare Achssysteme bezeichnet. Sie decken oft Bereiche von mehreren Metern ab, um die Werkstücke zu handhaben. Mit den linearen Achsen lassen sich sehr steife Konstruktionen erstellen, die eine hohe Genauigkeit aufweisen und die dabei große Traglasten von mehreren 100 kg handhaben können.

Die Ansteuerung des Linearhandlings erfolgt in der Regel nicht über eine Robotersteuerung im klassischen Sinne, sondern häufig über eine numerische Steuerung, die in der Automatisierung als sogenannte SPS (speicherprogrammierbare Steuerung) vorhanden ist, wobei somit lediglich die Ansteuerung der Servomotoren eine spezielle Hardware benötigt.

Abbildung 4.63 zeigt unterschiedliche kartesische Achsanordnungen. Es ist erkennbar, dass der Integrator hier schier unendliche Möglichkeiten der Kombination von Achslängen und Steifigkeiten vorfindet. So lassen sich die Achsen ganz auf die Bedürfnisse des Maschinen- und Anlagenbauers zuschneiden und auslegen. Die relativ einfache Ansteuerung über die Maschinensteuerung bietet eine gute Integration der Achsen in die Steuerungswelt des Maschinenbauers. So lassen sich neben der reinen Bewegungssteuerung über die gleiche Steuerung die peripheren Funktionen, wie Greiferansteuerung oder Sensorsignale, auf einer Plattform bewerkstelligen.

Die verschiedenen Ausprägungen der Kinematik in Tabelle 4.4 lassen sich durch unterschiedliche Anforderungen erklären. Ist in der Abbildung oben links ein Handling mit nur zwei bewegten Achsen zu sehen, so wurden im Handling rechts daneben diese

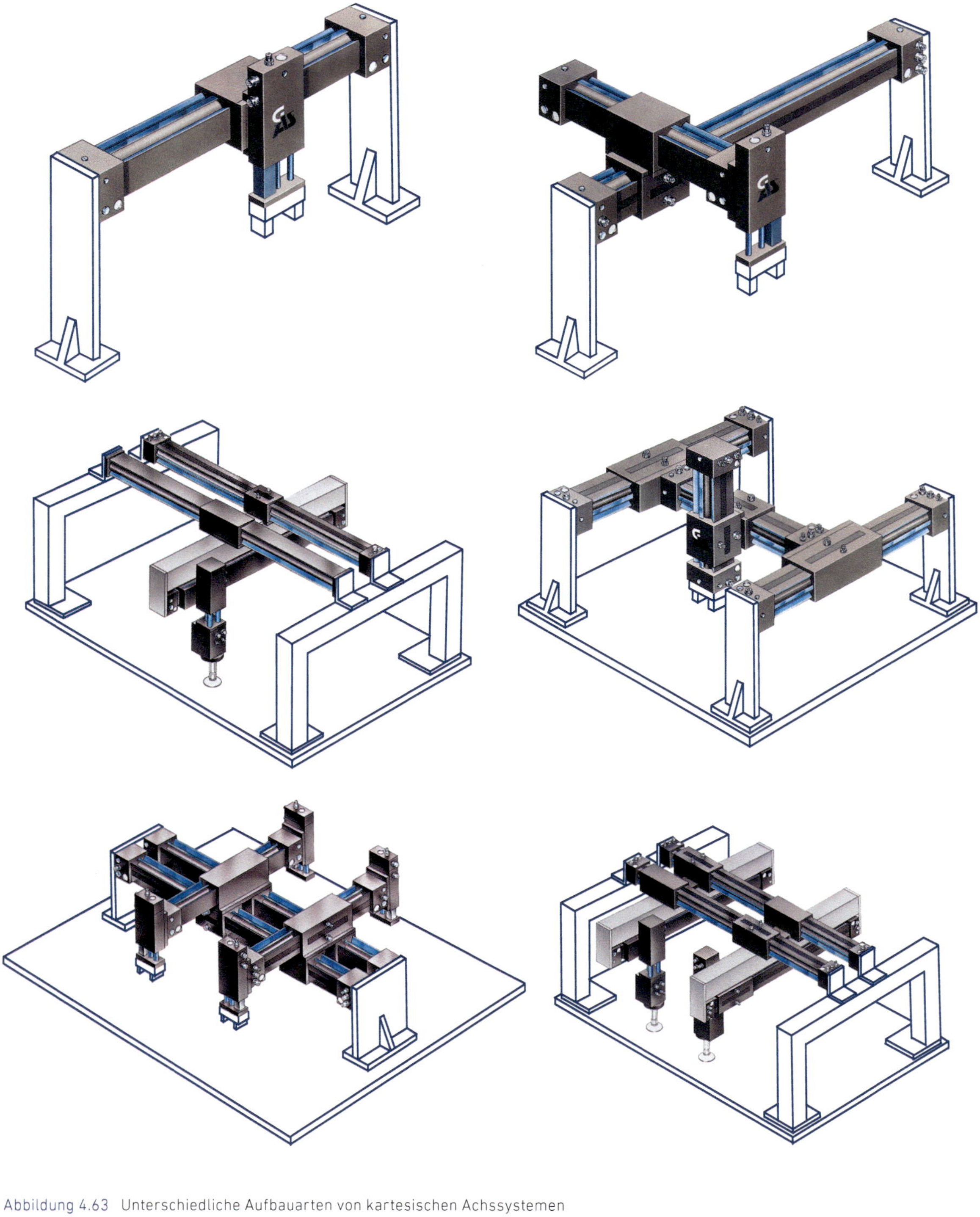

Abbildung 4.63 Unterschiedliche Aufbauarten von kartesischen Achssystemen

Freiheitsgrade um eine Achse erweitert. Ab diesem Stadium der drei frei programmierbaren Achsen wird auch von einem Roboter gesprochen. Der hier montierte Greifer kann in x-, y- und z-Richtung verfahren werden.

Die beiden nächsten Kinematiken zeigen Achssysteme, die mit unterschiedlicher Dynamik und Traglast betrieben werden können. Ist der linke Aufbau eher für kleine Traglasten und schnelle Bewegungen raumsparend aufgebaut, so ist der rechts daneben mit seinen massiveren Achsauslegungen für größere Traglasten geeignet. Der Arbeitsraum, also der Bereich, der vom Greifer erreicht werden kann, ist jedoch bei beiden Kinematiken in diesem Beispiel gleich.

Die Variation der mittleren Kinematiken hinsichtlich zusätzlicher Greifmöglichkeiten zeigt, wie diese Systeme vom Maschinenbauer individuell angepasst werden können. Allein die Variation über die verschiedenen Achslängen und die Kombination von unterschiedlichen Achsenarten ergibt eine breite Palette an Möglichkeiten.

Grenzen der Freiheit liegen dann bei diesen Systemen häufig in der Medienführung, da jede Achse und am Ende auch noch der Greifer mit den entsprechenden Medien versorgt werden muss. Hierzu werden in der Regel Schleppketten verbaut, die die Zuführung von Energie und Signalen ermöglichen.

Die Menge an Kabeln, Schläuchen und Sensorleitungen, die hier über alle Achsen des Systems geführt werden müssen, ist in Abbildung 4.66 zu erkennen. Auch wenn die kartesischen Achssysteme den weitaus größten Teil an Bewegungen in der Industrie übernehmen, so sind sie nur teilweise in der Statistik für die Roboterzahlen enthalten. Dies liegt daran, dass häufig Systeme mit weniger als drei Achsen realisiert werden. Darüber hinaus ist dieser Markt statistisch viel schwerer erfassbar als der der kompletten Standardkinematiken. Je nach geforderter Genauigkeit ist die

Abbildung 4.64 Medienführung bei Linearhandlung über Schleppketten (Quelle: robomotion)[127]

Abbildung 4.65 Kartesisches Handlingsystem in einer automatischen Montageanlage für Kunststoffbauteile (Quelle: Gindele[129]/robomotion[127])

Steifigkeit der Achsen ebenfalls mit entsprechenden Führungen und Dimensionen auszulegen.

Der Markt an Standardroboterkinematiken, der heute von den klassischen Roboterherstellern abgedeckt wird, teilt sich im Wesentlichen in die sogenannten

Knickarm- (Nummer 5 in Tabelle 4.4) und SCARA-Kinematiken (Selective Compliance Assembly Robot Arm; Nummer 4 in Tabelle 4.4) auf, wobei der SCARA erst in jüngster Zeit wieder an Beliebtheit gewinnt, da er für die flexible Montage von Kleingeräten gut geeignet ist.

Der überwiegende Teil der Roboterpopulation ist der Knickarmroboter. Die großen Hersteller haben ein breites Angebot an Kinematiken, aus denen der Kunde für seine Anwendung die passende auswählen kann. Die Robotersteuerung ist wiederrum für alle Achskonfigurationen die gleiche, vielleicht noch mit Unterschieden in der Leistung der Antriebsverstärker. So können die Hersteller der Roboter hier eine skalierbare Hardware auf immer der gleichen Robotersteuerungshardware aufbauen.

Bei der Betrachtung von Abbildung 4.67 wird offensichtlich, welche Vielfalt an Roboterarmen allein für die Bauart der Knickarmkinematik besteht. Hier werden die unterschiedlichsten Einsatzfälle von der Entnahme aus Bearbeitungsmaschinen bis hin zum Punktschweißen von Karosserien abgedeckt. Die Hersteller kategorisieren dabei die Roboter zunächst nach bestimmten Traglastgrenzen. Sonderbauformen, also für Anwendungen, die beispielsweise weniger als sechs Achsen benötigen, werden nochmals mit eigenen Varianten bedient. Ziel ist es, einen möglichst kleinen Kompromiss bei der Auswahl eines Geräts eingehen zu müssen. Hier werden immer mehr Lücken geschlossen, was sich allerdings zum Teil in sinkenden Stückzahlen der einzelnen Modelle niederschlägt.

Deutlich wird durch die Verkettung mehrerer Achsen, dass die Genauigkeit bei den seriellen, also den hintereinander geschalteten, Achsen einen erheblichen Einfluss auf das Gesamtsystem hat. So sind hohe Fertigungsgenauigkeiten einzuhalten, wenn der gesamte Aufbau eine ausreichend gute Wiederholgenauigkeit (siehe folgendes Kapitel) haben soll.

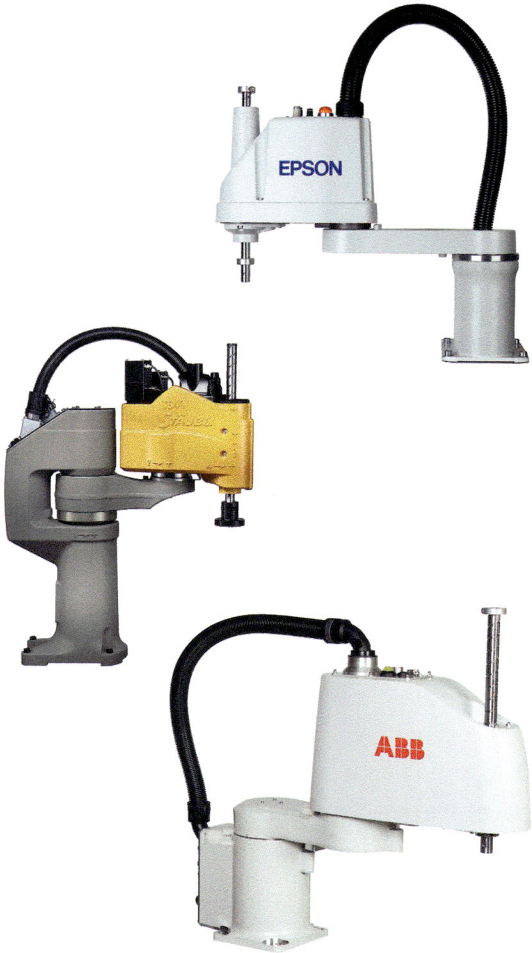

Abbildung 4.66 SCARA-Roboter unterschiedlicher Hersteller (Quelle: EPSON, Stäubli, ABB)[130]

Die Traglast als weiteres Auswahlkriterium einer Kinematik ist heute in einem weiten Bereich von der Kleinrobotik mit bis zu 15 kg Traglast bis hin zu den Schwerlastgeräten von über 1000 kg Traglast verfügbar, wie in Tabelle 4.5 aufgeschlüsselt.

Als weiteres wichtiges Kriterium für die Einsatzplanung gibt es die Angabe des Arbeitsraumes bzw. der Achslänge. Der von den Herstellern im Datenblatt angegebene Arbeitsraum bzw. dessen Dimensionierung wird immer bis zum Handflansch der letzten Achse berechnet. Der Handflansch ist die letzte Achse oder

Abbildung 4.67 Übersicht über unterschiedliche Knicharmkinematiken eines Herstellers (Quelle: KUKA)[131]

sind die Achsen, die dem Werkzeug eine Orientierung erlauben.

In Abbildung 4.68 ist der durch die zwei Hauptachsen 2 und 3 erreichbare Arbeitsraum in der Ebene dargestellt. Durch Bewegen der Achse 1 wird aus dem „Arbeitsraumschnitt" (in der Darstellung grau hinterlegt) eine Kugel. Moderne Roboterkinematiken können eine komplette 360°-Drehung in der Achse 1 ausführen. Aber auch die Beweglichkeit, mit einem Überschlag quasi hinter den Roboterfuß fahren zu können, ist in vielen Anwendungen hilfreich, um die Roboterzelle kleiner gestalten zu können bzw. Taktzeit einzusparen.

Wie aus der Aufnahme in Abbildung 4.69 ersichtlich ist, beschreibt der Roboter mit seinem Flansch die Außengrenze seines Arbeitsraumes, die Arbeitsraumgrenze. Wird nun ein Greifer am Flansch montiert, schiebt sich diese Grenze nach außen und wird als Werkzeugarbeitsraumgrenze bezeichnet. Diese ist unbedingt zu beachten, wenn beispielsweise Sicherheitszäune zur Absicherung des Arbeitsraumes geplant werden. Beliebig kann der Arbeitsraum einer Kinematik selbstverständlich

	Niedrige Traglasten	Hohe Traglasten	Mittlere Traglasten	Schwerste Traglasten	Sonderbauformen
Roboter					
Nutzlast	0 – 15	16 – 60	60 – 300	bis 100	Für spezielle Anwendungen bis 700

Tabelle 4.5 Darstellung unterschiedlicher 6-Achs-Roboter in verschiedenen Nutzlastkategorien (Quelle: KUKA)[131]

nicht durch Verlängerung des Greifers erweitert werden.

In Abbildung 4.70 ist die Unterscheidung zwischen der vom Hersteller angegebenen Arbeitsraumgrenze und der Werkzeugraumgrenze dargestellt.

Es ist, wie bereits angesprochen, das Massenträgheitsmoment bzw. der Abstand des Massenschwerpunktes vom Roboterflansch zu beachten. Hier müssen entsprechend die Last reduziert oder der Abstand klein gehalten werden.

Die Last, die der Roboterarm zu tragen hat, unterteilt sich dabei in die Eigenlast und die Nutzlast oder auch äußere Last, die der Hersteller im Datenblatt angibt. Zusätzlich können noch Anbaulasten an den Arm, z.B. für Peripheriegeräte, angegeben werden.

Abbildung 4.69 Kompletter Überschlag eines Knickarmroboters über den Roboterfuß (Quelle: ABB)[132]

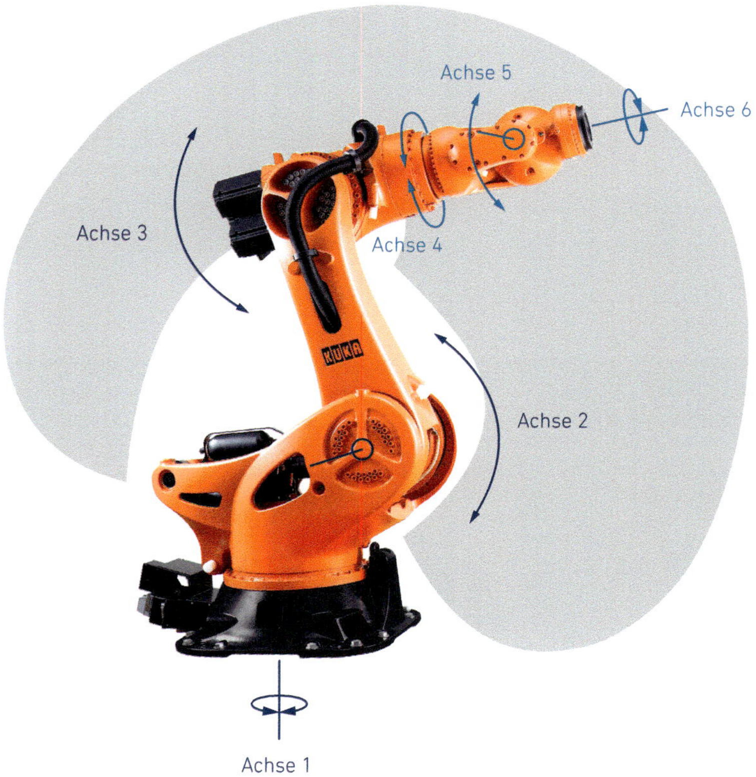

Abbildung 4.68 Knickarmroboter mit seinen Hauptachsen (1–3) und Handflanschachsen (4–6) (Quelle: KUKA)[131]

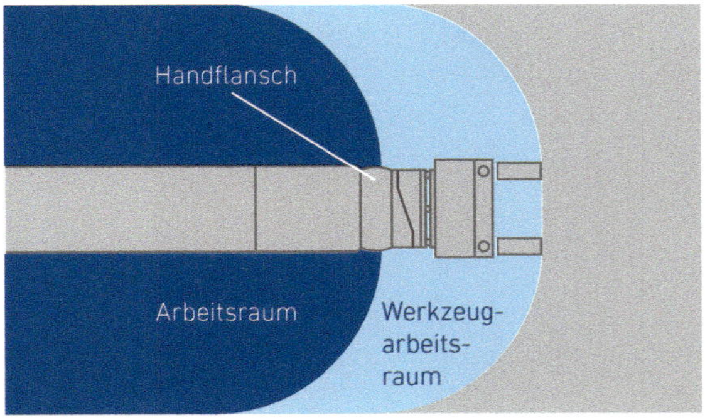

Abbildung 4.70 Arbeitsraum- und Werkzeugarbeitsraumgrenze

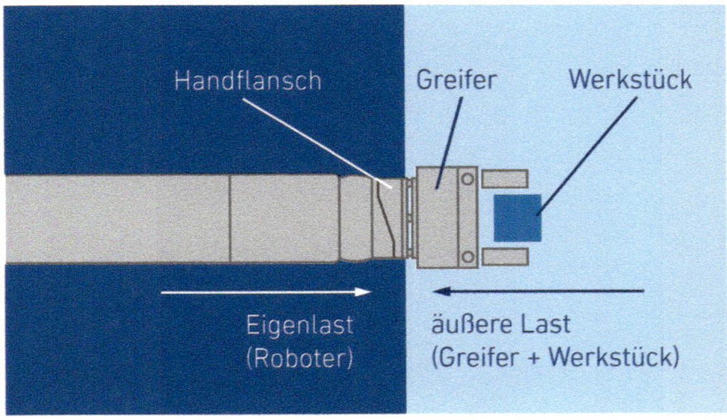

Abbildung 4.71 Belastung der Bewegungseinrichtung mit Greifer und Werkstück in der Kombination

Abbildung 4.72 Roboter muss Werkstück und Greifer als Nutzlast bewegen können (Quelle: SCHUNK)[123]

4

Es ist, wie bereits angesprochen, das Massenträgheitsmoment bzw. der Abstand des Massenschwerpunktes vom Roboterflansch zu beachten. Hier müssen entsprechend die Last reduziert oder der Abstand klein gehalten werden.

Die Last, die der Roboterarm zu tragen hat, unterteilt sich dabei in die Eigenlast und die Nutzlast oder auch äußere Last, die der Hersteller im Datenblatt angibt. Zusätzlich können noch Anbaulasten an den Arm, z. B. für Peripheriegeräte, angegeben werden.

Sind beispielsweise schwere Kabelpakete mit dem Roboter mitzuführen, so sind diese bei der Auslegung sowohl hinsichtlich der Einschränkungen der Beweglichkeit als auch durch die maximale Zuladung zu berücksichtigen.

Ebenfalls ist aus Abbildung 4.71 ersichtlich, dass die Nutzlast nicht beliebig erhöht bzw. vom Roboterflansch entfernt angebracht werden darf.

Dieser physikalischen Problematik begegnen die Hersteller, indem sie für die Entfernung von Massen vom Roboterflansch Kennlinien angeben. Diese sind entsprechend der Entfernungsrichtung für die jeweiligen Massen aufgezeigt.

In Abbildung 4.73 sind beispielhaft die möglichen Entfernungen des Massenschwerpunktes einer Nutzlast in x- und y-Richtung angegeben. Hier wird ersichtlich, dass sich die zulässige Nutzlast mit der Entfernung vom Flansch schnell halbieren kann.

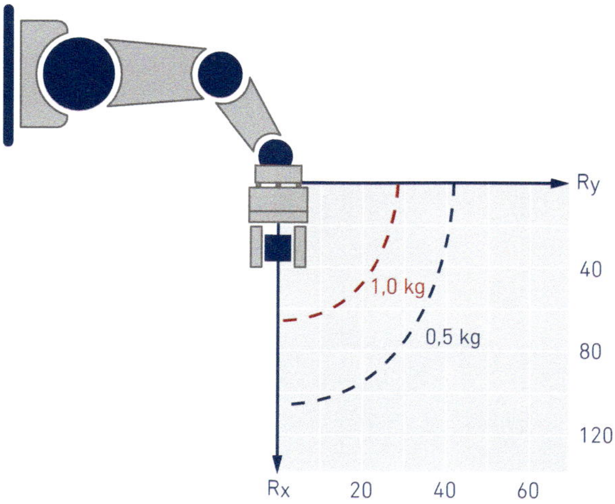

Abbildung 4.73 Beispielhaftes Traglastdiagramm eines Roboters mit 1 kg Nutzlast (R = Abstand von der Flanschplatte in cm)

Die Eigenlast der Roboterarme ist heute gegenüber den ersten Robotermodellen deutlich gesunken. Allerdings sind klassische Industrieknickarmroboter immer noch weit von dem hohen Anspruch entfernt, eine Gleichheit von Eigenlast zu Nutzlast erzielen zu können. Ein Roboter mit 60 kg Nutzlast bringt heute immer noch ca. 400 kg Eigengewicht auf die Waage und gehört damit immer noch zu den besten in seiner Klasse.

Neben neuen Materialien und Leichtbaukonstruktionen können hier vor allem alternative Kinematiken das Gewicht der Roboterarme senken. Beispiele hierfür sind Parallel- (Abbildung 4.74) oder Seilzugkinematiken.

Abbildung 4.74 Parallelkinematiken legen Würste in eine Tiefziehverpackung ein (Quelle: robomotion)[127]

4.2.4 Bewegungen planen

Die Kinematiken und Handhabungssysteme führen in vielen Applikationen einen fest vorgegebenen Bewegungsablauf aus. Dieser feste Bewegungsablauf besteht aus den geteachten Punkten, die z. B. ein Roboter vom Bediener vorgegeben bekommen hat. Der Roboter fährt dann in seinem Arbeitsraum bestimmte Stationen, z. B. die Bereitstellung einer Schraube und die Montagestellen der Schraube, im immer gleichen Ablauf an.

In Abbildung 4.75 ist ein Bewegungsablauf eines Roboters zu einer Entnahmepalette zu drei Arbeitspunkten im Arbeitsraum zu sehen. Die Bewegungen sind farblich hinsichtlich der Beschleunigung oder Abbremsbewegung entweder rot oder blau dargestellt. Die grüne Farbe zeigt eine konstante Geschwindigkeit an.

Mit den sensorischen Möglichkeiten in der Automation werden immer mehr Anwendungen vom Bewegungsablauf her variabel. Werden z. B. Schlechtteile durch eine Sensorik erkannt, ist der Roboter in der Lage, seine Bewegung zu ändern und statt in die Montagestation in die Abwurfkiste für Schlechtteile zu fahren.

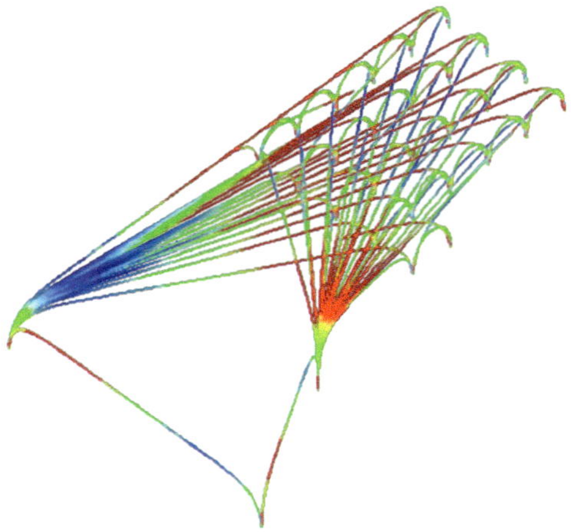

Abbildung 4.75 Darstellung einer Magazinentladung mit einem SCARA-Roboter

Bei veränderlichen Bereitstellungsszenarien können die Teile z. B. auf einem Band ungeordnet verteilt sein, sodass die Abgriffspunkte für die Werkstücke variieren. Nur die Ablagepunkte sind in dem Fall in der Roboterbahn definiert. Der Arbeitsraum ist dann ein wildes Durcheinander von Fahrbewegungen. Der Roboter reagiert auf die Sensorinformationen und fährt zum von der Kamera vorgegebenen Punkt.

Noch eine Stufe komplexer wird die Bahnplanung, wenn die Abgriffsituation dreidimensional wird. Hier ergeben sich zusätzliche Kollisionsmöglichkeiten, beispielsweise durch andere Bauteile oder durch die Behälterwand mit dem Greifer.

Beim „Griff in die Kiste" können daher nicht nur einfach die Positionen vorgegeben werden, an denen das Werkstück in der Kiste liegt. Neben dem genauen Angriffspunkt für Greiferfinger sind auch die Schrägstellung im Raum und die Lage der Nachbarteile in die Bahnplanung mitzuberücksichtigen. Um Kollisionen mit der Behälterwand zu vermeiden, ist auch die Geometrie des Greifers und die des Roboterarms in die Berechnungen zur Bewegungsbahn einzubeziehen. Man merkt, wie stark hier der Aufwand mit der dritten Dimension ansteigt.

Haupthindernis beim Griff in die Kiste ist das aufwendige Einlernen der Werkstücke und der Störkonturen. Es zeichnen sich aber in den letzten Jahren eine zunehmende Vereinfachung und höhere Leistung der Systeme ab. Auch hier ist der Einfluss von Anwendungen aus dem Consumer-Bereich immer deutlicher spürbar. Spielekonsolen mit 3D-Bildverarbeitung sind heute schon für wenige 100 € erhältlich. So ist z. B. in einem EU-Forschungsprojekt angedacht, diese kostengünstigen Sensoren redundant zur Überwachung von Roboterarbeitsräumen einzusetzen.

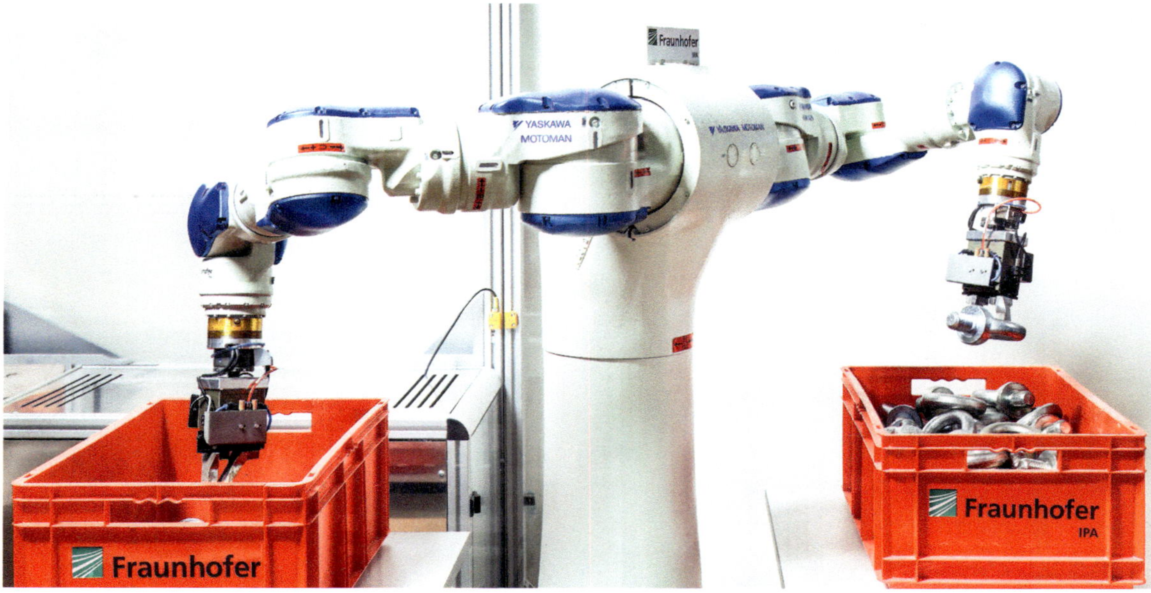

Abbildung 4.76 Beispielapplikation zum Griff in die Kiste (Quelle: Fraunhofer IPA)[133]

In dem beschriebenen Projekt soll sogar die Bahn des Roboters entsprechend den Bewegungen des im Arbeitsraum agierenden Menschen geändert werden. Dies würde eine weitere Form der Kollaboration zwischen Mensch und Maschine möglich machen. Bisher müssen die Roboter, die etwaigen Kontakt zum Menschen haben, langsame Bewegungen ausführen, da andernfalls eine Kollision für den Mitarbeiter gefährlich werden könnte. Mit dieser Planungsstrategie für die Roboterbahn müsste es möglich sein, die Geschwindigkeit vom Roboter hochzuhalten und dennoch den Werker sicher in der Nähe arbeiten zu lassen. Nach Abschluss des Forschungsprojekts müssen weitere Entwicklungen folgen.

In Abbildung 4.77 ist der prinzipielle Aufbau des mit Komponenten aus dem Massenmarkt überwachten Arbeitsraumes des Roboters dargestellt. Dabei werden unterschiedliche Stufen der Kollisionsvermeidung in der Zusammenarbeit mit dem Menschen angedacht. In der ersten Stufe wird der Anwender zunächst, beispielsweise über ein akustisches Signal, gewarnt (siehe Abbildung 4.78). In der zweiten Stufe des Sicherheitslevels wird der Roboter bei Annäherung gestoppt, um die Kollision zu vermeiden. In der dritten Stufe soll der Roboter eine einfache Rückwärtsbewegung bei Annäherung des Menschen ausführen. Hier ist die weitere Ausführung der Arbeitssituation für den Roboter schlecht möglich. Daher soll in der vierten Stufe der Entwicklung in die Bahnplanung des Roboters eingegriffen werden, um eine aktive Ausweichbewegung durch Änderung der Bahn zu ermöglichen.

Diese Technologien (z. B. Kinect, Digitalkameras etc.) aus einem Massenmarkt inspirieren und unterstützen die industrielle Produktionstechnik, auch wenn eine direkte Verwendung der Komponenten häufig an Ersatzteilstrategien und dem zu spezifischen Aufbau der Komponenten scheitert. So können die einem schnellen Wandel unterworfenen Consumer-Produkte nicht die Anforderungen der Industrie an die Verfügbarkeit über viele Jahre bzw. Jahrzehnte erfüllen.

Abbildung 4.77 Darstellung eines Szenarios mit zwei Spielkonsolenkameras für die Positionierung (Quelle: SYMBIO-TIC)[134]

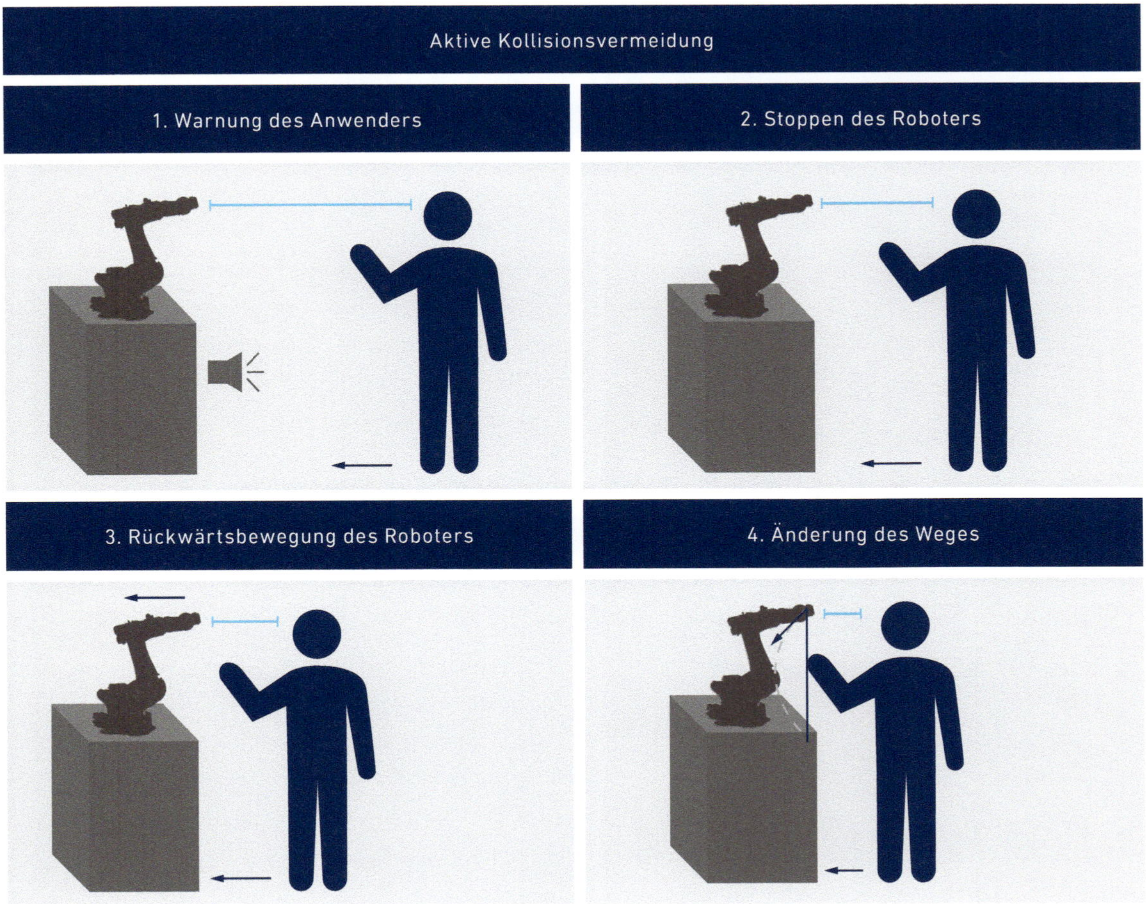

Abbildung 4.78 Unterschiedliche Stufen der Kollisionsvermeidung (Quelle: SYMBIO-TIC)[135]

Darüber hinaus sind die Komponenten, z. B. der Spieleindustrie, nur in einem eingeschränkten Arbeitsbereich nutzbar. Durch den geschlossenen Aufbau der Systeme wird die Anpassung an bestimmte Anwendungsfälle zusätzlich erschwert. Aber die Techniken können grundsätzlich in Industriekomponenten Vorteile bringen, wie beispielsweise der Einsatz von hochauflösenden Chips in Kameras oder schnelle Datenanbindungen und Schnittstellen.

Die Hersteller von Robotern bieten immer mehr Sensorschnittstellen für ihre Geräte an. Darüber hinaus können diese Hardwareeingänge mit Software verknüpft werden, um komplexe Aufgabenstellungen, wie z. B. den Griff in die Kiste oder das chaotische Palettieren von Paketen, zu erleichtern.

Abbildung 4.79 Über ein Hauptband verkettete Anlage zum Einlegen von Pralinen (Quelle: robomotion)[127]

Das heißt, die Sensorhardware ist mit einem Stück Applikationssoftware verknüpft, das die Daten des Sensors auswertet und entsprechend die Bahn des Roboters verändert. Besonders interessant sind dabei Softwarelösungen, die über die Fähigkeiten normaler Integratoren hinausgehen. Diese Lösungen können dann die Verbreitung von Robotern erst ermöglichen, da sie Funktionalitäten einbringen, die in einem einzigen Sonderroboterprojekt nicht wirtschaftlich umsetzbar gewesen wären. So ist es beispielsweise nicht trivial, mehrere Roboter über ein Kamerasignal ansteuern und logistisch sinnvoll verketten zu können. Beispielsweise ist diese Situation bei Anwendungen gegeben, in denen mehrere Roboter von einem Förderband abgreifen und in das gleiche Tray Pralinen ablegen sollen.

Bei derartigen Anwendungen ist es essenziell, dass sich die Roboter untereinander austauschen bzw. Informationen über die Arbeit des vorgelagerten Roboters beim nachgelagerten Roboter ankommen. Das heißt, die Ausführung der Bewegungen der Roboter wird im späteren Betrieb der Anlage über die Sensoren und die Software zur Liniensteuerung kontrolliert. Es ist hier bei der Installation der Anlage nicht klar, welche Wege die Roboter genau fahren werden. Dies ist von der Lage der Produkte auf dem Förderband und von der Position des Trays abhängig. Derartige Softwarepakete gehören heute zum Angebotsumfang der Roboterhersteller, werden aber auch von unabhängigen Firmen (z. B. beim chaotischen Palettieren) für mehrere Roboterhersteller angeboten.

So entsteht die Idee der Hersteller, einen App Store für bestimmte Applikationen für ihre Roboter einzurichten. Über diesen Store sollen dann die potenziellen Integratoren oder sogar die Endkunden selbst in der Lage sein, sich eine Applikation herunterzuladen und zu installieren. Dass man mit derartigen Ideen nur mühsam in der Breite vorankommt, liegt wohl daran, dass die Motivation der Entwickler von derartigen Apps gering ist, diese Software einer potenziellen Konkurrenz zur Verfügung zu stellen. Auch sind die Stücklizenzen preislich weit höher anzusetzen, da nur ein überschaubar großer Kundenkreis die Software kaufen wird und so die Entwicklungskosten auf nur wenige Kunden umgelegt werden können.

Hier ist eher die Regel, dass die Firmen, die ein spezielles Software-Know-how in Verbindung mit Robotern besitzen, versuchen, die Software selbst zu vermarkten. Dies ist z. B. bei der Ansteuerung von Robotern für eine Bearbeitungsaufgabe der Fall. Der Roboter soll hier möglichst genau einer vorgegebenen Kontur am Werkstück folgen. Ziel ist dabei eine möglichst hohe „Bahntreue" des Roboters. Das heißt, die Kinematik soll die gewünschte Kontur exakt abfahren und dabei trotz Krafteinwirkung durch die Bearbeitung nicht ausweichen. Die Schwierigkeiten, die sich für eine eher weiche Struktur gegenüber einer klassischen kinematischen Werkzeugmaschine ergeben, liegen auf der Hand.

Die Bahntreue eines Roboters hängt aber nicht nur von seinen mechanischen „Fähigkeiten" ab. Auch die Steuerung einer solchen kinematischen Kette hat erheblichen Einfluss auf das Bewegungsverhalten. Die Bahn, entlang derer sich der Tool Center Point (TCP) des Roboters bewegt, wird durch sogenannte Stützpunkte oder Interpolationspunkte vorgegeben, wie dies in Abbildung 4.80 anhand einer einfachen Geraden zwischen zwei Punkten dargestellt ist. Der als Bahnplaner bezeichnete Teil der Steuerung, der die Stützpunkte (Interpolationspunkte) auf der Bahn mit einem gewissen zeitlichen Vorlauf berechnet, ist also ebenfalls ein Einflussfaktor auf die Qualität der Bahn.

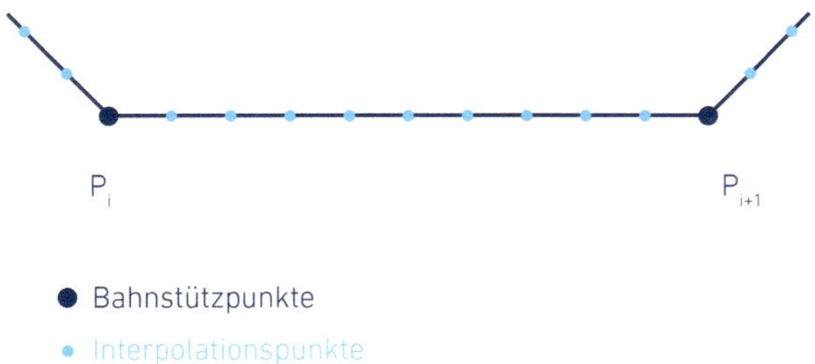

Abbildung 4.80 Teilbahn mit Bahnstützpunkten und Interpolationspunkten

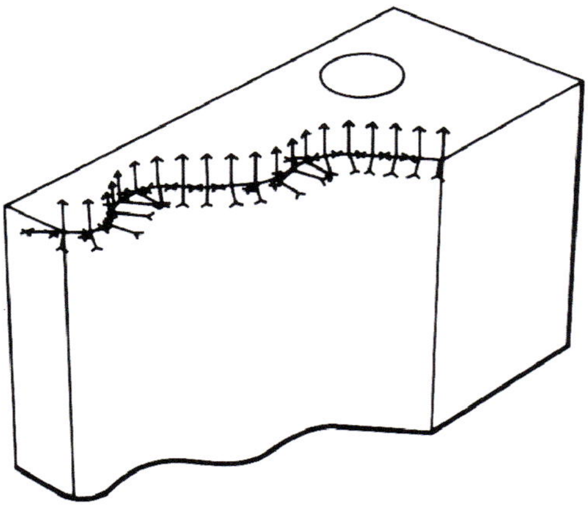

Abbildung 4.81 Generierung einer Roboterbahn entlang einer Werkstückkontur

Je mehr Stützpunkte die Bahn enthält, desto genauer kann diese vorgegeben werden. Darüber hinaus ist die gesamte Regelstrecke, d. h. Steuerung, Antriebe und die eingebauten Messsysteme zur Überwachung des Motors, für die Genauigkeit des mechanischen Aufbaus verantwortlich. Daher wehren sich etablierte Roboterhersteller in der Regel, ausschließlich ihre mechanischen Kinematiken zu veräußern. Zu häufig ist es hier in der Vergangenheit zu Problemen in der gewünschten Genauigkeit oder der Gewährleistung von Standzeiten gekommen. Daher schätzen auch viele Kunden die Lieferung aus einer Hand. Denn die Einheit aus Antrieben, Steuerung und Roboterarm ist ein Vorteil bei der Auslegung dieses Regelkreises.

Die gesamte Kette, wie in Abbildung 4.82 dargestellt, bildet ein von einem Hersteller verantwortetes Produkt. Löst man hier einzelne Teile heraus, kann es zu Schäden kommen, z. B. durch Überlastung der anderen Komponenten. Genauigkeit auf der Bahn ist in vielen

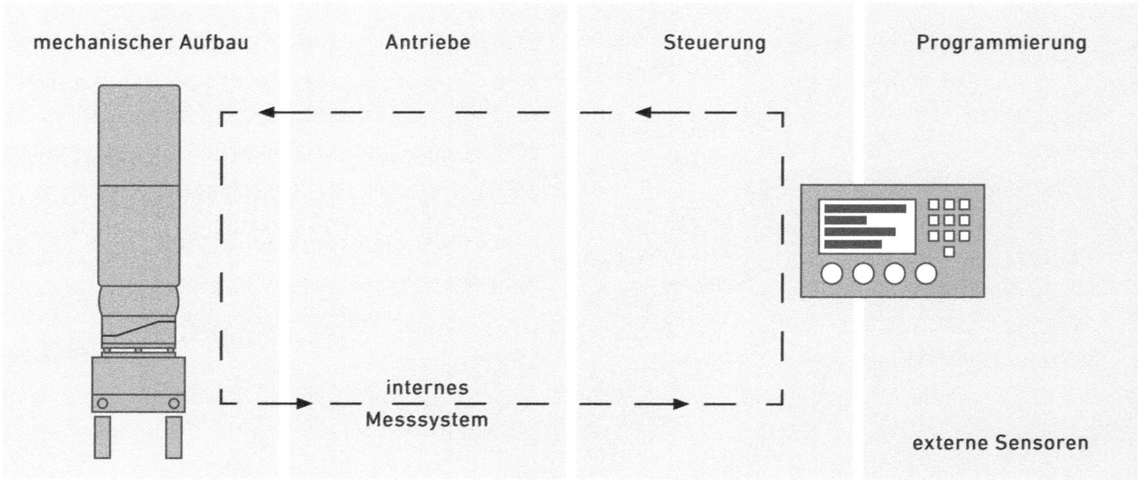

Abbildung 4.82 Kernaufgabe eines Roboterherstellers – Abstimmung der Komponenten

Anwendungen aber gar nicht gefordert. Bei der Handhabung von Werkstücken genügt in vielen Fällen die genaue Zielerreichung. Die Bewegung dazwischen hat nur mit hoher Geschwindigkeit und kollisionssicher zu erfolgen.

Bei der Genauigkeit auf ein Ziel hin wird zwischen einer Wiederholgenauigkeit und der Positionsgenauigkeit unterschieden. Die Hersteller geben in ihren Datenblättern in der Regel die Wiederholgenauigkeit an, da diese dem Praxisbetrieb häufig entspricht. Hier wird eine Bewegung auf einen Punkt hin immer genau „wiederholt". Das heißt, der Roboterarm bewegt sich immer genau mit den gleichen Bewegungen der einzelnen Achsen auf einen geteachten Punkt zu.

Das bedeutet, der Roboter bewegt sich immer aus der gleichen Anfahrrichtung auf den Zielpunkt zu. Dabei darf die IST-Position in einem bestimmten Streukreis variieren, dieser Streukreis wird dann im Datenblatt von den Herstellern angegeben (siehe Abbildung 4.83). Die Genauigkeiten von Robotern schwanken dabei stark, je nach kinematischer Bauart, liegen aber heute im Bereich von einigen hundertstel Millimetern. Viel stärker ist dann aber die Abweichung von einem rein über das Programm offline eingegebenen Punkt in den Raumkoordinaten des Roboters. Für diese Fälle, in denen das Teachen nicht möglich ist, bieten die Hersteller besonders genau vermessene und dann mit den Steuerungsparametern abgeglichene Geräte an, sodass auch eine gute absolute Genauigkeit erzielt werden kann.

Werden die Bewegungsbahnen auf einen Punkt hin immer wieder durch das Programm des Roboters geändert – beispielsweise, wenn Sensorsignale den Ablauf in einer Roboterzelle verändern können –, so spricht man von einer Positionsgenauigkeit. Diese liegt unter der Wiederholgenauigkeit und wird selten von den Herstellern im Datenblatt erwähnt. Die Definition der Positioniergenauigkeit von Kinematiken ist in Abbildung 4.84 dargestellt. Die Anfahrrichtung auf die SOLL-Position wird hierbei variiert. Die ISO 9283 gibt die Vorgehensweise zur Vermessung von Robotergenauigkeiten vor. Hier sind die Messanordnungen und die Messzyklen beschrieben, die für den Vergleich von Robotergenauigkeiten nötig sind.

Um von einem Punkt zum anderen zu gelangen, können in der Robotersteuerung sogenannte Fahrbefehle

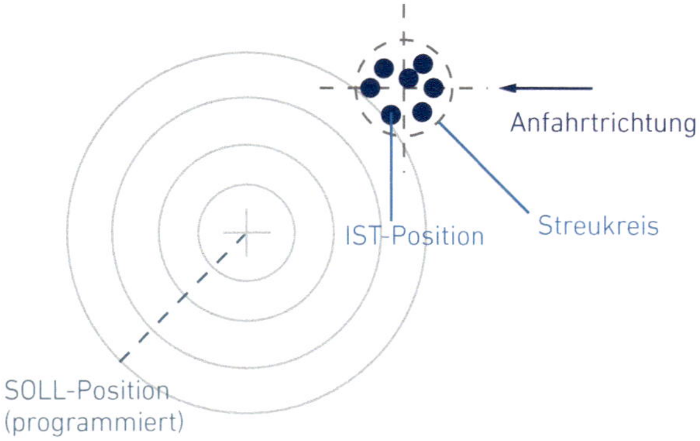

Abbildung 4.83 Abweichung von der programmierten SOLL-Position bei Anfahrt aus einer Richtung (Wiederholgenauigkeit)

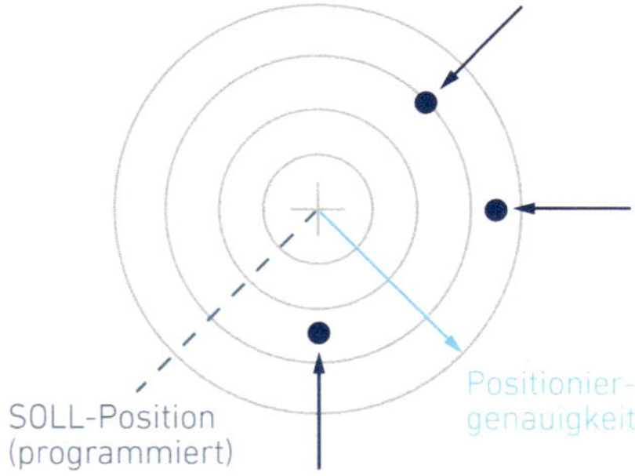

Abbildung 4.84 Abweichung von der SOLL-Position bei Anfahrt aus unterschiedlichen Richtungen (Positionierungsgenauigkeit)

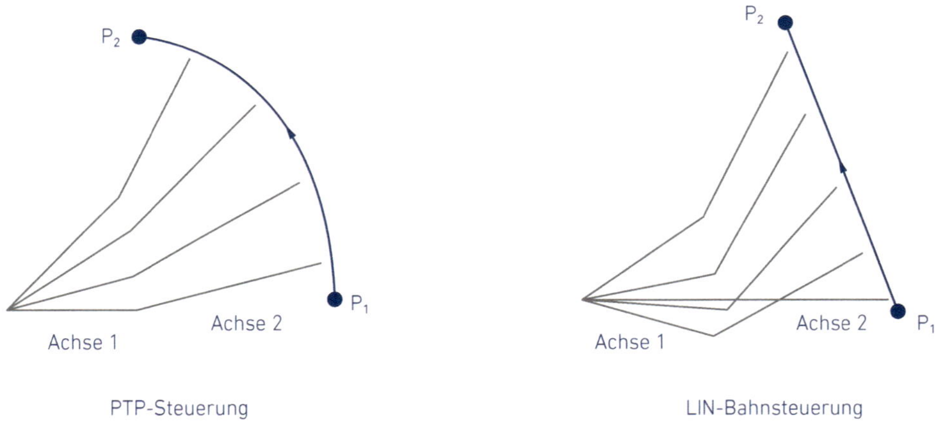

Abbildung 4.85 Bewegung unter PTP-Steuerung und unter LIN-Bahnsteuerung

definiert werden, die dann im Programmablauf aneinandergereiht werden. Grundsätzlich ist dabei zu unterscheiden, ob der Roboter auf dem schnellsten Weg zum Zielpunkt fahren soll oder ob er auf einer vorgegebenen Bahn zum Ziel kommen soll. So kann im Beispiel in Abbildung 4.85 der Punkt P_2 durch die Bewegung der Achse 1 erreicht werden. Achse 2 muss nicht verändert werden.

Dabei macht der Roboter eine kreisförmige Bewegung, entsprechend der rotativen Achse des Roboters. Bei dieser sogenannten PTP-(Point-to-Point-)Bewegung werden nur die Achsen angesteuert, die notwendig sind, um den Zielpunkt anzufahren. Die Bewegungsbahn ergibt sich dann aus der Abfolge der Zielerreichung der jeweiligen Achsen. Sind an der Bewegung mehrere Achsen beteiligt, so starten alle Achsen gleichzeitig und beenden ihre Bewegung, wenn die SOLL-Position erreicht ist. Das heißt aber, dass die Achsen zum Teil unterschiedlich lange im Einsatz sind. Die PTP-Bewegung ist die schnellste Roboterbewegung, aber auch die unkontrollierteste, was die Bewegung im Raum angeht.

Im Gegensatz hierzu ist die LIN-Bahnbewegung eine von der Steuerung gehaltene geometrisch vorgegebene Bahn – eine Gerade. Um diese Gerade mit dem TCP zu beschreiben, ist die Koordination mehrerer Achsen notwendig. In Abbildung 4.85 ist die Bewegung der Achse 2 zu sehen, die notwendig ist, um eine Gerade zu beschreiben. Dabei wird am Ende genau wieder der Zielpunkt P_2 erreicht. Allerdings können nicht beide Achsen mit ihren maximalen Beschleunigungen gefahren werden, da sich andernfalls die Bahn nicht halten lässt. Ebenso soll der TCP ja mit einer konstanten Geschwindigkeit bewegt werden, dadurch ist ebenfalls eine Reduktion von Achsgeschwindigkeiten notwendig. So ist die gesamte Geschwindigkeit für den Handhabungsvorgang länger, da die Endgeschwindigkeit der einzelnen Achsen gar nicht erreicht wird und die Koordination der Achsen notwendig ist.

Dass die Endgeschwindigkeit der Achsen in vielen Fällen bei Roboterbewegungen nicht erreicht wird, liegt häufig auch an den kurzen Wegen, die in den Applikationen zurückgelegt werden. Auch daher ist es sinnvoll, eine besonders leichte Armstruktur zu konstruieren, um eine hohe Dynamik zu erreichen. Die Beschleunigungen sind wichtiger als die theoretisch möglichen Endgeschwindigkeiten der Achsen. Ein leichter Roboterarm kann schneller beschleunigt werden als ein schwerer Roboterarm, der sich träger verhält bzw. es wird weniger Energie für die Beschleunigung benötigt.

Aus dem in Abbildung 4.86 gezeigten Geschwindigkeitsprofil wird die Problematik des Bewegungsablaufs eines Roboters deutlich. Der Antrieb mag zwar mit voller Beschleunigung die Bewegung beginnen, muss aber bei kurzen Bewegungen z. B. der Handachsen schon wieder mit dem Bremsen beginnen, um rechtzeitig und genau zum Stehen zu kommen. Aus diesen Fahrprofilen der einzelnen Achsen ergeben sich für den TCP unterschiedlichste Zielerreichungszeiten, je nachdem, ob die Endgeschwindigkeit erreicht wird oder nicht. Dies erklärt auch die Schwierigkeit, eine Taktzeit von Robotern einfach an der Entfernung von A nach B zu definieren. Es ist zwar gängige Praxis, dies in den Datenblättern der Hersteller mit einem Normzyklus zu dokumentieren. Wie sich die Taktzeit aber in der jeweiligen Applikation ergibt, hängt stark von der Positionierung der Anfahrpunkte im Arbeitsraum des Roboters ab. Hier helfen dann wiederum nur Simulationen oder Taktzeitversuche mit der exakt gleichen Anordnung der

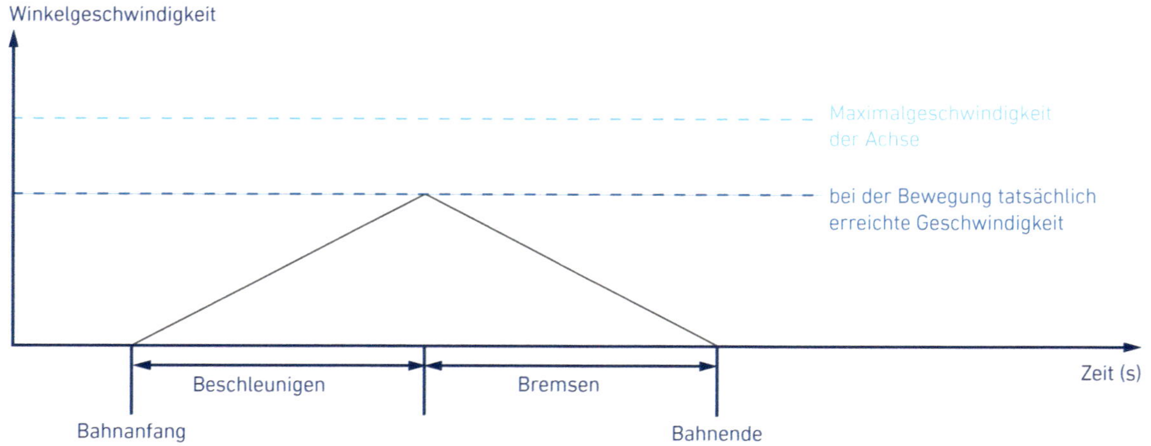

Abbildung 4.86 Darstellung eines Geschwindigkeitsprofils einer Roboterachse

jeweiligen Arbeitspunkte in der Roboterzelle. So können dann gute Aussagen zur Taktzeit ermittelt werden.

Die in Abbildung 4.87 dargestellte Grafik zeigt ein Diagramm, wie es für die Verfahrdauer von einem Punkt zu den jeweiligen Punkten in x- und y-Richtung erstellt wurde. Solche Diagramme sind in der Form stark von der spezifischen Kinematik abhängig.

Darüber hinaus ist die jeweils programmierte Bewegungsbahn für die Geschwindigkeit oder Taktzeit mit entscheidend. Es lassen sich sowohl PTP- als auch LIN- oder andere Fahrbefehle für Kreisbahnen in einem Fahrprogramm kombinieren. Das heißt aber auch, diese Kombination aus Bahnbewegungsarten erschwert die Vorhersage über genaue Taktzeiten.

Es lassen sich lediglich für die jeweilige Kinematik grobe Auslegungs- oder Layoutrichtlinien erstellen, die eine möglichst ideale Einbausituation erlauben. Ein Beispiel hierfür ist die Auslegungsregel für die Stellung der Grundarme. Bei SCARA-Robotern spricht man beispielsweise von der sogenannten Links- oder Rechtsarmigkeit. In Abbildung 4.88 der Draufsicht auf den Roboter kann man den Unterschied zwischen der Links- und der Rechtsarmigkeit erkennen. Rechtsarmig bedeutet, dass der Roboter seinen Arm, ähnlich wie ein Mensch seinen rechten Arm, angewinkelt hält.

Die Regel besagt, dass versucht werden sollte, den Roboter immer so zu betreiben, dass bei einer Fahrt von Punkt P_1 zu Punkt P_2 die Achse 2 des Roboters nicht in die jeweils andere Armigkeit umschwenkt. Dass diese Umorientierung der Achse 2 aufgrund der viel längeren Wege Taktzeit kostet, ist offensichtlich. Wenn jedoch vom Planer die Arbeitspunkte des Roboters im Arbeitsraum schlecht ausgelegt sind, bleibt dem Programmierer jedoch oft keine andere Wahl, als eine Umorientierung vorzunehmen.

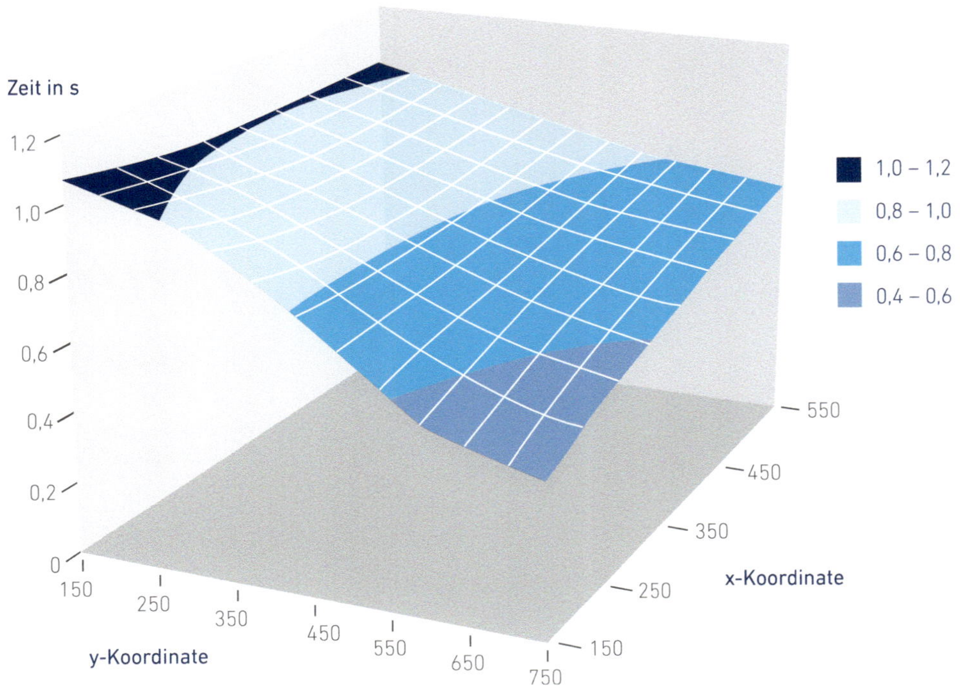

Abbildung 4.87 Geschwindigkeitsprofil zu einem bestimmten Ablagepunkt für einen SCARA-Roboter

Durch die Simulation des geplanten Layouts können sich sowohl Programmierer als auch Konstrukteur schon in einer frühen Planungsphase über die Platzierung des Roboters in der Zelle austauschen, um derartige Planungsfehler zu vermeiden. Denn diese Problematik besteht nicht nur bei SCARA-Kinematiken, auch Delta- oder Knickarmkinematiken haben ein Optimum für ihre Positionierung zu den angefahrenen Punkten im Arbeitsraum. Besonders bei Sechsachs-Knickarmrobotern gibt es stark nichtlineare Abhängigkeiten und Doppeldeutigkeiten (Singularitäten) im Verfahrbereich, die bei der Platzierung im Arbeitsraum berücksichtigt werden müssen.

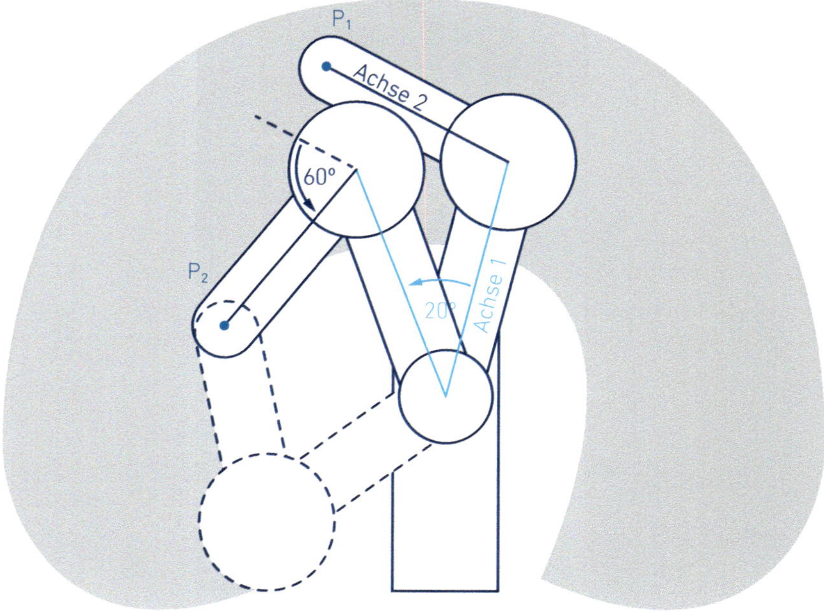

Abbildung 4.88 Anfahren des Punktes P_2 in rechtsarmiger und linksarmiger (gestrichelt) Armstellung

4.3 Layout

Das Layout einer automatisierten Produktionsanlage ist die Basis für eine produktive Anlage. Mit dem Layout einer Produktionsanlage werden der Materialfluss und die Schnittstellen einer Anlage zur restlichen Produktion definiert. Das heißt, wenn hier Fehler bei der Auslegung und Anordnung der Stationen gemacht werden, dann wird dies im Produktionsablauf immer wieder zu Störungen führen. Darüber hinaus wird mit dem Layout die im vorangegangenen Kapitel beschriebene wichtige Positionierung des Handhabungssystems gegenüber den anderen Bearbeitungsstationen definiert.

Grundsätzlich kann gesagt werden, dass die Handhabungstechnik um die Bearbeitungsprozesse herum aufgebaut ist. Mit der Handhabungstechnik werden die Werkstücke zugeführt und wieder entnommen. Dabei können alle Teilfunktionen der Handhabungstechnik zum Einsatz kommen, die so miteinander zu kombinieren sind, dass für das Gesamtergebnis ein Optimum erzielt wird.

Das Gesamtergebnis einer Produktionsanlage wird dabei im Lastenheft definiert zu:

Menge an Werkstücken pro Zeiteinheit (Stück/Min.)

Dies ist die übergeordnete Kenngröße, die vom Planer bei der Auslegung aller Stationen in einer Anlage zu berücksichtigen ist. Darüber hinaus ist ebenfalls die Verfügbarkeit der Anlage definiert und wird vom Nutzer beispielsweise entsprechend der VDI 3424 berechnet; sie sollte in der Regel über 99 % liegen. Das heißt, es muss sichergestellt sein, dass jede einzelne Komponente mit einer weit höheren Verfügbarkeit arbeitet, um diese Kennzahl zu erreichen, denn jede Einzelverfügbarkeit wird in der Berechnung mit der der anderen Komponente multipliziert.

Darüber hinaus kommt dem Layout einer Anlage ebenfalls ein hohes Maß an Bedeutung zu, wenn

$$\text{Verfügbarkeit} = \frac{\text{Gesamtzeit - Gesamtausfallzeit}}{\text{Gesamtzeit}}$$

es beispielsweise um die Zugänglichkeit in der Praxis geht. Wenn ein Fehler auftritt, muss dieser schnell erkannt und behoben werden können. Besser noch, das Personal kann eingreifen, bevor der Fehler auftritt. So lässt sich die hohe Verfügbarkeiten nicht durch die reine Komponentenverfügbarkeit erzielen – der ausgebildete Bediener und die Wartbarkeit spielen eine extrem wichtige Rolle.

Mit diesen Anforderungen im Hinterkopf hat der Planer die ersten Schritte in seiner Ablaufplanung für das Layout in Form einer groben Anordnungsskizze zu entwerfen. Hier geht es zunächst einmal um den Materialfluss je nach Systemgrenze, von der Bereitstellung der Werkstücke bis hin zur Verpackung des fertigen Produkts. Im Sinne des in Kapitel 1 angesprochenen Gedankens, das Werkstück niemals mehr loszulassen, wird versucht, einen Durchlauf ohne Puffer oder Speicherung zu generieren. Dies kann manchmal schwierig sein, wenn bestimmte Bearbeitungsschritte die Bereitstellung der Werkstücke im Schüttgut oder zumindest im Batch (einer bestimmten Menge) erfordern. Hier muss an diesen Stellen im Layout der Platz für solche Speicherprozesse vorgehalten und gegebenenfalls die Speicherung wieder in manuelle Vorgänge überführt werden, damit eine wirtschaftliche Lösung entsteht. Insgesamt ist es bei der Dimensionierung des Materialflusses sinnvoll, die Leistung der einzelnen Stationen in der Abfolge immer leistungsstärker zu gestalten. Das heißt, es muss auf jeden Fall vermieden werden, dass Engpässe im Materialfluss entstehen können, weil die Vormaschinen dann auf die Fertigstellung einer Bearbeitung warten müssen.

Im nächsten Schritt gilt es, mit der Dimensionierung der Einzelstationen und der Anordnung in ein realistisch machbares Szenario zu gelangen. Hierbei helfen die computergestützten Planungstools ungemein, da sie die Handskizze durch exakte Abmessungen und Dimensionen ersetzen. So wird manche erste Idee schnell zu den Akten gelegt, wenn beispielsweise der Arbeitsraum eines Roboters nicht ausreicht und ein zweiter eingeplant werden müsste, falls sich kein größerer Roboter findet. Die Diskussion des Layouts mit den Fachleuten der Automatisierungstechnik und den Produktionsmitarbeitern ist essenziell. Wenn dieser Schritt nicht umfassend durchgeführt wird, ergeben sich in der Praxis Probleme, die die Nutzbarkeit einer Anlage ernsthaft gefährden oder den Bediengrad (manueller Aufwand zum Betrieb einer Anlage) deutlich erhöhen können. Hier spielen auch auf den ersten Blick banale Dinge, wie die Anzahl und Öffnungswinkel von Türen in einer Anlage, eine Rolle.

Mit den CAD- oder Simulationstools, die dem Planer heute zur Verfügung stehen, lassen sich unterschiedliche Layoutvarianten und Produktionsszenarien durchspielen. So kann ein Optimum des Layouts gefunden werden, bevor die Detailkonstruktion begonnen wird. Der Handhabungsroboter stellt innerhalb der Zelle den Materialfluss sicher und ist dabei flexibel genug, um auf Änderungen zu reagieren. Mit der Simulation können dann Taktzeitaussagen gewonnen und damit die Wirtschaftlichkeit der Anlage kalkuliert werden. Diese Systemauslegung im Layout ist ein iterativer Prozess, der sich häufig in der Angebotsphase abspielt, da erst nach der Freigabe eines Layouts alle Komponenten und deren Dimensionierung feststehen.

Immer wieder ist in dieser Phase die Kreativität der Entwickler gefordert, da beispielsweise Teilfunktionen wie der Greifer zu diesem Zeitpunkt erst skizzenhaft vorliegen. Wenn Standardkomponenten zum Einsatz kommen können, vereinfacht dies die Planungen ungemein, da von diesen in der Regel Taktzeiten und Verfügbarkeiten vorliegen. Muss ein Greifer aber erst für ein Werkstück entwickelt werden, so stößt die Simulation hier an Grenzen. Die empirische Ermittlung der Leistungsdaten ist an dieser Stelle dann erforderlich. Mit diesen, durch Versuche gemessenen Taktzeiten, können in der Simulation realitätsnahe Leistungsdaten der Anlage ermittelt werden.

An dieser Stelle gehen die Bemühungen der Simulationsbranche weiter, immer mehr Komponenten in ihren Softwarepaketen möglichst detailliert hinsichtlich ihres technischen Verhaltens (z. B. Öffnungs- und Schließzeiten bei Greifern) abzubilden. Mit solchen Modellen der Komponenten können die Programme

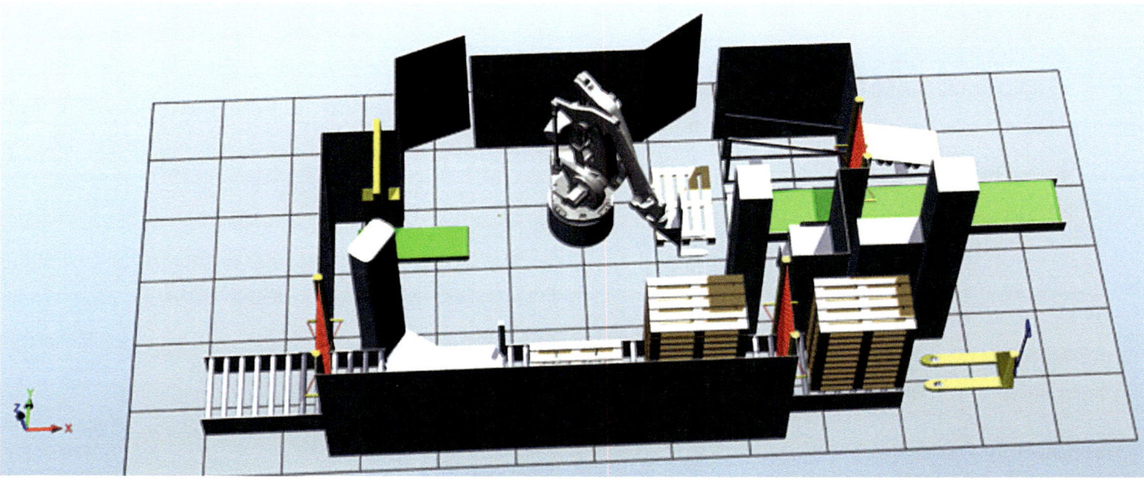

Abbildung 4.89 Layout einer Palettieranlage in einem Robotersimulationstool (Quelle: robomotion)[127]

in der Simulation realitätsnäher erstellt und Überraschungen bei der Inbetriebnahme von Anlagen vermieden werden. Die größte Schwierigkeit bei aufwendigen Simulationsmodellen, an denen unterschiedliche Personen und Planungsgruppen arbeiten, liegt jedoch in der Aktualisierung und Freigabe von bestimmten Versionen der Planung. Hier ist ein straffes Versionsmanagement zu führen. Darüber hinaus sind wichtige Details in der Planung zu berücksichtigen. Bei der Aufgabenstellung von Ritter Sport in Abbildung 4.90 war es das Werkstück mit ca. 250 kg Schokolade. Die Masse der Palette war aber nicht gleichmäßig im Karton verteilt, sondern nur in der oberen Hälfte der Kartonage untergebracht. Dies führte bei der Handhabung mit dem Untergriffgreifer zu eine Kippneigung des Werkstücks bei hohen Beschleunigungen mit dem Roboter.

Wie in Kapitel 3 erläutert, ist in dieser frühen Phase der Anlagenplanung die Konzentration auf die Werkstücke wichtig. Die Werkstückeigenschaften und die Einflüsse der Umwelt auf das Verhalten der Werkstücke sind für den Prozess entscheidend. Die Frage, welche Funktionen das Handhabungssystem innerhalb der Anlage übernehmen soll, ist häufig davon abhängig, welche Wertschöpfung an dem Werkstück erfolgen soll. Selbst ein vermeintlich einfacher Verpackungsvorgang kann dabei schnell mehrere Greifvorgänge erforderlich machen.

Immer häufiger kommen auch Bearbeitungsaufgaben des Werkstücks durch den Roboter als Aufgabenstellungen hinzu.

Abbildung 4.90 Realisierung der simulierten Anlage zum Displaypalettieren (Quelle: Ritter Sport[136]/robomotion[127])

4.4 Bearbeitung von Werkstücken

Grundsätzlich ist bei Bearbeitungsaufgaben in Roboterzellen zu unterscheiden, ob es möglich ist, das Werkstück zur Bearbeitung oder umgekehrt das Werkzeug zum Werkstück zu bewegen. Diese zwei unterschiedlichen Anordnungsprinzipien sind in Abbildung 4.91 gegenübergestellt.

Im ersten Fall wird das Werkstück im Robotergreifer zur Bearbeitungsmaschine bewegt und dort zur Bearbeitung eingespannt. Hier bieten sich mit modernen Spannsystemen ganz neue Möglichkeiten, die Rüstzeiten von Bearbeitungsmaschinen drastisch zu reduzieren. Wie in Abbildung 4.92 dargestellt, können mit diesem System die Werkstücke auf einem Werkstückträger bereits vorgespannt werden. Das Handhabungssystem nimmt diesen Werkstückträger über eine Schnellkupplung auf und kann ihn dann zur Bearbeitungsmaschine transportieren. Dies ist bei klassischen Werkzeugmaschinen nun eine elegante Möglichkeit, die Be- und Entladung mit Robotern schnell zu ermöglichen. Probleme mit Spänen in der Werkstückaufnahme der Maschine, die beim Wechseln des reinen Werkstücks immer wieder zu Fehlern in der genauen Aufnahme führen, gehören der Vergangenheit an. Die Spannkräfte bleiben auf dem Werkstückträger erhalten, auch ohne zusätzliche Energiezuführung. Bei Mehrachsbearbeitungsmaschinen kann das Werkstück dann häufig in einer Spannung vollständig bearbeitet werden.

So lässt sich eine Synergie zwischen der klassischen Spanntechnik, aus der die Robotergreifer einst entstanden sind, und der modernen Automationstechnik herstellen. Das sogenannte Nullspannsystem ermöglicht unabhängig vom Bearbeitungstakt die Vorbereitung der Werkstückträger und deren Beladung mit Werkstücken. Durch die hohe Präzision ist kein weiteres Ausrichten in der Werkzeugmaschine mehr erforderlich.

Sind die Werkstücke schwer und die Bearbeitungsflächen gut in einer Spannung des Werkstücks erreichbar, dann lässt sich die Bearbeitungsspindel auch an den Roboter montieren. Hierzu gibt es besonders leicht ausgeführte Spindeln, die mit einem druckluftgetriebenen Motor ausgestattet sind. Hiermit lassen sich sehr hohe Spindelgeschwindigkeiten erreichen, die weit über 60.000 Umdrehungen pro Minute liegen können. Damit ist ein schneller Bearbeitungsvorschub möglich. Darüber hinaus lassen sich die Spindeln pneumatisch aufhängen, sodass die Gratbearbeitung auf einer programmierten Roboterbahn (der Solllinie) möglich ist. Die Spindel wird dann bei stärkeren Graten entsprechend stärker ausgelenkt, ohne dass der

Abbildung 4.91 Grundsätzlich unterschiedliche Arten der Nutzung von Handhabungssystemen zur Bearbeitung

Roboter seine programmierte Bahn verlassen muss. Natürlich gibt es auch die Möglichkeit, ein sensorgeführtes Endgraten durchzuführen. Hier muss allerdings deutlich mehr Aufwand in die Applikation investiert werden.

Damit ist das in Abbildung 4.91 dargestellte dritte Anordnungsprinzip realisiert worden. Es ist also vom Werkstück abhängig, wie das Layout in diesem Fall gestaltet sein soll. Mit dem Schnellwechsel des Werkstückträgers des Nullspannsystems ergeben sich unterschiedliche Möglichkeiten zur Bereitstellung von Werkstücken.

Noch mehr Freiheiten erlaubt die Anordnung der Roboterkinematiken, die in unterschiedlichen Einbausituationen umgesetzt werden können. Das Nullspannsystem ermöglicht dabei das Bereitstellen der Werkstücke exakt und unabhängig von der eventuellen Verschmutzung der Werkstücke durch Späne. Die unterschiedlichen Möglichkeiten der Robotermontage lassen ebenfalls verschiedene Layoutvarianten zu. Abbildung 4.94 zeigt die verschiedenen Anbaumöglichkeiten eines Knickarmroboters. Neben der Bodenmontage gibt es die Möglichkeit der Wand- und Deckenmontage, wenn der Hersteller hierzu eine Zulassung erteilt hat. Da die Getriebe des Arms in der Regel

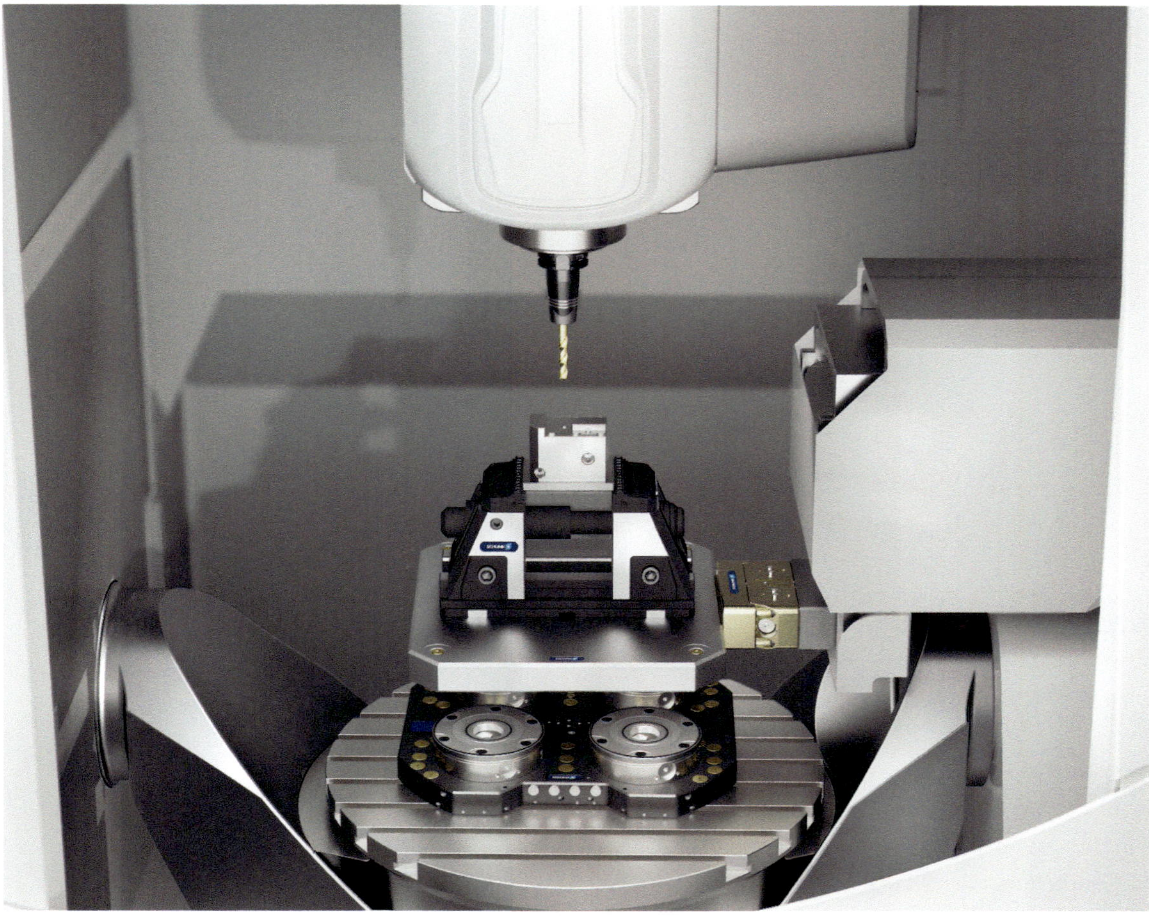

Abbildung 4.92 Ein Spannsystem für zwei Werkstücke auf einem Trägersystem wird in eine Aufnahme in der Bearbeitungsmaschine übergeben. (Quelle: SCHUNK)[123]

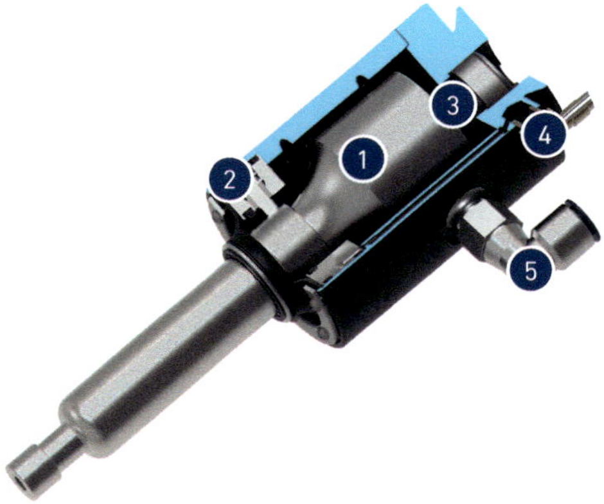

1 **Pneumatikspindel**
Hochleistungsspindel mit bis zu 65.000 1/min

2 **Ringzylinder**
zur Einstellung der Anpresskraft ans Werkstück

3 **Lagerstelle**
der pendelnden Aufhängung des Druckluftmotors

4 **Luftanschluss**
zur Betätigung des Ringzylinders

5 **Luftanschluss**
mit großem Querschnitt für Druckluftmotor

Abbildung 4.93 Bearbeitungsspindel mit Druckluftantrieb für hohe Drehzahlen (Quelle: SCHUNK)[123]

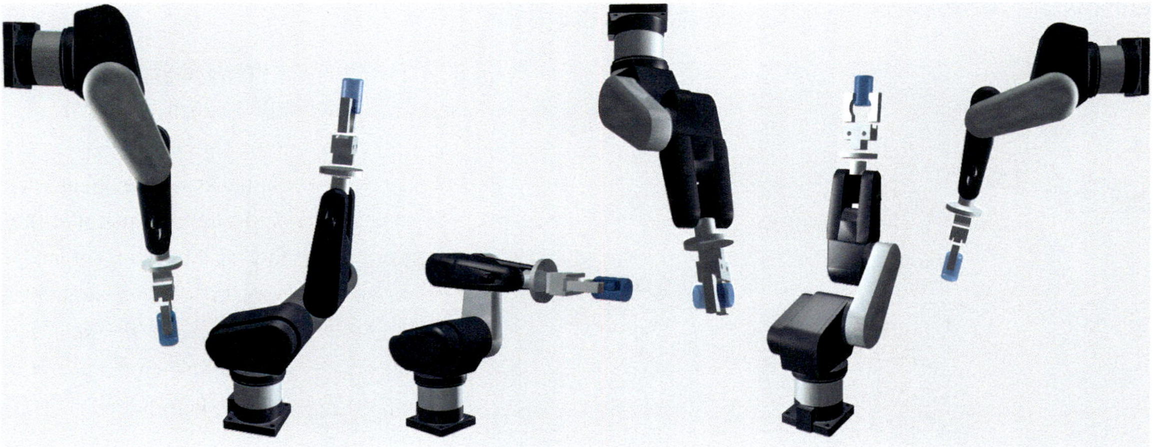

Abbildung 4.94 Unterschiedliche Einbaumöglichkeiten von Sechsachsrobotern: Decken-, Wand- und Bodenmontage

ölgeschmiert sind, kann es unter Umständen Einschränkungen bei der Montageart des Roboters geben.

Je nach Anordnung kann die Zelle anders gestaltet werden. Aber auch die Größe des Arbeitsraumes des Roboters und dessen Traglast bestimmen, wie die Anordnung der Werkstückträger um den Roboter herum gestaltet werden kann. Die in Abbildung 4.96 dargestellte Pufferlösung versorgt die Bearbeitungsmaschine mit neuen Werkstückträgern und entnimmt die bearbeiteten Werkstückträger aus der Maschine. Die Positionen im Regal müssen von den Mitarbeitern im Vorfeld aufgefüllt worden sein. Dann kann das System autark und ohne Eingriff über eine gewisse Zeit arbeiten. Anders verhält es sich in dem folgenden Beispiel in Abbildung 4.95. Hier ist die Spannvorrichtung für das Werkstück in der Bearbeitungsposition automatisiert. Das heißt, die Werkstückrohlinge kommen zur Bearbeitung mit einem Roboterdoppelgreifer. Der leere Greifer entnimmt zuerst das bearbeitete Werkstück, nachdem die automatische Spannvorrichtung das Werkstück freigegeben hat. Anschließend platziert der Roboter das unbearbeitete Werkstück in der Spannvorrichtung, und die Bearbeitung kann unmittelbar im Anschluss erfolgen.

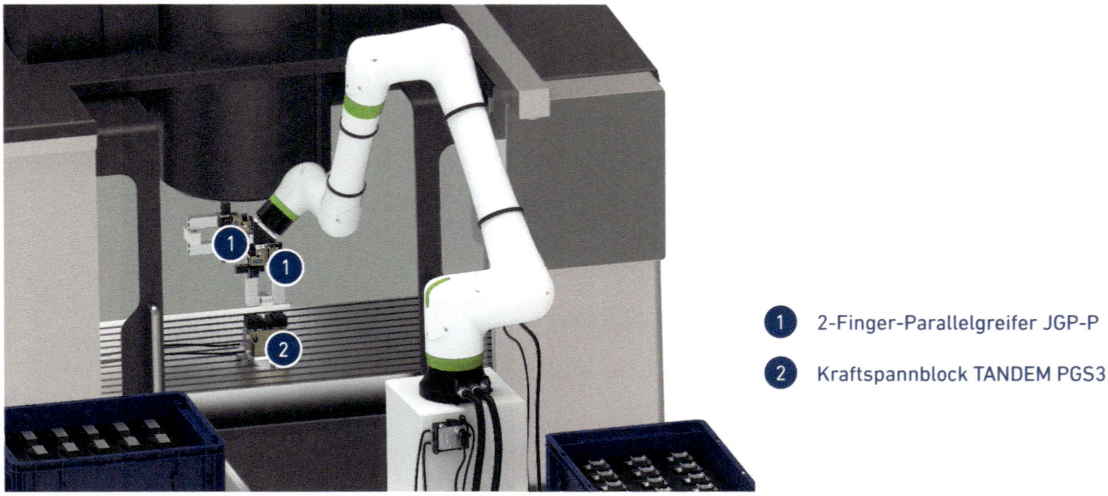

Abbildung 4.95 Be- und Entladung einer Werkzeugmaschine mittels Doppelgreifer (Quelle: SCHUNK)[123]

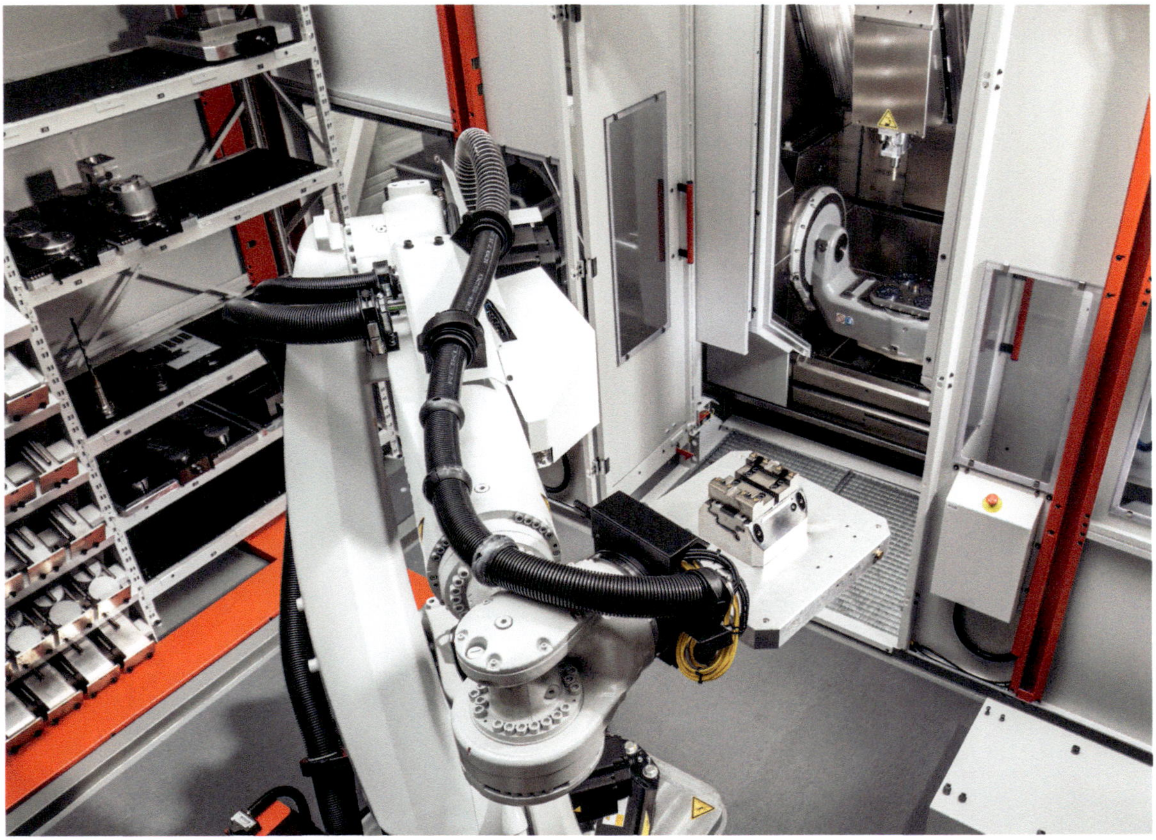

Abbildung 4.96 Automatische Be- und Entladung einer Bearbeitungsmaschine (Quelle: HERMLE)[137]

4.5 Unterschiedliche Applikationen mit einem Roboter

Mit steigender Zahl an Werkstückträgern und Werkstücken, die in einer Zelle bearbeitet bzw. gehandhabt werden, nimmt auch die Anzahl der Greifer und Werkzeuge innerhalb einer Roboterzelle zu. Hier kann ein Greifer- bzw. ein Werkzeugwechsel notwendig werden. Für den Wechsel der Roboterwerkzeuge kann zwischen Roboterflansch und Werkzeug ein Greiferwechselsystem zwischengeschaltet werden.

Roboterseitig sind die Wechselsysteme meist bereits mit einem Flansch nach ISO 9404 ausgestattet, der eine genormte Schnittstelle zum Roboter hin darstellt. Diese genormte Schnittstelle ist in Abbildung 4.97 dargestellt.

Hierzu gibt es unterschiedliche Möglichkeiten. Zunächst ist ein manueller Wechsel mit Werkzeug immer möglich. Das bedeutet aber in der Regel einen erhöhten Zeitbedarf für den Greiferwechsel, wenn beispielsweise Schrauben gelöst und Pneumatikschläuche demontiert werden müssen. Bei manchen Applikationen reicht es völlig aus, wenn lediglich die Greiferfinger gewechselt werden, so dass keine Medienführungen vom Wechsel betroffen sind. Diese Möglichkeit bietet durchaus Kostenvorteile, wenn auch die Taktzeit unter dem Wechsel der einzelnen Finger leidet.

Um den Wechsel der gesamten Greifereinheit zu beschleunigen, können manuelle Schnellwechselkupplungen eingesetzt werden (Abbildung 4.99). Diese ermöglichen nicht nur die schnelle und werkzeuglose Trennung des Greifers vom Roboter, sondern vermeiden auch Fehler bei der anschließenden Neuverbindung der Pneumatikschläuche.

Das Schnellwechselsystem ist dabei mit einem Verriegelungshebel versehen, der zusätzlich noch sensorisch überwacht werden kann und einen Verriegelungsbolzen zur Absicherung enthält. Die pneumatische Medienführung ist innerhalb der Flanschplatten integriert und wird mit dem Ankoppeln automatisch geschlossen. Gerade für Lösungen, bei denen nur im Fall eines Typwechsels die Greifer ausgetauscht werden müssen, ist diese Schnellwechselkupplung eine kostengünstige Lösung, die für die Praxis völlig ausreicht.

Muss der Greifer aber innerhalb eines Fahrzyklus gewechselt werden, so ist ein automatischer Greiferwechsel vorzusehen. Dazu gibt es automatisch ansteuerbare Greiferwechseleinheiten, die als Trennstelle zwischen Handhabungssystem und Greifer eingebaut werden können. Die Möglichkeit eines Greiferwechsels innerhalb eines Roboterzyklus bietet eine bessere

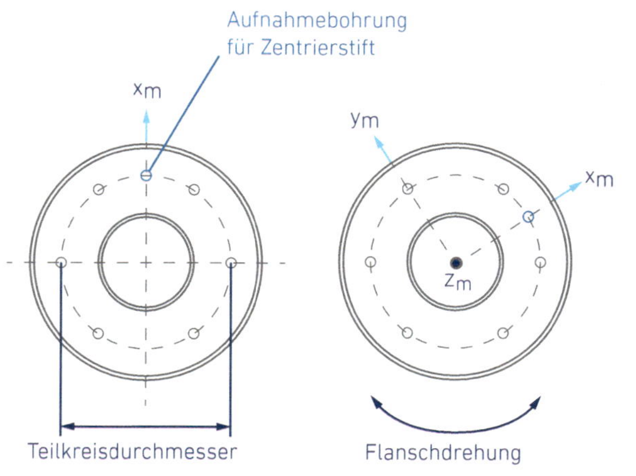

Abbildung 4.97 Roboterflansch nach ISO 9404 und das zugehörige Koordinatensystem

Abbildung 4.98 Automatischer Wechsel eines Greiferfingers (Quelle: SCHUNK)[123]

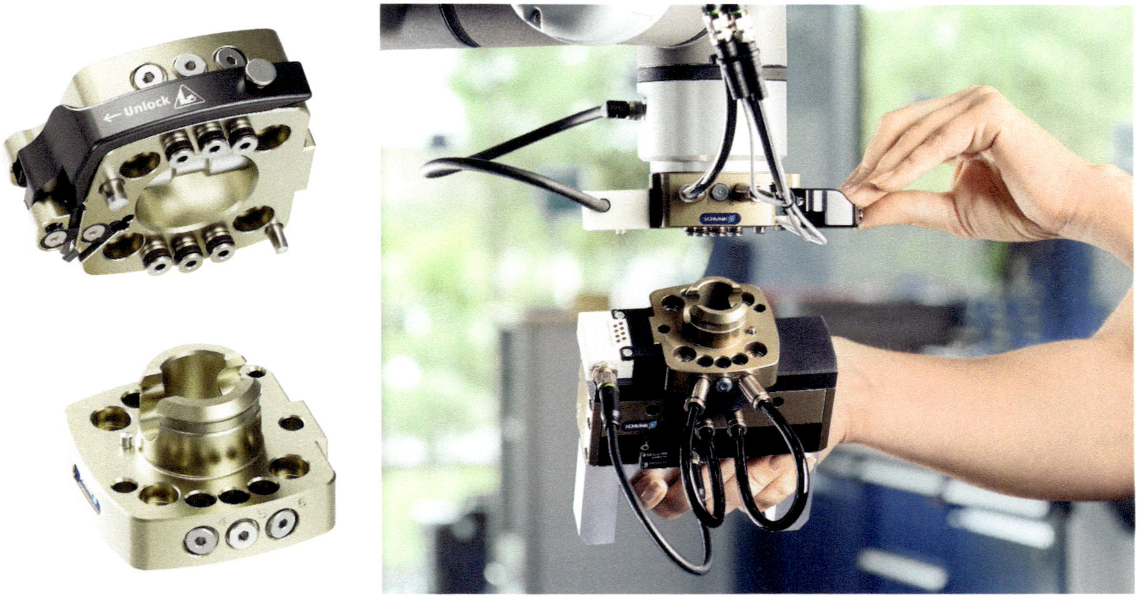

Abbildung 4.99 Montagebeispiel einer manuellen Wechseleinheit an einem Roboter (Quelle: SCHUNK)[123]

Nutzung des Handhabungsgeräts, wenn z. B. Produktionsmaschinen lange Prozesszeiten haben. Der Roboter steht so für andere Aufgaben zur Verfügung, während die Bearbeitung des Werkstücks in der Maschine läuft. Das Layout einer solchen Zelle ist damit besser zu nutzen.

Da der Greiferwechsel innerhalb der Taktzeit abläuft, ist die Wechselzeit so kurz wie möglich zu halten. Hier gibt es unterschiedliche Ansätze: Zum einen wird in der Regel eine feste Position zum Wechseln des Greifers angefahren. Zum anderen gibt es die Möglichkeit, z. B. die Greiferfinger in einem sogenannten fliegenden Wechsel beim Überfahren einer Station auszutauschen. Dieser fliegende Wechsel spart Zeit gegenüber den festen Stationen. Bei einem kompletten Greiferwechsel ist die vollständige Trennung der Medienzuführung notwendig. Hier kommt die zwischen dem Roboterflansch und dem Greifer eingebaute automatische Wechseleinheit zum Einsatz. Bei den automatischen Kupplungen ist die Betätigungsart in der Regel pneumatisch (Abbildung 4.100) ausgeführt.

Die Wechseleinheiteinheit in Abbildung 4.100 ist mit einem pneumatischen Antrieb ausgestattet. Wird der Kolben (4) nach unten bewegt, so werden die Verriegelungskugeln ausgekoppelt und die Greiferseite wird freigegeben.

Bei dem Wechsel der kompletten Einheit mit Trennung der Medien ist auf eine exakte und robuste Trennstelle zu achten, um Leckagen oder Kontaktfehler zu vermeiden. Darüber hinaus ist zu beachten, dass das Verriegelungssystem der Wechseleinheit bei Ausfall der Energie nicht zu einem Greiferverlust führen darf. Hier gibt es spezielle Verriegelungssysteme, die dies mechanisch auch im Störungsfall verhindern.

Die Wechseleinheiten sind nach ihrer Traglast und der Momentenbelastung auszulegen. Die Hersteller der Komponenten bieten hier modular gestaffelte Baugrößen mit unterschiedlichen Belastungskennzahlen an. Aufgrund der Beschleunigungen durch den Roboter entstehen an der Trennstelle bei hohen Nutzlasten zum Teil erhebliche Momente von mehreren 1000 Nm, die abgefangen werden müssen. Diese sind den Auslegungstabellen der Hersteller zu entnehmen.

Darüber hinaus gibt es Baukästen, die eine Konfiguration der unterschiedlichen Medienanschlüsse zulassen. Das heißt, es können je nach benötigter Anzahl unterschiedliche Umfänge von Vakuum, Druckluft, Sensor oder Stromleitungen konfiguriert werden.

Mit den in diesem Kapitel beschriebenen Modulen lässt sich somit bis zum Roboterflansch eine Kette von Baugruppen und Komponenten aneinanderreihen, die unterschiedliche Funktionalitäten haben.

Angefangen bei dem eigentlichen Greifer mit seinen Sensoren über die benötigte Energieversorgung bis hin zum mit einem Adapter angebundenen Greiferwechselsystem kann die Kette zum Roboter weiter ergänzt werden. So ist manchmal eine Kollisionseinheit sinnvoll, und eine Drehdurchführung wird aus den beschriebenen Gründen hin und wieder ebenfalls benötigt.

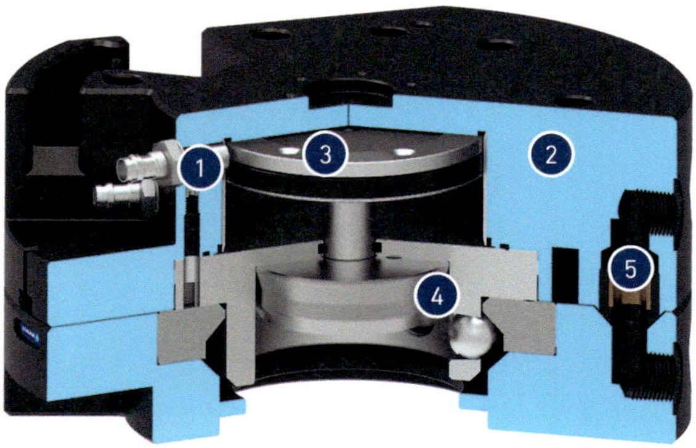

Abbildung 4.100 Pneumatische Betätigung der Schnellwechseleinheit (Quelle: SCHUNK)[123]

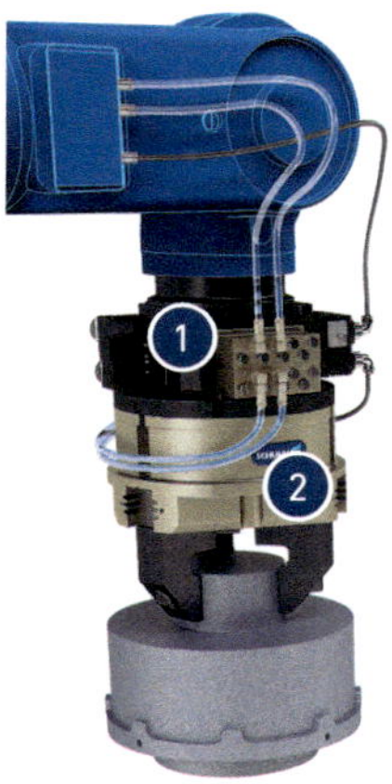

Abbildung 4.101 Anwendungsbeispiel einer Wechseleinheit am Roboter (Quelle: SCHUNK)[123]

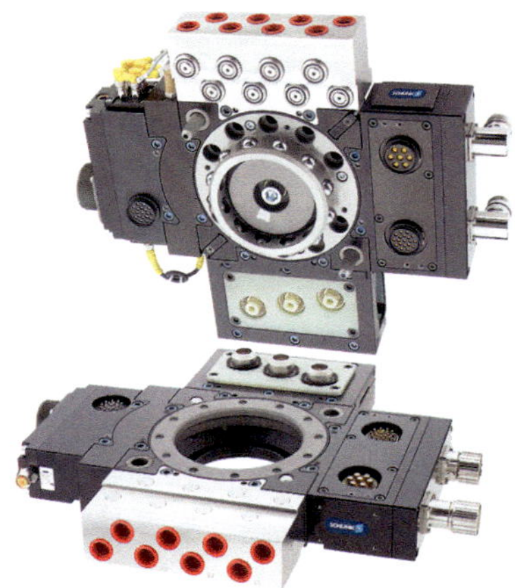

Abbildung 4.102 Automatische Wechseleinheit mit unterschiedlichen Mediendurchführungen (Quelle: SCHUNK)[123]

Abbildung 4.103 Abbildung einer kompletten Kette aus Komponenten

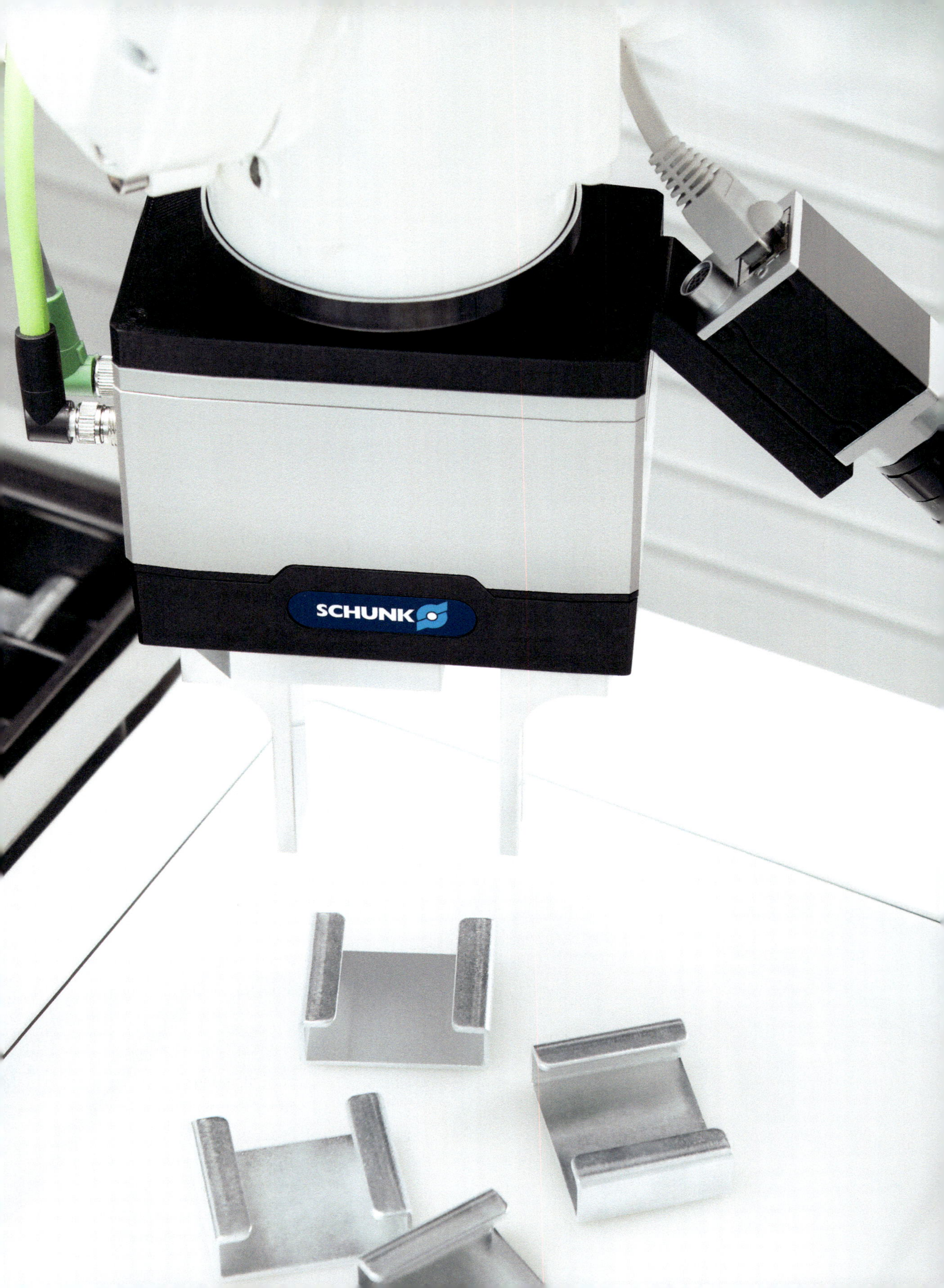
SCHUNK

5 ZUKUNFT DER GREIF- UND HANDHABUNGSTECHNIK

Die Welt der Automatisierung von Handhabungsvorgängen hat sich seit den 1970er-Jahren deutlich weiterentwickelt. Auch wenn wir in Kapitel 2 schon früh Anwendungen oder Technologien gesehen haben, die unseren heutigen sehr nahekommen, wie beispielsweise der Griff in die Kiste oder das Verpacken von Pralinen. Die wirtschaftliche Realisierung von solchen Anwendungen hat aber erst in den letzten 20 Jahren mit der Verbesserung der Kameratechnik eingesetzt und inzwischen nicht nur die Großindustrie, wie Autoproduzenten, sondern auch den Mittelstand erreicht.

Greifer sind und werden dabei die wesentliche Komponente der Handhabungstechnik sein. Umgangssprachlich ausgedrückt ist der Greifer für den Roboter, was die App für das Smartphone ist. Ohne den Greifer kann das Handhabungssystem keine Wertschöpfung bringen. Wie wir in diesem Buch sehen konnten, ist mit dem Greifer die Machbarkeit der Applikation überhaupt erst sicherzustellen. Ist die technische Machbarkeit hergestellt, kommt im nächsten Schritt gleich die Wirtschaftlichkeit der Anwendung, die mit dem Greifer eng verbunden ist. Wird durch ein zu hohes Greifergewicht die Taktleistung nicht erreicht oder muss ein größerer Roboter gewählt werden, kann es schnell zum Stopp des Projekts aus wirtschaftlichen Gründen kommen. Ein Doppelgriff statt eines Einzelgriffs kann wiederum die Wirtschaftlichkeit im Projekt wiederherstellen. Die Auswahl und Gestaltung der Greifertechnik ist daher eine komplexe und kreative Aufgabenstellung, die alle Bereiche des Anlagenbaus, von der Materialflussplanung bis hin zur Sicherheitstechnik, mit einschließt. Insofern sind im Zeitalter von künstlicher Intelligenz und Simulationstools weiterhin Spezialisten erforderlich, um dem Kunden die beste Lösung für seine Aufgabenstellung auszuarbeiten. Die Möglichkeiten sind immer breiter gefächert und vielfältiger geworden. Dadurch sind viele Anwendungen möglich geworden, die vorher technisch bzw. wirtschaftlich nicht sinnvoll machbar waren.

Ob dabei neue Greifprinzipien eine entscheidende Rolle spielen, wird die Zukunft zeigen. Aktuell darf man hier aber durchaus skeptisch sein, denn die der menschlichen Hand nachempfundenen Greiftechniken – also Haft- und Formschluss – sind nach wie vor die universell am häufigsten einsetzbaren Prinzipien. Davon gibt es aber immer wieder interessante Abwandlungen, die vor allem durch das Internet weite Verbreitung in den Medien erhalten.

So tauchen in regelmäßigen Abständen in der Presse und im Internet Greiferlösungen auf, die eine gewisse Aufmerksamkeit erregen, weil sie völlig unkonventionell mit einer Greifaufgabe umgehen, so beispielsweise ein Tentakelgreifer, der mit sich aufrollenden Tentakeln ausgestattet ist und seine Greifobjekte umschlingt. Die Kreativität dieser Lösungen mag beeindrucken, aber die Anwendbarkeit auf industrielle Applikationen ist doch sehr begrenzt. Nichtsdestotrotz kann es durchaus sein, dass solche Lösungen in Serviceroboterapplikationen – also außerhalb der Industrie – eine Verwendung haben können. Ebenso könnten für den Rosengreifer, der seine Werkstücke vollständig umschließt, auch Anwendungen in der Lebensmittelproduktion denkbar sein, da der realisierte Untergriff für empfindliche Produkte hilfreich ist.

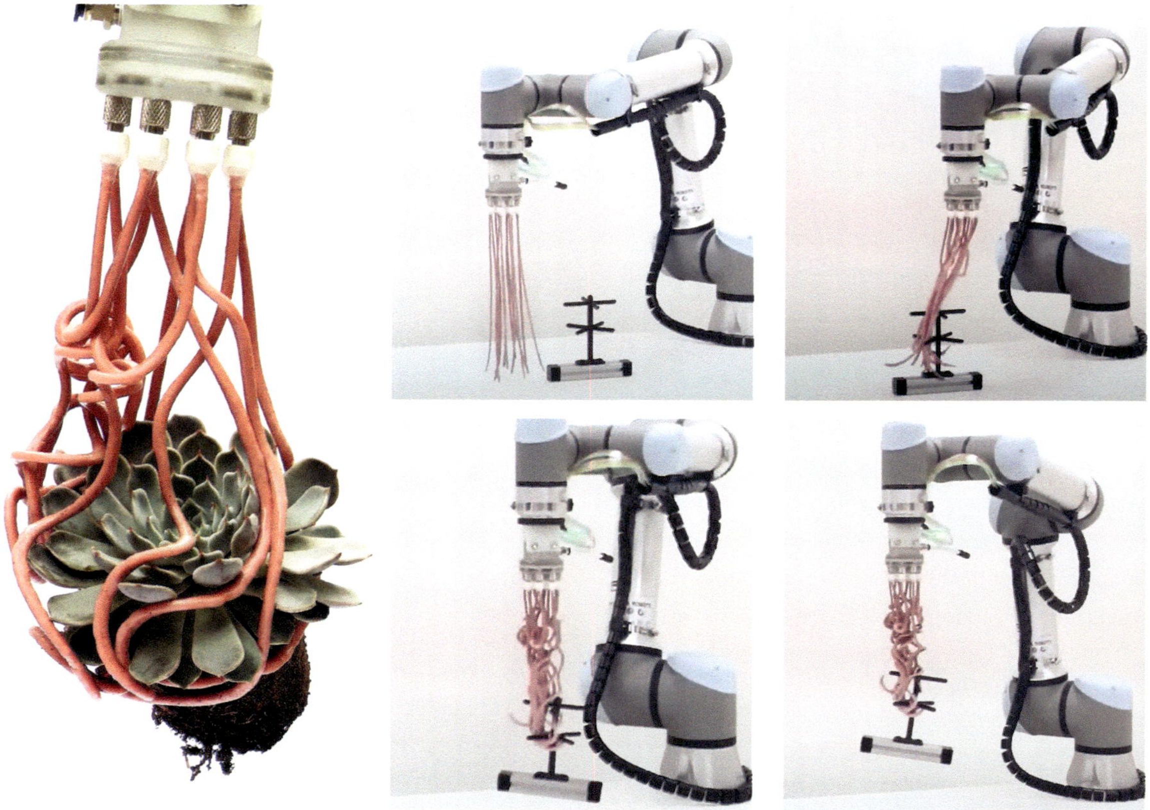

Abbildung 5.1 Tentakeln nachempfundene Greiferbauart (Quelle: Harvard School of Engineering)[138]

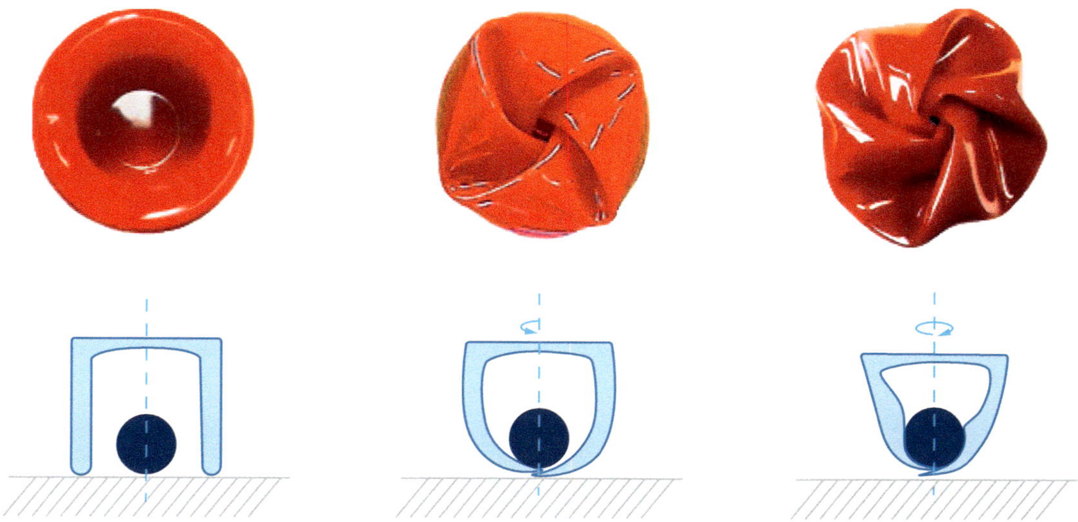

Abbildung 5.2 Greifer zum formschlüssigen Aufnehmen empfindlicher Werkstücke (Quelle: Japan Advanced Institute of Technology)[139]

Um aber die Greifertrends der Zukunft besser vorhersehen zu können, kann wieder auf eine altbewährte Methode zurückgegriffen werden – wir sehen uns die zukünftigen Entwicklungen bei den Robotern an.

Hierzu gibt es zahlreiche Veröffentlichungen, an denen man Trends beobachten könnte. Alle spiegeln sich in der Zusammenfassung in den Trends wider, die von der international Federation of Robotics herausgegeben werden. Diese sind global zusammengefasst und leiten sich aus den Statistiken ab, die wir in Kapitel 2 kennenlernen konnten.

Die International Federation of Robotics benennt die fünf Top Trends der Robotik wie folgt:[140]

1. künstliche Intelligenz und lernende Maschinen
2. Cobots erschließen neue Applikationen
3. Mobilität für Roboter
4. digitaler Zwilling für Robotersysteme
5. humanoide Roboter

Diese Trends sind heute schon spürbar und verändern die Breite der Applikationen in allen Branchen. Im Folgenden wollen wir uns diese Trends als Ausgangspunkt für mögliche Auswirkungen auf die Greifergestaltung und die Veränderung in den Branchen näher ansehen.

1. Künstliche Intelligenz und lernende Maschinen
Wie die künstliche Intelligenz Einfluss auf Applikationen und deren Wirtschaftlichkeit nehmen kann, ist heute schon an vielen Beispielen in der Bild- und Sensordatenverarbeitung gut ersichtlich, die ja die Grundlage für die Anwendung von Robotern in nicht strukturierten Umgebungen sind. Sollen sie mit ihren Endeffektoren nutzbringend in solchen Umgebungen agieren, so ist die Aufnahme und Auswertung von Daten aus der Umgebung zwingend notwendig. Hier ist der Einsatz von künstlicher Intelligenz sinnvoll, um solche Daten in Echtzeit auszuwerten, d. h., den Roboter in die Lage zu versetzen, unmittelbar auf Veränderungen in der Umwelt reagieren zu können.

Darüber hinaus sollen mit der künstlichen Intelligenz die Programmier- und Teachvorgänge in der Praxis auf ein Minimum reduziert werden. Hier gibt es immer mehr Ansätze, die Roboterprogrammierung zu vereinfachen und in sogenannte Ökosysteme einzubetten. Das heißt aber auch, die Greifer und Werkzeuge sind in dieses Ökosystem mit einzubinden, um für den Anwender möglichst einfach eine Applikation erstellen zu können.

Für die Greifer heißt das, dass immer mehr Prozesswissen der Handhabung bereits in den Komponenten der Greiftechnik vorhanden sein bzw. Entsprechendes Feedback an das Gesamtsystem vom Greifer gegeben werden muss.

Das heißt, für die weitere Entwicklung, auch für die Einbindung der Endeffektoren in möglichst realitätsnahen Simulationsmodellen, wird eine genaue Abbildung der

1. künstliche Intelligenz und lernende Maschinen	2. Cobots erschließen neue Applikationen	3. Mobilität für Roboter	4. digitaler Zwilling für Robotersysteme	5. humanoide Roboter
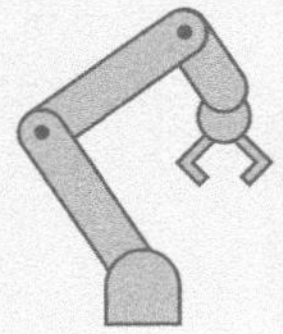	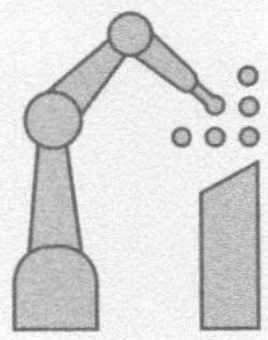		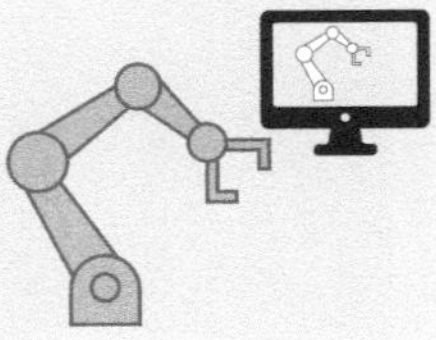	

Tabelle 5.1 Die Top Trends in der Robotik 2024 (Quelle: IFR)[140]

Greifertechnik mit ihren Parametern immer wichtiger. Mit den Daten aus den Handhabungsprozessen lassen sich diese dann effizienter und energiesparender gestalten und mit der Auswertung dieser Daten dann im Machine Learning Erkenntnisse über den prozesssicheren Betrieb gewinnen.

Natürlich sind diese Faktoren auch für normale Maschinen ohne Roboter hilfreich. Allerdings erscheint der Roboter als Handhabungssystem in besonderer Weise für den Einsatz von KI und Machine Learning geeignet zu sein. Dies ist vermutlich seiner Flexibilität zuzuschreiben, denn er kann mit seinen frei beweglichen Achsen zumindest in der Handhabung auf die Umwelt reagieren. Aus diesem Grund ist es der IFR wohl wichtig, diesen Punkt als Trend für die Robotik zu benennen und für die Zukunft hiervon weitere Innovationen zu erwarten.

2. Cobots erschließen neue Applikationen

Die Cobots sind inzwischen auf jeder Industriemesse mit Applikationen mit dabei. Oft ist aber nicht immer ersichtlich, inwieweit die gezeigten Applikationen nur eine Messedemo darstellen oder echte Anwendungsfälle in der industriellen Praxis sind. Die Erwartungen sind hier nach wie vor hoch, dass diese Art der Robotik einen breiten Einsatz bei Anwendungen im Verbund mit dem Menschen ermöglichen werden. Bisher sind diese Hoffnungen in der Praxis aber nur teilweise erfüllt worden. Viele Roboter dieser Bauart arbeiten hinter Schutzzäunen, und der Betrachter stellt sich die Frage, warum hier kein herkömmlicher Industrieroboter verwendet wurde, zumal der anfängliche Preisvorteil bei sichereren Robotern nicht gegeben ist.

Ein wirklich sinnvoller Anwendungsfall sind jedoch Anwendungen, bei denen ein Roboter schnell auf

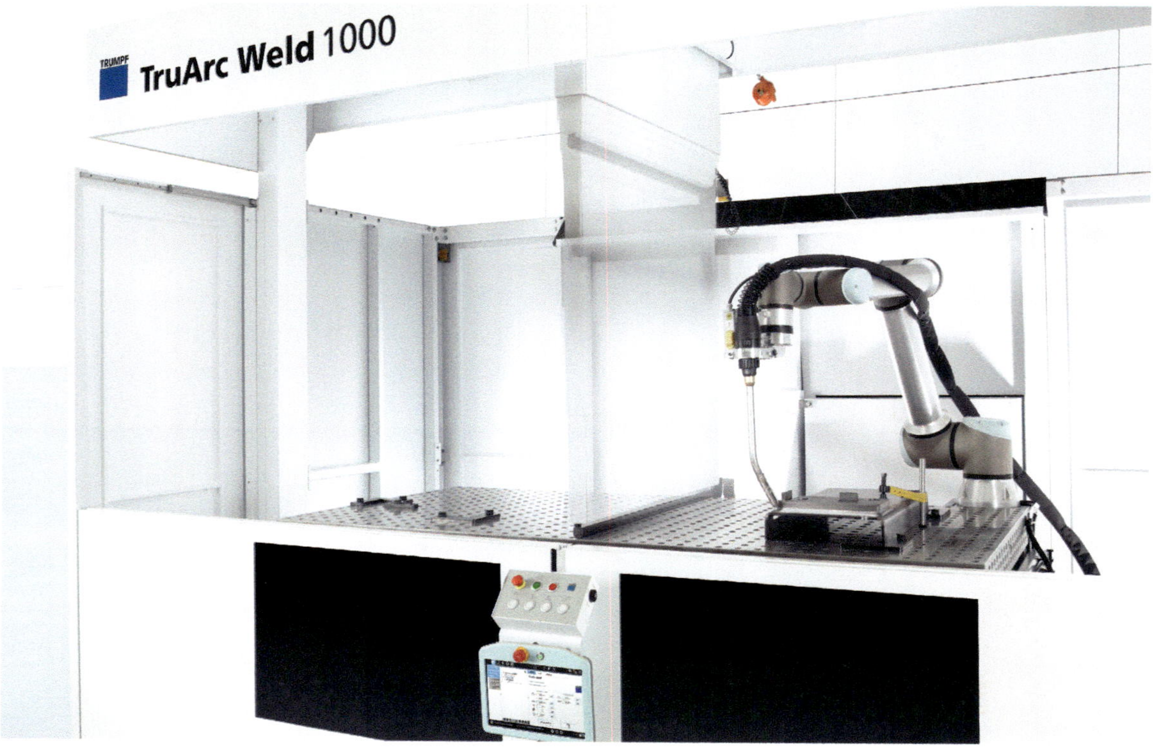

Abbildung 5.3 Roboterschweißzelle mit kollaborativem Roboter zum einfachen Teachen (Quelle: TRUMPF)[141]

ein neues Bauteil programmiert werden soll und dies durch das Führen des Roboters durch die Mitarbeiter erfolgt. So ist bei eher handwerklich orientierten Betrieben im Schlossereigewerbe ein Cobot aktuell sehr beliebt, der die Schweißnaht an Bauteilen vornimmt. Die Mitarbeiter heften lediglich die Bauteile aneinander und zeigen dem Roboter, wie er die Schweißnaht (Winkel und Bahn) ausführen soll. Anschließend wird der Cobot wieder von den Personen durch eine Sicherheitsbarriere getrennt und führt dann die langen Schweißprozesse mit den gesundheitsschädlichen Abgasen ohne Beteiligung der Mitarbeiter durch.

Damit ist hier ebenfalls keine direkte Kollaboration mit den Mitarbeitern und dem Cobot gefragt, sondern nur das Einrichten auf ein neues Werkstück. Das einfache Teachen eines neuen Werkstücks steht dabei im Mittelpunkt der Anwendung.

Für die Endeffektoren bedeutet der Einsatz eines Cobots zum einen die Frage nach möglichen Gefährdungen für Personen, die mit dem Cobot ohne trennende Schutzeinrichtung arbeiten sollen. Finden die Werkstückhandhabung oder eben die Bearbeitungsprozesse im sichereren Bereich statt, dann ist es für die Greifer lediglich eine Frage der Traglast oder der Energieversorgung, welche Bauart hier zum Einsatz kommt. Insofern muss durch den Einsatz von Cobots nicht mit allzu großen Veränderungen in dem Bereich der Komponenten gerechnet werden. Kollaborationen können heute schon mit handelsüblichen Greifern sicher durchgeführt werden, wie das Beispiel von SCHUNK zeigt.

Die Cobots dürften aber in Zukunft immer stärker in Verbindung mit mobilen Plattformen zum Einsatz kommen. Hier können die Vorteile wie geringes Eigengewicht,

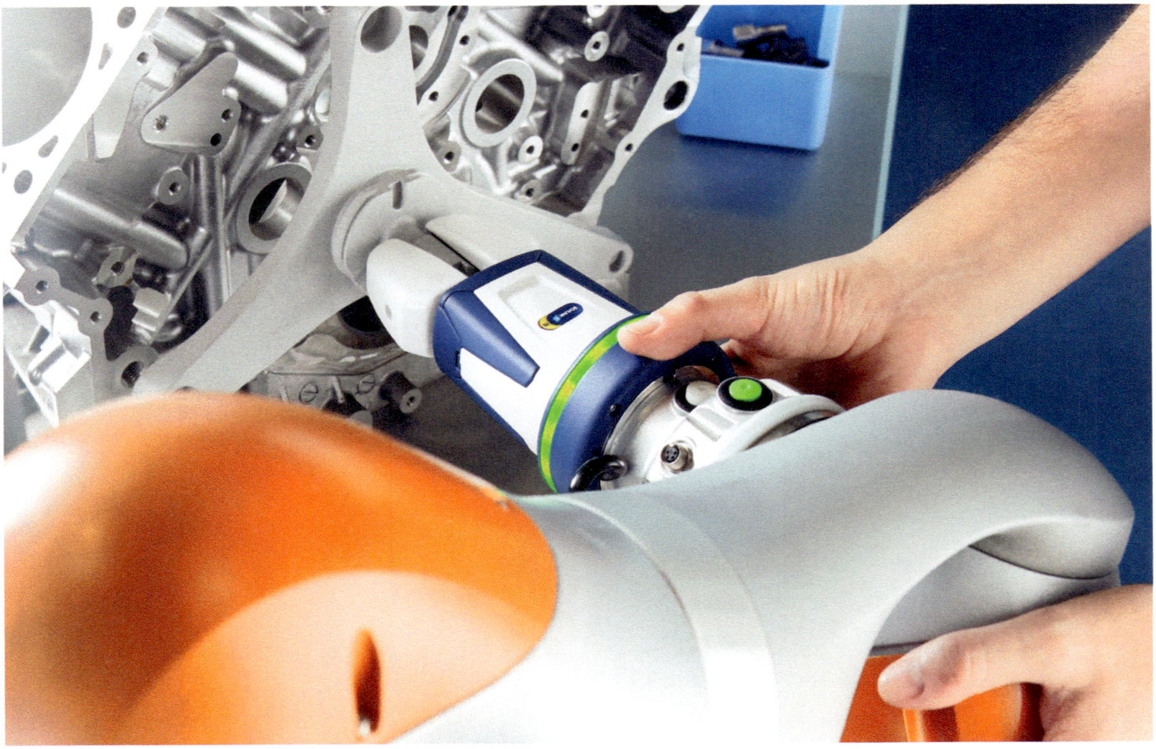

Abbildung 5.4 Zusammenarbeit Mensch und Roboter ohne Schutzraum (Quelle: SCHUNK)[142]

sichere Handhabung in Umgebungen ohne Schutzzaun und einfache Bedienung ausgespielt werden.

Darüber hinaus tauchen Cobots immer häufiger in Serviceanwendungen auf. Die Serviceroboter sind nicht in Industrieanwendungen sondern beispielsweise im Handwerk oder in der Gastronomie tätig. Hier gibt es interessante Startups, die die Cobots beispielsweise in der Telemedizin für Ferndiagnosen von Patienten einsetzen.

3. Mobilität für Roboter

In hochautomatisierten Produktionen sind häufig nur noch die Arbeitssituation manuell verblieben, für die sich eine automatisierte Produktion aufgrund der geringen Auslastung oder aufgrund der Komplexität bisher nicht gerechnet hat. Bei den Arbeitsplätzen mit geringer Auslastung sind für wenige Stunden am Tag bestimmte Tätigkeiten notwendig. Ein Automatisierungskonzept, das es erlaubt, diese Arbeitsplätze effizient zu rationalisieren, kann die Mobilität von Robotern oder Roboterzellen einschließen. Dabei kann

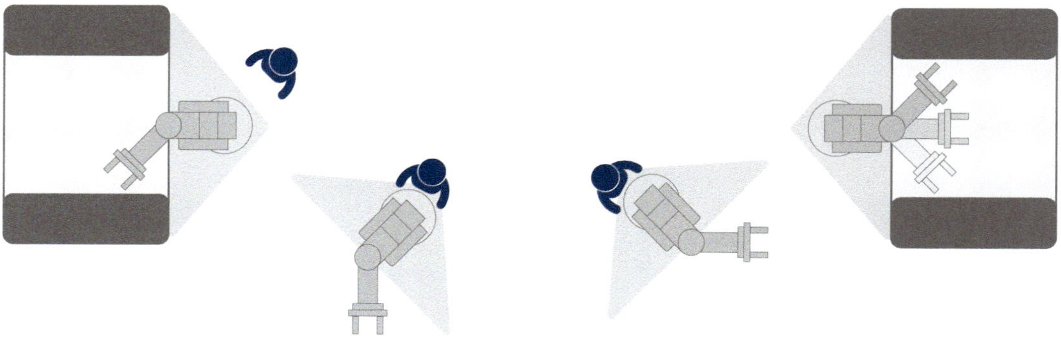

Abbildung 5.5 Verlagerung einer Roboterzelle von einer Bearbeitungsmaschine an eine andere (Quelle: robomotion)[143]

Abbildung 5.6 Roboterzelle flexobot zur Entnahme und Bearbeitung an Spritzgussmaschinen (Quelle: KUKA[144]/robomotion[143])

Abbildung 5.7 Verlagerung der flexobot Roboterzelle durch einen Mitarbeiter (Quelle: KUKA[144]/robomotion[143])

unterschieden werden, wie der Roboter oder die ganze Roboterzelle zum Arbeitsplatz gelangt:

- manuell (durch eigenen Antrieb)
- autonom

Normalerweise sind Roboter fest auf dem Boden oder auf einer Maschinenplattform verbaut. Eine Mobilität ist in der Regel nicht vorgesehen, da diese Automationen nur dann angeschafft werden, wenn eine Mindestauslastung von mehreren Jahren und bestenfalls in mehreren Produktionsschichten gegeben ist. Damit besteht die Notwendigkeit der Verlagerung z. B. von einer Produktionsmaschine zur nächsten nicht unbedingt. Mit heutigen volatilen Märkten kann eine hohe Auslastung nicht immer gewährleistet werden, d. h., die Kosten der Automation rechnen sich unter Umständen für ein Produkt nicht. Daher muss die Automation entweder leicht auf ein anderes Produkt umgestellt werden können oder muss leicht von einer Produktionsstation an eine andere verlegbar sein.

Bei den manuell zu bewegenden mobilen Robotern handelt es sich entweder um Leichtbauroboter bzw. Cobots, die keinen Schutzzaun benötigen, oder um Industrieroboter, die ihre Schutzumhausung mitbringen.

So ist beispielsweise der flexobot eine Roboterzelle, die speziell für den Betrieb an Spritzgussmaschinen entwickelt wurde und die zum einen einen flexibel gestaltbaren Innenraum hat, zum anderen aber auch nicht am Boden verankert ist. Mit einem Luftkissen ausgestattet, ist die Verlagerung von einer Person leicht durchführbar.

Der flexobot kann somit räumlich verlagert und an anderen Spritzgussmaschinen eingesetzt werden. Durch seinen flexibel umstellbaren Innenraum ist er

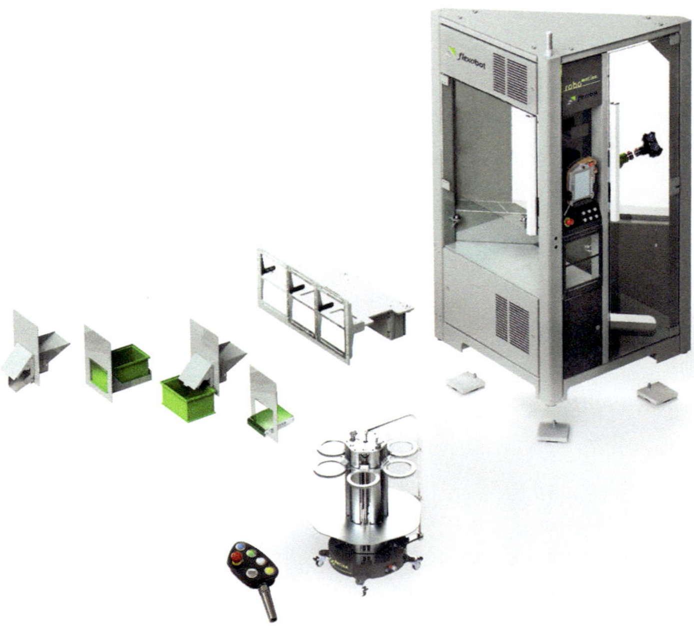

Abbildung 5.8 Konfigurierbare Peripherie des flexobot (Quelle: robomotion)[143]

Abbildung 5.9 Gabel-FTS-Systeme (Quelle: Toyota)[145]

Abbildung 5.10 FTS im Warenlager zur Handhabung von Paletten (Quelle: Melkus Mechatronic)[146]

schnell auf eine andere Automatisierungsaufgabe einstellbar.

Zur Erschließung neuer Gelegenheiten für den Roboter- und Greifereinsatz benötigt die Handhabungstechnik in Zukunft neben der leichten Bedienbarkeit und einfachen Inbetriebnahme vor allem die Mobilität.

Die autonome Mobilität von Robotern weist folgende Haupteigenschaften auf:

- Sensorik zur Erkennung der Umwelt
- Steuerungstechnik zur Reaktion auf Veränderungen in der Umgebung
- Autonomie bei der Navigation in einer bekannten oder unbekannten Umgebung
- Autonomie bei der Energieversorgung

Sie ist aktuell auf dem Sprung in die breite praktische Umsetzung. Wesentliche Hinderungsgründe für den Einsatz mobiler Roboterplattformen erscheinen aktuell wirtschaftlich lösbar. Darüber hinaus nimmt der Kostendruck zu, den Materialfluss zweiter und dritter Ordnung weiter zu automatisieren.

Von den Begrifflichkeiten her unterscheidet man zwischen den AGV (Autonomous Guided Vehicles) bzw. FTS (fahrerlosen Transportsystemen) und den AMR (Autonomous Mobile Robots). Dabei kann man von der Hardware auf den ersten Blick beide nicht unbedingt unterscheiden. Bei den AGV bzw. FTS geht es häufig um Anwendungen in Industrieumgebungen, bei denen die Fahrzeuge auf vorgegebenen Routen unterwegs sind. Mit zunehmender Flexibilität und Reaktionsmöglichkeit auf unvorhergesehene Situationen wird aus dem AGV ein AMR.

Spurgebundene Geräte kommen schon seit den 1990er-Jahren im Industrieeinsatz vor. Allerdings nehmen hier die Anforderungen ständig zu, was z. B. die Flexibilität der Geräte angeht. So ist eine immer gleiche Route häufig nicht mehr die Lösung, wenn unterschiedlichste Montagestationen flexibel anfahrbar sein sollen. Auch ein Überholen von wartenden anderen Fahrzeugen muss heute für die Geräte machbar sein, wenn sie sinnvoll und wirtschaftlich eingesetzt werden sollen. Das bedeutet hinsichtlich ihres Verhaltens völlig neue Herausforderungen für die Technik. Für den Bediener soll es darüber hinaus schnell und einfach möglich sein, neue Routen zu programmieren. Veränderungen in der Umgebung soll das Gerät

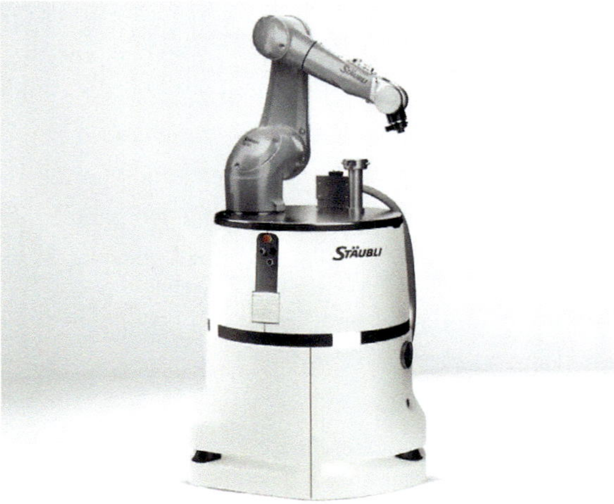

Abbildung 5.11 Mobiler Roboter mit Kinematik (Quelle: Stäubli)[147]

Abbildung 5.12 Greifer beim Abgriff von der Quellpalette (Quelle: Premium Robotics)[148]

dagegen möglichst selbstständig erfassen und in seine Route einplanen.

Mit einer Kinematik ausgestattet, können solche Plattformen als Transportsysteme, aber auch als Arbeitsgeräte eingesetzt werden. Dabei geht es häufig um das Materialnachfüllen an Bearbeitungsmaschinen, an denen der Roboter mit einem Behälter vorfährt und die Werkstücke dann zuführt.

In dem Beispiel in Abbildung 5.11 wurde ein Standardindustrieroboter auf einer mobilen Plattform verbaut. Das heißt, in der Regel sollten hier die gleichen Greifersysteme wie in der Industrie einsetzbar sein. Vermutlich bietet sich hier ein Elektrogreifer an, da andernfalls eine Druckluftversorgung mitgeführt werden müsste.

Fokussiert man sich aber auf ein bestimmtes Einsatzfeld der mobilen Robotik, sind neben der Produktionslogistik beispielsweise die Anwendungen im Lager interessant. Dabei kann zwischen Lägern für die produzierende Industrie und den Lägern der Handelsgesellschaften und Speditionen unterschieden werden. Die Läger dienen in der Regel der Versorgung von Handelsgesellschaften, müssen aber zum Teil direkt an den Endkunden oder in Filialen der Händler in kleineren Kommissionen liefern. Das heißt, hier muss die Ware, die in der Regel auf Paletten als Warenträger lagert, umpalettiert oder kommissioniert werden.

Diese Arbeiten werden heute mehrheitlich manuell ausgeführt, obwohl es sich dabei gerade im Lebensmitteleinzelhandel um riesige Warenvolumina von 10.000 Paletten und mehr am Tag pro Lager handelt. Eine Lösung stellt hierbei die direkte Kommissionierung von Palette auf Palette mittels der GenesysLine-Roboterbaureihe von Premium Robotics dar. Hier wurde das Aufwälzgreiferprinzip als Basis der Greiftechnik ausgewählt, da die Kommission die Handhabung unterschiedlichster Gebindearten erfordert, ohne dass ein Greiferwechsel durchgeführt werden muss.

Die Zielpalette wird dabei von einer AMR-Plattform bewegt und kann im Lager dann zu mehreren Pickrobotern bewegt werden, sodass eine Kommission entstehen kann. Mit dieser Vision einer neuen Lagerlogistik auf Basis von mobilen Robotern können bestehende Lager mit solchen Systemen nachgerüstet und automatisiert werden. Wenn ein Neubau eingespart werden kann oder kleinere Lager automatisch betrieben werden, kann die Logistik näher an den Endkunden rücken, was zur Verkürzung der Transportwege und zu schnelleren Lieferzeiten führen wird. Die Greiftechnik ist dabei der Schlüssel zum Funktionieren des Systems, da andernfalls der Aufwand für Greiferwechsel zu groß würde.

Damit kann festgehalten werden, dass der Greifer über die Einsatzfähigkeit der Robotik für diese Anwendung entscheidet. Nur mit der gezeigten Aufwälzgreiftechnik ist ein Abgriff von Paletten mit unterschiedlichen Gebinden möglich. Die Weiterentwicklung dieser Technologie wird zukünftig weitere Einsatzfelder z. B. im Tiefkühlbereich oder für Produkte in Säcken auf Paletten ermöglichen.

Bei der Steuerung und Orchestrierung mehrerer mobiler Robotersysteme kommt auch wieder die KI zum Einsatz. Mit steigender Anzahl an Robotern wird die effiziente Gestaltung der Fahrbewegungen und die möglichst optimale Platzierung der Quellpaletten zu einem mehrdimensionalen Optimierungsproblem, das eigentlich nur mit Simulation gelöst werden kann.

Wie Abbildung 5.14 zeigt, müssen die Roboter dazu untereinander vernetzt sein und ihre Positionsdaten übermitteln. Darüber hinaus müssen sie mit einer lokalen Intelligenz ausgestattet sein, um den Handhabungsprozess zu optimieren und fehlerfrei abbilden zu können. Zudem muss dieser gerade in einem Lager mit immer neuen Produkten und hoher Variantenanzahl kontinuierlich entwickelt werden. Insofern hängen Mobilität von Robotern und der erstgenannte Trend „KI" eng miteinander zusammen.

Abbildung 5.13 Mobiler Roboter mit Aufwälzgreifer und FTS für den Zielpalettentransport (Quelle: Premium Robotics)[148]

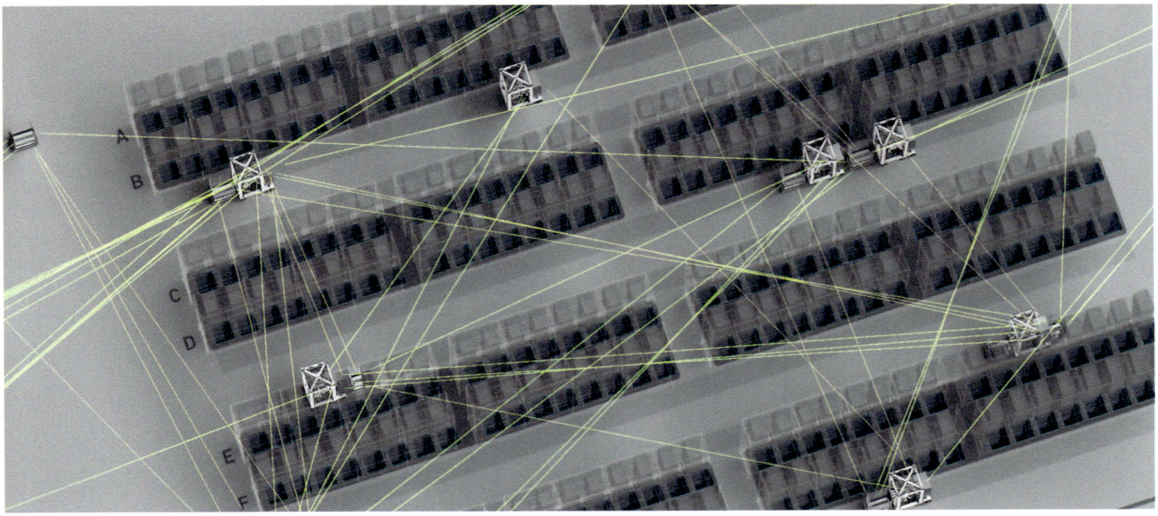

Abbildung 5.14 Lager mit mobilen Robotern und Fahrstreckenoptimierung (Quelle: Premium Robotics)[148]

Abbildung 5.15 Reinigungsroboter im öffentlichen Raum (Quelle: adlatus-robotics)[149]

Abbildung 5.16 Reinigungsroboter in Werkstadtumgebungen (Quelle: adlatus-robotics)[149]

Bei der Mobilität kann zwischen flächiger und räumlicher Mobilität unterschieden werden. Das heißt, es gibt erdgebundene Robotik (AMR – Autonomous Mobile Robots), die sich auf einer Ebene bewegt, und es gibt luftgestützte Robotik, die sogenannten Drohnen, die sich frei im dreidimensionalen Raum bewegen. Zur Navigation ist dabei mit unterschiedlichen Schwierigkeitsgraden zu rechnen. So ist es verständlich, dass eine industrielle Umgebung deutlich strukturierter für einen Roboter gestaltet werden kann, als ihn in völlig unstrukturierter Umgebung in einer Fußgängerzone arbeiten zu lassen. Ist der Eingriff von Personen in die Umgebung von Robotern möglich, so verändern sich die Sicherheitsanforderungen beim sogenannten Hybridbetrieb erheblich. Hier sind die gängigen Normen deutlich kritischer, was die erlaubten Geschwindigkeiten und möglichen Abstände zu Wänden angeht.

Die unterschiedlichen räumlichen Bewegungsmöglichkeiten von mobilen Robotern führen in der Folge zu unterschiedlichen Anwendungen für die Geräte und bedingen unterschiedliche Wege der Manipulation

Abbildung 5.17 Greifer in Leichtbauausführung zur Verwendung an Drohnen (Quelle: Webseiten Drohnengreifer)[150]

bzw. Handhabung von Werkstücken. So ergeben sich von der Traglast her deutlich höhere Nutzlasten, wenn die Roboter flurgebunden sind. Damit werden Handhabungssysteme mit mehreren Achsen in der Regel auf flurgebundenen mobilen Robotern verbaut. Mobile Plattformen können heute hohe Traglasten von mehreren Tonnen bewegen. Hier erscheinen sowohl ein klassischer Industrieroboter als auch hohe Handhabungsgewichte denkbar. Allerdings ist aufgrund der Akkulaufzeiten immer auch eine hohe Energieeffizienz gefragt, was zum Nachdenken über Leichtbaukonzepte für den Roboter wie auch den Greifer führt.

Luftgestützte Robotik wird meist für Inspektionsaufgaben genutzt. Aber auch hier wird es in der Zukunft Anwendungen geben, bei denen Werkstücke für die Dauer eines Fluges gehalten und anschließend automatisch wieder abgegeben werden müssen. Natürlich können hier wieder die bekannten Greifprinzipien zum Einsatz kommen, aber die Leichtbau- und die Energieversorgungsthematik sind um ein Vielfaches anspruchsvoller als im ebenen mobilen Fall. Im Internet lassen sich erste Drohnen mit Greifern finden, die bereits das Thema Leichtbau aufgegriffen haben. Hier findet man aber hauptsächlich mechanische Greiferarten, die natürlich den Vorteil bieten, dass die Verriegelung während des Fluges nicht unbedingt Energie benötigt.

Drohnen mit Greifern sind aber eher ein Novum, da der oder die Greifer ebenfalls eine zusätzliche Herausforderung hinsichtlich der Steuerung und der Energieversorgung zum regulären Flugbetrieb darstellen. Sicher wird es hier spezifische Greiferlösungen für bestimmte Behälterkategorien geben, die eine Nutzlast während des Fluges sicher aufbewahren können.

4. Digitaler Zwilling für Robotersysteme

Der digitale Zwilling als Abbild einer Roboteranlage gewinnt in den letzten Jahren immer mehr an Bedeutung und hat es damit unter die Top 5 der Trends des

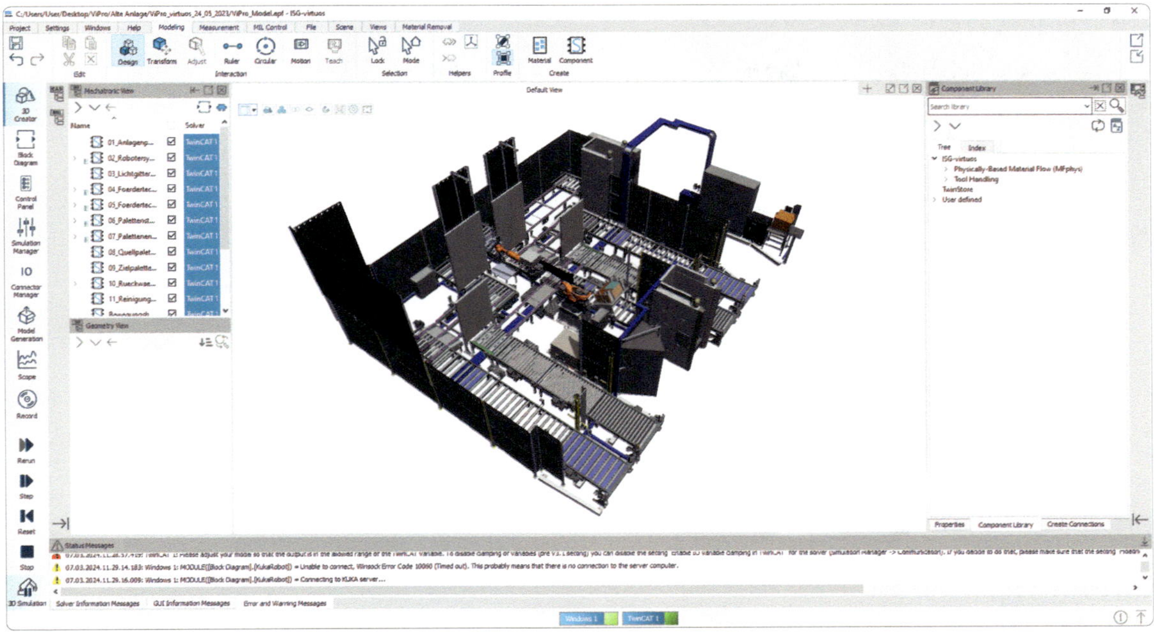

Abbildung 5.18 Darstellung einer Premium-Robotics-Anlage im digitalen Zwilling (Quelle: ISG)[151]

IFR zur Robotik geschafft. Immer wieder kommt dabei die Diskussion auf, wie viel Aufwand die Erstellung eines digitalen Zwillings im Vergleich zu seinem Nutzen benötigt, wie beispielsweise verkürzte Inbetriebnahmezeiten an der Hardware und spätere Nutzung für Umbauten oder Wartungsarbeiten. Dabei wird übersehen, dass der digitale Zwilling ja nur einen Oberbegriff darstellt und keine Detaillierungsgrade vorschreibt.

Es können beispielsweise nur Teilbereiche einer Anlage in den digitalen Zwilling überführt werden oder es können unterschiedliche Detaillierungsgrade innerhalb eines Zwillingsmodells von der Anlage realisiert werden.

Natürlich macht es wenig Sinn, für eine Sonderanlage, die in Deutschland in kurzer Entfernung vom Lieferanten installiert werden soll, einen digitalen Zwilling im hohen Detaillierungsgrad in einem Modell aufzubauen. Sobald aber die Entfernungen zum Endkunden oder die Anzahl der baugleich (oder ähnlich)

Abbildung 5.19 Umsetzung der Anlage aus dem digitalen Zwilling (Quelle: Premium Robotics)[148]

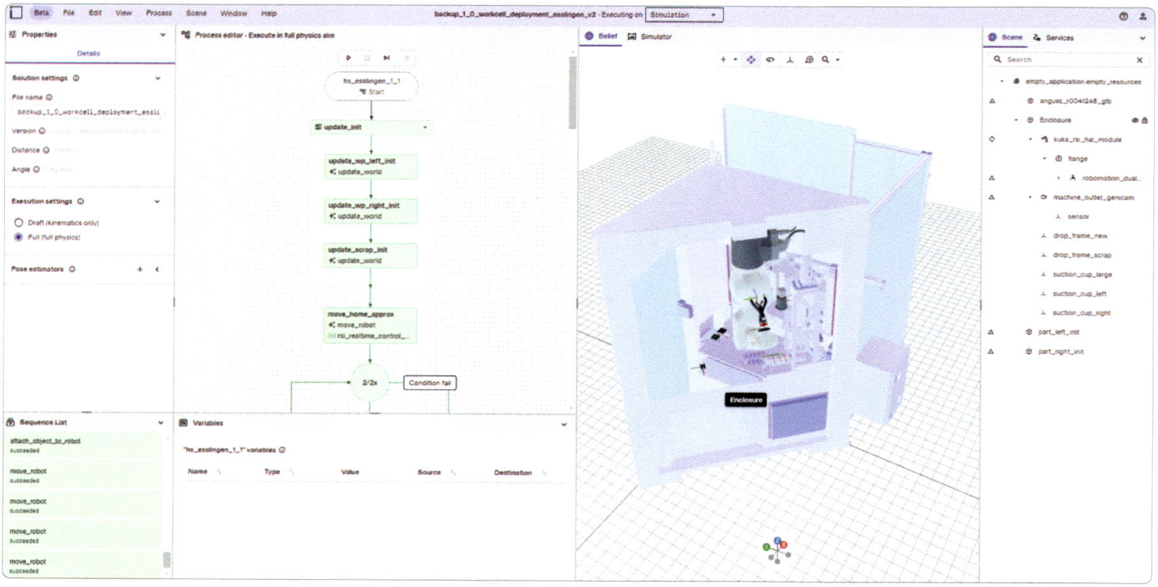

Abbildung 5.20 Beispiel flexobot im digitalen Zwilling von intrinsic (Quelle: SOTEC)[152]

ausgelieferten Anlagen steigen, kann sich ein Modell in der digitalen Welt durchaus rechnen. Zumal bestimmte Komponenten, wie beispielsweise Roboter, Standardgreiferkomponenten und Sensoren, häufig bereits in einem ausreichenden Detailierungsgrad aus Bibliotheken entnommen werden können. Schwierig gestaltet sich aber immer noch die Simulation von Werkstücken, die nicht aus homogenen Materialien bestehen oder sich insgesamt biegeschlaff verhalten. Daher sind hierzu noch einige Forschungsarbeiten in der Zukunft notwendig, um die Abbildung in einem digitalen Zwilling zu ermöglichen.

Gerade im Service- oder Umbaufall bietet der digitale Zwilling die Möglichkeit, Änderungen im Vorfeld und parallel zum laufenden Betrieb vorbereiten zu können. So kann nach eventuellen Hardwareumbauten schnell zum Normalbetrieb übergegangen werden.

Darüber hinaus bieten heute viele Anbieter von Simulationsumgebungen und Bedienerleichterungen für Roboter auch ganze Ökosysteme um die Roboter herum an. Das reicht von Softwareumgebungen über das Bin-Picking inklusive der Sensorhardware (siehe Kapitel 3 und Kapitel 4) bis hin zu Greifer- und Peripherieumgebungen.

Das Ziel dieser Ökosysteme ist es, die Peripherie direkt mit dem Roboter verknüpfbar zu machen und ohne großen Schnittstellenaufwand verbinden zu können. Das geht aber über einen reinen Hardwarekatalog hinaus, da eben die Steuerungsanbindung und Sensordaten aus den Kameras und Greifern ebenfalls mit eingebunden werden. Für den klassischen Roboterhersteller ändert sich damit die Welt deutlich, da sein Roboter lediglich eine Komponente in einer ganzen Robotersuite ist. Der Plattformanbieter ist aber derjenige, der das Ökosystem anbietet und zusätzlich beispielsweise hochwertige Cloud-Dienste nach Nutzung abrechnen wird.

Hiermit kann die Industrie der Zukunft eine andere Qualität des Maschinenbaus erreichen, da jeder Anbieter von Diensten und Komponenten sich auf seine Art spezialisieren wird und durch die enorme weltweite Reichweite der Plattformen einen ausreichenden Absatzmarkt bedienen kann. Darüber hinaus können Systemintegratoren auf eine breite Palette an Soft- und Hardwarekomponenten zurückgreifen, die für die Lösung bestimmter Aufgabenstellungen benötigt werden. Mit diesen Möglichkeiten lassen sich in Zukunft komplexere Aufgabenstellungen wirtschaftlich lösen. Aber auch neue Geschäftsmodelle der Endkunden lassen sich ohne hohes Investitionsrisiko im Vorfeld erproben und eine Produktion als Pay-per-Piece realisieren. Das heißt, auch die Märkte können schnell auf Bedarfe reagieren und umgestellt werden. Kurz, die Produktion der Zukunft kann mit der Robotik neu gedacht werden.

5. Humanoide Roboter

Dieses Thema ist so alt wie die Robotik selbst, wie wir in Kapitel 2 gesehen haben. Der Bau von menschenähnlichen Maschinen fasziniert uns wohl besonders und ist daher in jeder Dekade der Roboterentwicklung stets aufgetaucht. Neben Hochschulen und Universitäten gibt es inzwischen Firmen, die sich mit dieser Roboterbauart schwerpunktmäßig beschäftigen.

Die meisten dieser Unternehmen verdienen kein Geld sondern stecken das Geld der Investoren in die Entwicklung der Roboter. Tesla will seinen Unternehmenswert neben dem Autoverkauf vor allem durch die Produktion und Vermarktung von humanoiden Robotern steigern.

Schaut man sich noch einmal den Entwicklungsplan der Waseda Universität genauer an, so wird schnell klar, dass allein das Laufen auf zwei Beinen für die Robotik sehr viel Aufwand und Zeit verschlungen hat. Heute gibt es imposante Videos, in denen man sieht, wie die Roboter von Boston Dynamics über Hindernisse klettern und dabei noch Lasten tragen.

Interessanterweise bietet Boston Dynamics diese Maschinen als Forschungs- und Innovationsroboter an. Industrielle Anwendungen werden mit dem Atlas nicht gezeigt. Die „robots for the real world" sind entweder Laufmaschinen für Inspektionsaufgaben oder es wird bei der Mobilität für die Roboter wieder auf Räder zurückgegriffen.

So ist die aktuell verfolgte Applikation für den Lagerroboter von Boston Dynamics der Entladungsroboter für LKW bzw. Containern. Dieser greift die Pakete mit einem Sauggreifer und legt diese auf einer Fördertechnik ab. Scheinbar ist das Laufen mit zwei oder aber auch mit vier Beinen nur dann sinnvoll wirtschaftlich

Abbildung 5.21 Laufender Roboter Atlas mit erstaunlichen Fähigkeiten (Quelle: Boston Dynamics)[153]

Abbildung 5.22 Inspektions- oder Vermessungsroboter (Quelle: Boston Dynamics)[154]

abbildbar, wenn sich daraus wirklich ein technischer Vorteil herleiten lässt, wie z. B. in unwegsamen Geländen. Hier liegt die Vermutung nahe, dass militärische Interessen bei der Entwicklung dieser Geräte eine Rolle spielen.

Firmen, die vor Kurzem erst mit der Entwicklung von humanoiden Robotern begonnen haben, stützen sich aktuell vor allem auf Animationen oder kurze Videosequenzen, um Aufmerksamkeit auf sich zu ziehen. Hier wird die Reichweite des Geldes der Investoren darüber entscheiden, wann der Durchbruch zu einem Serviceroboter für jeden Haushalt geschafft sein wird. Denn nur mit einer enormen Stückzahl an Robotern kann die für einen Haushalt interessante Preisschwelle technisch erreicht werden. Die Anwendungen in der Industrie reichen für die angepeilten Stückzahlen von Herrn Musk bei weitem nicht aus. Die angedachten Industrieanwendungen sollen vermutlich diese Preisschwelle im ersten Schritt noch nach oben verschieben. Ob diese Rechnung aufgeht werden die nächsten Jahre zeigen. Neben den enormen kognitiven Softwarefähigkeiten werden ebenfalls noch gewaltige Forstschritte in dem mechanischen Aufbau von solchen Mensch-Roboter- Konstruktionen zu erzielen sein. Von der Antriebstechnik über den Leichtbau bis hin zu Werkstoffen gibt es noch viel zu entwickeln.

Vielleicht kann die Überalterung der entwickelten Gesellschaft und der nicht gedeckte Bedarf an Pflegekräften die Preisschwelle für die Anschaffung eines humanoiden Roboters nach oben schrauben. Für die industriellen Anwendungen mit ihren doch sehr spezifischen Anforderungen kann in der Regel auf kostengünstigere und performantere Lösungen zurückgegriffen werden.

Für die Greiftechnik bei humanoiden Robotern sind Nachbildungen der menschlichen Hand eine Selbstverständlichkeit. Auf diesem Gebiet gibt es bereits ein

Abbildung 5.23 Trailer-Entladung mit einem Roboter (Quelle: Boston Dynamics)[155]

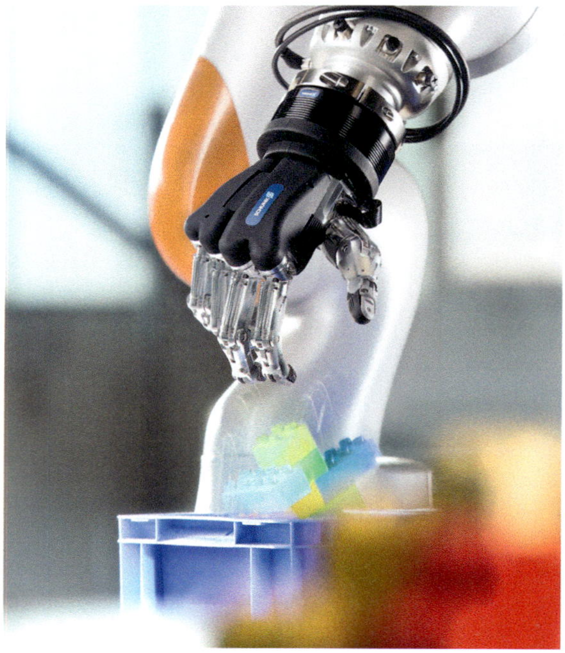

Abbildung 5.24 SCHUNK-Hand (Quelle: SCHUNK)[142]

breites Spektrum an Anbietern, die von der Prothetik bis hin zu industriellen Greiferanbietern reichen. Die Entwicklung kann hier im Grunde nur noch hin zu einem besseren Kraft-Gewichts-Verhältnis und zu geringeren Kosten gehen. Auch die Vereinfachung der Steuerung dieser künstlichen Hände ist aktuell noch ein Entwicklungsthema.

Hier bieten sich die Exoskelette als Zwischenlösung an. So können Menschen ihre Leistungsfähigkeit mit diesen Geräten steigern. So lassen sich an Arbeitsplätzen schwerere Lasten von den Mitarbeitern bewegen. Noch breitere Anwendung könnten diese Geh- und Stabilisierungshilfen in der Altenpflege bzw. als Ersatzrollator für alternde Gesellschaften sinnvoll einsetzen. Dies würde vor allen den Umgang mit ethischen Fragestellung zum Einsatz der Technik für die Gesellschaften schrittweise erlernbar machen.

Entlang der Trends in der Robotik lassen sich die Greifertrends der Zukunft definieren. Darüber hinaus sind „Blockbuster"-Applikationen in Leitbranchen zu erwarten. So wird die Transformation hin zu energieeffizienten Antrieben im Verkehrssektor die Elektrifizierung des Antriebsstranges nötig machen. Damit sind Handhabungsaufgaben innerhalb dieser neuen-Produktionen zu automatisieren. Darüber hinaus sind viele der Trends des IFR darauf ausgerichtet, Automatisierung für kleine und mittlere Losgrößen wirtschaftlicher gestaltbar zu machen.

Der Einsatz von Robotern und Handhabungstechnik als wichtige Baugruppen im Maschinenbau hat bereits begonnen und übernimmt die nicht wertschöpfenden Handhabungsfunktionen in Maschinenkonzepten immer mehr. Dabei helfen modularere Kinematiken und besser integrierbarere Steuerungen. Mit zunehmender Integration wird der Roboter immer mehr ein Teil der Maschine. Die Greifertechnik für diese Anwendungen sind hochspezialisierte Werkzeuge, die ein breites Spektrum an Werkstückgrößen handhaben müssen.

Die Mobilität von Robotern bringt weitere technische Herausforderungen mit sich, besonders, wenn es sich um Anwendungen in der Umgebung von Menschen handelt. Hier können die mit Cobots gesammelten Erfahrungen und Sicherheitstechnologien weiter genutzt und ausgebaut werden. Gleichzeitig muss die Absicherung von mobilen Robotersystemen so gestaltet werden, dass ein wirtschaftlicher Hybridbetrieb mit Menschen im System machbar ist.

Auf jeden Fall werden die Ausgangsmotivationen zum Einsatz der Handhabungssysteme und Robotern in Zukunft noch stärker zum Tragen kommen. Die von der Technik übernommenen Tätigkeiten sind nicht die, die sich die Menschen für ihren Lebensinhalt auf lange Sicht vorstellen. Darum werden sie, wo es geht, durch Technik ersetzt und steigern so die Produktivität von Volkswirtschaften. Dabei bleibt Greifer und Roboter letzten Endes eine Maschine, die für bestimmte Anwendungen besonders spezifisch gestaltet werden kann und somit dem Menschen (und damit einem humanoiden Roboter) überlegen sein wird. Humanoide Roboter werden bei besonders flexibel zu gestaltenden Arbeitssituationen (wie beispielsweise in der Montage) zum Einsatz kommen können.

Je flexibler sich eine Maschine einsetzen lässt, um so breiter wird die Nutzung sein und um so höher können die Stückzahlen werden. Hier bieten sich dann Mietmodelle an, da keine Engineeringkosten anfallen, um die Maschine auf die Anwendung einzurichten. Es bleibt abzuwarten, wann diese Universalmaschine den Markt erobert.

Literaturverzeichnis

Kapitel 1

1. Abbildung: REFORM DESIGN Grafik GmbH, Stuttgart, 2024
2. Buch: Erlach, Klaus „Wertstromdesign: Der Weg zur schlanken Fabrik 2010 (2., bearbeitete und erweiterte Auflage) Berlin/Heidelberg, Springer, S. 117 - 280
3. Buch: Brunner, Franz J. „Kaizen Japanische Erfolgskonzepte: KAIZEN, KVP; Lean Production Management, Total Productive Maintenance, Shopfloor Management, Toyota Production Management" 2011 (2., überarbeitete Auflage) München/Wien, Hanser, S. 9 - 38
4. Zeitschrift: Dolezalek, C.M. „Werkstückhandhabung - eine ständige Quelle der Verschwendung, Wirtschaft im Wandel 1. Nr. 2" 1968, S. 1 - 3
5. KUKA Deutschland GmbH, Augsburg, 2024
6. Buch: Warnecke, Schraft „Industrie-Roboter" 1973, Mainz, Krausskopf
7. Buch: Leitfaden zur Werkschau „Werkstückhandhabung in der automatisierten Fertigung" Württembergischer Ingenieurverein, Stuttgart, 1968
8. Webseite: Berning, Björn „Herausforderung OEE-Analyse", Braunschweig, 2016
9. Buch: Schraft/Kaun, S. 132, Automatisierung in der Produktion, ISBN3-540-63861-X Springer Verlag, Berlin
10. Webseite: ChatGPT, Angaben ChatGPT Anfrage zur Produktivität in der Landwirtschaft, 2023, https://chatgpt.com/c/82f20085-dfc1-46bd-b6bb-f6007a260560
11. Webseite: OECD, Gross domestic product, 2024, https://data.oecd.org/gdp/gross-domestic-product-gdp.htm#indicator-chart
12. Webseite: OECD, 2024, https://data.oecd.org/
13. Webseite: Statistisches Bundesamt, „Arbeits- und Lohnnebenkosten", 2024, https://www.destatis.de/DE/Themen/Arbeit/Arbeitskosten-Lohnnebenkosten/_inhalt.html#sprg610872
14. Webseite: ChatGPT, Anfrage zur Vervielfachung der Modellvarianten in der Automobilindustrie, 2023, https://chatgpt.com/c/82f20085-dfc1-46bd-b6bb-f6007a260560
    Webseite: Berliner Kurier, Kronsbein, Klaus „Wie viele Teile hat ein Auto?", 2010, Berlin, https://www.berliner-kurier.de/wie-viele-teile-hat-ein-auto--wissen-mit-der-maus-17577112
15. Webseite: Berliner Kurier, Kronsbein, Klaus „Wie viele Teile hat ein Auto?", 2010, Berlin, https://www.berliner-kurier.de/wie-viele-teile-hat-ein-auto--wissen-mit-der-maus-17577112
16. Webseite: Statistika, „Durchschnittliche Produktionszeit für ein Auto im Jahr 2008 nach Autohersteller in Europa in Stunden", Hamburg, 2008, https://de.statista.com/statistik/daten/studie/36814/umfrage/durchschnittichhe-produktionszeit-fuer-ein-auto-im-jahr-2008-nach-autohersteller/
17. Webseite: UN DESA (Population Division), 2022, https://de.statista.com/statistik/daten/studie/1694/umfrage/entwicklung-der-weltbevoelkerungszahl/
18. Webseite: Statistisches Bundesamt, 2023 https://www.destatis.de/DE/Presse/Pressemitteilungen/2023/11/PD23_444_13321.html/
19. Webseite: Hans Böckler Stiftung, 2024, https://www.boeckler.de/de/boeckler-impuls-dimensionen-sozialer-gerechtigkeit-10602.htm
20. Webseite: Oxfam Deutschland, Bericht zur sozialen Ungleichheit, 2024, https://www.oxfam.de/ueber-uns/publikationen/bericht-soziale-ungleichheit-2024/
21. Buch: Raimund Bleischwitz, Bernd Meyer, Stefan Giljum, Jose Acosta, Martin Distelkamp, Mark Meyer, Elke Pirgmaier, Helmut Schütz, Dominik Ritsche: Die absolute Entkopplung ist möglich. In: Ökologisches Wirtschaften, 30(2), 2012, S. 30–33.
22. Buch: Mike Rother, John Shook: Learning to See – Value-stream mapping to create value and eliminate muda. Lean Enterprise Institute; deutsche Übersetzung: Mike Rother, John Shook: Sehen lernen – mit Wertstromdesign die Wertschöpfung erhöhen und Verschwendung beseitigen. Workbook, hrsg. vom Lean Management Institut, Aachen 2004
23. DIN V 19233:1998-07 Leittechnik - Prozeßautomatisierung - Automatisierung mit Prozeßrechensystemen, Begriffe
24. VDI 3300; ist im Gesamtwerk „Technische Logistik aufgegangen"
25. Buch: Warnecke/Schraft 2008, Skript zur Vorlesung an der Universität Stuttgart „Automatisierung der Montage und Handhabungstechnik"
26. Richtlinie: VDI 2860:1990-05: Montage- und Handhabungstechnik; Handhabungsfunktionen, Handhabungseinrichtungen; Begriffe, Definitionen, Symbole, VD 2860:1990-05, 1990, Verein Deutscher Ingenieure
27. Abbildung: SCHUNK SE & Co. KG, Neuburger Laura, Lauffen a. Neckar, 2024
28. Webseite: Google, 2024, https://www.google.com/search?client=firefox-b-d&q=kinematik
29. Webseite: YouTube, „All New Atlas / Boston Dynamics", 2024, https://www.youtube.com/watch?v=29ECwExc-_M&ab_channel=Flatlife/

Kapitel 2

30. Zeitschrift: Produktion (1984), No. 2/3, pp.3-4, Volkszählung ohne Proteste - IPA Studie über Roboterentwicklung in Deutschland, M. Schweizer
31. Webseite: International Federation of Robotics (IFR) Secretariat c/o FV R+A im VDMA, Frankfurt am Main, 2023, https://ifr.org/downloads/press2018/DE-2023-09-26_IFR_Pressemeldung_Deutschland_-_deutsch.pdf
32. Buch: Ichiro Kato, Development of WASEDA Robot - The study of Biomechanism at Kato Laboratory, Tokyo 1985, Japan - Fraunhofer IPA Bilbiothek KAT 007.52
33. Buch: Ichiro Kato, Kuni Sadamoto, Mechanical Hands Illustrated, Springer Verlag, Berlin, 1987 ISBN: 3-540-15429-9
34. Abbildung: Fraunhofer IPA Robotermuseum; Kreuzburg, Heide; Stuttgart, 2024,
    Bildverzeichnis Abbildung 2.5 auf Seite 362, 363
35. Webseite: KUKA, Augsburg, 2023 https://www.kuka.com/en-us/company/about-kuka/history
36. Abbildung: REFORM DESIGN Grafik GmbH; Kellner, Christian; Stuttgart 2024
37. Abbildung; robomotion GmbH; Wolf, Andreas; Leinfelden-Echterdingen, 2024
38. Abbildung: SCHUNK SE & Co. KG; Neuburger, Laura; Lauffen a. Neckar, 2024
39. Fraunhofer IPA Robotermuseum; Kreuzburg, Heide; Stuttgart, 2024

40. Abbildung: ABB Automation GmbH - Unternehmensbereich Robotics; Miegel, Bettina; Friedberg, 2024
41. Buch: H.-J. Warnecke, R.D. Schraft, Industrieroboter Katalog 1991, In Zusammenarbeit mit der Fachgemeinschaft Montage - Handhabung - Industrieroboter (MHI) im VDMA, Vereinigte Fachverlage Mainz, 1991
42. Buch: Lars Westerlund, The Extended Arm of Man - A History of the Industrial Robot, Informationsförlaget, Stockholm, 2000
43. Webseite: International Federation of Robotics (IFR) Secretariat c/o FV R+A im VDMA, Frankfurt am Main, 2023. https://ifr.org/downloads/press2018/DE-2023-09-26_IFR_Pressemeldung_Deutschland_-_deutsch.pdf
44. Abbildung: Volkswagen Aktiengesellschaft, Wolfsburg, Germany, 1984, https://www.weser-kurier.de/niedersachsen/vollautomatisierte-fertigung-bei-vw-doc7e5uncd18epf7lmj603
45. Abbildung: Fraunhofer IPA; Berse, Christina; Stuttgart, 1983
46. Webseite: Robotik und Produktion, TeDo Verlag GmbH, Marburg, 2023, https://robotik-produktion.de/allgemein/kuka-obernburg-soll-wieder-reis-robotics-werden/
47. Abbildung: Reis Robotics GmbH & Co. KG, Obernburg, 2024
48. Abbildung: KUKA, Dr. Andreas Bauer, Augsburg, 2004
49. Abbildung: VDMA; Schwarzkopf, Patrik; Frankfurt, 2024
50. Abbildung VDMA; Litzenberger, Gudrun; IFR Statistical Department, 2016
51. Webseite: Quest, Thomas „Roboter-Anwender steigen dynamisch Anzahl Maschinen mit robotern bis 2018 - Maschinenbau setzten Robotern an immer mehr Maschinen ein bei differenziertem Engeneering" 2015, Bochum, Quest Trend Magazin, https://quest-trendmagazin.de/maschinenbau/roboter/roboter-im-maschinenbau-bis-2018.html
52. Webseite: VDMA Fachverband Bildverarbeitung, 2023, https://www.vdma.org/viewer/-/v2article/render/91050329
53. Webseite: World of Robotic 2023, Management Summery, International Federation of Robotics, 2023, https://ifr.org/img/worldrobotics/Executive_Summary_WR_Industrial_Robots_2023.pdf
54. Abbildung: International Federation of robotics (IFR), Frankfurt am Main, 2024
55. IFR Jahresbericht Word Robotics von 2015, Frankfurt am Main, Germany, 2015
56. Webseite: IFR; Heer, Carsten; „Number of multipurpose industrial robots (all types) per 10,000 employees in the manufacturing industry, Studie: 1,3 Millionen Industrie-roboter nehmen bis 2018 ihre Arbeit auf", Frankfurt am Main, 2016, https://www.worldrobotics.org/uploads/tx_zeifr/2016FEB_PI__IFR_Roboterdichte_nach_Regionen_QS.pdf
57. Webseite: IFR, Frankfurt am Main, 2024, https://ifr.org/img/worldrobotics/2023_WR_extended_version.pdf/

Kapitel 3

58. Norm: „VDI 2860:1990-05: Montage- und Handhabungstechnik; Handhabungsfunktionen, Handhabungseinrichtungen; Begriffe, Definitionen, Symbole" 1990, VDi 2860:1990-05, Verein Deutscher Ingenieure
59. Buch: Warnecke, Schraft „Industrie-Roboter" 1973, Mainz, Krausskopf
60. Abbildung: KaVo Dental GmbH; Seefelder, Michael; Warthausen, 2016
61. Abbildung; robomotion GmbH; Wolf, Andreas, Leinfelden-Echterdingen, 2024
62. Buch: Westkämper, Engelbert; Warnecke, Hans-Jürgen „Einführung in die Fertigungstechnik" 2018 (8., aktualisierte und erweiterte Auflage) Iwesbaden, Vieweg+Teubner
63. Buch: Rother Mike, John Shook, „Sehen lernen" mit wertstromdesign die Werktschöpfung erhöhen. LOG_X Verlag GmbH, ISBN 3-932298-11-X, Deutschsprachige Ausgabe, 2000
64. Abbildung: Wiebold GmbH & Co. KG; Haase, Dirk; Elmshorn, 2016
65. Abbildung: SCHUNK SE & Co. KG; Neuburger, Laura; Lauffen a. Neckar, 2024
66. Katalog: Schmalz, Kurt; Schmalz, Wolfgang „Vakuum-Komponenten", Glatten, Schmalz, S. 22, 2016, http://lp.schmalz.com/katalog/pdf/Vakuum-Komponenten-Katalog.pdf.pdf
67. Abbildung: Gindele GmbH; Gindele, Matthias; Neuhausen, 2016
68. Abbildung: Fraunhofer IPA; Berse, Christina; Stuttgart, 2024
69. Abbildung: HOMAG Plattenaufteiltechnik GmbH; Klettenheimer, Denise, Calw-Holzbronn, 2024
70. Abbildung: TRUMPF SE + Co. KG; Weber, Tobias, Ditzingen, 2024
71. Abbildung: Roto Frank AG; Gandner, Daniel; Leinfelden-Echterdingen, 2022
72. Abbildung: PREMIUM ROBOTICS GmbH; Wolf, Andreas; Leinfelden-Echterdingen, 2022
73. Abbildung: Wiesheu GmbH, Keinnath, Affalterbach, 2011
74. Abbildung: Ritter GmbH & Co. KG, Frau Fix, Waldenbuch, 2014
75. Abbildung: KUKA, Frau Wehner, Augsburg, 2016
76. Abbildung: GEA Food Solutions Germany GmbH, Kempten, 2024
77. Abbildung: Treif GmbH; Reifenhäuser, Uwe; Oberlahr, 2020
78. Abbildung: PREMIUM ROBOTICS GmbH; Wolf, Andreas; Leinfelden-Echterdingen, 2022
79. Webseite: KurzweilAI „A gripper using soft robotics", 2014, http://www.kurzweilai.det/a-gripper-using-soft-robotics
80. Webseite: Formhand GmbH, Universelle Module fürs Greifen, Klemmen & Spannen, Braunschweig, 2024, https://www.formhand.de/produkte
81. Webseite: Empire Robotics Culley, Bill; Amend, John, Boston, USA, 2016, http://empirerobotics.com/#howitworks
82. Abbildung: Zahoransky; Sommer, Guido; Todtnau, 2016
83. Abbildung: ABB Automation GmbH - Unternehemenbereich Robotics in Friedberg, Frau Neubauer, 2016
84. Abbildung: Materialise NV; Lies, Peeters; Leuven (Belgien), 2016
85. Buch: Hesse, Stefan „Greifertechnik - Effektoren für Roboter und Automaten" 2014, Plauen/München, Hanser
86. Abbildung: KKrobotics; Kechler, Konstantin; Nürtingen, 2024
87. Abbildung: Buhmann Systeme GmbH; Buhmann, Franz; Weiler im Allgäu, 2015
88. Webseite: Schmalz; Schmalz, Kurt; Schmalz, Wolfgang; „Nadelgreifer SNG-AP2016" ‚Glatten, 2016, http://de.schmalz.com/np/pg/produkte?hier=155-3886-3892-4765

89. Abbildung: Schmalz GmbH, Kurt; Schmalz, Wolfgang; Schmalz, Glatten 2024
90. Abbildung: tübingen scientific; Braun, Marcus & Schurr, Marc O.; radius T Endo Effektoren, Tübingen, 2024
91. Abbildung: Effica Automation; Prakash, Arjun; Coimbatore, Indien, 2024
92. Webseite: YouTube: Schunk ORG O-Ring Gripper, 2009, https://www.youtube.com/watch?v=_o8gn3c5Ya8
93. Abbildung: Deutsches Zentrum für Luft- und Raumfahrt e.V. (DLR), Wessling, 2016
94. Webseite: Android World; Wilis, Chris; Santa Monica, USA, 2016, http://www.androidworld.com/prod76.htm
95. Webseite: 3D Printing Industry, London, 2016, http://3dprintingindustry.com/news/biometric-prosthetic-hand-yet-67192/
96. Buch: Hesse, Stefan „Fertigungsautomatisierung - Automatisierungsmittel, Gestaltung und Funktion" 2000, Plauen, Vieweg+Teubner/Springer
97. Buch: Seegräber, Ludwig; „Greifersysteme für Montage, Handhabung und Industrieroboter", Renningen, Expert Verlag, 1993
98. Buch: Design for Assembly, M. Myrup, S. Kähler, T. Lund, IFS Ltd. U.K. Springer-Verlag, Berlin, 1983
99. Abbildung: Herrmann Hauff GmbH; Vetter, Jörg; Pforzheim, 2023
100. Abbildung: Theegarten-Pactec GmbH & Co. KG; Rustler, Markus; Dresden, 2016
101. Abbildung: Unilever Deutschland GmbH; Gehr, Alfred; Hamburg, 2016
102. Abbildung: Weckerle GmbH; Gilg, Franz; Weilheim, 2016
103. Webseite: Technische Universität München; Loy, Michael; Modulare Vibrationswendelförderer zu flexiblen Telezuführung, Lehrstuhl für Betriebswissenschaften und Montagetechnik, München, 2010, http://iwb.tum.de/iwbmedia/Loy.pdf
104. Webseite: MVTec, Bin Picking Anwendung mit MVTec HALCON steigert die Produktivität, 2022https://www.mvtec.com/de/services-support/videos-tutorials/einzelansicht/muellsammel-anwendung-mit-mvtec-halcon-steigert-die-produktivitaet
105. Webseite: rexroth - a Bosch Company, Smart Item Picking, 2024 https://www.boschrexroth.com/en/de/smart-item-picking/
106. Webseite: KEYENCE, Bin Picking zu Ende gedacht, 2024, https://www.keyence.de/landing/lpc/bin-picking-3dvgr.jsp?aw=bingVISIA_RB_041Q_Top&SL=33&SL=03&msclkid=de70dc796c8c19df73aab9ba7da46229&utm_source=bing&utm_medium=cpc&utm_campaign=KD%20-%20NB%20-%20VISIA%20-%20RB%20-%20Top%20KWs&utm_term=Zuführtechnik&utm_content=KD%20-%20NB%20-%20VISIA%20-%20RB%20-%20Top%20KWs%20-%20BMM%20-%20Zuführung
107. Abbildung: Liebherr Verzahntechnik und Automatisierung GmbH; Unmuth, Thomas; Kempten, 2024
108. Webseite: SWISSLOG Holding AG, ItemPiQ: Effiziente Auftragsabwicklung mit automatischer Roboter-Artikelkommissionierung, Ettlingen, 2024, https://www.swisslog.com/de-de/produkte-systeme-lösungen/kommissionieren-palettieren-depalettieren-auftragserfüllung/roboter-robotergestützt-roboterbasiert/roboter-artikelkommissionierung-itempiq
109. Webseite: Vanderlande Industries GmbH & Co. KG, Siegen, 2024, Smart Item Robotics, https://www.vanderlande.com/de/systeme/kommissionierung/smart-item-robotics/
110. Webseite: KNAPP AG, Pick-it-Easy Robot. It works, Graz, Österreich, 2024, https://www.knapp.com/wissen/blog/pick-it-easy-robot-it-works/
111. Webseite: SSI SCHÄFER - Fritz Schäfer GmbH, Smarte Robotik Lösungen von SSI SCHÄFER, Fellbach, 2024, https://www.ssi-schaefer.com/de-de/produkte/kommissionierung-handling/automatisierte-kommissionierung/robotik-1027852
112. Abbildung: KNAPP AG; Schnabl, Roman; Graz, Österreich, 2012
113. Veröffentlichung: Brinksmeier, Ekkard „Manufacturing Technology" 2014, Paris, Frankreich, CIRP Annals
114. Veröffentlichung Baker, Steve „Physik-Engine" 2006, Tokamak Physics
115. Abbildung: ISG Industrielle Steuerungstechnik GmbH; Scheifele, Christian, Stuttgart, 2024
116. Abbildung: ISYS Institut für Systemdynamik Universität Stuttgart; Sawodny, Oliver; Stuttgart, 2023
117. Buch: Günther, Wilibald; ten Hompel. Michael; Schaaf „Internet der Dinger in der Intralogistik" 2010, Berlin/ Heidelberg, Springer, S. 334
118. 5th CATS - CIRP Conference on Assembly Systems and Technologies Automated Selection and Dimensioning of Gripper Systems, Johannes Schmalza*, Gunther Reinharta, aInstitute for Machine Tools and Industrial Management (iwb), Technische Universität München, München,2014
119. Buch: Schmalz, Johannes; Kiefer, Lucas; Behncke, Florian „Analysis of the System Handling Using Methods of Structural Complexity Management" 2015, Pfäffikon, Schweiz, Trans Tech Publications
120. Webseite: W. Bauer (Hrsg.): Leichtbauroboter in der Montage -Einfach einfach Anfangen, 2016, www.produktionsmanagement.iao.fraunhofer.de/content/dam/produktionsmanagement/de/documents/LBR/Studie-Leichtbauroboter-Fraunhofer-IAO-2016.pdf

Kapitel 4

121. Abbildung: Erhardt + Abt; Erhardt, Christian; Kuchen, 2016
122. Buch: Seegräber, Ludwig „Greifsysteme für Montage, Handhabung und Industrieroboter" 1993, Renningen, Expert Verlag
123. Abbildung: SCHUNK SE & Co. KG; Neuburger, Laura; Lauffen a. Neckar, 2024
124. Abbildung: Liebherr Verzahntechnik und Automatisierung GmbH; Unmuth, Thomas; Kempten, 2024
125. Abbildung: Becker Automatisierungstechnik, Büren, 2016
126. Norm: VDI 2860:1990-05: „Montage- und Handhabungstechnik; Handhabungsfunktionen, Handhabungseinrichtungen; Begriffe, Definitionen, Symbole" 1990, VDI 2860:1990-05, Verein Deutscher Ingenieure
127. Abbildung: robomotion GmbH; Wolf, Andreas; Leinfelden-Echterdingen, 2024
128. Abbildung: Weckerle GmbH; Gilg, Franz; Weilheim, 2024
129. Abbildung: Gindele GmbH; Gindele, Matthias; Neuhausen, 2024

130. Abbildung: Epson Robotics; Spanier, Volker; Meerbusch, 2024, https://neon.epson-europe.com/de/de/robots/?id=1053&content=656
Abbildung: Stäubli, SCARA-Roboter TS 40, Faverges (Annecy), Frankreich, 2024, http://www.stäubli.com/index.php?eID=tx_nawsecuredl&u=0&g=0&t=1470133054&hash=612644faa66113d7605d878455fbd22296d1e545&file=fileadmin/user_upload/staubli-com/robotics/PDF-files/TS40_Robot_EN_072013.pdf
ABB Automation GmbH - Unternehmensbereich Robotics in Friedberg, Frau Neubauer, 2016

131. Abbildung: KUKA Deutschland GmbH, Frau Wehner, Augsburg, 2016

132. Abbildung: ABB Automation GmbH - Unternehmenbereich Robotics in Friedberg, Frau Neubauer, 2016

133. Abbildung: Fraunhofer IPA; Berse, Christina; Stuttgart, 2016

134. Veröffentlichung: Wang, Lihui „Active Collision Avoidance An Introduction to SYMBIO-TIC Project" 2015, Stockholm, Schweden, SYMBIO-TIC

135. Webseite: Profactor; Nöhnmayer, Helmut „SYMBIO-TEC", Steyr-Gleink, Österreich, 2016, http://www.profactor.at/index.php?id=925

136. Abbildung: Ritter GmbH & Co. KG; Fix, Petra; Waldenbuch, 2019

137. Abbildung: Berthold HERMLE AG; Hipp, Udo; Gossheim, 2024

Kapitel 5

138. Webseite: Harvard School of Engineering, 2022, https://seas.harvard.edu/news/2022/10/tentacle-robot-can-gently-grasp-fragile-objects

139. Webseite: pressetext, Japan Advanced Institute of Technology Rosen-basierter Greifer für Roboter entwickelt, 2023, https://www.pressetext.com/news/rosen-basierter-greifer-fuer-roboter-entwickelt.html

140. Webseite: IFR, Top 5 Robot Trends 2024, 2024, https://ifr.org/ifr-press-releases/news/top-5-robot-trends-2024

141. Abbildung: TRUMPF SE + Co. KG; Weber, Tobias; Ditzingen, 2024

142. Abbildung: SCHUNK SE & Co. KG; Neuburger, Laura; Lauffen a. Neckar, 2024

143. Abbildung: robomotion GmbH; Wolf, Andreas; Leinfelden-Echterdingen, 2024

144. Abbildung: KUKA Deutschland GmbH, Frau Wehner, Augsburg, 2016

145. Webseite: TOYOTA, Fahrerlose Transportsysteme, 2024, https://info.toyota-forklifts.de/fts

146. Webseite: Melkus Mechatronic GmbH, Melkus G130 2.0, 2024, https://www.melkus-mechatronic.com/melkus-g130-2-0/

147. Webseite: Stäubli, Mobile Robot System MRS90, 2024, https://www.staubli.com/global/en/robotics/products/mobile-robot-system.html

148. Abbildung: Premium Robotics GmbH; Wolf, Andreas; Leinfelden-Echterdingen, 2024

149. Abbildungen: adlatus robotics GmbH; Erhardt, Stefan; Ulm, 2024

150. Webseite: Drohnen Forum, Drohnen Haken Kralle Mantis Claw Drone Recovery Hook DJI Phantom Aluminium, 2024, https://www.drohnen-forum.de/marktplatz/index.php/Entry/1808-Drohnen-Haken-Kralle-Mantis-Claw-Drone-Recovery-Hook-DJI-Phantom-Aluminium/
Webseite: mav, Drohne krallt sich Werkzeuge, , 2017, https://mav.industrie.de/werkzeuge/drohne-krallt-sich-werkzeuge/#slider-intro-25.18 ISG
Webseite: Prodrohne, PRODRONE Unveils the World's First Dual Robot Arm Large-Format Drone, 2016, https://www.prodrone.com/archives/1420/

151. Abbildung: ISG Industrielle Steuerungstechnik GmbH; Scheifele, Christian; Stuttgart, 2024

152. Abbildung: SOTEC GmbH; Holz, Florian; Ostelsheim, 2024

153. Webseite: Boston Dynamics, Atlas® and beyond: the world's most dynamic robots, 2024, https://bostondynamics.com/atlas

154. Webseite: Boston Dynamics, Setting up success with adaptability, reliability, and flexibility, 2024, https://bostondynamics.com/industry/construction/

155. Webseite: Boston Dynamics, Warehouse Robotics, 2024, https://bostondynamics.com/solutions/warehouse-automation/

Bildverzeichnis Kapitel 2, Abbildung 2.5

001 Sauggreifer mit Saugstufe (Venturi-Düse), 1973

002 Fügen von Isolierhülsen durch Einpressen in die Bohrung, 1973

003 Optischer Korrelator, verkettet mit einem Industrieroboter, 1975

004 Kraft- und Momentenmessglied, 1976

005 Taktiler Wechselflansch mit Greifer, 1977

006 Greiferbaureihe mit standardisierter mechanischer Schnittstelle, 1977

007 Schraubwerkzeug für Montageroboter, 1977

008 Einrichtung zum Ausgleich von Fluchtungsfehlern, 1978

009 Industrieroboter mit Fernsehsensor zur Werkstückerkennung, 1978

010 3D-Meßkopf zur berührungslosen Positionsmessung, 1978

011 Visuelle Überwachung eines Fügevorgangs, 1978

012 Teststand Montage mit erstem zweiarmigen Industrieroboter, 1979

013 Entgraten mit elastischer Aufhängung des Werkzeugs, 1979

014 Entgraten eines Werkstücks mit einem programmierbaren Handhabungsgeräts, 1980

015 Werkzeugaufhängung an einem Industrieroboter, 1980

016 Umorientierungsgreifer, 1980

017 Schleifen on Holzformteilen mit einem Industrieroboter, 1981

018 Entfernen von Bearbeitungsgraten mit Bürsten (Werkstückhandhabung), 1982

019 Entfernen von Bearbeitungsgraten, 1983

020 Montage Kurbelgehäuse, 1983

021 Schraubwerkzeug Großmontage, 1983

022 Infrarot-Näherungssensor in Greiferbacken, 1983

023 Mehrkomponenten Kraft-Momenten-Sensor mit DMS, 1983

024 Modulares taktiles Greifer-/Sensorsystem MTGS, 1984

025 Umorientierungsgreifer für Flachteile , 1984

026 Handhabung von Pumpengehäuse, 1984

027 Aluminiumzylinder Entlüftungsgrate entfernen, 1984

028 Aluminium Zylinder Sägedraht, 1984

029 Ultraschallsensor-geführter Greifer, 1984

030 Schweißroboter auf Drehtisch, 1985

031 Teststand: Sensorunterstützte Montage mit Industrieroboter, 1985

032 Messtaster zum Erfassen von Gusstoleranzen, 1985

033 Fräsen einer Innenkontur mit Industrieroboter, 1985

034 6-Komponenten Kraft-/Momentenaufnehmer, 1985

035 Druckluftbetriebene Feilmaschine, 1985

036 Werkzeug zum automatischen Bündeln von Kabelsträngen, 1985

037 Automatischer Wechsel von Schweißbrennereinsätzen, 1985

038 Montage eines biegeschlaffen Schlauches mit Industrieroboter, 1986

039 Handhabung biegeschlaffer Textilteile mit einem Industrieroboter Unimate PUMA560, 1986

040 Vermessung Positioniergenauigkeit eines Industrieroboter mit Mess-Körper, 1986

041 Wasserstrahlschneiden von GFK, 1987

042 Sechsfach Revolver-Greifer zur Leiterplattenbestückung, 1987

043 Gusstrennen mit Industrieroboter, 1987

044 Fräserwechsel, 1988

045 Sensorgestütztes Lötwerkzeug, 1988

046 IPA-Umorientierungsgreifer, 1988

047 Werkzeugwechselvorrichtung für 2,5-6kN, 1988

048 Fügen eines Kühlmittelschlauchs, 1988

049 Fräsen von Kunststoff mit Industrieroboter, 1988

050 Werkzeug mit Formgedächtnisaktuator, 1989

051 Prüfkonzept mit Bildverarbeitung und robotergeführter Kamera, 1989

052 Crimp-Werkzeug zur automatisierten Kabelbaum-Montage, 1989

053 Positionsvermessung teilgeordneter Packstücke mit Ultraschallsensor, 1989

054 Kabelbaum-Montage durch Industrieroboter, 1989

055 Kabelbaum-Montage durch Industrieroboter, 1989

056 Positionsfehlerausgleich mit Membrankompensator-Element, 1989

057 Trennschleifen von Gussgraten, 1989

058 Bestücken von Leiterplatten mit Industrieroboter und in der Handachse mitgeführtem Bildverarbeitungssystem, 1989

059 Geordnete Ablage und gleichzeitiges Greifen mit Mehrstück-Kommissioniergreifer, 1989

060 Roboterwerkzeug für den aktiven Toleranzausgleich mit Vibrationsunterstützung durch Druckluftvibratoren, 1989

061 Leiterplattengreifer für das Be- und Entladen von Magazinen, 1989

062 Greifen ungeordneter Werkstücke mit Hilfe von Industrieroboter, Bildverarbeitungssystem und taktilem Flächensensor, 1989

063 Positionsprüfung von Eutern mit stereoskopischer Bildverarbeitung, 1989

064 Pilotwerkzeug zur kontaktflexiblen Bestückung von Crimpkontakten in Steckergehäuse, 1989

065 Flexible Montage von O-Ringen in nichtkreisförmige Oberflächennuten, 1989

066 Automatische Vereinzelung von O-Ringen aus dem Haufwerk, 1989

067 Durchsetzfügen: Anfahren der Fügeposition mit sensorgestütztem Roboterwerkzeug, 1989

068 Sechs-Punkt-Greifer, 1990

069 6-achsiger Laser-Industrieroboter mit Laserstrahlführung, 1990

070 Heftschweißen: Heftgreifer mit Fingermagnet, 1990

071 Toleranzausgleichsgreifer, 1990

072 Leitungskontaktier- und Verlegewerkzeug, 1990

073 Fabrik 2000, Endmontage im CIM-Verbund, 1990

074 Sensorgeführter Greifer zur Schlauchmontage, 1990

075 Reinraumtauglicher Greifer, 1990

076 Flamm-Lötwerkzeug beim Einlöten einer Steckerbuchse, 1991

077 Roboterwerkzeug zum Auslöten geklebter SMDs , 1993

078 Greiferbacken-Wechselsystem ohne eigenen Antrieb, 1991

079 Automatische Druckluftspritzpistole, 1991

080 Industrieroboter mit Sensor-Compliance-Einheit zur Durchführung KI-gestützter Fügestrategien, 1991

081 Robotergerechtes Ultraschallwerkzeug, 1991

082 Flexibles Taumelnietwerkzeug für Industrieroboter, 1991

083 Flexibles Roboterwerkzeug zum Einpressen ROBOHAMMER, 1992

084 Vorrichtungsgreifer, 1992

085 Automatisierte Telefondemontage; Herausnahme Leiterfolie, 1992

086 Flexible Kraft-Fügezange für Industrieroboter, automatischer Werkzeugwechsel, 1992
087 Gelöste Schrauben halten an magnetischem „Schrauberbit", 1992
088 Greifen der Standfüße, 1992
089 Automatische Montage dreistufiger Planetenradgetriebe, 1992
090 Mehrfachgreifer für Reinraumanwendungen, 1992
091 Direktmontage von Leitungen mit Industrierobotern, 1992
092 Greifer zur Leuchten-Direktmontage, 1993
093 Montagezelle für Klein-Ölpumpen: Greifersystem, 1993
094 Vereinzeln und Greifen von biegeschlaffem Material mit pneumatischen Greifer, 1993
095 Entgraten mit dem Industrieroboter, 1993
096 Fräswerkzeug des IPA-Sielmanipulator, 1993
097 Aufsetzen des O-Rings auf das Werkstück durch Eindrücken der Montagedorn-Innenhülse, 1993
098 Bedienung des Schubfachspeichers für Pumpengehäuse durch den Roboter, 1993
099 Automatische Werkstückentnahme aus APOS-Magazinen, 1993
100 Greifer für das Automatisch Chaotisch Palettieren (ACP), 1993
101 Greifer für die Schlauchmontage, 1993
102 Flexibel automatisierte Montage hochpoliger Rundkabel, 1993
103 Greifer und Zelle für Klein-Ölpumpen, 1993
104 Formgedächtnisgreifer, 1993
105 Montagewerkzeug für Schneckengewindeschellen, 1993
106 Druckfügen, 1993
107 Fügen von Gummidichtungen für Autokarosserien, 1994
108 Greifer für die Montage von Küchenschränken, 1994
109 Mehrfachgreifer für Kunststoffflaschen, 1994
110 Roboter-Flammwerkzeug zum Bahnlöten, 1995
111 Fügen der Dichtschnur in Rückrahmen von Elektronikgeräten, 1995
112 Kabelummantelungswerkzeug, 1995
113 Greifer mit integrierter Kamera, 1995
114 Automatisches Betanken von PKW, 1995
115 Greifer für umlaufende zylindrische Teile, 1996
116 Greifer zur Demontage von Fahrzeugdächern, 1996
117 Skywash: Bürste zur Reinigung von Flugzeugen, 1996
118 Adhäsives Greifen von kleinen Teilen, 1997
119 Piezo-aktuierter kraftgeregelter Greifer, 1997
120 Greifen von Umverpackungen, 1998
121 Montagewerkzeug für Lichtwellenleiter, 1998
122 Maultaschengreifer, 1998
123 Greifen von Flachleitern, 1998
124 Schneidwerkzeug zum Entbeinen, 1998
125 Aufbringen von Mörtel, 1998
126 Bandagieren von Kabeln, 1998
127 Fügen komplexer Zahnradpaarungen, 1999
128 Automatisiertes Fügen von Fliesen, 1999
129 Insertion von Pedikelschrauben, 2000
130 Team@work, Kooperierende Handhabung und Montage, 2001
131 Robotergeführtes Pipettieren, 2002
132 Taumelclinchen, 2003
133 Präzisionshandling mit Regelung, 2004
134 Schweiß-Assistenz mit dem rob@work, 2004
135 Kraftgeregeltes Schleifen von Stahl, 2004
136 RoboTyping: Werkzeug zur Sandformung, 2004
137 PowerMate: taktiles Führen von Robotern in der MRK, 2004
138 Flexibles Greifsystem für Roboterassistenten im Haushalt, 2004
139 RoboShaping: Werkzeug zur hämmernden Blechumformung, 2005
140 Handhabung von Alltagsobjekten, 2006
141 Werkzeug zum Mikrodosieren hochviskoser Klebstoffe, 2007
142 „Griff in die Kiste" von Getriebewellen, 2008
143 Handling von Solarpanelen durch den Seilroboter, 2010
144 Aufkleben von Türdichtungen, 2010
145 Sensorbasiertes Schweißen, 2011
146 Batteriehandhabung, 2012
147 Aufwälzgreifer, 2012
148 Greifer zum taktilen Fügen von selbstklebenden Druckverschlüssen (3M Dual Lock), 2012
149 Sensorgeführtes Schrauben mit dem KUKA iiwa, 2013
150 Zweiarmige Montage, 2014
151 Beschicken und Prüfen von Spülmaschinen, 2014
152 Präzisionsentgraten, 2014
153 Sensorbasiertes Schweißen ohne Werkstückvorpositionierung, 2015
154 Greifer für den zwei-armigen „Griff in die Kiste", 2016
155 Kommissionierung von Regalen durch Roboter, 2016
156 Nieten in der Mensch-Roboter-Kooperation, 2016